U0291118

主　　编：赵欣如

副 主 编：朱　雷　关翔宇　钱　程　张　梦

文字作者：程文达　关翔宇　钱　程

　　　　　张　梦　钟悦陶　朱　雷

示意图绘制：崔　月

策划编辑：余节弘

特约编辑：刘天天

责任编辑：胡运彪

封面设计：李杨桦

封面主图：邢新国

A Photographic Guide
to the Birds of China

中国鸟类图鉴

赵欣如 主编
Chief Editor ZHAO Xinru

商务印书馆
创于1897 The Commercial Press

图书在版编目(CIP)数据

中国鸟类图鉴/赵欣如主编. —北京:商务印书馆,
2018(2023.3 重印)
ISBN 978 - 7 - 100 - 16040 - 7

Ⅰ.①中… Ⅱ.①赵… Ⅲ.①鸟类—中国—图集
Ⅳ.①Q959.708 - 64

中国版本图书馆 CIP 数据核字(2018)第 072650 号

中国鸟类图鉴

赵欣如　主编

商 务 印 书 馆 出 版
(北京王府井大街36号　邮政编码100710)
商 务 印 书 馆 发 行
北 京 新 华 印 刷 有 限 公 司 印 刷
ISBN 978 - 7 - 100 - 16040 - 7

2018 年 6 月第 1 版　　　开本 889×1240　1/32
2023 年 3 月北京第 7 次印刷　印张 31⅝
定价:228.00 元

序

我国的鸟类资源非常丰富，然而由于历史原因，有关研究的起步较晚。20世纪80年代我国政府颁布《野生动物保护法》以及开展每年一次的"爱鸟周"宣传活动，极大地提高了民众关注和保护鸟类及其栖息环境的意识。与此同时，逐渐兴起的民间观鸟和摄影活动也迅速扩展至全国。观赏鸟类、建设生态文明城镇已经成为一种时尚，为我国鸟类的动态调查和研究带来了新的活力。迄今我国已记录的鸟类种数已超过1400种，我们在为此感到自豪的同时，也知道更应该多承担起一些研究和保护的责任。

鸟类分类和分布知识是了解和研究鸟类的入门。有关鸟类的生物学、生理学、生态学、行为学以及细胞学和分子生物学领域的深入研究，都需要先有分类学知识作为基础。近几十年来，鸟类科学的发展越来越朝着学科交叉、宏观与微观相结合，采用新的研究手段与技术等方向发展。随着分子生物学的理论和方法融入到鸟类学的研究领域，人们对鸟类系统分类、亲缘关系以及生物学和生态学的许多问题的认识会越来越清楚、越来越客观。

观鸟者和鸟类摄影爱好者人数众多，分布遍及各地，特别是由于他们对鸟类具有浓厚的兴趣爱好，能耐得住寂寞坚守，随时随处就有可能发现和记录一些罕见鸟种，在大范围的鸟类动态普查、关键鸟种的数量统计、偶见鸟种与新分布鸟种的发现与记录等方面，都能显示出他们的优势与能力。因而从某种意义来说，观鸟群体的形成是鸟类学科发展的群众基础。当然，对于刚刚进入观鸟和摄影群体的人员来说，首先必须树立保护环境、不干扰鸟类的正常生活的意识，也就是"文明观鸟"。例如少数人员为了拍摄艺术鸟照，折枝砍树、以虫诱鸟、惊扰鸟巢等，都是有碍观鸟活动发展的不良行为。

由赵欣如先生主编、商务印书馆出版的《中国鸟类图鉴》，是一本适于在中国境内开展野外鸟类研究与观察的工具书，能够帮助读者快速识别鸟的种类，并及时了解其生物学与生态学的简要特征，包括鸟类分布的时空特征。当然，每位读者都会有自己的阅读习惯与方法，但无论怎样，带着问题，带着思考，带着好奇心去查阅，总会有一些收获。日积月累，野外发现与思考过程的积累越多，就会将许多识别鸟类的问题关联起来。随着对鸟类的认知的日益深入，从中得到的信息也会越来越丰富，越来越有内涵。我们识别鸟类，不仅仅是认得鸟种，叫出名字而已，还要懂得鸟类的行为、理解鸟类与环境的关系。

作为一个终生从事鸟类学研究的老年人，我祝愿每一位热爱鸟类的朋友，为鸟类世界的精彩而倾注心智，为鸟类的保护做出贡献！

郑光美

中国科学院院士

北京师范大学教授

2016 年 7 月 6 日

前　言

随着人们对环境变化的关注与认识，生物多样性保护也被越来越多的人关心。鸟类，这一对环境最敏感的生物类群，可以作为指示物种监测环境的变化。有些鸟种在一些地方的出现与否、多寡情况，可以明确地揭示出该地区的环境质量。因此，观察与研究鸟类的人日渐增加。

鸟类学家与鸟类爱好者都会关注鸟类的名字，因为使用鸟类的名称是鸟类研究、观察、欣赏与交流不可或缺的工具。鸟类是在脊椎动物中研究最早、分类最清晰的类群。因此，在现存的鸟类中再发现新种已经变得非常困难。

鸟种的命名和其他生物物种的命名一样，不是一个简单的事情，它是经过科学家们的长期研究，根据地学特征、化石证据、胚胎发育过程、形态学特点、行为规律等将命名的鸟摆在恰当的位置，即用相应的科、属，结合地理分布或发现者的名字命名。

有趣的是，无论哪种鸟都会有许多个名字，主要是因为各个国家和地区在使用不同的语言交流，而只有拉丁名是鸟类及其他各类物种的科学名字。中文、英文、日文、法文等其他文字所表述的鸟名都是不同国家和地区日常交流方便的用语。这些名字可视为不同地域的地方名或俗名。而拉丁名是全世界唯一通用的生物物种的学名（标准名），它的重要性在于人们在交流与研究中不会产生混乱和误解。当我们打开一本鸟类图鉴或志书时，除了看到使用本国语言的鸟名外，每个鸟种必有拉丁名。这一情况被越来越多的人所知晓。

中国之大，方言很多，鸟类的研究历史不平衡，出现了中文鸟名不统一的问题，一种多名（不包括俗名）在许多鸟种上都能看到。这使得研究者与观鸟者在交流上出现许多不便，甚至于出现交流的差错。例如：红脚隼、阿穆尔隼是指 *Falco amurensis*，红角鸮、东方角鸮是指 *Otus sunia*，灰眉岩鹀、戈氏岩鹀是指 *Emberiza godlewskii*，红尾水鸲、铅色水鸲是指 *Rhyacornis fulignosa*，黑翅长脚鹬、高跷鹬是指 *Himantopus himantopus*，太平鸟、黄连雀是指 *Bombycilla garrulus*，红喉歌鸲、野鸲是指 *Luscinis calliope*。因此，中文鸟名的统一使用便成了一个现实问题。无论在中国大陆还是在我们的宝岛台湾，人们都习惯于使用自己熟悉的中文名，不大关心鸟名的规范使用问题。鸟类科学的发展与普及最终会使中文鸟名统一起来，这大概还需要一个过程吧。当下，人们只能采取积极的态度，对许多鸟种要同时记住它们不同的中文名字。同样，鸟的英文名称也存在着类似的问题，不少鸟种的英文名字会有多个，让初学者不知所措。

目前，将郑光美先生主编的《中国鸟类分类与分布名录》（第二版）的鸟名作为主要参考是最为合理的选择，因为它是我国鸟类学界普遍使用的基础工具书，具有专业的权威性。借助此书，中国鸟的中文名、英文名、拉丁名都可方便查询。

随着生物科学与技术的发展，鸟类分类学也在不断发展。许多早已定名的鸟种，需要重新定名，甚至将原来的一个鸟种分出两个或多个鸟种：金眶鹟莺（*Seicercus burkii*）的分种就是个特别的例子，由一个种改为多个种；大山雀（*Parus major*）也由一个种分离成为多个种。

由于不同的分类学家持不同的学术观点，才形成了有史以来不断变化着的多个鸟类分类体系。我们应相信，随着鸟类科学的发展，分类会变得越来越客观，越能反映自然的存在。了解了这些情况，在使用鸟名时才能得心应手，避免疑惑与混乱。

本图鉴录得鸟种1384种，考虑到鸟种分类体系在中国的应用历史与现状，我们仍以《中国鸟类分类与分布名录》（第二版）使用的分类体系为依据，以便于专业人员的使用，也便于观鸟者熟悉。虽然鸟类学界更喜欢使用这个分类体系的中文名，观鸟界的大陆群体却多习惯使用马敬能等主编的《中国鸟类野外手册》中的中文名，我国台湾鸟友使用的中文名称则更加地方化。尚有青年学者更倾向使用国际流行的Ebird使用的分类体系，翻译过来的中文鸟名更是新鲜。这给中国鸟类科学的发展带来一些新的问题，在没有完成统一中文鸟名的今天，应对的办法，就是将不同分类体系中的鸟类名录做出对照表，根据需要恰当使用名称，以避免出现记录和科学研究过程中的误解。

赵欣如

写于北京师范大学

2016 年 6 月 26 日

须浮鸥 沈越

使用说明

　　本图鉴的鸟类分类系统及收录的鸟种主要依据《中国鸟类分类与分布名录》（第二版，郑光美，2011）以及近年来零散发表的中国鸟类新记录。对于少数分类有争议的鸟种，我们亦谨慎吸收了国际鸟类学委员会（International Ornithological Committee）发布的最新世界鸟类名录（IOC World Bird List v 6.3, Gill, F & D Donsker , 2016）的分类意见。本图鉴共计收录中国有分布的鸟类 24 目 100 科 1384 种。

　　图鉴内使用的鸟种名称（包括学名、中文名及英文名）、分布与习性除参阅了上述著作外, 亦参考了《中国鸟类志》（赵正阶，2001）、《中国鸟类系统检索》（第三版，郑作新，1964）、《台湾鸟类志》（刘小如等，2010）、《中国鸟类野外手册》（MacKinnon 等，2000）和 *Handbook of the Birds of the World*（del Hoyo 等, 1992~2013）。近年来诸多鸟类学工作者和观鸟爱好者发表的地区性鸟类新分布记录也为本图鉴的鸟种的分布描述提供了宝贵的数据。此外，对于有多个现行中文名或中文名未定的鸟种，我们尽量使用能够体现鸟种特征或读者相对熟悉的名称，并把该种鸟类其他较通用的中文名标注于后。例如，我们将中国东部常见的 *Falco amurensis* 的中文名认定为红脚隼，同时，亦将"阿穆尔隼"（《中国鸟类野外手册》中该种的中文名称）标注于后。再如，对于从 *Parus major*（大山雀）中拆分出的 *Parus minor* 和 *Parus cinereus*，我们决定将"大山雀"这一中文名赋予中国分布最广、

数量最多的 *Parus minor*；拆分后的 *Parus major* 仅边缘性分布于西部地区，但广布于欧洲，因此我们将此种命名为"欧亚山雀"；而 *Parus cinereus* 由于其灰色背部为重要辨识特征，故称其为"苍背山雀"较合适。

正文内页说明

　　读者可通过目录查找鸟种及其所属分类阶元所处页码，亦可通过后附的中文、英文及学名索引查阅某一鸟种所在的页码。在鸟种描述页面，本图鉴采用对页设计，即翻开后左侧页面为鸟种名称、文字描述及分布图，右侧页面为对应鸟种的照片。每一对页内含 2~3 种鸟类的描述及其照片，图文对应。对页左侧的鸟种描述阅读指南如下：

对页页码

本页鸟种所属目和科中文名

本页鸟种所属目和科的学名

以不同颜色背景标识本页鸟种所属分类阶元，以便区分

1. 红喉潜鸟　Red-throated Loon　*Gavia stellata*

【野外识别】体长 53~69 cm 的体型较小的潜鸟。雌雄相似。繁殖羽头、脸部、颈灰色，从头顶后方延伸至后颈，肩部有黑白夹杂的细条纹，喉部至上胸形成栗红色区域，下胸至腹部白色，背部黑褐色，间有白色细斑，胁部有暗色斑纹。非繁殖羽无灰色和栗红色，脸部、颈部白色。冬羽似黑喉潜鸟，但红喉潜鸟更偏爱沿海开阔水域，体形略小，喙细长而尖端微翘，背部白色点斑显眼。虹膜—红色；喙—黑灰色，喙尖发白；附跖—灰黑色。【分布与习性】繁殖于亚欧大陆、北美大陆北纬 50° 以北的北极区海域，冬季南迁至沿海地带。国内越冬于东部沿海地区。活动于海湾、河口及大型池塘、湖泊、水库。通常单独活动，善于潜水觅食，会长时间浮于水面休息。【鸣声】冬季通常寂静无声。

鸟种名称，由左至右分别为序号、中文名、英文名及学名

分布图

分布图图例：

■ 留鸟　　　　　■ 冬候鸟

■ 夏候鸟　　　　■ 旅鸟（具稳定过境记录的成片区域）

● 迷鸟　　　　　↙ 旅鸟（零散的迁徙过境记录）

对页右侧每张照片均配有图题，图题格式如下：鸟种中文名、年龄（成鸟略）、性别（雌雄相似者略）、是否为非繁殖羽（繁殖期内外羽色差异不大者、未成年个体略，照片中相应特征不典型者略，繁殖羽略）、拍摄者姓名（如"罗纹鸭 雄 非繁殖羽 朱雷"）。

鸟体各部位名称

顶冠纹
侧冠纹
眉纹
眼圈
贯眼纹
上喙
颊
下喙
颊纹
下颊纹
颏
髭纹

翅膀背面

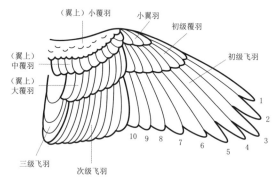

（翼上）小覆羽
小翼羽
初级覆羽
初级飞羽
（翼上）中覆羽
（翼上）大覆羽
1
2
3
10 9 8 7 6 5 4
三级飞羽
次级飞羽

翅膀腹面

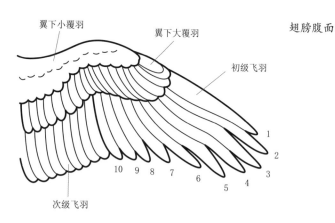

翼下小覆羽
翼下大覆羽
初级飞羽
1
2
3
10 9 8 7 6 5 4
次级飞羽

描述鸟类个体年龄及特殊状态的术语

幼鸟：出生后（从稚羽/绒羽或裸露阶段）首次长出正羽后至首次换羽之间的个体，未性成熟，本阶段一般持续数月至1年，通常羽色较成鸟暗淡。

亚成鸟：某些类群的幼鸟在首次换羽之后至换为稳定的成鸟羽之前，具有短则数月、长则4~8年的过渡性阶段，此阶段称亚成鸟。具有亚成鸟阶段的类群一般在此时具有既不同于幼鸟也异于成鸟的过渡性羽色。某些类群中，不同年龄的亚成鸟的羽色会有些许差异，并逐年接近成鸟羽色特征，如海雕等大型猛禽、某些鸥类、信天翁等大型鹱形目海鸟等。

成鸟：性成熟且已经具备稳定羽色特征的个体（羽色不再随年龄而变化）。

繁殖羽：某些类群的成鸟在繁殖期会换为较非繁殖期鲜艳的羽色，多数情况下雄鸟繁殖羽较鲜亮，雌鸟繁殖羽较暗淡（如鸭类），少数情况下相反（如彩鹬、灰瓣蹼鹬等雌鸟繁殖羽明显较雄鸟鲜艳），或雌、雄鸟繁殖羽差异不大，但明显较非繁殖羽鲜亮（如多数鸻鹬类）；此外，亦有部分类群的成鸟在繁殖期内外羽色相似，如隼形目、鸮形目及多数雀形目鸟类。

非繁殖羽：成鸟在非繁殖期的被羽，一般较繁殖羽暗淡；也有某些类群繁殖羽和非繁殖羽差异不大，如隼形目、鸮形目和大部分雀形目鸟类。

描述鸟类身体部位的术语

翼指：鸟类两翼展开飞行时，向两侧突出的外侧数枚初级飞羽形成的手指状结构，为隼形目、鸻形目（鸥科、燕鸥科）等多种中型、大型鸟类的重要野外辨识特征之一。

翼镜：雁鸭类的次级飞羽及邻近的大覆羽常为具有金属光泽的蓝色、绿色或其他颜色，与翼上其他飞羽、覆羽羽色相异，该部分被称为翼镜。不同种类翼镜颜色有所差异，为本类群重要的辨识特征之一。

描述鸟类居留状态的术语

留鸟：一年四季均停留在某个地区，不做长距离迁徙的鸟类（描述全国范围内的居留型时，短距离的垂直迁移一般亦记为留鸟）。

候鸟：亦称季候鸟，泛指在当地并非全年留居的鸟类，一般可细分为夏候鸟、冬候鸟或旅鸟中的一种（某些地区或有多种居留型混合出现的情况）。

夏候鸟：春季、夏季迁来本地繁殖，秋季迁徙至其他地区（越冬地）越冬的鸟。

冬候鸟：秋季迁至本地越冬，次年春季离开，迁徙至繁殖地的鸟。

旅鸟：仅迁徙时途经本地的鸟，既不繁殖也非越冬。

迷鸟：由于非人为原因而不定时、不定期出现在理论分布区之外的零星个体。

逃逸鸟：笼养鸟在运输或饲养过程中逃逸或被放生，而出现在理论分布区或适宜栖息地之外的鸟（亦可能出现在本种理论分布区内，但此时通常难以区分原生种群和逃逸个体）。

描述鸟类行为及生态的术语

鸣叫：亦称叫声，通常为较单调的单音节、双音节或重复的多音节，雌性、雄性、未成年个体均可发出鸣叫，根据种类或科、属不同而有所差异，但告警声等特殊叫声有时为多个类群所通用，个别种类（如白鹳等）几乎不鸣叫，仅依靠上下喙的撞击而发出声音。

鸣唱： 亦称鸣啭，多见于雀形目鸟类，繁殖期雄鸟会发出婉转动听的鸣声（少数善鸣的类群全年均会鸣唱），为多个类群（如画眉科、莺科、鹟科、鸫科等）的重要野外辨识特征之一。

鸟浪： 由多种鸟类（少数情况下为一种鸟类）组成的混合鸟类集群，在特定区域游荡，一般在冬季较常见。

生境： 适宜某种鸟类生存的特定环境（如特定的海拔、植被、地形等），即栖息地。

分布图来源

分布图底图来自国家测绘地理信息局网站，审图号为 GS（2016）1601 号。

目　录

鹀

隼形目 鹰科 / 092
黑翅鸢、凤头蜂鹰、鹃头蜂鹰、褐冠鹃隼、黑冠鹃隼、胡兀鹫、白背兀鹫、长嘴兀鹫 / 印度兀鹫、高山兀鹫、兀鹫、黑兀鹫、白兀鹫、秃鹫、蛇雕、短趾雕、凤头鹰雕、鹰雕、棕腹隼雕、白腹隼雕、靴隼雕、林雕、乌雕、草原雕、白肩雕、金雕、凤头鹰、褐耳鹰、赤腹鹰、日本松雀鹰、松雀鹰、雀鹰、苍鹰、白头鹞、白腹鹞、白尾鹞、草原鹞、鹊鹞、乌灰鹞、黑鸢、栗鸢、白腹海雕、玉带海雕、白尾海雕、虎头海雕、渔雕、白眼鵟鹰、棕翅鵟鹰、灰脸鵟鹰、毛脚鵟、大鵟、普通鵟、棕尾鵟

隼形目 隼科 / 126
红腿小隼、白腿小隼、黄爪隼、红隼、西红脚隼 / 红脚隼、红脚隼 / 阿穆尔隼、灰背隼、燕隼、猛隼、猎隼、矛隼、游隼、拟游隼

鸡形目 松鸡科 / 134
花尾榛鸡、斑尾榛鸡、镰翅鸡、西方松鸡、黑嘴松鸡、黑琴鸡、岩雷鸟、柳雷鸟

鸡形目 雉科 / 140
雪鹑、红喉雉鹑、黄喉雉鹑、暗腹雪鸡、藏雪鸡、阿尔泰雪鸡、石鸡、大石鸡、中华鹧鸪、灰山鹑、斑翅山鹑、高原山鹑、西鹌鹑 / 鹌鹑、鹌鹑 / 日本鹌鹑、蓝胸鹑、环颈山鹧鸪、红喉山鹧鸪、白颊山鹧鸪、台湾山鹧鸪、红胸山鹧鸪、褐胸山鹧鸪、四川山鹧鸪、白眉山鹧鸪、海南山鹧鸪、绿脚山鹧鸪、棕胸竹鸡、灰胸竹鸡、血雉、黑头角雉、红胸角雉、灰腹角雉、红腹角雉、黄腹角雉、勺鸡、棕尾虹雉、白尾梢虹雉、绿尾虹雉、红原鸡、黑鹇、白鹇、蓝腹鹇、白马鸡、藏马鸡、褐马鸡、蓝马鸡、白颈长尾雉、黑颈长尾雉、黑长尾雉、白冠长尾雉、雉鸡、红腹锦鸡、白腹锦鸡、灰孔雀雉、海南孔雀雉、绿孔雀

鹤形目 三趾鹑科 / 176

剪嘴鸥

鸻形目 海雀科 / 288
崖海鸦、斑海雀、扁嘴海雀、冠海雀、角嘴海雀

沙鸡目 沙鸡科 / 290
西藏毛腿沙鸡、毛腿沙鸡、黑腹沙鸡

鸽形目 鸠鸽科 / 292
原鸽、岩鸽、雪鸽、欧鸽、中亚鸽、斑尾林鸽、点斑林鸽、灰林鸽、
紫林鸽、黑林鸽、欧斑鸠、山斑鸠、灰斑鸠、火斑鸠、珠颈斑鸠、
棕斑鸠、斑尾鹃鸠、菲律宾鹃鸠、小鹃鸠、绿翅金鸠、橙胸绿鸠、
灰头绿鸠、厚嘴绿鸠、黄脚绿鸠、针尾绿鸠、楔尾绿鸠、红翅绿鸠、
红顶绿鸠、黑颏果鸠、绿皇鸠、山皇鸠

鹦形目 鹦鹉科 / 314
短尾鹦鹉、蓝腰短尾鹦鹉、亚历山大鹦鹉、红领绿鹦鹉、青头鹦鹉、
灰头鹦鹉、花头鹦鹉、大紫胸鹦鹉、绯胸鹦鹉、小葵花凤头鹦鹉、
彩虹鹦鹉

鹃形目 杜鹃科 / 320
褐翅鸦鹃、小鸦鹃、绿嘴地鹃、红翅凤头鹃、斑翅凤头鹃、紫金
鹃、翠金鹃、噪鹃、栗斑杜鹃、八声杜鹃、乌鹃、鹰鹃、普通鹰鹃、
北棕腹杜鹃、棕腹杜鹃、小杜鹃、四声杜鹃、中杜鹃、北方中杜鹃、
大杜鹃

鸮形目 仓鸮科 / 334
仓鸮、草鸮、栗鸮

鸮形目 鸱鸮科 / 336
黄嘴角鸮、领角鸮、纵纹角鸮、西红角鸮、红角鸮、兰屿角鸮、雪鸮、
雕鸮、林雕鸮、乌雕鸮、毛腿渔鸮、褐渔鸮、黄脚渔鸮、褐林鸮、
灰林鸮、长尾林鸮、四川林鸮、乌林鸮、猛鸮、花头鸺鹠、领鸺鹠、
斑头鸺鹠、纵纹腹小鸮、横斑腹小鸮、鬼鸮、鹰鸮、北鹰鸮、长耳鸮、

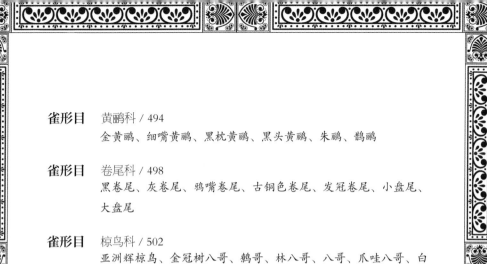

黑脸噪鹛、白喉噪鹛、白冠噪鹛、小黑领噪鹛、黑领噪鹛、条纹噪鹛、白颈噪鹛、褐胸噪鹛、栗颈噪鹛、黑喉噪鹛、黄喉噪鹛、棕臀噪鹛、山噪鹛、黑额山噪鹛、灰翅噪鹛、棕颏噪鹛、眼纹噪鹛、斑背噪鹛、白点噪鹛、大噪鹛、灰胁噪鹛、棕噪鹛、斑胸噪鹛、画眉、白颊噪鹛、细纹噪鹛、纯色噪鹛、蓝翅噪鹛、橙翅噪鹛、杂色噪鹛、灰腹噪鹛、黑顶噪鹛、玉山噪鹛、红头噪鹛、红翅噪鹛／丽色噪鹛、红尾噪鹛／赤尾噪鹛、灰胸薮鹛、黄痣薮鹛、红翅薮鹛、棕胸幽鹛／棕胸雅鹛、白腹幽鹛、棕头幽鹛、长嘴钩嘴鹛、斑胸钩嘴鹛、灰头钩嘴鹛、棕颈钩嘴鹛、棕头钩嘴鹛、红嘴钩嘴鹛、剑嘴鹛、长嘴鹩鹛、灰岩鹩鹛、短尾鹩鹛、纹胸鹩鹛、鳞胸鹩鹛、小鳞胸鹩鹛、尼泊尔鹩鹛、短尾鹪鹛、斑翅鹪鹛、丽星鹪鹛、长尾鹪鹛、楔嘴鹪鹛、黑颏穗鹛、黄喉穗鹛、红头穗鹛、金头穗鹛、弄岗穗鹛、黑头穗鹛、斑颈穗鹛、纹胸鹛、红顶鹛、金眼鹛雀、宝兴鹛雀、矛纹草鹛、大草鹛、棕草鹛、银耳相思鸟、红嘴相思鸟、斑胁姬鹛、棕腹鹎鹛、红翅鹎鹛、淡绿鹎鹛、栗喉鹎鹛、栗额鹎鹛、白头鹎鹛、栗额斑翅鹛／锈额斑翅鹛、白眶斑翅鹛、纹头斑翅鹛、纹胸斑翅鹛、灰头斑翅鹛、台湾斑翅鹛、蓝翅希鹛、斑喉希鹛、火尾希鹛、金胸雀鹛、金额雀鹛、黄喉雀鹛、栗头雀鹛、白眉雀鹛、高山雀鹛、棕头雀鹛、褐头雀鹛、路氏雀鹛、棕喉雀鹛、褐胁雀鹛、褐顶雀鹛、褐脸雀鹛、灰眶雀鹛、白眶雀鹛、栗背奇鹛、黑顶奇鹛、灰奇鹛、黑头奇鹛、白耳奇鹛、丽色奇鹛、长尾奇鹛、栗耳凤鹛、白颈凤鹛、黄颈凤鹛、纹喉凤鹛、白领凤鹛、棕臀凤鹛、褐头凤鹛、黑颏凤鹛、白腹凤鹛、火尾绿鹛

雀形目　鸦雀科 / 720
文须雀、红嘴鸦雀、点胸鸦雀、灰头鸦雀、三趾鸦雀、褐鸦雀、白眶鸦雀、棕头鸦雀、褐翅鸦雀、灰喉鸦雀、暗色鸦雀、灰冠鸦雀、黄额鸦雀、黑喉鸦雀、金色鸦雀、短尾鸦雀、黑眉鸦雀、红头鸦雀、震旦鸦雀

雀形目　扇尾莺科 / 734
棕扇尾莺、金头扇尾莺、山鹛、山鹪莺、褐山鹪莺、黑喉山鹪莺、

银脸长尾山雀

雀形目　山雀科 / 816
沼泽山雀、褐头山雀、白眉山雀、红腹山雀、煤山雀、棕枕山雀、黑冠山雀、黄腹山雀、褐冠山雀、欧亚山雀、大山雀、苍背山雀、绿背山雀、黄颊山雀、台湾黄山雀、黑斑黄山雀、灰蓝山雀、杂色山雀、黄眉林雀、冕雀、地山雀

雀形目　鸦科 / 830
栗腹䴓、普通䴓、栗臀䴓、白尾䴓、黑头䴓、滇䴓、白脸䴓、绒额䴓、淡紫䴓、巨䴓、丽䴓

雀形目　旋壁雀科 / 836
红翅旋壁雀

雀形目　旋木雀科 / 838
旋木雀、四川旋木雀、高山旋木雀、锈红腹旋木雀、褐喉旋木雀

雀形目　啄花鸟科 / 840
厚嘴啄花鸟、黄臀啄花鸟、黄腹啄花鸟、纯色啄花鸟、红胸啄花鸟、朱背啄花鸟

雀形目　花蜜鸟科 / 844
紫颊太阳鸟、褐喉食蜜鸟、蓝枕花蜜鸟、紫色花蜜鸟、黄腹花蜜鸟、蓝喉太阳鸟、绿喉太阳鸟、叉尾太阳鸟、黑胸太阳鸟、黄腰太阳鸟、火尾太阳鸟、长嘴捕蛛鸟、纹背捕蛛鸟

雀形目　雀科 / 854
黑顶麻雀、家麻雀、黑胸麻雀、山麻雀、麻雀、石雀、白斑翅雪雀、藏雪雀、褐翅雪雀、黑喉雪雀、棕颈雪雀、棕背雪雀、白腰雪雀

雀形目　织雀科 / 862
纹胸织雀、黄胸织雀

丹顶鹤 沈越

1. 红喉潜鸟　Red-throated Loon　*Gavia stellata*

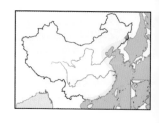

【野外识别】体长 53~69 cm 的体型较小的潜鸟。雌雄相似。繁殖羽头、脸部、颈灰色，从头顶后方延伸至后颈，肩部有黑白夹杂的细条纹，喉部至上胸形成栗红色区域，下胸至腹部白色，背部黑褐色，间有白色细斑，胁部有暗色斑纹。非繁殖羽无灰色和栗红色，脸部、颈部白色。冬羽似黑喉潜鸟，但红喉潜鸟更偏爱沿海开阔水域，体形略小，喙细长而尖端微翘，背部白色点斑显眼。　虹膜—红色；喙—灰黑色，喙尖发白；跗跖—灰黑色。【分布与习性】繁殖于亚欧大陆、北美大陆北纬 50° 以北的北极区海域，冬季南迁至沿海地带。国内越冬于东部沿海地区。活动于海湾、河口及大型池塘、湖泊、水库。通常单独活动，善于潜水觅食，会长时间浮于水面休息。【鸣声】冬季通常寂静无声。

2. 黑喉潜鸟　Black-throated Loon　*Gavia arctica*

【野外识别】体长 58~73 cm 的中型潜鸟。雌雄相似。繁殖羽头、颈灰色，喉部形成墨绿色斑块，颈侧至胸侧有黑白细条纹，背部烟黑色，有黑白色网格状斑块，翼上有白色点斑。下体至后胁部白色，尾黑色。非繁殖羽变得黯淡，整体黑褐色，脸及眼先、颈部、胸部至下腹白色。野外观察时，胁部后方有明显的白色斑块。　虹膜—暗红色；喙—灰黑色，喙尖发黑；跗跖—灰黑色。【分布与习性】繁殖于亚欧大陆北部海域，冬季南迁至沿海地带。国内于东北长白山区及新疆北部有繁殖记录，冬季越冬于东部沿海。习性似其他潜鸟，冬季较少至内陆水域。【鸣声】冬季通常寂静无声。

3. 太平洋潜鸟　Pacific Loon　*Gavia pacifica*

【野外识别】体长 69~91 cm 的体型较大的潜鸟。雌雄相似。繁殖羽似黑喉潜鸟，但喙较细，喉部斑块呈黑紫色。非繁殖羽亦似黑喉潜鸟，但喉部有一细黑颈环。野外观察时下体无白色斑块。虹膜—暗红色；喙—灰黑色；跗跖—灰黑色。【分布与习性】繁殖于新北界西北部及西伯利亚东北部，越冬于北美西海岸及东北亚沿海地带。国内为东部沿海的罕见冬候鸟或旅鸟。习性似其他潜鸟。【鸣声】冬季通常寂静无声。

红喉潜鸟 Jason Crotty

红喉潜鸟 非繁殖羽 薛琳

黑喉潜鸟 张永

黑喉潜鸟 非繁殖羽 Ron Knight

太平洋潜鸟 慕童

太平洋潜鸟 慕童

太平洋潜鸟 非繁殖羽 Kaaren Perry

004
/005

潜鸟目　潜鸟科
GAVIIFORMES　Gaviidae

鸊鷉目　鸊鷉科
PODICIPEDIFORMES　Podicipedidae

4. 黄嘴潜鸟　Yellow-billed Loon　*Gavia adamsii*

【野外识别】体长75~91 cm的大型潜鸟。雌雄相似。繁殖羽头、颈黑色带墨绿色辉光，颈部及喉部有黑白斑纹。背部具黑白色网格状斑纹，翼黑褐色，翼上具白色点状斑，下胸至腹部白色。非繁殖羽色浅，头上、后颈及上体浅褐色，背上网格状斑黑褐色，眼圈浅色。虹膜—暗红色；喙—象牙白色，粗厚而上翘；跗跖—灰黑色。【分布与习性】繁殖于北极区北部大西洋沿岸，越冬于太平洋西北部及东北部沿海地带。国内繁殖于东北长白山地区，越冬于东部沿海。习性似其他潜鸟。【鸣声】冬季通常寂静无声。

5. 小鸊鷉　Little Grebe　*Tachybaptus ruficollis*

【野外识别】体长23~29 cm的小型鸊鷉。雌雄相似。繁殖羽头部黑褐色，脸部至颈部栗红色，喙基有一显眼的黄白色斑块，胸部、背部黑褐色，胁部至腹部褐色逐渐变浅。非繁殖羽色浅，褪去栗红色和黑褐色，整体转为浅褐色，头部和背部色略深，其余部位浅褐色或皮黄色。虹膜—黄白色；喙—黑色，喙尖色浅；跗跖—灰蓝色。【分布与习性】广布于欧亚大陆和非洲。国内广布，多为留鸟，北方部分地区为夏候鸟。适应各种水体，繁殖期多单独活动，非繁殖期常结成分散小群活动。善于潜水觅食，育雏时会将雏鸟驮在背上。【鸣声】鸣唱为高音调的一串连续颤音，繁殖期频繁可闻。

6. 赤颈鸊鷉　Red-necked Grebe　*Podiceps grisegena*

【野外识别】体长40~50 cm的大型鸊鷉。雌雄相似。繁殖羽头部黑褐色，略带羽冠，脸颊及喉部白色，颈部至上胸栗红色，背部黑褐色，胁部棕褐色。非繁殖羽色浅，褪去栗红色，整体转为浅褐色，头部、后颈及背部色略深，其余部位浅褐色或偏白色。虹膜—褐色；喙—黄色，前段略带黑色；跗跖—深褐色。【分布与习性】繁殖于欧亚大陆和北美洲，越冬于中亚、东亚、北非及北美。国内繁殖于东北及内蒙古，在华北及东南沿海为罕见冬候鸟，过境时西北地区亦有记录。习性类似其他鸊鷉。【鸣声】繁殖期甚是喧闹，叫声粗哑似鸭叫，越冬时通常安静无声。

黄嘴潜鸟 沈越

黄嘴潜鸟 非繁殖羽 韩永祥

小䴙䴘 沈越

小䴙䴘 非繁殖羽 张永

小䴙䴘 朱雷

赤颈䴙䴘 朱雷

东颈䴙䴘 非繁殖羽 peggycadigan

7. 凤头䴙䴘　Great Crested Grebe　*Podiceps cristatus*

【野外识别】体长 46~51 cm 的大型䴙䴘。雌雄相似。繁殖羽头部具显眼的黑褐色羽冠，脸、眼先及颏白色，脸侧至上颈具栗红色至黑褐色的饰羽，颈较其他䴙䴘长，前颈至胸及腹部白色，背部黑褐色，体侧棕褐色。非繁殖羽色浅，褪去栗红色，整体显得甚白，脸部变为白色或皮黄色，黑褐色的羽冠依然可见，胁部亦发白。虹膜—红色；喙—粉红色，繁殖期略显黯淡；跗跖—深褐色。【分布与习性】广布于欧洲、亚洲、非洲和大洋洲，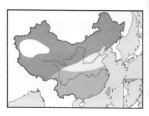部分为留鸟，部分繁殖于欧亚大陆，越冬于大洋洲、非洲及欧亚大陆南部。国内广布于各地，于黄河以南大部地区越冬。习性类似其他䴙䴘。【鸣声】繁殖期发出低沉、响亮、带颤音的叫声，越冬时通常安静无声。

8. 角䴙䴘　Horned Grebe　*Podiceps auritus*

【野外识别】体长 31~38 cm 的中型䴙䴘。雌雄相似。繁殖羽头部及上颈黑褐色，眼先至头后侧具明显的金黄色簇状饰羽，脸、眼先及颏白色，脸侧至上颈具栗红色至黑褐色的饰羽，远看似"角"，前颈至胸及胁部栗红色，后颈及背部深褐色。非繁殖羽色浅，褪去栗红色和金色饰羽，整体显得甚白，白色的脸部和黑色的头顶对比强烈，眼先至喙基略带红色，前颈至胸部亦发白。非繁殖羽似黑颈䴙䴘，但个体稍大，头稍大而额较扁平，喙较粗而不上翘，脸上白色区域较大，头顶黑白分界清晰。虹膜—红色；喙—黑色，喙尖发白；跗跖—深褐色。【分布与习性】分布于欧亚大陆和北美洲，越冬于繁殖区以南。国内繁殖于新疆西北部，过境经过东北和华北，越冬于长江中下游东部地区及台湾。习性类似其他䴙䴘，冬季偶尔混群于黑颈䴙䴘大群中觅食。【鸣声】繁殖期发出颤音、哨音和沙哑的叫声，越冬时通常安静无声。

9. 黑颈䴙䴘　Black-necked Grebe　*Podiceps nigricollis*

【野外识别】体长 28~34 cm 的中型䴙䴘。雌雄相似。繁殖羽头、颈、胸、上背黑色，眼后至头后侧具金黄色簇状饰羽，体后侧红褐色，腹部白色。非繁殖羽色浅，褪去黑色，头部的黑白色分界模糊，头顶的黑色延伸渲染至眼下及脸部，颏、喉及耳羽白色，眼后无饰羽，后颈至背部黑褐色，前颈至胸腹白色。虹膜—红色；喙—黑色，喙尖微翘；跗跖—灰黑色。【分布与习性】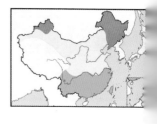分布于欧亚大陆、北美洲和非洲，越冬于繁殖区以南。国内繁殖于新疆西北部、内蒙古及东北，过境经过东部大部地区，越冬于长江中下游地区及东南沿海。习性类似其他䴙䴘，冬季常结成数百只的大群，协作觅食。【鸣声】繁殖期发出颤音、笛声和沙哑的叫声，越冬时通常安静无声。

凤头鸊鷉 沈越

凤头鸊鷉 非繁殖羽 朱雷

凤头鸊鷉 幼 朱雷

角鸊鷉 张岩

角鸊鷉 非繁殖羽 薛琳

黑颈鸊鷉 薛琳

黑颈鸊鷉 非繁殖羽 朱雷

黑颈鸊鷉 幼 张琴

10. 黑背信天翁　Laysan Albatross　*Phoebastria immutabilis*

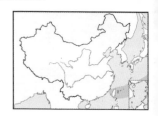

【野外识别】体长 71~81 cm 的黑白色信天翁，翼展 195~215 cm。雌雄相似。成鸟头白色，眼先及眼周略带黑色；腹面全白，仅飞羽边缘及部分覆羽黑色；头顶、颈部及尾上覆羽白色，背面余部深棕色。幼鸟整体似成鸟。虹膜—深色；喙—粉色，基部略带橙色，端部灰色；跗跖—淡粉色。【分布与习性】主要繁殖于夏威夷群岛，可见于整个北太平洋。在我国记录于台湾周边海域。非繁殖期主要在海面表层觅食，不接近陆地。善飞行及游泳，不潜水。【鸣声】于海上无声，在繁殖地有多种鸣声。

11. 黑脚信天翁　Black-footed Albatross　*Phoebastria nigripes*

【野外识别】体长 68~82 cm 的深色信天翁，翼展 193~220 cm。雌雄相似。成鸟体深褐色；脸前部到额白色，与深色的喙成明显对比，脸部向后渐深为灰色；腹部颜色较浅；部分尾上覆羽及尾下覆羽白色。幼鸟似成鸟但颜色较深，尾部基本无白色。虹膜—深色；喙—黑色；跗跖—黑色。【分布与习性】主要繁殖于太平洋各海岛，可见于整个北太平洋。近年来在我国仅记录于台湾周边海域。非繁殖期主要在海面表层觅食，不接近陆地。善飞行及游泳，不潜水。【鸣声】于海上无声，在繁殖地有多种鸣声。

12. 短尾信天翁　Short-tailed Albatross　*Phoebastria albatrus*

【野外识别】体长 80~94 cm 的信天翁，翼展 213~240 cm。雌雄相似。较另两种信天翁略大。成鸟为北太平洋唯一具有白背的信天翁。喙部粉色，基本可以作为各年龄段的辨识特征。成鸟头顶、枕部和后颈皮黄；部分肩羽、翅端、尾端黑色，其余部分白色。尾短，飞行时跗跖明显伸出尾后。幼鸟随年龄羽色有变化，总体由暗褐色逐渐变浅，在 10 岁左右变成完全成年羽色；与黑脚信天翁区别在于本种体大，喙部粉色，跗跖蓝灰色。虹膜—深色；喙—浅粉色，端部天蓝色；跗跖—蓝灰色。【分布与习性】主要繁殖于西太平洋海岛，可见于整个北太平洋。我国目前仅钓鱼岛群岛有繁殖，澎湖列岛繁殖记录截止于 20 世纪 20 年代；见于东南沿海。非繁殖期主要在海面表层觅食。善飞行及游泳，不潜水。【鸣声】于海上无声，在繁殖地有多种鸣声。

黑背信天翁 Greg Schechter

黑背信天翁 Jason

黑脚信天翁 Brian Washburn

黑脚信天翁 Greg Schechter

黑脚信天翁 Jay Iwasaki

短尾信天翁 USFWS/Pete Leary

短尾信天翁
USFWS/Noah Kahn

短尾信天翁 幼
USFWS/John
Klavitter

13. 暴雪鹱 Northern Fulmar *Fulmarus glacialis*

【野外识别】体长 45~50 cm 的大型鹱，翼展 102~112 cm。雌雄羽色相近，雌性翼展及体重一般较雄性小。主要有两个色型。浅色型似鸥，整体白色，仅翼上、腰和尾上覆羽银灰色。体形较鸥粗壮，喙强壮，鼻管明显，翼较窄长；飞行时常在海面上高空飞翔，或紧贴海面快速振翅低飞或低空滑翔，不难与鸥分辨。深色型总体灰褐，似其他鹱，但头颈较短，尾形亦较圆。虹膜—黑色；喙—浅色型主要为黄色，深色型黑灰色，端部黄色；跗跖—粉色到蓝灰色。【分布与习性】分布于北大西洋、北太平洋及北冰洋，越冬几乎不低于北纬40°。我国仅记录于辽东半岛。典型的海洋性鸟类，除繁殖期在岛屿上繁殖外，从不登陆。常不分日夜地在海面上飞行。落在海面上觅食，善游泳，但不能潜水。集群活动。【鸣声】繁殖时发出多种鸣叫。集群尤其是争夺食物时会发出嘈杂的声音，其余时间一般无声。

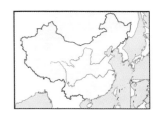

14. 钩嘴圆尾鹱 Tahiti Petrel *Pterodroma rostrata*

【野外识别】体长 38~40 cm 的中型鹱，翼展约 84 cm。雌雄相似。上体褐色，额、喉至上胸部近黑色，此外下体整体白色；翼下近黑色，覆羽末端淡色，形成白色条带。翅尖而长，尾长楔形。远看黑白分明，十分明显。与白额圆尾鹱相似，但白额圆尾鹱体形较小，额和喉白色，翼下颜色较浅。虹膜—深褐；喙—黑色；跗跖—粉色，蹼黑色。【分布与习性】主要分布于太平洋热带地区，在海岛上繁殖，繁殖期外极少靠近陆地。我国仅记录于台湾，为偶见迷鸟。行为可能似其他鹱。【鸣声】在繁殖地记录到复杂的如哨声的鸣叫。

15. 白额圆尾鹱 Bonin Petrel *Pterodroma hypoleuca*

【野外识别】体长 30~31 cm 的小型鹱，翼展 63~71 cm。雌雄羽色相近，雌鸟翼展较长。上体灰黑色，仅有额白色；翼上覆羽和次级飞羽灰色，飞行时形成 M 形斑。额、喉白色，有黑色半颈环；下体白色；翼下总体白色，边缘黑色，另有开口向前的"八"字形黑色条带；尾羽末端黑色。与钩嘴圆尾鹱相似，区别见相应种描述。虹膜—褐色；喙—黑色；跗跖—粉色，蹼深色。【分布与习性】繁殖于小笠原群岛及夏威夷群岛，非繁殖期主要见于太平洋相关海域。我国仅记录于台湾。具典型的鹱的习性。【鸣声】在繁殖群附近陆上或空中发出几种鸣叫。

暴雪鹱 浅色型 慕童

暴雪鹱 深色型 Caleb Putnam

钩嘴圆尾鹱 Aviceda

钩嘴圆尾鹱 Aviceda

白额圆尾鹱 Andy Collins, NOAA Office of National Marine Sanctuaries

16. 褐燕鹱　Bulwer's Petrel　*Bulweria bulwerii*

【野外识别】体长26~29 cm的小型鹱，翼展63~73 cm。雌雄相似，雄鸟略大于雌鸟。整体褐色，似大型的海燕。翼长，尾呈长楔形；翼上大覆羽淡褐色，形成一条明显的浅色带。与体色相似的楔尾鹱及灰鹱相比体形明显小，飞行时翼前弓，不难区分；与全身褐色的褐翅叉尾海燕及黑叉尾海燕相比，本种体形较大，翼明显长且尾不分叉。虹膜－深褐色；喙－黑色；跗跖－内侧粉色，外侧及蹼黑色。【分布与习性】分布于各大洋的热带地区。我国仅记录于东南沿海，相关岛屿上有繁殖记录。喜集群，典型的鹱的习性。【鸣声】仅在繁殖群地面鸣叫，飞行时不发声。

17. 白额鹱　Streaked Shearwater　*Calonectris leucomelas*

【野外识别】体长45~52 cm的大型鹱，翼展103~113 cm。雌雄相似。上体总体褐色，额、脸、颈侧到整个下体白色。翼下覆羽白色，具深色边缘及深色斑。与浅色型楔尾鹱的区别在于脸部白色且喙颜色较深；与暴雪鹱相比喙较细，鼻管短，尾呈楔形。虹膜－深褐色；喙－角质色；跗跖－粉色。【分布与习性】分布于西太平洋，在海岛上繁殖。在我国台湾及澎湖列岛为留鸟，在辽东半岛为夏候鸟。在整个东部到东南沿海均可见到。为典型的海洋性鸟类，除繁殖期外均在海上活动。善飞行，长时间地紧贴海面飞行滑翔。善游泳及潜水，觅食时可急速冲入海中捕食。【鸣声】在繁殖群时发出频繁而响亮的鸣叫，非繁殖期在海上无声。

18. 淡足鹱　Flesh-footed Shearwater　*Puffinus carneipes*

【野外识别】体长40~48 cm的较大的鹱，翼展99~116 cm。雌雄相似。整体褐色，头颈部通常颜色较深。与楔尾鹱深色型的区别在于本种的喙浅色且较厚，喙端深色。虹膜－褐色；喙－粉色，端部黑色；跗跖－粉色。【分布与习性】主要分布于印度洋和太平洋，于海岛上繁殖。我国偶见于台湾东部海域。典型的鹱的习性。【鸣声】主要于夜间鸣叫。

褐燕鹱 Duncan

白额鹱 于涛

白额鹱 于涛

淡足鹱
Ed Dunens

淡足鹱
Ed Dunens

淡足鹱 Lee Gilbert

19. 楔尾鹱 Wedge-tailed Shearwater *Puffinus pacificus*

【野外识别】体长 38~47 cm 的较大的鹱，翼展 97~109 cm。雌雄相似。有两个色型。深色型全身棕褐色，喙黑灰色；浅色型上体棕褐色，下体白色，翼下具黑色边缘，喙灰色到淡粉色。尾较长，呈楔形。本种深色型与短尾鹱及灰鹱的区别在于翼下棕褐色较为均匀，仅大覆羽颜色稍浅。与褐燕鹱、白额鹱和淡足鹱相似，区别见相应种描述。虹膜—褐色；喙—黑灰色、灰色到淡粉色；跗跖—粉色。【分布与习性】分布于印度洋的热  带地区和太平洋的热带地区，于海岛上繁殖。我国繁殖于台湾和澎湖列岛，南海有分布。典型的鹱的习性。【鸣声】于海上无声。

20. 短尾鹱 Short-tailed Shearwater *Puffinus tenuirostris*

【野外识别】体长 40~45 cm 的较大的鹱，翼展 91~100 cm。雌雄相似。整体褐色，上体较深，下体较浅，在头部形成不明显的黑色头罩，喉部显得更浅。翼下颜色整体较淡足鹱、楔尾鹱及灰鹱均浅，颜色较均匀。与相似的灰鹱相比喙较短，鼻管长于喙的 1/3。尾较短，飞行时跗跖伸出尾部。虹膜—黑褐色；喙—黑色；跗跖—灰黑色。【分布与习性】主要分布于太平洋，于海岛上繁殖。我国偶见于东南沿海，在香港为罕见春季旅鸟。典型的鹱的习性。【鸣声】于海上无声。

21. 灰鹱 Sooty Shearwater *Puffinus griseus*

【野外识别】体长 40~51 cm 的大型鹱，翼展 94~109 cm。雌雄相似。整体灰褐色，上下体颜色较均匀；翼下有明显的浅色带，具银灰色光泽，并不像短尾鹱那样翼下浅色较均匀。本种个体较大；喙较长，鼻管不及喙的 1/3。与褐燕鹱相似，区别见相应种描述。虹膜—褐色；喙—黑褐色；跗跖—外侧黑褐色，内侧淡灰色。【分布与习性】分布于除北印度洋以外的各大洋，于海岛上繁殖。我国偶见于福建和台湾沿海。典型的鹱的习性。【鸣声】于海上无声。

楔尾鹱 张永

楔尾鹱 张永

短尾鹱 Ed Dunens

短尾鹱 JJ Harrison

灰鹱 朱雷

灰鹱 Tim Lobz

22. 白腰叉尾海燕　Leach's Storm Petrel　*Oceanodroma leucorhoa*

【野外识别】体长 19~25 cm 的海燕。雌雄相似。整体深褐色，具有明显的开口向前的"V"字形白腰。大覆羽和中覆羽浅褐色，在翅上形成浅色条带。尾部深叉，飞行时尾长于跗跖。同样有白腰的黄蹼洋海燕尾较短，飞行时跗跖伸出尾端。虹膜－深色；喙－黑色；跗跖－黑色。【分布与习性】主要分布于北太平洋及北大西洋，在非洲西岸向南延伸至好望角，在海岛上繁殖。国内偶见于东北及台湾。海洋性鸟类，常沿海面低空飞行，鼓翼迅速且不断变换方向。觅食和休息时浮在海面，与大型海鸟相比起飞容易。【鸣声】仅在繁殖群及附近发出急促而尖锐的鸣声，其他时候寂静无声。

23. 黑叉尾海燕　Swinhoe's Storm Petrel　*Oceanodroma monorhis*

【野外识别】体长 18~22 cm 的海燕。雌雄相似。整体黑褐色，翅上有浅色条带，腰部无浅色，尾长成叉状。与褐燕鹱相似，区别见相应种描述。虹膜－深色；喙－黑色；跗跖－黑色。【分布与习性】分布于印度洋北部到西太平洋，主要在太平洋诸岛上繁殖。我国分布于东部到东南沿海，山东及台湾沿海岛屿有繁殖记录。习性似其他海燕。【鸣声】仅在繁殖群及附近发出鸣声，其他时候寂静无声。

24. 褐翅叉尾海燕　Tristram's Storm Petrel　*Oceanodroma tristrami*

【野外识别】体长 24~27 cm 的较大的海燕。雌雄相似。整体黑褐色，翅上有较明显的浅色条带，尾长成叉状。与相似的黑叉尾海燕相比，本种体形较大，翅较窄，尾叉较深，腰部有不明显的浅色条带，颜色较翅上浅色部分深。与褐燕鹱相似，区别见相应种描述。虹膜－深色；喙－黑色；跗跖－黑色。【分布与习性】分布于太平洋上日本以东到夏威夷群岛海域，在岛屿上繁殖。我国偶见于台湾，为迷鸟。习性似其他海燕。【鸣声】仅在繁殖群及附近发出吵闹的鸣叫，其他时候寂静无声。

白腰叉尾海燕 Gary Leavens

白腰叉尾海燕 Tim Lenz

黑叉尾海燕 赵锷

褐翅叉尾海燕 Glen Tepke

018
/019

鹱形目　海燕科
PROCELLARIIFORMES　Hydrobatidae

鹈形目　鹲科
PELECANIFORMES　Phaethontidae

25. 黄蹼洋海燕　Wilson's Storm Petrel　*Oceanites oceanicus*

【野外识别】体长 15~20 cm 的较小的海燕。雌雄相似。整体深褐色，腰及尾下覆羽白色，十分明显。翼上大覆羽和翼下大覆羽颜色较浅，与深色的飞羽形成对比。尾部较短，几无分叉，飞行时跗跖伸出尾端。与白腰叉尾海燕相似，区别见相应种描述。虹膜—深色；喙—黑色；跗跖—黑色，蹼黄色。【分布与习性】分布于各大洋。国内记录于山东江苏交界处的车牛山岛。可能迁徙经过南海。习性似其他海燕。【鸣声】仅在繁殖群发出鸣叫，在海上常寂静无声。

26. 红嘴鹲　Red-billed Tropicbird　*Phaethon aethereus*

【野外识别】体长约 45 cm（不含中央尾羽的延长部分）的鹲。雌雄相似。整体白色，有粗的黑色贯眼纹，后延可达枕部，飞羽及覆羽部分黑色。与其他两种鹲的主要区别在于，本种成鸟喙红色，从枕部、背部至尾上覆羽均有细的黑色横斑，延长的尾羽白色。雄鸟的延长尾羽平均较雌鸟的长。虹膜—黑色；喙—成鸟红色，幼鸟暗橙色到灰色；跗跖—黄色，内侧趾及蹼黑色。【分布与习性】热带海洋性鸟类，分布于东太平洋、大西洋和印度洋。在海岛上繁殖。我国分布于西沙群岛附近海域。善飞行、游泳及潜水，除繁殖时基本不靠近陆地。【鸣声】在海上常无声。

27. 红尾鹲　Red-tailed Tropicbird　*Phaethon rubricauda*

【野外识别】体长约 45 cm（不含中央尾羽的延长部分）的鹲。雌雄相似。整体白色，有短粗的黑色贯眼纹，仅初级飞羽的羽轴、内侧次级飞羽的中央纹和羽轴黑色；延长的尾羽红色，羽轴黑色。幼鸟上体具黑色横斑，尾部无延长。虹膜—黑色；喙—成鸟橙红色，幼鸟颜色较深；跗跖—灰色，蹼黑色。【分布与习性】热带海洋性鸟类，分布于印度洋到西太平洋。在海岛上繁殖。我国记录于台湾沿海。善飞行、游泳及潜水，除繁殖时基本不靠近陆地。【鸣声】在海上常无声。

黄蹼洋海燕
Ed Dunens

黄蹼洋海燕 Ed Dunens

红嘴鹲 Dominic Sherony

红嘴鹲 claumoho

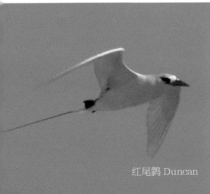
红尾鹲 Duncan

红尾鹲 Forest and Kim Starr

28. 白尾鹲 White-tailed Tropicbird *Phaethon lepturus*

【野外识别】体长约 37 cm（不含中央尾羽的延长部分）的较小的鹲。雌雄相似。整体白色，有短粗的黑色贯眼纹，翼尖黑色，翼上有两道黑色的斜纹；延长的尾羽白色，羽轴黑色。幼鸟上体具黑色横纹，尾部无延长。虹膜—黑色；嘴—橙色或黄色；跗跖—灰黄色，蹼黑色。【分布与习性】热带海洋性鸟类，分布于除东太平洋之外的热带海域。我国记录于台湾沿海，于南海应有分布。善飞行、游泳及潜水，除繁殖时基本不靠近陆地。【鸣声】在海上常无声。

29. 白鹈鹕 Great White Pelican *Pelecanus onocrotalus*

【野外识别】体长 148~175 cm 的体型硕大的粉白色鹈鹕，翼展 226~360 cm。雌雄羽色近似，雌鸟体形略小。成鸟总体粉白色，仅飞羽黑色，与白色的翼上覆羽及翼下覆羽成明显对比。脸部裸皮粉色，繁殖期近橙色。飞行及游泳时颈常缩于背上，为鹈鹕的典型形态；飞行时鼓翼缓慢。幼鸟较多褐色。与卷羽鹈鹕相似，区别见相应种描述。虹膜—红褐色；嘴—蓝灰色，边缘红色，喉囊黄色，繁殖期颜色较鲜艳；跗跖—粉色，繁殖期较橙黄。【分布与习性】繁殖于东欧到西亚一带，在非洲大部和南亚越冬。我国主要见于西部地区，为冬候鸟或旅鸟，偶见迷鸟。【鸣声】非繁殖期寂静无声。

30. 斑嘴鹈鹕 Spot-billed Pelican *Pelecanus philippensis*

【野外识别】体长 127~152 cm 的体型巨大的灰色鹈鹕，翼展 285~355 cm。雌雄羽色近似，雌鸟体形略小。整体灰色，飞行时可见翼下整体深灰，端部较暗；翼上方飞羽及部分覆羽黑色；尾黑色。幼鸟上体淡褐色，胸腹白色。虹膜—成鸟色淡，幼鸟近棕；嘴—粉色，上喙具蓝色斑点；跗跖—黑褐色。【分布与习性】在南亚和东南亚繁殖，非繁殖期游荡至周边。我国历史记录分布于东南沿海，但近年没有确切记录。【鸣声】非繁殖期寂静无声。

白尾鹲 kansasphoto

白尾鹲 Forest and Kim Starr

白尾鹲 Kansasphoto

白鹈鹕 宋鹏涛

白鹈鹕 宋鹏涛

白鹈鹕 宋鹏涛

斑嘴鹈鹕 何海清

斑嘴鹈鹕 张永

022/
/023

鹈形目　鹈鹕科
PELECANIFORMES　Pelecanidae

鹈形目　鲣鸟科
PELECANIFORMES　Sulidae

31. 卷羽鹈鹕　Dalmatian Pelican　*Pelecanus crispus*

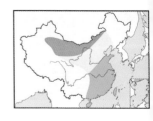

【野外识别】体长 160~180 cm 的体型硕大的灰白色鹈鹕，翼展 310~345 cm。雌雄羽色近似，雌鸟体形略小。似白鹈鹕但较白鹈鹕略大，体色较灰，飞行时翼下仅翼尖黑色，其余较灰；翼上方飞羽及部分覆羽黑色。颈背部羽冠卷曲，与白鹈鹕较短的悬垂式羽冠亦有差别。幼鸟下体白色，上体淡褐色。虹膜—近白色；喙—灰色，边缘近肉色，喉囊橙色，繁殖期颜色较鲜艳；跗跖—灰色。【分布与习性】繁殖于东欧到中亚，越冬于北非、南亚、中国东南沿海。我国繁殖于北部地区，在东南沿海越冬，迁徙经过中部地区。【鸣声】非繁殖期寂静无声，繁殖期发出低沉鸣声。

32. 蓝脸鲣鸟　Masked Booby　*Sula dactylatra*

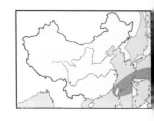

【野外识别】体长 81~92 cm 的最大的鲣鸟，翼展 150 cm。雌雄相似。体形细长，两翼细长；喙长而尖，呈圆锥形；尾呈楔形。成鸟整体黑白色；脸部有黑色斑块，初级飞羽、次级飞羽、尾羽、最长的肩羽和大覆羽黑色，其余部分均为白色。金黄色的眼与黑色脸部形成强烈反差。幼鸟整体棕色，具白色颈环。虹膜—黄色；喙—黄色；跗跖—淡黄色。【分布与习性】广布于热带海域，于海岛上繁殖。国内记录繁殖于钓鱼岛和赤尾屿。善飞行及游泳，可俯冲入水捕食。习性同其他鲣鸟。【鸣声】在海上无声，在巢时发出沙哑的似哨声的鸣唱。

33. 红脚鲣鸟　Red-footed Booby　*Sula sula*

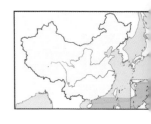

【野外识别】体长 66~77 cm 的小型鲣鸟，翼展 134~150 cm。雌雄相似。体形似其他鲣鸟，有深色型、浅色型及中间色型。浅色型总体白色，仅飞羽及部分覆羽黑色，头顶带红褐色；深色型总体褐色，尾白色。所有色型成鸟跗跖均为红色、喙淡蓝色基部粉色，为主要识别特征；尾大多白色，但仍有尾黑色的浅色型个体和尾褐色的深色型个体。幼鸟全身褐色，与深色型成鸟区别于跗跖灰色。虹膜—黑色；喙—淡蓝色，基部粉色；跗跖—红色，幼鸟灰色。【分布与习性】广布于热带海域，于海岛上繁殖。国内繁殖于西沙群岛，于附近海域区域性常见。冬季有时见于东南沿海。习性同其他鲣鸟。【鸣声】在海上无声。

卷羽鹈鹕 戴美杰

卷羽鹈鹕 傅聪

蓝脸鲣鸟 Forest and Kim Starr

蓝脸鲣鸟 Tim Lenz

红脚鲣鸟 幼 张连喜

红脚鲣鸟 张连喜

34．褐鲣鸟　Brown Booby　*Sula leucogaster*

【野外识别】体长64~74 cm的小型鲣鸟，翼展132~150 cm。雌雄相似。体形似其他鲣鸟。成鸟整体深褐色及白色；头部、颈部、胸部和整个上体深褐色，腹部、翼下覆羽及尾下覆羽白色。脸上裸露皮肤雌鸟橙黄色，雄鸟淡蓝色。幼鸟以褐色替代成鸟的黑色部分，于成鸟的白色部分有褐色斑点。虹膜—灰色；喙—黄色；跗跖—黄色。【分布与习性】广布于热带海域，于海岛上繁殖。国内繁殖于西沙群岛，兰屿曾有繁殖记录但近年已无。主要见于南海。习性同其他鲣鸟。【鸣声】在海上无声。

35．普通鸬鹚　Great Cormorant　*Phalacrocorax carbo*

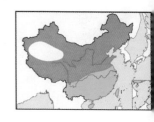

【野外识别】体长72~87 cm的大型鸬鹚。雌雄相似。繁殖羽头部、颈部和羽冠青绿色，具显著的白色丝状羽，黄色喙基较钝；胸部、腹部青绿色；背部、两翼铜褐色，羽缘暗褐色；胁部具白色斑块；青色尾羽较短，为圆形。非繁殖羽头部、颈部无白色丝状羽，两胁无白色斑块。似绿背鸬鹚，识别见相应种描述。虹膜—青绿色；喙—灰黑色，下喙基黄色；跗跖—黑色。【分布与习性】分布于欧洲、亚洲、非洲、北美等地区。国内广布，多为北方地区夏候鸟，南方地区冬候鸟或留鸟。常栖息于河流、湖泊、池塘、水库、河口等地带。常成群活动，善游泳和潜水。【鸣声】叫声单调而低沉。

36．绿背鸬鹚／暗绿背鸬鹚　Japanese Cormorant　*Phalacrocorax capillatus*

【野外识别】体长81~92 cm的大型鸬鹚。雌雄相似。繁殖羽头部、颈部青绿色，具显著的白色丝状羽，黄色喙基较尖；胸部、腹部青铜色；背部、两翼金属暗绿色，羽缘暗褐色；胁部具白色斑块；青色尾羽较短。非繁殖羽头部、颈部无白色丝状羽，两胁无白色斑块。似普通鸬鹚，但绿背鸬鹚背部、两翼金属暗绿色，黄色喙基较尖。虹膜—青绿色；喙—灰黑色，下喙基黄色；跗跖—黑色。【分布与习性】分布于西北太平洋沿岸，北至库页岛。国内见于东北、华北、华东等地海岸及岛屿，多为北方地区夏候鸟，部分个体冬季南迁至南方地区。常栖息于沿海或者海岛岩崖等地带。善游泳和潜水。【鸣声】叫声单调而低沉。

褐鲣鸟 Duncan

褐鲣鸟 Brian Gratwicke

普通鸬鹚 崔月

普通鸬鹚 非繁殖羽 沈越

普通鸬鹚 非繁殖羽 关翔宇

绿背鸬鹚

绿背鸬鹚 非繁殖羽 关翔宇

37. 海鸬鹚　Pelagic Cormorant　*Phalacrocorax pelagicus*

【野外识别】体长 63~79 cm 的中型鸬鹚。雌雄相似。繁殖羽整体金属黑色，头部多绿色光泽，头顶和枕部各具一簇较短的羽冠，眼区、喙基、喉部裸露无羽，为暗红色；颈部多紫色光泽；胸部、腹部、背部、两翼具金属绿色光泽；胁部具白色斑块，尾羽较长具金属光泽。非繁殖羽头部无羽冠，眼区、喙基暗红色不明显。似红脸鸬鹚，识别见相应种描述。虹膜—绿色；喙—暗黄色；跗跖—黑色。【分布与习性】分布于北太平洋沿岸。国内见于东北、华北、华东等地海岸及岛屿，多为北方地区夏候鸟，部分个体冬季南迁至南方地区。常栖息于温带海洋中的近陆岛屿和沿海地带，有时亦见于河口海湾。常成群活动，善游泳和潜水。【鸣声】叫声似低沉的"en en en"声。

38. 红脸鸬鹚　Red-faced Cormorant　*Phalacrocorax urile*

【野外识别】体长 71~89 cm 的中型鸬鹚。雌雄相似。繁殖羽整体金属黑色，头顶和枕部各具一簇较显著羽冠，眼区裸露无羽，为红色，喙基具蓝色；颈部多紫色光泽；胸部、腹部、背部、两翼具金属绿色光泽；胁部具白色斑块。非繁殖羽头部无羽冠，眼区、喙基红色较淡。似海鸬鹚，但本种个体较大，前额裸露无羽，与眼区、喉部相连呈鲜红色。虹膜—褐色；喙—皮黄色；跗跖—黑色。【分布与习性】分布于从北海道经千岛群岛、堪察加半岛、阿留申群岛到阿拉斯加半岛的狭长地带。国内仅见于辽东半岛，为罕见冬候鸟。常栖息于沿海海岸和临近岛屿与海洋等地带，善游泳和潜水。【鸣声】叫声似低沉的"ai ai"声。

39. 黑颈鸬鹚　Little Cormorant　*Phalacrocorax niger*

【野外识别】体长 50~54 cm 的小型鸬鹚。雌雄相似。繁殖羽整体金属黑色，头顶具一簇较短的羽冠，头部、颈部具白色丝状羽；胸部、腹部、背部、两翼具金属绿色光泽。非繁殖羽头部无羽冠，额部偏白，头部、颈部少白色丝状羽。幼鸟整体偏黄褐色。虹膜—绿色；喙—暗黄色；跗跖—黑色。【分布与习性】分布于南亚及东南亚。国内见于云南西南部，为留鸟。常栖息于河流、湖泊、水库等地。常成群活动，善游泳和潜水。【鸣声】叫声单调而低沉。

海鸬鹚 关翔宇

海鸬鹚 关翔宇

红脸鸬鹚 Don Henise

红脸鸬鹚 kuhnmi

黑颈鸬鹚 未名

黑颈鸬鹚 关翔宇

028
/029
鹈形目　军舰鸟科
PELECANIFORMES　Fregatidae
鹳形目　鹭科
CICONIIFORMES　Ardeidae

40. 黑腹军舰鸟　Great Frigatebird　*Fregata minor*

【野外识别】体长82~105 cm的较大型的军舰鸟，雌鸟常大于雄鸟。雄鸟繁殖羽全身黑色，具蓝绿色金属光泽，喉囊红色，翼上覆羽形成棕色带；非繁殖期羽色总体较暗，喉囊收缩，颜色暗淡。雌鸟背面棕黑色，颈背部棕色和头枕部的黑色成较明显对比；眼圈粉色；喉囊灰色；胸腹部白色。幼鸟似成年雌鸟但头棕色，随年龄有所变化，眼圈淡蓝灰色。体形相近的白腹军舰鸟在国内罕有记录，主要区别在于成鸟腹部为白色。虹膜—

褐色；喙—雄鸟灰黑色，雌鸟蓝灰色带粉色；跗跖—成鸟灰色带粉色，幼鸟蓝色。【分布与习性】主要分布于印度洋及太平洋热带、亚热带海域，于海岛上繁殖。我国记录于东部到南部沿海地区和海域。海洋性鸟类，常在海面低空飞翔捕食，或追赶并胁迫其他鸟类将捕获的食物吐出，在落水前抢走。不善游泳，较少着陆于平地，常如猛禽般借助热气流盘旋翱翔。【鸣声】在繁殖地发出多种似鸥的鸣声及敲击喙部的"咔咔"声，包括独特的一连串"喔"声。在繁殖地外基本无声。

41. 白斑军舰鸟　Lesser Frigatebird　*Fregata ariel*

【野外识别】体长66~81 cm的体型最小的军舰鸟，雌鸟常大于雄鸟。雄鸟繁殖羽全身黑色，有蓝绿色金属光泽；喉囊红色，非繁殖期色泽暗淡；标志性的白斑从胸腹部向侧面延伸至翼下基部。雌鸟整体棕黑色，胸腹部白色上延伸至颈部侧面，下延伸至翼下基部。幼鸟整体褐色，头浅棕色，下体白色部分似雌鸟但胸部夹杂较多黑色斑块。虹膜—黑褐色；喙—雄鸟灰黑色，

雌鸟蓝灰色或带粉色；跗跖—粉色。【分布与习性】主要分布于印度洋及太平洋热带、亚热带海域，于海岛上繁殖。我国记录于东南到南部沿海地区和海域。习性同黑腹军舰鸟，为军舰鸟科的典型习性。【鸣声】在繁殖地发出多种似鸥的鸣声及敲击喙部的"咔咔"声。在繁殖地外基本无声。

42. 苍鹭　Grey Heron　*Ardea cinerea*

【野外识别】体长80~110 cm的大型鹭科鸟类。雌雄相似。头、颈以灰色或粉灰色为主。头部羽色较淡，为近白色，但头侧至枕部为黑色，且此处黑色羽毛延长形成辫状羽。前颈亦具稀疏的黑色细纵纹，颈下部羽毛延长，下垂至胸部，形成蓑羽。上体余部蓝灰色，两翼飞羽和初级覆羽近黑色，余部灰色。下体及尾羽皆为灰白色。未成年个体与成鸟相似，但头顶几全为灰黑色。相似种白腹鹭体形更大，头部无黑色区域，喙为灰色且

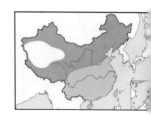

腹部为白色，故不难辨识。与白脸鹭羽色相似，辨识见相应种描述。虹膜—黄色；喙—橙黄色，幼鸟喙峰灰色；跗跖—灰褐色。【分布与习性】广布于欧亚大陆至非洲大陆。国内各省皆有分布，为常见留鸟或候鸟。见于各种类型的湿地浅水区域，喜集群活动或与其他中、大型鹭类混群。觅食时于水边长时间静立不动等待捕食机会。【鸣声】响亮的"呱——呱"声。

黑腹军舰鸟 雌 Duncan

黑腹军舰鸟 雌
Harmonyon Planet Earth

黑腹军舰鸟 雄 Charles Sharp

白斑军舰鸟 雌 张永

白斑军舰鸟 幼 沈岩

苍鹭 朱雷

苍鹭 沈越

苍鹭 幼 朱雷

43. 白腹鹭　White-bellied Heron　*Ardea insignis*

【野外识别】体长 120~130 cm 的大型鹭科鸟类。雌雄相似。
喙强健，略上翘。头、颈灰色，颈下部羽毛略延长，呈披针状，
羽端白色。额白色，头后具灰色的较短辫状羽，上体余部蓝灰色。
两翼飞羽及初级覆羽灰黑色，其余各覆羽灰色。尾羽暗灰色，
较短。下胸、腹部及尾下覆羽皆为白色，与灰色的上体形成对比，
为其区别于相似种苍鹭的重要特征。幼鸟与成鸟相似，但上体
略带褐色。虹膜－黄色；喙－灰色；跗跖－暗灰色。【分布与
习性】有限分布于喜马拉雅山脉东南山麓地区，我国仅于西南边境地区有少量记录。种群数量
稀少，为甚罕见的留鸟。一般栖息于较低海拔的沼泽、河流、水塘等地，多单独或集小群活动，
性机警而惧人。【鸣声】不详。

44. 草鹭　Purple Heron　*Ardea purpurea*

【野外识别】体长 80~110 cm 的大型鹭科鸟类。雌雄相似。成
鸟头、颈以橙棕色为主，前额、头顶至枕部黑色，枕部具黑色
辫状羽，颊部具一黑色条纹，颈侧亦具一清晰的黑色纵纹延伸
而下，前颈亦可见断续而零散的黑色短纵纹。颈基部具蓝灰色
蓑羽并垂于胸部。上体灰色，背部可见少量延长的丝状饰羽。
两翼飞羽灰黑色，翼上覆羽灰色，大部分翼下覆羽为橙棕色。
下体大致呈灰黑色，尾下覆羽近黑色。幼鸟整体羽色较淡，头、
颈无黑色部分，上、下体以褐色为主，无延长的饰羽，两翼呈灰褐色。本种羽色较为鲜艳，野
外比较容易辨识。虹膜－黄色；喙－橙色；跗跖－橙褐色。【分布与习性】广布于欧亚大陆南
部及非洲大陆。国内见于东部及南部地区，为区域性常见的候鸟，繁殖于东北、华北，越冬于
华南至西南地区。喜水生植被状况较好的沼泽、水田、河流、湖泊的浅水区，一般在浓密的苇
丛中营巢，与多数鹭类于树上营巢的习性差异较大。常单只或集小群活动。【鸣声】单调的"咚
咯"或"嘎嘎"声。

45. 大白鹭　Great Egret　*Ardea alba*

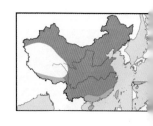

【野外识别】体长 90~100 cm 的大型鹭科鸟类。雌雄相似。成
鸟通体白色。繁殖期喙呈黑色，眼先绿色，背部具延长且下垂
的丝状饰羽，前颈基部亦具较短的蓑羽。非繁殖期喙黄色，眼
先黄色或黄绿色，颈部及背部无丝状饰羽。与其余白色鹭类（如
中白鹭、白鹭、黄嘴白鹭等）的主要差异为本种体形较大；嘴
裂较深，延伸至眼下后方；颈部较长，飞行时缩起，扭结似囊状，
甚为显著。虹膜－黄色；喙－黑色（繁殖期）或橙黄色（非繁
殖期）；跗跖－黑色。【分布与习性】分布遍及全球。国内各省皆有分布。为常见的候鸟，繁
殖于长江以北大部分地区，越冬于华南南部和西南。典型的鹭类习性，活动于各类湿地的浅水
区域，喜集群或与其他鹭类（如中白鹭、白鹭等）混群。【鸣声】低沉的"咯咯"声，常具颤音

白腹鹭 Mahesi river

白腹鹭 幼 Todd Hull

草鹭 沈越

草鹭 沈越

草鹭 幼 张永

大白鹭 沈越

大白鹭 非繁殖羽 沈越

大白鹭 非繁殖羽 朱雷

46. 斑鹭　Pied Heron　*Egretta picata*

【野外识别】体长约 44~55 cm 的较小型鹭科鸟类。雌雄相似。成鸟头顶、头两侧至枕部蓝黑色，枕部部分羽毛延长成为显著的辫状羽。头、颈余部，包括额、喉皆为白色，颈基部羽毛略有延长并垂至胸部，形成丝状饰羽。上体余部、两翼及下体皆为蓝黑色。幼鸟头、颈全为白色，无辫状及丝状饰羽，上体偏褐色，下体羽色亦较淡。本种成鸟全身蓝黑色及白色形成鲜明对比，幼鸟白色的头、颈部亦与灰褐色的上体差异显著，国内分布的鹭类无与之相似者。虹膜—黄色；喙—黄色；跗跖—黄色。【分布与习性】主要分布于印度尼西亚至澳大利亚北部，为区域性常见的留鸟或候鸟。在国内仅于台湾有数笔迷鸟记录。见于各类咸水湿地（如滩涂、红树林、潟湖等）及淡水湿地（如沼泽、水田、河流、湖泊等），但多在近海的区域活动。具鹭类典型的觅食习性，静立不动等待猎物或边走动边觅食。【鸣声】粗哑的"呱呱"声。

47. 白脸鹭　White-faced Heron　*Egretta novaehollandiae*

【野外识别】体长约 60~69 cm 的中型鹭科鸟类。雌雄相似。成鸟头部及颈部大致呈灰色，但前额、眼周、耳羽、颊、颏及喉为白色。颈基具延长的、略带淡紫色的饰羽。上体及下体灰色，背部具延长的饰羽。两翼飞羽灰黑色，覆羽灰色。幼鸟似成鸟但头部白色面积较小，与周围灰色区域对比不显著，且背部和颈基均无延长的饰羽。本种羽色似苍鹭，但体形明显较小，且头部无黑色区域。虹膜—黄色；喙—黑色；跗跖—黄色。【分布与习性】见于印度尼西亚、新几内亚、澳大利亚至新西兰，为常见留鸟或候鸟。于国内为罕见迷鸟，仅记录于东南沿海及台湾。多单只或成对活动于滨海及内陆各类湿地。【鸣声】单调粗厉的"ah——ah——"声。

48. 中白鹭　Intermediate Egret　*Egretta intermedia*

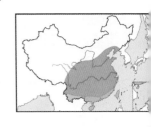

【野外识别】体长 62~70 cm 的中型鹭科鸟类。雌雄相似。全身皆为白色。繁殖期喙黑色，仅喙基黄色，眼先绿色，背部具甚长的丝状饰羽，延伸可超过尾端，颈基部亦有略微延长的饰羽垂下。非繁殖羽喙以黄色或橙黄色为主，喙尖端黑色，眼先黄色或黄绿色，背部及颈部均无延长的饰羽。与羽色同为白色且颈较细长的大白鹭、白鹭相似，但大白鹭体形明显较大，喙、颈均较长，而白鹭体形明显小于本种，喙较细且全年皆为黑色，趾为黄色而非黑色。虹膜—黄色；喙—繁殖期黑色为主，仅基部黄色，非繁殖期黄色为主，仅端部黑色；跗跖—黑色。【分布与习性】广布于非洲、东亚、南亚、东南亚至大洋洲。国内主要见于华北及其以南地区，区域性常见，多数地区为夏候鸟，于华南南部为冬候鸟，于西南部分地区为留鸟。典型的鹭类习性，活动于各类湿地，常集群或与其他鹭类（如大白鹭和白鹭）混群活动。【鸣声】单调而连续的"咯咯"声。

斑鹭 Stephen Michael Barnett

斑鹭 幼 Francesco Veronesi

白脸鹭 崔月

白脸鹭 朱雷

中白鹭 朱雷

中白鹭 非繁殖羽 沈越

49. 白鹭 Little Egret *Egretta garzetta*

【野外识别】体长 54~68 cm 的中型鹭科鸟类。雌雄相似。繁殖期眼先淡绿色，枕后具显著延长的辫状羽，前颈基部具延长的丝状饰羽，下垂至胸部，背部亦具显著延长的蓑羽，长度常超出尾端。非繁殖期眼先为黄色或黄绿色，头部无辫状饰羽，颈部和背部亦无延长的蓑羽。本种体形显著小于同为白色的大白鹭；与中白鹭和黄嘴白鹭相比，本种无论繁殖期内外喙均全为黑色。此外，本种跗跖为黑色，与黄色的趾形成显著的对比，亦为其区别于其余相似鹭类的重要特征。虹膜—黄色；喙—黑色；跗跖—黑色。【分布与习性】广泛分布于非洲、欧亚大陆、大洋洲。我国亦广布且常见于华南、华中及其以南的地区，于长江以北地区多为夏候鸟，长江以南地区为冬候鸟或留鸟。具鹭类典型习性，多见于沿海及内陆湿地浅水区域，常沿水边边走动边觅食，喜集群或与其他鹭类混群。【鸣声】粗哑的"呱——呱——"声。

50. 黄嘴白鹭 Chinese Egret *Egretta eulophotes*

【野外识别】体长 50~65 cm 的中型鹭科鸟类。雌雄相似。全身体羽皆为白色。繁殖期喙橙黄色，眼先蓝色至青色，头后、前颈基部、背部均具较长的丝状饰羽。跗跖黑色，趾黄色；非繁殖期喙淡黄褐色，眼先淡黄色至黄绿色，无明显延长的丝状饰羽。跗跖和趾皆为黄绿色。本种体形明显小于大白鹭；且喙几无黑色部分（特别是繁殖期内为鲜艳的橙黄色），跗跖并非黑色（非繁殖期），故与中白鹭及大白鹭不难区分。虹膜—黄色；喙—橙黄色（繁殖期）或黄褐色（非繁殖期）；跗跖—黑色（繁殖期）或黄绿色（非繁殖期）。【分布与习性】有限分布于东亚至东南亚的近海地区及海岛。国内为罕见候鸟，主要见于东部至南部沿海，于内陆亦有少量记录。主要活动于沿海的滩涂、岩礁地带及河口区域，偶至内陆各类湿地。具典型的鹭类觅食习性。【鸣声】低哑的"嘎嘎"声。

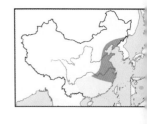

51. 岩鹭 Pacific Reef Heron *Egretta sacra*

【野外识别】体长 58~75 cm 的中型鹭科鸟类。雌雄相似。有灰、白两种色型。灰色型个体全身以灰色为主，仅颏、喉白色，喙黑色。白色型个体通体白色，上喙黑色，下喙褐色，眼先绿色。两种色型于繁殖期内头后、前颈基部和背部均具延长的丝状饰羽，非繁殖期无丝状饰羽。本种灰色型一般不会错认；白色型与其他白色鹭类的差异在于本种跗跖为黄绿色且较短而粗壮，飞行时跗跖仅略伸出尾端，而其余白色鹭类如大白鹭、中白鹭、白鹭、黄嘴白鹭等飞行时跗跖显著超出尾端。虹膜—黄色；喙—黑色（灰色型）或上喙黑色、下喙褐色（白色型）；跗跖—黄绿色。【分布与习性】广布于东亚、东南亚至大洋洲。国内见于华南沿海、东海、南海诸岛，为区域性常见的留鸟或候鸟。主要栖息地为海滨及海岛的岩礁地带。多单独活动。【鸣声】单调粗哑的"嘎——嘎"声或一连串低沉的"咯咯咯"声。

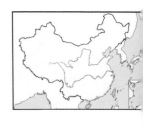

白鷺 朱雷

白鷺 朱雷

白鷺 非繁殖羽 沈越

黃嘴白鷺 沈越

黃嘴白鷺 非繁殖羽 沈岩

岩鷺 白色型 朱雷

岩鷺 灰色型 沈岩

岩鷺 灰色型 董江天

52. 牛背鹭　Cattle Egret　*Bubulcus ibis*

【野外识别】体长 47~55 cm 的中型鹭科鸟类。雌雄相似。繁殖期眼先黄绿色，头、颈皆为橙棕色，头后无辫状饰羽，颈基具下垂的蓑羽，背部具橙黄色的丝状延长饰羽但一般不超过尾端，上体余部、两翼及下体皆为白色。非繁殖期眼先黄色，全身皆为白色，无延长的饰羽。幼鸟似成鸟非繁殖羽，但喙为黑色而非橙色或黄色。本种繁殖羽羽色鲜艳，野外不会错认。非繁殖羽与各种白色体羽的鹭类相似，但本种喙全为黄色，较短，颈部亦较其余各种白色鹭短而粗壮。幼鸟喙全为黑色，似白鹭，但喙、颈部均明显较短且趾为黑色而非黄色。虹膜—黄色；喙—橙色至橙红色（繁殖期）、黄色（非繁殖期）或黑色（幼鸟）；跗跖—黑色。【分布与习性】广布于除南极洲外的各大陆。国内除东北和西部外广泛分布，于秦岭以北为不常见的夏候鸟，秦岭以南则为常见冬候鸟或留鸟。主要生境包括但不限于沿海及内陆各种湿地，亦见于农田、草地和开阔的荒野。因常常跟随牛活动，甚至站立于牛背上而得名。【鸣声】单调的"咯咯"声。

53. 池鹭　Chinese Pond Heron　*Ardeola bacchus*

【野外识别】体长 38~50 cm 的小型鹭科鸟类。雌雄相似。繁殖羽头、颈皆为栗色，背部蓝灰色，两翼、尾羽及下体皆为白色。头后具延长的羽冠，颈基部和背部均具延长的蓑羽，但背部蓑羽长度不超过尾端。非繁殖羽头部、颈部为淡黄白色，具深褐色纵纹，背部褐色。头后羽冠较短，颈部和背部无延长的饰羽。幼鸟似成鸟非繁殖羽。本种白色的两翼和深色的上体形成显著对比，野外容易辨识。似爪哇池鹭，但本种头、颈为栗色而非淡棕黄色。虹膜—黄色；喙—喙基黄色，喙端黑色；跗跖—黄色。【分布与习性】分布于东亚至东南亚。国内分布广泛，甚常见，于长江以北多为夏候鸟，长江以南则为冬候鸟或留鸟。多活动于河流、湖泊、沼泽、水田等淡水湿地，不惧人，常单独、集群或与其他鹭类混群活动。【鸣声】单调的"ar ar"声。

54. 爪哇池鹭　Javan Pond Heron　*Ardeola speciosa*

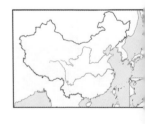

【野外识别】体长约 47cm 的小型鹭科鸟类。雌雄相似。繁殖羽头、颈大致为淡棕黄色，头后具似池鹭的延长羽冠，颈基部亦具延长至胸部的、略带淡紫色的饰羽。背部羽毛蓝灰色，明显延长至背部两侧及近尾端处。两翼、尾羽白色，下体亦为白色。与池鹭相似，繁殖羽的差异为本种头部、颈部为淡棕色而非栗色；非繁殖羽两者于野外极难分辨。虹膜—黄色；喙—喙基黄色，喙端黑色；跗跖—黄色。【分布与习性】主要分布于东南亚，包括中南半岛、印度尼西亚、菲律宾及加里曼丹岛。国内为甚罕见的迷鸟，仅于台湾有过记录。生境及习性似池鹭。【鸣声】似池鹭。

牛背鹭 朱雷

牛背鹭 非繁殖羽 朱雷

牛背鹭 幼 朱雷

池鹭 朱雷

池鹭 非繁殖羽 沈越

爪哇池鹭 王斌

爪哇池鹭 非繁殖羽 Dick Daniels

55. 绿鹭　Striated Heron　*Butorides striata*

【野外识别】体长 38~47 cm 的小型鹭科鸟类。雌雄相似。成鸟前额、头顶至枕部黑色，头后具延长的黑色羽冠。眼下方具一清晰的黑色横纹。颏、喉白色。上体及下体余部皆为灰色，其中两翼及尾羽具青色金属光泽，下体灰色较上体淡。幼鸟头顶黑色，上体及两翼褐色，具白色点斑，下体白色，具褐色纵纹。与夜鹭相似，但夜鹭成鸟虹膜红色，背部为蓝黑色而非灰色，且两翼无青铜色光泽；幼鸟与夜鹭幼鸟的差异在于本种虹膜为黄色而非橙色，且头顶为黑褐色而非黄褐色；体形较小，喙长且直。虹膜—黄色；喙—黑色；跗跖—黄色或黄绿色。【分布与习性】广布于热带至温带地区。国内除西部地区外广泛分布，不常见。于长江以北为夏候鸟，长江以南为留鸟或冬候鸟。一般活动于植被状况较好的淡水湿地，性孤僻，多单独活动。【鸣声】响亮的"嘎、嘎"声。

56. 夜鹭　Black-crowned Night Heron　*Nycticorax nycticorax*

【野外识别】体长 48~59 cm 的中型鹭科鸟类。雌雄相似。喙粗壮，虹膜为特征性的红色。头、颈大致为灰色，但头顶至枕部为蓝黑色，头后具细长的灰白色辫羽，颈短，背部蓝黑色，两翼、尾羽及下体皆为灰色，其中腹部至尾下覆羽羽色稍淡，为近白色。幼鸟虹膜橙色，上体及两翼褐色，具白色斑点，颈部至胸部具褐色纵纹，下体余部白色。幼鸟似绿鹭或棕夜鹭，辨识见相应种描述。虹膜—红色（成鸟）或橙色（幼鸟）；喙—黑色（成鸟）或喙峰及喙端黑色，余部黄绿色（幼鸟）；跗跖—黄色。【分布与习性】广泛分布于欧亚大陆、非洲大陆及美洲大陆。国内于全国各省皆有分布。于长江以北地区为夏候鸟（近年来于华北有少量越冬记录），长江以南为冬候鸟或留鸟。常见于各种湿地，不惧人。多于晨昏及夜间活动，喜集群。【鸣声】响亮而粗厉的"哇"或"嘎"声。

57. 棕夜鹭　Nankeen Night Heron　*Nycticorax caledonicus*

【野外识别】体长 55~59 cm 的中型鹭科鸟类。雌雄相似。成鸟前额、顶冠至枕部黑色，头后具甚长的白色辫状饰羽。头、颈余部淡棕黄色，背部、两翼及尾羽棕黄色。颏、喉及下体余部皆为白色，或略带较淡的棕色。幼鸟头、颈淡黄色，具黑褐色纵纹，背部及两翼褐色，密布白色斑点。腹部近白色。虹膜—黄色；喙—黑色（成鸟）或喙峰及喙端黑色，余部黄色（幼鸟）；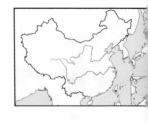跗跖—黄色。【分布与习性】分布于马来群岛、澳大利亚及新西兰。国内仅于台湾有零星记录，为罕见迷鸟。主要栖息于各类内陆及滨海湿地，夜行性，有时亦在白天活动。【鸣声】响亮的"嘎"声，但不如夜鹭粗厉。

绿鹭 蔡欣然

绿鹭 沈越

夜鹭 朱雷

夜鹭 关翔宇

夜鹭 幼 朱雷

棕夜鹭 幼 Christopher Watson

棕夜鹭 Anna Gardiner

58. 海南鸭　White-eared Night Heron　*Gorsachius magnificus*

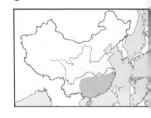

【野外识别】体长 54~61 cm 的中型鹭科鸟类。雌雄相似。头部至枕部主要为黑色，具白色贯眼纹，头后具黑色羽冠，颈白色，具显著的黑色纵纹，颈侧棕黄色。背部、两翼及尾羽均为暗褐色。额、喉白色，具清晰的黑色的喉中线。下体白色，密布黑色鳞状斑。幼鸟与成鸟相似，但颈侧无棕色区域，且上体羽色较淡。虹膜—黄色；喙—黑色，仅下喙基部黄色；跗跖—黄绿色。【分布与习性】主要分布于我国华南，越南北部亦有记录。为罕见留鸟。一般于林间小溪、河流和周边植被较好的湖泊附近活动，林栖型，可见于树上、草地及灌丛中。性隐秘，主要为夜行性，不喜集群。【鸣声】不详。

59. 栗鸭　Japanese Night Heron　*Gorsachius goisagi*

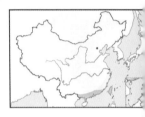

【野外识别】体长 43~49 cm 的小型鹭科鸟类。雌雄相似。体形粗胖似夜鹭。喙甚短而略下弯，头、颈、背至尾羽均为栗棕色，两翼翼上覆羽栗棕色，飞羽黑色，具栗红色端斑，两翼展开时飞羽的黑色部分形成一显著的黑色条带，为本种的重要辨识特征之一。下体白色，密布不规则的黑色纵纹。似黑冠鸭但本种头顶为栗棕色而非黑色。虹膜—黄色；喙—灰黑色；跗跖—灰绿色。【分布与习性】繁殖于日本南部，至东南亚越冬。国内主要见于长江以南以及台湾地区，于华北亦偶有记录，为罕见旅鸟及冬候鸟。本种为林栖型鸭类，多活动于近水源的森林、灌丛及草地，但迁徙时亦出现在远离水源的林地，多于夜间单独活动。【鸣声】降调的"呜——呜——"声，似鸦。

60. 黑冠鸭　Malayan Night Heron　*Gorsachius melanolophus*

【野外识别】体长 41~48 cm 的小型鹭科鸟类。雌雄相似。体形粗胖，喙短而略下弯，似栗鸭。眼先绿色，头顶至枕部黑色，头、颈余部及背部栗色，两翼翼上覆羽栗棕色，具细密的黑色横斑，飞羽黑色，端部栗色（最外侧数枚初级飞羽端部近白色），两翼展开时形成宽阔的黑色条带，与栗色区域形成显著对比。翼下覆羽白色，具细密的黑色横斑。尾羽暗褐色。下体淡棕色，具黑色纵纹。幼鸟头顶黑色，密布白色点斑，上体褐色。本种与栗鸭相似但顶冠为黑色而非栗色，且飞行时翼下覆羽为黑白相间的花纹而非栗棕色。虹膜—黄色；喙—灰黑色；跗跖—灰绿色或偏灰的黄绿色。【分布与习性】分布于东南亚及南亚。国内见于华南南部、台湾和海南，为罕见留鸟，但于台湾地区较常见。属行为隐秘的林栖型鸭类，多于晨昏及夜间活动，主要生境为水源附近的林地、灌丛及草地。一般不集群。【鸣声】低沉的"ku——gu"声。

海南鳽 Mark Wu

海南鳽 幼 Alex Wong

栗鳽 吴志华

栗鳽 Ken san

黑冠鳽 沈越

黑冠鳽 张明

黑冠鳽 幼 韦铭

61．小苇鳽　Little Bittern　*Ixobrychus minutus*

【野外识别】体长 30~38 cm 的小型鹭科鸟类。雄鸟头顶至枕部黑色，头两侧及颈部黄褐色，背、腰、尾上覆羽至尾羽均为黑色，两翼飞羽黑色，覆羽淡褐色，飞行时形成明显对比。颏、喉白色，下体余部大致为淡黄白色，前颈至胸部具黄褐色纵纹。雌鸟头顶为灰褐色，上体及两翼飞羽以栗褐色取代雄鸟的黑色，上体余部的黄褐色亦较雄鸟淡。似黄苇鳽但本种背部羽色较两翼翼上覆羽深，无论两翼展开或收拢时均对比显著，而黄苇鳽背部与两翼翼上覆羽同色；且本种与黄苇鳽分布几无重叠区域。虹膜—黄色；喙—喙峰黑色，其余部分黄色；跗跖—黄色或黄绿色。【分布与习性】广泛分布于欧亚大陆西部至中部，以及非洲大陆及大洋洲。国内仅边缘性分布于新疆，为区域性常见的夏候鸟。主要生境为植被状况较好的淡水湿地，多见于草丛中或苇丛中，单独或成对活动。【鸣声】单调而低沉的"咕"声。

62．黄苇鳽　Yellow Bittern　*Ixobrychus sinensis*

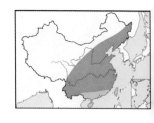

【野外识别】体长 30~38 cm 的小型鹭科鸟类。雄鸟头顶黑色，头、颈余部黄褐色，上体余部大致为黄褐色，但尾羽呈黑色，两翼飞羽和初级覆羽黑色，其余翼上覆羽与背部同为黄褐色。下体淡黄白色，前颈至胸部具模糊的褐色纵纹（部分个体无纵纹）。雌鸟与雄鸟相似，但头顶为灰黑色，具浅色纵纹，背部具模糊的暗褐色纵纹，且颈部至胸部的纵纹较雄鸟清晰。幼鸟似雌鸟，但顶冠为黄褐色，且上体、两翼（翼上覆羽）及下体均缀有清晰的暗褐色纵纹。本种背部及翼上覆羽同为黄褐色，故不难与相似种紫背苇鳽（背部紫红色，翼上覆羽灰黄色）及栗苇鳽（背部及两翼均为栗红色）区分。与小苇鳽相似，区别见相应种描述。虹膜—黄色；喙—喙峰黑色，其余部分黄色；跗跖—黄绿色。【分布与习性】广布于亚洲各地。国内除西部地区外广泛分布，为常见候鸟。一般隐匿于湿地及其附近的苇丛、草丛、荷塘及水田中，不喜集群。【鸣声】一般为低沉的"呜呜"声或响亮清脆的"嘎嘎"声。

63．紫背苇鳽　Von Schrenck's Bittern　*Ixobrychus eurhythmus*

【野外识别】体长 30~38 cm 的小型鹭科鸟类。雄鸟头顶至枕部黑色，头侧、颈后至背部为紫红色，腰和尾上覆羽灰褐色，尾羽黑色。两翼飞羽灰黑色，翼上覆羽灰黄色或土黄色。颏、喉至前颈为灰白色或淡黄色，与紫红色的后颈形成清晰的分界，下体余部淡黄白色。雌鸟上体及翼上覆羽均为栗色，且密布白色斑点，背部略带紫色。下体具显著的栗褐色纵纹。幼鸟似雌鸟，但背部为深褐色，两翼翼上覆羽为黄褐色，各羽具淡色羽缘。本种上体羽色较深，与同域分布的黄苇鳽、栗苇鳽差异较大，野外不难辨识。虹膜—黄色；喙—喙峰黑色，其余部分黄绿色；跗跖—黄绿色。【分布与习性】分布于东亚至东南亚。国内广布于东部及南部地区，为不常见夏候鸟，但于云南、海南等地有越冬记录。习性及生境似其他苇鳽，多见于苇丛或类似地区，性隐秘。【鸣声】低沉的"咕咕"声。

小苇鳽 雌 邢睿　　　　小苇鳽 雄 叶睿

小苇鳽 雄 张岩　　　　黄苇鳽 雌 沈越

黄苇鳽 雄 计云　　　　黄苇鳽 幼 朱雷

紫背苇鳽 雌 朱雷　　　　紫背苇鳽 雄 沈越

紫背苇鳽 雌 沈岩

64. 栗苇鳽 Cinnamon Bittern *Ixobrychus cinnamomeus*

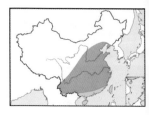

【野外识别】体长 31~37 cm 的小型鹭科鸟类。雄鸟上体及两翼基本全为鲜艳的栗棕色，颈侧具白色纵纹，下体淡棕黄色，具黑色纵纹。雌鸟与雄鸟相似，但头顶羽色较暗，上体为栗褐色，不如雄鸟鲜艳，且背部及翼上覆羽各羽具白色羽缘，形成缀于上体的白色鳞状或点斑，下体黑色纵纹较雄鸟显著。幼鸟头顶暗褐色，上体褐色，具近白色斑点，下体淡黄白色，具清晰的黑褐色纵纹。本种羽色鲜艳，在野外不难与黄苇鳽、紫背苇鳽和黑鳽等区分。虹膜—黄色；喙—喙峰黑色，其余部分黄色（部分雄鸟的喙近乎全为黄色）；跗跖—黄绿色。【分布与习性】分布于东亚、南亚及东南亚。国内见于华北及其以南地区，不常见，主要为夏候鸟，但于华南南部、台湾及海南为冬候鸟或留鸟。典型的苇鳽习性，主要栖息于河流、湖泊地带的苇丛和草丛，亦见于水田和荷塘。【鸣声】似"咯咯"声。

65. 黑鳽 Black Bittern *Ixobrychus flavicollis*

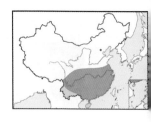

【野外识别】体长 49~59 cm 的中型鹭科鸟类。雄鸟头、枕、后颈及上体余部皆为黑色，两翼亦为黑色，颈侧具一淡黄色斑块（部分个体不显著），喉、胸、腹部淡黄色，具密集的黑色纵纹。雌鸟与雄鸟大致相似，但上体以暗褐色取代黑色，喉、胸部具深色纵纹，腹部为淡灰褐色。幼鸟似雌鸟，但背部及两翼各羽具淡黄色羽缘。本种羽色与国内分布的其他鳽类迥异，野外容易辨识。虹膜—黄色；喙—暗褐色；跗跖—褐色。【分布与习性】分布于东亚、东南亚至澳大利亚。国内罕见，主要见于秦岭以南。其中于云南、广西部分地区及海南为留鸟，于台湾迁徙经过，于其他地区为夏候鸟，于华北有零星迷鸟记录。主要活动于湿地及其附近植被茂盛之处（包括苇丛、草丛、灌丛及林地等），性隐秘，一般单独或成对活动。【鸣声】响亮的"呜——"声。

66. 大麻鳽 Great Bittern *Botaurus stellaris*

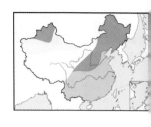

【野外识别】体长 60~77 cm 的中型鹭科鸟类。雌雄相似。体形粗壮。前额至顶冠黑色，头两侧褐色，具显著的黑色颊纹。颈部褐色，具零散而细小的黑色横斑。背部及两翼褐色，密布黑色纵纹，其中背部纵纹较粗。尾羽亦为褐色，具黑色横斑。颏、喉白色，前颈、胸部至腹部淡黄白色，具暗褐色纵纹。幼鸟甚似成鸟，但头顶黑色部分较淡。本种体形和羽色皆比较独特，与国内分布的其余鹭类差异较大，不难辨识。虹膜—黄色；喙—喙峰黑色，其余部分黄绿色；跗跖—黄绿色。【分布与习性】广泛分布于欧亚大陆及非洲。国内除青藏高原外皆有分布，为不常见候鸟，繁殖于东北、华北及西北地区，越冬于秦岭以南（华北地区亦有少量越冬记录）。多活动于近水的苇丛及高草丛中，受惊时喙垂直向上，凝神不动，与周围的苇丛及枯草极难辨别，通常直至人走近时才起飞。【鸣声】极为低沉的"呜咕"声。

栗苇鳽 雄 沈越

栗苇鳽 沈越

黑鳽 吴志华

黑鳽 沈岩

大麻鳽 沈岩

大麻鳽 沈岩

67. 彩鹳 Painted Stork *Mycteria leucocephala*

【野外识别】体长93~102 cm的大型鹳。雌雄相似。喙橙黄色，粗壮并略下弯。成鸟整体白色，头部具红色裸皮，翼上覆羽黑白相间，其中大覆羽具宽阔的白色横带，繁殖期略带粉色。飞羽及初级覆羽黑色，胸部及尾羽黑色，腹部至尾下覆羽白色。亚成鸟整体灰褐色，两翼黑褐色。虹膜—褐色；喙—橙黄色，喙尖下弯；跗跖—粉红色。【分布与习性】分布于南亚和中南半岛。国内有历史记录于华南、西南地区和海南，甚罕见，近十年仅贵州有一笔记录。适应多种湿地环境，觅食于大型湖泊、沼泽和河流附近，营巢于水边高树上。【鸣声】幼鸟发出嘈杂的叫声，非繁殖季节通常安静无声。

68. 钳嘴鹳 Asian Openbill *Anastomus oscitans*

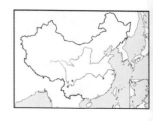

【野外识别】体长81~86 cm的小型鹳。雌雄相似。上喙下弯，下喙上翘，故两喙闭合时中间留有显著空隙，为本种重要辨识特征。成鸟整体白色，仅飞羽和尾羽为具墨绿色辉光的黑色。眼先至下喙的裸皮灰黑色。非繁殖期体羽的白色变得黯淡。本种喙形迥异于其他鹳，野外不难辨识。虹膜—黑褐色；喙—暗红色；跗跖—橙色或粉色。【分布与习性】分布于南亚至东南亚。国内近年于云南、广西、广东、贵州、四川有多笔记录，扩散迅速，最北至江西鄱阳湖。适应性极强，觅食于湖泊、沼泽和河流甚至闹市区，营巢于水边高树上。特化的喙适应于捕食螺类。【鸣声】通常无声。

69. 黑鹳 Black Stork *Ciconia nigra*

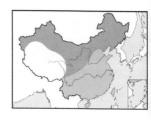

【野外识别】体长95~105 cm的大型鹳。雌雄相似。成鸟眼周、喙和跗跖鲜红，整体大致呈黑色，带紫绿色辉光，仅腹部至尾下覆羽白色。飞行时黑色的两翼和白色的下体形成显著对比，易识别。幼鸟羽色较为黯淡，喙及跗跖暗红褐色，体羽偏灰褐色，欠缺光泽。虹膜—黑褐色；喙—红色；跗跖—红色。【分布与习性】繁殖于欧亚大陆北部，越冬于东亚、南亚及非洲。国内繁殖于东北、西北、华北的大部分地区，越冬于华北至华南、西南，偶至台湾。觅食于开阔湿地、池塘、湖泊及河口，筑巢于悬崖壁或高树，越冬于开阔水域或平原，有时以家庭结群活动，常乘热气流在高空盘旋。【鸣声】幼鸟发出特殊的喉音，成鸟飞行时发出悦耳的哨音，非繁殖季节通常安静无声。

彩鹳 朱雷

彩鹳 朱雷

钳嘴鹳 朱雷

钳嘴鹳 计云

钳嘴鹳 朱雷

黑鹳 张永

黑鹳 傅聪

黑鹳 亚成 傅聪

70．白鹳　White Stork　*Ciconia ciconia*

【野外识别】体长 100~105 cm 的大型鹳。雌雄相似。喙粗壮，红色，眼周裸皮亦为红色。成鸟体羽以白色为主，颈基部具略延长的白色蓑状羽，两翼飞羽、初级覆羽及大覆羽为黑色，与白色的其余翼上覆羽和体羽对比显著。与东方白鹳相似，但本种喙为红色，且二者分布区不同。本种幼鸟喙呈黑色，与东方白鹳较难区分。虹膜—黑褐色；喙—红色，幼鸟黑色；跗跖—红色。【分布与习性】繁殖于欧洲、中亚和北非，越冬于中亚、印度及非洲。国内曾于新疆有记录。觅食于开阔湿地、农耕地及稀树草原，筑巢于建筑的屋顶、高树或电塔，迁徙时集大群活动，常在高空盘旋。【鸣声】上下喙叩击发出"哒哒"声。

71．东方白鹳　Oriental Stork　*Ciconia boyciana*

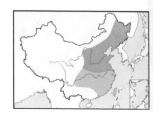

【野外识别】体长 105~115 cm 的大型鹳。雌雄相似。成鸟喙黑色，眼周裸皮红色。体羽大部分为白色，前颈基部羽毛略有延长，两翼飞羽、初级覆羽和大覆羽黑色，略具金属光泽，飞行、停歇时与体羽其余白色部分形成对比。羽色似白鹳，但体形略大，且喙为黑色而非红色。与丹顶鹤、白鹳等白色鹳类亦相似，但本种喙及颈部明显更为粗壮，颈部无黑色部分，且两翼全部飞羽皆为黑色，面积相对较大。虹膜—黄白色；喙—黑色；跗跖—红色。【分布与习性】繁殖于东北亚，越冬于东亚。国内繁殖于东北至华中，越冬于长江中下游地区至华南及台湾。习性似白鹳。【鸣声】喙叩击发出"哒哒"声。

72．白颈鹳　Woolly-necked Stork　*Ciconia episcopus*

【野外识别】体长 85~95 cm 的小型鹳。雌雄相似。成鸟前额、眼先至眼周裸皮蓝灰色或灰褐色。头顶及头两侧黑色，颈部羽毛白色，较蓬松，颈基部至上体、两翼及下体大部为黑褐色，带黑紫色金属辉光。下腹、尾下覆羽及尾羽白色。本种体羽黑白双色对比明显，易识别。虹膜—暗红色；喙—黑褐色，喙端暗红色；跗跖—褐色至红褐色。【分布与习性】分布于南亚、东南亚及非洲，于多数地区为留鸟。国内仅于云南有迷鸟记录。多单独或成对活动于河流、湖泊、沼泽及农田区域。【鸣声】除了营巢时，其余时间缄默无声。

白鹳 张水

东方白鹳 薛琳

东方白鹳 计云

050
/051
鹳形目　鹳科
CICONIIFORMES　Ciconiidae

鹳形目　鹮科
CICONIIFORMES　Threskiornithidae

73．秃鹳　Lesser Adjutant　*Leptoptilos javanicus*

【野外识别】体长 110~120 cm 的大型鹳。雌雄相似。喙十分粗壮。成鸟头部至颈部为显眼的黄色裸皮，头侧裸皮为粉红色，枕部具稀疏的绒羽。上体和两翼黑色，具金属辉光。胸、腹至尾下覆羽白色。幼鸟头部、颈部羽毛稍多，体羽黑色部分无金属光泽。本种头部、颈部具特征性的大面积裸皮，全身黄、黑、白三色对比显著，野外易于辨识。虹膜—黄白色；喙—淡黄色；跗跖—灰褐色。【分布与习性】分布于南亚及东南亚。国内记录于华南、西南地区和海南，为罕见旅鸟或迷鸟。觅食于开阔的湿地环境及潮湿草地。食性较其他鹳类杂，偶尔也捕食小型哺乳动物。多单独或成对活动。【鸣声】除了营巢时，其余时间近乎无声。

74．圣鹮　Sacred Ibis　*Threskiornis aethiopicus*

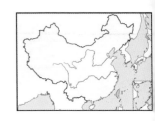

【野外识别】体长 65~89 cm 的大型鹮。雌雄相似。成鸟整体呈黑白两色：喙及头部、颈部裸皮皆为黑色，初级飞羽、次级飞羽羽端黑色，蓬松的丝状三级飞羽亦是黑色，其余体羽白色，有时略带灰色。飞行时可见翼后缘的黑色和翼下的带状红色裸皮。幼鸟似成鸟，但颈部夹杂白色羽毛，体羽灰色较显著。与黑头白鹮相似，区别见相应种描述。虹膜—暗褐色；喙—黑色；跗跖—黑色。【分布与习性】分布于非洲。国内有稳定的逸鸟野化种群分布于台湾。觅食于多芦苇的湿地或高草地。常结小群活动。【鸣声】幼鸟发出特殊的颤音，成鸟缄默无声。

75．黑头白鹮　Black-headed Ibis　*Threskiornis melanocephalus*

【野外识别】体长 65~75 cm 的大型鹮。雌雄相似。成鸟喙黑色，头部、颈部裸皮亦为黑色，蓬松的丝状三级飞羽为浅灰色，其余体羽皆为白色。幼鸟似成鸟，但颈部具白色羽毛且体羽略带灰色。似圣鹮，但体形略小，且本种飞羽无黑色羽端。虹膜—暗褐色；喙—黑色；跗跖—黑色。【分布与习性】分布于南亚、东南亚，冬候鸟可达日本，曾广布于东亚。国内有历史记录繁殖于东北，越冬于四川、云南、西藏、华南、东南沿海及台湾、海南，近年来国内种群数量急剧下降，仅在香港和台湾偶有记录。觅食于多芦苇的湿地或高草地。常单只或结小群活动。【鸣声】通常无声。

秃鹳 朱雷

秃鹳 张永

圣鹮 慕童

黑头白鹮 张永

76. 朱鹮　Crested Ibis　*Nipponia nippon*

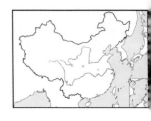

【野外识别】体长 55~78 cm 的大型鹮。雌雄相似。成鸟脸部裸皮红色，繁殖羽头部、颈部、胸部、背部为深灰至浅灰色。繁殖期时用喙不断啄取从颈部肌肉中分泌的灰色素，涂抹到头部、颈部、上背和翼羽上，使其变成灰黑色。具灰色丝状羽冠，其余体羽白色，略带粉红色。非繁殖羽褪去灰色，转为白色。飞行时颈部伸直，可见飞羽略带红色。虹膜－黄色；喙－黑色，喙端红色；跗跖－红色。【分布与习性】历史上曾广布于东亚。国内有历史记录繁殖于东北及华北，越冬于东南和华南，南至海南，为留鸟。由于环境恶化等因素导致野外种群数量急剧下降，至 20 世纪 80 年代仅陕西洋县秦岭南麓发现 7 只野生种群，采取保护措施后种群数量至今已达到数千只。除陕西外，河南、浙江等地都已建立重引入野化种群留鸟。营巢于高大乔木上，觅食于浅水湿地、农田等，尤喜食泥鳅。常结小群活动。【鸣声】繁殖期发出粗哑的叫声。

77. 彩鹮　Glossy Ibis　*Plegadis falcinellus*

【野外识别】体长 48~66 cm 的小型鹮。雌雄相似。成鸟繁殖羽头、颈至上体深栗色或深酒红色，两翼具紫色和绿色辉光，眼先上、下缘各有一条蓝灰色横带，其中眼先上缘的横带延伸至前额基部。成鸟非繁殖羽略为黯淡，头部、颈部具白色细斑纹。幼鸟似成鸟非繁殖羽，但体羽缺少辉光，褐色浓重。虹膜－黑褐色；喙－粉褐色，狭长而下弯；跗跖－橄榄褐色。【分布与习性】广布于除南极洲外的各大洲。国内曾广泛分布，于沿海区域及台湾迁徙经过，近年已罕见，偶有记录于内蒙古、河北、浙江、云南、四川等地。习性似其他鹮类。【鸣声】繁殖期发出粗哑的叫声。

78. 白琵鹭　Eurasian Spoonbill　*Platalea leucorodia*

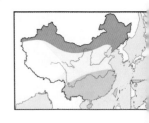

【野外识别】体长 70~95 cm 的大型琵鹭。雌雄相似。喙直，先端显著扩大，呈匙状，上嘴具褶皱纹，纹路随年龄增长而增加。成鸟繁殖羽大致呈白色，眼至喙基有一细黑线连接，穗状羽冠黄色，喉下裸皮明黄色，胸略带黄色。成鸟非繁殖羽黄色褪去，头后无羽冠。幼鸟喙大部为粉褐色，上嘴褶皱纹少或无，飞行时可见初级飞羽端部黑色。野外观察时甚似白鹭，距离较远时可通过其飞行姿态（颈部伸直，振翅频率高）与白鹭区别，此外本种趾为黑色，而非黄色。本属鸟类喙的形态迥异于鹮科其他种类，野外不难辨识。本种与黑脸琵鹭相似，但眼先黑色面积甚小，且喙端为黄色而非黑色。虹膜－黄色；喙－黑色，末端黄色；跗跖－黑色。【分布与习性】分布于欧亚大陆北部，越冬于印度和北非。国内繁殖于东北内蒙古至新疆西北部地区，越冬于长江流域及其以南的地区，包括台湾和海南。觅食于开阔水域喜爱沼泽、河岸、沿海鱼塘等水域。常集小群活动，有时与其他水鸟混群。琵琶状的喙特化于在水中滤食，捕食动作机械而有特色。【鸣声】幼鸟发出尖厉的喉音。繁殖期外寂静无声。

朱鹮 沈越

朱鹮 非繁殖羽 朱雷

朱鹮 计云

彩鹮 张永

彩鹮 张永

彩鹮 慕童

白琵鹭 沈越

白琵鹭 朱雷

054
/055

鹳形目　鹮科
CICONIIFORMES　Threskiornithidae

红鹳目　红鹳科
PHOENICOPTERIFORMES　Phoenicopteri

雁形目　鸭科
ANSERIFORMES　Anatidae

79. 黑脸琵鹭　Black-faced Spoonbill　*Platalea minor*

【野外识别】体长 60~78 cm 的较小的琵鹭。雌雄相似。成鸟繁殖羽大部分呈白色，眼先至前额基部裸皮黑色，穗状羽冠黄色，胸淡黄色。成鸟非繁殖羽黄色褪去，头后无羽冠。幼鸟喙大致为粉褐色，飞行时可见初级飞羽端部黑色。与白琵鹭羽色相似，但本种眼先至前额有显著的黑色裸皮，且喙全为黑色。虹膜—黄色；喙—黑色；跗跖—黑色。【分布与习性】繁殖于朝鲜半岛，越冬于东亚及东南亚。国内繁殖于辽宁外海岛屿，迁徙经过东部沿海，越冬于东南沿海，包括台湾和海南。习性类似白琵鹭，迁徙时也常与其混群活动，较白琵鹭更喜咸水环境。【鸣声】繁殖期外一般无声。

80. 大红鹳　Greater Flamingo　*Phoenicopterus roseus*

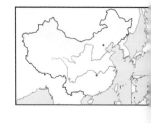

【野外识别】体长 120~145 cm，体型甚大，修长而高挑，易识别。雌雄相似。喙粗厚，先端下弯，似靴状，头部相对较小，颈部细长而挺拔，呈"S"形。成鸟整体以白色为主，头部、颈部、背部及两翼略带粉红色，飞羽黑色。第一年至第三年幼鸟及亚成鸟体色均表现出不等的过渡羽色：体色较黯淡，偏灰褐色及灰白色，缺少成鸟的鲜艳粉色，翼及跗跖近肉色，头部深褐色，喙灰色。虹膜—近白色；喙—粉红色，喙端黑色；跗跖—粉红色。【分布与习性】分布于南非、欧洲及亚洲西部，越冬于中东、印度及斯里兰卡。国内为不定期出现的迷鸟，多记录于西北部。近年全国多地有多笔记录，可能为中亚种群的扩散，或为逸鸟。在繁殖地集大群活动，国内记录的多为单只或成对。飞行缓慢而颈伸直。特化的喙适应滤食水中藻类，觅食时喙往两边甩动，动作独特。【鸣声】群鸟十分嘈杂，发出短促的鼻音，似雁群的鸣声。

81. 栗树鸭　Lesser Whistling Duck　*Dendrocygna javanica*

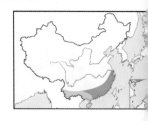

【野外识别】体长 38~40 cm 的中等体型的树鸭。雌雄相似。头顶深褐，头及颈皮黄色，背褐而具棕色扇贝形纹，下体浅栗色，尾下覆羽白色。飞行时可见翼上棕红色的覆羽，以及伸出尾羽的腿部。虹膜—褐色；喙—灰褐色；跗跖—灰黑色。【分布与习性】分布于南亚、东南亚。国内曾有记录繁殖于云南南部及广西南部，近年于海南和云南西南部记录较多，于广东、广西有零星记录。活动于湖泊、沼泽、红树林及稻田，有时能集成上千只的大群。属半夜行性。【鸣声】飞行中发出尖细的哨音，似雀鸟。

黑脸琵鹭 沈越

黑脸琵鹭 慕童

黑脸琵鹭 非繁殖羽 沈越

大红鹳 吴志华

大红鹳 幼 许传辉

栗树鸭 非水

栗树鸭 关翔宇

82. 疣鼻天鹅　Mute Swan　*Cygnus olor*

【野外识别】体长 125~160 cm 的大型白色天鹅。雄鸟前额具明显的黑色疣状突，通体雪白色；雌鸟似雄鸟但无疣状突或突起较小，体形也较小。游水时颈部呈优雅的"S"形，两翼常高拱。幼鸟体色较暗。 虹膜－褐色；喙－橘红色；跗跖－黑色。【分布与习性】繁殖或留鸟于古北界的中高纬度区域，在较低纬度区域越冬。国内繁殖于新疆、青海、内蒙古、甘肃和四川北部的草原湖泊，迁徙时经过黄河三角洲至华东，迷鸟至台湾。栖息于水草或芦苇丰富的湖泊、水塘、沼泽和河流等水域。常以家庭为单位活动，偶尔混群于其他天鹅及雁鸭类当中。【鸣声】极少发声。受威胁时作"嘶嘶"声，也发出沙哑的联络叫声。飞行时，翅膀拍打发出独特的敲打声。

83. 大天鹅　Whooper Swan　*Cygnus cygnus*

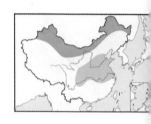

【野外识别】体长 145~165 cm 的大型白色天鹅。雌雄相似。喙端部黑色，喙基有大片黄色，黄色延至上喙侧缘成尖。游水时颈较疣鼻天鹅直。亚成鸟羽色较成鸟黯淡。与小天鹅相比，体形较大，颈较长，喙基黄色延至上喙侧缘成尖状。虹膜－褐色；喙－黑色，基部黄色；跗跖－黑色。【分布与习性】繁殖于古北界北部及格陵兰岛，在中纬度越冬。国内繁殖于新疆、内蒙古和东北，越冬于黄河三角洲至长江中下游流域，迁徙经过华北、华东，偶至东南沿海及台湾。喜栖息于开阔且水生植物丰富的浅水区域，冬季集群活动于水生植物丰富的湖泊、沼泽、水库及农田，有时与其他天鹅及雁鸭类混群。【鸣声】飞行或联络时发出响亮、短促的"呼，呼"声。

84. 小天鹅　Tundra Swan　*Cygnus columbianus*

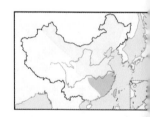

【野外识别】体长 115~140 cm 的中型白色天鹅。雌雄相似。喙端部黑色，喙基有小片黄色，但黄色不超过鼻孔且前缘不显尖长。虹膜－褐色；喙－黑色，基部黄色；跗跖－黑色。【分布与习性】繁殖于全北界，越冬于繁殖区南部。国内越冬于长江中下游和东南沿海，偶至华南及西南的大型河流和湖泊地带，迷鸟至台湾。习性似大天鹅。【鸣声】群鸟发出悠扬的叫声，飞行时发出短促的"扛，扛"声。

疣鼻天鹅 沈戎

疣鼻天鹅 朱雷

大天鹅 张永

大天鹅 幼 朱雷

小天鹅 朱雷

小天鹅 幼 朱雷

85．鸿雁　Swan Goose　*Anser cygnoides*

【野外识别】体长 81~94 cm 的大型雁。雌雄相似。喙长且上喙与头顶成直线，雄鸟喙基具疣状突但不明显。喙与额基之间有一条棕白色条纹（此特征于亚成鸟不明显），头顶、后颈到上背棕褐色，下颊和前颈近白色，与棕色形成明显反差。停歇时体侧深褐色具白色横纹，飞行时可见胁部浅褐色而具白色横纹，尾下覆羽白色。虹膜－褐色；喙－黑色；跗跖－橙黄色。

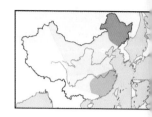

【分布与习性】繁殖于东亚北部，国外越冬于朝鲜半岛。国内主要繁殖于黑龙江、吉林和内蒙古，越冬于长江中下游至东南沿海，罕见越冬于台湾。植食性，冬季集中于开阔的湖泊、河流、水库、沼泽、水田等水域，常与其他大型雁类混群。【鸣声】飞行时发出洪亮、拖长的叫声，似家鹅。

86．豆雁　Bean Goose　*Anser fabalis*

【野外识别】体长 80~90 cm 的大型雁。雌雄相似。通体灰褐色而具白色和黑色条纹，腰和尾下覆羽白色，喉和胸腹颜色较浅。飞行中较其他灰色雁类色暗而颈长。虹膜－褐色；喙－黑色，前端黄色，尖端黑色；跗跖－橙红色。【分布与习性】繁殖于古北界北部，在繁殖地南方越冬。迁徙时经过中国东北、华北、华中大部，在新疆、黄河以南及海南越冬。冬季栖息于开阔的草地、沼泽、水库和湖泊，也多见于沿海多草海岸和农田。【鸣声】飞行时发出音调较低的"汗，汗"声，似喇叭。

87．白额雁　Greater White-fronted Goose　*Anser albifrons*

【野外识别】体长 65~86 cm 的中型雁。雌雄相似。通体棕褐色而具白色和黑色横斑，有些个体腹部具黑色粗条斑，尾下覆羽白色，喙基至前额的白色条斑未延伸至上额而有别于小白额雁。较小白额雁体形更大，喙更长。虹膜－黑褐色；喙－粉红色；跗跖－橘红色。【分布与习性】繁殖于全北界的寒带苔原和冻原，越冬于北美和亚欧大陆中部及南部。国内迁徙时见于东北至西南的大部分适宜水域，越冬于长江中下游和东南沿海及台湾。【鸣声】飞行时发出音调较高的"里欧，里欧"声。

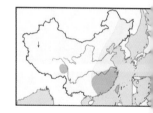

鸿雁 张永

鸿雁 朱雷

豆雁 朱雷

豆雁 朱雷

白额雁 计云

白额雁 朱雷

88. 小白额雁　Lesser White-fronted Goose　*Anser erythropus*

【野外识别】体长 53~66 cm 的小型雁。雌雄相似。体色棕褐，形态与白额雁非常相似，但体形较小，喙较短，颈也较短，白色额部与头部比例更大，具金色眼圈。虹膜—黑褐色；喙—粉红色；跗跖—橘红色。【分布与习性】繁殖于欧亚大陆的极地苔原和冻原带，越冬于中东和东亚南部。国内迁徙时见于东北、华北、华中及华东，越冬于长江中下游及华南水域。冬季集群活动于开阔盐碱平原、半干旱草原、沼泽、水库、湖泊、河流、农田，多与其他大型雁鸭类特别是白额雁混群活动。【鸣声】飞行时发出重复、快速的"嘎啊、啊"声，音调比白额雁高。为重复的"kyu yu yu"。

89. 灰雁　Greylag Goose　*Anser anser*

【野外识别】体长 76~89 cm 的中型雁。雌雄相似。通体灰褐色并具白色和黑褐色细纹，头、胸和下腹颜色较浅，下腹无黑斑，尾下覆羽白色。虹膜—黑褐色；喙—粉红色；跗跖—粉红色。【分布与习性】繁殖于欧亚大陆的温带区域及青藏高原边缘地区，越冬于分布区的南部。国内繁殖于北方大部地区，越冬于整个南方适宜水域，偶至台湾。栖息于多水生植物的淡水区域，冬季集群活动于草地、沼泽、水库、湖泊、河流、农田，觅食于浅水区，较少与其他大型雁鸭类混群活动。【鸣声】飞行时发出深沉的"扛，扛"声。

90. 斑头雁　Bar-headed Goose　*Anser indicus*

【野外识别】体长 71~76 cm 的中型雁。雌雄相似。体色灰白，头白而枕后具两道黑色条纹为本种特征，前颈和后颈黑色至深灰色，背和胸腹灰色而具黑白色横纹，尾下覆羽白色。虹膜—褐色；喙—橘黄色，尖端黑；跗跖—橙黄色。【分布与习性】国外繁殖于中亚，越冬于南亚。国内繁殖于内蒙古东北部至新疆、西藏、青海以及甘肃、四川等地的高原湖泊，迁徙时见于中国西南适宜水域，越冬于西藏中南部至整个西南水域，偶至华北、华东及长江下游。栖息于高原的咸水及淡水水域，冬季集群活动于淡水湖泊、河流、水库等水域。【鸣声】飞行时发出深沉沙哑的单声雁叫。

小白额雁 沈越

小白额雁 沈越

灰雁 朱雷

灰雁 朱雷

斑头雁 朱雷

斑头雁 朱雷

斑头雁 崔月

91. 雪雁　Snow Goose　*Chen caerulescens*

【野外识别】体长 66~84 cm 的中型雁。体色雪白或蓝灰，白色型通体雪白仅初级飞羽黑色，蓝色型头颈雪白，身体蓝黑色，肩部具灰色斑块。虹膜—黑褐色；嘴—粉红色，端部黑；跗跖—粉红色。【分布与习性】繁殖于北美环北极地区和西伯利亚东北部，越冬于北美、西伯利亚东部和日本。国内零星分布于黑龙江、吉林、河北、天津、江苏和江西，为罕见冬候鸟。越冬时栖息于沿海的农田及稻茬地。种群很小，通常为零星几只与大群豆雁混群。【鸣声】悦耳的高鼻音。

92. 加拿大雁　Canada Goose　*Branta canadensis*

【野外识别】体长 60~70 cm 的小型雁。雌雄相似。头、颈黑色，喉延至耳羽具明显的白色，体灰色，尾短，黑色，尾上覆羽白色，下腹部和尾下覆羽白色。虹膜—黑色；嘴—黑褐色；跗跖—黑色。【分布与习性】繁殖于加拿大中北部、阿拉斯加及阿留申群岛，越冬于美国。千岛群岛有引入种群，日本及中国的数笔迷鸟记录可能来源于此。喜集群，常成群活动和栖息于海湾、海港及河口等地，以植物性食物为食。【鸣声】飞行时作典型雁叫，非常喧哗。

93. 黑雁　Brant Goose　*Branta bernicla*

【野外识别】体长 55~66 cm 的小型雁。雌雄相似。头、颈全黑而和其他黑雁区分，上颈侧具白色斑块，翼具白色横纹，两胁及下腹染白，尾下覆羽白色。虹膜—黑褐色；嘴—黑色；跗跖—灰黑色。【分布与习性】繁殖于全北界的北极圈以北和北冰洋沿岸及周边岛屿，越冬于北半球中北部沿海及河口地带。国内迁徙经过或越冬于东北和东部的渤海及黄海沿海，部分南至福建和台湾，迷鸟见于山西和湖北。冬季栖息于多水生植物的沿海区域，取食于沿海沼泽地带和海滩。【鸣声】快速的"嘎啊嘎啊"声。

雪雁 Manjith Kainickara

雪雁 Joyce cory

雪雁 蓝色型 snapp3r

加拿大雁 慕童

加拿大雁 朱雷

黑雁 慕童

94. 白颊黑雁　Barnacle Goose　*Branta leucopsis*

【野外识别】体长 65~69 cm 的小型雁。雌雄相似。似黑雁但前额和整个颊部白色,眼先黑色,颈和前胸及上背黑色,翼灰白色具黑色横纹,下胸、腹部至尾下覆羽灰白色,尾基白色。虹膜—黑褐色;喙—灰黑色;跗跖—黑色。【分布与习性】繁殖于西欧北部北极圈及北冰洋沿岸,越冬于西欧中部和南部地区。国内为迷鸟,见于河南和湖北。越冬时与其他雁类混群。【鸣声】沙哑的单音节雁叫,似犬吠。

95. 红胸黑雁　Red-breasted Goose　*Branta ruficollis*

【野外识别】体长 54~57 cm 的小型雁。雌雄相似。体色艳丽,喙短而头圆,颈粗短。喙基和前颊白色,后颊、前颈和前胸栗红色,臀、尾基部和尾下覆羽白色,其余部分黑色,但各色斑之间有白色线条相隔。虹膜—暗褐色;喙—灰黑色;跗跖—灰黑色。【分布与习性】繁殖于西伯利亚北部极地冻原带,越冬于东南欧和中东。国内为迷鸟记录,每年均有数笔迷鸟记录于辽宁、河北、山东、河南、安徽、江西、湖北、湖南、四川、广西等地。以植物的芽、叶以及根茎和种子为食,冬季多和其他雁类或大型鸭类如赤麻鸭混群,栖息于湖泊和宽阔河道等水域。【鸣声】叫声似挤压橡皮玩具发出的尖厉高音,急促而断续。

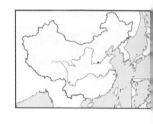

96. 赤麻鸭　Ruddy Shelduck　*Tadorna ferruginea*

【野外识别】体长 58~70 cm 的大型鸭。雌雄相似。雄鸟全身橙黄色,头部色淡,颈部具狭窄黑色颈环,翼上具大块白色斑,翼镜铜绿色,飞羽及尾羽黑色。雌鸟似雄鸟但无黑色颈环。虹膜—黑褐色;喙—黑色;跗跖—黑色。【分布与习性】繁殖于东南欧、北非、中东、中亚,越冬于非洲尼罗河流域、南亚北部、中南半岛北部和东亚南部。国内繁殖于东北经内蒙古沿青藏高原东部边缘以西的区域,其中新疆北部和西藏中西部有留鸟种群;越冬于东北南部、华北、长江流域、东南沿海及台湾。喜爱平原和草场上的湖泊、河流及沼泽水域,筑巢于近溪流、湖泊的洞穴。迁徙时偶尔出没于沿海地带。【鸣声】似喇叭的低沉鸣叫"啊——"声。

白颊黑雁
朱雷

白颊黑雁 朱雷

红胸黑雁
rodruk

赤麻鸭 雌及幼 计云

赤麻鸭 雄 朱雷

赤麻鸭 沈越

97. 翘鼻麻鸭　Common Shelduck　*Tadorna tadorna*

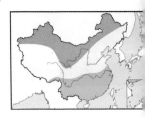

【野外识别】体长 55~65 cm 的大型鸭，较赤麻鸭小，色彩分明。雄鸟头顶、两翼黑色而泛绿色光泽，前额具一隆起的红色疣状突，上背至胸部具一条粗栗色环带，下腹中央具一条宽黑褐色条纹，其余体羽白色。雌鸟似雄鸟但喙基无皮质突起或很少，前额有时具一白色小斑点。幼鸟色浅，上体褐色斑驳，嘴暗红，脸侧有白色斑块。虹膜—深色；喙—红色；跗跖—红色。【分布与习性】繁殖于欧亚大陆中部，越冬于分布区的南部。国内繁殖于东北、华北和西北，主要越冬于长江以南流域，少数至台湾。繁殖期栖息于开阔的盐碱湖泊、沼泽以及草场，非繁殖期见于湖泊、河口、水库、盐田、海湾等水域，常结成几十只至数百只的群体，善于陆地行走和觅食。【鸣声】春季多鸣叫。雄鸟发出低哨音"丢丢丢"，雌鸟发出多音节的连续鸣声。冬季通常很安静。

98. 瘤鸭　Knob-billed Duck　*Sarkidiornis melanotos*

【野外识别】体长 64~79 cm 的大型树栖鸭。雄鸟头颈白色而具黑色麻点，上体黑色，两翼绿色，胸至下体白色，两胁灰色，尾下覆羽白色，上喙具黑色角质瘤。雌鸭似雄鸭但体形较小，且上喙无角质瘤。虹膜—深色；喙—灰黑色；跗跖—灰黑色。【分布与习性】分布于非洲、南亚及东南亚。国内记录于云南南部和西藏东南部，为罕见留鸟，迷鸟记录于福建。多栖息于大型而多树林的沼泽、湖泊和河漫湿地，较少集群。【鸣声】低沉的鸭叫。

99. 棉凫　Cotton Pygmy Goose　*Nettapus coromandelianus*

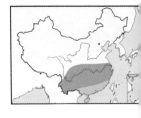

【野外识别】体长 31~38 cm 的小型鸭。雄鸟前额至头顶、上背、两翼及尾深绿色，具深绿色颈环和肩带，两翼边缘及其他部位乳白色。雌鸟少深绿色而多褐色，颈部至上胸灰白色具褐色细纹，两翼无白色边缘，其他部位皮黄色，具褐色贯眼纹。虹膜—雄鸟红色，雌鸟深褐色；喙—灰黑色；跗跖—灰色。【分布与习性】分布于南亚、东南亚至澳大利亚北部。国内为长江以南流域的夏候鸟，偶至北方。栖息于多水生植物的河流、湖泊、鱼塘和稻田，繁殖于树洞中。【鸣声】雄鸟发出尖锐、轻柔的"笛，笛"声，雌鸟发出轻柔而连续的"呱"声

翘鼻麻鸭 雌 朱雷

翘鼻麻鸭 雄 朱雷

翘鼻麻鸭 关翔宇

瘤鸭 雄 乔诺

棉凫 雌 杨玉和

棉凫 雄 杨玉和

100. 鸳鸯 Mandarin Duck *Aix galericulata*

【野外识别】体长 41~51 cm，羽色华丽的中型树栖鸭。雄鸟头具橙色至绿色羽冠，眼后具宽阔的白色眉纹，颈部具橙色丝状羽，胸部紫色，翼折拢后形成橙黄色的炫耀性帆状饰羽，翼镜绿色而具白色边缘，胸腹至尾下覆羽白色，胁部浅棕色。雌鸟灰褐色，眼圈白色，眼后有白色眼纹，翼镜同雄鸟，不具帆状饰羽，胸至两胁具暗褐色鳞状斑。幼鸟羽色似雌鸟，雄性幼鸟从第一年繁殖羽开始逐渐换出多彩的羽毛。虹膜—褐色；喙—雄鸟红色，雌鸟灰褐色或粉红色；跗跖—雄鸟橙黄色，雌鸟灰绿色。【分布与习性】分布于东亚。国内繁殖于东北、华北、西南以及台湾，迁徙时见于华中和华东大部，越冬于长江流域及其以南水域。近年东部地区有少量留鸟记录。繁殖期栖息在多林地的河流、湖泊、沼泽和水库中，非繁殖期成群活动于清澈河流与湖泊水域，通常不潜水，常在陆上活动。喜栖息于高大的阔叶树上，在树洞中营巢。【鸣声】求偶时发出断续、多音节的机械音，叫声为低哑的短哨声。冬季通常安静。

101. 赤颈鸭 Eurasian Wigeon *Anas penelope*

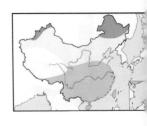

【野外识别】体长 42~50 cm 的中型鸭。雄鸟头部、颈部栗红色，顶部至前额浅黄色，胸部粉红色，胁部灰色且具细密的黑色纹，腹部浅皮黄色，尾下覆羽黑色，下体后侧白色。翼具大块白色斑，翼镜深绿色。雌鸟通体红棕色，眼周色深，下腹白色；似绿眉鸭，区别见相应描述。幼鸟羽色似雌鸟。虹膜—黑褐色；喙—铅灰色，尖端黑色；跗跖—黑色。【分布与习性】繁殖于整个古北界，越冬于分布区的南方。国内繁殖于东北和新疆北部，越冬于黄河以南的水域，包括台湾和海南。喜栖息于富有水生植物的开阔水域，冬季常成群活动，也与其他河鸭混群。【鸣声】喜爱鸣叫，冬季常发出悠扬的啸声。飞行时发出拉长的沙哑声。

102. 绿眉鸭 American Wigeon *Anas americana*

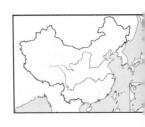

【野外识别】体长 45~56 cm 的较大型鸭，略大于赤颈鸭。雄鸟额头白色，眼周至颈侧具一条粗绿纹即"绿眉"，前胸至两胁粉褐色，尾下覆羽黑色，下体后侧具一白斑。翼上具大块白斑，翼镜墨绿色。雌鸟体色似赤颈鸭雌鸟，但头部为灰白色，少红棕色调，且覆羽具白斑。幼鸟羽色似雌鸟，但上体黑褐色较重。虹膜—褐色；喙—铅灰色，尖端黑色；跗跖—蓝灰色。【分布与习性】繁殖于北美中部和北部，越冬于北美南部和中美洲。国内仅香港和台湾有迷鸟记录。冬季栖息于沿海沼泽和浅湾，常与其他鸭类混群。【鸣声】似赤颈鸭，但雄鸟叫声多喉音而少尖声。

鸳鸯 雌 关翔宇

鸳鸯 雄 关翔宇

鸳鸯 雄 非繁殖羽 朱雷

赤颈鸭 雌 薛琳

赤颈鸭 雄 沈越

赤颈鸭 雄 非繁殖羽 朱雷

鸭 雌 Mike's Birds

绿眉鸭 雄 Tom Koerner USFWS

绿眉鸭 幼 David A Mitchell

103. 罗纹鸭　Falcated Duck　*Anas falcata*

【野外识别】体长 46~54 cm 的较大型鸭。雄鸟头顶栗色，脸部墨绿色而泛金属光泽，额基具一小白点斑，喉部至颈部白色，颈下具一细黑带，尾下覆羽黑褐色而具米黄色三角形斑块，翼镜墨绿色。雌鸟通体棕褐色，似赤膀鸭雌鸟，但喙深色，头型偏圆，翼镜为深墨绿色。幼鸟羽色似雌鸟，但眉纹较明显，覆羽和飞羽灰色区域更大。虹膜—深色；喙—黑色；跗跖—黑色。【分布与习性】国外繁殖于西伯利亚东部、俄罗斯远东，越冬于北非、南亚和东南亚北部。国内繁殖于东北，越冬于黄河及其以南水域，包括台湾和海南。冬季常结成数百只的大群活动于河流、湖泊、水库等开阔水域，常与体形相近的河鸭类混群。【鸣声】繁殖季节雄鸟发出低哨音和颤音，雌鸟发出"呱，呱"声。冬季一般不叫。

104. 赤膀鸭　Gadwall　*Anas strepera*

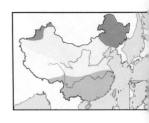

【野外识别】体长 45~57 cm 的较大型鸭。雄鸟通体棕灰色，胸部密布黑白色鳞状细纹，翼黑色，具棕红色块斑，翼镜白色，尾下覆羽黑色。雌鸟通体浅褐色，似绿头鸭雌鸟，但翼镜白色，体形较小，喙侧橘黄；似罗纹鸭雌鸟，区别见相应种描述。幼鸟羽色似雌鸟而体色较深。虹膜—褐色；喙—雄鸟黑色，雌鸟边缘橙黄色；跗跖—橙色。【分布与习性】繁殖于全北界温带水域，越冬于全北界南部，包括东北非。国内繁殖于东北和新疆，迁徙时经过华中和华东大部，越冬于长江以南水域、台湾。冬季多成群活动于淡水河流、湖泊和沼泽水域，喜多水生植物的生境，常与其他鸭类混群活动。【鸣声】繁殖季节发出连续而机械的"归归归"声，似蛙鸣。冬季一般不叫。

105. 绿头鸭　Mallard　*Anas platyrhynchos*

【野外识别】体长 50~60 cm 的较大型鸭。雄鸟头颈墨绿色而泛金属光泽，具白色细颈环和栗红色胸部，其余体羽灰白色，翼镜蓝紫色，尾羽白色，尾下覆羽黑色，尾上的黑色羽毛上卷。雌鸟全身黄褐色而有斑驳褐色条纹，两胁和上背具鳞状斑，有深褐色贯眼纹，翼镜蓝紫色；似赤膀鸭，区别见相应种描述。幼鸟羽色似雌鸟。虹膜—黑褐色；喙—雄鸟明黄色，雌鸟橘黄色略带褐色；跗跖—橘红色。【分布与习性】繁殖于全北界的温带区域，越冬于分布区的南部，在部分温带和亚热带地区为留鸟。国内繁殖于西北、东北、华北和西部高原地区，越冬于沿海地区、黄河流域及其以南，包括台湾和海南。冬季多成群活动于淡水湖泊、河流、水库、沼泽和河口地带。【鸣声】似家鸭，响亮而清脆的"嘎，嘎，嘎"声。

罗纹鸭 雌 亦诺
罗纹鸭 雄 朱雷
赤膀鸭 雌 朱雷
赤膀鸭 雄 朱雷
绿头鸭 雄 关翔宇
绿头鸭 雄 非繁殖羽 朱雷
绿头鸭 雌和幼 朱雷

106. 棕颈鸭　Philippine Duck　*Anas luzonica*

【野外识别】体长 48~58 cm 的较大型鸭。雌雄相似。头顶至后颈以及贯眼纹黑色，头顶棕红色，其余部分灰褐色具深色鳞状斑，翼镜深绿色，翼下覆羽白色，似斑嘴鸭但喙端无黄色端斑。虹膜—黑褐色；喙—蓝灰色；跗跖—黑褐色。【分布与习性】国外为菲律宾诸岛的留鸟或短距离迁徙鸟，迷鸟见于日本南部。国内记录于台湾和香港地区。栖息于淡水河流、湖泊和沼泽，多在浅水和陆地取食，常与其他河鸭类混群。【鸣声】似绿头鸭但更粗哑。

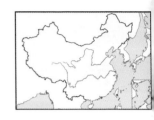

107. 斑嘴鸭　Spot-billed Duck　*Anas poecilorhyncha*

【野外识别】体长 58~63 cm 的大型鸭。雌雄相似。*zonorhyncha* 亚种通体深褐色，头和前颈色浅而具深色贯眼纹和下颊纹，头顶深褐色并有皮黄色眉纹，上背和两胁有深褐色粗鳞状斑，翼镜蓝紫色。*haringtoni* 亚种体羽似国内常见的亚种，但无明显下颊纹，眉纹与脸颊颜色相同，翼镜绿色而非蓝紫色，翼镜前缘白色边明显更宽。幼鸟羽色似成鸟。虹膜—褐色；喙—灰黑色而尖端黄色；跗跖—橘红色。【分布与习性】*zonorhyncha* 亚种繁殖于东北亚和东亚，越冬于东亚和东南亚；国内甚常见，繁殖于东北至华中、华东及西南大部分适宜生境，越冬于长江以南水域，包括台湾和海南。*haringtoni* 亚种国外为留鸟，分布于南亚、中南半岛北部的缅甸和老挝，冬季游荡至泰国；国内越冬于云南南部和西南部、广东和香港，香港已有多年留鸟记录。中国最常见的野鸭之一，见于各种水域，常集群活动，多与其他河鸭混群。【鸣声】似绿头鸭而较粗。

108. 琵嘴鸭　Northern Shoveler　*Anas clypeata*

【野外识别】体长 44~52 cm 的中型鸭。雌雄均有大而长的喙，区别于其他鸭类。雄鸟头部深绿色，胸及翼下白色，胁部至腹部栗红色，尾白色，尾上覆羽及尾下覆羽黑色，翼上具大块蓝灰色斑，翼镜绿色，上缘白色。雌鸟通体棕褐色而具鳞状斑，贯眼纹深色，翼镜绿色。幼鸟羽色似雌鸟。虹膜—雄鸟黄色，雌鸟褐色；喙—雄鸟灰黑色，雌鸟黄色略带褐色；跗跖—橘黄色。【分布与习性】繁殖于全北界中北部，越冬于南亚、东南亚、非洲北部以及中美洲。国内繁殖于西北和东北，越冬于秦岭以南的水域，包括台湾和海南。冬季多结成大群栖息于湖泊、河流、沿海沼泽等开阔水域，喜多水生植物的生境，其特型喙有利于在浅水区觅食，常与较小型河鸭混群。【鸣声】似绿头鸭但声音轻而低，粗哑而略带喉音。

棕颈鸭 Duncan Wright

斑嘴鸭-雌和幼 崔月

斑嘴鸭 沈越

斑嘴鸭 朱雷

琵嘴鸭 雌 沈越

琵嘴鸭 雄 沈越

琵嘴鸭 雌（右）和雄 朱雷

109. 针尾鸭 Northern Pintail *Anas acuta*

【野外识别】体长51~76 cm的大型鸭。雄鸟头和后颈背棕褐色，前颈至胸白色，两胁具灰色细纹。下腹白色，翼镜绿色，上缘浅棕色，尾羽灰色，中央尾羽黑色且特型延长，尾下覆羽黑色，下腹近臀部白色。雌鸟棕褐色而具鳞状斑，喉和前颈颜色较均一，翼镜褐色，较其他鸭类颈部更细长且尾羽较尖。幼鸟羽色似雌鸟。虹膜－黑褐色；喙－雄鸟蓝灰色，雌鸟黑色；跗跖－灰黑色。【分布与习性】繁殖于欧洲、亚洲和北美洲北部，越冬于南欧、北非、中东、南亚、东亚和东南亚以及北美洲中部。国内繁殖于西北地区，迁徙时见于东部大部分地区，越冬于长江以南水域，包括台湾和海南。冬季常结成大群在沼泽、河流、湖泊等水域觅食，常与其他河鸭混群。【鸣声】繁殖期鸣唱短促而悦耳，鸣叫为短促的"嘎嘎"声。冬季甚安静。

110. 白眉鸭 Garganey *Anas querquedula*

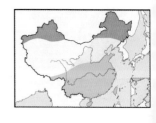

【野外识别】体长37~41 cm的小型鸭。雄鸟头至胸、上背棕褐色，具宽阔而长的白色眉纹，两胁灰白色具暗淡的细纹，翼上具蓝灰色块斑，翼镜绿色，上缘白色，繁殖羽上具黑、白、青灰色的饰羽。雌鸟灰褐色，头部具白色眉纹和颊纹，胁部和上背具鳞状斑，翼镜绿色。雄鸟非繁殖羽及幼鸟羽色似雌鸟。虹膜－栗褐色；喙－灰黑色；跗跖－蓝灰色。【分布与习性】繁殖于欧亚大陆的温带区域，越冬于中北非、南亚、东南亚，南至印尼和澳大利亚。国内繁殖于西北和东北地区，迁徙时见于华中、华东和西南，越冬于华南，包括台湾和海南。冬季多成群栖息于沿海浅滩、鱼塘和潟湖中，也见于淡水湖泊和河流，常与小型河鸭混群。【鸣声】雄鸭发出单调、连续的低沉喉音，似拨竹管之声。雌鸟发出明亮的"呱"声。冬季甚安静。

111. 花脸鸭 Baikal Teal *Anas formosa*

【野外识别】体长36~43 cm的小型鸭。雄鸟头部有独特的淡黄色和金属绿色形成的色彩拼接效果，头顶栗色，侧冠纹和颈部白色，耳部至颈部绿色，脸部淡黄色，色彩分割部分黑色。上背和两胁蓝灰色，胸部红棕色而间有暗褐色圆斑，胸侧和尾基各有一条竖直的白色条纹，尾下覆羽黑色，翼镜绿色，上缘浅棕色。雌鸟全身棕褐色而具鳞状斑，头部颜色较浅，喙基具一白色点斑，脸侧具模糊的月牙形白色斑块。幼鸟羽色似雌鸟。虹膜－褐色；喙－黑色；跗跖－灰黑色。【分布与习性】繁殖于东北亚，越冬于东亚南部。迁徙时经过东北和华中大部，越冬于华东、华中和华南，包括台湾和海南。冬季多成群栖息于湖泊、水塘和潟湖中，常与其他小型河鸭混群。【鸣声】雄鸟发出深沉的"喔，喔，喔"声，雌鸟发出低沉短促的"孤儿孤"声。冬季通常少叫。

针尾鸭 雌 朱雷

针尾鸭 雄 沈越

白眉鸭 雌 沈越

白眉鸭 雄 沈越

花脸鸭 雌 朱雷

花脸鸭 雄 亦诺

花脸鸭 雄 非繁殖羽 朱雷

112. 绿翅鸭　Eurasian Teal　*Anas crecca*

【野外识别】体长 34~38 cm 的小型鸭。雄鸟头至颈红棕色，眼周至颈侧具一条带金色边缘的绿色粗眼罩，翼收拢时可见白色羽毛，上背、肩至胁部具黑白色鳞状细纹，尾下覆羽黑色呈三角形、边缘黑色的黄色斑块，翼镜墨绿色，具浅棕色上缘，其余体羽灰褐色。雌鸟通体棕褐色，头部颜色较浅并具深色贯眼纹，翼镜墨绿色。虹膜—褐色；喙—灰黑色；跗跖—黑褐色。【分布与习性】繁殖于整个古北界，越冬于分布区的南部。国内繁殖于新疆和东北，越冬于黄河以南的多种水域。冬季栖息于河流、水库、湖泊、水田、池塘、沼泽等多样的水域，多集大群活动，常与其他河鸭混群。【鸣声】雄鸟春季发出深沉的似笑叫声，雌鸟发出"呱呱"的低叫声。

113. 美洲绿翅鸭　Green-winged Teal　*Anas carolinensis*

【野外识别】体长 34~38 cm 的小型鸭。雄鸟似绿翅鸭雄鸟但胸部两侧各有一条粗白色纵纹，绿色眼罩几乎没有黄色边缘，胸部略带暖色，翼上覆羽上缘为棕黄色而非白色。雌鸟亦似绿翅鸭雌鸟，野外难以区分。虹膜—暗褐色；喙—黑褐色；跗跖—肉色或深色。【分布与习性】广布于中北美区域。国内迷鸟仅记录于河北、广东和香港地区。冬季栖息于河流、水库、湖泊、水田、池塘、沼泽等多样的水域，多集大群活动，常与其他河鸭混群。【鸣声】似绿翅鸭。

114. 云石斑鸭　Marbled Duck　*Marmaronetta angustirostris*

【野外识别】体长 38~41 cm 的小型鸭。通体灰褐色而具黄白色点斑，上体灰色较深，眼周羽毛深褐色形成模糊的眼罩，上下体羽满缀淡皮黄白色点斑。雄鸟常具深色羽冠，雌鸟顶部颜色较浅且羽冠不明显。飞行时翼下羽色浅。无翼镜。虹膜—暗褐色；喙—蓝灰色；跗跖—橄榄绿色。【分布与习性】国外分布于西欧至中亚的湖泊，越冬至北非、南亚，于整个分布区内均罕见。中国罕见于新疆西部。栖息于内陆多水生植物。【鸣声】相当少发声。炫耀时雄雌两性都会发出带鼻音的尖叫。

绿翅鸭 雌 沈越

绿翅鸭 雄 沈越

绿翅鸭 计云

美洲绿翅鸭 雌
Bering Land Bridge National Preserve

美洲绿翅鸭 雄 慕童

云石斑鸭 雌 Ferran Pestaña

云石斑鸭 雄 f.c.franklin

115. 赤嘴潜鸭 Red-crested Pochard *Netta rufina*

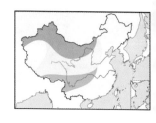

【野外识别】体长53~57 cm的较大型鸭。雄鸟头圆而膨大，呈橙黄色，前胸至后颈至下腹黑色，上背灰褐色，两胁白色，翼镜白色。雌鸟全身灰褐色，脸部至颈部灰白色。幼鸟羽色似雌鸟。虹膜—雄鸟红色，雌鸟红褐色；喙—雄鸟鲜红色，雌鸟灰黑色，尖端略带黄色；跗跖—雄鸟橙红色，雌鸟灰黑色。【分布与习性】繁殖于中欧、东欧和亚洲北部，越冬于地中海、东北非、南亚北部。国内繁殖于新疆和内蒙古，集群越冬于西南部的高原湖泊，华中、华南有零星越冬记录，迷鸟至江苏、浙江和台湾。栖息于流速较缓的河流、河口以及开阔而多水生植物的深水湖泊。冬季成对或小群活动。潜水觅食，多以植物为食。【鸣声】相当少发声。求偶炫耀时雄鸟发出呼哧呼哧的喘息声，雌鸟作粗喘。

116. 帆背潜鸭 Canvasback *Aythya valisineria*

【野外识别】体长48~61 cm的较大型鸭。雄鸟头红褐色，胸和尾部黑色，背、翼及腹部灰白色。似红头潜鸭雄鸟，但本种体形较大，头顶轮廓显尖耸，头顶、前额至喙基部红色渐深而发黑。且喙尖端细长，无白色斑块。雌鸟以棕褐色取代雄鸟红色和黑色部分，幼鸟似雌鸟，但背部、腹部为灰褐色。虹膜—雄鸟红色，雌鸟褐色；喙—黑色，喙基部微突；跗跖—青灰色。【分布与习性】繁殖于北美洲北部，越冬于北美洲南部和中美洲，冬候鸟罕见于日本。国内仅台湾有迷鸟记录。冬季喜集群栖息于湖泊、海岸潟湖和宽阔河流等水域，安静而机警。【鸣声】较安静。

117. 红头潜鸭 Common Pochard *Aythya ferina*

【野外识别】体长42~49 cm的中型鸭。雄鸟头、颈栗红色，胸、上背及尾上覆羽黑色，翼、两胁及下腹灰色。雌鸟头、颈至胸棕褐色，背灰褐色，两胁及下体灰色。幼鸟似雌鸟，但背部、腹部为浅棕色。虹膜—雄鸟红色，雌鸟褐色；喙—灰黑色，尖端黑色，基部亦较深；跗跖—灰黑色。【分布与习性】繁殖于西欧至东亚的欧亚大陆的中高纬度地区，越冬于北非、南亚、东亚南部至日本。国内繁殖于新疆及东北，迁徙时见于西部、中部、东北和华东大部，越冬于黄河、长江以南水域，包括台湾。栖息于水生植物茂密的河流、沼泽、水塘和湖泊，冬季集大群活动，常与其他潜鸭混群。【鸣声】繁殖期雄鸟发出独特的二哨音，雌鸟发出短促的单音节鸭叫。冬季甚安静。

赤嘴潜鸭 雌 计云

赤嘴潜鸭 雌（后）和雄 计云

帆背潜鸭 雌（前）和雄 USFWS

帆背潜鸭 雄 Jason Crotty

红头潜鸭 雌 朱雷

红头潜鸭 雄 沈越

红头潜鸭 雄 非繁殖羽 沈越

118. 美洲潜鸭　Redhead　Aythya americana

【野外识别】体长 44~51 cm 的中型鸭。似红头潜鸭但略大，雄鸟头型更圆，前额额弓更高，喙较粗，喙端图案和红头潜鸭差异较大，喙端黑色部分边缘几乎垂直于喙边缘，后具一细白色环带。红头潜鸭喙端黑色部分边缘与喙边缘成锐角。雌鸟亦似红头潜鸭雌鸟，可通过喙部特征区分。虹膜—浅黄色；喙—铅灰色，尖端黑色；跗跖—深灰色。【分布与习性】繁殖于北美洲北部，越冬于北美洲南部。罕见的迷鸟至欧亚大陆，国内仅于江苏有迷鸟记录。习性似红头潜鸭。【鸣声】雄鸟发出喘息似的二哨音，或似猫叫的"meow"声。

119. 青头潜鸭　Baer's Pochard　Aythya baeri

【野外识别】体长 46~47 cm 的中型鸭。雄鸟头部墨绿色而具光泽，上背深褐色，颈基部至下胸栗红色，和头部颜色对比明显，腹部白色延伸至胁部，与栗褐色相间而形成杂乱渲染的条状斑块，尾下覆羽呈白色三角状，翼镜白色。雌鸟头部黑褐色，喙基具一栗色斑，上背深褐色，胸部深棕色，胁部褐白相间，翼镜和尾下覆羽白色。幼鸟头部缺少墨绿色而呈黑褐色，腹部具浅褐色细斑，胸腹部的分界线不如成鸟清晰。虹膜—雄鸟白色，雌鸟暗褐色；喙—灰黑色，尖端黑色；跗跖—铅灰色。【分布与习性】繁殖于东亚北部，越冬于东亚和东南亚。国内繁殖于东北，近年有更靠南至山东的繁殖记录。迁徙时经过华中和华东，越冬于长江流域及以南地区，包括台湾。繁殖于多芦苇的湖泊和沼泽水域，冬季栖息于水塘、湖泊和水库等水域，常与其他潜鸭类混群活动。近年来种群数量急剧减少，已变得非常罕见。【鸣声】繁殖期发出粗哑的"呱啊，呱啊"声。冬季相当安静。

120. 白眼潜鸭　Ferruginous Duck　Aythya nyroca

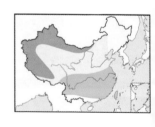

【野外识别】体长 38~42 cm 的小型鸭。雄鸟通体棕褐色，头部、胸部亮棕色具金属光泽，背部黑褐色，反下腹、翼镜、尾下覆羽白色。雌鸟下体棕色较浅，头部棕色，无光泽。无论雌雄，胁部均为棕褐色。虹膜—雄鸟白色，雌鸟黑褐色；喙—灰黑色；跗跖—灰褐色。【分布与习性】国外繁殖于中南欧、地中海、中亚，越冬于北非、南亚北部以及东南亚北部。国内繁殖于西北部和西部，越冬于南方大部分地区，包括台湾但主要集中于西南各省。繁殖期栖息于开阔而水生植物丰富的淡水湖泊、沼泽和水塘等水域，冬季多活动于水流较缓的河流、湖泊、水库等水域，潜水觅食，常与其他潜鸭混群。【鸣声】雄鸟求偶期发出哨音，雌鸟发出粗哑的叫声。冬季相当安静。

美洲潜鸭 雌 Dan Pancamo

美洲潜鸭 雄 Will Pollard

青头潜鸭 雌 赵国君

青头潜鸭 雄 张明

青头潜鸭 雄 薛琳

白眼潜鸭 雌 薛琳

白眼潜鸭 雄 张永

白眼潜鸭 雄 沈越

121. 凤头潜鸭　Tufted Duck　*Aythya fuligula*

【野外识别】体长 40~47 cm 的中型鸭。雄鸟上体黑色，头黑色而泛紫色光泽，具长羽冠，翼镜、两胁及下腹白色。雌鸟通体暗褐色，头色略深但无光泽，具羽冠但较雄鸟为短，下腹色浅，两胁有时略带白色，有些个体喙基具小块白斑。幼鸟羽色似雌鸟，整体浅褐色，羽冠不甚明显。虹膜—金黄色；喙—铅灰色，尖端黑色，范围较斑背潜鸭大；跗跖—灰色。【分布与习性】

繁殖于欧亚大陆北部，越冬于北非、欧亚大陆南部、朝鲜半岛、日本南部以及菲律宾北部。国内繁殖于东北北部，迁徙时经过长江以北地区，越冬至长江以南流域，包括台湾和海南。冬季多活动于富有水生植物的河流、湖泊、水库等水域，潜水觅食，常集大群，与其他潜鸭混群活动。【鸣声】繁殖期发出短促的哨音。冬季相当安静。

122. 斑背潜鸭　Greater Scaup　*Aythya marila*

【野外识别】体长 42~51 cm 的中型鸭。较凤头潜鸭体形更为粗壮。雄鸟头、颈、胸及尾部黑色，头部圆而膨大且泛墨绿色光泽，背部白色并具波浪状黑褐色细纹，形成"斑背"，下腹、两胁及翼镜白色。雌鸟整体棕褐色，两胁褐色较浅，喙基部具一宽白环斑，翼镜和下腹白色，似凤头潜鸭但无羽冠。一龄鸟开始出现"斑背"特征。幼鸟不具"斑背"，但可根据头型、喙基的白色宽斑与凤头潜鸭区分。本种与相似的小潜鸭相比，

本种体形略大，头型更为圆润，且无小潜鸭的短羽冠，飞行时初级飞羽基部为白色。虹膜—浅黄色；喙—铅灰色，尖端黑色；跗跖—灰色。【分布与习性】繁殖于全北界的环北极区域，越冬于全北界南部沿海区域。国内越冬于长江以南地区，包括台湾。冬季多集小群或和其他潜鸭（尤其是凤头潜鸭）混群活动于沿海湿地、虾塘或河口水域，也见于淡水湖泊和河流。【鸣声】繁殖期雄鸟发出"咕，咕"声，雌鸟发出粗重的"咔"声。冬季相当安静。

123. 小潜鸭　Lesser Scaup　*Aythya affinis*

【野外识别】体长 38~45 cm 的小型鸭。似斑背潜鸭但体形较小。雄鸟头、颈、胸及尾部黑色，头部圆而膨大，头型较方，头顶凸起形成明显的转折角，似短羽冠，泛紫色光泽（不同于斑背潜鸭的墨绿色光泽），背部具波浪状黑褐色细纹，形成"斑背"，下腹、两胁及翼镜白色（仅内侧翼斑白色，初级飞羽灰褐色）。雌鸟亦似斑背潜鸭雌鸟，可通过体形、头形和翼斑特征区分。虹膜—浅黄色；喙—铅灰色，尖端黑色；跗跖—灰色。【分布

与习性】北美洲种，偶至欧亚大陆。国内仅于辽宁有迷鸟记录。习性似斑背潜鸭。【鸣声】冬季相当安静。

凤头潜鸭 雌和幼 朱雷

凤头潜鸭 雄 朱雷

凤头潜鸭 雄 非繁殖羽 朱雷

斑背潜鸭 雌 慕童

斑背潜鸭 雄 杭苏

斑背潜鸭 雌雄 飞行 慕童

小潜鸭 雌 Shawn McCready

小潜鸭 雄 Kurt Bauschardt

124. 小绒鸭 Steller's Eider *Polysticta stelleri*

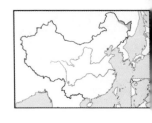

【野外识别】体长 42~48 cm 的中型海鸭。雄鸟头白色，眼先具一深色斑块，后枕、眼周、喉部、颈部、腰、尾及尾下覆羽黑色，胸部至下腹由浅褐色过渡到锈色，胸侧具一黑色点斑，翼镜蓝黑色，飞行时可见翼上黑白色块的对比。雌鸟通体深褐色，眼周色浅，头型扁，胁部具鳞状斑，翼收拢时可见白色翼缘和蓝黑色翼镜。幼鸟似雌鸟。虹膜—褐色；喙—灰黑色；跗跖—黑褐色。【分布与习性】繁殖于西伯利亚和阿拉斯加的环北极地区，越冬于北欧、东亚北部和北美西北部。国内罕见，越冬于东北和华北。栖息于淡水沼泽、水塘以及沿海和海口浅水水域，常集群活动。【鸣声】冬季相当安静。

125. 丑鸭 Harlequin Duck *Histrionicus histrionicus*

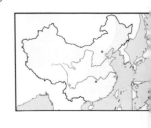

【野外识别】体长 38~45 cm 的小型海鸭。雄鸟羽色独特，由栗红色、青灰色、黑白色拼接而成，不易误认，臀侧具一白色小圆斑，翼下黑色，尾短而尖，常上翘。雌鸟整体灰褐色，喙基到前半脸具白色斑块，耳部具白色圆斑，腹部米白色。幼鸟似雌鸟。虹膜—暗褐色；喙—铅灰色；跗跖—灰黑色。【分布与习性】分布于东北亚、格陵兰岛、冰岛、北美东北部和西北部，越冬于分布区的南部沿海地区。国内罕见，于东北长白山地区有繁殖记录，东部沿海有数个越冬记录，迷鸟至四川。繁殖于山间溪流，越冬于多岩石的沿海水域，善潜水，休憩时多停栖于陆地和岩石上，较少和其他鸭类混群。【鸣声】冬季相当安静。

126. 斑脸海番鸭 White-winged Scoter *Melanitta deglandi*

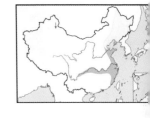

【野外识别】体长 51~58 cm 的较大型海鸭。雄鸟全身黑色泛紫色光泽，眼后具一半月形白斑，喙基具一黑色肉瘤，翼镜白色，停栖时呈一菱形白斑。雌鸟通体浅褐色，喙基和耳部各具一椭圆形白斑，停栖时可见白色翼镜。虹膜—雄鸟白色，雌鸟褐色；喙—雄鸟喙基具一黑色肉瘤，喙色为明亮橘红色，两侧略带黄色，雌鸟的喙为黑褐色；跗跖—橘红色。【分布与习性】国内繁殖于新疆和内蒙古，国外繁殖于东西伯利亚至堪察加半岛及南部岛屿，越冬于北太平洋沿海，常见于韩国沿海、鄂霍次克海及千岛群岛。国内于东北和西北地区为旅鸟，偶有繁殖记录于新疆和内蒙古，越冬于东部和东南部沿海以及长江中下游的内陆湖泊，最南至香港地区。繁殖期栖息于内陆湖泊和水塘中，冬季多活动于沿海水域，善潜水，休憩时多停栖于陆地上。【鸣声】冬季相当安静。

小绒鸭 雌 Laura L. Whitehouse USFWS

小绒鸭 雄 Ron Knight

小绒鸭 Ron Knight

丑鸭 雌 慕童

丑鸭 雄 张明

丑鸭 雄 慕童

斑脸海番鸭 雌（右）和雄 邢睿

斑脸海番鸭 雄 亦诺

127. 黑海番鸭　Black Scoter　*Melanitta americana*

【野外识别】体长 43~54 cm 的中型海鸭。体形匀称，尾短而尖。雄鸟通体黑色，喙基部膨大并具一黄色肉瘤。雌鸟通体暗褐色，下颊至前颈皮黄色，腹部色浅。虹膜—黑褐色；喙—灰褐色；跗跖—灰褐色。【分布与习性】繁殖于西伯利亚东部到阿拉斯加以及北美东北部，越冬于北美西海岸和太平洋东北及西北沿海。国内罕见，越冬于东部及东南沿海，迷鸟见于内陆地区。冬季集群栖息于沿海海面、河口及港湾等咸水水域，迁徙时偶见于内陆淡水水库及湖泊。【鸣声】冬季相当安静。

128. 长尾鸭　Long-tailed Duck　*Clangula hyemalis*

【野外识别】雄鸟体长 51~60 cm（计尾羽），雌鸟体长 37~47 cm 的较大型鸭。雄鸟繁殖羽头至下胸黑褐色，整个脸部围绕眼区具一菱形粉白色区域，上背和肩羽棕黄色并具黑色轴斑，形成矛状，胁部、腹部至尾下覆羽灰白色，黑色的中央尾羽特化延长；雄鸟非繁殖羽体色转淡，头至颈部变为白色，眼周至脸部灰色，耳羽周围具一黑褐色大圆斑，背部羽毛亦变为灰白色，间杂褐色，翼黑色，腹部至胁部灰白色，仍具长中央尾羽。雌鸟尾短而尖，冬季上体为棕褐色，头顶至脑后及耳羽黑褐色，脑部棕褐色，其余体羽白色。一龄鸟体色较成鸟淡。虹膜—雄鸟夏季红色，冬季棕褐色，雌鸟褐色；喙—雄鸟喙黑色，前部粉红色，雌鸟喙铅灰色，尖端黑色；跗跖—灰色。【分布与习性】分布于全北界环北极水域，越冬于全北界沿海水域。国内越冬于渤海、黄海和东海水域，在长江中下游以及四川和新疆也有越冬记录。冬季多见于沿海，少见于内陆水域，栖息于海湾或远海，潜水觅食，甚不惧人。【鸣声】繁殖期雄鸟发出音调上扬的"啊，啊，啊，哦额"声，飞行时发出"啊，啊"声。冬季相当安静

129. 鹊鸭　Common Goldeneye　*Bucephala clangula*

【野外识别】体长 40~48 cm 的中型鸭。头圆而尖耸，眼金黄色。雄鸟头部墨绿色具金属光泽，喙基部具大块椭圆形白斑，上背黑色，翼具大块白斑，下颈、胸及下体白色。雌鸟头暗褐色，上背、胸和两胁灰褐色，颈下部白色形成环状。幼鸟羽色似雌鸟而虹膜黯淡，一龄鸟虹膜较成鸟更白。虹膜—金黄色；喙—雄鸟喙黑色，雌鸟喙黑褐色，尖端黄色；跗跖—橘红色。【分布与习性】繁殖于全北界中北部，越冬于全北界南部。国内繁殖于新疆及东北北部，越冬于包括西南在内的黄河、长江及珠江流域以及东北至东南部沿海水域，迷鸟至台湾。冬季多结群栖息于湖泊、水库、海湾，潜水觅食。【鸣声】繁殖期雄鸟发出一系列怪啸音及机械音，雌鸟发出粗哑的"graa"声。冬季相当安静。

黑海番鸭 雌 Neil DeMaster

黑海番鸭 雄 Peter Massas

长尾鸭 雌 朱雷

长尾鸭 雄（冬羽）朱雷

长尾鸭 雄（夏）张永

鹊鸭 雌 沈越

鹊鸭 雄 沈越

鹊鸭 雄 张永

130. 斑头秋沙鸭／白秋沙鸭　Smew　*Mergellus albellus*

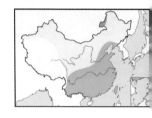

【野外识别】体长 38~44 cm 的小型鸭。雄鸟体羽白色，眼罩、枕纹、上背、初级飞羽及胸侧的狭窄条纹为黑色，体侧具灰色细纹。雌鸟头顶至颈部栗褐色，眼周近黑，喉部至前颈白色，上体深灰色，下体白。幼鸟羽色似雌鸟。虹膜－褐色；喙－雄鸟喙黑色，雌鸟喙黑褐色，尖端黄色；跗跖－橘红色。【分布与习性】分布于古北界北部，越冬于古北界南部。国内分布广泛，繁殖于东北，冬季南迁，于台湾为罕见冬候鸟。繁殖于树洞及沼泽区域，结小群越冬于开阔水域，潜水觅食。【鸣声】繁殖期雄鸟发出低沉的"呱，呱"声或啸音，雌鸟发出低沉的喉音。冬季相当安静。

131. 普通秋沙鸭　Common Merganser　*Mergus merganser*

【野外识别】体长 58~68 cm 的大型鸭。雄鸟头部及上颈墨绿色而具光泽，上背黑色，翼上具大块白斑，体侧纯白色。雌鸟头及上颈棕色，上体灰色，下腹白色，两肋有不明显的灰色鳞状斑，颏和喉白色，翼镜白色。幼鸟羽色似雌鸟。虹膜－暗褐色；喙－喙基厚，尖端呈钩状，喙狭长且直，暗红色；跗跖－红色。【分布与习性】几乎遍布整个全北界，越冬于分布区南部。国内繁殖于新疆、内蒙古西部、东北地区和青藏高原，迁徙和越冬时见于国内大部地区，偶至台湾。栖息水域多样，冬季多结大群活动，潜水时间长，是体形最大、分布最广的秋沙鸭。【鸣声】繁殖期发出尖厉的哨音或粗哑的喉音。冬季相当安静。

132. 红胸秋沙鸭　Red-breasted Merganser　*Mergus serrator*

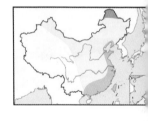

【野外识别】体长 52~58 cm 的较大型鸭。雄鸟头部、上颈墨绿色而具光泽，上背黑色，腰和尾羽灰色，下腹白色，胁部具灰色细纹，胸部棕红色而具鳞状斑。雌鸟头部棕色，具深色眼圈和上黑下白色眼先，上体灰色，下腹白色，两肋有不明显的灰色鳞状斑，颏和喉白色，翼镜白色。无论雌雄，枕后羽冠均具明显分叉。幼鸟及一龄鸟羽色似雌鸟，但羽冠较短，眼周色浅。虹膜－雄鸟红色，雌鸟暗红色；喙－喙狭长而略上翘，尖端带钩状，呈鲜红色；跗跖－红色。【分布与习性】繁殖于全北界极北地区，越冬于分布区南部沿海海岸水域，偶有内陆记录。国内繁殖于黑龙江北部，迁徙经过西北至东部大部，越冬于东部沿海地区，冬候鸟罕见至台湾。繁殖期栖息于苔原沼泽、河流和湖泊中，冬季偏好沿海海岸、河口、浅水湾等咸水水域。【鸣声】繁殖期雄鸟发出多种轻柔而似猫的"咪，咪"声，雌鸟发情及飞行时均发出似喘息的叫声。冬季相当安静。

斑头秋沙鸭 雌 沈越

斑头秋沙鸭 雄 Dick Daniels

斑头秋沙鸭
雌（顶棕色）和雄
关翔宇

普通秋沙鸭 雌 蔡欣然

普通秋沙鸭 雄 朱雷

普通秋沙鸭 雌 朱雷

红胸秋沙鸭 雄 张明

红胸秋沙鸭雌（右）和雄 非繁殖羽 朱雷

133. 中华秋沙鸭　Scaly-sided Merganser　*Mergus squamatus*

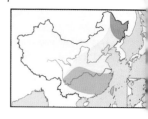

【野外识别】体长 52~62 cm 的大型鸭。雄鸟头部、上颈墨绿色而具光泽，枕后羽冠长而下垂，上背黑色，下体和前胸白色，胁部具清晰的黑色鳞状斑。雌鸟头、颈部栗褐色，羽冠深棕色，眼先和贯眼纹深褐色，上体灰褐色，额、喉部、前胸和下腹白色，两胁亦具清晰的鳞状斑。幼鸟羽色似雌鸟，羽冠较短，体色较黯淡。虹膜－褐色；喙－喙狭长而尖端带钩，呈鲜红色，尖端明黄色；跗跖－橘红色。【分布与习性】繁殖于东亚东北部，在繁殖地南方越冬。国内繁殖于东北北部，迁徙经过东部大部，越冬于长江中下游地区，冬候鸟罕见至台湾。主要繁殖于温带针阔混交原始林中河边，巢于树洞。越冬于大型河流。【鸣声】似红胸秋沙鸭。

134. 白头硬尾鸭　White-headed Duck　*Oxyura leucocephala*

【野外识别】体长 44~47 cm 的中型鸭，喙型独特而易认。雄鸟全身棕褐色，头部白色，头顶和上颈黑褐色，整个身体和尾部呈现深浅不一的栗褐色，黑褐色的中央尾羽特化，呈针状上翘。雌鸟和幼鸟喙颜色较黯淡，整个头罩黑褐色，下颏部有明显的黑褐色横纹，亦具针状尾羽。虹膜－黄色；喙－雄鸟蓝灰色，基部膨大，雌鸟灰黑色；跗跖－灰色。【分布与习性】分布于欧洲东南部、中亚、西亚以及非洲西北部。国内繁殖于新疆西北部，迷鸟见于湖北。繁殖期栖息于水生植物丰富的淡水湖泊，善于游泳和潜水。【鸣声】雄鸟游聚一起竖起尾和颈作求偶炫耀时，"咯咯"低鸣并作管笛声。雌鸟作低沉粗哑叫声。

135. 鹗　Osprey　*Pandion haliaetus*

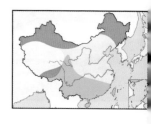

【野外识别】体长 50~65 cm 的较大型猛禽。雌雄相似。成鸟头顶、前额白色，黑色贯眼纹明显，且延伸至枕部；胸部具褐色斑块，通常雌鸟褐色胸带较雄鸟显著，腹部白色无斑纹；翼展开时窄而长，翼下覆羽白色无斑纹，翼上、背部暗褐色；尾褐色相对较短。幼鸟似成鸟，但背部、翼羽具浅色羽缘。虹膜－黄色；喙－铅灰色；跗跖－被羽。【分布与习性】广泛分布于除南极洲外各大洲，主要繁殖于北半球中高纬度地区。国内见于各省，在北方繁殖，南方越冬。常栖息于大型湖泊、水库、河流和海岸等水域地带附近。主要捕食鱼类，偶尔亦捕食蛙类、蜥蜴、小型鸟类等。【鸣声】常发出响亮而尖锐的连续"ju ju"声。

中华秋沙鸭 雌 沈越

中华秋沙鸭 雌（左）和雄 赵建英

白头硬尾鸭 雌和幼 王尧天

白头硬尾鸭 雄 王尧天

鹗 关翔宇

鹗 崔月

鹗 幼 朱雷

136. 黑翅鸢 Black-winged Kite *Elanus caeruleus*

【野外识别】体长 31~37 cm 的较小型猛禽。雌雄相似。整体黑、白、灰三色。成鸟脸颊白色，头顶灰色；胸部、腹部白色；翼下近灰色，黑色初级飞羽显著；背部、翼上灰色，小覆羽深灰色；尾羽白色。幼鸟似成鸟，但头部、胸部、翼上多带褐色，具浅色羽缘。虹膜—红色；喙—黑色；跗跖—黄色。【分布与习性】分布于欧洲西南部、非洲、南亚及东亚南部等地区，主要为留鸟。国内见于华南、华东、西南等地区，偶有个体北至华北地区。常栖息于低地农田、草地等开阔地带。常振羽悬停于空中寻找食物；主要以鼠类、昆虫及小型鸟类为食。【鸣声】单调的"va ka va ka"声。

137. 凤头蜂鹰 Crested Honey-buzzard *Pernis ptilorhynchus*

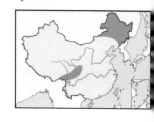

【野外识别】体长 55~65 cm 的较大型猛禽。翼较宽大，头部细小，头侧具短而硬的鳞片状羽的猛禽，体色多变，翼指通常为6枚。雄鸟虹膜暗色；翼后缘深色带明显；尾羽深色尾带较宽，与浅色区域对比明显。雌鸟虹膜黄色；翼后缘深色带不甚明显；尾羽深色尾带较窄，与浅色区域对比不甚明显。幼鸟似雌鸟，翼指色深。与鹃头蜂鹰相似，区别见相应种描述。虹膜—雄鸟暗色，雌鸟及幼鸟黄色；喙—黑色；跗跖—黄色。【分布与习性】繁殖于东亚北部，在南亚及东南亚为留鸟或越冬。国内繁殖于东北，迁徙时见于大部分地区，在海南为冬候鸟，在西南部分地区及台湾有留鸟种群。常栖息于山地森林及林缘地带。主要以蜂类为食，也捕食其他昆虫和小型鸟类等。【鸣声】常发出尖锐而单调的"jin jin——"声。

138. 鹃头蜂鹰 European Honey-buzzard *Pernis apivorus*

【野外识别】体长 52~59 cm 的较大型猛禽。翼较宽大，头部细小，体色多变。雄鸟虹膜黄色，翼后缘深色带明显，尾羽深色尾带较宽。雌鸟虹膜黄色，翼后缘深色带不甚明显。幼鸟似雌鸟，虹膜暗色，翼指深色。与相似种凤头蜂鹰较难区别，本种翼指通常为5枚，翼较凤头蜂鹰更显窄长。虹膜—雄鸟及雌鸟黄色，幼鸟色暗；喙—黑色；跗跖—黄色。【分布与习性】繁殖于欧洲到中亚，在非洲南部越冬。国内罕见于新疆地区。常栖息于阔叶林、针叶林和混交林中，有时也到林外村庄、农田等地活动。主要以蜂类为食，也捕食其他昆虫和小型脊椎动物等。【鸣声】常发出单调的"jin——jin——"声，似凤头蜂鹰但较柔弱。

黑翅鸢 何海清　　　黑翅鸢 亦诺　　　黑翅鸢 何海清

凤头蜂鹰 雌 计云

凤头蜂鹰

凤头蜂鹰
深色型 幼 朱雷

凤头蜂鹰 崔月

鹃头蜂鹰 Bernard DUPONT

鹃头蜂鹰
Michael
Sveikutis

139. 褐冠鹃隼　Jerdon's Baza　*Aviceda jerdoni*

【野外识别】体长42~48 cm的中型猛禽。雌雄相似。翼较宽大，停落时可见头顶明显的黑色羽冠。头部红褐色，喉部白色具黑色喉中线；胸部具红褐色斑块，腹部白色具红褐色横纹；翼下浅色，翼下覆羽具红褐色横纹，翼上、背部褐色；尾羽近灰色具褐色横带。幼鸟腹部浅色。虹膜－橙黄色；喙－铅黑色；跗跖－黄色。【分布与习性】分布于南亚、东南亚等地区。国内见于云南西南部、广西南部及海南，为留鸟。常栖息于山地森林和林缘地区，通常单独活动，飞行速度较为缓慢。主要以小型动物为食。【鸣声】常发出响亮的"jiu jiu yoo——"声，尾音似哨鸣。

140. 黑冠鹃隼　Black Baza　*Aviceda leuphotes*

【野外识别】体长28~35 cm的较小型猛禽。雌雄相似。整体黑白两色，翼较宽大，停落时可见头顶明显的黑色羽冠。头部、喉部黑色；胸部具白色斑块，腹部白色具褐色横纹；翼下覆羽黑色与浅色飞羽形成明显对比；背部、翼上多为黑色；尾羽、尾下覆羽近黑色。幼鸟喉部具白色条纹；背部偏褐色。虹膜－紫红色；喙－铅黑色；跗跖－黑色。【分布与习性】分布于南亚、东亚、东南亚等地区。国内见于长江流域以及以南地区，为候鸟或留鸟。常栖息于山地森林及林缘地带。主要以昆虫为食，亦捕食小型脊椎动物等。【鸣声】常发出响亮而柔和的"yoo——yoo——"声。

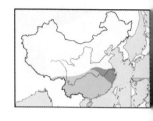

141. 胡兀鹫　Lammergeier　*Gypaetus barbatus*

【野外识别】体长94~125 cm的大型猛禽。雌雄相似。为整体黄褐色，翼、尾较长的猛禽。成鸟脸颊近灰色，具一道较宽的黑色羽毛经过眼先到额部；头顶具浅灰褐色绒状羽；胸部橙黄色，腹部淡黄色；背部、翼上暗褐色具皮黄色细纹；暗褐色尾羽较长，呈楔形。幼鸟整体暗褐色，头部、颈部近黑色。虹膜－黄色；喙－灰色；跗跖－灰色，被羽。【分布与习性】分布于非洲、南欧、中东、中亚及东亚等地区。国内见于西部及中部高原和山区，主要为留鸟，偶有个体游荡至华北地区。常栖息于高海拔裸岩地区。通常单独活动，一般不与其他猛禽混群；主要以大型动物尸体的腐肉、骨头为食。【鸣声】通常不叫，偶尔发出似塑料摩擦的声音。

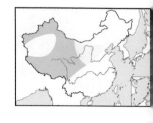

褐冠鹃隼
董江天

褐冠鹃隼
关翔宇

黑冠鹃隼 大雨

胡兀鹫 张永

胡兀鹫 关翔宇

胡兀鹫 幼 关翔宇

142. 白背兀鹫 White-rumped Vulture *Gyps bengalensis*

【野外识别】体长75~93 cm的大型猛禽。雌雄相似。两翼宽大，头部较小。成鸟头部肉色；颈部肉色具一圈白色绒羽；胸部、腹部深褐色少斑纹；翼下白色覆羽与翼下深褐色飞羽形成明显对比，翼上、背部深褐色，腰部白色；深褐色尾羽甚短。幼鸟似成鸟，整体黄褐色；胸部、腹部皮黄色多深褐色纵纹。虹膜—暗褐色；喙—铅灰色；跗跖—被羽。【分布与习性】分布于南亚、
东南亚等地区。国内仅见于云南西部和南部，为留鸟。常栖息于人类居住区较近的村庄、城市等地带。主要以动物尸体为食，有时亦捕食小型动物等。【鸣声】偶尔发出沙哑的叫声。

143. 长嘴兀鹫／印度兀鹫 Long-billed Vulture *Gyps indicus*

【野外识别】体长89~103 cm的大型猛禽。雌雄相似。两翼宽大，头部较小。成鸟头部深灰色；颈部深灰色，具一圈白色绒羽；胸部、腹部皮黄色少斑纹；翼下皮黄色覆羽与翼下深褐色飞羽形成明显对比，翼上、背部皮黄色，腰部白色；尾下覆羽黄褐色，近黑色尾羽甚短。幼鸟似成鸟，头颈部亦为深灰色；胸部、腹部具褐色纵纹。虹膜—暗褐色；喙—成鸟黄色，幼鸟铅灰色；跗跖—被羽。【分布与习性】分布于南亚地区。国内罕见于西
藏东南部，为留鸟。常栖息于人类居住区较近的村庄、城市或稀树草原等地带。主要以动物尸体为食，有时亦捕食蛙类、昆虫等。【鸣声】偶尔发出沙哑的叫声。

144. 高山兀鹫 Himalayan Vulture *Gyps himalayensis*

【野外识别】体长103~130 cm的大型猛禽。雌雄相似。两翼宽大，头部较小。成鸟头顶皮黄色，颈部深灰色具一圈黄褐色绒羽；腹部黄褐色具不明显褐色纵纹；翼下米白色覆羽与翼下近黑色飞羽形成明显对比；背部、翼上黄褐色；尾下覆羽米白色，尾羽甚短近黑色。幼鸟似成鸟，整体色重，多为深褐色，腹部纵纹明显。虹膜—暗褐色；喙—铅灰色；跗跖—被羽。【分布
与习性】分布于中亚至青藏高原。国内见于青藏高原及周边山区，为留鸟，偶有个体游荡至华北地区。常栖息于高海拔的裸岩高山、草原等地带。主要以动物尸体为食。【鸣声】偶尔发出沙哑的"ga——ga"声。

白背兀鹫 幼 张永

白背兀鹫 张永

白背兀鹫 朱雷

长嘴兀鹫 黄秦

长嘴兀鹫 幼 王斌

高山兀鹫 幼 朱雷

高山兀鹫 朱雷

高山兀鹫 高云飞

145. 兀鹫　Eurasian Griffon　*Gyps fulvus*

【野外识别】体长93~110 cm的大型猛禽。雌雄相似。两翼宽大，头部较小。成鸟头顶灰白色，颈部灰白色具一圈白色绒羽；胸部、腹部棕色具深褐色纵纹，翼下棕色覆羽与翼下近黑色飞羽形成明显对比；尾下覆羽棕色具深褐色纵纹，尾羽近黑色。幼鸟颈部灰白色具一圈棕色绒羽；胸部、腹部羽色较浅，具褐色纵纹。与高山兀鹫飞行时区别在于本种下体纵纹不明显，翼下白色部分较少。虹膜—暗黄色；喙—暗褐色；跗跖—被羽。【分布与

习性】分布于南欧、北非、西亚、中亚、南亚等地区。国内可能见于西藏南部。常栖息于高海拔的裸岩高山、草原、河谷等地带。主要以动物尸体为食。【鸣声】偶尔发出连续的沙哑"gua——gua"声。

146. 黑兀鹫　Red-headed Vulture　*Sarcogyps calvus*

【野外识别】体长76~86 cm的大型猛禽。雌雄相似。两翼宽大。整体近黑色；成鸟头部、喉部粉红色，颈部粉红色具一圈白色绒羽；胸部、腹部近黑色具白色斑块；翼下覆羽近黑色，飞羽可见亮色区域；尾下覆羽黑色，尾羽黑色，较短，呈楔形。幼鸟似成鸟，羽色偏淡色；头部偏白色；尾下覆羽白色。虹膜—深褐色；喙—黑色；跗跖—被羽。【分布与习性】分布于南亚、东南亚等地区。国内罕见于云南、西藏部分地区，为留鸟。常

栖息于开阔的低山丘陵、农田耕地等地带。主要以动物尸体为食，有时亦捕食鸟类和小型兽类。【鸣声】偶尔发出沙哑的"gua——gua"声。

147. 白兀鹫　Egyptian Vulture　*Neophron percnopterus*

【野外识别】体长55~70 cm的较大型猛禽。雌雄相似。成鸟整体白色；脸部裸皮黄色；喙较细长，前端黑色，后端黄色；翼下白色覆羽与黑色飞羽形成明显对比；尾羽白色呈楔形。幼鸟整体深褐色，尾羽颜色较浅。虹膜—褐色；喙—成鸟黄色，幼鸟蓝灰色；跗跖—粉色，被羽。【分布与习性】分布于非洲

北部、欧洲到中亚及南亚的热带及亚热带地区，为留鸟或候鸟。国内罕见于新疆地区。常栖息于山地、丘陵和干旱平原地区。主要以动物尸体、垃圾为食。【鸣声】偶尔发出单调的"zi zi zi"声。

兀鹫 Lars M.

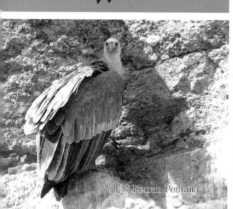
兀鹫 Ferran Pestaña

兀鹫 Francesco Veronesi

黑兀鹫 张永

白兀鹫 崔月

白兀鹫 朱雷

白兀鹫 朱雷

148. 秃鹫　Cinereous Vulture　*Aegypius monachus*

【野外识别】体长 100~120 cm 的大型猛禽。雌雄相似。两翼宽大，通体黑褐色。头部近灰色，颈部深褐色具一圈灰白色绒羽；胸部、腹部深褐色具褐色纵纹；两翼、背部多为深褐色；黑色尾羽甚短，呈楔形。幼鸟似成鸟，整体近黑色。虹膜—深褐色；喙—铅灰色；跗跖—被羽。【分布与习性】分布于非洲北部、欧洲南部、西亚、中亚、东亚等地区。国内见于大部分地区，为留鸟或候鸟。常栖息于山区、丘陵、荒原、森林、村庄等地带。主要以大型动物尸体为食。【鸣声】通常不叫，偶尔发出沙哑的"ga——ga"声。

149. 蛇雕　Crested Serpent Eagle　*Spilornis cheela*

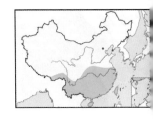

【野外识别】体长 50~74 cm 的较大型猛禽。雌雄相似。个体较大、翼较圆的深褐色雕。成鸟头部深褐色，枕部具不明显深色羽冠；胸部、腹部褐色，具不明显白色点斑；飞羽具白色条带，翼后缘近黑色；翼上、背部深褐色；尾羽较短，尾深褐色具一道明显白色斑纹。幼鸟整体黄褐色；胸部、腹部、翼下覆羽皮黄色。虹膜—黄色；喙—灰褐色；跗跖—黄色。【分布与习性】分布于东南亚、南亚、东亚等地区。国内主要见于长江流域及其以南地区，包括海南和台湾，为留鸟。偶有个体游荡至华北、东北地区。常栖息于山地森林及林缘开阔地带。主要以蛇类为食，亦捕食鼠类、蛙类、鸟类等。【鸣声】喜鸣叫，常发出响亮似哨声的"you——you"声。

150. 短趾雕　Short-toed Snake Eagle　*Circaetus gallicus*

【野外识别】体长 62~72 cm 的较大型猛禽。雌雄相似。个体较大、翼较长、尾较短的雕。成鸟头部、胸部褐色，腹部白色具褐色斑纹，翼下浅色具褐色斑纹，背部、翼上褐色，尾灰褐色具棕色横纹。幼鸟整体浅色；胸部、腹部白色少斑纹。虹膜—黄色；喙—铅灰色；跗跖—灰色。【分布与习性】分布于欧亚大陆中纬度地区，为夏候鸟，在非洲热带越冬；于南亚次大陆为留鸟。国内繁殖于新疆西北部，迁徙时经过内陆大部分地区。常栖息于森林边缘及低山丘陵或山脚平原地带有稀疏树木的开阔地区。主要以蛇类为食，亦捕食蜥蜴、蛙类等。【鸣声】常发出响亮似哨声的"yi you——yi you"声。

秃鹫 亦诺

秃鹫 张永

蛇雕 沈越

蛇雕 幼 张永

蛇雕 朱雷

短趾雕
亦诺

短趾雕 沈越

151. 凤头鹰雕 Changeable Hawk-Eagle *Spizaetus cirrhatus*

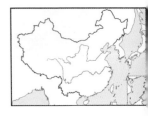

【野外识别】体长 61~75 cm 的较大型猛禽。雌雄相似。体形壮实，翅形宽大，国内分布的 *limnaeetus* 亚种停落时头顶黑色羽冠不明显。成鸟头部褐色，喉部白色具一道较明显深褐色喉中线；胸部、腹部白色具棕褐色纵纹；两翼翼下色浅，具较明显横纹，翼上深褐色；尾下覆羽色浅，具棕褐色横纹，尾褐色，具深褐色横斑。幼鸟整体皮黄色，胸部、腹部黄褐色少斑纹。与相似种鹰雕比，本种 *limnaeetus* 亚种头顶黑色羽冠不明显；胸部、腹部为纵纹；尾羽横斑较窄。虹膜－黄色；喙－铅灰色；跗跖－被羽。【分布与习性】分布于南亚、东南亚等地区。国内仅见于云南西部少数地区，为留鸟。常栖息于各种类型森林中。主要以中型鸟类为食，亦捕食其他小型动物等。【鸣声】常发出响亮而连续的"you you you"声。

152. 鹰雕 Mountain Hawk-Eagle *Spizaetus nipalensis*

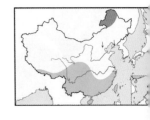

【野外识别】体长 66~75 cm 的较大型猛禽。雌雄相似。体形壮实，翅形宽大，停落时可见头顶明显的黑色羽冠。成鸟头部深褐色，喉部白色具一道明显深褐色喉中线；胸部、腹部白色，具棕褐色横斑；两翼翼下色浅，具较明显横纹，翼上深褐色；尾下覆羽色浅，具棕褐色横纹，尾褐色，具深褐色横斑。幼鸟整体皮黄色，胸部、腹部黄褐色少斑纹。虹膜－黄色；喙－铅灰色；跗跖－被羽。【分布与习性】分布于南亚、东南亚、东亚部分地区。国内见于东北、华北及南方大部地区，包括海南和台湾；于北方为夏候鸟或旅鸟，于南方为留鸟。常栖息于山地森林和林缘地带。主要以中型鸟类、鼠类为食，亦捕食小型鸟类、昆虫等。【鸣声】常发出响亮而悠远的"yi——yi"声。

153. 棕腹隼雕 Rufous-bellied Hawk-Eagle *Hieraaetus kienerii*

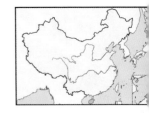

【野外识别】体长 50~61 cm 的较大型猛禽。雌雄相似。个体较大，翼较宽大，尾较长。成鸟头顶、脸颊黑色，停落时可见头顶具较明显的黑色羽冠，下颏、喉部白色；胸部白色具不明显黑色纵纹；腹部棕色具明显纵纹；翼下棕色覆羽与翼下浅色飞羽形成明显对比；背部、翼上近黑色；尾深色具褐色横纹；幼鸟胸部、腹部白色少纵纹，翼下覆羽白色无斑纹，翼上、背部褐色。虹膜－黄色；喙－铅灰色；跗跖－暗黄色。【分布与习性】分布于南亚、东南亚等地区。国内见于西南地区，于海南有记录，多为当地罕见留鸟。常栖息于低山丘陵或山脚，喜森林边缘及平原地带有稀疏树木的开阔地区。主要以蛇类为食，亦捕食蜥蜴、蛙类等。【鸣声】常发出响亮而尖锐的"zi zi"声。

凤头鹰雕 Rudraksha Chodankar

凤头鹰雕 幼 朱雷

鹰雕 幼 朱雷

鹰雕 幼 朱雷

鹰雕 宋世和

棕腹隼雕 董文晓

棕腹隼雕 亚成 蔡霖波

154. 白腹隼雕　Bonelli's Eagle　*Hieraaetus fasciata*

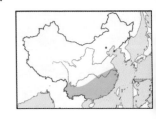

【野外识别】体长 55~65 cm 的较大型猛禽。雌雄相似。翼较宽大，头较小。成鸟头部棕褐色；胸部、腹部白色，具深色纵纹；背部、翼上棕褐色；翼下灰白色；尾羽灰色，尾下覆羽具深色横斑，与浅色区域对比明显。幼鸟头部棕褐色；胸部棕褐色，具黑色纵纹，腹部棕褐色少斑纹；翼下前端棕色；尾羽近灰色具较明显横斑。似凤头蜂鹰，但翼较窄长，翼指通常为 6 枚，头部较圆，喙较大。虹膜—黄褐色；喙—前端铅灰色，后端黄色；跗跖—被羽。【分布与习性】分布于欧洲南部、非洲北部、亚洲西部、南亚、东南亚等地区。国内见于西南、华南等地区，为当地少见留鸟；偶有迷鸟至华北、东北地区。常栖息于低山丘陵和山地森林等生境。主要以中小型鸟类为食，亦捕食鼠类、蛙类等。【鸣声】有时发出单调而尖厉的"yi you——yi you"声。

155. 靴隼雕　Booted Eagle　*Hieraaetus pennatus*

【野外识别】体长 45~54 cm 的中型猛禽。雌雄相似。翼较长、尾较短，个体较小。有深、浅两种色型。深色型成鸟整体棕褐色；头部棕褐色；胸部、腹部棕褐色，具不明显黑色纵纹；两翼翼角各具一明显白色斑点，翼下覆羽棕色，翼下飞羽色浅，具不明显褐色横斑；尾灰褐色，具不明显深色横纹。幼鸟翼上、背部具浅色羽缘；胸部、腹部、翼下具浅色杂斑。浅色型成鸟头部褐色；胸部白色，具明显黑色斑纹，腹部白色少斑纹；翼下白色覆羽与深褐色飞羽形成明显对比；尾灰褐色，具不明显深色横纹。幼鸟翼上具浅色羽缘。虹膜—褐色；喙—铅灰色；跗跖—暗黄色被羽。【分布与习性】主要繁殖于欧亚大陆中高纬度地区，在非洲和南亚越冬。国内见于西北、东北、华北、西南等地区，为西北地区夏候鸟，多为东北、华北地区旅鸟，西南地区冬候鸟。常栖息于山地森林和平原森林等地区。主要以小型兽类、鸟类、爬行动物等为食。【鸣声】常发出响亮的"ji jiu——ji jiu"声。

156. 林雕　Black Eagle　*Ictinaetus malaiensis*

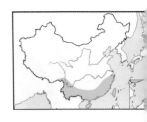

【野外识别】体长 66~81 cm 的大型猛禽。雌雄相似。个体较大，翼、尾较长。成鸟全身近黑色；胸部、腹部近黑色无斑纹；翼端宽大，翼指较长，翼下覆羽黑色无斑纹，飞羽深褐色具不明显褐色斑纹；尾深褐色，具浅色横斑和较宽的黑色端斑。幼鸟上体羽色较为暗淡，下体黄褐色，有暗色纵纹。虹膜—褐色；喙—黄色；跗跖—被羽。【分布与习性】分布于南亚、东南亚、东亚等地区。国内见于西南、华南、东南等地区，包括海南和台湾，多为各地留鸟。常栖息于山地的阔叶林和混交林及森林边缘地区。主要以小型兽类、鸟类、爬行动物等为食。【鸣声】常发出响亮的"yi you——yi you"声。

白腹隼雕 董文晓

白腹隼雕 幼 钱斌

白腹隼雕 幼 董文晓

靴隼雕
深色型 幼 关翔宇

靴隼雕 浅色型 朱雷

靴隼雕 深色型 汤国平

林雕 朱雷

林雕 计云

157. 乌雕　Greater Spotted Eagle　*Aquila clanga*

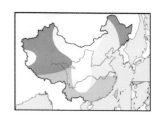

【野外识别】体长 61~74 cm 的较大型猛禽。雌雄相似。个体较大、翼较长、尾较短。成鸟全身暗褐色；胸部、腹部暗褐色，无斑纹；翼下覆羽黑色，无斑纹，翼下飞羽深褐色，可见白色斑块；尾上覆羽皮黄色，尾下覆羽黄褐色；尾深褐色，具白色端斑。亚成鸟体羽少斑纹，尾下覆羽皮黄色，约六年达成羽。幼鸟翼上覆羽、背部多白色斑纹。另有浅色型，胸腹部及翼前端皮黄色，国内罕见。虹膜—黄色；喙—黄色；跗跖—被羽。【分布与习性】繁殖于欧亚大陆北部，在非洲北部至亚洲南部越冬。国内见于大部分地区，多为各地候鸟或旅鸟。常栖息于低山丘陵和平原湿地等地区。主要以小型兽类、鸟类、爬行类等为食。【鸣声】有时发出单调而响亮的"jiu jiu"声。

158. 草原雕　Steppe Eagle　*Aquila nipalensis*

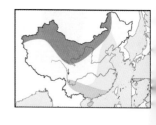

【野外识别】体长 70~82 cm 的大型猛禽。雌雄相似。个体较大、翼较长、尾较短。成鸟全身近褐色；翼下飞羽色浅，具深褐色横纹；尾上覆羽白色，尾下覆羽棕褐色，尾棕褐色，具深色横斑，尾端深褐色。亚成鸟体羽较幼鸟深，翼下白斑面积随年龄增长而减少。幼鸟整体黄褐色；翼下具明显白色横带；两翼和尾羽后缘白色；尾下覆羽皮黄色。虹膜—褐色；喙—黄色；跗跖—被羽。【分布与习性】繁殖于从欧洲东部到亚洲东部的中高纬度地区，在非洲至亚洲南部越冬。国内为西北和东北北部地区夏候鸟，于西南及华南包括海南为冬候鸟，其他各地多为旅鸟。常栖息于开阔草原、低山丘陵等地区。主要以小型兽类、鸟类为食，有时亦吃动物尸体和腐肉。【鸣声】有时发出似秧鸡的"en en en"声。

159. 白肩雕　Eastern Imperial Eagle　*Aquila heliaca*

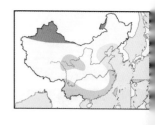

【野外识别】体长 73~84 cm 的大型猛禽。雌雄相似。个体较大，翼较长。成鸟全身深褐色；头顶及颈部皮黄色；肩部具大块明显白斑；翼下覆羽深褐色，翼下飞羽具浅色横纹；尾下覆羽皮黄色；尾褐色，具明显浅色横斑，尾端深褐色。幼鸟整体皮黄色；胸腹部皮黄色，具明显纵纹；翼下覆羽皮黄色，具浅色翼窗；翼后缘白色；尾深褐色，尾端白色。虹膜—褐色；喙—喙基黄色；喙端黑色；跗跖—被羽。【分布与习性】繁殖于欧亚大陆北部，于繁殖地南方越冬。国内于西北地区和东北西部为夏候鸟，于青藏高原东部、西南和华南地区包括台湾为冬候鸟，其他各地多为旅鸟。夏季常栖息于山地森林，冬季常栖息于低山丘陵、草原、沼泽湿地等地区。主要以中小型兽类、鸟类为食，有时亦吃爬行类和动物尸体。【鸣声】有时发出似犬吠声。

乌雕 亚成 亦诺

乌雕 亚成 朱雷

乌雕 幼 曾祥乐

草原雕 何楠

草原雕
亚成 张明

草原雕
亚成 张永

白肩雕 邢睿

白肩雕 幼 沈越

160. 金雕 Golden Eagle Aquila chrysaetos

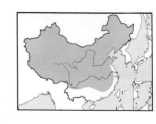

【野外识别】体长78~105 cm的大型猛禽。雌雄相似。个体较大、翼较长。成鸟全身深褐色；头顶及颈部金黄色；翼下覆羽棕色、翼下飞羽颜色较浅；尾下覆羽棕色，尾羽深褐色。亚成鸟枕部金色明显，翼下、尾下白斑面积随年龄增大而减少。幼鸟整体黄褐色；翼下具明显白斑；尾羽浅色，尾端深褐色。虹膜－褐色；喙－喙基黄色，喙端黑色；跗跖－被羽。【分布与习性】广布于全北界。国内广布于台湾、海南外的大部分地区，多为各地留鸟。夏季常栖息于山地森林，冬季常栖息于山地丘陵、山脚平原等地区。主要以兽类、鸟类为食，有时亦吃动物尸体。【鸣声】有时发出单调而响亮的"jiu you——jiu you"声。

161. 凤头鹰 Crested Goshawk Accipiter trivirgatus

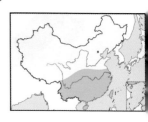

【野外识别】体长40~48 cm的中型猛禽。雌雄相似。体形壮实、翅形较宽大的鹰属猛禽。成鸟头部灰色，头顶具较明显羽冠，喉部白色，具一道深褐色喉中线；胸部、腹部色浅，具较粗的棕褐色横纹；翼上、背部褐色；飞行时明显可见蓬松的白色尾下覆羽。亚成鸟头部近灰色，尾下覆羽白色不甚明显，胸部、腹部斑纹不甚规整。幼鸟整体为黄褐色，胸部、腹部稍具斑纹。虹膜－黄色；喙－灰色；跗跖－黄色。【分布与习性】分布于东亚、南亚、东南亚等地区。国内见于长江流域及其以南地区，包括海南、台湾，为留鸟，迷鸟可至华北地区。常栖息于中、低海拔的山地森林及林缘地带，偶至平原和城区公园地区。常单独活动。主要以小型脊椎动物等为食。【鸣声】有时发出单调而尖厉的"zei——zei——"声。

162. 褐耳鹰 Shikra Accipiter badius

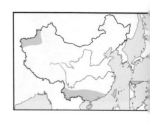

【野外识别】体长31~44 cm的较小型猛禽。雄鸟头部灰白色，虹膜红色，喉部白色，具一道不甚明显的灰色喉中线；胸部、腹部白色，具红褐色横斑；翼下白色少斑纹，翼上灰色，与黑色初级飞羽形成明显对比；尾下覆羽白色。雌鸟似雄鸟，虹膜橙黄色，喉部偏灰色；翼上、背部褐灰色。幼鸟喉部具较明显喉中线；上体棕褐色；胸部、腹部浅色，具棕色斑纹。虹膜－雄鸟红色，雌鸟橙黄色，幼鸟黄色；喙－铅灰色；跗跖－黄色。【分布与习性】主要分布于亚洲南部及非洲南部。国内见于西北、西南、华南等地区，包括台湾和海南，为留鸟。常栖息于山地和平原森林及具稀疏树木的半荒漠树林等地带。主要以小型脊椎动物等为食。【鸣声】有时发出单调而尖厉的"zei ou——zei ou"声。

金雕 沙鸵

金雕 亚成 亦诺

金雕 亚成 朱雷

凤头鹰 计云

凤头鹰 亚成 关翔宇

凤头鹰 幼 关翔宇

褐耳鹰 雌 崔月

褐耳鹰 雄 曾祥乐

褐耳鹰 雄 邹渝

褐耳鹰 幼 曾晨

163. 赤腹鹰　Chinese Sparrowhawk　*Accipiter soloensis*

【野外识别】体长 25~36 cm 的小型猛禽。成鸟头灰色；胸部、腹部多橙红色；翼较其他鹰属猛禽尖，通常具 4 枚翼指，翼下色浅而少斑纹，与初级飞羽黑色羽端形成明显对比；翼上、背部灰色。雄鸟虹膜深色，腹部橙红色，少横斑。雌鸟虹膜黄色，腹部具不明显横斑。幼鸟整体褐色；胸部、腹部具较明显褐色斑纹；翼上、背部褐色，具浅色羽缘。虹膜—雄鸟深色，雌鸟黄色；喙—铅灰色；跗跖—黄色。【分布与习性】繁殖于东亚，

主要越冬于东南亚。国内在长江流域及其以南地区为留鸟，少数个体繁殖可至华北，在台湾和海南为冬候鸟。常栖息于山地森林及林缘地带。主要以蛙类、蜥蜴等为食，有时亦捕食小型鸟类、兽类等。【鸣声】有时发出响亮而尖厉的 "you you you" 声。

164. 日本松雀鹰　Japanese Sparrowhawk　*Accipiter gularis*

【野外识别】体长 23~30 cm 的小型猛禽。翼、尾相对较短。喉部白色具一道较窄的褐色喉中线。雄鸟头灰色，虹膜红色；胸部、腹部绯红色，具细横斑；翼上、背部为深灰色。雌鸟个体较大，头褐色，虹膜黄色；胸部、腹部绯红色横斑较雄鸟明显；翼上、背部为褐色。幼鸟整体棕褐色，胸部、腹部具明显的棕褐色点状斑纹。似松雀鹰，区别见相应种描述。虹膜—雄鸟红色，雌鸟、幼鸟黄色；喙—青灰色；跗跖—黄色。【分布与习性】

繁殖于东亚北部，在东亚南部至东南亚越冬。国内繁殖于东北、华北地区，迁徙时经过华北、华东地区，多在长江中下游及以南地区，包括台湾和海南，越冬。常栖息于山地森林及林缘地带，迁徙及越冬时亦见于平原地区。飞行时振翅频率较高。主要以小型鸟类、蜥蜴、昆虫等为食。【鸣声】有时发出响亮而尖厉的 "wei you you" 声。

165. 松雀鹰　Besra　*Accipiter virgatus*

【野外识别】体长 28~36 cm 的较小型猛禽。雌雄相似。整体棕褐色，喉部白色，具一道较粗的褐色喉中线。成鸟脸颊棕褐色较重；胸部、腹部白色，具棕红色横斑。幼鸟似成鸟，但脸颊色淡，通常两肋斑纹较淡，呈点状。似日本松雀鹰，但个体较大，头部比例较小，褐色喉中线通常更粗壮，翼下黑色横纹更为明显。虹膜—黄色；喙—铅灰色；跗跖—黄色。【分布与习性】分布于东亚、南亚、东南亚等地区。国内见于南方大部

地区，包括台湾和海南，为留鸟，偶有迷鸟至华北地区。常栖息于山地森林及林缘地带。主要以小型脊椎动物等为食。【鸣声】有时发出响亮而单调的 "wei you you" 声，似日本松雀鹰但节奏较慢。

赤腹鹰 雌 亦诺

赤腹鹰 雌 徐越平

赤腹鹰 雄 张永

日本松雀鹰
雄 计云

日本松雀鹰 幼 计云

松雀鹰 朱蕾

松雀鹰 沈岩

166. 雀鹰　Eurasian Sparrowhawk　*Accipiter nisus*

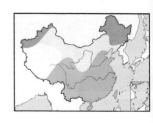

【野外识别】体长32~43 cm的较小型猛禽。翼、尾相对较长。雄鸟头部灰色，脸颊红色，虹膜橙红色；胸部、腹部浅色，具较细的红色横纹；翼上、背部灰蓝色。雌鸟较雄鸟大；头部棕褐色，具较明显白色眉纹，虹膜黄色；胸部、腹部浅色，具褐色横纹；翼上、背部褐色。幼鸟整体黄褐色，腹部具褐色点状斑纹。虹膜—雄鸟橙红色，雌鸟、幼鸟黄色；喙—深灰色；跗跖—黄色。【分布与习性】分布于欧亚大陆、非洲北部。国内见于各地，于东北、西北为夏候鸟，西南为留鸟，东部为冬候鸟，其他地区迁徙时可见。常栖息于山地森林和林缘地带。主要以小型鸟类、鼠类、昆虫等为食。【鸣声】有时发出响亮而连续的"wei you——wei you"声。

167. 苍鹰　Northern Goshawk　*Accipiter gentilis*

【野外识别】体长47~59 cm的较大型猛禽。雌雄相似。个体较大，体形壮实。成鸟头部苍灰色，具显著白色眉纹，喉部白色；胸部、腹部较白，密布灰褐色浅淡横纹；翼下白色，具灰褐色横斑；翼上、背部苍灰色；尾下覆羽较白，少斑纹，尾羽灰色，具深色横纹。幼鸟整体皮黄色，腹部皮黄色，具明显深褐色纵纹。虹膜—成鸟橙红色，幼鸟黄色；喙—铅灰色；跗跖—黄色。【分布与习性】广布于欧亚大陆及北美。国内繁殖于东北、西北和西南部分地区；越冬于我国南方和东部沿海地区。常栖息于山地森林、丘陵、平原等地带。性凶猛，主要以较小型鸟类及哺乳动物为食。【鸣声】有时发出单调的"wei ou——wei ou"声。

168. 白头鹞　Western Marsh Harrier　*Circus aeruginosus*

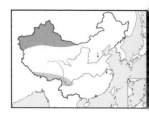

【野外识别】体长48~60 cm的较大型猛禽。雌雄相似。体大而壮，喙部较大，似白腹鹞。雄鸟头部皮黄色；胸部、腹部棕色，具黄褐色纵纹；翼下飞羽浅色，无深色杂斑；翼上灰色，背部、翼上覆羽形成棕褐色斑块，外侧初级飞羽尖端黑色；腰部无白色斑纹；尾灰色，无横斑。雌鸟整体棕褐色；头顶、下颌皮黄色，脸颊棕色；胸部具皮黄色颈环，腹部棕色，少斑纹；翼下飞羽浅色，无深色杂斑；背部、翼上覆羽形成皮黄色三角形斑纹；腰部棕色，无斑纹；尾深褐色无横斑。幼鸟似雌鸟，整体棕褐色，少斑纹。虹膜—成鸟黄色，幼鸟暗褐色；喙—铅灰色；跗跖—黄色。【分布与习性】繁殖于欧洲至亚洲中东部，越冬于非洲及南亚。国内繁殖于西北地区，越冬于西南地区，偶见于华北地区。常栖息于低山平原的多草沼泽、芦苇地等地带。主要以小型脊椎动物为食。【鸣声】通常不叫，偶尔发出单调的"jiu jiu"金属声。

雀鹰 雌 关翔宇

雀鹰 雄 计云

雀鹰 幼 沈岚

苍鹰 张岍

苍鹰 幼 计云

苍鹰 幼 杨玉和

白头鹞 雄 杨玉和

白头鹞 幼 朱雷

白头鹞 雄 朱雷

169. 白腹鹞 Eastern Marsh Harrier *Circus spilonotus*

【野外识别】体长 50~60 cm 的较大型猛禽。体大而壮，喙部较大，体色多变，一般可分为两个色型。大陆型雄鸟头部黑色或灰色；背部灰黑色，外侧初级飞羽仅尖端黑色；翼下、胸部、腹部为白色；尾上覆羽白色不明显。日本型雄鸟整体棕褐色；飞羽色浅，可见横斑；胸部、腹部棕色，具不甚明显的黄褐色纵纹，尾上覆羽白色不明显，中央尾羽灰色无斑纹。大陆型雌鸟整体黄褐色，似日本型雄鸟，但整体色浅，腹部纵纹明显，尾羽具较明显横斑。日本型雌鸟整体棕色，初级飞羽亮色，无斑纹，腹部棕色。日本型幼鸟虹膜暗色；头部近白色，具明显白色胸环。虹膜－成鸟黄色，幼鸟暗褐色；喙－铅灰色；附跖－黄色。【分布与习性】分布于亚洲东部地区，繁殖于东亚北部地区，越冬于东亚中部至东南亚等地区。国内繁殖于东北、华北地区；越冬于南方。常栖息于多草沼泽、芦苇地等地带。主要以小型脊椎动物为食。【鸣声】通常不叫，偶尔发出连续的"wei jiu——wei jiu"声。

170. 白尾鹞 Hen Harrier *Circus cyaneus*

【野外识别】体长 41~53 cm 的较大型猛禽。雄鸟整体灰色；头部、颈部灰色；上胸灰色，下胸及腹部白色；翼下白色，外侧初级飞羽黑色；翼上、背部灰色；尾上覆羽、尾羽灰色。雌鸟整体棕褐色；胸部、腹部为黄褐色，具明显棕色纵纹；翼下具明显横纹；尾上覆羽白色明显。幼鸟似雌鸟，但胸部、腹部羽色较淡，纵纹较重，次级飞羽颜色深，虹膜暗色。本种似草原鹞，但翼形较草原鹞更宽，雄鸟整体偏灰色，且翼后缘灰色；雌鸟胸部、腹部纵纹更重；幼鸟整体羽色较浅。虹膜－成鸟黄色，幼鸟暗褐色；喙－铅灰色；附跖－黄色。【分布与习性】繁殖于古北界北部，在繁殖地南方越冬。国内繁殖于东北、西北地区；越冬于长江流域及其以南大部分地区。常栖息于多草沼泽或芦苇地等地带。主要以小型脊椎动物为食。【鸣声】通常不叫，偶尔发出连续的"ai jiu jiu jiu"声。

171. 草原鹞 Pallid Harrier *Circus macrourus*

【野外识别】体长 43~52 cm 的较大型猛禽。雄鸟整体浅灰色；头部、颈部、背部、翼上、尾羽均为浅灰色，外侧初级飞羽黑色呈楔形斑块；腹部及翼下较白，尾上覆羽白色。雌鸟整体棕褐色；颈部具白色领环；胸部黄褐色具较明显棕色纵纹，腹部浅色少斑纹；翼下后缘具褐色斑纹；尾上覆羽白色较明显。幼鸟整体深棕色。与白尾鹞、乌灰鹞相似，识别见相应种描述。虹膜－成鸟黄色，幼鸟暗褐色；喙－铅灰色；附跖－黄色。【分布与习性】繁殖于欧洲东南部至中亚地区，越冬于非洲、南亚等地。国内繁殖于西北地区，偶有迷鸟见于东部地区。常栖息于多草沼泽或芦苇地等地带。主要以小型鸟类、爬行类和两栖类为食。【鸣声】通常不叫，偶尔发出连续的"ai ai jiu jiu"声。

白腹鹞 大陆型 雄 朱雷

白腹鹞 大陆型 雄 关翔宇

白腹鹞 大陆型 雌 计云

白腹鹞 日本型 幼 朱雷

白尾鹞 雄 沈岩

白尾鹞 雌 朱雷

白尾鹞 幼 朱雷

草原鹞 雌 计云

草原鹞 雄 计云

172．鹊鹞　Pied Harrier　*Circus melanoleucos*

【野外识别】体长 42~48 cm 的较大型猛禽。雄鸟整体为黑白两色；头部、颈部、前胸均为黑色；翼上、翼下主要为白色，外侧初级飞羽黑色，且范围较大，覆羽具黑色条带，与背部黑色部分形成三叉形斑纹；腹部、尾羽、尾上下覆羽白色。雌鸟整体棕褐色；胸部黄褐色具较明显棕色纵纹，腹部色浅而少纵纹；翼下飞羽色浅，可见横斑。幼鸟整体色深，为棕色；枕部白色；翼下飞羽色浅，具不明显横纹；腹部棕色无纵纹；尾上

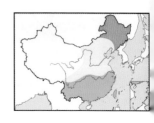

覆羽白色较明显。虹膜—成鸟黄色，幼鸟暗褐色；喙—铅灰色；跗跖—黄色。【分布与习性】繁殖于东亚东北部，在亚洲南部越冬。国内繁殖于东北地区，越冬于长江以南地区，迁徙时见于东部地区。常栖息于多草沼泽或芦苇地等地带。主要以小型鸟类、爬行类、两栖类为食。【鸣声】通常不叫。

173．乌灰鹞　Montagu's Harrier　*Circus pygargus*

【野外识别】体长 41~50 cm 的较大型猛禽。雄鸟整体为灰色；头部、颈部、胸部灰色无斑纹，腹部近白色，具明显棕褐色纵纹；外侧初级飞羽黑色，次级飞羽近白色，基部具两道黑色横纹，端部灰色；翼下覆羽白色，具棕褐色横纹；尾上覆羽白色。雌鸟整体棕褐色；似草原鹞雌鸟，但无明显白色颈环；胸部黄褐色具较明显棕色纵纹，腹部浅色少斑纹；翼下后缘具褐色斑纹；尾上覆羽白色较明显。幼鸟整体深棕色。虹膜—成鸟黄色，

幼鸟暗褐色；喙—铅灰色；跗跖—黄色。【分布与习性】繁殖于欧洲至亚洲中西部，在非洲西部和南亚越冬。国内繁殖于西北地区；迁徙和越冬时罕见于东部地区。常栖息于低山丘陵和森林平原地区的多草沼泽或芦苇地等地带。主要以鼠类、蛙类、蛇类为食。【鸣声】通常不叫，偶尔发出连续的"er er"声。

174．黑鸢　Black Kite　*Milvus migrans*

【野外识别】体长 58~66 cm 的较大型猛禽。雌雄相似。整体深褐色，两翼较宽大；翼下具较明显的白色翅窗；尾羽中部内凹呈叉状。成鸟腹部褐色具不甚明显深色纵纹。幼鸟腹部褐色密布白色点状斑纹，翼上覆羽、翼下覆羽白斑明显。虹膜—褐色；喙—灰色；跗跖—灰色。【分布与习性】分布于非洲、欧亚大陆至大洋洲。国内于东北为夏候鸟，在除青藏高原腹地外的广

大地区为留鸟。常栖息于城镇、村庄、山区林地、河流附近等地带。主要以小型哺乳动物、小型鸟类、动物尸体为食。【鸣声】有时发出连续的"wei you——wei you——"声，尾音多颤音。

鹊鹞 雌 傅聪

鹊鹞 雄 傅聪

鹊鹞 雄 傅聪

鹊鹞 幼 沈岩

乌灰鹞 雌 张明

乌灰鹞 雄 戴子越

黑鸢 文辉

黑鸢 张永

黑鸢 关翔宇

黑鸢 幼 计云

黑鸢 沈越

175. 栗鸢　Brahminy Kite　*Haliastur indus*

【野外识别】体长 36~51 cm 的中型猛禽。雌雄相似。成鸟头部、颈部、胸部白色，具极细的深褐色纵纹；腹部棕红色；翼下覆羽棕红色与棕色飞羽对比不明显；初级飞羽外缘近黑色；背部、翼上红棕色；尾羽红棕色，尾端较平。幼鸟整体深褐色；头部、颈部深褐色，胸部深褐色具较明显深色纵纹。虹膜—褐色；喙—黄色；跗跖—黄色。【分布与习性】分布于亚洲南部至大洋洲，主要为留鸟。国内分布于华南、西南等地区。常栖息于江河、湖泊等湿地。主要以鱼类、蛙类、蟹类为食，有时亦捕食昆虫、小型鸟类等。【鸣声】有时发出 "wu wei——wu wei——" 声，似人的啼哭声。

176. 白腹海雕　White-bellied Sea Eagle　*Haliaeetus leucogaster*

【野外识别】体长 71~84 cm 的大型猛禽。雌雄相似。翼较宽大，尾较短。成鸟整体黑白两色；头部、颈部、胸部、腹部白色；翼下覆羽白色与黑色飞羽形成显著对比；背部、翼上为黑灰色；白色楔形尾羽较短。幼鸟整体黄褐色；头部、颈部黄褐色，具较明显斑纹；胸部、腹部棕色具较明显黄褐色纵纹。虹膜—褐色；喙—灰色；跗跖—被羽。【分布与习性】分布于东洋界及澳新界沿海地区。国内分布于东南沿海，包括台湾及海南，为留鸟。常栖息于海岸、河口等地带，通常不远离海岸。主要以鱼类、海蛇、野鸭为食，有时亦食腐肉和动物尸体。【鸣声】有时发出 "ang ang ang" 声，似雁声。

177. 玉带海雕　Pallas's Fish Eagle　*Haliaeetus leucoryphus*

【野外识别】体长 76~88 cm 的大型猛禽。雌雄相似。翼较宽大，尾较短。成鸟头部、颈部、喉部皮黄色；胸部棕褐色，腹部深褐色；翼下覆羽黑色与褐色飞羽对比不明显；背部、翼上为深褐色；尾羽白色，尾端近黑色。幼鸟整体深褐色；翼下深色，具浅色覆羽和浅色翅窗。虹膜—褐色；喙—灰色；跗跖—被羽。【分布与习性】分布于中亚到东亚北部、南亚和东南亚等地区。国内繁殖于西北、东北，迁徙时经过华北至西南，在西南有少量越冬。常栖息于湖泊、河流等内陆开阔水域地带。主要以鱼类、水鸟为食，有时亦食两栖类、爬行类、腐肉和动物尸体等。【鸣声】有时发出尖锐而响亮的 "wang ang wang ang" 声。

栗鸢 崔月

栗鸢 幼 Yunus Mony

白腹海雕 朱雷

白腹海雕 朱雷

白腹海雕 幼 朱雷

玉带海雕 张明

玉带海雕 张明

玉带海雕 幼 沈越

178. 白尾海雕　White-tailed Sea Eagle　*Haliaeetus albicilla*

【野外识别】体长 84~91 cm 的大型猛禽。雌雄相似。翼宽大，尾较短。成鸟头部、颈部皮黄色，喙部粗大呈黄色；胸部、腹部深褐色；翼下覆羽深褐色，飞羽近黑色颜色较深；背部、翼上为浅褐色；尾羽白色，尾下覆羽深褐色。亚成鸟随年龄变大，喙部黄色面积增加，尾羽白色面积增加。幼鸟整体深褐色；头部颜色较深，喙近黑色；尾羽中央近白色，外缘及末端黑色。虹膜—成鸟黄色，幼鸟深褐色；喙—成鸟黄色，幼鸟黑色；跗跖—被羽。【分布与习性】分布于欧亚大陆北部，部分在较南方越冬。国内繁殖于东北，在黄河流域及其以南的大部分地区，包括台湾，越冬。常栖息于湖泊、河流、海岸、岛屿及河口地带。主要以鱼类为食，有时亦食中型鸟类、中小型兽类、动物尸体等。【鸣声】有时发出尖锐而响亮的 "wang ang wang ang" 声。

179. 虎头海雕　Steller's Sea Eagle　*Haliaeetus pelagicus*

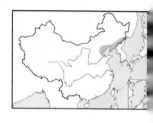

【野外识别】体长 88~102 cm 的大型猛禽。雌雄相似。翼宽大，尾较长。成鸟头部、颈部近黑色，喙部十分粗大，呈橙黄色；胸部、腹部近黑色；翼宽大，翼下整体近黑色，翼下覆羽可见白色斑纹；翼上覆羽可见大面积白斑；尾羽、尾下覆羽为白色。幼鸟整体深褐色，翼下可见白色横带。虹膜—成鸟黄色，幼鸟深褐色；喙—橙黄色；跗跖—被羽。【分布与习性】分布于东亚东北部沿海地区。国内记录于东北、华北等地区；近年仅罕见越冬于东北少数地区。常栖息于海岸及河口地带，有时亦见于内陆湿地。主要以鱼类为食，有时亦食中型鸟类、中小型兽类、动物尸体等。【鸣声】有时发出似雁鸭的 "er er" 声。

180. 渔雕　Lesser Fish Eagle　*Icthyophaga humilis*

【野外识别】体长 61~69 cm 的较大型猛禽。雌雄相似。翼较宽大，尾较短。成鸟头部、颈部、喙部灰色；胸部灰褐色，腹部白色；翼下覆羽灰褐色，飞羽深褐色；尾下覆羽为白色，尾羽灰褐色，尾羽末端深褐色。幼鸟翼上、背部暗褐色具浅色羽缘；胸部、腹部淡褐色，具较宽的白色纵纹。虹膜—黄色；喙—灰色；跗跖—被羽。【分布与习性】主要分布于南亚、东南亚等地区，多为留鸟。国内仅罕见于海南，为冬候鸟。常栖息于山地森林中的河流与溪流两岸。主要以鱼类为食，有时亦捕食小型兽类和爬行动物等。【鸣声】有时发出响亮的 "yi er yi er" 声，具颤音。

白尾海雕 沈越

白尾海雕 朱雷

白尾海雕 亚成（第二年羽） 朱雷

虎头海雕 Robert tdc

白尾海雕 亚成（第四年羽） 朱雷

虎头海雕 亚成 Robert tdc

虎头海雕 Robert tdc

渔雕 Bikash Das

渔雕 Bikash Das

181. 白眼鵟鹰　White-eyed Buzzard　*Butastur teesa*

【野外识别】体长41~43 cm的中型猛禽。雌雄相似。翼较窄长，尾较长。成鸟头部棕色，虹膜白色，喉部白色具一道明显深褐色喉中线，枕部灰色；胸部、腹部具明显棕褐色斑纹；翼下浅色，覆羽具棕褐色斑纹，初级飞羽端部深色明显；背部、翼上深褐色；尾羽棕色，尾下浅色，具不明显横纹。幼鸟整体褐色；头部皮黄色；胸部、腹部皮黄色，具褐色纵纹；翼上、背部具浅色羽缘。虹膜—白色；喙—喙基黄色，喙端灰色；跗跖—黄色。【分布与习性】

分布于南亚、东南亚地区，主要为留鸟。国内罕见分布于西藏南部。常栖息于山脚平原、干旱原野、耕地及村庄附近的开阔地带。主要以蛇类、蛙类、鼠类为食，有时亦捕食小型鸟类、昆虫等。【鸣声】有时发出响亮的"zei wei or"声。

182. 棕翅鵟鹰　Rufous-winged Buzzard　*Butastur liventer*

【野外识别】体长38~43 cm的中型猛禽。雌雄相似。翼较窄长，尾较长。成鸟头部、颈部、枕部灰色，喉部白色；胸部灰色，具褐色纵纹，腹部灰色，具褐色横纹；翼下浅色，覆羽少斑纹，飞羽具不明显斑纹，飞羽羽端及翼后缘黑色；背部、翼上棕红色；尾羽棕红色具黑色横纹；尾下浅色，具不明显横纹。幼鸟整体棕褐色；头部、胸部、背部多褐色纵纹。虹膜—黄色；喙—喙基黄色，喙端灰色；跗跖—黄色。【分布与习性】主要分布

于东南亚，为留鸟。国内罕见分布于云南西南部。常栖息于低山丘陵和山脚平原稀疏树林、灌丛与河岸地带。主要以小型兽类、小型鸟类、淡水蟹类等为食。【鸣声】有时发出响亮的"zei wei or"声，似白眼鵟鹰但更尖锐。

183. 灰脸鵟鹰　Grey-faced Buzzard　*Butastur indicus*

【野外识别】体长39~46 cm的中型猛禽。翼较窄长，尾较长。成鸟头部灰褐色，喉部白色，具一道明显的深褐色喉中线；翼灰褐色，初级飞羽端黑色；尾部灰褐色，具明显褐色横带。雄鸟头部、头顶灰色显著，白色眉纹不明显；胸部呈整片褐色。雌鸟头顶褐色，白色眉纹较明显；胸部褐色多白斑。幼鸟整体皮黄色；胸部、腹部多纵纹。虹膜—黄色；喙—喙基黄色，喙端灰色；跗跖—黄色。【分布与习性】繁殖于东亚东北部，在

东亚南部至东南亚越冬。国内繁殖于东北至环渤海地区，在长江以南越冬。常栖息于阔叶林、针阔混交林、山地丘陵、农田和村落等地带。主要以小型脊椎动物为食，有时亦捕食昆虫。【鸣声】有时发出响亮的"zei wei or"声，似白眼鵟鹰但尾音不甚明确。

白眼鵟鹰 J.M.Garg

白眼鵟鹰
Subramanya O.K.

棕翅鵟鹰 Francesco Veronesi

灰脸鵟鹰 幼 计云

灰脸鵟鹰 关翔宇

184. 毛脚𫛭　Rough-legged Buzzard　*Buteo lagopus*

【野外识别】体长 51~61 cm 的较大型猛禽。雌雄相似。指名亚种成鸟体色较白，头部较圆，多为白色；翼较宽大，翼下覆羽多白色；翼后缘具明显黑边；尾羽白色，尾上覆羽、尾下覆羽白色，尾羽具较宽的黑色次端斑，端斑白色不明显。西伯利亚亚种成鸟头部偏白色少斑纹；背部、翼上多褐色；下腹深褐色。*kamchatkensis* 亚种成鸟整体颜色偏黑；头部白色，具黑色斑纹；胸部具黑色斑纹；腹部偏白色，少斑纹；背部、翼上为黑色，羽缘白色。幼鸟似成鸟，但颜色较浅；翼后缘、尾后缘黑色不甚明显。虹膜-成鸟暗褐色，幼鸟黄色；喙-喙基黄色，喙端灰色；跗跖-被羽。【分布与习性】繁殖于环北极地区，在北半球中纬度越冬。国内分布于西北（指名亚种）、东北至东部沿海（*kamchatkensis* 亚种）地区，多为各地冬候鸟。常栖息于开阔平原、低山丘陵和农田草地等地带。主要以鼠类、小型鸟类为食，有时亦捕食野兔、雏鸡等较大动物。【鸣声】有时发出响亮的 "a——a" 声，具颤音。

185. 大𫛭　Upland Buzzard　*Buteo hemilasius*

【野外识别】体长 56~71 cm 的较大型猛禽。雌雄相似。本种体色变化较大，可分为浅色型、中间型、深色型 3 种，一般以浅色型、中间型较为常见。成鸟头部、喉部、颈部近白色；胸部偏白色，少斑纹，腹部具深褐色斑块；翼较宽大，多褐色，翼上具明显翅窗，翼下飞羽色浅；尾羽近白色，具不明显斑纹。幼鸟似成鸟；上体具浅色羽缘；腹部具较明显纵纹。虹膜-成鸟暗褐色，幼鸟黄色；喙-喙基黄色，喙端灰色；跗跖-被羽。

【分布与习性】主要分布于东亚。国内分布于北方大部分地区，包括台湾，为各地候鸟或留鸟。常栖息于山地、山脚平原、草原等地带。主要以鼠类、中小型鸟类为食，有时亦捕食蛇类、蜥蜴、昆虫等。【鸣声】有时发出响亮的 "a——a" 声，似毛脚𫛭但声音较悠远。

186. 普通𫛭　Eastern Buzzard　*Buteo buteo*

【野外识别】体长 50~59 cm 的较大型猛禽。雌雄相似。本种体色变化较大，可分为浅色型、棕色型、深色型 3 种。一般以棕色型较为常见。成鸟整体黄褐色，头部较圆，多为褐色；胸部皮黄色，少斑纹，腹部皮黄色，多深褐色斑块；翼较宽大多褐色，背部、翼上褐色，翼上无明显翅窗；尾羽褐色，尾下色浅，尾下覆羽皮黄色，几无斑纹。幼鸟似成鸟；上体具浅色羽缘；胸部、腹部具较明显褐色纵纹。虹膜-成鸟暗褐色，幼鸟黄色；喙-喙基黄色，喙端灰色；跗跖-被羽。【分布与习性】分布于欧亚大陆及非洲。国内分布于各地，多为各地候鸟。常栖息于低山丘陵、农田草地、山脚平原等地带。主要以鼠类为食，有时亦捕食小型鸟类、蛙类、蛇类等。【鸣声】有时发出响亮而尖锐的 "vi——vi" 声。

毛脚鵟 张琴

毛脚鵟 关翔宇

毛脚鵟 幼 朱雷

大鵟 张米

大鵟 亦诺

大鵟 深色型 张琴

普通鵟 计云

普通鵟 沈越

普通鵟 计云

187. 棕尾鵟 Long-legged Buzzard *Buteo rufinus*

【野外识别】体长50~65 cm 的较大型猛禽。雌雄相似。本种体色变化较大，通常有浅色型、棕色型、深色型3种。一般以浅色型、褐色型较为常见。棕尾鵟与其他鵟相比，头顶较平，喙较长。成鸟头部浅褐色；胸部皮黄色，具深褐色纵纹，腹部深褐色；翼下飞羽边缘黑色，翼上无明显翅窗；尾羽棕色。幼鸟似成鸟；上体具浅色羽缘；胸部、腹部色浅，具明显褐色纵纹。虹膜—成鸟暗褐色，幼鸟黄色；喙—喙基黄色，喙端灰色；跗跖—被羽。【分布与习性】分布于非洲北部、欧洲东南部和亚洲西部等地区。国内分布于新疆、青海、甘肃、西藏等地区。常栖息于荒漠、半荒漠、草原等地带，喜干燥。主要以鼠类、蛇类、小型鸟类为食，有时亦食动物尸体等。【鸣声】有时发出响亮而尖锐的"wa a——wa a——"声。

188. 红腿小隼 Collared Falconet *Microhierax caerulescens*

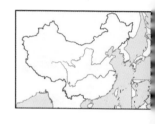

【野外识别】体长16~19 cm 的小型猛禽。雌雄相似。成鸟头顶、前额黑色，黑色贯眼纹明显；喉部、胸部、腹部略带红色，两胁略带白色；翼下覆羽白色，具黑色斑纹，翼上、背部黑色，尾下覆羽红色，尾黑色，较短。幼鸟似成鸟；前额、眉纹棕褐色；胸部白色较明显；翼上、背部具浅色羽缘。虹膜—深褐色；喙—铅灰色；跗跖—被羽。【分布与习性】主要分布于东南亚、南亚等地区。国内仅见于云南西南部，为留鸟。常栖息于开阔的森林和林缘地带，尤喜林中河谷地带，有时亦出没于山脚平原等地带。主要以小型鸟类、昆虫为食，有时亦捕食蜥蜴、蛙类等。【鸣声】常发出连续而尖厉的叫声。

189. 白腿小隼 Pied Falconet *Microhierax melanoleucos*

【野外识别】体长17~20 cm 的小型猛禽。雌雄相似。成鸟头顶、前额、枕部黑色，黑色贯眼纹明显；喉部、胸部、腹部、两胁白色无斑纹；翼下覆羽白色，具深褐色斑纹，翼上、背部黑色，尾下覆羽白色，尾黑色较短。幼鸟似成鸟；整体色浅；翼上、背部具浅色羽缘。虹膜—深褐色；喙—铅灰色；跗跖—被羽。【分布与习性】国外见于印度东部至老挝和越南北部。国内见于南方地区，不包括海南和台湾，为留鸟。常栖息于落叶森林和林缘地带，有时亦出没于山脚平原和开阔草地、树林等地带。主要以小型鸟类、昆虫为食，有时亦捕食鼠类、蛙类、蜥蜴等。【鸣声】常发出响亮尖厉的"ji ji ji"声。

棕尾鵟 沈越

棕尾鵟 关翔宇

棕尾鵟 关翔宇

棕尾鵟 幼 关翔宇

红腿小隼 董文晓

红腿小隼 关翔宇

白腿小隼 沈越

190. 黄爪隼 Lesser Kestrel *Falco naumanni*

【野外识别】体长29~34 cm的较小型猛禽。翼较窄长，翼端较尖，尾较长。成年雄鸟头部灰色；胸部、腹部皮黄色，具褐色斑纹；翼下亮灰色，少斑纹，翼上覆羽、背部砖红色，飞羽上面黑色；尾灰色，尾端黑色明显。雌鸟头部灰褐色；胸部、腹部皮黄色，具褐色斑纹，翼下浅灰色，具褐色斑纹，背部褐色；尾红褐色，具褐色横纹，尾端黑色明显。幼鸟似雌鸟。似红隼，但本种雄鸟头部灰色，无白色脸颊；翼下颜色亮色，少斑纹，尾羽通常呈楔形。虹膜—深褐色；喙—喙端灰色，喙基黄色；跗跖—黄色。【分布与习性】繁殖于欧亚大陆中纬度地区，在非洲南部和亚洲南部越冬。国内繁殖于西北至东北，在西南越冬。常栖息于开阔的荒山旷野、荒漠、草原、林缘、农田耕地等地带。在繁殖期喜欢群居；主要以鼠类为食，有时亦捕食小型鸟类、蜥蜴、昆虫等。【鸣声】常发出单调的叫声，似红隼但节奏较快。

191. 红隼 Common Kestrel *Falco tinnunculus*

【野外识别】体长31~38 cm的较小型猛禽。翼较窄长，翼端较尖，尾较长。成年雄鸟头部灰色，脸颊白色；胸部、腹部皮黄色，具褐色斑纹；翼下浅灰色，具褐色斑纹，翼上覆羽、背部砖红色，具褐色斑纹，飞羽上面近黑色；尾下覆羽白色少斑纹，尾灰色，尾端黑色明显。雌鸟头部灰褐色；胸部、腹部皮黄色，具褐色斑纹；翼下浅灰色，具褐色斑纹，背部红褐色，具褐色斑纹；尾红褐色，具褐色横纹，尾端黑色明显。幼鸟似雌鸟；翼上、背部斑纹更明显。与黄爪隼相似，区别见相应种的描述。虹膜—深褐色；喙—喙端灰色，喙基黄色；跗跖—黄色。【分布与习性】广泛分布于非洲、欧亚大陆。国内广布，不同种群迁徙状况各异，但各地各季均可见。常栖息于山地森林、低山丘陵、山脚平原、开阔草原、农田耕地等地带。主要以鼠类为食，有时亦捕食小型鸟类、蜥蜴、蛙类、昆虫等。【鸣声】常发出单调而连续的叫声。

192. 西红脚隼／红脚隼 Red-footed Falcon *Falco vespertinus*

【野外识别】体长27~33 cm的小型猛禽。翼较窄长，翼端较尖。成年雄鸟头部深灰色；胸部、腹部深灰色；翼下覆羽深灰色，飞羽灰色，翼上覆羽、背部灰色；尾下覆羽橙红色，尾灰色。雌鸟头部橙色，脸颊白色；胸部、腹部橙色，具灰褐色斑纹；翼下覆羽橙色，飞羽密布灰褐色斑纹；尾下覆羽浅橙色。幼鸟似雌鸟；头顶褐色；胸部、腹部白色，具褐色纵纹；翼上、背部具浅色羽缘。似红脚隼；区别在于本种雌鸟头部、胸部橙色；雄鸟翼下覆羽深灰色。虹膜—深褐色；喙—喙端灰色，喙基橙色；跗跖—橙红色。【分布与习性】繁殖于欧洲东部至亚洲中部，在非洲南端越冬。国内仅见于西北地区，为夏候鸟。常栖息于开阔平原、半荒漠、河谷稀疏树林等地带。主要以昆虫为食，有时亦捕食小型鸟类、蜥蜴等。【鸣声】常发出单调而连续的"yi yi yi"声。

黄爪隼 雌 沈越

黄爪隼 雄 张岩

黄爪隼
雄 计云

红隼 雌 张永

红隼 雄 计云

红隼 雄 计云

红隼 张永

西红脚隼 雄
Graham
Etherington

西红脚隼 雌 Andy Morffew

西红脚隼 雄 唐黎明

193. 红脚隼／阿穆尔隼　Amur Falcon　*Falco amurensis*

【野外识别】体长25~30 cm的小型猛禽。翼较窄长，翼端较尖。成年雄鸟头部深灰色；胸部、腹部灰色；翼下亮白色覆羽与深灰色飞羽形成明显对比，翼上覆羽、背部深灰色；尾下覆羽橙红色，尾灰色。雌鸟头部灰色，脸颊白色；胸部、腹部白色，具灰褐色斑纹；翼下密布灰褐色斑纹，翼后缘深色，翼上、背部灰色；尾下覆羽浅橙色。幼鸟似雌鸟；头顶褐色，具白色眉纹；翼上、背部具浅色羽缘。与西红脚隼相似，区别见相应种的描述。

虹膜—深褐色；喙—喙端灰色，喙基橙色；跗跖—橙红色。【分布与习性】繁殖于东亚东部，主要在非洲南端越冬。国内主要见于除横断山脉以西及以北外的广大地区，在北方繁殖，迁徙经过南方地区及台湾。常栖息于山脚平原、草原、农田耕地等地带。主要以昆虫为食，有时亦捕食小型鸟类、蜥蜴、蛙类等。【鸣声】常发出单调而响亮的"yi yi yi"声。

194. 灰背隼　Merlin　*Falco columbarius*

【野外识别】体长27~32 cm的小型猛禽。翼端较钝。成年雄鸟头部灰色、枕部棕褐色；胸部、腹部棕褐色，具深褐色斑纹；翼下浅色，具灰褐色斑纹，翼上覆羽、背部灰色；尾灰色。雌鸟整体棕褐色，头部棕色，眉纹白色；胸部、腹部浅色，具明显棕褐色斑纹；翼下密布棕褐色斑纹；尾棕褐色，具深褐色横纹。幼鸟似雌鸟；翼上、背部具浅色羽缘。虹膜—深褐色；喙—喙端灰色，喙基黄色；跗跖—黄色。【分布与习性】广布于北

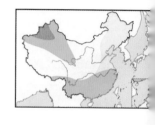

半球，在高纬度地区繁殖，在中低纬度地区越冬。国内于西北地区有繁殖和越冬，在东部为旅鸟，在南方越冬。常栖息于开阔平原、草地、农田等地带。常在近地面处高速飞行；主要以小型鸟类、鼠类为食，有时亦捕食蜥蜴、昆虫等。【鸣声】常发出响亮而连续的"yi yi yi"声。

195. 燕隼　Eurasian Hobby　*Falco subbuteo*

【野外识别】体长29~35 cm的较小型猛禽。雌雄相似。翼窄长，翼端较尖。成鸟头部深灰色，具一道深灰色髭斑；胸部、腹部具深褐色纵纹；翼下浅色，具灰褐色斑纹，翼上覆羽、背部灰色；尾下覆羽棕红色，尾灰色。幼鸟似成鸟；翼上、背部具浅色羽缘；尾下覆羽色浅。虹膜—深褐色；喙—喙端灰色，喙基黄色；跗跖—黄色。【分布与习性】繁殖于欧亚大陆大部分地区，在非洲南部和东南亚越冬。国内繁殖于北方大部分地区，多在南方，

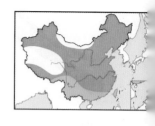

包括台湾，越冬。常栖息于山地森林、低山丘陵、开阔平原、农田等地带。主要以小型鸟类为食，有时亦捕食昆虫。【鸣声】常发出尖锐的"ki ki ki"声，似红脚隼但更加尖厉。

红脚隼 雌 计云

红脚隼 雄 计云

红脚隼 雄 张明

红脚隼 幼 计云

灰背隼 雌 张永

灰背隼 雄 亦诺

灰背隼 雄 亦诺

燕隼 朱雷

燕隼 沈越

燕隼 幼 沈越

196. 猛隼 Oriental Hobby *Falco severus*

【野外识别】体长25~30 cm的小型猛禽。雌雄相似。翼较窄长，翼端较尖。成年雄鸟头部灰色，喉部白色；胸部、腹部棕色，无斑纹；翼下覆羽棕色，飞羽浅色，具褐色斑纹，翼上覆羽、背部灰色；尾灰色。幼鸟似成鸟，胸部、腹部皮黄色，具褐色斑纹；翼上、背部具浅色羽缘。虹膜—深褐色；喙—喙端灰色，喙基黄色；跗跖—黄色。【分布与习性】主要分布于南亚、东南亚等地区，多为留鸟或做短距垂直迁徙。国内见于西南部分

地区，包括海南，为留鸟。常栖息于稀疏树林、丘陵林缘、山脚平原等地带，为一种喜林地活动的小型隼。主要以小型鸟类、昆虫为食，有时亦捕食老鼠、蜥蜴等。【鸣声】常发出尖锐而连续的"a jiu jiu jiu"声。

197. 猎隼 Saker Falcon *Falco cherrug*

【野外识别】体长42~60 cm的较大型猛禽。雌雄相似。体形壮实。成鸟头顶褐色，具一道褐色髭斑；胸部、腹部近白色，具点状斑纹；翼下浅色，具不明显褐色斑纹，翼上覆羽、背部、尾褐色。幼鸟似成鸟，胸部、腹部、翼下覆羽斑纹明显。与矛隼相似，区别见相应种描述。虹膜—深褐色；喙—喙端灰色，喙基黄色；跗跖—被羽。【分布与习性】在欧亚大陆中纬度地区繁殖，在较南方越冬。国内繁殖于西北至东北，部分种群在

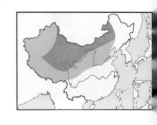

较南方越冬。常栖息于低山丘陵、山脚平原、多岩石的旷野及农田地带。主要以中型鸟类、野兔、鼠类等为食。【鸣声】常发出较为沙哑的叫声。

198. 矛隼 Gyrfalcon *Falco rusticolus*

【野外识别】体长50~60 cm的较大型猛禽。雌雄相似。体形壮实。本种体色变化较大，可分为浅色型、深色型两种。浅色型成鸟整体白色；头部、胸部、腹部少斑纹。深色型成鸟头部深灰色；胸部、腹部浅色具深褐色点状斑纹。幼鸟似成鸟，胸部、腹部斑纹较成鸟明显；翼上、背部具浅色羽缘。与猎隼极其相似，区别在于本种翼型甚宽而后缘呈弧形。虹膜—深褐色；喙—喙端灰色，喙基黄色；跗跖—被羽。【分布与习性】繁殖于环北

极地区，冬季在北半球较高纬度越冬。国内分布于西北、东北局部地区，为罕见冬候鸟。常栖息于开阔的多岩石山地、森林苔原等地带。主要以中型鸟类为食，有时亦捕食中小型兽类。【鸣声】常发出高亢而单调的"ang ang ang"声。

猛隼 沈岩

猛隼 何海清

猛隼 幼 班鼎盈

猎隼 亦诺

猎隼 亦诺

猎隼 幼 张永

猎隼 幼 张永

矛隼 慕童

矛隼 慕童

199. 游隼　Peregrine Falcon　*Falco peregrinus*

【野外识别】体长 41~50 cm 的中型猛禽。雌雄相似。体形较
壮实，翼较窄长。成鸟头部灰黑色，具一道宽大灰色髭斑；胸
部白色，少斑纹，腹部白色或略带红色，具明显横纹；翼下浅色，
覆羽具明显褐色横纹，翼上覆羽、背部、尾羽黑灰色。幼鸟似成鸟，
整体深灰褐色；胸部、腹部皮黄色，多纵纹。与拟游隼相似，
区别见相应种的描述。虹膜－深褐色；喙－喙端铅灰色，喙基
黄色；跗跖－被羽。【分布与习性】世界各地广布；于北半球

高纬度地区为夏候鸟，低纬度地区为留鸟或冬候鸟。国内于东部地区为候鸟，包括台湾和海南；
于西北和西南地区为留鸟。常栖息于多岩山地、低山丘陵、海岸、草原、河流、湖泊等地带。
主要以中小型鸟类为食，有时亦捕食鼠类、野兔等小型兽类。【鸣声】常发出沙哑而单调的 "ga
ga ga" 声。

200. 拟游隼　Barbary Falcon　*Falco pelegrinoides*

【野外识别】体长 33~40 cm 的较小型猛禽。雌雄相似。翼较
窄长。成鸟头顶灰色，枕部棕色，脸颊具一道灰色髭斑；胸部、
腹部棕色，具不明显褐色斑纹；翼下浅色，覆羽棕色，具不明
显褐色横纹，翼上覆羽、背部、尾羽灰色。幼鸟似成鸟；胸部、
腹部棕色多纵纹；翼上、背部具浅色羽缘。与游隼相似，但个
体较小，枕部多棕色。虹膜－深褐色；喙－喙端铅灰色，喙基
黄色；跗跖－被羽。【分布与习性】分布于北非至中亚等地。

国内见于新疆、青海等西部地区。常栖息于多岩山地、低山丘陵、草原、湖泊等地带。主要以
中小型鸟类为食，有时亦捕食鼠类、蛙类等。【鸣声】常发出单调的 "ga ga ga" 声，似游隼但
节奏较慢。

201. 花尾榛鸡　Hazel Grouse　*Tetrastes bonasia*

【野外识别】体长 33~40 cm 的中型松鸡科鸟类。雄鸟头部具
较明显羽冠；上体棕灰色，具黑褐色横斑；额部、喉部黑色，
具白色边缘；胸部、腹部具棕褐色、白色相间的横斑，呈三角
形点状；两胁具棕色斑纹。雌鸟似雄鸟，但额部及喉部棕色，
具白色边缘。似斑尾榛鸡，但胸部、腹部颜色较浅，多棕褐色、
白色相间的横斑，且分布区域不重叠。虹膜－深褐色；喙－黑色；
跗跖－灰色被羽。【分布与习性】国外广泛分布于欧亚大陆北

部。国内见于东北及河北东北部、新疆阿尔泰山脉等地区，为区域性常见留鸟。常栖息于阔叶林、
针叶林、混交林以及次生林等山地森林中。繁殖期外多成群活动。有季节性垂直迁徙现象。【鸣
声】连续的似雀形目鸟类的金属 "zi zi" 声。

游隼 沈越

游隼 幼 戴子越

拟游隼 幼 丁进清

拟游隼 Frank Vassen

花尾榛鸡 文辉

花尾榛鸡 沈越

花尾榛鸡 张永

202. 斑尾榛鸡　Chinese Grouse　*Tetrastes sewerzowi*

【野外识别】体长 31~38 cm 的中型松鸡科鸟类。雄鸟头部具较明显羽冠；上体棕褐色，具黑色横斑；额部、喉部黑色，具白色边缘；胸部、腹部以及两胁棕色，密布黑色横斑。雌鸟似雄鸟，但体色较暗；额部、喉部具白色细纹；下体多皮黄色。虹膜—深褐色；喙—黑色；跗跖—灰色被羽。【分布与习性】中国特有种，分布于甘肃、青海东北部、四川北部和西部及西藏东部等地区，为区域性常见留鸟。常栖息于海拔 2500~4000 m
处开阔地区的针叶林、针阔混交林及灌丛地带。繁殖期外多集群活动。有季节性垂直迁徙现象。【鸣声】较少鸣叫，有时发出连续的 "pi pi pi yi" 声。

203. 镰翅鸡　Siberian Grouse　*Dendragapus falcipennis*

【野外识别】体长 37~41 cm 的中型松鸡科鸟类。雄鸟头顶至后颈为灰褐色，具不明显黑色横斑；额部、颊部、喉部黑色且具白色羽缘；上背黑色，具沙黄色羽端；下背、翼上覆羽、腰部沙黄色，具白色斑点；翅膀短圆，外侧初级飞羽硬窄而尖，呈镰刀状。胸部黑色，腹部具黑白相间的横斑，斑纹至两胁呈三角形。雌鸟似雄鸟，但羽色稍淡。头部、喉部、颈部多沙黄色杂斑。虹膜—深褐色；喙—黑色；跗跖—黄褐色。【分布与
习性】分布于东亚北部。国内见于黑龙江，国内种群可能已灭绝。常栖息于海拔 200~1500 m 的云杉、冷杉和落叶松林。繁殖期成对活动，非繁殖期常集小群活动。【鸣声】雄鸟求偶时常发出颤动的 "wu wu wu wu er" 声。

204. 西方松鸡　Western Capercaillie　*Tetrao urogallus*

【野外识别】雄鸟体长 74~90 cm，雌鸟体长 54~63 cm 的大型松鸡科鸟类。雄鸟头部、颈部、背部和尾羽暗灰色，眼上缘红色；翅黑褐色，胸部具蓝绿色光泽，腹部具白色斑点。雌鸟整体黄褐色多黑色横斑，胸部棕黄色，腹部及两胁密布黄褐色横斑。似黑嘴松鸡，但嘴为黄色。雄鸟颜色较灰，肩和翼上覆羽无白色边缘，腹部具白色斑点；雌鸟胸部具大面积棕黄色斑块，几无褐色横斑。虹膜—深褐色；喙—黄色；跗跖—灰色被羽。【分
布与习性】分布于欧亚大陆北部。国内见于新疆北部，为罕见留鸟。常栖息于山地针叶林，多在林中空地、林缘和河谷地带活动，善于地上行走和隐藏。【鸣声】雄鸟求偶时常发出粗犷的 "ga er，ga er" 声。

花尾榛鸡 雄 Tomasz Hanicki

花尾榛鸡 亚成鸟 Łukasz

西方松鸡 雌 Åsa Berndtsson

西方松鸡 雄 Ron Knight

205.黑嘴松鸡　Black-billed Capercaillie　*Tetrao parvirostris*

【野外识别】雄鸟体长69~87 cm，雌鸟体长50~61 cm的大型松鸡科鸟类。雄鸟整体黑褐色，头部、颈部、胸部和尾羽黑褐色，喙黑色；肩部、翼上覆羽、尾上覆羽具白色斑点。雌鸟整体棕褐色，头部、颈部、胸部、背部多棕色而具黑褐色横斑及灰白色的羽缘；肩、翼上覆羽、尾上覆羽及尾下覆羽具白色端斑。与西方松鸡相似，区别见相应种描述。虹膜—深褐色；喙—黑色；跗跖—灰色被羽。【分布与习性】分布于东亚北部。国内见于黑龙江北部以及内蒙古东北部等地区，为各地罕见留鸟。常栖息于落叶松林、冷杉林和红松林，或以落叶松为主的混交林中。非繁殖期多集小群活动。【鸣声】雄鸟求偶时常发出连续而响亮的"ka ga"声。

206.黑琴鸡　Black Grouse　*Lyrurus tetrix*

【野外识别】雄鸟体长54~61 cm，雌鸟体长45~49 cm的中型松鸡科鸟类。雄鸟全身黑色，翅上具白色翼镜；尾呈叉状，外侧尾羽长且向外弯曲。雌鸟似雄鸟，但体形较小，整体棕褐色，具黑褐色横斑；翅上白色翼镜不及雄鸟明显；尾呈叉状，但叉度不深，外侧尾羽不向外弯曲。虹膜—深褐色；喙—黑色；跗跖—黑褐色。【分布与习性】分布于欧亚大陆北部。国内见于东北、内蒙古东北部以及新疆北部及西北部等地区，为区域性较常见留鸟。常栖息于针叶林、针阔混交林和森林草原地区。繁殖期可见雄鸟于空地进行求偶炫耀行为。秋季常集群游荡。【鸣声】雄鸟求偶时常发出连续的"wu wu wu"颤声。

207.岩雷鸟　Rock Ptarmigan　*Lagopus muta*

【野外识别】体长36~39 cm的中型松鸡科鸟类。雄鸟夏羽头部、颈部、胸部、背部为黑褐色，具棕褐色横斑；初级飞羽和腹部以下白色。雌鸟夏羽上体黑褐色，具有淡黄色斑点；胸部及腹部棕黄色，并有黑褐横斑。冬羽雌雄通体均为白色，仅喙、爪和尾羽黑色（尾羽黑色，但常被白色尾上覆羽所盖）；雄鸟冬羽具明显黑色贯眼纹。似柳雷鸟，但体型相对较小，雄鸟冬羽具明显黑色贯眼纹，其他季节上体羽色较为灰暗。虹膜—深褐色；喙—黑色；跗跖—白色被羽。【分布与习性】广泛分布于北美洲北部以及欧亚大陆北部。国内见于新疆北部，为各地罕见留鸟。常栖息于海拔1300~2000 m处的高山针叶林、亚高山草甸和多岩石的沙地灌丛等环境。有季节性垂直迁徙现象。【鸣声】雄鸟求偶时常发出粗犷而连续的"er er"声。

黑嘴松鸡 雌 张永

黑嘴松鸡 雄 张武

黑琴鸡 雄 宋雷

黑琴鸡 非繁殖羽 宋雷

岩雷鸟 雄 张岩

岩雷鸟 冬羽 张岩

208. 柳雷鸟 Willow Ptarmigan *Lagopus lagopus*

【野外识别】体长 38~41 cm 的中型松鸡科鸟类。雄鸟夏羽头部、颈部、胸部、背部棕黄色，眼上缘具红色裸皮；颈部和背部具黑褐色横斑；外侧飞羽、腹部以下为白色，尾羽黑色。雌鸟夏羽头部、颈部、背部皮黄色，具黑褐色横斑。冬羽雌雄通体均为白色，仅喙、爪和尾羽黑色（尾羽黑色，但常被白色尾上覆羽所盖），雌雄几无区分。与岩雷鸟相似，识别见相应种描述。虹膜—深褐色；喙—黑色；跗跖—白色被羽。【分布与习性】

广泛分布于欧亚大陆北部至蒙古、乌苏里及萨哈林岛等地区。国内见于东北大兴安岭西北部以及新疆阿尔泰山及其以北等地区，为罕见留鸟。常栖息于冻原地带的低矮桦树、柳树灌丛。活动范围较大，秋冬季常集群进行长距离的季节性游荡。【鸣声】雄鸟求偶时常发出粗犷而响亮的"ke ke ke"声，似岩雷鸟但节奏多变。

209. 雪鹑 Snow Partridge *Lerwa lerwa*

【野外识别】体长 34~40 cm 的中型雉科鸟类。雌雄相似。整体偏灰色；头部、颈部具黑色、白色斑纹，喙部红色；胸部、腹部具白色和栗色点状斑纹；背部及两翼黑白色斑纹略带棕褐色；尾羽具黑白色横斑。虹膜—深褐色；喙—红色；跗跖—红色。【分布与习性】分布于东南亚、南亚等地区。国内见于西藏、云南、四川、甘肃等局部区域，为少见留鸟。常栖息于海

拔 3000~5500 m 的林线至雪线附近的高山地带，常在高山植物带和多岩坡的高山裸岩、高山灌丛草地及苔原地带活动。除繁殖期外，常成集群活动。不甚怕人。【鸣声】有时发出响亮而尖锐的"wei er"声。

210. 红喉雉鹑 Chestnut-throated Partridge *Tetraophasis obscurus*

【野外识别】体长 45~54 cm 的中型雉科鸟类。雌雄相似。头部灰色，眼周具红色裸皮；喉部红色外缘白色；胸部灰色具黑色点状斑纹，腹部灰褐色具棕黄色和白色斑纹；背部及两翼灰褐色略带棕色；尾下覆羽栗红色，尾羽多灰色但两侧黑色，尾端白色。与黄喉雉鹑相似，识别见相应种描述。虹膜—深褐色；喙—铅灰色；跗跖—深红色。【分布与习性】中国特有种，

见于青海、四川、甘肃等地区，为少见留鸟。常栖息于海拔 3000~4000 m 的高山针叶林和林线上面杜鹃灌丛地带，成对或集小群活动。【鸣声】有时发出连续响亮而尖锐的"wei wei wei"声，有时似人语。

柳雷鸟 唐黎明

柳雷鸟 冬羽 NPS Photos Katie Thoresen

柳雷鸟 雄 北方苍狼

雪鹑 张永

211. 黄喉雉鹑　Buff-throated Partridge　*Tetraophasis szechenyii*

【野外识别】体长 43~49 cm 的中型雉科鸟类。雌雄相似。头部灰色，眼周具红色裸皮；喉部棕黄色；胸部深灰色具黑色点状斑纹，腹部灰色具棕黄色斑纹；背部及两翼灰褐色略带棕色；尾羽多灰色两侧黑色，尾端白色。与红喉雉鹑相似，喉部颜色为棕黄色，胸部颜色较深。虹膜—深褐色；喙—铅灰色；跗跖—深红色。【分布与习性】中国特有种，见于西藏、云南、青海、四川等地区，为少见留鸟。常栖息于海拔 3500~4500 m 的针叶林、高山灌丛和林线上的岩石苔原地带，冬季下至海拔 3500 m 以下的混交林和林缘地带活动。除繁殖期外，常成对或集小群活动。【鸣声】有时发出响亮的"er wei"声，较红喉雉鹑清脆。

212. 暗腹雪鸡　Himalayan Snowcock　*Tetraogallus himalayensis*

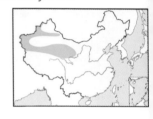

【野外识别】体长 52~60 cm 的大型雉科鸟类。雌雄相似。头顶至后颈灰白色，眼周皮黄色；喉部白色，颈侧有一白色斑块具栗色边缘；胸部灰色具深褐色横纹，腹部深灰色具栗色斑纹；背部、两翼深灰色具棕色斑纹；尾下覆羽白色无斑纹，尾羽偏灰色。虹膜—深褐色；喙—铅灰色；跗跖—橘红色。【分布与习性】分布于中亚地区。国内见于新疆、青海、甘肃、西藏等地区，为少见留鸟。常栖息于海拔 2500~5000 m 的高山和亚高山苔原草地和裸岩地带，冬季下至海拔 2000 m 以下的林线和林缘地区。除繁殖期外，常集群活动，飞翔能力强。【鸣声】有时发出响亮似哨音的"wu wei"声。

213. 藏雪鸡　Tibetan Snowcock　*Tetraogallus tibetanus*

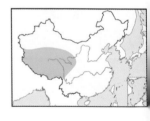

【野外识别】体长 49~64 cm 的大型雉科鸟类。雌雄相似。头部灰色，脸颊白色，眼周橙红色；喉部白色，颈部、枕部、胸部灰色；腹部白色具黑色纵纹；背部、两翼深灰色具棕黄色斑纹；尾下覆羽具栗色斑纹，尾羽灰褐色。虹膜—深褐色；喙—铅灰色；跗跖—橘红色。【分布与习性】分布于中亚地区。国内见于新疆、甘肃、四川、西藏等地区，为少见留鸟。常栖息于海拔 3000~6000 m 的森林上线至雪线之间的高山灌丛、苔原和裸岩地带，常在多裸岩的稀疏灌丛和高山苔原草甸等处活动。常集群活动，飞翔能力甚强。【鸣声】常发出单调而低沉的"gu gu gu"声。

黄喉雉鹑 宋晔　　　　　　　黄喉雉鹑 沈越

暗腹雪鸡 无量峰　　　　　　暗腹雪鸡 王昌峰

藏雪鸡 沈岩　　　　　　　　藏雪鸡 沈岩

214. 阿尔泰雪鸡 Altai Snowcock *Tetraogallus altaicus*

【野外识别】体长约 58 cm 的大型雉科鸟类。雌雄相似。头部灰色，眼周橙黄色；喉部、颈部、胸部灰白色；腹部白色，下腹部近黑色中央具一栗色斑块；背部、两翼深褐色具白色斑纹；尾下覆羽白色，尾羽深褐色。虹膜—深褐色；喙—铅灰色；跗跖—橘黄色。【分布与习性】分布于阿尔泰和蒙古西北部等地区。国内仅见于新疆北部，为罕见留鸟。常栖息于海拔 2500~3000 m 的高山和亚高山岩石苔原、草甸草原和裸岩地带，冬季可下到海拔 2000 m 和山脚地带。除繁殖期外，常集群活动。【鸣声】常发出响亮似哨音的"wa wa wa wa，wei wa wa"声，声音大小逐渐升高，尾音具颤声。

215. 石鸡 Chukar *Alectoris chukar*

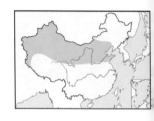

【野外识别】体长 27~37 cm 的中型雉科鸟类。雌雄相似。头顶灰色，头侧和喉部围绕一明显的黑色颈圈；喉部皮黄色；胸部灰色略带粉色，腹部棕黄色，两胁灰白色具 10 道黑色、栗色斑纹；背部、两翼灰色略带粉色；尾羽深灰色。甚似大石鸡，识别见相应种描述。虹膜—深褐色；喙—红色；跗跖—红色。【分布与习性】分布于欧亚大陆中部。国内见于西北、东北、华北等地区，部分地区为较常见留鸟。常栖息于低山丘陵地带的岩石坡和沙石坡上，偶尔也见于山脚农田地带。常集群活动。【鸣声】常发出单调而较响亮的"ga ga ga"声。

216. 大石鸡 Rusty-necklaced Partridge *Alectoris magna*

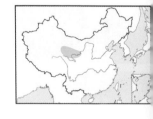

【野外识别】体长 32~45 cm 的中型雉科鸟类。雌雄相似。头顶灰褐色，头侧和喉部围绕一明显的黑色颈圈，黑色颈圈外缘褐色；喉部皮黄色；胸部灰色略带粉色，两胁灰白色具数道深褐色、皮黄色斑纹；背部、两翼灰色略带粉色；尾羽灰褐色。甚似石鸡，但本种个体较大，黑色颈圈外缘具明显褐色边缘。虹膜—深褐色；喙—红色；跗跖—红色。【分布与习性】中国特有种，仅见于宁夏、青海、甘肃等地，为少见留鸟。常栖息于海拔 1300~4000 m 的低山丘陵、荒漠、半荒漠、岩石山坡、高山峡谷和裸岩地带。常集群活动。【鸣声】常发出单调而响亮的"ga ga ga"声，叫声较石鸡响亮、清脆。

阿尔泰雪鸡 Kh. Tumendelger

阿尔泰雪鸡 Kh. Tumendelger

石鸡 博聪

大石鸡 张永

217. 中华鹧鸪　Chinese Francolin　*Francolinus pintadeanus*

【野外识别】体长 28~35 cm 的小型雉科鸟类。雄鸟整体紫黑色，贯眼纹黑色，眉纹棕色下沿至枕部，脸颊具白色斑块；额部、喉部白色；胸部、腹部紫黑色具显著的白色点状斑纹；背部、两翼紫黑色具栗色斑块；尾下覆羽栗色，尾羽近黑色具白色横纹。雌鸟似雄鸟，但整体偏褐色，胸部、腹部白色具深褐色横纹，背部略带棕褐色。幼鸟头部皮黄色，背部多纵纹。虹膜—深褐色；喙—黑色；跗跖—红色。【分布与习性】分布于东南亚、南亚等地区。国内见于长江以南大部分地区，包括海南，为不常见留鸟。常栖息于低山丘陵地带的灌丛、草地、无林荒山地区，有时亦见于农地附近。常单独或成对活动，求偶期雄鸟常在山岩、树桩、灌木上鸣叫。【鸣声】常发出单调而响亮的 "wei, ka ga ga ga" 声。

218. 灰山鹑　Grey Partridge　*Perdix perdix*

【野外识别】体长 28~32 cm 的小型雉科鸟类。雄鸟头顶灰色，脸颊、额部、喉部橘红色；颈部、枕部、胸部灰色；腹部偏灰色具显著的栗色斑块；背部、两翼多褐色、灰色斑纹，两胁灰色多栗色斑纹；尾羽橘红色。雌鸟似雄鸟，但腹部栗色斑块甚不显著或缺失。幼鸟整体皮黄色。似斑翅山鹑，识别见相应种描述。虹膜—深褐色；喙—黑色；跗跖—红色。【分布与习性】分布于欧洲大部分地区。国内仅见于新疆北部地区，为不常见留鸟。常栖息于低山丘陵、山脚平原和高山等地带，夏季多在高山乱石荒坡、稀疏树林和灌丛的高原草地、山脚沟谷、河边以及山地田野等地带，冬季常下至山脚平原、农田耕地以及村庄附近活动。除繁殖期外，常集群活动。【鸣声】雄鸟有时发出单调的 "yi yi" 颤声。

219. 斑翅山鹑　Daurian Partridge　*Perdix dauurica*

【野外识别】体长 24~32 cm 的小型雉科鸟类。雌雄同形异色。雄鸟头顶灰色，额部、喉部橘红色向下延伸至腹部，喉部具不显著羽须。颈部、枕部、胸部灰色；腹部偏灰色具显著的近黑色斑块；两胁灰色多栗色斑纹。雌鸟似雄鸟，喉部具不显著羽须，但腹部近黑色斑块甚不显著或缺失。似灰山鹑，但腹部斑块偏黑色，喉部橘红色下延至腹部。虹膜—深褐色；喙—黑色；跗跖—红色。【分布与习性】分布于东亚北部及西伯利亚南部等地区。国内见于华北、东北、西北等北部地区，为不常见留鸟。常栖息于平原森林草原、灌丛草地、低山丘陵和农田荒地等地带。除繁殖期外，常集群活动。【鸣声】雄鸟有时发出单调的 "yi yi" 颤声，较灰山鹑尖锐而响亮。

灰山鹑 朱雷

灰山鹑 Asa Berndtsson

斑翅山鹑 雄和幼鸟 朱雷

220. 高原山鹑 Tibetan Partridge *Perdix hodgsoniae*

【野外识别】体长 23~32 cm 的小型雉科鸟类。雌雄相似。成鸟头顶棕褐色具白色点状斑纹，眉纹近白色，眼下具一黑色斑块；颔部、喉部米黄色，颈侧、枕部棕色，胸部、腹部米黄色具黑色横纹；背部、两翼多灰色、褐色斑纹，两胁具显著的棕栗色斑纹；尾羽偏灰色。虹膜—深褐色；喙—角质色；跗跖—黄褐色。【分布与习性】国外分布于印度、尼泊尔等地。国内见于四川、甘肃、青海、西藏等地，为部分地区较常见留鸟。

常栖息于海拔 2500~5000 m 之间的高山裸岩、高山苔原、矮树丛等地带。除繁殖期外，常集群活动，善奔走。【鸣声】有时发出连续的"ki ki ki"声。

221. 西鹌鹑／鹌鹑 Common Quail *Coturnix coturnix*

【野外识别】体长 16~22 cm 的小型雉科鸟类。雄鸟夏羽头顶黑褐色，具皮黄色眉纹，下颔黑色并向两侧延伸至耳羽；胸部多红褐色或皮黄色，腹部皮黄色；背部、两翼沙褐色，具显著的皮黄色和黑色条纹。雌鸟颔部、喉部灰白色，上胸浅黄色具明显黑色斑纹。似鹌鹑，识别见相应种描述。虹膜—深褐色；喙—灰色；跗跖—褐色。【分布与习性】分布于欧洲至亚洲西部、印度、非洲、马达加斯加及亚洲东北部等地。国内见于新疆、西藏等地，为西北少见夏候鸟。常栖息于开阔农田、平原和半荒漠地区，亦见于河谷、湖泊、

牧场、沼泽地带。行踪隐秘，常藏匿于草丛中，较难被发现。【鸣声】有时发出跳跃而较为清脆的"wei wei wei"声。

222. 鹌鹑／日本鹌鹑 Japanese Quail *Coturnix japonica*

【野外识别】体长 14~20 cm 的小型雉科鸟类。雄鸟夏羽头顶黑褐色具一道白色冠纹，眉纹白色，下颔、喉部红色；胸部多红褐色，腹部皮黄色少斑纹；背部、两翼暗褐色，具显著的浅黄色羽干。雄鸟冬羽下颔、喉部白色，喉部具红褐色喉带。雌鸟颔部、喉部皮黄色，上胸黄褐色具黑色斑纹。似西鹌鹑，但雄鸟夏羽喉部红色。虹膜—深褐色；喙—灰色；跗跖—褐色。【分布与习性】分布于俄罗斯远东、东亚、南亚、东南亚等地区。

国内见于东北、华北、华南、东南等地区，包括海南及台湾，于东北为较常见夏候鸟，于华北、东南为旅鸟和冬候鸟。常栖息于平原草地、低山丘陵、山脚平原、溪流沿岸、开阔农田等生境。性善隐藏，常在灌丛和草丛中潜行。一般很少起飞，常突然从脚下冲出飞至不远处落下。【鸣声】有时发出较为清脆的"wei wei ka"声。

高原山鹑 张永

西鹌鹑 Phil ju

鹌鹑 雌 关翔宇

鹌鹑 雄 宋山

鹌鹑 雄 上繁殖羽 方利平

223. 蓝胸鹑　King Quail　*Coturnix chinensis*

【野外识别】体长 12~14 cm 的小型雉科鸟类。雄鸟前额、头侧蓝灰色，头顶至后颈深褐色，颊纹白色，下额黑色并向两侧延伸至耳羽；颈部具白色、黑色颈环；胸部、两胁蓝灰色，腹部至尾下覆羽栗红色；背部、两翼深褐色具黑色斑纹。雌鸟眉纹皮黄色，额部、喉部皮黄色；胸部、两胁皮黄色多深褐色斑纹，腹部黄褐色少斑纹。虹膜—深褐色；喙—铅灰色；跗跖—黄色。
【分布与习性】分布于南亚、东南亚至澳大利亚等地。国内见于东南、西南等地，包括海南、台湾，为少见留鸟。常栖息于平原草地、低山丘陵、山脚平原、溪流沿岸、开阔农田等生境。性善隐藏，常在灌丛和草丛中潜行。一般很少起飞，常突然从脚下冲出飞至不远处落下。【鸣声】有时发出响亮似哨音的"wei you"声。

224. 环颈山鹧鸪　Common Hill Partridge　*Arborophila torqueola*

【野外识别】体长 26~29 cm 的小型雉科鸟类。头顶、枕部、脸颊栗色，眼先及眉纹黑色，下颊纹白色；下额、喉部黑色，前颈及胸部具一显著的白色斑块；胸部蓝灰色，腹部色浅，两胁多棕色、蓝灰色具白色点状斑纹；背部、两翼多黄褐色及棕色。雌鸟似雄鸟，但整体色浅；头顶、脸颊灰褐色；喉部、颈侧橘色具黑色斑纹。虹膜—深褐色；喙—铅灰色；跗跖—灰褐色。
【分布与习性】分布于喜马拉雅山脉、印缅边境山地到越南北部。国内见于西藏南部、云南西南部等地，为不常见留鸟。常栖息于海拔 1500 m 以上的常绿阔叶林，尤好林下植被丰富、林间空旷的栎树林、竹林以及山溪和山谷地带的稠密常绿林，高可至海拔 4000 m 以上的常绿森林和灌丛地区。常成对或集小群活动。【鸣声】有时发出响亮而悠远的"wu——wu——"声，音节间隔时间较长。

225. 红喉山鹧鸪　Rufous-throated Partridge　*Arborophila rufogularis*

【野外识别】体长 24~28 cm 的小型雉科鸟类。雄鸟头顶至枕部灰褐色，眉纹灰白色延伸至颈侧，脸颊白色具白色斑纹；下额黑色，颈部棕黄色显著，颈侧棕黄色多黑色点状斑纹；胸部、腹部蓝灰色，两胁棕色、蓝灰色具白色点状斑纹；背部、两翼多深褐色及棕色。雌鸟似雄鸟，但整体色浅；下额多棕黄色具黑色斑纹。虹膜—深褐色；喙—铅灰色；跗跖—粉色。【分布与习性】分布于喜马拉雅山脉、印缅、缅泰边境山地，老挝及越南地区。国内见于西藏东南部及云南西部、南部、东南部等地区，为不常见留鸟。常栖息于低山丘陵和海拔 3000 m 以下的常绿阔叶林、针叶林以及林缘灌丛和高草丛中，尤好林下植被茂密的溪谷与河流两岸的常绿阔叶林地带。常集小群活动。【鸣声】有时发出连续的响亮而悠远的"wu，wu wu，wu wu"声，声调逐渐升高。

蓝胸鹑 雌 王斌

蓝胸鹑 雄 王斌

环颈山鹧鸪 张为民

红喉山鹧鸪 朱雷

226. 白颊山鹧鸪　White-cheeked Partridge　*Arborophila atrogularis*

【野外识别】体长24~28 cm的小型雉科鸟类。雌雄相似。成鸟头顶至枕部皮黄色具黑色斑纹，贯眼纹黑色，脸颊具一显著的白色斑块；下颌黑色向后延伸至颈侧，枕部黄褐色，具黑色斑纹；胸部蓝灰色，腹部及两胁蓝灰色具白色点状斑纹；背部、两翼多棕褐色、黑色。虹膜—深褐色；喙—铅灰色；跗跖—粉红色。【分布与习性】分布于印度东北部和缅甸北部及西北部等地区。国内见于云南西部怒江以西等地区，为少见留鸟。常栖息于海拔1500 m以下的低山丘陵地带，尤好稀疏潮湿的常绿阔叶林和竹林。常集小群活动。【鸣声】有时发出清脆的响亮"zhe gu，zhe gu，zhe gu"声。

227. 台湾山鹧鸪　Taiwan Partridge　*Arborophila crudigularis*

【野外识别】体长22~24 cm的小型雉科鸟类。雌雄相似。成鸟前额灰色，枕部深褐色多黑色斑点，贯眼纹黑色向后环绕脸颊至颈侧，脸颊、下颌具一显著的皮黄色斑块；喉部一皮黄色斑块具黑色外缘，颈部、胸部蓝灰色，腹部及两胁蓝灰色具白色点状斑纹，下腹具皮黄色斑块；背部多黄褐色斑纹，两翼具栗色、蓝灰色斑纹。虹膜—深褐色；喙—铅灰色；跗跖—粉红色。【分布与习性】中国特有种，仅见于我国台湾地区，为区域性较常见留鸟。常栖息于海拔2500 m以下的阔叶林地带，多在林下灌丛或草丛中活动，有时也出现于林缘灌丛与草丛，甚至出现于山崖裸露地带。除繁殖期外，常集小群活动。【鸣声】有时发出"zhe gu，zhe gu，zhe gu"声，似白颊山鹧鸪但不及其清脆。

228. 红胸山鹧鸪　Chestnut-breasted Partridge　*Arborophila mandellii*

【野外识别】体长24~28 cm的小型雉科鸟类。雌雄相似。成鸟头顶至枕部栗红色具不显著的黑色斑纹，眉纹暗灰色向后延伸至后颈，脸颊、颈侧橙红色具黑色斑纹；喉部橙红色少斑纹，颈部具一显著白色斑块，下缘黑色，胸部具一显著的栗红色斑块，腹部蓝灰色少斑纹，两胁蓝灰色具白色点状斑纹；背部、两翼具灰褐色、红褐色斑纹。虹膜—深褐色；喙—铅灰色；跗跖—橙红色。【分布与习性】分布于南亚。国内仅见于西藏东南部，为罕见留鸟。常栖息于海拔1200~2500 m林下植被茂密的常绿森林地带。常集小群活动。【鸣声】有时发出响亮而悠远的"wu er，wu er"声。

白颊山鹧鸪 杜银磊

台湾山鹧鸪 沈越

台湾山鹧鸪 关翔宇

红胸山鹧鸪 崔仕明

229. 褐胸山鹧鸪 Bar-backed Partridge Arborophila brunneopectus

【野外识别】体长25~29 cm的小型雉科鸟类。成鸟前额黄褐色，头顶至枕部黄褐色多黑色斑点，眼周黑色，眉纹黄褐色向后延伸至颈侧，下颊、脸颊具一显著的皮黄色斑块；喉部、颈侧皮黄色具黑色斑纹，胸部、腹部黄褐色少斑纹，两胁皮黄色具黑色斑纹；背部黄褐色多黑色斑纹，两翼具棕褐色、黑色斑纹。虹膜—深褐色；喙—铅灰色；跗跖—粉红色。【分布与习性】

分布于东南亚、南亚等地区。国内见于云南、广西等地区，为少见留鸟。常栖息于海拔1500 m以下的低山常绿阔叶林，亦见于低山丘陵和山脚平原的竹林、灌丛等地带。性较安静，善藏匿。【鸣声】雄鸟在求偶时有时发出单调的"te te te"声，尾音似哨声。

230. 四川山鹧鸪 Sichuan Partridge Arborophila rufipectus

【野外识别】体长28~30 cm的小型雉科鸟类。雄鸟前额白色，头顶至枕部红褐色多黑色斑纹，眼周黑色，眉纹白色甚不明显，脸颊红褐色环绕黑色斑纹；下颊白色多黑色纵纹，喉部白色少斑纹，胸部栗红色具灰色斑纹，腹部白色几无斑纹，两胁具灰色、栗红色斑纹；背部多灰色斑纹，两翼具棕红色、灰色斑纹。雌鸟似雄鸟，但头顶、脸颊灰褐色，胸部深褐色。虹膜—深褐色；喙—铅灰色；跗跖—粉红色。【分布与习性】中国特有种，仅见于

四川南部地区，为少见留鸟。常栖息于海拔1000~2200 m的亚热带阔叶林中，尤好栎树、桦树、楠木等树种及林下植被茂密地带。除繁殖期外，常成小群活动。【鸣声】有时发出响亮而悠远的"wei wu，wei er"声。

231. 白眉山鹧鸪 White-necklaced Partridge Arborophila gingica

【野外识别】体长约30 cm的小型雉科鸟类。雌雄相似。成鸟前额及眉纹白色，头顶至枕部红褐色，过眼纹灰褐色；下颊、脸颊黄褐色，喉部黑色少斑纹，颈侧黄褐色具黑色斑纹，胸部具白色、深褐色斑块，腹部灰色，两胁灰色具栗色斑纹；背部灰褐色少斑纹，两翼具棕红色、灰色斑纹。虹膜—深褐色；喙—铅灰色；跗跖—粉红色。【分布与习性】中国特有种，仅见于福建、广东、广西等地区，为少见留鸟。常栖息于海拔

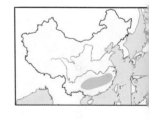

500~1800 m的低山丘陵地带的阔叶林中，常在林下茂密的植物丛或林缘灌丛地带活动。【鸣声】有时发出响亮而悠远的"wu——wu——"声，似环颈山鹧鸪，但音节间隔较短。

褐胸山鹧鸪 朱雷

四川山鹧鸪 张永

白眉山鹧鸪 关翔宇

232. 海南山鹧鸪　Hainan Partridge　*Arborophila ardens*

【野外识别】体长23~30 cm的小型雉科鸟类。雄鸟头部黑色，脸颊具皮黄色或白色斑块，眉纹白色不甚明显下延至颈侧；下颌、喉部、颈侧黑色，胸部具橙红色斑块，腹部黄褐色，两胁灰色具白色斑纹；背部灰褐色，两翼具褐色、灰色斑纹。雌鸟似雄鸟，但体色较暗；头顶至枕部栗色较多，胸部橙色较浅，腹部偏白略带淡红色。虹膜—深褐色；喙—铅灰色；跗跖—粉红色。【分布与习性】中国特有种，仅见于海南地区，为少见留鸟。常栖息于海拔800~1200 m的低山丘陵地带，尤好原始山地雨林、沟谷雨林和山地常绿阔叶林。除繁殖期外，常集小群活动。【鸣声】有时发出清脆的"zhe gu，zhe gu，zhe gu"声，甚似白颊山鹧鸪但叫声更显悠远。

233. 绿脚山鹧鸪　Green-legged Partridge　*Arborophila chloropus*

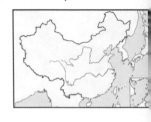

【野外识别】体长25~30 cm的小型雉科鸟类。雌雄相似。成鸟头顶至枕部灰褐色具不甚显著的褐色斑纹，眉纹白色明显，下颌、脸颊白色具褐色斑纹；喉部、颈侧橘色具黑色斑纹，胸部灰褐色，腹部棕褐色，下腹及尾下覆羽偏白色，两胁具黑色斑纹；背部、两翼灰褐色具不明显的褐色斑纹。虹膜—深褐色；喙—角质色；跗跖—青绿色。【分布与习性】分布于东南亚。国内见于云南南部地区，为少见留鸟。常栖息于海拔2000 m以下的山地常绿森林和灌丛地带，尤好低山丘陵和山脚地带茂密的森林，有时亦见于农田附近的次生林和小块丛林中。常成对或集小群活动，性极胆怯，善藏匿于林下、灌丛和草丛中。【鸣声】有时先发出一串连续的空灵而清脆的"ling ling ling"声，后发出响亮的"pu lin zhe，pu lin zhe"声。

234. 棕胸竹鸡　Mountain Bamboo Partridge　*Bambusicola fytchii*

【野外识别】体长30~36 cm的中型雉科鸟类。雌雄相似。成鸟头顶至枕部棕褐色，眉纹灰褐色，眼后具一道显著的黑色横纹；下颌、喉部、颈部、胸部棕色，腹部、两胁具显著的心形黑色点斑；尾下覆羽具黑色斑纹，尾羽灰褐色；背部、两翼灰褐色具棕褐色斑纹。虹膜—深褐色；喙—铅灰色；跗跖—灰褐色。【分布与习性】分布于南亚及东南亚地区。国内见于四川西南部、贵州西南部、云南西部和南部等地区，为少见留鸟。常栖息于海拔3000 m以下的山坡森林、灌丛、草丛、竹林等地带，尤好陡峭山谷溪流旁的灌丛和草丛地带活动，有时亦到农田附近觅食。繁殖季节甚喜鸣叫。【鸣声】有时发出刺耳的"zi wei，zi wei"声，后发出响亮的"pu lin zhe，pu lin zhe"声。

海南山鹧鸪 嘉道理中国保育

海南山鹧鸪 嘉道理中国保育

绿脚山鹧鸪 董月

绿脚山鹧鸪 朱磊

红喉竹鸡 Brian Gratwicke

棕胸竹鸡 Jason Thompson

235．灰胸竹鸡　Chinese Bamboo Partridge　*Bambusicola thoracicus*

【野外识别】体长 24~37 cm 的中型雉科鸟类。雌雄相似。成鸟额部蓝灰色，头顶至枕部褐色，眉纹蓝灰色下延至颈部，脸颊棕褐色；下颏、喉部、颈侧棕色，胸部具蓝灰色、棕色斑块，腹部棕黄色，两胁具显著的心形黑色点状斑纹；尾下覆羽棕黄色少斑纹，尾羽棕褐色；背部、两翼灰褐色具棕褐色斑纹。*sonorivox* 亚种头侧、脸颊为蓝灰色而非棕褐色。虹膜－深褐色；喙－铅灰色；跗跖－青绿色。【分布与习性】中国特有种，见于我国南部大部分地区及台湾，为较常见留鸟。常栖息于海拔 2000 m 以下的低山丘陵和山脚平原地带的竹林、灌丛和草丛等地带，有时亦至山边耕地、农田村落附近活动。常集群活动，有短距离的季节性垂直迁徙现象。【鸣声】有时发出响亮的叫声，似"地主婆，地主婆"声。

236．血雉　Blood Pheasant　*Ithaginis cruentus*

【野外识别】体长 37~47 cm 的中型雉科鸟类。似鹑类，头具羽冠，体羽具披针状羽毛。诸多亚种羽色变化较大。*geoffroyi* 亚种雄鸟额头、眼先、眉纹近黑色，头顶土灰色；下颏、喉部、胸部偏灰色，上胸具灰白色斑纹，下胸或两胁灰褐色；尾下覆羽黑褐色。*kuseri* 亚种雄鸟额头、下颏艳红色；颈部连接耳羽黑色；胸部、腹部艳红色。雌鸟似雄鸟，但体色暗淡，多为蓝灰色或灰褐色。虹膜－深褐色；喙－铅灰色；跗跖－红色。【分布与习性】分布于喜马拉雅山脉以及缅甸西北部等地区。国内见于西藏、四川、云南、甘肃、青海、陕西等地，为留鸟。常栖息于海拔 1700~3000 m 雪线附近的高山针叶林、混交林及杜鹃灌丛等地带，有明显的季节性垂直迁徙现象，夏季有时上至海拔 3500~4500 m 的高山灌丛地带，冬季下至 2000 m 左右的中低山和亚高山地区越冬。喜集群活动。【鸣声】有时发出连续的"zhu wei, zhu wei"声。

237．黑头角雉　Western Tragopan　*Tragopan melanocephalus*

【野外识别】体长 60~74 cm 的大型雉科鸟类。雄鸟头顶至枕部黑色，头侧红色；下颏、喉部深蓝色，颈部具一黑色颈环上延至颈侧；胸部红色；腹部、两胁、尾下覆羽近黑色具显著的白色点斑；背部、两翼灰褐色具白色点状斑纹。雌鸟似雄鸟，但整体较为暗淡。虹膜－深褐色；喙－铅灰色；跗跖－粉褐色。【分布与习性】分布于巴基斯坦和印度等地。国内见于西藏西南地区，为罕见留鸟。常栖息于海拔 2000~4000 m 的山地针叶林和混交林、杜鹃灌丛和林缘等地带。常单独或集小群活动，多活动在林下植被发达的山涧密林和陡峭山岩地带。性较隐蔽，难于见到。【鸣声】有时发出连续的"wa wa wa"声，音节间隔略长。

灰胸竹鸡 *sonorivox* 亚种 陈加盛

灰胸竹鸡 沈越

血雉 雌 天翔宇

血雉 *marionae* 亚种 雄 张永

血雉 *geoffroyi* 亚种 雄 朱雷

238. 红胸角雉　Satyr Tragopan　*Tragopan satyra*

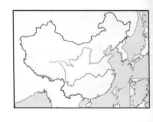

【野外识别】体长55~79 cm的大型雉科鸟类。雄鸟头部、下颏黑色；枕部、颈部、颈侧红色，无斑纹；胸部红色具白色细小的点状斑纹；腹部、两胁红色具显著的粗大白色点斑；尾羽深褐色，基部杂有棕白色斑纹；背部、两翼灰褐色具白色点状斑纹。雌鸟整体暗淡，偏褐色。虹膜—深褐色；喙—铅灰色；跗跖—粉褐色。【分布与习性】国外分布于南亚北部地区。国内见于西藏南部喜马拉雅山脉，为罕见留鸟。常栖息于海拔3000~4000 m的山地森林中，有时冬季可下至海拔2000 m左右的地区越冬，主要活动于陡峭的山地森林地带，偶至林缘开阔地带活动。【鸣声】有时发出连续而高亢的"ang ang ang"声，节奏较黑头角雉慢。

239. 灰腹角雉　Blyth's Tragopan　*Tragopan blythii*

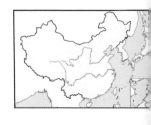

【野外识别】体长53~68 cm的大型雉科鸟类。雄鸟头顶至枕部黑色，眼后具一道黑色斑纹，后延至枕部，脸颊具黄色裸皮；颈部具一黑色颈环，上延至颈侧，颈部、颈侧、胸部、枕部橘红色无斑纹；腹部、两胁、尾下覆羽灰褐色具灰色点斑，尾羽近黑色；背部、两翼灰褐色具白色、橘红色点状斑纹。雌鸟整体暗淡，背部、两翼多棕色斑纹。虹膜—深褐色；喙—铅灰色；跗跖—粉褐色。【分布与习性】分布于南亚北部。国内见于西藏东南部和云南西北部贡山等地，为罕见留鸟。常栖息于海拔2000~3000 m的山地常绿阔叶林中，尤喜林下植被发达的潮湿常绿阔叶林，冬季有时下至1500 m左右的低山地带越冬。性较隐蔽。【鸣声】有时发出连续的"gu gu gu"声，雄鸟求偶时发出响亮的"ang ang ang"声。

240. 红腹角雉　Temminck's Tragopan　*Tragopan temminckii*

【野外识别】体长54~66 cm的大型雉科鸟类。雄鸟额部黑色，脸颊具深蓝色裸皮，耳羽、颈侧黑色；下颏深蓝色，颈部、枕部橘色无斑纹；胸部、腹部、两胁、尾下覆羽红褐色具灰色粗大点斑，尾羽近黑色；背部、两翼红褐色具白色细小点状斑纹。雌鸟整体较为暗淡，腹部多白色点斑。虹膜—深褐色；喙—角质色；跗跖—粉褐色。【分布与习性】分布于南亚及东南亚等地。国内见于西藏、云南、四川、贵州、甘肃、陕西、湖北等地，为少见留鸟。常栖息于海拔1000~3500 m的山地森林、灌丛、竹林等地带，尤喜1500~2500 m的常绿阔叶林和针阔混交林，有时亦到裸岩地带活动。性机警，善奔走。【鸣声】有时发出连续而高亢的"wa wa wa"声，节奏较黑头角雉慢。

红胸角雉 雌 董江天

红胸角雉 王秋音

灰腹角雉 John Gould

红胸角雉 姚毅

红胸角雉 雄 兆明

红胸角雉 雄 于文韬

241. 黄腹角雉 Cabot's Tragopan *Tragopan caboti*

【野外识别】体长 60~70 cm 的大型雉科鸟类。雄鸟头顶至枕部黑色，眼后具一道粗大黑色斑纹，后延至枕部，脸颊具橘红色裸皮；下颏橘红色，喉部黑色，颈部、胸部、腹部、尾下覆羽黄褐色少斑纹，两胁具栗色斑纹；尾上覆羽土皮黄色斑纹，尾羽暗褐色具黑色端斑；背部、两翼黄褐色具栗色斑纹。雌鸟整体较暗淡，腹部多皮黄色斑纹。虹膜—深褐色；嘴—铅灰色；跗跖—粉褐色。【分布与习性】中国特有种，见于浙江、江西、广东、广西、福建等地，为少见留鸟。常栖息于海拔 800~1500 m 的亚热带山地常绿阔叶林和混交林等地带，常在茂密的林下灌丛和草丛中活动。除繁殖季外，常集小群活动。【鸣声】有时发出连续的 "wei，wei，ga er，ga er" 声。

242. 勺鸡 Koklass Pheasant *Pucrasia macrolopha*

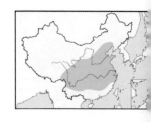

【野外识别】体长 40~63 cm 的中型雉科鸟类。雄鸟头部金属暗绿色，具棕褐色和金属绿色长形羽冠，颈部两侧各有一白色斑块；胸部、腹部棕栗色，胸侧多灰色披针状羽毛；背部、两翼多棕褐色；棕褐色、灰色尾羽呈楔形。雌鸟整体较暗淡，羽冠较短。虹膜—深褐色；嘴—铅灰色；跗跖—褐色。【分布与习性】分布于南亚北部。国内见于华北、华南、华中、西南、东南等地，为不常见留鸟。常栖息于海拔 1000~4000 m 的阔叶林、针阔混交林等地带，尤喜湿润的、林下植被发达、地势起伏不平的多岩石混交林地带，有时亦出现于林缘灌丛和山脚灌丛地带活动。常成单独或成对活动。【鸣声】有时发出响亮而粗犷的 "g ga ga" 或 "ga ga ga，ga，ga" 声。

243. 棕尾虹雉 Himalayan Monal *Lophophorus impejanus*

【野外识别】体长 63~72 cm 的大型雉科鸟类。雄鸟头部金属绿色，具显著的金属绿色羽冠，颈部、枕部亮棕色；胸部、腹部、尾下覆羽深绿色；背部白色，两翼多蓝紫色；腰部亮蓝色，棕色尾羽。雌鸟整体暗淡，为灰褐色，下颏、喉部白色。虹膜—深褐色；嘴—铅灰色；跗跖—灰褐色。【分布与习性】分布于喜马拉雅山脉等地。国内见于西藏南部地区，为不常见留鸟。常栖息于海拔 2000~4500 m 的山地森林、山坡阔叶林、混交林、杜鹃灌丛、林缘多岩石草坡等地带。冬季常成群活动。【鸣声】有时发出响亮的 "wei yi，wei yi" 声，似杓鹬般的哨声。

黄腹角雉 幼雄 张永

黄腹角雉 雌 唐文军

黄腹角雉 雄 张永

勺鸡 雌 沈越

勺鸡 雄 沈越

勺鸡 雄 沈越

勺鸡 雄 张永

棕尾虹雉 雌 沈岩

棕尾虹雉 雄 沈岩

244. 白尾梢虹雉 Sclater's Monal *Lophophorus sclateri*

【野外识别】体长 58~68 cm 的大型雉科鸟类。雄鸟头部金属绿色，脸颊具深蓝色裸皮，颈侧亮棕色；胸部、腹部、尾下覆羽深绿色；背部白色，两翼多金属绿色；腰部白色显著，棕色尾羽尾端白色。雌鸟整体暗淡，为灰褐色，脸颊具深蓝色裸皮；下颏、喉部白色；腰部偏灰色。虹膜—深褐色；喙—铅灰色；跗跖—灰褐色。【分布与习性】分布于缅甸东北部和印度北部等地。国内见于西藏东南部、云南北部和西北部等地区，为罕见留鸟。

常栖息于海拔 2500~4000 m 的高山森林和亚高山针叶林、林缘灌丛、杜鹃灌丛等地带。【鸣声】有时发出响亮而尖厉的 "wa, wa"声。

245. 绿尾虹雉 Chinese Monal *Lophophorus lhuysii*

【野外识别】体长 75~81 cm 的大型雉科鸟类。雄鸟头部金属绿色，眼先具蓝色裸皮；颈侧、枕部亮棕色；胸部、腹部、尾下覆羽深绿色；背部白色，但多被蓝紫色两翼遮挡；尾羽金属绿色。雌鸟整体暗淡，偏棕褐色；下颏白色；腰部白色。虹膜—深褐色；喙—铅灰色；跗跖—灰褐色。【分布与习性】中国特有种，见于四川中部和北部、云南西北部、西藏东部、青海东南部及甘肃南部等地，为少见留鸟。

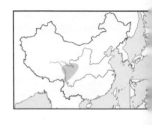

常栖息于海拔 3000~5000 m 的高山草甸、灌丛和裸岩等地带，尤喜多陡崖和岩石的高山灌丛和灌丛草甸生境。冬季常下至 3000 m 左右的林缘活动。【鸣声】有时发出单调的 "ge er, ge er, ge er, er"声，雄鸟在繁殖期常发出响亮而尖厉的金属 "ji yi, ji yi"声。

246. 红原鸡 Red Junglefowl *Gallus gallus*

【野外识别】雄鸟体长 54~71 cm，雌鸟体长 42~46 cm 的较大型雉科鸟类。外形与家鸡相似，但较瘦小。雄鸟肉冠、肉垂及脸部红色；颈侧、枕部具橘红色披针状羽毛；胸部、腹部、尾下覆羽深绿色；背部、翼上多金属绿色及橘色；尾上覆羽白色，中央尾羽较长，呈镰刀状。雌鸟整体黄褐色，脸颊具粉红色裸皮。虹膜—黄褐色；喙—铅灰色；跗跖—灰褐色。【分布与习性】分布于南亚东部、东南亚、苏门答腊及爪哇等地区。国内见于

云南西部和南部、广西南部、广东和海南等地，为不常见留鸟。常栖息于海拔 2000 m 以下的山地、丘陵和山脚平原的林地及林缘灌丛、草坡等地带，有时亦见于农田村落附近。【鸣声】雄鸟有时发出响亮的 "ge ge er"声，似家鸡。

白尾梢虹雉 雌 张永　　白尾梢虹雉 雄 张永

绿尾虹雉 雌 王义娟　　白尾梢虹雉 雄 张波

绿尾虹雉 雄 张波　　红原鸡 雌 崔月

红原鸡 雄 崔月　　红原鸡 雄 朱雷

247. 黑鹇 Kalij Pheasant *Lophura leucomelanos*

【野外识别】雄鸟体长 63~74 cm，雌鸟体长 50~60 cm 的大型雉科鸟类。雄鸟头部黑色具显著羽冠，脸颊具红色裸皮；胸部、腹部蓝黑色具白色斑纹；背部、两翼多蓝黑色，腰部近黑色具白色斑纹，尾羽蓝黑色。雌鸟整体棕褐色，眼周具白色裸皮，胸部、腹部、背部具褐色羽缘。黑鹇雌鸟似白鹇雌鸟，但外侧尾羽深褐色。虹膜－深褐色；喙－角质色；跗跖－褐色。【分布与习性】分布于喜马拉雅山脉及东南亚等地。国内见于西藏南部及云南西北部等地区，为少见留鸟。常栖息于海拔 1000~3000 m 的山地森林、箭竹林和林间草丛，有时亦见于低山丘陵和山谷地带。常成对或集小群活动。【鸣声】有时发出带金属的哨音，似"pi pi yi"声。

248. 白鹇 Silver Pheasant *Lophura nycthemera*

【野外识别】雄鸟体长 90~115 cm，雌鸟体长 65~70 cm 的大型雉科鸟类。雄鸟头部具显著的黑色羽冠，脸颊具红色裸皮；喉部、胸部、腹部蓝黑色少斑纹；背部、两翼白色具不明显的黑色细纹，白色尾羽较长。雌鸟整体棕褐色，眼周具红色裸皮，胸部、腹部具褐色斑纹。白鹇雌鸟似黑鹇雌鸟，但尾羽褐色，跗跖偏粉红色。虹膜－褐色；喙－角质黄色；跗跖－粉红色。【分布与习性】分布于东南亚。国内见于华南、东南、西南等地，包括海南，为较常见留鸟。常栖息于海拔 1600~2700 m 的山地阔叶林，尤好林下植物稀疏的常绿阔叶林和沟谷雨林。性机警，胆小怕人，常集小群活动。【鸣声】有时发出低沉的"er er er"声。

249. 蓝腹鹇 Swinhoe's Pheasant *Lophura swinhoii*

【野外识别】雄鸟体长 77~79 cm，雌鸟体长 51~57 cm 的大型雉科鸟类。雄鸟头部近黑色，具不甚显著的白色羽冠，眼周具显著的红色裸皮；喉部、胸部、腹部蓝紫色；上背白色，肩羽红褐色，两翼金属绿色；尾羽蓝紫色，中央尾羽白色。雌鸟整体棕褐色，眼周具红色裸皮，背部棕褐色多黑色斑纹。虹膜－深褐色；喙－角质黄色；跗跖－粉红色。【分布与习性】中国特有种，仅见于台湾，为较常见留鸟。常栖息于海拔 800~2200 m 的山地森林，尤好茂密的阔叶林和灌木发达而又不过于稠密的林下地面。【鸣声】有时发出连续而单调的"er，er，er"声，似白鹇但音节间隔较长。

黑鹇 雌 张明

黑鹇 雄 张明

白鹇 雌 刘璐

白鹇 雄 沈越

蓝腹鹇 雌 董江天

蓝腹鹇 雄 沈越

蓝腹鹇 雄 张永

250. 白马鸡 White Eared Pheasant Crossoptilon crossoptilon

【野外识别】体长 81~86 cm 的大型雉科鸟类。雌雄相似。成鸟整体近白色；头顶黑色，眼周具红色裸皮，耳羽簇白色；喉部、颈部、枕部、胸部、腹部白色；背部白色，两翼偏白色，飞羽黑色，有些亚种两翼灰色；腰部白色，尾羽黑色呈蓬松丝状。虹膜—黄褐色；喙—角质色；跗跖—红色。【分布与习性】分布于缅甸北部地区。国内见于青海、四川、云南、西藏等地，为较常见留鸟。常栖息于海拔 2500~5000 m 的高山森林、灌丛和苔原草地，尤好在开阔的林间空地和林缘地带活动。常集小群活动。【鸣声】有时发出响亮而单调的 "ga ga ga" 声。

251. 藏马鸡 Tibetan Eared Pheasant Crossoptilon harmani

【野外识别】体长 80~100 cm 的大型雉科鸟类。雌雄相似。成鸟整体灰褐色；头顶黑色，眼周具红色裸皮，耳羽簇米白色；下颏、喉部米白色，颈部、枕部、胸部灰褐色，腹部米黄色；背部、两翼灰褐色；腰部、尾上覆羽灰色，黑色尾羽呈蓬松丝状。虹膜—红褐色；喙—角质粉色；跗跖—粉红色。【分布与习性】中国特有种，见于四川西部、青海南部、西藏东部和云南西北部等地，为区域性较常见留鸟。常栖息于海拔 3000~4000 m 的高山和亚高山针叶林和针阔混交林地带，有时亦到林缘灌丛、开阔的林间空地活动。常集群活动。【鸣声】有时发出连续的单调而低沉的 "ge er，ge er，ge er" 声。

252. 褐马鸡 Brown Eared Pheasant Crossoptilon mantchuricum

【野外识别】体长 83~110 cm 的大型雉科鸟类。雌雄相似。成鸟整体棕褐色；头顶深褐色，眼周具红色裸皮，耳羽簇白色；下颏白色，颈部、枕部、胸部辉蓝色，腹部棕褐色；背部、两翼棕褐色；腰部、尾上覆羽、尾羽银白色，尾羽末端近黑色而具金属光泽。虹膜—红褐色；喙—角质粉色；跗跖—粉红色。【分布与习性】中国特有种，见于山西西北部、河北西北部和北京西部等地，为少见留鸟。常栖息于海拔 1300~2500 m 的低山丘陵、针叶林、针阔混交林等地带，有时亦到林缘灌丛、开阔的林间空地活动。除繁殖期外，常集群活动。【鸣声】有时发出连续的低沉而单调的 "ge ge ge" 声。

白马鸡 张永

藏马鸡 张永

褐马鸡 朱雷

253. 蓝马鸡 Blue Eared Pheasant *Crossoptilon auritum*

【野外识别】体长 75~100 cm 的大型雉科鸟类。雌雄相似。成鸟整体蓝灰色；头顶深褐色，眼周具红色裸皮，耳羽簇白色向下延伸至下颏；颈部、枕部、胸部、腹部蓝灰色；背部、两翼蓝灰色；腰部、尾上覆羽蓝灰色，蓝灰色中央尾羽高翘于其他尾羽上，最外侧尾羽基部白色。虹膜—红褐色；喙—角质粉色；跗跖—粉红色。【分布与习性】中国特有种，见于青海东部和东北部、甘肃南部和西北部、四川北部、宁夏贺兰山等地，为留鸟。常栖息于海拔 2000~4000 m 的高山阔叶林、针阔混交林和针叶林等地带，有时亦到林缘灌丛、高山草甸等地带活动。除繁殖期外，常集群活动。【鸣声】有时发出连续的响亮而单调的"gu gu wa，gu wa"声。

254. 白颈长尾雉 Elliot's Pheasant *Syrmaticus ellioti*

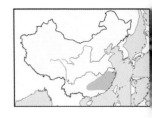

【野外识别】雄鸟体长约 81 cm，雌鸟体长约 45 cm 的大型雉科鸟类。雄鸟头顶褐色，眼周具红色裸皮；颈部、颈侧灰白色；下颏、喉部黑色；胸部、背部红褐色具深褐色斑纹；腹部白色，两胁具黑色鳞状斑纹；腰部白色具黑色鳞纹，两翼栗红色具辉蓝色斑块和显著的白色翼斑；尾羽较长具灰色、棕褐色斑块。雌鸟整体灰褐色，颈部偏灰色，背部深褐色具黄褐色斑纹。虹膜—深褐色；喙—角质色；跗跖—青灰色。【分布与习性】中国特有种，见于浙江、江西、福建、广东等地，为少见留鸟。常栖息于中低海拔低山丘陵地带的竹林、针阔混交林、针叶林、林缘灌丛等地带。性机警，除繁殖期外，常集群活动。【鸣声】有时发出低沉而单调的"gu gu"声。

255. 黑颈长尾雉 Mrs. Hume's Pheasant *Syrmaticus humiae*

【野外识别】雄鸟体长 96~104 cm，雌鸟体长 47~50 cm 的大型雉科鸟类。雄鸟头顶辉蓝色，眼周具红色裸皮；下颏、喉部、颈部、颈侧蓝紫色；胸部、腹部、背部棕褐色；腰部白色具黑色横纹，两翼栗红色具灰色斑块和显著的白色翼斑；尾羽较长，灰色具棕褐色斑纹。雌鸟整体棕褐色，颈部具黑色斑纹，背部、腹部具白色横纹。虹膜—深褐色；喙—角质色；跗跖—青灰色。【分布与习性】分布于泰国北部、缅甸东北部等地。国内分布于云南西部、西南部和广西西部等地，为罕见留鸟。常栖息于海拔 500~3000 m 的阔叶林、针叶混交林以及林缘灌丛等地带，尤喜海拔 1000~2000 m 林下植物发达而多岩石的山坡混交林缘地带。性机警，如受到惊吓或快速钻入草丛或直接飞向上坡。【鸣声】有时发出低沉而单调的"wu wu wu"声。

256. 黑长尾雉　Mikado Pheasant　*Syrmaticus mikado*

【野外识别】雄鸟体长78~89 cm，雌鸟体长47~53 cm的大型雉科鸟类。雄鸟整体黑紫色；头部黑紫色，眼周具红色裸皮；胸部、腰部、背部具紫蓝色光泽，羽缘天蓝色；两翼具显著的白色翼斑；尾羽较长，黑紫色具白色斑纹。雌鸟整体棕褐色，胸部具白色点状斑纹，腹部、尾下覆羽具白色横纹，背部具黑色点斑。虹膜—深褐色；喙—角质色；跗跖—青灰色。【分布与习性】中国特有种，仅见于台湾地区，为少见留鸟。常栖息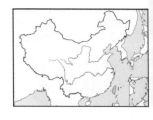于海拔1800~3000 m的原始阔叶林、针阔混交林、针叶林和竹林等地带，尤好林下灌木发达而不稠密的林地。性谨慎而胆小。【鸣声】有时发出低沉的"wu er，wu er"声。

257. 白冠长尾雉　Reeves's Pheasant　*Syrmaticus reevesii*

【野外识别】雄鸟体长141~197 cm，雌鸟体长56~69 cm的大型雉科鸟类。雄鸟头顶白色，眼周黑色；下颏、喉部、颈部白色，白色颈部下具一黑色领环；颈侧、背部具棕黄色鳞状羽毛；腹部栗红色，两胁具白色斑纹；棕黄色两翼具黑色、白色鳞状羽毛；尾羽甚长，棕色具灰栗两色横斑。雌鸟整体棕褐色，头顶棕褐色，颈部棕黄色，胸部具棕栗色斑纹。虹膜—深褐色；喙—角质色；跗跖—灰褐色。【分布与习性】中国特有种，见于河南西南部、陕西南部、湖北北部和东部、湖南西部、贵州北部、四川东北部等地，为留鸟。常栖息于海拔300~1500 m的山地森林，尤好地形复杂、地势起伏不平、多沟谷悬崖、峭壁陡坡和林木茂密的山地阔叶林或混交林，偶至林缘或林间空地活动。【鸣声】有时发出连续的"ga ga ga"声。

258. 雉鸡　Common Pheasant　*Phasianus colchicus*

【野外识别】雄鸟体长73~87 cm，雌鸟体长57~61 cm的大型雉科鸟类。雄鸟头部具金属绿色光泽，眼周具鲜红色裸皮；颈部多金属绿色，有些亚种有白色颈圈；胸部、腹部多紫红色，两胁棕黄色具深栗色点斑；背部棕黄色具深褐色点斑；两翼具栗色、灰色斑纹；尾羽棕褐色具褐色横纹。雌鸟整体棕褐色，密布浅褐色斑纹。我国约有19个亚种，诸多亚种羽色变化较大。*formosanus*、*kiangsuensis*等亚种具白色颈环；*rotschildi*、*suehschanensis*等亚种无颈环或仅有部分颈环；*pallasi*及*elegans*亚种胸绿色而非紫色。西部诸亚种翅上覆羽白色，下背及腰栗色，并具不完整的白色颈环。虹膜—红褐色；喙—角质色；跗跖—灰褐色。【分布与习性】分布于西古北区的东南部、中亚、西伯利亚东南部、乌苏里江流域、东亚等地。引种至欧洲、澳大利亚、新西兰、夏威夷及北美洲。国内除西藏高原部分地区和海南外遍布绝大多数地区，包括台湾，为常见留鸟。栖息于山地、低山丘陵、农田、沼泽草地等多种生境。雄鸟单独或集小群活动，雌鸟与其雏鸟偶尔与其他鸟合群。【鸣声】常发出响亮而单调的"ga，ga"声。

黑长尾雉 雌 沈越

黑长尾雉 雄 沈越

白冠长尾雉 雌 崔月

白冠长尾雉 雄 董文晓

雉鸡 雌 计云

雉鸡 雄 崔月

雉鸡 雄 *mongolicus* 亚种 计云

雉鸡 雄 *pallasi* 亚种 计云

雉鸡 雄 *strauchi* 亚种 韦铭 雪松

雉鸡 雄 *karpowi* 亚种 计云

259. 红腹锦鸡 Golden Pheasant *Chrysolophus pictus*

【野外识别】雄鸟体长 86~108 cm，雌鸟体长 59~70 cm 的大型雉科鸟类。雄鸟羽色华丽；头具金黄色丝状羽冠，脸颊、额部、喉部锈红色；后颈围具深褐色横斑的橙棕色扇状羽，形成披肩状；胸部、腹部、两胁深红色；上背金属蓝色，下背、腰部、尾上覆羽金黄色，自腰后两侧羽端转为深红色；尾羽黄褐色，较长，具黑色斑纹。雌鸟整体黄褐色，胸部、腹部、背部具深褐色带斑。虹膜—雄鸟黄色，雌鸟褐色；喙—黄色；跗跖—黄色。【分布与习性】中国特有种，见于青海东南部、甘肃西部和东南部、陕西南部、河南南部、四川北部和中部、云南东北部等地，于部分地区为较常见留鸟。常栖息于海拔 500~2500 m 的阔叶林、针阔混交林和林缘疏林灌丛等地带，亦见于岩石陡坡的矮树丛和竹丛地带，冬季常至林缘草坡、耕地活动。性机警，胆怯怕人。【鸣声】有时发出较响亮的连续单音节 "ju, ju, ju" 声。

260. 白腹锦鸡 Lady Amherst's Pheasant *Chrysolophus amherstiae*

【野外识别】雄鸟体长 118~145 cm，雌鸟体长 54~67 cm 的大型雉科鸟类。雄鸟羽色华丽；额部金属绿色，枕冠狭长，呈紫红色；后颈披一白色而具蓝绿和黑色羽缘的扇状羽，形成披肩状；颈部、胸部、上背、肩部具金属绿色鳞状羽，外缘近黑色，腹部、两胁白色；下背、腰部黄色，向后转为朱红色，尾羽白色，甚长，间以黑色横带。雌鸟整体棕褐色，胸部棕栗色具黑色细纹，背部、两翼多黑色和棕黄色横斑。虹膜—雄鸟白色，雌鸟深褐色；喙—铅灰色；跗跖—灰褐色。【分布与习性】分布于缅甸东北部。国内分布于西藏东南部、四川南部、贵州西部、广西西部和云南等地，于部分地区为较常见留鸟。常栖息于海拔 1500~4000 m 的常绿阔叶林、针叶林、针阔混交林和竹林等地带，亦见于林缘灌丛、林缘草坡和疏林荒山。性机警，胆怯怕人。【鸣声】有时发出较响亮的三声一度的 "ju ju ju" 声。

261. 灰孔雀雉 Grey Peacock Pheasant *Polyplectron bicalcaratum*

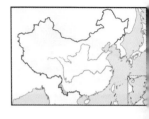

【野外识别】雄鸟体长 66~76 cm，雌鸟体长 47~52 cm 的中型雉科鸟类。整体灰褐色。雄鸟具较显著的蓬松发状羽冠，杂有细小的黑白点斑；喉部白色，胸部、腹部、背部、尾上覆羽深灰色；两翼、尾羽深灰色具蓝紫色眼斑。雌鸟羽色较暗淡，羽冠不甚发达，尾羽较短，眼斑色深少光泽。似海南孔雀雉，识别见相应种描述。虹膜—雄鸟灰色，雌鸟灰褐色；喙—铅灰色；跗跖—灰褐色。【分布与习性】分布于锡金、不丹、印度阿萨姆邦、缅甸、泰国、老挝、越南等地。国内分布于云南西部和南部等地，为少见留鸟。常栖息于海拔 2000 m 以下的常绿阔叶林、林缘次生林、稀疏灌丛草地和竹林等地带，尤好山地沟谷雨林和季雨林活动。常单独或成对活动，性机警而胆怯，雄鸟活动时尤为谨慎。【鸣声】有时发出一串略显低沉而单调的 "ge er, ge er, ge er" 声。

红腹锦鸡 雌 傅聪

红腹锦鸡 雄 傅聪

红腹锦鸡 幼 雄 傅聪

白腹锦鸡 雄 沈越

白腹锦鸡 雌 沈越

白腹锦鸡 幼 雄 沈越

灰孔雀雉 雄 沈岩

灰孔雀雉 雌 沈岩

262. 海南孔雀雉　Hainan Peacock Pheasant　*Polyplectron katsumatae*

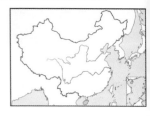

【野外识别】雄鸟体长 53~65 cm，雌鸟体长 40~45 cm 的中型雉科鸟类。整体灰褐色。雄鸟具较显著的深灰色蓬松发状羽冠，脸颊具红色裸皮；喉部偏白色，胸部、腹部、背部、尾上覆羽深灰色；两翼、尾羽深灰色具金属绿色眼斑。雌鸟羽色较暗淡，羽冠不甚发达，尾羽较短。似灰孔雀雉，但个体偏小，雄鸟脸颊具红色裸皮，两翼、尾羽眼斑金属绿色。虹膜—雄鸟灰色，雌鸟灰褐色；喙—铅灰色；跗跖—灰褐色。【分布与习性】中国特有种，仅见于海南，为罕见留鸟。常栖息于海拔 1500 m 上下的原始山地雨林、沟谷雨林、山地常绿阔叶林等地带。常单独或成对活动，胆怯惧人，雄鸟活动时尤为谨慎。【鸣声】有时发出一串单调的 "ge er, ge er, ge er" 声，声音似灰孔雀雉但通常声响较大，连续时间更长。

263. 绿孔雀　Green Peafowl　*Pavo muticus*

【野外识别】雄鸟体长 180~230 cm，雌鸟体长 115~147 cm 的大型雉科鸟类。整体绿色；雄鸟头顶辉蓝色具一簇直立的绿色羽冠，脸颊具天蓝色裸皮；颈部、胸部、上背金属绿色，下背翠绿色具紫铜色光泽；尾上覆羽发达并特形为华丽的尾屏覆于尾上，极为醒目，具闪亮的黄铜色眼斑。雌鸟体色较暗淡，无尾屏。虹膜—深褐色；喙—铅灰色；跗跖—灰褐色。【分布与习性】分布于缅甸、泰国、老挝、越南及爪哇等地区。国内边缘性分布于云南西部和南部等地区，为罕见留鸟。常栖息于海拔 2000 m 以下的热带、亚热带常绿阔叶林和混交林，尤好疏林草地、林中空旷的开阔地带和河流沿岸活动。常集小群活动，性机警，胆小怕人。【鸣声】有时发出响亮而单调的 "ang ang ang" 声。

264. 林三趾鹑　Common Buttonquail　*Turnix sylvaticus*

【野外识别】体长 12~15 cm 的三趾鹑。雄鸟头顶、上体及两翼褐色，密布白色纵纹和黑色横纹。尾羽甚短，棕褐色，具黑色横斑。头两侧淡黄色或淡褐色。额、喉白色，胸部淡棕色至淡黄白色，腹部至尾下覆羽淡黄白色。胸部两侧至两胁具棕色斑纹和黑色纵纹。雌鸟羽色较深，上体更偏棕红色。与鹌鹑相似，但本种无白色眉纹，虹膜色较淡，且喙略长。虹膜—淡黄色；喙—灰色；跗跖—灰褐色。【分布与习性】分布于非洲及亚洲南部，国内仅见于广东、广西南部及海南和台湾，为罕见留鸟。一般活动于海拔较低的草丛及灌丛中，习性与鹌鹑相似，善在地面奔走，遇惊扰时先伏于地面不动，常从脚下突然起飞。【鸣声】低沉而拖长的单音节 "呜——" 声。

海南孔雀雉 嘉道理中国保育

林三趾鹑 Francesco Veronesi

265. 黄脚三趾鹑　Yellow-legged Buttonquail　*Turnix tanki*

【野外识别】体长 14~18 cm 的三趾鹑。雄鸟头顶棕褐色，头顶及头两侧具黑色、白色斑点，上体、两翼及尾羽大致为褐色，具棕色、黑色及白色斑点。额、喉白色，下体淡黄白色为主，仅胸部为橙棕色，胸部两侧及两胁具零散的黑色点斑，尾下覆羽淡棕黄色。雌鸟背部与后颈同为栗棕色，下体橙棕色较雄鸟面积大且更为鲜艳。与其他三趾鹑的主要差异在于本种跗跖为较鲜艳的黄色，且胸侧的深色斑较为稀疏。虹膜—淡黄色或灰白色；喙—黄色，部分个体喙端灰色；跗跖—黄色。【分布与习性】分布于亚洲东部至南部。国内于长江以北的部分区域为夏候鸟，于长江以南为留鸟，部分个体于海南越冬。多见于生长茂盛的灌丛、草地和农田，于地面活动，性隐匿，受到惊扰时常快速奔走或伏地不动。【鸣声】单音节，似"呜——"声。

266. 棕三趾鹑　Barred Buttonquail　*Turnix suscitator*

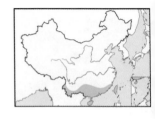

【野外识别】体长 12~15 cm 的三趾鹑。雄鸟头顶褐色，头侧、眼先、眼周至颊褐色、白色、黑色交杂，颈部棕褐色，上体及两翼棕褐色为主，具零散的黑色及白色斑纹。尾羽甚短，亦为棕褐色。额、喉白色，胸部至两胁灰白色，密布黑色横斑，腹部及尾下覆羽栗棕色。雌鸟额、喉至上胸皆为黑色，其余部分与雄鸟相似。本种与国内分布的其他三趾鹑的主要差异在于胸部密布黑色横斑（雄鸟）或全为黑色（雌鸟），且跗跖为特征性的灰色。虹膜—灰白色；喙—灰色；跗跖—灰色或灰绿色。【分布与习性】分布于南亚和东南亚地区。国内见于南部地区，包括海南及台湾，为罕见留鸟。习性和栖息地与其他三趾鹑相似，多见于草地和灌丛。【鸣声】拖长的"呜噜噜噜噜——"声。

267. 白鹤　Siberian Crane　*Grus leucogeranus*

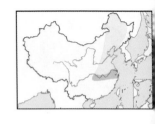

【野外识别】体长 120~145 cm 的大型鹤类。雌雄相似。成鸟全身白色为主，头前部（前额、头顶、眼先、眼周及颊）具红色裸皮。两翼亦为白色，仅初级飞羽黑色，飞行时与其余部分白色羽毛形成显著的对比。幼鸟头部、颈部、背部及两翼略带淡黄褐色，头部无红色裸皮。与相似的其余鹤类及东方白鹳的主要差异在于本种体羽几乎为白色，仅初级飞羽黑色（此黑色区域在两翼收拢时被延长的三级飞羽遮盖，几乎不可见，仅飞行时可见）。虹膜—黄色；喙—红褐色；跗跖—红褐色。【分布与习性】繁殖于西伯利亚地区，越冬于南亚及我国南方。国内为东部地区的罕见旅鸟或冬候鸟（区域性常见于长江流域的越冬地）。多成群（集大群或家族群）见于开阔的湿地，如沼泽及湖泊浅水区等。【鸣声】单调的"hoo hoo"声。

黄胸三趾鹑 万绍平

Barred Buttonquail 林春富 雎丁帅

白鹤 计云

白鹤 贾亦飞

268. 沙丘鹤　Sandhill Crane　*Grus canadensis*

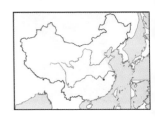

【野外识别】体长 100~110 cm 的中型鹤类。雌雄相似。成鸟全身体羽以灰色为主，略带褐色。眼先、前额及头顶前部红色。两翼灰褐色，最外侧数枚初级飞羽黑褐色，三级飞羽略有延长。幼鸟全身明显略带棕褐色。本种似灰鹤但体形更小，且颈部无黑色及白色区域。虹膜—黄色或橙黄色；喙—灰黑色；跗跖—灰黑色。【分布与习性】主要分布于北美，偶至亚洲东部，国内于华北及华南有零星记录，为罕见迷鸟。国内多为单只记录，偶有家族群出现，常与其他鹤类（如灰鹤、白头鹤等）混群，生境及习性似其他鹤类。【鸣声】一连串的"gu kekeke"声。

269. 白枕鹤　White-naped Crane　*Grus vipio*

【野外识别】体长 120~150 cm 的大型鹤类。雌雄相似。前额、头顶、头侧至颊具红色裸皮。额部、喉部及颈部白色为主，颈侧及前颈下半部灰黑色。其余上体及下体皆为暗灰色。两翼翼上覆羽灰色至灰白色，初级飞羽黑褐色，次级飞羽基部灰白色，端部褐色。本种似赤颈鹤但颈部为白色，且二者分布不重叠；似灰鹤但体形较大而颈较长，且本种额、喉至前颈为白色，而灰鹤上述区域则为黑色。虹膜—橙黄色；喙—黄色或黄绿色；跗跖—红色或淡红色。【分布与习性】繁殖于俄罗斯东南部、蒙古东部及我国东北，越冬于我国华南、华东地区，为东北、华北及华南的不常见候鸟。一般见于植被状况较好的开阔湿地，亦见于农田，多集群或与其他鹤类混群活动。【鸣声】响亮的号声。

270. 赤颈鹤　Sarus Crane　*Grus antigone*

【野外识别】体长 140~160 cm 的大型鹤类，为欧亚大陆鹤类中体形最大者，站立时头顶至爪的高度达 170~180 cm。雌雄相似，成鸟头部不被羽，具红色裸皮，仅头顶皮黄色。红色裸皮区域自头部向下延伸至颈部上段，颈部其余区域灰白色。上体及下体灰色为主，两翼各羽大多亦呈灰色，仅初级飞羽和初级覆羽为黑色。幼鸟似成鸟，但头部裸皮为皮黄色而非红色。本种体形高大，头部红色区域显著。虹膜—橙色；喙—黄绿色；跗跖—淡红色。【分布与习性】主要分布于东南亚、南亚北部及澳大利亚。国内边缘性分布于云南西部与南部地区，记录极少，为甚罕见的留鸟。主要活动于有一定数量水生植被的开阔水田、湖泊及河流周边，多成对或成家族群活动。【鸣声】响亮而节奏多变的号声。

沙丘鹤 郭宏
沙丘鹤 David Williss

白枕鹤 计云

白枕鹤 小蟒

赤颈鹤 瞿月

赤颈鹤 幼 朱雷

271. 蓑羽鹤　Demoiselle Crane　*Grus virgo*

【野外识别】体长 70~100 cm 的小型鹤类。雌雄相似。成鸟头、颈以黑色为主，但头顶为白色，且眼后有白色簇羽延长并下垂，与周围黑色区域对比明显。喉部至前颈的黑色羽毛亦有延长并下垂至胸部。上体及下体余部灰色（部分个体为淡蓝灰色）。两翼覆羽灰色，初级飞羽暗灰色或灰黑色，其余飞羽灰色而具黑色端斑，三级飞羽和内侧部分次级飞羽特别延长，延长部分一般超出尾端。幼鸟似成鸟，但头侧具较大面积白色区域，且前颈的黑色羽毛不明显下垂。似灰鹤，但本种体形明显较小，颈部无白色区域，且前颈具延长的黑色"蓑羽"。虹膜—红色或橙红色；喙—灰绿色；跗跖—灰褐色或红褐色。【分布与习性】繁殖于欧亚大陆，越冬于印度及非洲中部地区。国内繁殖于西北及东北部，迁徙经华北和中部地区，越冬于西南，为区域性常见候鸟。主要栖息于开阔的草地、农田以及植被较丰富的河流、湖泊等地。喜集群活动。【鸣声】单音节，响亮的号角声，一般无拖长的尾音。

272. 丹顶鹤　Red-crowned Crane　*Grus japonensis*

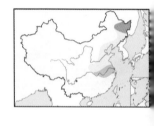

【野外识别】体长 120~160 cm 的大型鹤类。雌雄相似。成鸟头顶红色，眼后、耳羽至枕部及后颈白色，头、颈其余区域皆为黑色。上体及下体大致为白色。两翼亦为白色，仅次级飞羽和三级飞羽黑色。幼鸟头、颈为棕色，头顶无红色区域，体羽白色为主但略带棕褐色。与白鹤相似，但本种颈部为黑色而非白色；且本种初级飞羽为白色，其余飞羽为黑色（停歇时其身体后部的显著的黑色区域即为延长的上述黑色飞羽），而白鹤初级飞羽为黑色，其余飞羽白色（停歇时黑色的初级飞羽被延长的白色次级、三级飞羽覆盖，故无黑色部分露出），飞行时两翼黑色、白色区域的差异亦比较显著。虹膜—褐色；喙—黄绿色或灰绿色；跗跖—黑褐色。【分布与习性】分布于东亚。国内繁殖于东北，迁徙经华北，于长江中下游地区越冬。为不常见或区域性常见的候鸟。多见于开阔的农田、草地，以及植被较丰富的河流、湖泊和海滩附近。【鸣声】鹤类典型的响亮号声。

273. 灰鹤　Common Crane　*Grus grus*

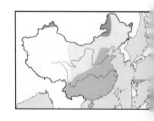

【野外识别】体长 100~125 cm 的中型鹤类。雌雄相似。头部至枕部以灰黑色为主，头顶具一小块红色裸皮，眼后、耳羽至颈侧和后颈为灰白色，额、喉至前颈灰黑色。上体和下体大致为灰色，两翼覆羽亦为灰色，但初级飞羽、次级飞羽呈黑褐色，三级飞羽基部灰色，具黑褐色端斑，内侧数枚次级飞羽和三级飞羽特别延长，停歇时略蓬松并下垂于身体后部。幼鸟头、颈黄褐色，其余部分似成鸟。似丹顶鹤但本种全身以灰色为主而非白色；似白枕鹤但本种体形较小且额、喉至前颈为灰黑色而非白色。似蓑羽鹤，区别见相应种描述。虹膜—橙红色；喙—灰绿色；跗跖—灰黑色。【分布与习性】分布遍及欧亚大陆及非洲北部。国内广布于除青藏高原之外的其他地区，为常见候鸟。活动于开阔的湿地和农田，喜集群。【鸣声】高亢的"weee wow"声。

蓑羽鹤 沈越

蓑羽鹤 张永

丹顶鹤 沈越

丹顶鹤 沈越

灰鹤 沈越

灰鹤 沈越

274. 白头鹤　Hooded Crane　*Grus monacha*

【野外识别】体长 90~100 cm 的小型鹤类。雌雄相似。头、颈几全为白色，仅前额黑色，且头顶具红色裸皮。上体、下体及两翼皆为暗灰色（两翼有时略带褐色），内侧次级飞羽和三级飞羽延长并蓬松下垂于身体后方。幼鸟与成鸟相似，但头顶无红色裸皮，且前额为灰白色。本种白色的头部与颈部极具特点，野外不难与其他鹤类区分。虹膜—橙红色；喙—灰绿色或黄绿色；跗跖—灰褐色。【分布与习性】分布于东亚地区。国内繁殖于东北，迁徙经华北，越冬于长江中下游区域，为不常见候鸟。生境与灰鹤、白枕鹤等其他鹤类相似，喜集家族群活动或与其他鹤类混群。【鸣声】响亮的"咯——"或"嘎——"声。

275. 黑颈鹤　Black-necked Crane　*Grus nigricollis*

【野外识别】体长 110~120 cm 的中型鹤类。雌雄相似。头、颈近乎全为黑色，仅眼先及头顶具红色裸皮，眼后灰白色或淡黄色。上体及下体灰白色，两翼覆羽灰白色，飞羽黑色或黑褐色，其中三级飞羽明显延长且略蓬松，下垂于身体后部。尾羽黑褐色。本种颈部全为黑色，无浅色区域，故与其他鹤类不难区分。虹膜—黄色；喙—黄绿色或灰绿色；跗跖—黑色。【分布与习性】主要繁殖于青藏高原，冬季一般迁至青藏高原南部至云南越冬，为区域性常见候鸟。主要活动于海拔 2500~5000 m 的高原草甸、湿地和农田。非繁殖期喜集群活动。【鸣声】响亮的号声，似"咯——"。

276. 花田鸡　Swinhoe's Rail　*Coturnicops exquisitus*

【野外识别】体长 12~14 cm 的小型秧鸡科鸟类。雌雄相似。是我国体形最小的田鸡。成鸟头部黑褐色，脸颊棕褐色，颏部、喉部偏白色；胸部偏棕色，两胁及尾下覆羽具褐色和白色横斑；背部棕色具黑色条纹和白色横斑。飞行时，深色初级飞羽和白色次级飞羽对比明显。虹膜—深褐色；喙—暗黄色；跗跖—粉色。【分布与习性】分布于东亚部分地区。国内见于东北、华北、华东、东南等地区。于东北北部地区繁殖，多地为旅鸟，于东南沿海地区越冬，从其余各地迁徙经过。常栖息于湿草地和沼泽地带。多在晨昏活动，白天常藏匿于草丛中，不易看到。【鸣声】繁殖期常发出响亮而连续的金属音"du du du"声。

白头鹤 贾亦飞

白头鹤 黄秦

黑颈鹤 韩雪松

黑颈鹤 李可

花田鸡 王吉衣

277．红腿斑秧鸡 Red-legged Crake *Rallina fasciata*

【野外识别】体长 22~25 cm 的中型秧鸡科鸟类。雌雄相似。成鸟头部、喉部、颈部、胸部栗红色；腹部、两胁具宽阔的黑白相间横斑；背部、两翼棕红色，肩部具白色横斑；跗跖鲜红色；尾羽棕红色。似白喉斑秧鸡，识别见相应种描述。虹膜—鲜红色；喙—铅灰色；跗跖—鲜红色。【分布与习性】主要分布于东南亚地区。国内罕见，仅迷鸟见于台湾南部。常栖息于开阔平原湿地、河谷灌丛和茂密森林地带，有时亦见于海滨灌丛和农田地带。常单独或集小群活动，性机警。【鸣声】有时会发出较为低沉的"da da da da da"声。

278．白喉斑秧鸡 Slaty-legged Crake *Rallina eurizonoides*

【野外识别】体长 23~25 cm 的中型秧鸡科鸟类。雌雄相似。成鸟头部、颈部、胸部栗红色，额部、喉部偏白色；腹部、两胁具黑白相间横斑；背部、两翼棕褐色；跗跖灰绿色；尾下覆羽具黑色白色横斑，尾羽棕褐色。似红腿斑秧鸡，但白喉斑秧鸡喉部偏色浅，肩部无白色斑纹，跗跖灰绿色。虹膜—鲜红色；喙—铅灰色；跗跖—灰绿色。【分布与习性】分布于东南亚地区。国内分布于广西、广东、海南、香港、台湾等地，为罕见夏候鸟或留鸟。常栖息于海拔 1000 m 以下的山地、平原、低山丘陵地带的湿地。多在夜间和晨昏活动，常单独活动，性机警。【鸣声】有时会发出较为响亮的"da da da"声。叫声似红腿斑秧鸡，但声音更大。

279．蓝胸秧鸡 Slaty-breasted Rail *Gallirallus striatus*

【野外识别】体长 25~31 cm 的中型秧鸡科鸟类。雌雄相似。成鸟头顶至后颈栗红色，脸颊灰色，额部、喉部偏白色；颈部、胸部蓝灰色；腹部、两胁蓝灰褐具白色横斑；背部、两翼灰褐色具白色横斑；尾羽灰褐色。虹膜—暗红色；喙—红色；跗跖—灰色。【分布与习性】分布于南亚及东南亚等地。国内见于华东、华南、东南、西南，包括海南及台湾等地区。常栖息于水田、溪流、水塘、湖岸、草地及芦苇沼泽等地带，有时亦见于海滨和林缘地带的沼泽灌丛中。多在晨昏活动，性机警。【鸣声】偶尔会发出单调响亮具金属音的"ding，ding，ding"声。

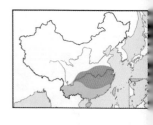

Red-legged Crake 2014 红腿斑秧鸡 王斌

白喉斑秧鸡 崔月

蓝胸秧鸡 董文晓

280. 普通秧鸡　Brown-cheeked Rail　*Rallus indicus*

【野外识别】体长 25~31 cm 的中型秧鸡科鸟类。雌雄相似。成鸟头顶至后颈棕褐色，颊部多灰色，具一道棕褐色贯眼纹；颈部、胸腹部灰黑色具淡褐色斑纹；两胁、下腹部蓝灰褐具黑白色横斑；背部、两翼棕褐色具黑色横斑；尾羽棕褐色。似西方秧鸡，区别见相应种描述。虹膜—暗红色；喙—红色；跗跖—灰色。【分布与习性】分布于欧亚大陆东部地区，越冬于东南亚、南亚等地。国内见于东北、华北、华中和华南及台湾等地区，为候鸟。常栖息于水田及芦苇沼泽等生境，有时亦见于沿海地区的湿地中，主要以淡水鱼虾、甲壳类动物、蚯蚓、软体动物、昆虫为食，多在晨昏活动，性机警惧人。【鸣声】偶尔会发出单调而具金属音的"ju ju ju"声。

281. 西方秧鸡　Water Rail　*Rallus aquaticus*

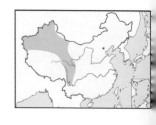

【野外识别】体长 25~31 cm 的中型秧鸡科鸟类。雌雄相似。成鸟头顶至后颈棕褐色，颊部多蓝灰色；颈部、胸腹部蓝灰色少斑纹；两胁、下腹部蓝灰褐色具黑白色横斑；背部、两翼棕褐色具黑色斑纹。似普通秧鸡，但头部蓝灰色较重，棕褐色贯眼纹于眼后不甚明显，颈侧、胸部多蓝灰色，少斑纹。虹膜—红色；喙—红色；跗跖—灰色。【分布与习性】分布于欧洲大陆西部地区，越冬于中亚、南非等地。国内多见于西部地区，为留鸟，冬季偶见于北京、河北、山东等地。常栖息于水田、水塘及芦苇沼泽等生境，喜在浅水中涉水捕食淡水鱼虾、昆虫等，有时边游泳边觅食，多在晨昏活动，性机警。【鸣声】偶尔会发出连续而具金属音的"ju ju ju"声。叫声似普通秧鸡但更加尖锐。

282. 长脚秧鸡　Corncrake　*Crex crex*

【野外识别】体长 24~27 cm 的中型秧鸡科鸟类。雌雄相似。成鸟头顶至后颈黄褐色，眉纹灰色，贯眼纹黄褐色，喙部较短偏粉色；颏部、喉部淡黄色，颈部偏灰色；胸部黄褐色，腹部、两胁具黄褐色、白色横斑；背部黄褐色具黑色、灰色斑纹，两翼栗色，飞行时甚明显。虹膜—黄褐色；喙—粉色；跗跖—粉色。【分布与习性】分布于欧洲、中亚、非洲南部等地区。国内分布于新疆北部地区，为罕见夏候鸟。常栖息于河岸、湖边、高草丛及灌丛等地带。多在晨昏活动，性机警，善奔跑。飞翔速度不快，两翅扇动缓慢，两跗跖常下垂。【鸣声】常发出单调似昆虫般叫声的"wei wei wei wei"声。

普通秧鸡 沈岩

西方秧鸡 朱雷

长脚秧鸡 Ron Knight

283. 红脚苦恶鸟 Brown Crake *Amaurornis akool*

【野外识别】体长 25~28 cm 的中型秧鸡科鸟类。雌雄相似。成鸟头顶至后颈橄榄褐色，脸颊深灰色；额部、喉部、颈部、胸部、腹部深灰色；背部、两翼、尾羽橄榄褐色。虹膜—暗褐色；喙—黄色；跗跖—粉红色。【分布与习性】分布于南亚及东南亚等地区。国内见于华南、华东、西南等地区，为区域性常见留鸟。常栖息于平原和低山丘陵地带的沼泽草地，尤喜富有水生植物的溪流、水塘、稻田等地带。多在晨昏活动，常在水生植物或岸边行走。【鸣声】有时发出单调具金属音的"yi yi yi"声。

284. 白胸苦恶鸟 White-breasted Waterhen *Amaurornis phoenicurus*

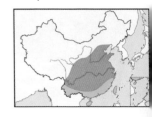

【野外识别】体长 26~35 cm 的大型秧鸡科鸟类。雌雄相似。成鸟前额白色，头顶至后颈近黑色，脸颊白色；额部、喉部、颈部、胸部、腹部白色，两胁略带黑色；背部、两翼近黑色；尾下覆羽栗红色，尾羽近黑色。虹膜—暗褐色；喙—黄色，喙基红色；跗跖—橙黄色。【分布与习性】广泛分布于东亚、东南亚、南亚及西亚等地区。国内见于华北、华南、华东、西南等地区，包括海南和台湾，为夏候鸟或留鸟。常栖息于平原地带的沼泽、溪流、水塘、稻田等地带。多在晨昏活动，善行走。【鸣声】常发出单调的"ku e，ku e"声。

285. 棕背田鸡 Black-tailed Crake *Porzana bicolor*

【野外识别】体长 19~25 cm 的中型秧鸡科鸟类。雌雄相似。成鸟头部、喉部、颈部、胸部、腹部、两胁蓝灰色；黄绿色喙部较短粗；背部、两翼棕栗色；尾羽近黑色。虹膜—红色；喙—黄绿色；跗跖—红色。【分布与习性】分布于东南亚等地区。国内分布于云南、四川、贵州等地区，为区域性少见留鸟。常栖息于低山丘陵和林缘地带的水稻田、溪流、沼泽、草地、苇塘等地带。晨昏时，常在水边开阔草地活动。【鸣声】有时会发出连续的快速而尖锐的"ju ju ju ju"声。

红脚苦恶鸟 沈岩

白胸苦恶鸟 沈岩

棕背田鸡 JJ Harrison

286．姬田鸡　Little Crake　*Porzana parva*

【野外识别】体长 18~21 cm 的小型秧鸡科鸟类。雄鸟头顶至后颈棕褐色；脸颊、喉部、颈部、胸部、上腹部蓝灰色，下腹部及两胁具黑白两色横纹；黄绿色喙部较短粗；背部、两翼棕褐色具黑色斑纹；尾下覆羽具黑白两色斑纹，尾羽棕褐色。雌鸟似雄鸟，但颈部、胸部、上腹部偏褐色。似小田鸡，识别见相应种描述。虹膜—红色；喙—黄绿色；跗跖—黄绿色。【分布与习性】分布于欧洲、中亚、南亚、非洲等地区。国内分布

于新疆西北部地区，为罕见夏候鸟。常栖息于森林、平原地区富有芦苇和水生植物的湖泊、河流、沼泽等地带。多在晨昏活动，善游泳。【鸣声】在繁殖期有时会发出鸣声似狗叫的"wang wang wang"声。

287．小田鸡　Baillon's Crake　*Porzana pusilla*

【野外识别】体长 15~19 cm 的小型秧鸡科鸟类。雌雄相似。成鸟头顶至后颈棕褐色；脸颊、喉部、颈部、胸部、腹部蓝灰色，腹部及两胁具黑白两色横纹；背部、两翼棕褐色具黑色、白色斑纹；尾下覆羽具黑白两色斑纹，尾羽棕褐色。幼鸟似成鸟，但整体偏黄色，胸部具黄褐色横纹。似姬田鸡，但小田鸡翼上覆羽具白色斑纹。虹膜—红色；喙—黄绿色；跗跖—黄绿色。【分布与习性】分布于欧洲、东亚、东南亚、南亚等地区。国内分

布于东北、华北、华南、华东等地区及台湾，为候鸟。常栖息于富有芦苇等水边植物的湖泊、河流、沼泽、水塘等地带。多在晨昏活动，性机警，常单独活动。【鸣声】在繁殖期有时会发出单调的"da da da"声。

288．斑胸田鸡　Spotted Crake　*Porzana porzana*

【野外识别】体长 22~25 cm 的中型秧鸡科鸟类。雌雄相似。成鸟头顶至后颈棕褐色；眉纹灰白色，脸颊棕褐色；喉部、颈部、胸部偏灰色具白色点斑，腹部及两胁具棕褐色、白色横纹；背部、两翼棕褐色具黑色斑纹和白色点斑；尾羽棕褐色。似姬田鸡，但斑胸田鸡个体较大，体羽多白色点状斑纹。虹膜—暗红色；喙—黄色；跗跖—青绿色。【分布与习性】分布于欧洲、中亚、南亚、非洲等地区。国内分布于新疆西部、北部地区，为夏候鸟或旅鸟。

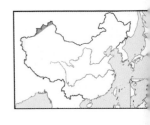

常栖息于平原地区的沼泽、苇塘、草地、湖边灌丛等地带，尤喜富有芦苇、水草的沼泽湿地。多在晨昏活动，性机警，常单独活动，善在草丛和浮水植物上快速奔走。【鸣声】在繁殖期有时会发出响亮而单调的"wei，wei，wei"声。

姬田鸡 唐黎明

小田鸡 薛琳

斑胸田鸡 Greg Schechter

289. 红胸田鸡　Ruddy-breasted Crake　*Porzana fusca*

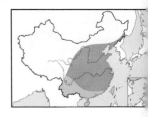

【野外识别】体长 19~23 cm 的中型秧鸡科鸟类。雌雄相似。成鸟头顶、脸颊栗红色，青灰色喙部较短；额部、喉部浅红色；胸部、腹部栗红色；鲜红色跗跖显著；背部、两翼暗橄榄褐色；尾下覆羽具黑白两色斑纹，尾羽暗橄榄褐色。似斑胁田鸡，识别见相应种描述。虹膜—红色；喙—青灰色；跗跖—红色。【分布与习性】分布于东亚、东南亚及喜马拉雅山脉南麓。国内少见，分布于东北、华北、华南及华东地区，包括海南与台湾，为夏候鸟或留鸟。常栖息于平原或低山丘陵、林缘的沼泽、水塘、水稻田等地带。多在晨昏活动，性机警，常单独活动，善奔跑。【鸣声】在繁殖期常会发出连续的较为响亮的"ju ju ju ju"声。

290. 斑胁田鸡　Band-bellied Crake　*Porzana paykullii*

【野外识别】体长 22~25 cm 的中型秧鸡科鸟类。雌雄相似。成鸟头顶至后颈深褐色；脸颊红色，额部、喉部淡红色；颈部、胸部红色，腹部及两胁具黑白两色横纹；背部、两翼深褐色；尾下覆羽具黑白两色斑纹，尾羽深褐色。似红胸田鸡，但斑胁田鸡整体红色较淡，腹部斑纹靠前，翼上通常具白色横纹。虹膜—红色；喙—黄绿色；跗跖—红色。【分布与习性】分布于东亚、东南亚等地区。国内少见，于东北部分区域及环渤海地区为夏候鸟，于华中、华东和华南及台湾迁徙经过。常栖息于海拔 800 m 以下的低山丘陵和草原地带的湖泊、溪流、水塘、沼泽等地带，亦见于疏林沼泽和林缘灌丛沼泽地带。多在晨昏活动，性机警，常单独活动。【鸣声】在繁殖期会发出较为响亮的"di di di di"声。

291. 白眉田鸡　White-browed Crake　*Porzana cinerea*

【野外识别】体长 19~21 cm 的小型秧鸡科鸟类。雌雄相似。成鸟头顶至后颈灰色，灰色贯眼纹上下各具一带白色斑纹，青绿色喙部较短；额部、喉部灰白色；胸部、腹部灰色；背部、两翼棕褐色具深褐色斑纹；尾下覆羽棕黄色，尾羽棕褐色。虹膜—红褐色；喙—黄绿色；跗跖—黄绿色。【分布与习性】分布于东南亚及澳大利亚北部等地区。国内罕见于香港、台湾、广西等地区。常栖息于长有茂密植物的海岸淡水或咸水沼泽、河流、水塘、水稻田、草地等地带，尤喜大量漂浮植物的湿地。多在晨昏活动，性机警，常单独或成对活动。【鸣声】有时会发出响亮的"wa wa wa wa, wa ge, wa ge"声。

红胸田鸡 娄方洲

斑胁田鸡 郑馨意

白眉田鸡 Ron Knight

292. 董鸡　Watercock　*Gallicrex cinerea*

【野外识别】体长 31~43 cm 的大型秧鸡科鸟类。雌雄相似。雄鸟通体黑色，额部红色甲板上突显著，喙部黄色，上喙喙基红色；跗跖、趾青绿色；背部近黑色，两翼略带褐色斑纹；尾下覆羽黑白两色横斑。雌鸟整体黄褐色，胸部、腹部多深色横纹。雄鸟似黑水鸡，但董鸡雄鸟额部红色甲板上突显著。虹膜—雄鸟红色，雌鸟黄褐色；喙—喙部黄色，上喙喙基红色；跗跖—黄绿色。【分布与习性】主要分布于东南亚、南亚及东亚部分  地区。国内分布于东北、华北、华东、华南，包括海南与台湾等地区，为少见夏候鸟。常栖息于平原地区的多芦苇等水边植物的沼泽、水塘等地带。多在晨昏活动，性机警，常单独活动。【鸣声】有时会发出较为响亮的"wo wo wo"声，似滴水声。

293. 紫水鸡　Purple Swamphen　*Porphyrio porphyrio*

【野外识别】体长 40~50 cm 的大型秧鸡科鸟类。雌雄相似。成鸟头顶至后枕部紫色，喙部及额部甲板红色；脸颊、额部、喉部、颈部、胸部、腹部蓝色，后颈、枕部、颈侧、胸侧紫色；背部紫色，两翼蓝色；尾下覆羽白色，尾羽蓝色。虹膜—红色；喙—红色；跗跖—红色。【分布与习性】分布于欧洲、东亚、非洲、大洋洲等地区。国内见于云南、广西、福建、香港、海南等地区，为留鸟。常栖息于多芦苇的沼泽、湖泊、苇塘等地带，常在水  上漂浮植物及芦苇地中行走。有时结小群在开阔草地、稻田地带活动。【鸣声】常会发出尖锐而响亮的"a a a"声。

294. 黑水鸡　Common Moorhen　*Gallinula chloropus*

【野外识别】体长 24~35 cm 的中型秧鸡科鸟类。雌雄相似。成鸟通体黑色，喙部及额部甲板红色，喙端黄色；跗跖、趾青绿色；两胁具白色细纹，尾下覆羽中部黑色，两侧白色。似白骨顶，识别见相应种描述。虹膜—红色；喙—黄绿色；跗跖—黄绿色。【分布与习性】分布于除大洋洲以外的世界各地。国内于东北、西北、华北等地区为常见夏候鸟，于华南、华东、西南等地区为常见留鸟。常栖息于富有水生挺水植物的沼泽、 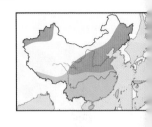 湖泊、水库、水塘、苇塘、稻田等地带。善游泳。【鸣声】常会发出单调的"ge ge gei"声。

董鸡 雌 钱斌　　　　　董鸡 雄 钱斌

紫水鸡 沈越　　　　　紫水鸡 幼 崔月

黑水鸡 沈越　　　　　黑水鸡 幼 张永

295. 白骨顶　Eurasian Coot　*Fulica atra*

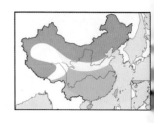

【野外识别】体长 35~41 cm 的中型秧鸡科鸟类。雌雄相似。成鸟通体黑色，喙部及额部甲板白色；趾青绿色，趾见具波形瓣状蹼。次级飞羽具白色羽端，在黑色的两翼形成显著翼斑，飞行时明显可见。似黑水鸡，但白骨顶个体较大，喙部及额部甲板白色。虹膜—红色；喙—白色；跗跖—青绿色。【分布与习性】分布于欧洲、非洲北部、东亚、南亚、东南亚及澳大利亚等地区。国内常见于东北、西北、华北、华南、华东、西南等地区，于黄河以北大部地区为夏候鸟，黄河以南大部地区为冬候鸟。常栖息于富有水边挺水植物的湖泊、水库、水塘、苇塘等地带。除繁殖期间，常集群活动，善游泳和潜水。【鸣声】短粗而单调的 "ka ka ka" 声。

296. 大鸨　Great Bustard　*Otis tarda*

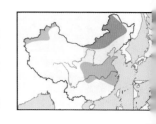

【野外识别】雄鸟体长 105 cm，雌鸟体长 75 cm 的大型陆栖鸟类。雄鸟头颈灰色，颈基部至前胸棕色，上体棕褐色，遍布黑色虫蠹状斑纹。大覆羽白色，初级飞羽末端和次级飞羽大部呈黑褐色，飞行时翼上反差明显。整个下体白色，尾羽栗棕色且具黑色横带。雄鸟繁殖羽颏喉部具白色纤羽，呈胡须状。雌鸟体形较小，前胸无栗色带，其余似雄鸟。虹膜—暗褐色；喙—黄褐色；跗跖—灰褐色。【分布与习性】分布于欧洲、中亚及东亚地区。指名亚种在新疆西部地区为留鸟，*dybowskii* 亚种繁殖于东北西部，越冬于华北至华中地区。栖息于开阔的草地和半荒漠地区，越冬时亦见于农田。集群活动，善奔走。起飞需助跑，振翅缓慢而有力。性机警，通常难以靠近。【鸣声】通常不鸣叫。警戒时发出短促鼻音，雄鸟在炫耀时会发出低沉吟声。

297. 波斑鸨　Macqueen's Bustard　*Chlamydotis macqueenii*

【野外识别】体长 55~65 cm 的大型陆栖鸟类。雌雄相似。雄鸟体形较大，头顶皮黄色，具黑羽冠，颈部颜色较淡，颈侧具粗大的黑色饰羽。上体沙黄色，遍布虫蠹状斑纹，以及黑色斑纹。外侧初级飞羽基部白色，末端黑色，次级飞羽黑色，飞行时形成独特图案。胸腹及尾下覆羽白色。尾沙黄色，具灰色横带和黑色细纹。虹膜—金黄色；喙—上喙黑色，下喙黄绿色；跗跖—黄褐色。【分布与习性】主要分布于非洲北部地区。国内见于新疆西北部，为罕见夏候鸟。栖息于开阔的草原和半荒漠地区。单独或集小群活动，性胆怯。善奔走，飞行时振翅有力。雄鸟作精彩的求偶炫耀。【鸣声】通常不鸣叫。

白骨顶 计云

白骨顶 朱雷

大鸨 王尧天

大鸨 王尧天

波斑鸨 雄 唐黎明

298. 小鸨　Little Bustard　*Tetrax tetrax*

【野外识别】体长 40~45 cm 的较大的陆栖鸟类。雄鸟繁殖羽头顶和眼周皮黄色，脸颊至喉部蓝灰色，颈黑色，上方具 "V" 字形白色带，其下具另一条白色横带，形成显著颈环。上体皮黄色，具黑色虫蠹状斑纹。初级飞羽基部和次级飞羽大部白色，飞行时形成显著斑块。胸侧沙黄色，其余下体白色。尾羽黄褐色，末端白色。雌鸟体形较小，头颈至上体黄褐色，遍布黑色斑纹。颏喉部皮黄色，上胸至两胁暗黄色并具黑色横纹，其余下体白色。雄鸟非繁殖羽似雌鸟。虹膜—黄色；喙—灰绿色；跗跖—黄褐色。【分布与习性】分布于南欧、中亚和中东。国内繁殖于天山地区的草场。栖息于干旱的草原和半荒漠地区。常集群活动，性机警，善奔走。可直接从地面起飞，振翅频率较快。【鸣声】通常不鸣叫。警戒时发出 "咕噜" 声。雄鸟炫耀时发出短促干涩的 "咔哒" 声，飞行时初级飞羽边缘产生哨音。

299. 水雉　Pheasant-tailed Jacana　*Hydrophasianus chirurgus*

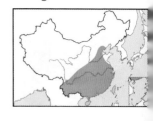

【野外识别】体长 31~58 cm 的较大的水雉。雌雄相似，但雌鸟体形较大。繁殖羽脸颊、额部、前颈白色，后颈金黄色，黑色条纹自头顶两侧下延至颈侧；背部、肩部棕褐色；胸部、腹部、腰部及尾羽黑色；翼上覆羽白色，第一和第二枚初级飞羽黑色。非繁殖羽头顶棕褐色具白色眉纹；背部较繁殖羽色浅，腹部白色，黑色尾羽较繁殖羽短。幼鸟似非繁殖期成鸟，但颈部为褐色。虹膜—深褐色；喙—灰蓝色；跗跖—黄绿色。【分布与习性】分布于东亚、东南亚、南亚等地区。国内见于华北、华东、华南、西南等地区，包括海南和台湾，为各地较常见夏候鸟或留鸟。常栖息于小型池塘及湖泊，在浮水植物叶片上行走。【鸣声】常发出响亮而连续的 "ai ai ai" 声。

300. 铜翅水雉　Bronze-winged Jacana　*Metopidius indicus*

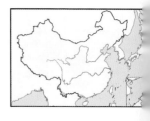

【野外识别】体长 28~31 cm 的中型水雉。雌雄相似。成鸟整体褐色具金属光泽。喙黄色，喙基上方红色，眼后具明显的白色条纹；头顶、颈部及胸腹部褐色，具绿色金属光泽；背部、翼上覆羽和内侧飞羽为青铜色；腰和尾上覆羽为栗色，具紫色的光泽；尾及尾下覆羽栗色。幼鸟头顶、背部、翅棕褐色，胸腹部白色。虹膜—深褐色；喙—黄色；跗跖—灰绿色。【分布与习性】分布于东南亚、南亚部分地区。国内仅见于云南和广西，为罕见留鸟。习性似水雉，常在小型池塘及湖泊的浮水植物叶片上行走。【鸣声】常发出响亮而连续的 "pi pi pi pi" 声。

小鸨 雌 杨庭松

小鸨 雄 Francesco Veronesi

水雉 沈越

水雉 沈岩

水雉 幼 沈越

铜翅水雉 雄 朱雷

铜翅水雉 幼 张永

202 鸻形目 彩鹬科
203 CHARADRIIFORMES Rostratulidae

鸻形目 蛎鹬科
CHARADRIIFORMES Haematopodidae

鸻形目 鹮嘴鹬科
CHARADRIIFORMES Ibidorhynchidae

301. 彩鹬　Greater Painted-snipe　*Rostratula benghalensis*

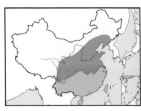

【野外识别】体长24~28 cm的中型鸻鹬。雌鸟头部、颈部、胸部棕红色，顶冠纹黄色，眼后具明显白色条纹；下胸具黑褐色条纹，其后具一白色环带向两侧延伸至背；背部及两翼褐色，背上具明显黄色纵带。雄鸟体形较雌鸟小，颜色较雌鸟暗淡，雌鸟眼后及胸侧的白色条纹在雄鸟处为皮黄色，背部及两翼具黄褐色杂斑。虹膜－深褐色；喙－肉色；跗跖－黄绿色。【分布与习性】分布于非洲、南亚、东南亚等地。国内繁殖于北至环渤海地区、西至四川盆地的北方地区，于长江以南为留鸟。栖息于芦苇水塘、沼泽、河滩草地和水稻田。【鸣声】雌鸟在繁殖期常发出连续"wu wu wu"的鸣声。

302. 蛎鹬　Eurasian Oystercatcher　*Haematopus ostralegus*

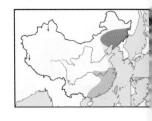

【野外识别】体长43~50 cm的较大型鸻鹬。雌雄相似。整体以黑、白两色为主。红色喙较长而直，眼周红色，头部、颈部、胸部、背部黑色；初级飞羽和次级飞羽黑色，内侧初级飞羽中部、内侧次级飞羽前端、翅上大覆羽白色，形成明显的白色翅斑；腹部白色。飞行时白腰较明显，尾羽端斑黑色。虹膜－红色；喙－红色；跗跖－粉红色。【分布与习性】广布于欧亚大陆以及非洲等地。国内见于东北、华北、华南、西北等地，为候鸟或旅鸟。栖息于沿海多岩石或沙滩的海滨、河口地带，也出现于湖泊、内陆湖岸等地带。冬季常集群在海湾、入海口以及开阔海岸沙滩和岩石上活动。【鸣声】常发出连续具金属声的"wen ji，wen ji"声。

303. 鹮嘴鹬　Ibisbill　*Ibidorhyncha struthersii*

【野外识别】体长37~42 cm的较大型鸻鹬。雌雄相似。成鸟头顶、喉部黑色，红色喙较长且下弯；脸颊、颈部和上胸灰色，胸部具明显黑色横带，黑色胸带和上胸的灰色间具一道较窄的白色胸带；背部、翅灰褐色，腹部白色。幼鸟似成鸟，但上体褐色，具皮黄色羽缘，胸带褐色。虹膜－暗红色；喙－红色；跗跖－粉红色（繁殖期红色）。【分布与习性】分布于中亚到东亚等地。国内见于华北、西北、西南等地，为区域性较常见留鸟。常栖息于多砾石的溪流及河流。【鸣声】常发出连续具金属声的"ji ji ji ji"声。

彩鹬 雌 郭军

彩鹬 雄 郭磊

蛎鹬 计云

蛎鹬 朱雷

鹮嘴鹬 郭军

鹮嘴鹬 沈岩

204
/205

鸻形目　反嘴鹬科
CHARADRIIFORMES　Recurvirostridae

鸻形目　石鸻科
CHARADRIIFORMES　Burhinidae

304. 黑翅长脚鹬　Black-winged Stilt　*Himantopus himantopus*

【野外识别】体长29~41 cm的中型鸻鹬。黑色喙细长，粉红色跗跖甚长。雄鸟繁殖羽额部白色，头顶至后颈、背部、翅黑色。雌鸟似雄鸟，但背部、两翼黑褐色。幼鸟背部多棕褐色，羽缘浅色。飞行时白腰明显，尾羽灰褐色。虹膜—红色；喙—黑色；跗跖—粉红色。【分布与习性】分布于东南亚、南亚、东亚等地。国内见于各省，多为常见旅鸟。夏季部分个体繁殖于东北、西北地区，于南方部分地区有个体越冬。常栖息于开阔平原草地中的湖泊、浅水池塘及沼泽地带，有时也见于河流浅滩和沿海水塘。【鸣声】常发出连续具金属声的"ai ai ai"声。

305. 反嘴鹬　Pied Avocet　*Recurvirostra avosetta*

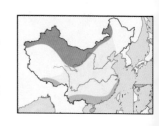

【野外识别】体长40~45 cm的较大型鸻鹬。雌雄相似。整体以黑、白两色为主。黑色喙细长且上翘，蓝灰色跗跖甚长；头顶、枕部黑色；颈部、胸部、腹部和背部白色。初级飞羽、三级飞羽、中覆羽和外侧小覆羽黑色，内侧初级飞羽、次级飞羽、外侧三级飞羽白色。幼鸟似成鸟，但以暗褐色或者灰褐色替代黑色。飞行时可见翅尖黑色。虹膜—红褐色；喙—黑色；跗跖—蓝灰色。【分布与习性】分布于非洲、欧洲和亚洲。国内大部分地区可见，于北方为夏候鸟，于南方为冬候鸟，较常见。善游泳，繁殖于平原或半荒漠地区的湖泊、水塘和沼泽地带，越冬时也栖息于海边水塘、盐碱沼泽地。【鸣声】常发出连续具金属哨声的"weng weng"声。

306. 石鸻　Eurasian Thick-knee　*Burhinus oedicnemus*

【野外识别】体长40~45 cm的较大型鸻鹬。雌雄相似。整体黄褐色。头顶、背部、腹部具纵纹，翅上具明显白色横纹，白色横纹边缘上褐下黑。飞行时可见翅上白色斑块。虹膜—黄色；喙—喙端黑色，喙基黄色；跗跖—黄色。【分布与习性】分布于欧洲至北非、西亚至中亚等地。国内仅见于新疆、西藏西部，为少见夏候鸟。常栖息于开阔干燥而多灌丛的多石地带或河流、湖泊岸边。主要在夜晚和晨昏活动。【鸣声】有时发出连续具金属声的"wei yi，wei yi"或"wei yi yi"声。

黑翅长脚鹬 沈越

黑翅长脚鹬 计云

黑翅长脚鹬 朱雷

反嘴鹬 沈越

反嘴鹬 沈越

反嘴鹬 计云

石鸻 沈越

石鸻 吕荣华

307. 大石鸻 Great Thick-knee *Esacus recurvirostris*

【野外识别】体长 53~57 cm 的大型鸻鹬。雌雄相似。整体灰褐色。黑色喙粗壮，喙基黄色；头部褐色，具明显白色眉纹，眼后具明显黑色条纹；飞羽和覆羽外缘灰色。飞行时可见初级飞羽及次级飞羽黑色，并具白色粗斑纹。虹膜—黄色；喙—黑色；跗跖—黄色。【分布与习性】分布于东南亚、南亚等地，多为留鸟。国内仅见于云南西南部、海南，为罕见冬候鸟或游荡性鸟类。常栖息于大型河流或海滨的沙滩、砾石、岩礁地带。夜行性，主要在夜晚和晨昏活动。【鸣声】有时发出连续具金属声的"yi yi yi"声。

308. 领燕鸻 Collared Pratincole *Glareola pratincola*

【野外识别】体长 23~27 cm 的较小型鸻鹬。雌雄相似。整体棕褐色。额部及喉部皮黄色，具黑色领圈；背部、两翼褐色；胸部褐色，下腹白色。叉形尾黑色。似普通燕鸻，但叉形尾较长，停落时翅、尾几乎等长。飞行时翅后缘具较明显白色边缘。与黑翅燕鸻相似，区别见相应种描述。虹膜—深褐色；喙—喙黑色，喙基红色；跗跖—黑色。【分布与习性】分布于欧洲、非洲及亚洲西部等地区。国内仅见于新疆西部，为少见夏候鸟。栖息于开阔平原、草地，淡水或咸水沼泽、湖泊、河流等生境。【鸣声】有时发出清脆连续具金属声的"weng weng weng"声。

309. 普通燕鸻 Oriental Pratincole *Glareola maldivarum*

【野外识别】体长 20~28 cm 的较小型鸻鹬。雌雄相似。整体棕褐色。额及喉皮黄色，具黑色领圈；背部、两翼褐色；胸部褐色，下腹白色。停落时翅超过尾羽。飞行时翅下具棕色区域，翅后端深色。与领燕鸻相似，区别见相应种描述。虹膜—深褐色；喙—喙黑色，喙基红色；跗跖—黑色。【分布与习性】繁殖于东亚、东南亚及南亚，在东南亚南部至澳大利亚越冬。国内中部及东部地区广布，多为当地夏候鸟或旅鸟。栖息于开阔平原地区的湖泊、河流、沼泽、农田等生境。【鸣声】有时发出清脆连续具金属声的"wei yi yi, wei yi yi"声。

大石鸻 董文晓

领燕鸻 张岩

领燕鸻 张岩

领燕鸻 董江天

普通燕鸻 董江天

普通燕鸻 幼 朱雷

普通燕鸻 计云

310. 黑翅燕鸻　Black-winged Pratincole　*Glareola nordmanni*

【野外识别】体长 24~28 cm 的较小型鸻鹬。雌雄相似。整体棕褐色。额及喉皮黄色，具黑色领圈；背部、两翼灰褐色；胸部灰褐色，下腹白色。停落时翅、尾几乎等长。飞行时翅下深色，几无棕褐色。似领燕鸻，但本种背部颜色偏灰，下喙红色部分较小。虹膜—深褐色；喙—喙黑色，喙基红色；跗跖—黑色。【分布与习性】繁殖于欧洲东部至亚洲中西部，在非洲中部和南部越冬。国内仅记录于新疆西部，为罕见夏候鸟。栖息于开阔平原、草地、湖泊、河流等生境。【鸣声】有时发出清脆连续具金属声的"wei wei yi yi"声，似普通燕鸻但更显急促。

311. 灰燕鸻　Small Pratincole　*Glareola lactea*

【野外识别】体长 16~19 cm 的小型鸻鹬。雌雄相似。整体色浅，个体较国内其他燕鸻明显小。头顶、背部、两翼灰色；胸部白色，略带皮黄色，腹部白色。飞行时尾羽较平，翅下初级飞羽黑色，次级飞羽白色且外缘黑色。虹膜—深褐色；喙—喙黑色，喙基红色；跗跖—黑色。【分布与习性】分布于东南亚、南亚，多为留鸟。国内仅见于西藏东南部、云南南部和西南部，多为罕见留鸟。常栖息于大型河流的沙滩及两岸，有时也栖息于开阔平原、草地、沼泽等生境。【鸣声】有时发出清脆的"jiu jiu"声。

312. 凤头麦鸡　Northern Lapwing　*Vanellus vanellus*

【野外识别】体长 29~34 cm 的中型鸻鹬。雌雄相似。整体颜色亮丽。成鸟头顶黑绿色，具明显羽冠，脸颊多棕色，喉部白色；背部、两翼黑绿色具金属光泽；胸部具明显黑色斑块；腹部白色。飞行时翼端较圆。虹膜—深褐色；喙—黑色；跗跖—橙红色。【分布与习性】广布于欧亚大陆。国内见于各省，为北方地区常见夏候鸟，南方地区较常见冬候鸟，迁徙时经过全国大部分地区。常栖息于草原地带的湖泊、沼泽、农田等生境。【鸣声】常发出清脆的"zi wei wei"声。

黑翅燕鸻 Ron Knight

黑翅燕鸻 Попов Евгений

灰燕鸻 曾祥乐

灰燕鸻 董文晓

凤头麦鸡 朱雷

凤头麦鸡 朱雷

313. 距翅麦鸡 River Lapwing *Vanellus duvaucelii*

【野外识别】体长 29~32 cm 的中型鸻鹬。雌雄相似。整体灰褐色。头顶、喉部黑色，脸颊灰白色；背部及两翼灰褐色；胸部具灰褐色斑块；腹部白色。飞行时翼端较尖，飞羽外侧黑色。翼角具黑色肉质距，因而得名。虹膜—红褐色；喙—黑色；跗跖—深灰色。【分布与习性】主要见于东南亚、南亚等地，为留鸟。国内见于西藏东南部、云南西南部及南部、海南等地，为区域性较常见留鸟。常栖息于河流沙滩及多卵石的沙石岸边。【鸣声】常发出响亮的"jiu jiu jiu"声。

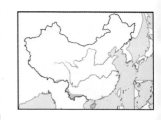

314. 灰头麦鸡 Grey-headed Lapwing *Vanellus cinereus*

【野外识别】体长 32~36 cm 的中型鸻鹬。雌雄相似。成鸟整体灰色。头部、背部灰色，胸部灰色具黑色胸带，下腹白色；幼鸟似成鸟但整体褐色，且无黑色胸带。飞行时翼端较尖，初级飞羽黑色。虹膜—红色；喙—黄色，喙尖黑色；跗跖—黄色。【分布与习性】主要繁殖于东亚东部，在亚洲南部越冬。国内除新疆、西藏外，见于各省，为我国北方部分地区夏候鸟，迁徙时经过中部地区，越冬于我国南方地区。常栖息于平原草地、沼泽、河滩以及农田地带。【鸣声】常发出连续而响亮的"ji ji ji ji"声。

315. 肉垂麦鸡 Red-wattled Lapwing *Vanellus indicus*

【野外识别】体长 32~35 cm 的中型鸻鹬。雌雄相似。整体黑色、褐色两色。头部黑色，耳羽具明显白色斑块，喙红色，喙尖黑色；喉部及胸部黑色；背部、两翼褐色；腹部白色。飞行时翼端较尖，飞羽外侧黑色。虹膜—红褐色；喙—红色，喙尖黑色；跗跖—黄色。【分布与习性】国外见于东南亚、南亚、西亚等地，多为留鸟。国内仅见于云南西南部，为区域性不常见留鸟。常栖息于草地、牧场、水塘和农田等生境，有时也见于沼泽地及河滩。【鸣声】常发出连续而响亮的"ji ji ou"声，尾音较婉转。

河翅麦鸡 朱英

距翅麦鸡 天翔宇

灰头麦鸡 计云

灰头麦鸡 朱雷

肉垂麦鸡 计云

肉垂麦鸡 朱雷

316. 黄颊麦鸡 Sociable Lapwing *Vanellus gregarius*

【野外识别】体长 27~30 cm 的中型鸻鹬。雌雄相似。整体灰褐色。头部黑色，眉纹白色具黑色贯眼纹；颈部、胸部、背部灰褐色；繁殖期下腹具黑色斑块。飞行时翅端较尖，初级飞羽黑色；尾羽具明显黑色次端斑。虹膜—深褐色；喙—黑色；跗跖—深灰色。【分布与习性】主要繁殖于中亚，在北非至南亚越冬。国内仅见于河北及新疆西北部地区，为罕见夏候鸟。常栖息于草原地带的湖泊、沼泽、农田等生境。【鸣声】常发出单调的"ga ga"声。

317. 白尾麦鸡 White-tailed Lapwing *Vanellus leucurus*

【野外识别】体长 26~29 cm 的中型鸻鹬。雌雄相似。整体灰褐色。头部、胸部、背部灰色；翼角前缘白色甚明显；下腹偏白色；跗跖黄色明显。飞行时翅端较尖，初级飞羽黑色；尾羽白色无斑纹。虹膜—深褐色；喙—黑色；跗跖—黄色。【分布与习性】主要繁殖于中亚，在较南方为留鸟，在北非和南亚越冬。国内仅见于新疆南部，为罕见迷鸟。常栖息于有植被覆盖的河流、湖泊等生境。【鸣声】常发出单调的"zi zi er，zi er"声。

318. 欧金鸻 European Golden Plover *Pluvialis apricaria*

【野外识别】体长 25~28 cm 的较小型鸻鹬。雌雄相似。繁殖期脸颊、喉部、胸部及上腹部均为黑色，胸侧白色，尾下覆羽白色。雌鸟脸部和胸部黑色较浅。非繁殖羽及幼鸟整体棕色。整体似金斑鸻，但本种繁殖羽下腹至尾下覆羽白色。飞行时翼下亮白色，趾不超过尾后。虹膜—黑色；喙—黑色；跗跖—黑色。【分布与习性】繁殖于欧洲至西伯利亚中部的高纬度地区，在欧洲南部及北非越冬。国内仅见于河北，为罕见迷鸟。常栖息于沿海滩涂、水塘，有时也栖息于沼泽、草地、农田等生境。【鸣声】有时发出响亮具金属音的"er er er"声。

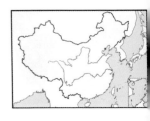

黄颊麦鸡 Alastair Rae

黄颊麦鸡 Koshy Koshy

白尾麦鸡 J.M.Garg

白尾麦鸡 Ron Knight

欧金鸻 Åsa Berndtsson

欧金鸻 非繁殖羽
Åsa Berndtsson

319. 金斑鸻　Pacific Golden Plover　*Pluvialis fulva*

【野外识别】体长 21~25 cm 的较小型鸻鹬。雌雄相似。繁殖羽脸颊、喉部、胸部及腹部均为黑色，胸侧白色，尾下覆羽黑色，背部具金色斑点。非繁殖羽及幼鸟整体黄褐色。飞行时翼下灰色，趾略超出尾后。停落时初级飞羽和尾羽基本等长。虹膜—黑色；喙—黑色；跗跖—黑色。【分布与习性】繁殖于亚洲中部至东部的极高纬度地区，主要在亚洲南部至大洋洲越冬。国内见于各省，为我国大多数地区的旅鸟，在东南地区，包括海南和台湾，有部分个体越冬。常栖息于沿海滩涂、水塘，有时也栖息于沼泽、草地、农田等生境。【鸣声】有时发出响亮的 "zen wei，zen wei wei" 声。

320. 美洲金鸻　American Golden Plover　*Pluvialis dominica*

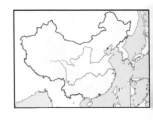

【野外识别】体长 24~27 cm 的较小型鸻鹬。雌雄相似。繁殖羽脸颊、喉部、胸部及腹部均为黑色，胸侧及腹侧黑色，尾下覆羽黑色。非繁殖羽及幼鸟整体棕色。整体似金斑鸻，但本种繁殖羽下腹、两胁至尾下覆羽皆为黑色。停落时初级飞羽明显超过尾羽，常有 4 枚甚至更多；飞行时翼下灰色，趾不超过尾后。虹膜—黑色；喙—黑色；跗跖—黑色。【分布与习性】繁殖于北美洲高纬度地区，在南美洲中部越冬。国内仅见于河北和香港，为罕见迷鸟。栖息于沿海滩涂、水塘，有时也栖息于沼泽、草地、农田等生境。【鸣声】有时发出响亮具金属音的 "wei jiu，wei jiu" 声。

321. 灰斑鸻　Grey Plover　*Pluvialis squatarola*

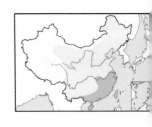

【野外识别】体长 27~32 cm 的中型鸻鹬。雌雄相似。整体灰色，体形较金斑鸻大而壮。头顶、背部灰色；繁殖羽背部银灰色多黑色杂斑；喉部、颈部、胸部、腹部多黑色，胸侧多白色；尾下覆羽白色；非繁殖羽及幼鸟整体灰褐色。飞行时腰部偏白色。虹膜—黑色；喙—黑色；跗跖—黑色。【分布与习性】繁殖于北极地区，在各大洲沿海越冬。国内见于各省，为我国大多数地区的旅鸟，在东南沿海地区有部分越冬。常栖息于沿海滩涂、沙滩、水塘，偶栖息于沼泽、草地等生境。【鸣声】有时发出响亮具金属音的 "wei wei wei" 声。

金斑鸻 沈越

金斑鸻 沈越

金斑鸻 非繁殖羽 焦庆

美洲金鸻 Peter Wilton

美洲金鸻 过渡羽
Ron Knight

美洲金鸻 非繁殖羽 Fyn Kynd

灰斑鸻 计云

灰斑鸻 非繁殖羽 朱雷

322. 剑鸻 Common Ringed Plover *Charadrius hiaticula*

【野外识别】体长17~19 cm 的小型鸻鹬。雌雄相似。成鸟繁殖羽头顶灰褐色，额部白色，头顶前端黑色，喙前端黑色，后端橙黄色；背部、两翼灰褐色；颈部具黑、白两道较宽颈环；腹部白色。非繁殖羽及幼鸟似成鸟，颈环多灰色，幼鸟头顶及背部多杂斑。虹膜—黑色；喙—橙色，喙尖黑色；跗跖—橙色。【分布与习性】繁殖于欧亚大陆和格陵兰岛的环北极地区，主要在非洲和南亚越冬。国内见于新疆、黑龙江、河北、上海、香港、台湾等地，为各地罕见候鸟或迷鸟。常栖息于沿海滩涂、沙滩、水塘等生境。【鸣声】有时发出响亮具金属音的"jiu wei，jiu wei"声。

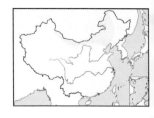

323. 长嘴剑鸻 Long-billed Plover *Charadrius placidus*

【野外识别】体长18~24 cm 的较小型鸻鹬。雌雄相似。成鸟繁殖羽头顶灰褐色，额部白色，头顶前端黑色；喉部白色，黑色颈环较窄；胸部、腹部白色。非繁殖羽及幼鸟似成鸟，颈环多灰色，幼鸟头顶及背部多杂斑。似金眶鸻，但本种黑色喙较长，金色眼圈不明显。虹膜—黑色；喙—黑色；跗跖—橙黄色。【分布与习性】繁殖于东亚东北部，在亚洲南部越冬。国内除新疆外，见于各省，多为候鸟，部分地区为留鸟，南方为冬候鸟。常栖息于内陆河边及沿海滩涂的多砾石地带。【鸣声】有时发出响亮具金属音的"li，li li"声。

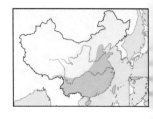

324. 金眶鸻 Little Ringed Plover *Charadrius dubius*

【野外识别】体长15~18 cm 的小型鸻鹬。雌雄相似。成鸟繁殖羽头顶灰褐色，额部白色，头顶前端、眼后黑色明显，金色眼圈明显；喉部白色，黑色颈环较窄；胸部、腹部白色。非繁殖羽及幼鸟似成鸟，颈环多灰色，幼鸟头顶及背部多杂斑。似长嘴剑鸻，识别见相应种的描述。虹膜—黑色；喙—黑色；跗跖—橙黄色。【分布与习性】广泛繁殖于欧洲及亚洲，在南亚和东南亚东部为留鸟，部分迁徙种群在非洲中部和亚洲南部越冬。

国内见于各省，为我国北部、中部地区的常见夏候鸟，南方地区常见冬候鸟。常栖息于开阔平原的湖泊、河流、沼泽地带，也见于沿海海滨、河口沙洲和滩涂等生境。【鸣声】有时发出似金属音的"wei wei you"或"wei you"声。

剑鸻 崔月

剑鸻 蔡霄

剑鸻 幼 朱雷

长嘴剑鸻 计云

长嘴剑鸻 幼 朱雷

金眶鸻 计云

金眶鸻 计云

金眶鸻 幼 朱雷

325. 环颈鸻 Kentish Plover *Charadrius alexandrinus*

【野外识别】体长 15~17 cm 的小型鸻鹬。雄鸟繁殖羽头顶棕色，额部白色，贯眼纹黑色；喉部白色，黑色颈环较窄，于胸前断开；胸部、腹部白色。雌鸟似雄鸟，但头顶、颈环、贯眼纹近灰褐色。非繁殖期雄鸟似雌鸟。幼鸟整体褐色，具明显的淡色羽缘。虹膜—黑色；喙—黑色；跗跖—黑色。【分布与习性】广布于欧亚大陆和非洲北部。国内见于各省，为我国大部分地区的候鸟，部分留鸟种群见于东南地区。常栖息于沿海滩涂、河口、沼泽地带，也栖息于内陆草地、河边等生境。【鸣声】有时发出响亮具金属音的连续"wei wei wei"声，尾声多颤音。

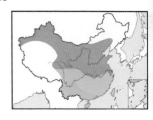

326. 蒙古沙鸻 Lesser Sand Plover *Charadrius mongolus*

【野外识别】体长 15~17 cm 的小型鸻鹬。雄鸟繁殖羽头顶灰褐色，额部白色，贯眼纹黑色；喉部白色；胸部具棕红色斑块；腹部白色。雌鸟繁殖羽似雄鸟，但贯眼纹近灰色。非繁殖羽头顶、背部、颈环灰色。幼鸟羽缘淡色。似铁嘴沙鸻，但黑色喙较短。虹膜—黑色；喙—黑色；跗跖—深灰色。【分布与习性】繁殖于青藏高原及欧亚大陆东北部，在整个印度洋及太平洋西岸越冬。国内见于整个东部地区及新疆、西藏、青海等地，为各地较常见旅鸟或夏候鸟，在台湾为冬候鸟。常栖息于沿海滩涂、河口、河流地带，也栖息于内陆湖泊、草地、农田等生境。【鸣声】有时发出快速而连续的金属音"si wei，si wei wei"声。

327. 铁嘴沙鸻 Greater Sand Plover *Charadrius leschenaultii*

【野外识别】体长 19~23 cm 的较小型鸻鹬。雄鸟繁殖羽头顶灰褐色，额部白色，贯眼纹黑色，黑色的喙较长而粗壮；胸部具棕红色斑块；腹部白色。雌鸟繁殖羽似雄鸟，贯眼纹近灰色。成鸟非繁殖羽头顶、背部、颈环灰色。幼鸟羽缘淡色。似蒙古沙鸻，但个体较大，黑色的喙较长而粗壮，跗跖偏黄色。虹膜—黑色；喙—黑色；跗跖—黄褐色。【分布与习性】繁殖于亚洲中部，在整个印度洋及太平洋西岸越冬。国内除黑龙江、西藏、云南外，见于各省；为各地旅鸟或夏候鸟，在台湾为冬候鸟。常栖息于沿海滩涂、河口地带，偶见于内陆平原草地。【鸣声】有时发出单调的金属音"ju ju"声。

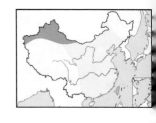

环颈鸻 雌 朱雷

环颈鸻 雄 计云

环颈鸻 雄 计云

蒙古沙鸻 蔡欣然

蒙古沙鸻 雄 沈越

蒙古沙鸻 幼 朱雷

铁嘴沙鸻 张永

铁嘴沙鸻 幼 沈越

328. 红胸鸻 Caspian Plover *Charadrius asiaticus*

【野外识别】体长 18~23 cm 的较小型鸻鹬。头顶、后颈、枕部、背部褐色；前额、眉纹、喉部、下腹白色；繁殖羽雄鸟胸部棕红色具黑色下边。雌鸟整体羽色较为暗淡，胸部褐色。幼鸟背部羽缘黄褐色。本种似东方鸻但体形较小，跗跖颜色较深。虹膜—黑色；喙—黑色；跗跖—黄灰色。【分布与习性】繁殖于里海至亚洲中部天山，越冬于非洲地区。国内仅见于新疆西北部，为罕见夏候鸟。常栖息于荒漠或半荒漠地区的盐碱地，也见于湖泊、河岸、沼泽地带。【鸣声】有时发出单调而尖厉的"ku wei, ku wei"声。

329. 东方鸻 Oriental Plover *Charadrius veredus*

【野外识别】体长 22~26 cm 的较小型鸻鹬。繁殖羽雄鸟头部较白，胸部橙红色具黑色下边。繁殖羽雌鸟头部、胸部棕黄色。非繁殖羽胸带浅褐色，不明显。幼鸟上体灰褐色，羽缘浅色。虹膜—黑色；喙—黑色；跗跖—橙黄色。【分布与习性】国外主要繁殖于蒙古，在澳大利亚北部越冬。国内为东部地区少见旅鸟和北部地区的夏候鸟，部分个体于台湾越冬。常栖息于平原地区的沼泽、草地，偶见于湖泊、河流地带。【鸣声】有时发出响亮的金属音"ji ji"声。

330. 小嘴鸻 Eurasian Dotterel *Charadrius morinellus*

【野外识别】体长 20~22 cm 的较小型鸻鹬。成鸟繁殖羽头顶灰色，眉纹、喉部白色；枕部、颈部、胸部灰色；胸部、腹部交接处具一明显白边，腹部具栗色斑块。雌鸟下腹颜色较雄鸟更深。非繁殖羽整体黄褐色；眉纹、腹部皮黄色。幼鸟似成鸟非繁殖羽，但羽缘淡色。虹膜—黑色；喙—黑色；跗跖—橙黄色。【分布与习性】主要繁殖于欧亚大陆北部地区，越冬于非洲北部至亚洲西部等地区。国内见于黑龙江北部、内蒙古东北部、新疆西北部，为罕见候鸟。繁殖时栖息于中高海拔的荒芜山顶及多苔藓的苔原冻土带。【鸣声】有时发出单调而连续的金属音"ju ju ju"声。

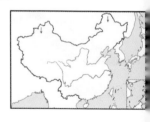

红胸鸻 Ron Knight

红胸鸻 非繁殖羽
Dr. Tejinder

东方鸻 崔月

东方鸻 幼 沈赵

小嘴鸻 王

小嘴鸻 刘迅华

331. 丘鹬　Eurasian Woodcock　*Scolopax rusticola*

【野外识别】体长 32~42 cm 的中型鸻鹬。雌雄相似。整体棕红色，似沙锥，但体形较大，喙部较短。头顶棕褐色，具 3~4 道近黑色粗横纹；胸腹部黄褐色，具较窄的黑色横纹；背部、两翼、腰部、尾上覆羽锈红色；尾具黑色次端斑及褐色端斑。虹膜—深褐色；喙—喙端黑色，喙基偏粉色；附跖—粉灰色。【分布与习性】广布于欧亚大陆。为我国北方地区夏候鸟，南方地区冬候鸟，迁徙时经过我国中部地区。常栖息于阔叶林和混交林，有时亦见于林间沼泽、林缘灌丛地带；多夜间活动。【鸣声】有时发出单调的"wo wo wo"声，似蟾蜍声。

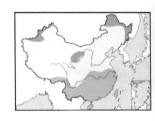

332. 姬鹬　Jack Snipe　*Lymnocryptes minimus*

【野外识别】体长 18~20 cm 的较小型鸻鹬。雌雄相似。整体深棕色的小型沙锥，似其他沙锥，但个体明显甚小，喙较短。头顶棕色无中央冠纹，眉纹黄色，贯眼纹褐色；背部、肩部棕红色具 4 道明显皮黄色纵带；尾羽色暗，无棕色横斑，呈楔形。飞行时趾不及尾后，翼后缘白色。虹膜—深褐色；喙—喙端黑色，喙基暗黄色；附跖—暗黄色。【分布与习性】繁殖于欧亚大陆北部，在欧洲、非洲中部和亚洲南部越冬。国内见于河北、北京、福建、台湾、新疆等地，为各地旅鸟或冬候鸟。常栖息于沼泽、流河岸边、农田地带；性孤僻，白天甚少飞行。【鸣声】有时发出单调的"gu wa gu"声，似蟾蜍声。

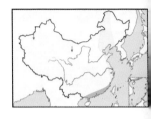

333. 孤沙锥　Solitary Snipe　*Gallinago solitaria*

【野外识别】体长 26~32 cm 的中型鸻鹬。雌雄相似。整体棕红色。棕红色头顶两侧有少许深色条纹，眉纹白色，贯眼纹棕红色；肩胛具白色羽缘，胸部棕红色少斑纹；腹部多白色具红褐色横纹。飞行时翼下和次级飞羽后缘无白色，趾不及尾后。虹膜—深褐色；喙—喙端深褐色，喙基黄绿色；附跖—橄榄色。【分布与习性】主要见于亚洲中部到东部。为我国东北、西北地区的夏候鸟，华北、华南、西南地区的冬候鸟。栖息于山地森林中的河流、水塘岸边以及林中沼泽地带。【鸣声】有时发出单调的"er er er"声，三声一度，音调逐渐下降。

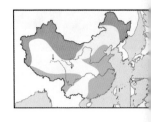

丘鹬 冯越

姬鹬 Dūrzan cirano

孤沙锥 张永

334. 拉氏沙锥 ／ 澳南沙锥 Latham's Snipe *Gallinago hardwickii*

【野外识别】体长 25~30 cm 的中型鸻鹬。雌雄相似。整体黄褐色。头顶黄褐色具皮黄色眉纹。似其他沙锥，野外识别困难，但体形较大，喙较扇尾沙锥短。停歇时尾长于合拢的两翼。飞行时翼下覆羽密布黑褐色横斑，跗跖略超过尾端。虹膜—深褐色；喙—喙端深褐色，喙基黄褐色；跗跖—近绿色。【分布与习性】主要在日本诸岛及库页岛繁殖，在澳大利亚大陆东部及塔斯马尼亚岛越冬。国内见于黑龙江、河北、台湾等地，多为各地迷鸟；常栖息于沼泽地、稻田、草地和灌丛地带。【鸣声】有时发出单调的 "yi yi，yi yi yi" 声，尾音略上扬，似摩擦石头声。

335. 林沙锥 Wood Snipe *Gallinago nemoricola*

【野外识别】体长 28~32 cm 的中型鸻鹬。雌雄相似。整体羽色较暗的沙锥。头部褐色，具较明显白色眉纹；背部具两道棕黄色纵纹；胸部、腹部棕黄色具褐色横斑；与其他沙锥较难区分，整体羽色偏深。飞行速度较慢，繁殖环境明显不同。虹膜—深褐色；喙—喙端深褐色，喙基黄褐色；跗跖—灰绿色。【分布与习性】繁殖于喜马拉雅山脉南麓至横断山脉北部，在南亚及东南亚越冬。国内见于云南、四川、西藏，为夏候鸟。夏季栖息于高海拔草地、灌丛、沼泽、池塘等生境，冬季迁徙至低山平原的河流、沼泽等生境。【鸣声】有时发出单调的 "za za za za" 声，似石头的摩擦声。

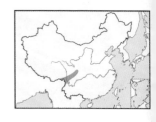

336. 针尾沙锥 Pintail Snipe *Gallinago stenura*

【野外识别】体长 21~29 cm 的较小型鸻鹬。雌雄相似。整体黄褐色，头部中央冠纹和眉纹白色。尾羽张开时，最外侧尾羽呈针状。喙较扇尾沙锥明显偏短；野外与大沙锥较难区分，但体形相对较小。停栖时尾与翼尖几乎等长，飞行时跗跖伸出尾后较多，翅后缘无白色，常呈 "Z" 字形飞行。虹膜—深褐色；喙—喙端深褐色，喙基黄褐色；跗跖—偏黄色。【分布与习性】繁殖于亚洲北部，多在南亚及东南亚越冬。国内见于各省，多为旅鸟，为华南、西南部分地区的冬候鸟。常栖息于稻田、沼泽、湿润草地等生境。【鸣声】有时发出单调的连续 "wan wan" 声，每个音节末似儿化音。

澳南沙錐 Ed Dunens

澳南沙錐 Wayne Butterworth

林沙錐 廖辰 · 亞洲山椒鳥

針尾沙錐 韓雪松

針尾沙錐 韓雪松

337. 大沙锥 Swinhoe's Snipe *Gallinago megala*

【野外识别】体长 26~30 cm 的中型鸻鹬。雌雄相似。整体黄褐色，个体较大的沙锥。尾羽张开时，从中央部分向外侧逐渐均匀变窄。喙较扇尾沙锥偏短；野外与针尾沙锥较难区分，停栖时尾明显超过翼尖，飞行时跗跖伸出尾较少，常成直线飞行。虹膜—深褐色；喙—喙端深褐色，喙基黄褐色；跗跖—橄榄灰色。【分布与习性】繁殖于亚洲北部，在亚洲南部至大洋洲北部越冬。国内多见于东部，为各地旅鸟和冬候鸟；常栖息于稻田、沼泽、湿润草地等生境。【鸣声】有时发出单调的"wei"声，通常一声一度。

338. 扇尾沙锥 Common Snipe *Gallinago gallinago*

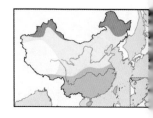

【野外识别】体长 24~29 cm 的中型鸻鹬。雌雄相似。整体黄褐色。头部中央冠纹和眉纹偏白色，喙较长，约为头长的 2 倍；胸部、腹部黄褐色多深褐色斑纹；尾羽张开时可见 14 枚等宽的棕红色尾羽。飞行时翅后缘具明显白色，翅下具明显的白色亮区。虹膜—深褐色；喙—喙端深褐色，喙基黄褐色；跗跖—橄榄色。【分布与习性】在欧亚大陆北部繁殖，在繁殖地南方越冬。国内见于各省，为东北、西北地区的夏候鸟，南方地区的冬候鸟，迁徙时见于各地。常栖息于稻田、沼泽、河流边缘等生境。【鸣声】有时发出单调的"er er er"声。

339. 长嘴半蹼鹬／长嘴鹬 Long-billed Dowitcher *Limnodromus scolopaeus*

【野外识别】体长 27~30 cm 的中型鸻鹬。雌雄相似。繁殖羽头部棕红色，头顶、眼先黑色；胸部、腹部红色具褐色斑纹；背部、两翼近黑色。非繁殖羽整体近灰色，胸部具褐色横纹。飞行时次级飞羽有较明显白色后缘，腰白色具不明显斑纹，跗跖不伸出尾后。似半蹼鹬，但体形较小，喙略长，深色喙端更尖，跗跖较短。虹膜—深褐色；喙—喙端深色，喙基偏黄色；跗跖—橄榄黄色。【分布与习性】繁殖于亚洲东部至美洲西部的环北极地区，越冬于日本南部及北美洲南部。国内见于天津、上海、香港、台湾等地，为各地迷鸟。常栖息于沿海滩涂、沼泽湿地。【鸣声】有时发出响亮而单调的金属音"ju ju"声，每个音节末似儿化音。

大沙锥 张为民

扇尾沙锥 计达

扇尾沙锥 张永

扇尾沙锥 朱雷

长嘴半蹼鹬 张岩

长嘴半蹼鹬 非繁殖羽
Forest Starr
and Kim Starr

340. 半蹼鹬　Asian Dowitcher　*Limnodromus semipalmatus*

【野外识别】体长 31~36 cm 的中型鸻鹬。雌雄相似。繁殖羽头部红褐色，眼先黑色；胸部、腹部红褐色具褐色斑纹；背部、两翼黑色，羽缘红色。非繁殖羽整体近灰色，胸部具褐色横纹。飞行时腰白色，具不明显斑纹，跗跖伸出尾后较多。似黑尾塍鹬，但本种个体较小，黑色喙长而直，喙尖较钝。与长嘴半蹼鹬相似，区别见相应种描述。虹膜－深褐色；喙－黑色；跗跖－近黑色。【分布与习性】繁殖于自哈萨克斯坦北部及西西伯利亚起至我国东北及相邻的俄罗斯远东地区一线，越冬于南亚及东南亚。国内见于东北、华北、华东、华南等地，在东北地区为夏候鸟，于其余大部分地区为旅鸟。常栖息于沿海滩涂、湖泊、河口等生境。【鸣声】有时发出单调的"wei wei wei"声。

341. 黑尾塍鹬　Black-tailed Godwit　*Limosa limosa*

【野外识别】体长 37~42 cm 的喙部、跗跖较长的中型鸻鹬。雌雄相似。繁殖羽头部红褐色具不明显白色眉纹；胸部红褐色少斑纹，腹部红褐色具明显深褐色横纹。非繁殖羽整体灰色。幼鸟背部、两翼具浅色羽缘。飞行时尾端黑色明显，跗跖伸出尾后较多。似斑尾塍鹬，但本种喙较直，尾羽末端黑色。与半蹼鹬相似，区别见相应种描述。虹膜－深褐色；喙－喙端深色，喙基偏粉色；跗跖－灰黑色。【分布与习性】广泛繁殖于欧亚大陆北部，越冬于欧亚大陆及非洲、大洋洲的中低纬度地区。国内除西藏外，见于各省，于东北、新疆西北部地区为夏候鸟，少数个体为南方冬候鸟，迁徙时经过各地。常栖息于沿海滩涂、沼泽湿地、湖泊边缘等生境。【鸣声】有时发出单调而急促的金属音"zei zei"声。

342. 斑尾塍鹬　Bar-tailed Godwit　*Limosa lapponica*

【野外识别】体长 33~41 cm 的喙部、跗跖较长的中型鸻鹬。雌雄相似。繁殖羽头部红褐色；胸部、腹部红褐色少斑纹。非繁殖羽整体灰色。幼鸟背部、两翼具浅色羽缘。飞行时可见尾羽斑纹。似黑尾塍鹬，但喙略上翘，尾羽可见黑褐色斑纹。虹膜－深褐色；喙－喙端深色，喙基偏粉色；跗跖－灰黑色。【分布与习性】繁殖于欧亚大陆及北美洲西部的环北极地区，越冬于欧亚大陆及非洲、大洋洲的中低纬度地区。国内于新疆西部、四川和黄海、渤海沿岸为旅鸟，于东海与南海沿岸以及海南与台湾为冬候鸟。常栖息于沿海滩涂沼泽湿地、湖泊边缘。【鸣声】有时发出单调而急促的"jiu wei, jiu wei"声。

半蹼鹬 赵国君

半蹼鹬 非繁殖羽 董文晓

半蹼鹬 赵国君

黑尾塍鹬 关翔宇

黑尾塍鹬 非繁殖羽 朱雷

黑尾塍鹬 朱雷

斑尾塍鹬 计云

斑尾塍鹬 沈越

斑尾塍鹬 非繁殖羽 朱雷

343．小杓鹬　Little Curlew　*Numenius minutus*

【野外识别】体长 29~32 cm 的中型鸻鹬。雌雄相似。整体黄褐色。同其他杓鹬比，个体较小而修长。头部黄褐色，皮黄色眉纹较明显，喙较短而略下弯；胸部皮黄色具深褐色斑纹；腹部近白色，少斑纹。飞行时腰无白色。虹膜—深褐色；喙—喙端深褐色，喙基偏粉色；跗跖—蓝灰色。【分布与习性】繁殖于亚洲东北部的高纬度地区，越冬于澳大利亚北部。国内见于从新疆至青海，以及东北和包括台湾在内的沿海省份，为旅鸟。常栖息于开阔的草地、农田等生境，有时亦见于沼泽地带。常集群活动。【鸣声】有时发出单调的"gua gua"声，每个音节末似儿化音。

344．中杓鹬　Whimbrel　*Numenius phaeopus*

【野外识别】体长 40~46 cm 的较大型鸻鹬。雌雄相似。整体灰褐色。头部灰褐色，眉纹灰色，喙长约为头长的 2 倍，略下弯；胸部灰褐色具深褐色纵纹；腹部灰褐色具深褐色斑纹；尾羽灰褐色具深色横纹。飞行时可见白色腰部。虹膜—深褐色；喙—喙端深褐色，喙基偏粉色；跗跖—蓝灰色。【分布与习性】分布广泛，繁殖于北半球中高纬度地区，在北半球低纬度地区至南半球的沿海越冬。国内除西藏、云南、贵州外，见于各省，除于广西、广东南部及台湾为冬候鸟外，于余下包括海南在内的地区为旅鸟。常栖息于沿海滩涂、河口、草地、沼泽地带。常集群活动。【鸣声】有时发出高昂的连续"ang ang ang"声，叫声成升调。

345．白腰杓鹬　Eurasian Curlew　*Numenius arquata*

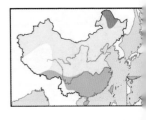

【野外识别】体长 57~63 cm 的大型鸻鹬。雌雄相似。整体灰褐色。头部灰褐色，喙长约为头长的 3 倍，下弯较明显；颈部、胸部、腹部、两胁灰白色多黑褐色纵纹；下腹部、尾下覆羽白色无斑纹。飞行时翼下较白无斑纹，可见白腰。似大杓鹬，但整体颜色偏灰，下腹白色几无纵纹，飞行时翼下较白。虹膜—深褐色；喙—喙端深褐色，喙基偏粉色；跗跖—蓝灰色。【分布与习性】繁殖于欧亚大陆中高纬度地区，越冬于非洲及欧亚大陆中低纬度地区。国内除贵州外，见于各省，于东北地区为夏候鸟，于南方长江以南大部地区以及台湾和海南为冬候鸟，迁徙时见于各地。常栖息于沿海滩涂、潮间带河口地带。【鸣声】有时发出高昂的"ang"声，常一声一度或两声一度。

小杓鹬 关翔云 小杓鹬 紫欣然
中杓鹬 陈青骞 中杓鹬 张永
白腰杓鹬 计云 白腰杓鹬 沈越

白腰杓鹬 计云

346. 大杓鹬 Far Eastern Curlew *Numenius madagascariensis*

【野外识别】体长 54~65 cm 的大型鸻鹬。雌雄相似。整体黄褐色。头部黄褐色，喙长为头长的 3~3.5 倍；颈部、胸部、腹部、两胁、尾下覆羽皮黄色密布黑褐色条纹。飞行时翅下密布深褐色斑纹，腰部无白色。似白腰杓鹬，但本种整体颜色偏黄色，下腹具暗褐色条纹，飞行时翼下密布深褐色斑纹。虹膜—深褐色；喙—喙端深褐色，喙基偏粉色；跗跖—蓝灰色。【分布与习性】繁殖于亚洲东北部，越冬于东亚至大洋洲沿海地区。国内除西藏、云南、贵州外，见于各省，其中于台湾为冬候鸟，于包括海南的其他地区为旅鸟。常栖息于沿海滩涂、潮间带河口、湖泊地带。【鸣声】有时发出高昂而连续的"ang ang ang"声，叫声似中杓鹬。

347. 鹤鹬 Spotted Redshank *Tringa erythropus*

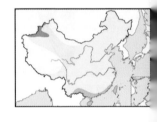

【野外识别】体长 26~33 cm 的中型鸻鹬。雌雄相似。喙部、跗跖皆为红色，喙长且直。繁殖羽整体黑色具白色点状斑纹，非繁殖羽整体灰色。飞行时可见白腰，翼后缘无白色，跗跖伸出尾后较长。似红脚鹬，但本种个体较大，喙较细长，喙部颜色亦有区别。虹膜—深褐色；喙—上喙黑色，下喙红色；跗跖—红色。【分布与习性】繁殖于欧亚大陆北部，主要越冬于非洲中部及北部、南亚及东南亚。国内见于各省，其中于新疆北部为夏候鸟，于包括台湾与海南的南海沿海省份及云南南部为冬候鸟，于其余地区为旅鸟。栖息于沿海滩涂、盐田、鱼塘、沼泽、稻田、湖泊等生境。【鸣声】有时发出尖锐而单调的"jiu wei, jiu wei"声。

348. 红脚鹬 Common Redshank *Tringa totanus*

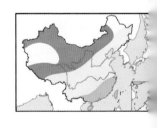

【野外识别】体长 26~29 cm 的中型鸻鹬。雌雄相似。跗跖为鲜艳的红色。繁殖羽整体灰褐色，多深色斑纹。非繁殖羽整体色浅；喙部、跗跖偏橘红色。幼鸟喙、跗跖近青色，背部、两翼羽缘浅色。飞行时可见白腰，翅后缘白色，跗跖伸出尾后较短。似鹤鹬，但喙较短粗，且喙端黑色，喙基红色。虹膜—深褐色；喙—喙端黑色，喙基红色；跗跖—红色。【分布与习性】繁殖于欧亚大陆中部，主要越冬于非洲及欧亚大陆中低纬度地区。国内见于各省，于西北、东北、中部地区为夏候鸟，于包括海南和台湾在内的从浙江至云南东部一线的南方地区为冬候鸟。常栖息于沿海滩涂、盐田、鱼塘、沼泽、稻田、湖泊等生境。【鸣声】有时发出一串响亮而具金属哨音的"ju ju ju"声。

大杓鹬 计云

大杓鹬 计云

大杓鹬 朱雷

鹤鹬 沈越

鹤鹬 非繁殖羽 朱雷

红脚鹬 沈越

红脚鹬 朱雷

红脚鹬 计云

349．泽鹬　Marsh Sandpiper　*Tringa stagnatilis*

【野外识别】体长 19~26 cm 的较小型鹬鹬。雌雄相似。整体较修长，喙较细长，跗跖青绿色。繁殖羽头部、枕部、胸部、腹部具灰黑色点状斑纹；背部、两翼深褐色具明显黑斑。非繁殖羽整体偏白；胸部、腹部多白色而少斑纹；背部灰而少杂斑。飞行时跗跖伸出尾后较长。似青脚鹬，但本种较修长，喙较细长。虹膜—深褐色；喙—喙端黑色，喙基黄绿色；跗跖—青绿色。【分布与习性】繁殖于欧亚大陆中部，越冬于除美洲外的中低纬度地区。国内除西藏、云南、贵州外，见于各省；于东北部分地区为夏候鸟，迁徙时经过包括海南与台湾在内的各地。常栖息于沿海滩涂、盐田、沼泽、湖泊等生境。【鸣声】有时发出响亮而具金属音的"jiu ju，jiu jiu ju"声。

350．青脚鹬　Common Greenshank　*Tringa nebularia*

【野外识别】体长 30~35 cm 的中型鹬鹬。雌雄相似。整体较粗壮，青灰色的喙亦较粗壮且略上翘。繁殖羽头部、胸部、腹部具灰黑色点状斑纹，背部具黑斑。非繁殖羽整体偏白；胸部、腹部多白色而少斑纹；背部灰色而少杂斑。飞行时跗跖伸出尾后较长。似泽鹬，但本种个体较大而壮，喙较粗壮且略上翘。似小青脚鹬，区别见相应种描述。虹膜—深褐色；喙—青灰色；跗跖—黄绿色至灰绿色。【分布与习性】广泛繁殖于欧亚大陆北部，越冬于除美洲外的中低纬度地区。国内见于各省，为多数地区的旅鸟和包括台湾与海南在内的长江以南地区的冬候鸟。常栖息于沿海滩涂、内陆沼泽、河流等生境。【鸣声】有时发出响亮而具金属音的"ju ju ju"声，似红脚鹬但节奏较慢。

351．小青脚鹬　Spotted Greenshank　*Tringa guttifer*

【野外识别】体长 29~32 cm 的中型鹬鹬。雌雄相似。青灰色喙略上翘，跗跖黄绿色。繁殖羽胸部、腹部具灰黑色点状斑纹；背部具明显黑斑。非繁殖羽整体偏白，胸部多白色而少斑纹，背部灰色而少杂斑。飞行时跗跖略伸出尾后。似青脚鹬，但本种个体较小，喙更粗壮，跗跖更短而偏黄色。虹膜—深褐色；喙—青灰色；跗跖—黄绿色。【分布与习性】仅繁殖于库页岛及相邻的鄂霍次克海西岸，在南亚及东南亚部分区域越冬。国内见于沿海省份，包括台湾与海南，为旅鸟。常栖息于沿海滩涂、内陆沼泽、河流等地。【鸣声】有时发出较粗哑的"er"声。

泽鹬 沈越

泽鹬 非繁殖羽 朱雷

青脚鹬 朱雷

青脚鹬 非繁殖羽 计云

青脚鹬
非繁殖羽
朱雷

小青脚鹬
非繁殖羽 文晓

小青脚鹬 幼 戴美杰

352. 小黄脚鹬　Lesser Yellowlegs　*Tringa flavipes*

【野外识别】体长 23~25 cm 的较小型鹬。雌雄相似。深色喙较长且直，跗跖黄色。繁殖羽胸部具灰褐色点状斑纹；背部夹杂黑色、褐色斑纹。非繁殖羽整体偏白；胸部多白色而少斑纹，背部灰褐色而少杂斑。似泽鹬，但本种喙略短，跗跖黄色。虹膜—深褐色；喙—喙端黑色，喙基黄绿色；跗跖—黄色。【分布与习性】繁殖于北美洲北部，越冬于北美洲南部及南美洲。国内仅见于香港、台湾，为罕见迷鸟。常栖息于沿海或内陆地区的河流泥潭或沼泽地。【鸣声】有时发出较响亮的"ju ju ju"声。

353. 白腰草鹬　Green Sandpiper　*Tringa ochropus*

【野外识别】体长 20~24 cm 的较小型鹬。雌雄相似。繁殖羽头顶、胸部灰白色具黑褐色斑纹；腹部白色无斑纹；背部深褐色具白色点状斑纹。非繁殖羽头顶、胸部、背部褐色而少斑纹；腹部白色。幼鸟背部羽缘褐色。飞行时可见明显白腰，跗跖略伸至尾后。似林鹬，但眉纹不甚明显，跗跖颜色更深。虹膜—深褐色；喙—喙端黑褐色，喙基橄榄绿色；跗跖—橄榄绿色。【分布与习性】繁殖于欧亚大陆北部，越冬于非洲及欧亚大陆中低

纬度地区。国内见于各省，其中于新疆西北部、黑龙江北部和内蒙古东北部为夏候鸟，于渤海湾至西藏南部一线南侧（包括台湾和海南）为冬候鸟。常栖息于池塘、沼泽、河流地带。【鸣声】有时发出较尖锐而响亮的"ze wei wei"声。

354. 林鹬　Wood Sandpiper　*Tringa glareola*

【野外识别】体长 19~23 cm 的较小型鹬。雌雄相似。繁殖羽头部具明显白色眉纹；胸部具明显黑褐色斑纹；腹部白色少斑纹；背部具明显黑色、褐色杂斑。非繁殖羽胸部偏白色少斑纹。飞行时尾端具明显斑纹，跗跖伸出尾后较长。似白腰草鹬，但白色眉纹明显，跗跖较长而偏黄色。虹膜—深褐色；喙—喙端深褐色，喙基暗橄榄绿色；跗跖—黄绿色。【分布与习性】繁殖于欧亚大陆北部，越冬于非洲、南亚及东南亚和澳大利亚。

国内见于各省，于东北和西北地区为夏候鸟，于包括海南与台湾在内的东南沿海省份为冬候鸟。常栖息于沼泽、湖泊、河流等地带。【鸣声】有时发出较快速而尖锐的金属音"zei zei zei"声。

小黄脚鹬 David A. Mitchel

小黄脚鹬 USFWS

白腰草鹬 沈越

白腰草鹬 非繁殖羽 沈越

林鹬 针云

林鹬 张永

林鹬 张琴

林鹬 张琴

355. 灰尾漂鹬　Grey-tailed Tattler　*Heteroscelus brevipes*

【野外识别】体长 25~28 cm 的中型鹬。雌雄相似。成鸟头部灰色，具明显白色眉纹；腰部具不明显深褐色横斑。繁殖羽胸部、腹部灰白色具明显深褐色横纹。非繁殖羽胸部具灰色斑块，腹部白色。幼鸟背部羽缘浅色。飞行时翼下深灰色。似漂鹬，但停歇时翼、尾几乎等长。虹膜—深褐色；喙—喙端深褐色，喙基青绿色；跗跖—近黄色。【分布与习性】繁殖于西西伯利亚北部及东西伯利亚东部，在东南亚及澳大利亚沿海越冬。国内于东北、华北、华东、华南等地为旅鸟，于海南和台湾为冬候鸟。常栖息于多岩石海岸、沿海滩涂、河口等生境。【鸣声】有时发出较响亮的金属音"ji wei wei"声。

356. 漂鹬　Wandering Tattler　*Heteroscelus incanus*

【野外识别】体长 26~29 cm 的中型鹬。雌雄相似。成鸟头部具明显白色眉纹，腰部灰色几乎无斑纹。繁殖羽胸部、腹部灰白色具甚明显深褐色横纹。非繁殖羽胸部灰色而少斑纹。幼鸟背部羽缘浅色。飞行时翼下深灰色。似灰尾漂鹬，但通常灰色更重，停栖时翅略长于尾。虹膜—深褐色；喙—喙端深褐色，喙基青绿色；跗跖—淡黄色。【分布与习性】繁殖于楚科奇半岛及北美洲极西北部，越冬于新几内亚及澳大利亚东北部以东的环太平洋中低纬度地区及岛屿。国内分布于台湾，为罕见冬候鸟。较灰尾漂鹬更喜多岩石海岸。【鸣声】有时发出较响亮的金属音"ju ju wei wei"声。

357. 翘嘴鹬　Terek Sandpiper　*Xenus cinerea*

【野外识别】体长 22~25 cm 的较小型鹬。雌雄相似。喙橙黄色而上翘，跗跖橙黄色且较短。繁殖羽胸部多灰色斑纹，肩羽具明显黑色条纹，腹部白色无斑纹。非繁殖羽整体颜色较浅；胸部偏白色而少斑纹；背部灰白色。飞行时次级飞羽、三级飞羽后端白色，跗跖不伸出尾后。虹膜—深褐色；喙—喙端深褐色，喙基橙黄色；跗跖—橙黄色。【分布与习性】繁殖于欧亚大陆北部，越冬于非洲至东南亚及澳大利亚沿海地区。国内见于各省，除在台湾为冬候鸟外，于其余各地为旅鸟。常栖息于沿河滩涂、河口地带。【鸣声】有时发出快速而响亮的金属音"kui wei wei"声。

灰尾漂鹬 沈越

灰尾漂鹬 沈越

灰尾漂鹬 非繁殖羽 朱雷

漂鹬 董磊

翘嘴鹬 董江天

翘嘴鹬
非繁殖羽 张永

358. 矶鹬　Common Sandpiper　*Actitis hypoleucos*

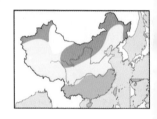

【野外识别】体长 16~22 cm 的较小型鹬鸟。雌雄相似。成鸟头部灰色，具较明显灰白色眉纹；胸侧具灰褐色斑块；腹部白色无斑纹；背部灰色，翼角前缘白色甚明显。繁殖羽整体灰色较重。幼鸟背部具浅色羽缘。飞行时翼上具白色横纹，腰无白色。虹膜—深褐色；喙—灰褐色；跗跖—青绿色。【分布与习性】繁殖于欧亚大陆中部及北部，在非洲、亚洲及大洋洲越冬。国内见于各省，于北方为夏候鸟，于包括海南与台湾在内的南方为冬候鸟。常栖息于湖泊、池塘、沼泽、河流等生境。【鸣声】有时发出连续而响亮的金属音"ji ji wei wei"声。

359. 翻石鹬　Ruddy Turnstone　*Arenaria interpres*

【野外识别】体长 18~25 cm 的较小型鹬鸟。雌雄相似。成鸟头部、胸部具黑色、棕色和白色杂斑；黑色喙部较短，橙红色跗跖较短。繁殖羽头部白色具黑色斑纹；胸部黑色；背部棕红色且具黑色斑块。雄鸟较雌鸟色重。非繁殖羽背部暗褐色。幼鸟背部羽缘浅色，跗跖橘黄色。飞行时翼上具明显黑白色斑块，翼下白色，尾羽次端斑为黑色。虹膜—深褐色；喙—深灰色；跗跖—橙红色。【分布与习性】繁殖于环北极的沿海地区，在中低纬度的沿海地区越冬。国内除云南、贵州、四川外，见于各省；于南海沿海省份及台湾为冬候鸟，其余为旅鸟。常栖息于多岩石海岸、沿海滩涂、盐田、内陆湖泊等生境。【鸣声】有时发出连续的金属音"ju wei, ju wei"声。

360. 大滨鹬　Great Knot　*Calidris tenuirostris*

【野外识别】体长 26~30 cm 的中型鹬鸟。雌雄相似。为整体灰黑色的大型滨鹬。繁殖羽头部灰白色多灰褐色斑纹；胸部具明显大面积黑色斑纹；背部灰黑色具棕红色斑块。非繁殖羽胸部、腹部灰白色具灰色斑纹；背部灰色。飞行时腰白色，尾羽末端灰色。大滨鹬非繁殖羽似红腹滨鹬非繁殖羽，但大滨鹬个体较大，喙较长。虹膜—深褐色；喙—深灰色；跗跖—灰绿色。【分布与习性】繁殖于西伯利亚东部，主要在亚洲南部及澳大利亚沿海地区越冬。国内于东部及北部沿海省份和台湾为旅鸟，于东南部沿海省份和海南为冬候鸟。常栖息于沿海滩涂、沙滩、盐田等生境。【鸣声】有时发出连续的金属哨音"gu ju，gu ju"声。

矶鹬 计云

矶鹬 朱雷

矶鹬 沈越

翻石鹬 朱雷

翻石鹬 非繁殖羽 张琴

翻石鹬 非繁殖羽 沈越

大滨鹬 关翔宇

大滨鹬 沈越

大滨鹬 幼 沈越

361. 红腹滨鹬　Red Knot　*Calidris canutus*

【野外识别】体长23~25 cm的较小型鸻鹬。雌雄相似。繁殖羽头部、喉部、胸部、腹部红色少斑纹；背部灰黑色具红色斑块。非繁殖羽整体灰色；胸部、腹部灰白色具不明显斑纹。幼鸟背部羽缘浅色，跗跖偏黄绿色。飞行时腰灰白色具较不甚明显横纹，尾羽末端黑色。红腹滨鹬非繁殖羽似大滨鹬非繁殖羽，识别见相应种描述。虹膜－深褐色；喙－深灰色；跗跖－黄绿色。【分布与习性】繁殖于环北极部分地区，在各大洲部分中低纬度沿

海地区越冬。国内见于沿海周边地区，除于海南、广东和广西为冬候鸟外，多为各地旅鸟。常栖息于沿海滩涂、盐田、河口等生境。【鸣声】有时发出响亮的"gui gui，gui gui gui"声。

362. 三趾滨鹬／三趾鹬　Sanderling　*Calidris alba*

【野外识别】体长18~21 cm的较小型鸻鹬。雌雄相似。繁殖羽头部红褐色具褐色斑纹；胸部红褐色具灰褐色点状斑纹；背部具黑色和红褐色杂斑。非繁殖羽头顶灰色；喉部、胸部、腹部白色无斑纹；背部灰色。幼鸟肩羽多黑色斑纹。飞行时灰色条纹纵贯腰中部，两侧白色，尾羽末端灰色。三趾滨鹬非繁殖羽似红颈滨鹬非繁殖羽，但本种个体较大，喙较长。虹膜－深褐色；喙－黑色；跗跖－黑色。【分布与习性】繁殖于环北极

部分地区，在各大洲中低纬度沿海地区越冬。国内除黑龙江、内蒙古、云南、四川外，见于各省，为少见旅鸟，其中于包括台湾在内的东南沿海地区为冬候鸟。常栖息于沿海滩涂、盐田、河口等生境。【鸣声】有时发出快速连续而尖厉的"kuai po，kuai po"声。

363. 西方滨鹬　Western Sandpiper　*Calidris mauri*

【野外识别】体长18~21 cm的小型鸻鹬。雌雄相似。繁殖羽头顶、贯眼纹棕红色，喙部较长而略下弯；胸部、腹部灰白色具明显黑色点状斑纹；翼上覆羽棕红色，飞羽灰色。非繁殖羽整体色浅；胸腹、腹部白色少斑纹；背部灰色。幼鸟背部羽缘浅色。飞行时灰色条纹纵贯腰中部，两侧白色，尾羽末端灰色。虹膜－深褐色；喙－黑色；跗跖－黑色。【分布与习性】繁殖于楚科奇半岛及阿拉斯加西北沿海地区，在北美洲及南美洲中

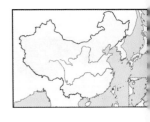

低纬度沿海越冬。国内于台湾和河北有迷鸟记录。常栖息于沿海滩涂、河口等生境。【鸣声】有时发出快速而连续的"kuai ji，kuai ji"声。

红腹滨鹬 关翔宇

红腹滨鹬 关翔宇

红腹滨鹬 非繁殖羽 关翔宇

三趾滨鹬 关翔宇

三趾滨鹬 非繁殖羽 沈越

三趾滨鹬 非繁殖羽 蔡欣然

西方滨鹬 李博旸

西方滨鹬 李博旸

364．红颈滨鹬 Red-necked Stint *Calidris ruficollis*

【野外识别】体长 13~16 cm 的小型鸻鹬。雌雄相似。繁殖羽头部、喉部、颈部红色；胸部白色具深褐色斑纹；腹部白色无斑纹；背部灰褐色，翼上覆羽具红褐色杂斑。非繁殖羽头顶灰色；颈部、胸部、腹部白色无斑纹；背部、两翼灰色。飞行时灰色条纹纵贯腰中部，两侧白色，尾羽末端灰色。似小滨鹬，但喙较厚，跗跖较短。虹膜—深褐色；喙—近黑色；跗跖—近黑色。

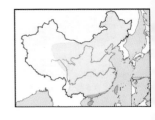

【分布与习性】繁殖于东西伯利亚的极北区域，在亚洲南部到大洋洲沿海地区越冬。国内见于各省，除于南部沿海省份及海南和台湾为冬候鸟外，于其余各地为旅鸟。常栖息于沿海滩涂、河口、湖泊、沼泽等生境。【鸣声】有时发出响亮而尖锐的"ju wei，ju wei"声，尾音哨声明显。

365．小滨鹬 Little Stint *Calidris minuta*

【野外识别】体长 12~14 cm 的小型鸻鹬。雌雄相似。繁殖羽头部红褐色，喉部白色无斑纹，颈部两侧具红褐色斑纹，背部具明显白色"V"字形斑纹。非繁殖羽头顶灰色；颈部、胸部、腹部白色无斑纹；背部、两翼灰色。飞行时灰色条纹纵贯腰中部，两侧白色，尾羽末端灰色。似红颈滨鹬，但飞羽羽缘栗色，喙较细，跗跖较长；繁殖羽喉部白色，背部具白色"V"字形斑纹。虹膜—深褐色；喙—黑色；跗跖—黑色。

【分布与习性】繁殖于欧亚大陆极北部，在非洲南部至南亚越冬。国内见于河北、江苏、上海、香港、新疆等地，于东部为迷鸟，于新疆为旅鸟。常栖息于沿海滩涂、河口等生境。【鸣声】有时发出连续响亮而尖锐的"sei sei sei"声，尾音哨声明显。

366．青脚滨鹬 Temminck's Stint *Calidris temminckii*

【野外识别】体长 13~15 cm 的小型鸻鹬。雌雄相似。整体偏灰色、喙黑色、青绿色跗跖较短的小型滨鹬。繁殖羽头部深灰色具不明显褐色斑纹；胸部具深灰色斑块，腹部白色无斑纹；背部深灰色具黑色杂斑。非繁殖羽背部灰色无杂斑。幼鸟背部羽缘浅色，跗跖偏黄色。飞行时灰色条纹纵贯腰中部，两侧白色，尾羽末端灰色。虹膜—深褐色；喙—喙端黑色，喙基青绿色；跗跖—青绿色。

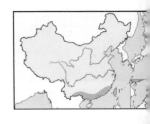

【分布与习性】繁殖于欧亚大陆极北部，主要在非洲及亚洲中低纬度越冬。国内见于各省，于南部沿海省份及台湾为冬候鸟，在其余地方为旅鸟。常栖息于沿海滩涂、河口、湖泊、沼泽等生境。【鸣声】有时发出极其快速而连续的"sei sei sei"声。

红颈滨鹬 沈越

红颈滨鹬 非繁殖羽 计云

小滨鹬 张岩

青脚滨鹬 计云

青脚滨鹬 幼 朱雷

小滨鹬 非繁殖羽 邢睿

367. 长趾滨鹬　Long-toed Stint　*Calidris subminuta*

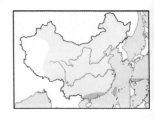

【野外识别】体长 13~15 cm 的小型鸻鹬。雌雄相似。整体棕褐色、体形修长的小型滨鹬。繁殖羽头部褐色多斑纹；胸部近白色具褐色斑纹；腹部白色无斑纹；背部棕褐色具黑色杂斑。非繁殖羽背部、两翼灰褐色。幼鸟背部羽缘浅色，跗跖偏黄色。飞行时跗跖略伸出尾后，灰色条纹纵贯腰中部，两侧白色，尾羽末端灰色。似姬滨鹬，但本种体形较修长，颈部与跗跖较长，喙基色浅。虹膜—深褐色；喙—喙端黑色，喙基青绿色；跗跖—青绿色。【分布与习性】繁殖于欧亚大陆北部若干个独立繁殖区，在亚洲南部至澳大利亚越冬。国内见于各省，于南部沿海省份及台湾为冬候鸟，于其余各地为旅鸟。常栖息于池塘、沼泽、农田等生境。【鸣声】有时发出响亮的"ju wei, ju wei"声，哨声明显。

368. 姬滨鹬　Least Sandpiper　*Calidris minutilla*

【野外识别】体长 13~15 cm 的小型鸻鹬。雌雄相似。繁殖羽头部灰褐色具明显斑纹；胸部灰白色具灰褐色斑纹；腹部白色无斑纹；背部灰褐色具深色杂斑。非繁殖羽背部、两翼近灰色。幼鸟跗跖色偏黄。飞行时跗跖不伸出尾后，黑色条纹纵贯腰中部，两侧白色，尾羽末端灰色。甚似长趾滨鹬，但本种背部颜色较浅，跗跖较短。虹膜—深褐色；喙—黑色；跗跖—青绿色。【分布与习性】繁殖于北美洲北部，越冬于北美洲和南美洲中低纬度地区。国内仅于北戴河有迷鸟记录。常栖息于沿海滩涂、海滨等生境。【鸣声】有时发出响亮的"sui sui sui"声，哨声明显。

369. 白腰滨鹬　White-rumped Sandpiper　*Calidris fuscicollis*

【野外识别】体长 16~18 cm 的小型鸻鹬。雌雄相似。整体较粗壮，喙短而略下弯。繁殖羽头部灰色，头顶多褐色斑纹；胸部灰白色多褐色斑纹；腹部白色少斑纹；背部灰色具黑色杂斑。非繁殖羽背部灰色少斑纹。幼鸟背部具浅色羽缘。飞行时跗跖不伸出尾后，腰部白色，尾羽末端灰色。虹膜—深褐色；喙—黑色；跗跖—黑色。【分布与习性】繁殖于北美洲极北部，越冬于南美洲中高纬度东海岸。国内仅于河北、四川有迷鸟记录。常栖息于沿海滩涂、内陆湿地等生境。【鸣声】有时发出尖锐而响亮的"zei zei"声，似塑料摩擦声。

长趾滨鹬 关翔宇

长趾滨鹬 张琴

长趾滨鹬 非繁殖羽 朱雷

姬滨鹬 李博旸

白腰滨鹬 dfaulder

白腰滨鹬 非繁殖羽 Feroze Omardeen

白腰滨鹬 非繁殖羽 Silver Leapers

370. 黑腰滨鹬　Baird's Sandpiper　*Calidris bairdii*

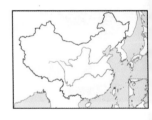

【野外识别】体长 14~17 cm 的小型鸻鹬。雌雄相似。整体灰褐色，黑色喙短而直。繁殖羽头部灰褐色，头顶具深灰色斑纹；胸部近白色具灰色斑纹，腹部白色无斑纹；背部灰色具黑色斑纹。非繁殖羽整体偏褐色，胸部具灰褐色斑块。停栖时翅长于尾，飞行时跗跖不伸出尾后，可见明显黑色条纹纵贯腰中部，两侧白色。虹膜—深褐色；喙—黑色；跗跖—黑色。【分布与习性】繁殖于北美洲极北部和楚科奇半岛，越冬于南美洲中高纬度地区。国内于台湾有迷鸟记录。常栖息于沿海滩涂、海滨等生境。【鸣声】有时发出尖锐而响亮的"ju wei, ju wei"声，似塑料摩擦声。

371. 斑胸滨鹬　Pectoral Sandpiper　*Calidris melanotos*

【野外识别】体长 19~24 cm 的较小型鸻鹬。雌雄相似。整体灰褐色；喙较长，喙端黑色，喙基黄色；胸部具明显斑纹；跗跖青绿色。繁殖羽头顶具明显褐色斑纹，胸部灰白色具规整的灰褐色斑纹，腹部白色无斑纹，背部灰褐色具棕色斑纹。非繁殖羽整体偏灰，胸部具灰色斑块，背部深灰色。幼鸟整体黄褐色，背部多棕色斑纹。飞行时可见黑色条纹纵贯腰中部，两侧白色。似尖尾滨鹬，但本种腹部无斑纹。虹膜—深褐色；喙—喙端黑色，喙基黄色；跗跖—青绿色。【分布与习性】繁殖于亚洲东部和美洲西部的极北地区，越冬于澳大利亚南部、新西兰和南美南部。国内见于河北、上海、香港、台湾等地，为迷鸟。常栖息于沿海滩涂、河口、沼泽等生境。【鸣声】有时发出粗哑的"gu wei，wei wei wei"声。

372. 尖尾滨鹬　Sharp-tailed Sandpiper　*Calidris acuminata*

【野外识别】体长 16~23 cm 的较小型鸻鹬。雌雄相似。整体灰褐色，体形较壮；喙较短粗，喙端黑色，喙基黄色，跗跖青绿色。繁殖羽头顶棕红色具深褐色斑纹，胸部、腹部偏白色具明显的三角形斑纹，背部灰褐色具棕色斑纹。非繁殖羽整体偏灰，腹部白色少斑纹。飞行时可见黑色条纹纵贯腰中部，两侧白色。似斑胸滨鹬，但本种喙较短粗，繁殖羽胸部三角形斑纹延伸至腹部。虹膜—深褐色；喙—喙端黑色，喙基黄色；跗跖—青绿色。

【分布与习性】繁殖于西伯利亚东部的极北地区，于澳新界越冬。国内见于中部和东部地区，仅于台湾为冬候鸟，于其余各地为旅鸟。常栖息于沿海滩涂、河口、沼泽、农田等生境。【鸣声】有时发出清脆而响亮的"wu jiu，wu jiu jiu"声。

黑腰滨鹬 幼 Dominic Sherony

黑腰滨鹬 幼 Jason Crotty

斑胸滨鹬 王乘东

斑胸滨鹬 幼 宗宣

尖尾滨鹬 沈越

尖尾滨鹬 关翔宇

尖尾滨鹬 非繁殖羽 JJ Harrison

373. 弯嘴滨鹬 Curlew Sandpiper Calidris ferruginea

【野外识别】体长 16~23 cm 的较小型鹬。雌雄相似。黑色喙长而下弯，跗跖黑色。繁殖羽头部、胸部、腹部栗红色；背部红褐色具黑色斑纹。非繁殖羽颈部两侧具不明显灰色斑块，胸部、腹部白色无斑纹；背部灰色。幼鸟胸部多带皮黄色，背部具浅色羽缘。飞行时腰部白色。弯嘴滨鹬非繁殖羽似黑腹滨鹬非繁殖羽，但本种喙较长且下弯较明显。虹膜—深褐色；喙—黑色；跗跖—黑色。【分布与习性】繁殖于西伯利亚的极北部，于非洲南部、亚洲南部沿海和澳大利亚越冬。国内见于除云南、贵州外的各省，其中于海南、台湾及广东为冬候鸟，于其他各地为旅鸟。常栖息于沿海滩涂、河口、沼泽等生境。【鸣声】有时发出尖锐而响亮的"ju ju ju"声。

374. 岩滨鹬 Rock Sandpiper Calidris ptilocnemis

【野外识别】体长 20~23 cm 的较小型鹬。雌雄相似。整体灰褐色、体形较壮的滨鹬。喙端黑色、喙基黄色，跗跖青黄色。繁殖羽头顶具棕褐色斑纹，喉部偏白，胸部白色具深褐色斑块，腹部白色具深褐色斑纹，背部灰褐色多栗色斑纹。非繁殖羽头部灰色，胸部具灰色斑块，腹部偏白色，背部深灰色。幼鸟初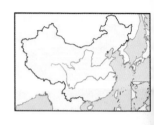级飞羽多黑色。飞行时可见黑色条纹纵贯腰中部，两侧白色。虹膜—深褐色；喙—喙端黑色，喙基黄色；跗跖—青黄色。【分布与习性】繁殖于堪察加半岛南部、楚科奇半岛及阿拉斯加西北沿海地区，在日本中部及北部和北美洲西北部越冬，在阿留申群岛为留鸟。国内于河北有迷鸟记录。常栖息于海岛和多岩石海岸等生境。【鸣声】有时发出短促而响亮的"er er er er er"声。

375. 黑腹滨鹬 Dunlin Calidris alpina

【野外识别】体长 16~22 cm 的较小型鹬。雌雄相似。黑色喙较长而略下弯，跗跖黑色。繁殖羽头部、胸部灰白色具不明显斑纹，腹部具明显黑色斑块，背部灰色具栗色斑纹。非繁殖羽头顶、背部浅灰色，胸部、腹部白色无斑纹。飞行时可见黑色条纹纵贯腰中部，两侧白色。黑腹滨鹬非繁殖羽似弯嘴滨鹬非繁殖羽，但本种黑色喙略粗、下弯弧度较小。虹膜—深褐色；喙—黑色；跗跖—黑色。【分布与习性】繁殖于环北极地区，在北半球中低纬度沿海地区越冬。国内于新疆、东北及长江以北的沿海省份为旅鸟，于长江流域及以南的沿海省份，及台湾和海南为冬候鸟。常栖息于沿海滩涂、河口、沼泽等生境。【鸣声】有时发出短促而响亮的"gui gui"声。

弯嘴滨鹬 关翔宇

弯嘴滨鹬 计云

弯嘴滨鹬 非繁殖羽 朱雷

岩滨鹬 非繁殖羽 Caleb Putnam

岩滨鹬 Francesco Veronesi

黑腹滨鹬 关翔宇

黑腹滨鹬 非繁殖羽 关翔宇

376. 高跷鹬　Stilt Sandpiper　*Micropalama himantopus*

【野外识别】体长 18~23 cm 的较小型鹬。雌雄相似。整体灰褐色；黑色喙较长而略下弯，黄绿色跗跖甚长。繁殖羽头顶具棕色斑纹，眉纹白色，眼后棕色；颈部灰白色具深褐色斑纹；胸部、腹部灰白色具明显深褐色横纹；背部灰褐色具黑色斑块。非繁殖羽头顶灰色，胸部、腹部偏白色具不明显斑纹，背部灰色。幼鸟胸部略带皮黄色。飞行时可见腰部白色具黑褐色斑点。虹膜—深褐色；喙—黑色；跗跖—黄绿色。【分布与习性】繁

殖于北美洲极北部，在北美洲南部到南美洲中部越冬。国内仅于台湾地区有迷鸟记录。常栖息于内陆湖泊、河流、水塘、沼泽等生境。【鸣声】有时发出响亮而尖锐的 "ju wei，ju ju ju" 声。

377. 勺嘴鹬　Spoon-billed Sandpiper　*Eurynorhynchus pygmeus*

【野外识别】体长 14~16 cm 的小型鹬。雌雄相似。黑色喙部较短且喙端呈明显勺状。雄鸟繁殖羽颊部、颈部、胸部棕红色具不甚明显的黑色点状斑纹，腹部白色少斑纹，背部灰褐色具棕褐色斑纹；雌鸟繁殖羽头部为棕褐色而非棕红色。非繁殖羽胸部、腹部白色无斑纹，背部浅灰色。幼鸟背部多黑色斑纹。飞行时可见黑色条纹纵贯腰中部，两侧白色。虹膜—深褐色；喙—黑色；跗跖—黑色。【分布与习性】繁殖于楚科奇半岛沿海，

主要越冬于南亚及东南亚。国内于东部沿海和长江流域及台湾为旅鸟，于南部沿海地区及海南为冬候鸟。常栖息于沿海滩涂、河口、沼泽等生境。【鸣声】有时发出一串响亮而连续的 "wei wei wei" 声。

378. 阔嘴鹬　Broad-billed Sandpiper　*Limicola falcinellus*

【野外识别】体长 15~18 cm 的小型鹬。雌雄相似。头部具明显的白色双眉纹，黑色喙较长而喙端略下弯，跗跖黑色。繁殖羽羽色较亮丽，胸部偏白色具黄褐色斑纹，腹部白色无斑纹，背部灰褐色具棕色斑纹。非繁殖羽胸部、腹部白色少斑纹，背部浅灰色。幼鸟覆羽羽缘白色，跗跖偏黄色。飞行时可见黑色条纹纵贯腰中部，两侧白色。虹膜—深褐色；喙—黑色；跗跖—黑色。【分布与习性】繁殖于欧亚大陆北部几个间断的繁殖区，

主要越冬于南亚、东南亚及澳大利亚。国内于南部沿海地区及台湾和海南为冬候鸟，于新疆、东北及其余沿海地区为旅鸟。常栖息于沿海滩涂、河口、沼泽等生境。【鸣声】有时发出响亮而尖锐的 "si wei，si wei" 声。

高蹺鷸 Dominic Sherony

高蹺鷸 Dan Pancamo

高蹺鷸 非繁殖羽 Alastair Rae

勺嘴鷸雌 劉璟

北京鷸雄 劉璟

勺嘴鷸 非繁殖羽 董文曉

闊嘴鷸 关翔宇

闊嘴鷸 朱雷

闊嘴鷸 幼 关翔宇

379. 黄胸鹬／饰胸鹬　Buff-breasted Sandpiper　*Tryngites subruficollis*

【野外识别】体长 18~20 cm 的较小型鸻鹬。雌雄相似。整体黄褐色、喙黑色、跗跖黄绿色无鲜明特点的鹬。繁殖羽头部皮黄色，头顶具黑色斑纹；颈侧两边具褐色斑点；胸部、腹部皮黄色无斑纹；背部皮黄色具黑色斑纹。非繁殖羽整体羽色较淡。幼鸟似流苏鹬幼鸟，但本种个体明显偏小，跗跖颜色较鲜亮，脸部色彩偏淡。飞行时腰部、尾羽灰色。虹膜－深褐色；喙－黑色；跗跖－黄绿色。【分布与习性】主要繁殖于北美洲北部及楚科奇半岛北部，越冬于南美洲中部。国内仅于香港和台湾有迷鸟记录。常栖息于沿海湖泊、河流、草地等生境。【鸣声】有时发出响亮而清脆的"wei, wei jiu"声。

380. 流苏鹬　Ruff　*Philomachus pugnax*

【野外识别】雄鸟体长 29~32 cm，雌鸟体长 22~26 cm 的中型鸻鹬。整体黄褐色，较粗壮。雄鸟繁殖羽头部、颈部具明显的蓬松羽毛，颜色多变；胸部多黑色斑块，腹部白色少斑纹；背部棕色。雌鸟个体小于雄鸟，繁殖羽无蓬松羽毛；头部、颈部、胸部、背部多深褐色斑纹；腹部白色无斑纹。幼鸟整体偏黄色。飞行时可见灰色条纹纵贯腰中部，两侧白色。虹膜－深褐色；喙－橙色或橙黄色；跗跖－成鸟橙色，幼鸟黄绿色。【分布与习性】繁殖于欧亚大陆北部，越冬于非洲、南亚及东南亚。国内于新疆北部经青藏高原东部至西藏南部，以及东北东部经渤海沿岸至浙江北部及台湾为旅鸟；于杭州湾以南的沿海地区及海南为冬候鸟。常栖息于沿海滩涂、湖泊、河流等生境。【鸣声】有时发出响亮的连续单音节的金属哨音"wei wei wei"声。

381. 红颈瓣蹼鹬　Red-necked Phalarope　*Phalaropus lobatus*

【野外识别】体长 18~21 cm 的较小型鸻鹬。整体灰色，黑色喙较长。繁殖羽雄鸟头顶灰色，颈部具棕黄色条带；胸部略带灰色，腹部白色无斑纹；背部灰色具黄褐色斑纹。雌鸟似雄鸟，但头顶深灰色，颈部具栗色条带。非繁殖羽头部、胸部多白色；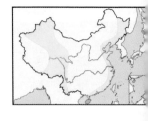背部浅灰色。幼鸟头顶、背部多深灰色。飞行时可见灰色条纹纵贯腰中部，两侧白色。似灰瓣蹼鹬，但喙较细长。虹膜－深褐色；喙－黑色；跗跖－灰色。【分布与习性】繁殖于环北极地区，在太平洋东部近岸、阿拉伯海及东南亚东部海域越冬。国内于东北东部以及沿海各省份及台湾和从新疆经青藏高原东部到云南和西藏南部的地区为旅鸟，仅于海南为冬候鸟。常栖息于沿海浅水区域、鱼塘、沼泽等生境。常打转取食，不惧人。【鸣声】有时发出单调而较连续的"zha zha zha"声。

黄胸鹬 Tim Lenz

黄胸鹬 非繁殖羽
Caleb G. Putnam

流苏鹬 雄 亦诺

流苏鹬 雄 亦诺

流苏鹬 幼 染羽

流苏鹬 非繁殖羽 沈越

红颈瓣蹼鹬 雌 朱雷

红颈瓣蹼鹬 雄 慕童

红颈瓣蹼鹬 幼 关翔宇

382. 灰瓣蹼鹬 Grey Phalarope *Phalaropus fulicarius*

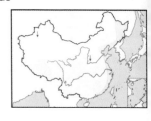

【野外识别】体长 20~21 cm 的较小型鸻鹬。雄鸟繁殖羽头顶灰褐色，具深褐色斑纹，脸颊白色，黄色喙仅喙端黑色；颈部、胸部、腹部栗红色，无斑纹；背部灰色，具黄褐色斑纹。雌鸟似雄鸟，但头顶黑色无斑纹。非繁殖羽头顶浅灰色，喙黑色；喉部、胸部、腹部白色，无斑纹；背部浅灰色。幼鸟背部深灰色。飞行时可见腰部、尾羽灰色。似红颈瓣蹼鹬，但喙较短粗。虹膜—深褐色；喙—成鸟繁殖羽喙端黑色，其余黄色，非繁殖羽喙部黑色；跗跖—灰色。【分布与习性】繁殖于环北极地区，多在东太平洋及大西洋近岸海域越冬。国内见于东北东部和东部沿海地区及台湾，多为各地罕见旅鸟。常栖息于沿海浅水区域、鱼塘、沼泽等生境。常打转取食，不惧人。【鸣声】有时发出单调而较连续的"zha ge，zha ge"声。

383. 南极贼鸥 South-Polar Skua *Stercorarius maccormicki*

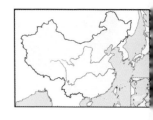

【野外识别】体长 50~55 cm 的大型贼鸥。雌雄相似。喙粗壮，具钩。有两种色型。浅色型头颈、上体及整个下体灰褐色，两翼深褐色，羽缘颜色稍淡，初级飞羽基部白色醒目。尾羽暗灰褐色，中央尾羽略突出但不延长。深色型通体暗褐色。成年飞行时两翼宽阔。幼鸟通体遍布纵纹。虹膜—黑色；喙—黑色；跗跖—黑色。【分布与习性】繁殖于南极地区，非繁殖季游荡至北半球，有时经过南海南部。国内仅记录于台湾，为迷鸟。通常捕食鱼类，较少掠夺其他海鸟的食物。【鸣声】通常不鸣叫，有时发出粗哑的"嘎嘎"声。

384. 中贼鸥 Pomarine Skua *Stercorarius pomarinus*

【野外识别】体长 46~51 cm 的大型贼鸥。雌雄相似。有两种色型。浅色型繁殖羽眼前至枕后黑色，耳羽、颈侧和后颈淡黄色。整个上体和翼上覆羽暗褐色，飞羽黑褐色，初级飞羽基部白色。下体近白色，胸部具暗色横带，下腹部和尾下覆羽暗褐色并具有淡色横斑。尾羽深色，中央尾羽突出 5 cm 左右，末端钝圆。深色型上体黑色，下体暗褐色，仅初级飞羽基部色浅。非繁殖羽头罩褐色，下体多杂斑。幼鸟无明显头罩，通体遍布淡色杂斑。虹膜—深褐色；喙—黑色；跗跖—黑色。【分布与习性】繁殖于北极地区，非繁殖季南迁至低纬度海域。国内见于东海和南海，为罕见过境鸟。迷鸟至内陆。性凶悍，飞行技巧高超，有时抢夺其他海鸟的食物。【鸣声】通常不鸣叫，有时发出尖厉的叫声。

灰瓣蹼鹬 雌 Sandip
Bhattacharya

灰瓣蹼鹬 非繁殖羽 赵建英

及贼鸥
ll Pollard

南极贼鸥 王英

中贼鸥 非繁殖羽 jomilo75

中贼鸥 深色型 Paul J. Hurtado

中贼鸥 jomilo75

385. 短尾贼鸥 Parasitic Jaeger *Stercorarius parasiticus*

【野外识别】体长 41~46 cm 的中型贼鸥。雌雄相似。有两种色型。浅色型繁殖羽头顶黑褐色，耳羽和颈侧黄色；背部和两翼暗褐色；初级飞羽基部白色；下体白色，胁部灰褐色，尾下覆羽灰褐色；尾黑褐色，基部白色，中央尾羽延长，末端较尖。深色型头顶黑色，通体烟褐色，仅初级飞羽基部色淡。浅色型非繁殖羽头顶深褐色，上体褐色并具有浅色横斑，下体亦带有杂斑。幼鸟似成鸟，但全身带有明显的横纹。虹膜—暗褐色；喙—黑色；跗跖—黑色。【分布与习性】繁殖于北极地区，非繁殖季迁徙至低纬度海域。国内甚罕见于东海至南海。飞行轻快，经常掠夺其他海鸟的食物，也伴随船只捡食废弃物。【鸣声】通常不鸣叫，有时发出急促的吠叫声。

386. 长尾贼鸥 Long-tailed Skua *Stercorarius longicaudus*

【野外识别】体长 50~58 cm 的大型贼鸥。雌雄相似。有两种色型。浅色型繁殖羽头顶黑色，后颈白色；上体灰褐色；初级飞羽黑褐色，仅有 2~3 枚羽轴白色；脸颊淡黄色，胸腹部白色，下腹至尾下覆羽淡灰褐色；尾黑色，中央尾羽极度延长，突出于尾端可达 22 cm，末端尖锐。暗色型脸颊污黄色，其余通体灰褐色，非常罕见。非繁殖羽色暗且中央尾羽延长缩短。幼鸟羽色变异较大，通体具有横斑，中央尾羽突出较短。虹膜—黑褐色；喙—黑色；跗跖—灰黑色。【分布与习性】繁殖于北极地区的苔原，非繁殖季迁徙至南半球。国内为罕见过境鸟。主要取食鱼类，也捕食各种小型动物。【鸣声】通常不鸣叫，有时发出尖厉的号叫。

387. 三趾鸥 Black-legged Kittiwake *Rissa tridactyla*

【野外识别】体长 38~40 cm 的中型鸥类。雌雄相似。成鸟繁殖羽头颈、下体和尾羽白色，上体和翼上银灰色，翼尖黑色；尾略凹。非繁殖羽后颈和耳羽具灰色污斑。幼鸟和第一年冬羽喙黑褐色，后颈和尾端具黑褐色横带。外侧初级飞羽、内侧覆羽及三级飞羽深色，飞行时在翼上形成明显的"M"形图案。与小鸥幼鸟的区别在于头顶色浅，上体深灰色，翼后缘色淡。第二年冬羽与成鸟相似，最外侧初级飞羽具有黑色边缘，喙略带黑色。虹膜—褐色；喙—黄色；跗跖—深褐色，偶尔带橙黄色。【分布与习性】分布于北球寒带至温带海域，偶至中国的台湾、渤海、东海和南海沿海地区，为罕见冬候鸟。海洋性鸟类较少进入内陆。飞行振翅轻快而僵硬，取食海洋无脊椎动物和鱼类，或尾随渔船捡拾商业捕的废弃物。【鸣声】群栖繁殖时发出急促或拉长的笛音，其他季节通常不叫。

短尾贼鸥 慕童

短尾贼鸥 慕童

长尾贼鸥 慕童

三趾鸥 慕童

三趾鸥 非繁殖羽 慕童

三趾鸥 幼 慕童

388. 叉尾鸥　Sabine's Gull　*Xema sabini*

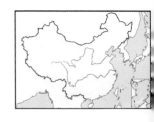

【野外识别】体长27~33 cm的小型鸥类。雌雄相似。喙短，成鸟繁殖羽具深灰黑色的头罩，边缘黑色，较其他鸥类保持更久；上体和翼上覆羽灰色，飞行时可见白色的次级飞羽和内侧初级飞羽与黑色的外侧初级飞羽形成明显的颜色对比；下体、翼下覆羽、尾上覆羽及尾羽白色，尾羽浅叉状。非繁殖羽枕部和后颈具有大片污斑。幼鸟喙黑色，跗跖暗粉色；头部与非繁殖羽相似，枕、背、胸侧和翼上覆羽灰褐色并具鳞状斑，尾羽具黑色横带。虹膜—褐色；喙—黑色而端黄；跗跖—黑色。【分布与习性】主要繁殖于高纬度的苔原沼泽，于近南美洲的东太平洋和近非洲西南的东大西洋越冬。海洋性鸟类，国内仅记录于南沙群岛；偶尔因风暴而近岸，为迷鸟。【鸣声】粗糙而尖锐的"呱呱"声，迷鸟通常不叫。

389. 楔尾鸥　Ross's Gull　*Rhodostethia rosea*

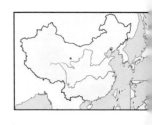

【野外识别】体长29~33 cm的小型鸥类。雌雄相似。喙纤细，成鸟繁殖羽头部和下体略带粉色，可保持至冬季；具狭窄的黑色颈环，于枕部最宽；上体和翼上覆羽浅灰色，翼后缘白色且不延伸至翼尖，翼下覆羽深灰色，尾羽白色，楔形。成鸟非繁殖羽无颈环，头顶、颈部和胸侧浅灰色，耳羽及眼先具深色斑。幼鸟头顶和枕部褐色，肩羽和背羽具鳞状斑，跗跖暗粉色。第一年冬羽似非繁殖羽，翼上具"M"形图案，与小鸥幼鸟的区别在于次级飞羽颜色较浅且无斑纹，白色翼后缘更宽，头顶颜色较淡，尾带较窄。虹膜—黑色；喙—黑色；跗跖—红色。【分布与习性】繁殖于西伯利亚东北部和美洲北部的高纬度地区，冬季做短距离迁徙。海洋性鸟类，在国内甚罕见，于辽宁和青海有迷鸟记录。翼狭长，飞行优雅而似燕鸥。【鸣声】在繁殖期发出轻柔的哨音，迷鸟通常不叫。

390. 细嘴鸥　Slender-billed Gull　*Larus genei*

【野外识别】体长42~44 cm的中型鸥类。雌雄相似。成鸟繁殖羽上体和翼上覆羽灰色，初级飞羽末端黑色，最外侧4枚初级飞羽白色，下体白而略带粉色。成鸟冬羽耳后具模糊的灰色污斑，下体的粉红色消退。幼鸟喙和跗跖橙黄色，耳后具深色斑，翼上覆羽和飞羽深褐色。第一年冬羽翼上覆羽淡褐色，具狭窄的黑色尾带。与红嘴鸥的区别在于本种体形较大，额前倾，喙和头颈都更为修长；成鸟繁殖羽无深色头罩，幼鸟颜色对比更弱。虹膜—黄白色，非繁殖期淡褐色；喙—暗红色，非繁殖期红色；跗跖—暗红色。【分布与习性】分布于欧洲、中亚和非洲北部，非繁殖期主要在沿海地区活动。在国内为甚罕见的冬候鸟或迷鸟。【鸣声】类似于红嘴鸥但更干涩。

叉尾鸥 Gregory Slobirdr Smith

叉尾鸥 非繁殖羽
putneymark

叉尾鸥 幼
Kaaren Perry

楔尾鸥 Dominic Sherony

楔尾鸥 非繁殖羽
Tim Lenz

细嘴鸥 El Golli Mohamed

细嘴鸥 logan kahle

细嘴鸥 幼 文辉

细嘴鸥 幼 Ferran Pestaña

391. 澳洲红嘴鸥　Silver Gull　*Larus novaehollandiae*

【野外识别】体长 38~43 cm 的中型鸥类。雌雄相似。成鸟眼圈红色，头颈、下体和尾羽白色，上体和翼上覆羽灰色，最外侧初级飞羽黑色并具白斑。幼鸟喙、虹膜和跗跖暗色，头顶具褐色斑，上体和翼上覆羽具褐色鳞状斑，飞行时可见翼后缘有深色次端斑，尾羽有深褐色次端斑横带。喙—鲜红色；虹膜—近白色；跗跖—红色。【分布与习性】广布于澳大利亚沿海和内陆水域，非繁殖期进行短距离游荡。国内于台湾有迷鸟记录。适应能力较强，生境多样，食性杂。【鸣声】群体活动时发出干涩的嘈杂叫声。

392. 棕头鸥　Brown-headed Gull　*Larus brunnicephalus*

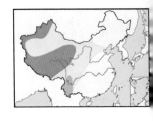

【野外识别】体长 41~45 cm 的中型鸥类。雌雄相似。成鸟繁殖羽具深棕色头罩和断裂的眼圈。上体和翼上覆羽浅灰色，内侧初级飞羽和次级飞羽浅灰色，外侧初级飞羽和初级覆羽白色，翼尖黑色，具 2~3 枚翼镜。下体和尾羽白色。非繁殖羽无头罩，在眼后有深色斑。与红嘴鸥的区别在于本种虹膜色淡，体形较大，飞行时翼尖图案不同。幼鸟虹膜深色。第一年冬羽与非繁殖羽相似，但翼尖和次级飞羽黑色，尾羽具黑色横带。虹膜—近白色；喙—深红色，非繁殖期橘红色而端部黑色；跗跖—红色。【分布与习性】繁殖于亚洲中部地区，通常越冬于印度和东南亚。国内繁殖于新疆北部和青藏高原，越冬于西南地区，偶见于东南沿海地区，可能与红嘴鸥等混群。【鸣声】群栖时发出嘈杂而尖厉的叫声。

393. 红嘴鸥　Black-headed Gull　*Larus ridibundus*

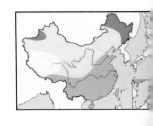

【野外识别】体长 37~43 cm 的中型鸥类。雌雄相似。成鸟繁殖羽具有深巧克力色的头罩和白色眼圈。上体和翼上覆羽浅灰色，飞行时具有狭窄的黑色翼尖，翼前缘的外侧初级飞羽白色显著，是重要的识别特征。下体和尾羽白色。成鸟非繁殖羽无头罩，头顶和眼后有深色污斑。与棕头鸥相似，区别见相应种描述。幼鸟喙和跗跖橙黄色，上体、三级飞羽和翼上覆羽褐色，具有狭窄的黑色尾带。第一年冬羽头部和上体颜色与成鸟相似。第一年夏羽个体通常具有部分头罩，翼上覆羽颜色变淡。虹膜—暗褐色；喙—暗红色，非繁殖期红色而端部黑色；跗跖—暗红色。【分布与习性】广布于欧亚大陆。国内于东北和西北部分地区为夏候鸟，迁徙时见于全国大部分地区，于黄河以南地区及台湾和海南为冬候鸟。通常成群活动于沿海和内陆水域，于城市和农田可见。善游泳，经常在水面漂浮。【鸣声】集群活动时非常嘈杂，发出长而尖厉的"啊啊"声，以及急促而含糊的短音。

澳洲红嘴鸥 崔月

澳洲红嘴鸥
Ron Knight

澳洲红嘴鸥
幼 朱雷

棕头鸥 沈越

棕头鸥 非繁殖羽 张永

棕头鸥 非繁殖羽 张永

红嘴鸥 朱雷

红嘴鸥 崔月

红嘴鸥 非繁殖羽 张永

红嘴鸥 幼 关翔宇

394. 黑嘴鸥　Saunders's Gull　*Larus saundersi*

【野外识别】体长 29~32 cm 的小型鸥类。雌雄相似。喙短粗。成鸟繁殖羽具黑色头罩，白色眼圈较宽并在前方断开。上体和翼上覆羽浅灰色，飞行时黑色的初级飞羽末端具有一串白斑，外侧初级飞羽形成白色翼前缘，次级飞羽末端形成白色翼后缘。下体和尾羽白色。非繁殖羽无头罩，头顶和耳后具深灰色污斑。幼鸟头部污斑更显著，翼上覆羽、三级飞羽和初级飞羽末端褐色，并具狭窄的黑色尾带，跗跖暗橙色。虹膜—暗褐色；喙—黑色；跗跖—暗红色。【分布与习性】东亚特有鸟类，主要分布于中国。繁殖于中国黄海、渤海地区具有稀疏植被的干燥海岸，越冬于中国东部沿海和日本等地。飞行优雅而似燕鸥，通常在滩涂上方来回巡视，突然下降捕捉鱼类和小型无脊椎动物。对海滩栖息地的依赖性强，几乎不进入内陆。【鸣声】尖锐而类似燕鸥的"唧唧"声。

395. 小鸥　Little Gull　*Larus minutus*

【野外识别】体长 25~29 cm 的小型鸥类。雌雄相似。喙纤细。成鸟繁殖羽具范围较大的黑色头罩，上体和翼上覆羽浅灰色，翼下覆羽深灰色，在飞行中可见两种颜色交替闪现，显得十分独特。飞羽末端具白色羽缘，使翼尖看起来圆润。下体白色至略带粉色，尾羽白色而略凹。非繁殖羽头顶灰黑色，耳羽具新月状斑点。幼鸟上体、翼上覆羽和飞羽深褐色，在翼上形成"M"形图案，次级飞羽具有模糊的色斑，尾羽白色并具狭窄的黑色尾带，跗跖淡粉色。第一年冬羽背羽灰色，第一年夏羽具有部分或者完整头罩，翼上斑纹变淡。虹膜—深褐色；喙—暗红色至黑色；跗跖—红色，冬季较暗淡。【分布与习性】分布于欧亚大陆和北美洲，越冬于中亚和北非等地。国内于新疆北部和东北西北部为夏候鸟，向西迁徙越冬，在东部沿海地区有迷鸟记录。常与其他鸥类混群活动，振翅快速，飞行不稳定而似燕鸥。从水面捡拾食物，或飞捕昆虫。【鸣声】尖锐而类似燕鸥的笛音，有时发出一连串急促的"唧唧"声。

396. 笑鸥　Laughing Gull　*Larus atricilla*

【野外识别】体长 39~46 cm 的中型鸥类。雌雄相似。成鸟繁殖羽具深色头罩和断裂的白色眼圈。上体和翼上覆羽深灰色，翼尖上下均有大面积黑色，翼下覆羽灰色，尾羽白色。与弗氏鸥的区别在于本种喙更长而略下弯，眼圈较窄，两翼更长，翼下覆羽至初级飞羽由灰色变为黑色，跗跖也更长。非繁殖羽头罩不明显，在头后部具少量灰色纵纹。幼鸟喙黑而端部红色，跗跖黑色，头颈和上体污棕色，与弗氏鸥的区别在于本种没有深色半头罩，两翼合拢时无白色斑点。第一年冬羽与弗氏鸥的区别在于本种头部颜色更淡，上体灰褐色，肩羽、胸侧及两胁灰色，飞行时可见腋羽深色，翼下覆羽具灰色斑点，初级飞羽全为黑色，尾羽基部灰色并具有完整而宽阔的黑色尾带。第二年冬羽与成鸟相近，初级覆羽颜色较深，大多数具黑色尾带。虹膜—深褐色；喙—暗红色；跗跖—暗红色。【分布与习性】主要分布于美洲。国内于台湾有迷鸟记录。活动于海岸和港口，取食小型动物和垃圾。【鸣声】尖锐的号叫声，以及一连串"哈哈哈"的"笑声"。

黑嘴鸥 沈岩

黑嘴鸥 沈越

黑嘴鸥 非繁殖羽 沈越

小鸥 张永

小鸥 亚成 朱雷

小鸥 幼 邢睿

笑鸥 Kurt Bauschardt

笑鸥 Heather Paul

笑鸥 非繁殖羽 慕童

397. 弗氏鸥 Franklin's Gull *Larus pipixcan*

【野外识别】体长 32~37 cm 的小型鸥类。雌雄相似。喙短粗。成鸟繁殖羽具有黑色头罩和宽阔的白色眼圈。上体和翼上覆羽深灰色，停栖时初级飞羽超出尾羽较多且具有明显的白色末端。与笑鸥的区别在于本种体形小而紧凑，喙更短，眼圈更宽，喙和跗跖颜色更鲜艳，初级飞羽末端具白斑。非繁殖羽在头后部和耳羽保留部分深色头罩。幼鸟喙和跗跖黑色，具有部分头罩，上体和翼上覆羽褐色，较笑鸥幼鸟有更强烈的对比。第一年冬羽具有界线清晰的部分头罩，上体灰色，翼上覆羽褐色，飞行时内侧初级飞羽和次级飞羽色淡而形成翼窗，颈部和下体白色，尾羽白色并具有黑色尾带。第一年夏羽与成鸟相似但无完整的头罩，初级飞羽末端黑色面积更大，次级飞羽和尾羽颜色更深；与笑鸥第一年夏羽的区别较大，后者仍保留幼鸟的翼羽和尾羽。虹膜－深褐色；喙－红色，非繁殖期黑色；跗跖－红色，非繁殖期暗红色。【分布与习性】繁殖于北美洲中西部地区，迁徙至南美洲西部越冬。在国内为迷鸟。活动于海岸和港口，取食水生动物和昆虫等。【鸣声】连续而尖锐的号叫声和"喳喳"声。

398. 遗鸥 Relict Gull *Larus relictus*

【野外识别】体长 40~45 cm 的中型鸥类。雌雄相似。喙比例较小且喙底微凸。成鸟繁殖羽具有棕黑色的头罩和明显的白色眼圈。上体和翼上覆羽浅灰色，停栖时三级飞羽形成新月状白斑，初级飞羽末端黑色且具白斑，飞行时可见两枚明显的翼镜。翼下覆羽几乎完全灰白色。非繁殖羽无头罩，白色眼圈可见，耳羽有暗灰色斑点，头顶和枕部有深色条纹。第一年冬羽头部白色，后颈有纵纹；上体、内侧初级飞羽、大覆羽和大部分中覆羽灰色，小覆羽和中覆羽末端褐色，初级覆羽和外侧初级飞羽黑色（可能具一枚小翼镜），次级飞羽和内侧初级飞羽具黑色次端斑，形成独特的翼上图案；尾羽白色并具有狭窄的黑色次端斑尾带；跗跖灰黑色。虹膜－深褐色；喙－暗红色，冬季基部可能变淡；跗跖－暗红色。【分布与习性】繁殖于亚洲中部的湖泊。国内主要越冬于渤海湾，亦见于东南沿海地区。常活动于沿海滩涂，行走的步伐类似鸻。【鸣声】干涩的号叫声和似"笑声"的叫声。

399. 渔鸥 Pallas's Gull *Larus ichthyaetus*

【野外识别】体长 60~72 cm 的大型鸥类。雌雄相似。喙长而厚，特征显著。成鸟繁殖羽具有明显的黑色头罩和白色眼圈；上体和翼上覆羽浅灰色；停栖时初级飞羽具有舌状白斑，三级飞羽形成新月状白斑；飞行时可见两翼较其他大型鸥类窄；内侧初级飞羽和初级覆羽灰色，外侧初级飞羽和覆羽白色，在翼上形成宽阔的楔形图案，翼下白色。非繁殖羽头罩消退但在脸部留有暗色痕迹。幼鸟喙粉色而端部黑色，上体褐色并有淡色羽缘，形成鳞状斑，胸侧深色与下体形成对比，具有宽阔而整齐的黑色尾带。第一年冬羽上体灰色，后颈和翼上覆羽为褐色。第二年冬羽似成鸟，两翼外侧黑色面积较大，亦具有尾带。第三年冬羽黑色面积减小，尾带仅存痕迹。虹膜－褐色；喙－黄色，喙端红色并具黑色环带；跗跖－黄色。【分布与习性】繁殖于中亚至蒙古国的内陆湖泊，大多向南或向西迁徙越冬。国内繁殖于西藏、青海和内蒙古等地，迁徙时经过西部地区。捕食鱼类、甲壳类和小型哺乳动物。【鸣声】或长或短的类似乌鸦的低沉鸣叫，非繁殖期通常不叫。

弗氏鸥 David Mitchell

弗氏鸥 幼 Eric Ellingson

弗氏鸥 非繁殖羽 ALAN SCHMIERER

遗鸥 张永

遗鸥 非繁殖羽 朱雷

遗鸥 非繁殖羽 朱雷

渔鸥 崔月

渔鸥 崔月

渔鸥 亚成 张永

400. 黑尾鸥　Black-tailed Gull　*Larus crassirostris*

【野外识别】体长 44~48 cm 的中型鸥类。雌雄相似。体形较黄腿银鸥稍小，成鸟繁殖羽上体和翼上覆羽深灰色，与初级飞羽几无颜色对比，下体白色，可能略带粉色。停栖时三级飞羽具有新月状白斑，黑色初级飞羽有较小的白斑，飞行时翼尖黑色，翼后缘白色。尾羽白色并具宽阔的黑色次端斑横带。非繁殖羽在头部、枕部具深色污斑。幼鸟深褐色，背部、翼上覆羽和三级飞羽具有淡色羽缘。第一年冬两翼褐色，下体偏灰色，头部颜色淡，颊部偏白，具明显的白色腰羽和臀羽，尾羽黑褐色。幼鸟和第一冬羽虹膜深褐色，喙粉色而端部黑色，跗跖粉色。第二年冬羽喙暗黄色而端部黑色，上体灰色，下体颜色变淡，尾羽白色并带有黑色尾带。跗跖逐渐变为淡黄色。虹膜—黄色；喙—黄色，喙端红色并具有黑色环带；跗跖—黄色。【分布与习性】繁殖于东亚的近海岛屿，南迁越冬。国内于东部和南部沿海地区以及海南和台湾常见。常成小群活动于海岛、滩涂和河口，通常不进入内陆。【鸣声】响亮的号叫或似猫叫声。

401. 海鸥　Common Gull　*Larus canus*

【野外识别】体长 40~46 cm 的中型鸥类。雌雄相似。头部较圆，喙较纤细，外表优雅。成鸟繁殖羽上体和翼上覆羽灰色，停栖时三级飞羽形成明显的新月状白斑，飞行时最外侧初级飞羽色深并具白色翼镜。头颈、下体和尾羽白色。非繁殖羽头颈和两颊具有细碎纵纹或大片污斑。幼鸟咖啡色，上体羽缘淡色形成褐色斑，次级飞羽具深色横斑，外侧初级飞羽黑色，内侧偏灰色，腰羽和尾羽白色，并具有宽阔的近黑色尾带。*kamtschatschensis* 亚种保留幼鸟羽毛直至冬末。第一年冬羽喙灰色而端部黑色，上体变灰。第二年冬羽类似成鸟，翼尖黑色面积较大，白色末端和翼镜较小，翼上覆羽褐色。虹膜—淡黄至深褐色；喙—绿色至黄色，下喙尖端具有深色斑点；跗跖—黄绿色。【分布与习性】繁殖于欧亚大陆和北美洲西北部，迁徙和越冬时较常见于中国大部分地区。较其他大中型鸥类活跃，飞行更灵活。【鸣声】极尖厉而高亢的号叫声。

402. 灰翅鸥　Glaucous-winged Gull　*Larus glaucescens*

【野外识别】体长 61~68 cm 的大型鸥类。雌雄相似。头部较平，喙粗大。成鸟繁殖羽上体和翼上覆羽灰色，停栖时三级飞羽的新月状白斑和肩羽的白斑不甚明显，通常仅 3 枚初级飞羽超过尾羽。飞行时两翼较宽而显沉重，外侧初级飞羽灰色并带有狭窄的白色末端，最外侧几枚具有较大的白色翼镜。翼下覆羽偏灰色，颜色对比不明显。非繁殖羽头顶、脸颊和枕部具模糊的褐色条纹。幼鸟和第一年冬羽喙部黑色，通体灰褐色，尾羽和两翼缺乏对比，覆羽具淡色羽缘，显得较为斑驳，初级飞羽和体羽同色。第二年冬羽上体灰褐色，初级飞羽和覆羽灰褐色，次级飞羽深褐色，腰羽白色，尾羽咖啡色。虹膜—深褐色；喙—黄色，下喙具红斑，嘴裂粉红色；跗跖—暗粉色。【分布与习性】主要分布于北太平洋，越冬于北美洲西北海岸，也至东北亚部分地区。国内甚罕见，于包括台湾在内的东南沿海为冬候鸟。【鸣声】连续的"嗷嗷"叫声，以及尖锐的哨音。

黑尾鸥 张永

黑尾鸥 张永

黑尾鸥
亚成 计云

海鸥 张连喜

海鸥 朱雷

海鸥 幼 朱雷

灰翅鸥 非繁殖羽 Kathy & Sam

灰翅鸥 Tim Lenz

灰翅鸥 幼 吴志华

403. 北极鸥　Glaucous Gull　*Larus hyperboreus*

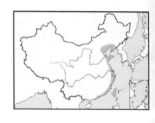

【野外识别】体长64~77 cm的大型鸥类。雌雄相似。头顶较平，眼睛小，喙粗壮，显得凶悍。成鸟繁殖羽上体和翼上覆羽较其他大型鸥类色淡，初级飞羽白色，停栖时超过尾羽较短，且与三级飞羽的新月状白斑无甚对比。翼下覆羽浅灰色，飞羽末端白色，在下方观察时呈半透明状。非繁殖羽头颈处具有模糊的褐色纵纹。幼鸟呈均匀的咖啡色，覆羽具有细纹，初级飞羽色淡，无尾带。随年龄增长体羽颜色逐渐变淡。幼鸟和第一年冬羽虹膜深褐色，喙基部暗粉色而端部黑色，第二年冬羽喙基部色淡并具有深色环带。虹膜—黄色；喙—黄色，下喙具较小的红斑；跗跖—暗粉色。【分布与习性】繁殖于欧亚大陆和北美的环北极地区，越冬区域亦偏北。国内主要活动于东部沿海地区，为不常见至罕见的冬候鸟。繁殖期主要捕食鱼类和其他海鸟的卵和幼鸟，冬季取食鱼虾和垃圾场的废弃物。【鸣声】响亮而干涩的号叫声，以及"嘎嘎"声。

404. 西伯利亚银鸥　Vega Gull　*Larus vegae*

【野外识别】体长55~67 cm的大型鸥类。雌雄相似。头和喙强壮。成鸟繁殖羽头颈和下体白色，上体和翼上覆羽灰色，停栖时三级飞羽可见显著的新月状白斑，飞行时初级飞羽末端黑色通常至P6，最外侧两枚初级飞羽具白色翼镜。尾上覆羽及尾羽白色。非繁殖羽后颈和胸侧具有暗色纵纹和污斑，个体差异较大。幼鸟第一年冬羽喙黑色，后基部慢慢变淡；体羽颜色可能很深，初级飞羽外侧黑褐色，内侧浅灰色，次级飞羽深褐色，是本种与其他银鸥幼鸟的重要识别特征；肩羽和覆羽颜色多变，腰羽和尾上覆羽具有狭窄的横斑，黑色尾带较宽阔。第二年冬羽上体灰色，覆羽转至近灰色，下体颜色较干净。虹膜—黄褐色；喙—黄色，下喙具较大的红斑；跗跖—粉红色。【分布与习性】繁殖于亚洲东北部，越冬于东亚沿海地区。国内于东北北部为夏候鸟，于长江流域以南及环渤海和东南沿海地区及海南和台湾为冬候鸟，常成群出现于海岸、河口和鱼塘。食性杂，自行捕鱼或掠夺其他鸥类的食物。【鸣声】善鸣叫，通常为似连续的"笑声"，以及粗哑的"嘎嘎"声。

405. 黄腿银鸥　Yellow-legged Gull　*Larus cachinnans*

【野外识别】体长58~68 cm的大型鸥类。雌雄相似。喙偏小而头部浑圆，与其他大型银鸥相比更苗条，站姿也更直立。成鸟繁殖羽上体和翼上覆羽浅灰色，翼尖黑色面积较小，并具有较多白斑和翼镜。非繁殖羽通常仅在眼周和头顶具有非常细小的纵纹，喙和跗跖的颜色较暗。幼鸟头部近白色，后颈下部具有褐色的斑纹；内侧初级飞羽颜色稍浅，形成模糊的淡色翼窗，三级飞羽常具模糊的次端斑和白色羽缘，大覆羽具有细纹；下体浅褐色；腰羽近白色，具有整齐的黑色尾带。第一年冬羽换羽较早，上体颜色较淡并具有深色斑点，喙基多呈淡色。第二年冬羽似第一年冬羽但喙基部三分之二暗粉色，上体和翼上覆羽

北极鸥 慕童

北极鸥 亚成 关翔宇

西伯利亚银鸥 慕童

西伯利亚银鸥
非繁殖羽 崔月

黄腿银鸥 朱雷

西伯利亚银鸥 亚成 慕童

黄腿银鸥 幼 张永

灰色，下体偏白色。第三年冬羽似成鸟，喙端具有深色斑，初级飞羽、三级飞羽和尾羽具有模糊的深色斑。虹膜—黄褐色；喙—黄色，下喙具红色斑；跗跖—粉红色至黄色。【分布与习性】繁殖于欧洲至中亚地区的内陆湖泊和河流沿岸，冬季越冬于波斯湾和印度。国内于新疆西部到中部及内蒙古北部为夏候鸟，从东北西南部经黄河、长江东段和中段至台湾的区域为旅鸟，于中国东南部沿海地区为常见冬候鸟。【鸣声】连续而粗哑的号叫声。

406. 灰背鸥　Slaty-backed Gull　*Larus schistisagus*

【野外识别】体长55~67 cm的大型鸥类。雌雄相似。体形粗壮，头大而笨重，喙亦粗大，两翼较宽，腿短。成鸟繁殖羽上体和翼上颜色较其他鸥类深，停栖时三级飞羽形成明显的新月状白斑。飞行时可见外侧初级飞羽内翈具有一连串明显的白斑，并具有 1~2 枚翼镜，内侧初级飞羽和次级飞羽形成显著白色翼后缘。非繁殖羽头颈部具有褐色纵纹。幼鸟喙黑色，基部逐渐变淡，虹膜色深。体羽颜色较深，随换羽变浅。第一年冬羽上体和肩

羽羽干深色，初级飞羽黑色并具淡色羽缘，大覆羽深色。飞行时初级飞羽外翈色深，形成百叶窗式的翼上覆羽图案，内侧初级飞羽淡而形成翼窗。腰羽及尾上覆羽密布横斑，尾羽深褐色。冬末羽毛颜色变淡，覆羽变白，初级飞羽褐色，上体颜色亦变得斑驳。第二年冬羽以后虹膜淡色，上体颜色接近成鸟。虹膜—黄色；喙—黄色，下喙端具红斑；跗跖—暗粉色。【分布与习性】繁殖于东北亚沿海地区，越冬至日本、朝鲜和中国东北、东南、台湾和整个沿海地区。国内越冬数量不多，且多为幼鸟，通常与银鸥混群。【鸣声】"嗷嗷"的号叫声，也发出一连串叫声。

407. 小黑背银鸥　Lesser Black-backed Gull　*Larus fuscus*

【野外识别】体长51~65 cm的大型鸥类。雌雄相似。头部较圆，喙强壮，翅膀较长。成鸟繁殖羽上体较西伯利亚银鸥色深，但较灰背鸥浅。飞行时翼上覆羽深色，外侧初级飞羽黑色末端至P7，大部分仅在 P1 具有白色翼镜，少数个体亦存在第二枚小翼镜。非繁殖羽眼周有暗色污斑，头颈具有细纹。幼鸟喙深色，冬季喙基变淡，上体颜色较深。第一年冬羽肩羽深灰色并具矛状斑，冬末体羽褪色而偏白，与近黑色的三级飞羽对比显著；

飞行时内侧初级飞羽色深而不形成翼窗，各覆羽亦色深，使翼上颜色较为均一；腰羽和尾上覆羽横斑较少，有很宽的黑色尾带。第二年冬羽以后背部颜色类似于成鸟。虹膜—黄色至白色，冬季可能因具有深色斑点而看起来呈暗色；喙—黄色，下喙具较大的红斑，上喙有时也有红斑；跗跖—黄色。【分布与习性】繁殖于俄罗斯北部地区，越冬可至中国东南部沿海地区和长江东段流域，为较常见的冬候鸟。常与其他大型鸥类混群活动。【鸣声】粗哑的号叫声。

黄腿银鸥 亚成 计云

灰背鸥 幼 吴志华

灰背鸥 Francesco Veronesi

小黑背银鸥 张永

小黑背银鸥 张永

小黑背银鸥 幼 朱雷

408. 鸥嘴噪鸥　Gull-billed Tern　*Gelochelidon nilotica*

【野外识别】体长 33~43 cm 的中型燕鸥。雌雄相似。喙粗壮并在下喙底部有折角，似鸥类而得名。成鸟繁殖羽前额至枕部黑色，上体和翼上覆羽浅灰色，初级飞羽深灰色，形成深色的翼后缘。下体、尾上覆羽和尾白色，尾浅叉状。非繁殖羽上体颜色较浅，头部白色但眼后有暗色污斑。幼鸟头顶、后颈和翼上覆羽具浅褐色斑纹。虹膜—黑色；喙—黑色；跗跖—黑色。【分布与习性】广泛分布于世界各地，通常活动于海边。国内于西北北部和渤海湾及东北局部地区为夏候鸟，于东北至华南地区及台湾和海南过境，越冬时见于东南沿海地区。飞行有力，常巡飞并捕食鱼类和水生无脊椎动物，或飞捕昆虫。【鸣声】急促而圆润的双音节或连续的"嘎嘎"声。

409. 红嘴巨燕鸥／红嘴巨鸥　Caspian Tern　*Hydroprogne caspia*

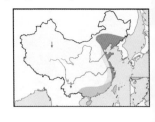

【野外识别】体长 48~56 cm 的特大型燕鸥。雌雄相似。庞大的体形和巨大的红色喙是其显著特征。成鸟繁殖羽额至头后黑色，上体和翼上覆羽浅灰色，初级飞羽近黑色，停栖时延伸超过尾羽，尾短而具浅叉。非繁殖羽头顶白色而具黑色细纹。幼鸟喙暗橙色，头顶不及成鸟色深，背羽和覆羽具有模糊的鳞状斑，第一冬羽上体浅灰色。虹膜—黑色；喙—鲜红色，末端黑色；跗跖—黑色。【分布与习性】广泛分布于除南美洲和南极洲外各大洲。国内繁殖于东北至华东地区，南迁越冬，出现于东部沿海地大部分地区，包括台湾和海南。集群繁殖于海边或湖边的沙滩，迁徙和越冬时出现于开阔水域。飞行有力，鼓翼浅而僵硬。主要捕食鱼类。【鸣声】粗哑的"呱"声，幼鸟发出尖锐的"吱吱"声。

410. 大凤头燕鸥　Greater Crested Tern　*Thalasseus bergii*

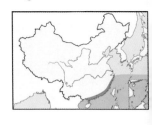

【野外识别】体长 43~53 cm 的特大型燕鸥。雌雄相似。成鸟繁殖羽前额和眼先白色，具黑色羽冠，在枕部显得蓬松。上体和翼上覆羽暗灰色，腰羽和尾上覆羽与之无明显对比。初级飞羽近黑色，停栖时末端超过尾羽。尾短并较红嘴巨燕鸥开叉更深，尾羽灰色，外侧尾羽白色。非繁殖羽前额和眼周白色，黑色羽冠范围变小。幼鸟喙暗橙色，头后棕黑色，上体和覆羽黑褐色，至第一冬羽上体变为浅灰色，跗跖颜色亦随成长而加深。虹膜—黑色；喙—黄至黄绿色；跗跖—黑色。【分布与习性】分布于印度洋和太平洋热带及亚热带海域，国内繁殖于除沿海地区的海岛，常形成较大繁殖群体。在近岸的洋面觅食，以及在海上浮标和平台上休息。振翅有力，迁徙时也利用两翼滑翔。【鸣声】尖厉的单声或双音节"嘎嘎"声。

鸥嘴噪鸥 朱雷

鸥嘴噪鸥 非繁殖羽 朱雷

红嘴巨燕鸥 朱雷

大凤头燕鸥 黄秦

大凤头燕鸥 非繁殖羽 黄秦

大凤头燕鸥 黄秦

411. 小凤头燕鸥 Lesser Crested Tern *Thalasseus bengalensis*

【野外识别】体长 35~43 cm 的中型燕鸥。雌雄相似。成鸟繁
殖羽具有黑色的前额和头顶，飞行时可见两翼初级飞羽的黑色
范围更大。背部、腰部、尾上覆羽和尾羽呈均匀的灰色，外侧
尾羽白色。幼鸟上体具褐色斑，跗跖黄色。虹膜—黑色；喙—
橙色；跗跖—黑色。【分布与习性】繁殖于红海、东南亚至澳
大利亚北部的温暖海域。在国内非常罕见，于南沙群岛有分布，
亦有个体游荡至东南沿海地区，通常混迹于大凤头燕鸥群体中。
【鸣声】尖锐而类似虫鸣的"吱吱"声。

412. 中华凤头燕鸥 Chinese Crested Tern *Thalasseus bernsteini*

【野外识别】体长 38~43 cm 的大型燕鸥。雌雄相似。喙细长，
成鸟繁殖羽头顶至头后具黑色羽冠，上体和翼上覆羽浅灰色，
飞行时可见与黑色的初级飞羽形成对比。腰羽、尾上覆羽浅灰色，
与淡色的上体没有明显的颜色对比。尾羽灰色，外侧羽缘白色，
叉状。非繁殖羽前额和眼先白色，羽冠从眼后至枕部黑色。幼
鸟偏褐色，上体和翼上覆羽具褐色斑。虹膜—黑色；喙—黄色，
末端黑色，极尖端白色；跗跖—黑色。【分布与习性】非常稀有，
现已知仅繁殖于韩国海域，以及中国台湾马祖岛和浙江舟山群岛，迁徙时经过中国东部沿海地区，
越冬于东南亚。常混迹于大凤头燕鸥群体中，习性亦与之相似。【鸣声】较大凤头燕鸥更尖厉
的鸣叫声。

413. 白嘴端凤头燕鸥 Sandwich Tern *Thalasseus sandvicensis*

【野外识别】体长 36~46 cm 的大型燕鸥。雌雄相似。喙很长，
成鸟繁殖羽具黑色羽冠，两颊和颈部白色，上体和翼上覆羽浅
灰色。两翼狭长，外侧初级飞羽深灰色，形成模糊的楔形斑纹。
腰羽和尾羽白色，尾叉状。非繁殖羽前额变白，羽冠具有灰色
斑点。幼鸟和第一冬羽类似于非繁殖羽，但覆羽和三级飞羽具
黑褐色鳞状斑。虹膜—黑色；喙—黑色而端黄；跗跖—黑色。【分
布与习性】分布广泛，从欧洲、非洲至南亚，以及美洲的温暖
海域；迷鸟可至东亚沿海。国内为甚罕见的迷鸟。主要取食鱼类，从高处俯冲进行捕猎，当年
幼鸟需要成鸟照料并练习捕食技巧。【鸣声】尖锐的"嘎嘎"声。

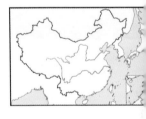

小凤头燕鸥 Francesco Veronesi

小凤头燕鸥 黄泰

中华凤头燕鸥
董文晓

中华凤头燕鸥
非繁殖羽 黄泰

中华凤头燕鸥 非繁殖羽 黄泰

白嘴端凤头燕鸥
Tony Smith

白嘴端凤头燕鸥
亚成 朱雷

414. 白额燕鸥　Little Tern　*Sternula albifrons*

【野外识别】体长 22~28 cm 的小型燕鸥。雌雄相似。成鸟繁殖羽头顶和眼先黑色，前额白色。最外侧 2~3 枚初级飞羽黑色并具白色羽干，停栖时两翼末端较尾羽略短。腰羽灰色，尾部白色，外侧尾羽延长而形成叉状。非繁殖羽喙和跗跖黑色，前额白色范围变大，眼先白色。停栖时两翼末端超过尾羽。幼鸟喙和羽色似非繁殖羽，上体和覆羽有鳞状斑。虹膜—黑色；喙—黄色并具有黑色末端；跗跖—橙色。【分布与习性】国外分布于从欧亚大陆到非洲和澳大利亚。国内繁殖于新疆西北部和横断山脉以东的广大地区，以及台湾、海南，为常见夏候鸟。飞行时好似头重脚轻，振翅快速，经常在水面悬停，然后冲到水面捕食并迅速升空。【鸣声】急促而尖锐的"喳喳"声。

415. 白腰燕鸥　Aleutian Tern　*Onychoprion aleuticus*

【野外识别】体长 32~34 cm 的中型燕鸥。雌雄相似。成鸟繁殖羽类似普通燕鸥 *longipennis* 亚种，头顶黑色和贯眼纹黑色，前额白色，上体和翼上覆羽深灰色，外侧初级飞羽黑色，停栖时延伸超过尾羽，下体浅灰色。翼下覆羽浅灰色，且内侧初级飞羽和次级飞羽边缘具狭窄的深色带，是重要的辨识特征。非繁殖羽前额、眼先及下体都变白。幼鸟和第一年冬羽头顶色深，上体灰褐色并具皮黄色羽缘，颈部和颈侧略带肉桂色，跗跖橙色。虹膜—黑色；喙—黑色；跗跖—黑色。【分布与习性】仅繁殖于白令海沿岸的沙滩和苔原，南迁至东南亚越冬，可能经过中国东部沿海地区，但为海洋性鸟类而不常见。飞行轻巧而灵活，振翅较慢，主要捕食鱼类。【鸣声】尖锐而带有颤音的"喳喳"声。

416. 褐翅燕鸥　Bridled Tern　*Onychoprion anaethetus*

【野外识别】体长 35~38 cm 的中型燕鸥。雌雄相似。成鸟繁殖羽贯眼纹、头顶和头后黑色，前额白色延伸形成眉纹，颊部、颈部和下体亦白色。上体和翼上覆羽灰褐色，翼前缘白色，末端深色，停栖时不超过尾羽。腰羽和尾羽的中部深乌灰色，外侧白色，尾深叉状。与乌燕鸥的区别在于本种上体深灰色而非黑色，前额白带狭窄并延伸至眼上方，外侧尾羽白色。非繁殖羽前额白色区域变大，停栖时翼尖超过尾羽。幼鸟耳羽和枕部灰褐色，上体灰褐色，具明显的鳞状斑。与乌燕鸥幼鸟的区别在于上体颜色不及后者深，颈侧及前胸白色。虹膜—黑色；喙—黑色；跗跖—黑色。【分布与习性】广泛分布于非洲、中亚、东南亚、中美洲和澳大利亚以北的热带海域。国内分布于南沙群岛，亦见于东南沿海地区。在海岛繁殖，非繁殖期游荡。飞行轻盈而敏捷，下降到海面捕食，常在海面的漂浮物上停栖。【鸣声】鸣叫为虫鸣般的颤音，非繁殖期通常不叫。

白额燕鸥 计云

白额燕鸥 计云

白额燕鸥 非繁殖羽 沈越

白腰燕鸥 F. Deines USFWS

白腰燕鸥 Don Henise

褐翅燕鸥 沈岩

褐翅燕鸥 关翔宇

417. 乌燕鸥　Sooty Tern　*Onychoprion fuscatus*

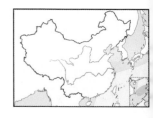

【野外识别】体长 36~45 cm 的大型燕鸥。雌雄相似。成鸟繁殖羽前额具宽阔的白色带,不延伸形成眉纹状,眼先黑色很窄。头顶和上体近黑色,脸颊、颈部和下体白色,与深色的上体对比强烈。翼下覆羽浅灰色,腰羽和尾羽黑色,最外侧尾羽白色,尾深叉状。与褐翅燕鸥相似,具体见相应种描述。非繁殖期前额白色范围更大,有时形成眉纹状,颈黑褐色,类似于褐翅燕鸥幼鸟。幼鸟下腹部白色,其余体羽深黑褐色,上体和翼上覆羽羽缘白色而显得斑驳。虹膜—黑色;喙—黑色;跗跖—黑色。【分布与习性】全球热带及亚热带海域。国内分布于东南部远洋区,有少量个体迁徙经过台湾,亦可能受到台风影响而近岸。繁殖于偏远的海岛,非繁殖期可能游荡。【鸣声】在繁殖地相当吵嚷,发出尖锐的"唧唧"声,非繁殖期通常不叫。

418. 黄嘴河燕鸥　River Tern　*Sterna aurantia*

【野外识别】体长 38~46 cm 的大型燕鸥。雌雄相似。成鸟繁殖羽眼先至枕后黑色,上体和翼上覆羽灰色,翼尖色深。颈侧和下体白色,尾深叉状。非繁殖羽喙端深色,前额和头顶白色,眼后至枕部具深色斑。幼鸟喙深褐色,前额和眼周白色,上体灰色并具皮黄色斑点。第一年幼鸟类似成鸟,但头顶偏白,上体褐色,尾羽更短。虹膜—深棕色;喙—黄色;跗跖—红色。【分布与习性】分布于南亚至东南亚的淡水河流,很少出现于海岸。国内分布于西南部分地区,为不常见留鸟。飞行时振翅有力,俯冲至水中捕食,常停栖息于沙洲。【鸣声】尖厉而略带颤抖的长鸣或短促的"唧唧"声。

419. 粉红燕鸥　Roseate Tern　*Sterna dougallii*

【野外识别】体长 33~43 cm 的中型燕鸥。雌雄相似。成鸟繁殖羽前额至枕部黑色,上体和翼上覆羽浅灰色,初级飞羽羽干和外翈黑色,停栖时初级飞羽不超过尾羽末端。翼下覆羽白色,翼尖黑色,与普通燕鸥和北极燕鸥的区别在于无黑色翼后缘。下体白色并略带玫瑰红色,腰羽和尾羽白色,外侧尾羽极度延长而形成深叉状的尾。非繁殖羽喙黑色,前额白色,下体红色消退。幼鸟喙和跗跖暗色,头顶和枕部褐色,上体和翼上覆羽灰褐色,羽缘黑色而形成鳞状斑,尾叉较浅。虹膜—黑色;喙—黑色,基部红色范围随繁殖期扩大;跗跖—橙红色。【分布与习性】分布于全球热带和亚热带海域。中国东南沿海地区有繁殖,主要于近海岛屿和岩礁,南迁越冬。飞行轻盈,鼓翼浅而快速,显得僵硬。悬停并俯冲捕食,主要食取鱼类。【鸣声】爆发性的"吱吱"声或嘶哑的"嘎嘎"声。

乌燕鸥 Ducan Wright USFWS

乌燕鸥 戴美杰

乌燕鸥 戴美杰

黄嘴河燕鸥 关翔宇

黄嘴河燕鸥 关翔宇

粉红燕鸥 沈岩

420. 黑枕燕鸥　Black-naped Tern　*Sterna sumatrana*

【野外识别】体长 34~35 cm 的中型燕鸥。雌雄相似。成鸟繁殖羽从眼先至枕后具黑色带，上体和翼上覆羽为非常浅的灰色，头顶、颈侧和下体白色。两翼狭长，外侧尾羽极度延长而呈深叉状。幼鸟头顶和枕部棕色，上体具皮黄色鳞状斑，尾羽短而无叉。虹膜—黑色；喙—黑色；跗跖—黑色。【分布与习性】分布于印度洋和西太平洋的热带海域。国内在东南沿海岛屿有繁殖，为稳定但不常见的夏候鸟，南迁越冬。飞行轻盈，经常悬停并俯冲捕鱼。【鸣声】略带沙哑的"喳喳"声。

421. 普通燕鸥　Common Tern　*Sterna hirundo*

【野外识别】体长 32~39 cm 的中型燕鸥。雌雄相似。成鸟繁殖羽前额至头后黑色，上体和翼上覆羽灰色，最外侧 5 枚初级飞羽外翈深灰色，停栖时翼尖与尾尖等长。下体白色略带灰色，尾羽白色，外侧尾羽外翈深灰色而延长，呈深叉状。非繁殖羽前额白色，头顶具白色纵纹，翼前缘色深。幼鸟上体和翼上覆羽灰色并具灰褐色横斑，翼前缘色深，次级飞羽具横斑；喙基部橙色，后转至暗灰色。*longipennis* 亚种的喙及跗跖颜色偏黑、上体、翼羽以及下体(繁殖期)颜色亦较深。虹膜—黑色；喙—深红色而端黑，或黑色(*longipennis*亚种)；跗跖—红色，或黑色和暗红色(*longipennis* 亚种)；非繁殖期均为黑色。【分布与习性】广泛分布于世界各地，主要繁殖于北半球海岸和湖泊。国内繁殖于东北和中西部地区，为常见夏候鸟和过境鸟。活动于河流或沿海湿地，飞行优雅，振翅有力，主要捕食鱼类。【鸣声】尖厉而拖长的嘶鸣声，以及短促的"唧唧"声。

422. 黑腹燕鸥　Black-bellied Tern　*Sterna acuticauda*

【野外识别】体长 32~35 cm 的中型燕鸥。雌雄相似。成鸟繁殖羽前额至枕部黑色，上体和翼上覆羽灰色，次级飞羽具深色带。腰羽和尾羽灰色，尾深叉状。喉白色，胸腹从浅灰色渐变至黑色，尾下覆羽黑色。非繁殖羽喙端黑色，前额白色并具黑色纵纹，在眼后形成黑带，下体近白色并具深色斑。幼鸟下喙基部红色，跗跖近黑色。虹膜—深褐色；喙—橙黄色；跗跖—橙红色。【分布与习性】分布于南亚地区至东南亚。在国内仅分布于云南西南，为甚罕见的留鸟。活动于河流沿岸，飞行轻盈，取食鱼类和昆虫。【鸣声】尖厉的叫声。

黑枕燕鸥 沈岩

黑枕燕鸥 沈岩

普通燕鸥 沈越

普通燕鸥 计云

普通燕鸥 关翔宇

普通燕鸥 非繁殖羽 朱雷

黑腹燕鸥 Godbolemandar

423. 须浮鸥　Whiskered Tern　*Chlidonias hybrida*

【野外识别】体长23~29 cm的小型燕鸥。雌雄相似。成鸟繁殖羽前额至枕部黑色，背部、腰部和翼羽灰色，翼上覆羽浅灰色，翼尖黑色，停栖时初级飞羽超过尾端。翼下覆羽浅灰色，下体深灰色，仅喉部和颈侧白色。非繁殖羽喙黑色，头颈和下体近白色，眼后至枕部具深色斑；与白翅浮鸥相似，区别见相应种描述。幼鸟类似非繁殖羽，但背羽和覆羽具深棕色鳞状斑。虹膜—深褐色；喙—暗血红色；跗跖—血红色。【分布与习性】广泛分布于欧亚大陆中部和南部，以及非洲和澳大利亚。国内繁殖于东北至华南北部地区，迁徙时经过东部大部分地区，为常见夏候鸟和过境鸟。常结群活动于湿地，主要取食鱼类和水生无脊椎动物。【鸣声】短促而干涩的"唧唧"声或"嘎嘎"声。

424. 白翅浮鸥　White-winged Tern　*Chlidonias leucopterus*

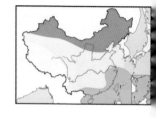

【野外识别】体长23~27 cm的小型燕鸥。雌雄相似。成鸟繁殖羽头颈和下体前半部黑色，上体深灰色，腰羽、尾羽和尾下覆羽白色。两翼灰色，小覆羽和中覆羽白色，初级飞羽末端黑色，停栖时初级飞羽超过尾端。翼下覆羽黑色，与飞羽对比明显。非繁殖羽喙黑色，头顶和耳羽具深灰褐色斑块，上体浅灰色，下体白色，与须浮鸥的区别在于耳羽斑点通常上下断裂，眼上方白色的眉纹感更强，跗跖的颜色更鲜艳。与黑浮鸥的区别在于翼上颜色更淡，头顶黑色范围小而弥散，胸侧无深色斑点。幼鸟类似非繁殖羽，但背部和覆羽具深棕色鳞状斑，飞行时上体呈鞍状，三级飞羽无明显淡色末端。虹膜—深褐色；喙—暗血红色至黑色；跗跖—暗橙色。【分布与习性】欧亚大陆广布，越冬于非洲、南亚、东南亚和澳大利亚。国内繁殖于西北和东北至华北地区，迁徙时经过东部大部分地区，在华南地区有越冬。飞行轻盈，转向灵活，常结群在湿地上方低飞，或栖息于水面的杆状物上。【鸣声】短促而干涩的"唧唧"声和"吱吱"声。

425. 黑浮鸥　Black Tern　*Chlidonias niger*

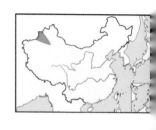

【野外识别】体长23~28 cm的小型燕鸥。雄鸟较雌鸟羽色更深。成鸟繁殖羽头颈和下体黑色，仅尾下覆羽白色，背部、翼上、翼下和尾羽灰色，停栖时初级飞羽超过尾羽末端。尾浅叉状。非繁殖羽头顶和耳羽深色，上体灰色，翼羽灰色且两翼前方、外侧初级飞羽和次级飞羽末端色深，翼下浅灰色；下体白色，在胸侧具深灰色斑点；与白翅浮鸥相似，区别见相应种描述。幼鸟类似非繁殖羽，背部和覆羽羽缘淡色而形成深棕色鳞状斑，飞行时尤其明显。虹膜—黑色；喙—黑色；跗跖—黑色至暗橙色。【分布与习性】广泛分布于欧洲和北美洲，南迁至非洲和南美洲越冬。中国西北部有繁殖种群，在东部地区为迷鸟。飞行轻盈，通常在沿海地区越冬，捕食水生昆虫和鱼类。【鸣声】尖厉而嘶哑的长鸣声或短促的"唧唧"声。

须浮鸥 张永

须浮鸥
非繁殖羽
朱雷

须浮鸥 幼 钟悦陶

白翅浮鸥
幼 钟悦陶

白翅浮鸥 朱雷

白翅浮鸥 张永

黑浮鸥 沈越

黑浮鸥 董江天

426. 白顶玄燕鸥 Brown Noddy Anous stolidus

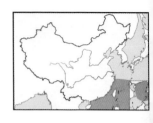

【野外识别】体长 38~45 cm 的深色大型燕鸥。雌雄相似。成鸟繁殖羽前额至枕部近白色或浅灰色，具白色弧形眼圈，其余体羽呈均匀的暗褐色，初级飞羽黑色。长而楔形（中央凹陷）的尾羽黑色，停栖时超过翼端。幼鸟类似成鸟，但头顶黑褐色，上体具淡色羽缘。虹膜—深褐色；喙—黑色；跗跖—黑褐色。【分布与习性】广泛分布于热带和亚热带海域。国内在东南沿海偏远的岛屿有繁殖记录。经常低飞巡视，然后下降到海面捕食，主要取食鱼类和头足类。【鸣声】在繁殖地发出颤抖的"喀喀"声，其他季节通常不叫。

427. 白燕鸥 White Tern Gygis alba

【野外识别】体长 25~30 cm 小型燕鸥。雌雄相似。成鸟喙尖细而略上翘，眼大，体羽纯白，尾羽叉状，独特而易于识别。幼鸟耳羽具深色斑，上体和翼上覆羽具浅褐色横纹。虹膜—深褐色；喙—黑色，基部蓝灰色；跗跖—蓝灰色。【分布与习性】分布于印度洋、太平洋和中大西洋的热带和亚热带海域。在国内分布于南海诸岛，可能随台风近岸，为甚罕见迷鸟。飞行轻快而不稳定，振翅深而缓慢。【鸣声】奇特的"啾啾"声、"喀喀"声和"吱吱"声。

428. 剪嘴鸥 Indian Skimmer Rynchops albicollis

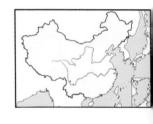

【野外识别】体长 38~43 cm 的水鸟。雌雄相似。喙粗大，下喙较上喙长。头顶至枕部黑色，前额、颊部及颈部白色，上体和两翼黑褐色。初级飞羽黑色，次级飞羽末端白色，形成显著的白色翼后缘。整个下体白色。中央尾羽黑褐色，外侧尾羽白色，尾浅叉状。体形和颜色独特而易于识别。幼鸟上体褐色，具白色鳞状斑，喙及跗跖颜色暗淡。虹膜—褐色；喙—橙红色，末端黄色；跗跖—红色。【分布与习性】分布于印度至东南亚地区。国内于香港有迷鸟记录，可能出现于西藏东南部。栖息于河流湖泊及河口，常停栖在沙洲上休息。觅食行为独特，贴近水面低飞，将下喙插入水中，捕食水生动物。【鸣声】"吱吱"的尖叫声。

白顶玄燕鸥 田阳

白顶玄燕鸥 田阳

白燕鸥 Forest Starr and Kim Starr

白燕鸥 David Patte USFWS

剪嘴鸥 Koshy Koshy

429. 崖海鸦 Common Murre *Uria aalge*

【野外识别】体长 38~43 cm 的大型海雀。雌雄相似。繁殖羽头颈及上体黑色，眼后有时具沟纹。胸腹部白色。初级飞羽羽根色淡，次级飞羽末端白色。非繁殖羽似繁殖羽，但颏喉、头侧及颈侧白色。虹膜—深褐色；喙—黑色；跗跖—黑色。【分布与习性】分布于北半球寒温带沿海地区。国内仅见于台湾，为迷鸟。可能出现于北方沿海地区。栖息于海岸和岛屿，善潜水，捕食鱼类。飞行时贴近海面快速振翅。【鸣声】粗厉响亮的叫声。

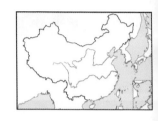

430. 斑海雀 Long-billed Murrelet *Brachyramphus perdix*

【野外识别】体长 24~26 cm 的小型海雀。雌雄相似。繁殖羽头顶至上体黑褐色，肩部具明显的白色带，两翼黑褐色。下体近白色并带有模糊的灰褐色斑纹。尾短，黑色。非繁殖羽上体烟灰色，颏喉部、前颈及整个下体白色无斑纹。幼鸟似非繁殖羽，但全身带有杂斑。非繁殖羽与扁嘴海雀的区别在于喙深色，具有明显的白色眼圈，头顶和上体颜色无甚对比。虹膜—深褐色；喙—深褐色；跗跖—灰色。【分布与习性】繁殖于西伯利亚东部沿海，南迁越冬。国内见于东部沿海地区，为不常见的冬候鸟。栖息于海岸和岛屿附近，下潜捕食。游泳时喙略上扬。【鸣声】主要为单调而尖厉的 "keer" 叫声。

431. 扁嘴海雀 Ancient Murrelet *Synthliboramphus antiquus*

【野外识别】体长 24~27 cm 的小型海雀。雌雄相似。喙短，呈锥状。繁殖羽头部至后颈黑色，眼后上方具白色眉纹，延伸至枕部，颈侧白色。上体至尾羽灰色。两翼灰色，翼下覆羽色淡。胸腹和尾下覆羽白色，两胁灰褐色。非繁殖羽上体较褐，眼后眉纹消失，喉部及头侧白色，腋羽色淡，与斑海雀非繁殖羽区别见相应种描述。虹膜—褐色；喙—乳白色，基部深色；跗跖—浅灰色。【分布与习性】繁殖于阿留申群岛、阿拉斯加和西伯利亚东部沿海，南迁越冬。国内繁殖于渤海和黄海的岛屿，在东部沿海地区有越冬群体。栖息于开阔的海面上，单独或结小群活动。【鸣声】"叽喳" 的金属音。

崖海鸦 非繁殖羽 幕童

斑海雀 Richard Crossley

斑海雀 非繁殖羽 祉豐

扁嘴海雀 Eric Ellingson

432. 冠海雀 Japanese Murrelet *Synthliboramphus wumizusume*

【野外识别】体长 26 cm 的小型海雀。雌雄相似。繁殖羽具可以耸立的黑色羽冠，眼上至枕部白色，侧面观似宽大的眉纹。额喉、脸颊、颈侧及后颈黑色，肩部具细小的白色纵纹。上体和翼上覆羽石板灰色，飞羽灰黑色。颈部、胸腹和尾下覆羽白色，胁部黑色。尾羽灰黑色。非繁殖羽羽冠较短，枕中央灰色。虹膜—褐色；喙—灰白色；跗跖—灰色。【分布与习性】繁殖于日本诸岛，冬季在附近海域游荡。国内记录于台湾和香港沿海地区，为罕见冬候鸟或迷鸟。主要栖息于近海海面，经常成小群活动。【鸣声】尖厉的哨音。

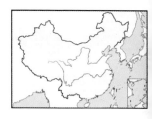

433. 角嘴海雀 Rhinoceros Auklet *Cerorhinca monocerata*

【野外识别】体长 35~38 cm 的大型海雀。雌雄相似。喙较粗壮，繁殖期上喙基部具白色角状突起，故得名。成鸟繁殖羽整个头部、上体及两翼灰褐色，在眼上方和下喙基开始各具白色丝状饰羽。胸部、两胁灰褐色，腹部和尾下覆羽白色。非繁殖羽与繁殖羽相似，但喙基突起消失，头侧无饰羽。虹膜—黄色；喙—繁殖期橘黄色，非繁殖期黄色；跗跖—黄色。【分布与习性】繁殖于北太平洋沿岸，冬季在附近海域游荡。国内偶见于旅顺，为罕见冬候鸟。主要栖息于海岸和海岛附近，常成小群活动，捕食鱼类。【鸣声】通常不鸣叫。

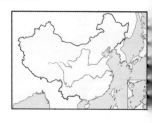

434. 西藏毛腿沙鸡 Tibetan Sandgrouse *Syrrhaptes tibetanus*

【野外识别】体长 39~44 cm 的沙鸡。雌雄略有差异。雄鸟前额及颏部污白色，头顶皮黄色具细密的黑褐色横纹，脸颊橙黄色，至颈侧稍淡。上体沙黄色，背部、腰羽和尾上覆羽具极细的虫蠹状斑纹，肩羽外翈具黑斑，形成水滴状斑点。初级飞羽和次级飞羽大部分黑色，飞行时翼下黑色且前后缘色淡。胸部灰白色具细密横纹，腹部、两胁及尾下覆羽白色。尾羽栗色具斑纹，中央尾羽延长呈黑色。雌鸟似雄鸟，但翼覆羽和三级飞羽均布

满黑褐色横纹。虹膜—深褐色；喙—蓝灰色；跗跖—暗灰色，腿被羽。【分布与习性】分布于拉达克地区、帕米尔高原和青藏高原。国内区域性常见于新疆西部至青藏高原地区。栖息于海拔 3000~5000 m 的草原、荒漠和半荒漠地区。飞行迅速，两翼扇动呼呼作响。通常结群活动，冬季下降到较低海拔。【鸣声】飞行时发出响亮的双音节笛音。

冠海雀 Alastair Rae

角嘴海雀 非繁殖羽 Dow Lambert USFWS

角嘴海雀 Dick Daniels

角嘴海雀 Tokumi

西藏毛腿沙鸡 庄士冬东

435. 毛腿沙鸡　Pallas's Sandgrouse　*Syrrhaptes paradoxus*

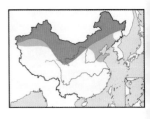

【野外识别】体长 40~43 cm 的沙鸡。雄鸟头颈整体棕灰色，前额、眼后及颏喉部橘黄色。背部沙棕色，由深褐色羽缘形成大片横斑，中覆羽具黑色圆斑，其余覆羽具深色斑纹。初级飞羽色深，次级飞羽和三级飞羽沙棕色并具黑色斑纹。胸部具棕白色胸带，腹部沙棕色，腹中央至两胁具明显的黑斑。腿部和尾下覆羽白色，整个跗跖被羽。中央尾羽特别尖长。雌鸟通体沙棕色，头顶、耳覆羽具黑色羽干纹，前额、眼后及脸颊棕黄色。上体遍布黑褐色横斑，颈侧和翼覆羽遍布深色圆斑。喉下方具黑褐色狭窄颈环，前颈至胸部土黄色。飞羽、腹部及尾羽特征似雄鸟。虹膜—褐色；喙—蓝灰色；跗跖—蓝灰色。【分布与习性】繁殖于中亚至中国北方。国内见于西北至东北地区。栖息于开阔的荒漠和半荒漠地区，具游荡的习性，冬季偶至华北地区。秋冬季可能集结成大型群体，游荡至远离繁殖地的区域。飞行迅速，两翼扇动快，呼呼作响。【鸣声】连续的"啾啾"声，集群时发出嘈杂的颤音。

436. 黑腹沙鸡　Black-bellied Sandgrouse　*Pterocles orientalis*

【野外识别】体长 33~39 cm 的沙鸡。雄鸟头顶至枕后灰色，额部至颈侧栗色，喉黑色。颈部灰色，背部草灰色，翼覆羽土黄色，均具模糊的灰色斑纹。大覆羽橘黄色，初级飞羽黑色，翼下覆羽近白色，飞行中形成明显反差。胸灰色，具狭窄黑带，黑带下方皮黄色。腹部至臀部黑色，尾下覆羽及腿覆羽白色。尾羽灰褐色，中央尾羽略长，其余尾羽末端具白斑。雌鸟上体淡沙黄色，头颈、背部和翼覆羽遍布黑褐色斑纹。颊部无明显栗色，上胸布满深色纵纹，其余与雄鸟相近。虹膜—褐色；喙—灰褐色；跗跖—灰褐色。【分布与习性】主要分布于非洲西北部、欧洲南部、中亚和印度西北部。国内见于新疆西北部地区，为不常见夏候鸟，冬季南迁。栖息于开阔而干燥的草地和荒漠，常成群觅食和寻找水源。【鸣声】独特的"啾啾啾啾啾啾"颤音和"嘟呜呜呜呜"的长音。

437. 原鸽　Rock Dove　*Columba livia*

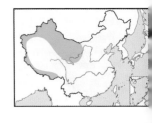

【野外识别】体长 30~33 cm 的中型鸠鸽。雌雄相似。头、颈、胸蓝灰色，颈侧羽毛具紫色和金属绿色闪光。背部、腹部及两翼主要为灰色，但和头部相比明显较淡。初级飞羽和次级飞羽末端近黑色，部分翼上大覆羽和中覆羽黑色，形成两道宽阔的黑色翼斑。下背至腰呈白色或灰白色，尾上覆羽至尾羽为蓝灰色，尾羽具宽阔的黑色端斑。本种与岩鸽相似，但尾羽无白色部分；与欧鸽相似，但本种黑色翼斑甚显著，胸部并非粉色，且喙色较欧鸽深。虹膜—红褐色；喙—灰黑色；跗跖—红色。【分布与习性】野生种群广布于欧洲、北非和亚洲西部、中部、南部，人为引入美洲和大洋洲。国内主要见于西部地区，华北亦偶有记录，但个体羽色有变异，应为家鸽的野化个体。于分布区内为常见留鸟。喜山地悬崖处，也在开阔的草甸、农田、村庄、城市公园等地多有记录，一般喜集群活动。【鸣声】一连串低沉的"咕咕"声。

毛腿沙鸡 雌 朱雷

毛腿沙鸡 雄 唐黎明

毛腿沙鸡 雄 沈岩

黑腹沙鸡 雌和幼 张岩

黑腹沙鸡 雄 张岩

原鸽 计云

原鸽 关翔宇

438. 岩鸽　Hill Pigeon　*Columba rupestris*

【野外识别】体长 30~32 cm 的中型鸠鸽。雌雄相似。头部蓝灰色，颈部为略具金属光泽的紫绿色。上背及两翼灰色，各级飞羽具黑褐色端斑，飞行时清晰可辨；停歇时可见翼上具两道黑色翼斑（由部分黑色的翼上覆羽构成）。下背白色，腰及尾上覆羽暗灰色或蓝灰色。下体大致为淡灰色或灰白色，羽色深浅根据亚种不同而略有差异。尾羽基部暗灰色，中段具宽阔的白斑，末端黑褐色。与原鸽相似，但本种翼斑稍细，下背和尾羽中段有较大面积的白色（灰白色）区域，野外（特别是飞行时）不难辨识。虹膜—红褐色或橙红色；喙—灰黑色；跗跖—红色。【分布与习性】主要分布于古北界东部（中亚以东）。国内见于长江以北地区及西南部山地，为常见留鸟或季候鸟。多集群活动于山区悬崖之处或多岩地带，有时亦在城镇附近出没。【鸣声】低沉的叫声似"哇呜"声。

439. 雪鸽　Snow Pigeon　*Columba leuconota*

【野外识别】体长 32~36 cm 的中型鸠鸽。雌雄相似。头部暗灰色，上体和两翼淡灰褐色，翼上部分大覆羽和中覆羽末端暗褐色，形成两道翼斑，各级飞羽亦具较宽的暗褐色端斑。下背白色，腰和尾上覆羽黑色。颈、胸、腹均为白色。尾羽黑色或黑褐色，中段有大面积白斑。本种颈部至下体的大面积白色为重要特征，与之相似的原鸽、岩鸽颈部为有光泽的紫灰色，而下体则为灰色或暗灰色。虹膜—黄色；喙—灰黑色；跗跖—红色。【分布与习性】主要分布于亚洲中部的山地。国内见于青藏高原，为海拔 2600~5200 m 山地区域的不常见留鸟。多见于悬崖峭壁等多岩地带和开阔的草甸、荒滩等地，常集群活动，有时与岩鸽、原鸽混群。【鸣声】连续而短促的"咕咕"声。

440. 欧鸽　Stock Dove　*Columba oenas*

【野外识别】体长 32~33 cm 的中型鸠鸽。雌雄相似。头、颈、上背及两翼为灰色或蓝灰色。颈侧为具金属光泽的绿色，前颈至上胸为粉色。下背、腰及尾上覆羽为淡灰色。两翼各级飞羽均具黑色端斑，覆羽部分形成两道较细的黑色翼斑（有时翼斑不完整）。下体与背部同为灰色但稍淡。尾羽灰色，具宽阔的黑色端斑。与原鸽同域分布且羽色相似，但原鸽上背及两翼羽色（淡灰色）明显较头部（暗蓝灰色）淡，且其下背为近白色，而本种头部与上背、两翼同为蓝灰色，且下背无明显白色区域。此外，和原鸽相比，本种喙色较淡且翼斑较窄。虹膜—褐色；喙—黄色；跗跖—淡红色。【分布与习性】广布于欧洲至中亚。国内见于新疆，为罕见留鸟。多在较开阔的地面单只、成对或集小群活动。【鸣声】低沉的"呜呜"声。

岩鸽 关翔宇

岩鸽 计云

岩鸽 朱雷

雪鸽 张永

雪鸽 朱雷

雪鸽 朱雷

欧鸽 邢睿

欧鸽 朱雷

441. 中亚鸽　Yellow-eyed Pigeon　*Columba eversmanni*

【野外识别】体长 24~26 cm 的小型鸠鸽。雌雄相似。头部紫灰色，具特征性的黄色虹膜和较显著的黄色眼圈。颈侧为略具光泽的绿色，胸部略带葡萄紫色。上背及两翼灰色，部分翼上大覆羽和中覆羽基部黑色，形成一道或两道黑色翼斑；初级飞羽和次级飞羽呈黑色或黑褐色。下背白色，腰和尾上覆羽灰色，腹部及尾下覆羽亦呈灰色。尾羽灰色，具宽阔的黑色端斑。本种黄色的虹膜和黄色眼周甚为清晰，与同域分布的原鸽、岩鸽等差异显著。虹膜—黄色；喙—黄褐色；跗跖—粉色。【分布与习性】分布于中亚。国内见于新疆，为罕见留鸟或季候鸟。多在山区悬崖或多岩地区活动，有时也进入耕地、村庄，喜集群或与其他鸠鸽混群。【鸣声】多为两到三声一度的轻柔"咕咕"声。

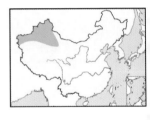

442. 斑尾林鸽　Common Wood Pigeon　*Columba palumbus*

【野外识别】体长 40~42 cm 的大型鸠鸽。雌雄相似。头、颈蓝灰色，颈侧具绿色金属光泽（雌鸟光泽稍淡），其下紧接一白色或乳白色块斑（幼鸟无白斑）。上背及两翼灰褐色，初级飞羽黑色，无翼斑。下背、腰及尾上覆羽蓝灰色，尾羽灰色，具宽阔的黑色端斑。胸部略带淡粉色，有的个体淡粉色延伸至上腹。腹部及尾下覆羽灰色。本种颈侧的白斑甚为显著，为其区别于其他诸鸠鸽的重要特征。虹膜—淡黄色；喙—喙基红色，喙端橙色；跗跖—红色。【分布与习性】广泛分布于欧洲、北非及中亚，为欧洲最常见的林栖型鸠鸽类。国内见于新疆，为不常见留鸟。多见于林地、农田、村庄和植被较好的城镇公园等处。一般单只、成对或集小群活动。【鸣声】低沉的"呜呜"声，一般两声一度，第二音节常拖长。

443. 点斑林鸽　Speckled Wood Pigeon　*Columba hodgsonii*

【野外识别】体长 33~38 cm 的中型鸠鸽。雄鸟头部、颈部浅灰色，颈侧及后颈具紫褐色斑。背部及两翼紫褐色，翼上覆羽密布白色点斑。腰及尾上覆羽紫褐色，尾羽暗紫褐色或紫黑色。胸部至上腹灰色，缀有紫红色点斑，下腹至尾下覆羽紫褐色或灰褐色。雌鸟斑纹与雄鸟相似，但体羽不带紫色，以灰褐色取代所有紫色或紫褐色部分。与同区分布的灰林鸽和紫林鸽相比，本种颈部、胸部和两翼的点斑为独有的特征。虹膜—淡黄色或灰白色；喙—近黑色；跗跖—黄褐色。【分布与习性】分布于喜马拉雅山脉至中南半岛北部。国内见于西南地区的山地，为区域性常见留鸟。主要见于海拔 1700~3200 m 的山区阔叶林地，尤喜栎树林，偶尔也出现在针叶林和耕地附近。多集群活动。【鸣声】极低沉的"呜——"声。

中亚鸽 Shreeram M V

斑尾林鸽 雌 朱雷

斑尾林鸽 雄 朱雷

点斑林鸽 雌 Francesco Veronesi

点斑林鸽 雄 张明

444. 灰林鸽 Ashy Wood Pigeon *Columba pulchricollis*

【野外识别】体长35~39 cm的中型鸠鸽。雌雄相似。头部灰色，颈部淡黄色，颏、喉白色。上背至胸侧呈略具金属光泽的绿色。上体余部和两翼暗灰色，飞羽和部分大覆羽黑褐色。尾羽黑褐色。胸部灰褐色，至腹部和尾下覆羽转为淡黄褐色。和紫林鸽相比，本种上体以灰色为主，而紫林鸽则为栗褐色。同点斑林鸽亦凭体色及点斑区别开来。虹膜－淡黄色；喙－黄绿色；跗跖－暗红色。【分布与习性】分布于喜马拉雅山东段至中南半岛北部地区。国内分布于西南部山地和台湾，为罕见（西南山地）或区域性常见（台湾）的留鸟。一般活动于海拔1000~3500 m的山区林地，行为较隐秘，多见于栎树林。常单只或成对活动，非繁殖期有时亦集小群。【鸣声】低沉的单音节"呜"声。

445. 紫林鸽 Pale-capped Pigeon *Columba punicea*

【野外识别】体长35 cm左右的中型鸠鸽。雌雄相似。头顶至枕部灰白色，眼周有暗红色裸皮。上体、下体以栗褐色为主，部分个体（多为雄鸟）颈部至上背略带绿色。两翼亦为栗褐色，但较背部略暗，无翼斑，飞羽呈黑褐色。腰和尾上覆羽偏紫褐色。尾羽为黑褐色。本种羽色和灰林鸽有较显著差异，虽似点斑林鸽，但体羽无任何点斑，故比较容易辨识。虹膜－黄色或橙黄色；喙－喙基暗红色，喙端淡黄白色；跗跖－红色。【分布与习性】主要分布于印度东北部，并于中南半岛有零星分布。国内见于西藏南部及海南，为甚罕见的留鸟。一般活动于山区阔叶林及林缘，偶见于耕地。性隐秘，常隐匿于树叶浓密处，多单独或成对活动，非繁殖期偶尔集群。【鸣声】低沉、轻柔的"mu mu"声。

446. 黑林鸽 Japanese Wood Pigeon *Columba janthina*

【野外识别】体长41~43 cm的大型鸠鸽。雌雄相似。全身以紫黑色为主。颈部至胸部两侧为微具金属光泽的绿色，雌鸟金属光泽稍差。本种羽色比较单一，但容易辨识，分布区内无与之相似的种类，仅有少数家鸽的深色品种可能羽色相似，但本种在国内记录极少，且无家鸽常有的杂色斑纹，不难进行区分。虹膜－褐色；喙－蓝灰色；跗跖－红褐色。【分布与习性】主要分布于日本西部和南部沿海及诸岛（包括琉球群岛）。国内于山东半岛偶有记录，为甚罕见之留鸟或夏候鸟；于台湾兰屿为留鸟，台湾东海岸亦偶有记载。多在浓密的阔叶林活动。一般单只或成对，有时也集小群。【鸣声】一般为两声一度的"咕、咕——"声，第一声较短，第二声拖长；有时亦发出一连串咔嗒声。

灰林鸽 黄江天

黑林鸽 Christophe Bagonneau

447. 欧斑鸠　Turtle Dove　*Streptopelia turtur*

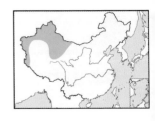

【野外识别】体长 26~28 cm 的小型鸠鸽。雌雄相似。头、颈及上体余部粉灰色,眼周具暗红色裸皮,颈侧具黑白相间的横纹,腰及尾上覆羽具淡褐色羽缘。尾羽黑色或黑褐色,中央两枚尾羽具甚狭窄的白色淡斑,其余两侧尾羽具较宽的白色端斑。两翼翼上覆羽大多呈黑褐色,具甚为宽阔的棕色端部,形成显著的棕色鳞状斑。各级飞羽以黑褐色为主。胸部粉褐色或淡粉色,腹部及尾上覆羽为白色,两胁有时亦略带粉褐色。本种与山斑鸠相似,但体形较小,眼周红色裸皮更为明显,下体较白,且本种头顶、枕部及后颈为粉灰色,而山斑鸠则偏粉褐色。虹膜—红褐色;喙—灰黑色;跗跖—红色。【分布与习性】广布于欧洲、北非至中亚。国内见于西北地区,为区域性常见留鸟。主要活动于林缘、疏林和村庄、农田附近。【鸣声】稍有拖长的单音节"呜呜"声,常略带颤音。

448. 山斑鸠　Oriental Turtle Dove　*Streptopelia orientalis*

【野外识别】体长 30~33 cm 的中型鸠鸽。雌雄相似。头、颈、上体余部及胸部粉褐色,颈侧具数道黑白相间之横斑,腰和尾上覆羽具不甚明显的灰褐色羽缘。尾羽黑褐色,中央尾羽羽端具甚窄的灰白色端斑,两侧其余尾羽具较宽的灰色、灰白色或白色(诸亚种有所差异)端斑。两翼飞羽大致呈黑褐色,翼上覆羽暗褐色,具棕色羽缘(羽缘的宽窄视亚种不同而有所差异),构成清晰而密集的鳞状斑。腹部及尾下覆羽多呈淡灰褐色或粉灰色。与欧斑鸠甚似,但本种体形较大,鸣声不同,且于头部、颈部及下体羽色亦有些许差异,详见欧斑鸠描述。虹膜—红褐色或橙红色;喙—粉灰色;跗跖—粉红色。【分布与习性】分布于亚洲中部、南部和东部。国内几见于全国,为常见留鸟。主要生境为林地及农田。【鸣声】一般为四声一度的"咕咕、咕——咕——"声,前两声比较紧凑,后两声略有拖长。

449. 灰斑鸠　Collared Dove　*Streptopelia decaocto*

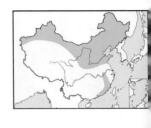

【野外识别】体长 28~32 cm 的中型鸠鸽。雌雄相似。头、颈、前胸粉灰色,颈侧具一道黑色横斑,此横斑上下缘皆有一白色或灰白色边缘。背部及两翼为粉灰色或粉褐色(诸亚种深浅有所差异),飞羽黑褐色。中央尾羽灰色,两侧其余尾羽基部黑色,端部白色。下体大致为粉色或粉灰色。与珠颈斑鸠相似但颈部斑纹有明显差异;与火斑鸠雌鸟相似但本种体形明显较大且偏粉灰色,而火斑鸠雌鸟则以褐色为主而非灰色。虹膜—红褐色;喙—灰黑色;跗跖—粉红色。【分布与习性】广布于欧亚大陆及北非。国内见于除青藏高原之外的大部分地区,秦岭以北的记录较多,为常见留鸟。多活动于平原及低山的林缘、农田及村庄附近,偶见于植被较好的城镇公园。【鸣声】三声一度的"咕咕——咕"声,第一声和第三声较短促,第二声明显拖长。

欧斑鸠 王尧天

欧斑鸠 朱雷

山斑鸠 朱雷

山斑鸠 沈越

山斑鸠 关翔宇

灰斑鸠 朱雷

灰斑鸠 关翔宇

450. 火斑鸠　Red Collared Dove　*Streptopelia tranquebarica*

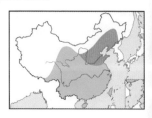

【野外识别】体长 22~24 cm 的小型鸠鸽。雄鸟头部灰色或蓝灰色，颈部两侧各具一道清晰的黑色横斑，部分个体两侧的黑色横斑较宽且于后颈处连接到一起，构成半领环。上背和下体大部分区域为鲜艳的葡萄红色，两翼亦主要呈葡萄红色，但各级飞羽为黑褐色。下背、腰至尾上覆羽为蓝灰色，尾下覆羽白色。中央尾羽为灰色或灰褐色，其余尾羽近黑色，具甚宽阔的白色端斑。雌鸟与雄鸟差异较大，全身皆以灰褐色为主，两翼褐色较重，颈侧的黑色横斑较细。火斑鸠雌鸟与灰斑鸠相似，但体形较小，且体色偏褐而非灰色。虹膜—褐色；喙—暗灰色；跗跖—红褐色或暗褐色。【分布与习性】分布于南亚次大陆、东亚至东南亚。国内于秦岭以南广大地区为常见留鸟，于秦岭以北为罕见夏候鸟。主要活动于开阔的林地、荒地、农田和村庄附近，喜集群或与其他鸠鸽类混群。【鸣声】一连串低沉而轻柔的"呜呜呜呜呜"声。

451. 珠颈斑鸠　Spotted Dove　*Spilopelia chinensis*

【野外识别】体长 30~33 cm 的中型鸠鸽。雌雄相似。头、颈以粉红色为主，前额至头顶颜色稍淡，为灰色或粉灰色。颈侧及后颈羽毛基部黑色，各羽具白色或淡黄色端斑，形成清晰且密集的白色点斑（幼鸟点斑不清晰或无点斑）。上体和两翼褐色或粉褐色，两翼飞羽褐色，多数覆羽具较细的灰色羽干纹，甚不清晰，但个别亚种（如分布于云南的 *tigrina* 亚种）的翼上覆羽羽干纹近乎黑色，且较为宽阔，非常显著。中央尾羽与上体同为褐色，但两侧其余尾羽基部为暗褐色，具白色端斑。下体粉红色，仅尾下覆羽为灰色。与灰斑鸠相似但颈部斑纹有明显差异。虹膜—橙色；喙—黑色；跗跖—红色。【分布与习性】分布于亚洲东部及南部，澳大利亚种群为人为引入。国内广布于华北及其以南，包括海南及台湾，为甚常见的留鸟，活动于各种生境，特别是人类聚居地附近的农田、林地、城镇及乡村等。【鸣声】轻柔的三声或四声一度的"咕咕咕、咕——"声，最后一声明显拖长。

452. 棕斑鸠　Laughing Dove　*Spilopelia senegalensis*

【野外识别】体长 25~26 cm 的小型鸠鸽。雌雄相似。头、颈均为粉红色，颈部两侧具零散的黑色点斑。上体及两翼以褐色为主，接近翼缘的覆羽近灰色或蓝灰色，各级飞羽黑褐色。腰略带灰色。两枚中央尾羽褐色，其余尾羽仅基部褐色，端部白色。胸部为栗褐色或粉褐色，至腹部和尾下覆羽转为白色。本种羽色与珠颈斑鸠相似，均为粉褐色，但本种颈部无白斑，且体形、分布和叫声差异较大。虹膜—暗褐色；喙—灰黑色；跗跖—粉红色。【分布与习性】分布于非洲、西亚、中亚和南亚。国内仅边缘性分布于新疆，为罕见留鸟。多活动于荒漠半荒漠地区、绿洲及开阔的农田。【鸣声】极具特点的五声一度的咕咕声，第三声音调忽然提高，然后快速衔接第四和第五个音节，似低沉的笑声。

火斑鸠 雄 朱雷

火斑鸠 雄 朱雷

斑颈斑鸠 朱雷

珠颈斑鸠 关翔宇

珠颈斑鸠 幼 沈嵩

棕斑鸠 杨庭松

棕斑鸠 Koshy Koshy

453. 斑尾鹃鸠　Barred Cuckoo-dove　*Macropygia unchall*

【野外识别】体长 36~38 cm 的中型鸠鸽。雄鸟头、颈、胸大致呈粉灰色，后颈绿色，略有光泽，其上具细密的黑色横斑。上体余部、两翼及尾羽均为栗褐色，其上亦密布黑色横斑，仅外侧两对尾羽灰色而无细密的横斑，但具一道黑色次端斑。尾羽甚长，占体长的一半以上。腹部及尾下覆羽淡棕褐色，有的个体近白色。雌鸟头部、颈部、胸部为褐色而非粉色，且上述区域均密布黑色横斑，后颈的绿色区域甚不清晰或缺失。本种尾羽明显较其他鸠鸽类长，且上体，以及尾羽密布横斑，故野外极易辨别。虹膜—淡蓝色或淡黄褐色；喙—黑色；跗跖—红色。【分布与习性】广布于东洋界。国内见于华南和西南地区，包括海南，为不常见留鸟或夏候鸟。主要生境为海拔 3000 m 以下的山区林地。【鸣声】两声一度，似"呜呜"声，第二声音调明显上扬。

454. 菲律宾鹃鸠　Philippine Cuckoo-dove　*Macropygia tenuirostris*

【野外识别】体长 37~38 cm 的中型鸠鸽。雄鸟头、颈、胸至下体余部均为较鲜艳的栗褐色，后颈略带粉色。上体及两翼暗褐色，各级飞羽近黑色，部分翼上覆羽略带栗色。尾羽较长（约 18 cm），与上体同为暗褐色，无深色斑纹，仅最外侧两对尾羽基部具不甚清晰的黑色横斑。雌鸟羽色与雄鸟相近，但头、颈羽色不如雄鸟鲜艳，且背部和下体具细密的黑色横纹。本种雌鸟与斑尾鹃鸠相似，但头部、胸部及腹部的栗色更加浓重，且尾羽羽色单一，其上无明显深色横纹。与小鹃鸠差异见相应种描述。虹膜—淡黄色；喙—粉褐色；跗跖—粉红色。【分布与习性】分布于菲律宾。国内见于台湾东南部的兰屿，为区域性常见留鸟。于浓密的树林中活动，多单只或成对，性隐秘。【鸣声】两声或三声一度的"呜——呜"声，前一个（或两个）音节音量较小，且较短促，最后一个音节较为响亮，且有先升调再降调之音调变化。

455. 小鹃鸠　Little Cuckoo-dove　*Macropygia ruficeps*

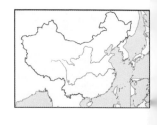

【野外识别】体长 29~30 cm 的中小型鸠鸽。雄鸟头、颈栗褐色。后颈至上背略带金属绿色，颈侧淡粉色，喉、前颈至上胸杂以不规则白斑和少量黑色点斑。背、腰、尾上覆羽及两翼为暗褐色，翼上覆羽多具淡棕色羽缘。尾羽相对较长，中央尾羽的长度占体长的一半以上，呈棕褐色至暗褐色，外侧数对尾羽则为栗褐色，具黑色次端斑。腹部至尾下覆羽呈棕褐色。雌鸟与雄鸟相似，但上体无金属绿色，且颈部至胸部的黑色横斑较显著。似菲律宾鹃鸠，但本种胸部有较明显的白色区域；与斑尾鹃鸠的差异在于本种的上体及尾羽并无斑尾鹃鸠特征性的黑色横斑。虹膜—灰色；喙—褐色；跗跖—红色。【分布与习性】分布于东南亚。国内边缘性分布于云南南部。为罕见留鸟。多活动于海拔 600~2000 m 的山地阔叶林，常单独、成对或集小群活动。【鸣声】圆润的连续单音节升调叫声。

斑尾鹃鸠 雄 沈越

菲律宾鹃鸠 Chris Chafer

小鹃鸠 朱雷

小鹃鸠 崔月

456. 绿翅金鸠 Emerald Dove *Chalcophaps indica*

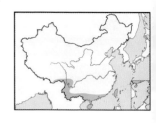

【野外识别】体长 23~24 cm 的小型鸠鸽。雄鸟喙呈鲜艳的红色。头顶至枕部蓝灰色，眉纹白色，头侧、颈部至胸部粉褐色。上背及两翼大致呈翠绿色，具明显的金属光泽。初级飞羽和外侧次级飞羽黑褐色。下背至腰部黑色，但被两道较宽的灰白色横带分割，飞行时甚为显著。尾上覆羽和中央尾羽黑褐色，外侧尾羽灰色，具黑色次端斑。下体粉灰色或粉褐色，至尾下覆羽逐渐转为淡蓝灰色。雌鸟喙色稍淡，且头全为褐色，无灰白色部分。本种羽色鲜艳，与绿鸠属诸种类相似，但本种喙为红色而非暗色，且头、颈、胸为褐色，而非绿色，野外不难区分。虹膜—褐色；喙—雄鸟红色，雌鸟橙红色；跗跖—紫红色。【分布与习性】广泛分布于东洋界，并见于澳大利亚。国内有限分布于南部和西南诸省以及海南和台湾，为区域性常见留鸟。林栖型，多在地面及近地面处活动，多为单独或成对，一般不集群。【鸣声】两声一度，为低沉的"咕呜——"声，第二声明显拖长。

457. 橙胸绿鸠 Orange-breasted Green Pigeon *Treron bicinctus*

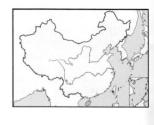

【野外识别】体长 26~29 cm 的小型鸠鸽。雄鸟头、额及喉黄绿色，前颈紫灰色，枕部至后颈为灰绿色或淡蓝灰色。背、腰及两翼以绿色为主，部分个体略带褐色，初级飞羽和外侧次级飞羽黑色，部分次级飞羽和翼上大覆羽外缘黄色，两翼收拢时形成甚显著的翼斑。尾上覆羽为褐色或略带褐色的绿色。尾羽暗褐色，具灰色端斑。胸部橙色，腹部黄色或淡黄绿色，尾下覆羽橙黄色。雌鸟前颈至胸部为绿色，枕部的灰色稍淡，且尾下覆羽为淡黄色。雄鸟颈部至胸部的紫灰色、橙色双色带斑为其区别于其他绿鸠的重要特征。雌鸟似红顶绿鸠及楔尾绿鸠的雌鸟，但本种体形较小，黄色翼斑面积较大，且枕及后颈略带灰色。虹膜—内圈淡蓝色，外圈红色；喙—蓝灰色；跗跖—红色。【分布与习性】分布于南亚至东南亚。国内目前仅见于海南（罕见留鸟）和台湾（迷鸟）。喜在平原和低山有较多果实的林地活动。【鸣声】一个拖长单音节之后紧接一连串哨音，似笑声。

458. 灰头绿鸠 Pompadour Green Pigeon *Treron pompadora*

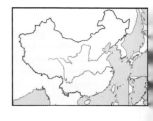

【野外识别】体长 26~29 cm 的小型鸠鸽。雄鸟头顶至枕部灰色，头侧、额、喉及颈部黄绿色。背部及两翼紫红色，飞羽及大覆羽黑色，内侧飞羽及部分大覆羽、中覆羽具显著的柠檬黄色羽缘。腰、尾上覆羽和尾羽均为绿色。外侧数枚尾羽具灰白色端斑和黑色次端斑。胸部呈橙色，腹部绿色，尾下覆羽橙棕色。雌鸟翼上覆羽为绿色，无紫红色部分，胸部及尾下覆羽亦均为绿色。本种雄鸟和雌鸟均具比较显著的灰色头顶及枕部，为重要辨识特征，不难与其他绿鸠区分，仅与厚嘴绿鸠相似，但厚嘴绿鸠的喙明显更为粗壮。虹膜—内圈淡蓝色，外圈红色；喙—蓝灰色；跗跖—红色。【分布与习性】主要分布于中南半岛至南亚东北部。国内边缘性分布于云南南部，为不常见留鸟。活动于较低海拔的常绿阔叶林。【鸣声】一连串较复杂的圆润哨音。

绿翅金鸠 雌 崔月

绿翅金鸠 雄 崔月

橙胸绿鸠 雌 张为民

橙胸绿鸠 雄 Thimindu Goonatillake

灰头绿鸠 雌 沈越

灰头绿鸠 雄 沈越

459. 厚嘴绿鸠　Thick-billed Green Pigeon　*Treron curvirostra*

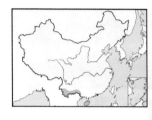

【野外识别】体长 25~29 cm 的小型鸠鸽。喙较短而厚。雄鸟头顶灰色，头侧至颈部及胸部均为绿色，背部及翼上小覆羽栗红色，飞羽及大覆羽、中覆羽黑色，部分大覆羽和中覆羽具较宽的黄色羽缘。腰、尾上覆羽和尾羽橄榄绿色或黄绿色，外侧尾羽灰色，具黑色次端斑。下体绿色为主，但下腹有白色杂斑，尾下覆羽橙红色。雌鸟头顶亦为灰色，但较雄鸟淡，背部及翼上覆羽绿色而非栗色，尾下覆羽为淡黄白色，具绿色横斑。本种的喙明显较其他绿鸠粗厚，野外比较容易辨识。虹膜—内圈淡蓝色，外圈红色；喙—喙端淡黄色，喙基粉红色；跗跖—红色。【分布与习性】分布于喜马拉雅山脉东南部至东南亚。边缘性分布于我国南方及海南，属罕见留鸟。栖息于低山阔叶林，多成对或小群活动。【鸣声】不同音调且富有变化的"呜呜"声。

460. 黄脚绿鸠　Yellow-footed Green Pigeon　*Treron phoenicopterus*

【野外识别】体长 32~33 cm 的中型鸠鸽。雌雄相似。头顶至枕部灰色（部分个体灰色延伸至头侧），前额、头侧、颏部、喉部至颈部及上胸皆为黄绿色或柠檬黄色，背、腰、尾上覆羽黄绿色，两翼翼上大部分覆羽为黄绿色，但具一淡紫色块斑，飞羽黑褐色。尾羽基部黄绿色，端部黑色。下体灰色为主，尾下覆羽紫红色，具淡黄色横斑。本种与同域分布的某些绿鸠雌鸟（如灰头绿鸠、楔尾绿鸠等）相似，但体形明显较大，颈部黄色亦极具特点，且本种黄色的跗跖也与其他绿鸠截然不同。虹膜—内圈淡蓝色，外圈红色；喙—灰白色；跗跖—黄色。【分布与习性】分布于南亚至东南亚（中南半岛）。国内仅见于云南西部和南部，边缘性分布，为甚罕见的留鸟。多活动于平原和丘陵（高至海拔 800 m）的林地和林缘。【鸣声】连绵不断、各种声调的哨音。

461. 针尾绿鸠　Pin-tailed Green Pigeon　*Treron apicauda*

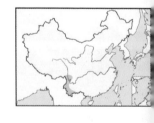

【野外识别】体长 37~39 cm（雄鸟）或 32~35 cm（雌鸟）的中型鸠鸽。雄鸟头部橄榄绿色，颈部略带灰绿色，背部及两翼以绿色为主，但多数飞羽及大覆羽黑色，大覆羽具清晰的淡黄色羽缘。腰及尾上覆羽草绿色。尾羽灰绿色，两枚中央尾羽特别延长，末端呈尖状，长度可达约 20 cm。颏、喉黄绿色，胸部略带橙色，腹部黄绿色，尾下覆羽棕红色，外侧尾下覆羽具较宽的淡黄色羽缘。雌鸟与雄鸟大致相似，但胸部无橙色，尾下覆羽棕红色较淡，且中央尾羽较短（雌雄体长之差异即由此导致）。本种雄鸟、雌鸟的尾羽均有延长，且尾端较尖，极具特点，迥异于其他绿鸠。虹膜—内圈淡蓝色，外圈红褐色；喙—基部淡蓝色，端部蓝绿色；跗跖—红色。【分布与习性】分布于东南亚北部至喜马拉雅山脉东南部。国内见于云南西南部，为区域性常见的留鸟。栖息于海拔 1800 m 以下的中低海拔常绿阔叶林，多集小群活动。【鸣声】连续的单音节的"咕，咕"声，音调时高时低。

厚嘴绿鸠 雌 朱雷

厚嘴绿鸠 雌（左）雄（右）朱雷

黄脚绿鸠 王英

黄脚绿鸠 张为民

针尾绿鸠 董文晓

针尾绿鸠 华沈岩

针尾绿鸠 雌 曾祥乐

462. 楔尾绿鸠　Wedge-tailed Green Pigeon　*Treron sphenurus*

【野外识别】体长 29~33 cm 的中型鸠鸽。雄鸟头、颈皆为黄绿色，头顶略带橙棕色（部分个体极不明显）。上背、肩羽至翼上中、小覆羽紫红色，飞羽和初级覆羽黑色，具甚窄的黄色外缘，其余大覆羽橄榄绿色。下背、腰及尾上覆羽均呈橄榄绿色。尾羽展开呈楔形，中央尾羽为草绿色或灰绿色，外侧数对尾羽灰色，具黑色次端斑。下体黄绿色为主，胸部略带橙色，下腹淡黄白色，具不甚规则的暗绿色斑纹，尾下覆羽淡棕色。雌鸟头顶、两翼和胸部均为绿色；尾下覆羽则为淡黄色。雄鸟似红翅绿鸠及红顶绿鸠，但本种尾下覆羽为棕色而非淡黄色；雌鸟似橙胸绿鸠，但体形更大且黄色翼斑不清晰。虹膜—内圈淡蓝色，外圈红色；喙—淡蓝色；跗跖—红色。【分布与习性】分布于喜马拉雅山南麓及东南亚。国内见于西南地区，为不常见的留鸟。主要活动于海拔 1000~3000 m 的山区阔叶林。【鸣声】节奏多变的"呜呜"声。

463. 红翅绿鸠　White-bellied Green Pigeon　*Treron sieboldii*

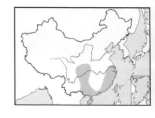

【野外识别】体长 29~31 cm 的中型鸠鸽。雄鸟头部、颈部黄绿色为主，头顶略带橙棕色，后颈偏灰绿色，上背及翼上小覆羽、中覆羽皆呈紫红色，飞羽和部分大覆羽黑色，具较窄的淡黄色外翈羽缘，其余大覆羽和部分内侧次级飞羽橄榄绿色。上体余部橄榄绿色。中央尾羽亦为绿色，外侧尾羽灰色，具不甚显著的黑色次端斑。颏、喉、胸至上腹为黄绿色，胸部略带橙棕色，下腹至尾下覆羽淡黄白色，具绿色纵纹。雌鸟无头顶、胸部的橙棕色及两翼的紫红色部分，均以绿色取代。似楔尾绿鸠，但本种尾下覆羽近白而非棕色，且多数地区分布不重叠。与红顶绿鸠亦相似，辨识见该种描述。虹膜—内圈淡蓝色，外圈红色；喙—淡蓝色；跗跖—红色。【分布与习性】主要分布于日本及东南亚北部。国内见于包括海南及台湾的东南部地区，北至秦岭，偶见于华北。为区域性常见留鸟。多见于山地和丘陵的阔叶林和混交林，常单只、成对或集小群活动。【鸣声】抑扬顿挫的"呜——呜——"声。

464. 红顶绿鸠　Whistling Green Pigeon　*Treron formosae*

【野外识别】体长 30~33 cm 的中型鸠鸽。雄鸟头、颈黄绿色，头顶橙红色，背部至尾上覆羽橄榄绿色，两翼中、小覆羽形成紫红色块斑，飞羽和部分大覆羽黑色，外翈具较窄的黄色羽缘，内侧飞羽和部分大覆羽橄榄绿色。尾羽黄绿色。下体橄榄绿色至黄绿色，下腹及尾下覆羽淡黄绿色，具暗绿色纵纹。雌鸟头顶绿色，翼上覆羽绿色，不具紫红色。与相似种红翅绿鸠的主要差异为本种头顶橙色更为显著（仅雄鸟），胸部为绿色而非橙色（仅雄鸟），且腹部及尾下覆羽偏黄绿色而红翅绿鸠则为淡黄白色。本种雌鸟与橙胸绿鸠雌鸟相似，辨识见该种描述。虹膜—内圈紫色，外圈红色；喙—淡蓝色，喙端淡黄色；跗跖—红色。【分布与习性】主要分布于琉球群岛至菲律宾北部。国内见于台湾，为区域性常见留鸟。主要活动于海拔 2000 m 以下的中低海拔常绿阔叶林。【鸣声】明显拖长且具变调的"呜——"声，有时夹杂以少量短促的音节。

楔尾绿鸠 雌 朱雷

楔尾绿鸠 雄 朱雷

红翅绿鸠 雄 董江天

红翅绿鸠 雌 Charles Lam

红翅绿鸠 雄 钟悦陶

红顶绿鸠 雄（左）和雌（右）韦昌青

465. 黑颏果鸠 Black-chinned Fruit Dove *Ptilinopus leclancheri*

【野外识别】体长 28 cm 左右的小型鸠鸽。雄鸟头、颈灰白色，仅颏黑色。后颈灰绿色，上体余部及两翼绿色为主，飞羽黑色，具较窄的淡黄绿色外翈羽缘。尾羽翠绿色，具不甚显著的黄绿色端斑。胸白色至灰白色，下胸具一紫色横带，腹部淡绿色或灰绿色，尾下覆羽棕红色。雌鸟头顶、枕部至后颈皆为淡绿色，且腹部羽色较淡。本种上体羽色与绿翅金鸠相似，但绿色部分明显缺乏金属光泽，且本种头、颈为灰色而非粉褐色；与绿皇鸠羽色相似，但本种体形明显较小，且具特征性的黑色颏斑，野外不难区分。虹膜—褐色；喙—黄色，下喙基部暗红色；跗跖—红色。【分布与习性】主要分布于菲律宾。国内见于台湾，为罕见留鸟。多活动于海拔较低的阔叶林。【鸣声】单调的"咕"声，略有拖长。

466. 绿皇鸠 Green Imperial Pigeon *Ducula aenea*

【野外识别】体长 37~41 cm 的大型鸠鸽。雌雄相似。头、颈、胸大致为灰色，后颈有时略带粉色。上体余部及两翼绿色至暗绿色，略具金属光泽；初级飞羽外翈黑褐色。中央尾羽铜绿色，外侧尾羽外翈铜绿色，余部黑褐色。下体灰色为主，部分个体略带淡粉色，尾下覆羽暗栗棕色。与黑颏果鸠相似，但本种颏非黑色；与山皇鸠体形相似，但本种上体为绿色而非紫褐色。虹膜—红褐色；喙—蓝灰色；跗跖—红色。【分布与习性】广布于南亚及东南亚。国内边缘性分布于云南、广东及海南，为罕见至区域性常见的留鸟。主要活动于低海拔常绿阔叶林，多单独、成对或集 10 只以内的小群活动，一般在林冠层活动。【鸣声】典型叫声为两声一度低沉的"咕咕——"声，第一音节较短促，第二音节拖长；有时也发出单音节叫声。

467. 山皇鸠 Mountain Imperial Pigeon *Ducula badia*

【野外识别】体长 41~46 cm 的大型鸠鸽。雌雄相似。头部灰色为主，枕部至后颈淡粉色。背部及两翼紫褐色为主，飞羽和部分大覆羽黑褐色。腰及尾上覆羽褐色。尾羽基部暗褐色，端部灰褐色。额部、喉部白色，胸部、腹部灰色，尾下覆羽淡黄白色。本种为国内分布的鸽形目鸟类中体形最大者，且头部、颈部和两翼羽色对比明显。国内鸠鸽类无与之相似者。与同属的绿皇鸠亦在两翼羽色上有较大差异，野外容易辨识。虹膜—灰白色；喙—喙基红色，喙端淡黄色；跗跖—橙红色。【分布与习性】分布于东南亚和南亚。国内见于云南和西藏靠近边境的地区及海南，为不常见留鸟。主要栖息于海拔 400~2600 m 的山地常绿阔叶林，一般在林冠层集小群活动。【鸣声】甚为低沉且浑厚的"呜呜"声。

黑颈果鸠 Francesco Veronesi

绿皇鸠 张永

绿皇鸠 沈越

山皇鸠 张永

山皇鸠 张雷

468.短尾鹦鹉 Vernal Hanging Parrot *Loriculus vernalis*

【野外识别】体长 11~13 cm 的小型鹦鹉。雌雄相似。全身大部分呈绿色（雄鸟的喉部有一蓝色斑块），其中上体及两翼绿色略深，下体为淡绿色。喙红色或橙红色，喙端为淡橙黄色。腰至尾上覆羽亦为红色，与其他部位绿色的体羽对比显著。尾较短，尾羽上面为绿色，下面为蓝色。短尾鹦鹉为中国体形最小的鹦鹉，于森林中不易寻找，但容易辨识，野外无与之相似的种类。虹膜—黄色或黄褐色；喙—红色或橙红色；跗跖—橙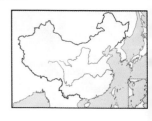黄色。【分布与习性】主要分布于东南亚及南亚。国内见于云南西南部，为罕见留鸟。广东一带的记录或为逃逸个体。一般在较低海拔常绿阔叶林的林冠层活动，常在树枝间攀爬或倒悬于花朵中取食，喜集群，性喧闹。【鸣声】通常为尖细的"zi zi"声，与其他大中型鹦鹉鸣声差异较大。

469.蓝腰短尾鹦鹉 Blue-rumped Parrot *Psittinus cyanurus*

【野外识别】体长 18~20 cm 的小型鹦鹉。雄鸟上喙红色，喙端淡黄色；下喙灰黑色。头部淡蓝色（蓝色部分于前额至头顶最为鲜艳，向后至颊部、颈部变淡），后颈至背部为灰色至暗灰色，腰及尾上覆羽蓝色。两翼翼上大致为绿色，各级覆羽和次级飞羽具淡黄色羽缘。翼下覆羽为鲜艳的红色。尾较短，尾羽上面绿色，下面黄绿色，无延长部分。下体以淡灰绿色为主。雌鸟上下喙皆为灰黑色，头部灰色，其余部分与雄鸟相似。幼鸟与雌鸟相似，但头部为绿色，且喙色较淡。虹膜—淡黄白色；喙—红色或橙红色；跗跖—灰绿色。【分布与习性】主要分布于马来半岛、苏门答腊岛、加里曼丹岛及本地区周边岛屿。国内于云南南部有零星记录，居留型不详。主要生境为海拔 700 m 以下的林地。一般成对或集小群活动。【鸣声】比较单一，一般为连续的单声鸣叫。

470.亚历山大鹦鹉 Alexandrine Parakeet *Psittacula eupatria*

【野外识别】体长 52~57 cm 的大型鹦鹉。喙红色，较粗壮，通体以绿色为主。雄鸟具宽阔而显著的颈环，前颈颈环为黑色（由额部黑色的区域延伸而出），后颈为粉红色，枕部略带紫色。两翼绿色，肩部具鲜艳的红色斑块，为本种重要辨识特征。尾羽的长度由两侧至中央依次增加，中央尾羽甚长，其长度可达体长的二分之一。尾羽大部分呈黄绿色，中央尾羽为淡蓝色，端部为黄绿色。雌鸟与雄鸟大致相似，亦具红色肩斑，但无黑色及粉红色颈环。与红领绿鹦鹉相似，但本种体形较大，喙更为粗壮，且具显著的红色肩斑（红领绿鹦鹉无此红色肩斑）。虹膜—淡黄色；喙—红色；跗跖—灰色。【分布与习性】于南亚及东南亚广泛分布，被人为引入日本及欧洲。在国内见于云南西南部，为罕见的留鸟，主要生境为较低海拔开阔的林地至林缘。喜成对或集群活动，有时与其他鹦鹉混群。【鸣声】一般为响亮而单一的降调鸣叫。

短尾鹦鹉 Vipin Baliga

短尾鹦鹉 viwake

蓝腰短尾鹦鹉 Bernard DUPONT

蓝腰短尾鹦鹉 Bernard DUPONT

亚历山大鹦鹉 雌 沈岩

亚历山大鹦鹉 雄 朱雷

471. 红领绿鹦鹉 Rose-ringed Parakeet *Psittacula krameri*

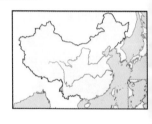

【野外识别】体长 40~42 cm 的大型鹦鹉。喙红色，全身绿色，下体略偏黄绿色。雄鸟额黑色，并由此延伸出黑色颈环，至后颈变为粉红色，颈环较窄，但甚为清晰。两翼翼上草绿色，飞羽下面和翼下大覆羽呈灰色，其余翼下覆羽呈黄绿色，对比鲜明。尾羽以绿色为主，中央尾羽特别延长且呈蓝色或蓝绿色，端部为黄绿色。雌鸟与雄鸟相似，但颏及颈部为绿色，不具颈环。与亚历山大鹦鹉区别见相应种描述。虹膜—淡黄色；喙—红色；跗跖—灰绿色。【分布与习性】广布于非洲、西亚、南亚至东南亚西部，此外，在欧洲和北美等地有引种或逃逸形成的野化种群。国内在云南西南部狭窄地区有分布，为不常见留鸟。于香港及广东沿海亦有逃逸形成的野化种群。主要见于有高大阔叶乔木之处，如各类林地甚至公园等，喜集群活动。【鸣声】响亮的哨音，比亚历山大鹦鹉的鸣声更为尖锐和急促。

472. 青头鹦鹉 Slaty-headed Parakeet *Psittacula himalayana*

【野外识别】体长 36 cm 左右的中型鹦鹉。上喙红色，喙端淡黄色；下喙橙黄色。头部暗青灰色，颈部蓝绿色，全身余部以绿色为主，但下体羽色较上体和两翼略淡。两翼翼上部分中覆羽为暗红色，停歇时可见于肩部附近形成一小块清晰的暗红色肩斑。尾羽大部分为柠檬黄色，中央尾羽特别延长，且基部约 1/2 呈蓝色，飞行时蓝、黄对比鲜明，清晰可见，为本种辨识特征之一。雌鸟与雄鸟相似，但无暗红色肩斑。本种与灰头鹦鹉甚为相似，但二者分布和鸣声不同，具体辨识特征见灰头鹦鹉。虹膜—淡黄色；喙—上喙红色，下喙橙黄色；跗跖—灰色或灰绿色。【分布与习性】主要分布于喜马拉雅山南麓。国内见于西藏南部边缘地区，为不常见留鸟。活动于高至海拔 2600 m 的阔叶林、针叶林及混交林中，喜成对或集小群活动。【鸣声】连续的升调单音节，似"gui gui"声。

473. 灰头鹦鹉 Grey-headed Parakeet *Psittacula finschii*

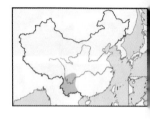

【野外识别】体长 30~37 cm 的中型鹦鹉。雌雄相似。上喙红色或橙红色，下喙黄色。头部青灰色或石板灰色。上体绿色，下体淡绿色。雄鸟两翼翼上数枚中覆羽形成一暗红色肩斑，雌鸟无此肩斑。尾羽较长，以黄绿色为主，两枚中央尾羽特别延长，其基部约 1/2 为蓝色，其余部分为淡黄白色。幼鸟头部灰色较淡，且喙偏黄。本种与青头鹦鹉甚似，但二者分布几乎不重叠，鸣叫亦有差异。且本种体羽的绿色较青头鹦鹉略淡（本种略带黄绿色），此外，本种中央尾羽端部 1/2 为淡黄近白色，而青头鹦鹉则为柠檬黄色。与花头鹦鹉区别见相应种描述。虹膜—淡黄色；喙—红色或橙红色；跗跖—灰绿色。【分布与习性】广布于东南亚。在国内为西南部地区不常见留鸟，主要见于海拔 2700 m 以下的丘陵和平原林地、耕地等处，繁殖期成对，非繁殖期集群活动。【鸣声】叫声为音调较高的"wee"声，比青头鹦鹉更为清脆。

红领绿鹦鹉 雌 朱雷

红领绿鹦鹉 雌 沈岩

红领绿鹦鹉 雄 崔月

青头鹦鹉 gkrishna63

青头鹦鹉 Francesco Veronesi

灰头鹦鹉 陈亮

灰头鹦鹉 陈亮

474. 花头鹦鹉　Blossom-headed Parakeet　*Psittacula roseate*

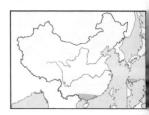

【野外识别】体长 31~33 cm 的中型鹦鹉。雄鸟头部为鲜艳的粉红色。额黑色，此黑色部分向两侧延伸形成颈环。身体余部以绿色为主，翼上具红色肩斑。尾长，尾羽多数为黄绿色，两枚中央尾羽显著延长，呈蓝色，尾端为黄绿色。雌鸟头部淡灰色，无黑色颈环及红色肩斑，其余部分与雄鸟相似。与同区域分布的灰头鹦鹉相似，但本种头部为粉色或淡灰色，并非铅灰色，且本种喙为黄色，而灰头鹦鹉上喙为鲜艳的橙红色。虹膜—淡黄色；喙—上喙黄色，下喙灰黑色；跗跖—灰褐色或灰绿色。【分布与习性】主要分布于东南亚（中南半岛）。国内见于广东、广西及云南的有限地区，为罕见留鸟，多在较低海拔的阔叶林及耕地周边的乔木成对或集群活动。【鸣声】比较单调的"gui gua"或尖锐的哨音。

475. 大紫胸鹦鹉　Derbyan Parakeet　*Psittacula derbiana*

【野外识别】体长 43~50 cm（雄鸟）或 37~45 cm（雌鸟）的大型鹦鹉。喙粗壮。雄鸟上喙红色，下喙黑色。头部紫灰色或蓝灰色，前额具一黑色横带且向两侧延伸至眼先。额、喉黑色并延伸至颈部。枕部、背部、腰及尾上覆羽均为绿色。胸部和上腹蓝灰色，下腹至尾下覆羽为绿色。两翼亦以绿色为主，但翼上覆羽略带黄绿色。尾羽绿色或略带蓝绿色。中央尾羽显著延长，其余各枚尾羽由中央向两侧长度依次减小。雌鸟与雄鸟相似，但上下喙均为黑色。绯胸鹦鹉与本种相似但其胸部为粉红色，而本种则为蓝灰色，且本种体形明显较大。此外，二者的生境海拔差异显著，野外不难区分。虹膜—淡黄色；喙—雄鸟上喙红色，下喙黑色，雌鸟上下喙均为黑色；跗跖—灰绿色。【分布与习性】分布于中国西南至印度东北的有限地区，为不常见留鸟。主要栖息于海拔 2000~4000 m 的针叶林、阔叶林及混交林，喜集群，偶有数千只集大群的活动的记录。【鸣声】单一的"啊、啊"声，似大嘴乌鸦但明显不如其粗厉。

476. 绯胸鹦鹉　Red-breasted Parakeet　*Psittacula alexandri*

【野外识别】体长 29~34 cm 的中型鹦鹉。雄鸟上喙红色，喙端淡黄色，下喙黑色。头部灰色或蓝灰色为主，前额基部具狭窄的黑色带并延伸至眼先。上体及两翼绿色。额、喉黑色并向颈侧略有延伸。胸部粉红色，为本种最显著之特征。腹部及尾下覆羽绿色。尾羽较长，亦为绿色。雌鸟与雄鸟相似，但上下喙均为黑色，且中央尾羽略短。本种粉红色的胸部与同区域分布的其他几种鹦鹉截然不同，故不难区分。大紫胸鹦鹉头部羽色与本种甚似，但分布海拔有显著差异，且仍然可以依据胸部羽色进行辨识。虹膜—淡黄色；喙—雄鸟上喙红色，下喙黑色，雌鸟上下喙均为黑色；跗跖—灰绿色或黄绿色。【分布与习性】主要分布于喜马拉雅山脉南麓至东南亚大部分地区。国内则见于云南和广西南部及海南。主要栖息于海拔 1500 m 以下的低地森林、部分公园林地和耕地周边。多集群活动。【鸣声】单调而粗厉的"啊、啊"声，与大紫胸鹦鹉相似。

花头鹦鹉 雌 沈岩

花头鹦鹉 雄 沈岩

大紫胸鹦鹉 雌 张永

大紫胸鹦鹉 雄 张永

绯胸鹦鹉 雌 朱雷

绯胸鹦鹉 雌（右）雄（左）朱雷

477. 小葵花凤头鹦鹉 Yellow-crested Cockatoo *Cacatua sulphurea*

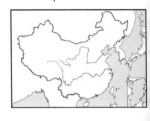

【野外识别】体长 33 cm 左右的中型鹦鹉。雌雄相似。黑色的喙甚为粗壮。全身以白色为主。具显著的黄色或橙黄色羽冠，兴奋时会竖起并展开。眼周淡蓝色，颊部略带淡黄色。尾羽亦为白色，较短，尾羽基部下面亦呈淡黄色。和我国有记录的其他鹦鹉相比，本种羽色、体形均较为特殊。国内无与之相似的种类，故野外极易发现和辨识。虹膜—褐色；喙—灰黑色；跗跖—灰黑色。【分布与习性】野生种群分布于印度尼西亚东部（苏拉威西和小巽他群岛）。国内见于香港植被较好的公园，属人为引入的野化种群，为区域性常见留鸟。主要生境为海拔较低（500m 以下）的林缘、疏林和耕地、公园的乔木上，一般成对或集小群活动。性喧闹。【鸣声】单调而略显粗哑的"wi"或"ga ga"声。

478. 彩虹鹦鹉 Rainbow Lorikeet *Trichoglossus moluccanus*

【野外识别】体长约 26 cm 的中型鹦鹉。雌雄相似。喙红色或橙红色，头部蓝色，颈部具淡绿色或黄绿色颈环，颈环羽色深浅根据亚种不同而有所差异（*rubritorquis* 亚种的颈环为橙红色）。上体及两翼绿色。尾羽亦为绿色，长度由外侧至中央依次增加，中央尾羽最长。额、喉为蓝色或深蓝色，胸部为红色至橙红色，具深色横斑，横斑的深浅和数量不同亚种有所差异（*moluccanus* 亚种的胸部为黄色和橙红色交杂，而 *rubritorquis* 亚种则无深色横斑）。腹部为深蓝色，尾下覆羽黄绿色，具暗绿色横斑。本种羽色极为鲜艳，野外容易辨识。虹膜—红色；喙—红色或橙红色；跗跖—灰色。【分布与习性】分布于澳大利亚及巴布亚新几内亚。国内在香港有逃逸形成的野化种群，罕见。主要活动于林地及开阔地，一般集群活动。【鸣声】响亮、单调而嘈杂的单声或连续鸣叫。

479. 褐翅鸦鹃 Greater Coucal *Centropus sinensis*

【野外识别】体长 47~52 cm 的特大型杜鹃。雌雄相似。雌鸟体型稍大。成鸟头颈、胸部和腹部黑色并具蓝紫色光泽，背部和两翼栗红色，尾羽较长，黑色。幼鸟虹膜色淡，头颈、胸部、下体黑褐色，两翼暗褐色，通体遍布黑色横斑，尾羽色深且有白色横纹。本种与小鸦鹃的区别在于体型较大，虹膜颜色鲜艳，翼下覆羽黑色。虹膜—暗红色；喙—黑色，粗壮而略下弯；跗跖—黑色。【分布与习性】东洋界广布。国内分布于包括海南在内的西南至东南地区，为常见留鸟。栖息于低海拔地区的次生林、林缘、湿地和农田，活动于灌木丛和高草地。习性较为隐秘，常单独或成对穿行于草丛中，飞行能力不强。主要取食小型动物。本种非巢寄生，自行筑巢和育雏。【鸣声】繁殖季发出一串低沉的"咕咕"声，也作尖锐的"嘎嘎"声。

小葵花凤头鹦鹉 戴××

小葵花凤头鹦鹉 黄小安

彩虹鹦鹉 朱雷

褐翅鸦鹃 王斌

褐翅鸦鹃 崔月

480. 小鸦鹃　Lesser Coucal　Centropus bengalensis

【野外识别】体长约 38 cm 的大型杜鹃。雌雄相似。雌鸟体形稍大。成鸟繁殖羽头颈和下体黑色，近白色羽干形成细纵纹。背部和两翼橙红色，翼覆羽亦具淡色纵纹。尾羽黑色，内侧尾羽具模糊的横斑。非繁殖羽喙色变淡，上体褐色，淡色羽干形成放射状纹纹。下体皮黄色，胁部和尾羽基具黑色横纹。幼鸟似成鸟非繁殖羽，通体棕褐色，头颈有明显的纵纹，两翼、胁部和尾羽具黑色横斑。虹膜—暗褐色；喙—黑色，粗壮而略下弯；跗跖—黑色。【分布与习性】广泛分布于东洋界。国内见于西南、东南和华东地区，以及海南与台湾，是较常见的留鸟。栖息于低海拔地区的林缘、灌丛和湿地，通常较褐翅鸦鹃的栖息地更为开阔。习性较为隐秘，常单独或成对在植被中穿行，偶尔停栖至高草或矮树顶端。本种非巢寄生，自行筑巢和育雏。【鸣声】繁殖季发出一串渐弱的"咕咕"声，也作节奏较快的"嗒嗒"声。

481. 绿嘴地鹃　Green-billed Malkoha　Phaenicophaeus tristis

【野外识别】体长约 55 cm 的特大型杜鹃。雌雄相似。成鸟头、颈和上背灰色，眼周具红色裸皮，喉部有深色纵纹。腹部和两胁深灰色。两翼和尾羽暗绿色，尾羽甚长，白色末端在尾下呈斑块状。幼鸟颜色稍暗淡，尾羽也较短。虹膜—褐色；喙—灰绿色，粗壮而略下弯；跗跖—灰绿色。【分布与习性】分布于印度东部、东南亚、中国南部和苏门答腊岛。国内区域性常见于西南部热带地区和海南，为留鸟。活动于植被茂盛的次生林、竹林和种植园等，树栖性强。本种非巢寄生，自行筑巢和育雏。【鸣声】蛙鸣般的"咯咯"声。

482. 红翅凤头鹃　Chestnut-winged Cuckoo　Clamator coromandus

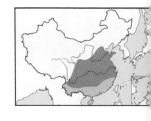

【野外识别】体长 45~47 cm 的大型杜鹃。雌雄相似。成年鸟头顶及两颊黑色，具黑色羽冠，后颈有白色半领环。背部、腰部黑色，喉部至上胸淡栗红色，下胸至腹部白色，尾下覆羽黑色。两翼栗红色，尾羽黑色并具白色端斑。幼鸟虹膜和喙色淡，上体棕褐色并具鳞状斑，腹部和尾羽末端颜色暗淡。虹膜—红褐色；喙—黑色，强健而略下弯；跗跖—灰色。【分布与习性】繁殖于印度北部、东南亚至中国南方，越冬于印度南部和印度尼西亚群岛。国内在从华北到华东的中、东部区域为较常见的夏候鸟，从云南到浙江的南部区域及海南为留鸟。栖息于中低海拔地区的开阔林地和灌丛，不似其他杜鹃般谨慎，常活跃于暴露的树枝间。巢寄生，在噪鹛等雀形目鸟类巢中产卵。【鸣声】在繁殖季不断重复响亮而带有金属感的"嘀嘀"声，也发出一连串含糊的喉音。

小鸦鹃 范忠勇

小鸦鹃 幼 沈岩

绿嘴地鹃 张永

绿嘴地鹃 关翔宇

红翅凤头鹃 王斌

红翅凤头鹃 庄斌

483. 斑翅凤头鹃　Pied Cuckoo　*Clamator jacobinus*

【野外识别】体长约 34 cm 的黑白两色中型杜鹃。雌雄相似。成鸟头顶黑色，具明显的羽冠，后颈、背部和两翼均为黑色，初级飞羽基部具白色横带，停栖时显露形成白斑。尾长，黑色，尾羽具白色端斑。额部、颈侧和下体白色，尾下覆羽白色。幼鸟上体灰黑色，下体颜色暗淡。虹膜—褐色；喙—黑色，强健而略下弯；跗跖—灰色。【分布与习性】分布于非洲、印度、缅甸至中国极西南地区。国内见于西藏南部，为罕见繁殖鸟。栖息于开阔的林地和灌木丛。主要取食各种昆虫，巢寄生，在多种雀形目鸟类巢中产卵。【鸣声】繁殖季不断重复两声一度的干涩笛音，经常在夜间鸣叫。

484. 紫金鹃　Violet Cuckoo　*Chrysococcyx xanthorhynchus*

【野外识别】体长约 16 cm 的极小型杜鹃。雄鸟眼圈红色，头颈、上体和胸部紫罗兰色，腹部白色并具有紫色横纹。尾羽近黑色并具白色端斑，外侧尾羽具白色斑点。雌鸟喙颜色稍暗，头颈、上体和两翼锈绿色，眼周至喉部密布锈绿色细纹，腹部白色并具有较宽的锈绿色横纹。中央尾羽绿色，外侧尾羽具白色斑点。幼鸟似雌鸟，上体棕色，通体遍布锈绿色斑纹。虹膜—红褐色；喙—黄色，喙基橙色；跗跖—灰色。【分布与习性】分布于东南亚的中南半岛和大巽他群岛。国内见于西南边境地区，包括西藏东南部、云南西南部，为罕见留鸟。栖息于低海拔的森林，常在开阔处活动，主要取食昆虫。巢寄生，将卵产在太阳鸟等小型雀形目鸟类巢中。【鸣声】繁殖期发出响亮的哨音，也作一连串尖锐的颤鸣声。

485. 翠金鹃　Asian Emerald Cuckoo　*Chrysococcyx maculatus*

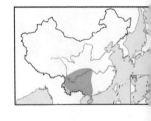

【野外识别】体长约 18 cm 的极小型杜鹃。雄鸟眼圈橙色，头颈、上体和胸部翠绿色，腹部白色并具有暗绿色横纹。两翼亦绿色，飞羽末端色深，飞羽基部具白色条纹。尾羽绿色，末端白色。雌鸟头顶至后颈黄褐色，上体和两翼铜绿色，但不及雄鸟亮丽，脸颊颈侧及下体白色，遍布锈绿色横纹。幼鸟似雌鸟但体色变异较大，通常头颈遍布锈绿色细横纹，两翼羽缘棕色，上喙黑色，下喙淡色。虹膜—红褐色；喙—橙黄色，端部黑色；跗跖—绿色。【分布与习性】繁殖于喜马拉雅山脉至东南亚北部和中国西南地区，越冬至马来半岛和印度南部。国内在四川南部、贵州和湖北为夏候鸟，在西藏、云南和海南为留鸟。栖息于中低海拔地区林相较好的常绿阔叶林，非繁殖季对植被要求降低。常在树顶休息和觅食，飞行迅速。巢寄生，在小型雀形目鸟类巢中产卵。【鸣声】繁殖期发出尖锐的哨音，也作多变的颤鸣声。

斑翅凤头鹃 Koshy Koshy

紫金鹃 雌 钱斌

紫金鹃 雄 王斌

紫金鹃 雌 王斌

翠金鹃 雌 沈岩

翠金鹃 雄 董江天

486. 噪鹃 Asian Koel *Eudynamys scolopaceus*

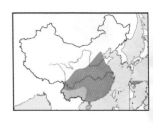

【野外识别】体长约 42 cm 的大型杜鹃。雄鸟通体黑色并带有金属光泽。雌鸟上体灰褐色且遍布白色斑点，下体近白色并具深色杂斑，尾羽具白色横纹。幼鸟似成鸟，喙黑色，虹膜色淡，覆羽和飞羽羽缘白色，下体具波状纹。虹膜—红色；喙—浅黄绿色，粗壮；跗跖—灰色。【分布与习性】广泛分布于东洋界。国内分布于黄河以南的大部分地区，为较常见的夏候鸟，在华北亦有稳定记录；在云南、广西部分地区及海南为留鸟；在台湾为罕见旅鸟。活动于低海拔地区的林地，栖息地类型多样，主要取食各种果实。巢寄生，将卵产在鸦科鸟类巢中。【鸣声】繁殖季频繁鸣叫，雄鸟发出上扬的"Koel"号叫声，频率和节奏逐渐加快。雌鸟会发出急促的"唧唧"尖叫声。

487. 栗斑杜鹃 Banded Bay Cuckoo *Cacomantis sonneratii*

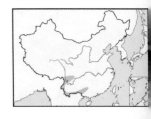

【野外识别】体长约 23 cm 的小型杜鹃。雌雄相似。成鸟头顶、上体和两翼亮棕色，遍布深褐色横纹。具有宽阔的深褐色眼纹，眉纹、喉部和下体近白色，亦具深褐色的波状横纹。尾羽褐色有横纹，具有黑色次端斑和白色端斑。似八声杜鹃幼鸟，区别见相应种描述。幼鸟似成鸟，但头顶和背羽末端白色，下体的横纹更少。虹膜—褐色；喙—黑色；跗跖—灰色。【分布与习性】分布于印度、喜马拉雅山麓至中南半岛和大巽他群岛。国内见于西南部分地区，为不常见留鸟。栖息于低海拔地区开阔的林地、林缘和种植园等，主要取食昆虫。巢寄生，在小型雀形目鸟类巢中产卵。【鸣声】繁殖季发出尖锐而富有韵律的四声哨音，最后一声音调下降。

488. 八声杜鹃 Plaintive Cuckoo *Cacomantis merulinus*

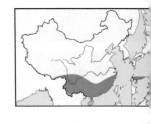

【野外识别】体长约 21 cm 的小型杜鹃。雄鸟头颈至上胸浅灰色，上体和两翼深灰色，腰羽和尾上覆羽深灰色。腹部橙黄色，尾羽深灰色并具白色斑纹和端斑。雌鸟与雄鸟相似，但覆羽具横斑，尾羽横斑亦多。幼鸟似棕色型雌鸟，上体栗色，下体皮黄色，通体遍布黑色斑纹（喉部为纵纹），似栗斑杜鹃成鸟但无深色眼纹。虹膜—红褐色；喙—近黑色，喙基橙色；跗跖—黄色。【分布与习性】在东南亚地区为常见留鸟。国内见于西南和东南地区，为夏候鸟；于云南南部及海南为留鸟；于台湾为旅鸟。栖息于中低海拔地区的热带雨林、常绿阔叶林、红树林和种植园。像其他杜鹃一样，经常听到叫声却难得一见。巢寄生于多种小型雀形目鸟类。【鸣声】繁殖期鸣叫频繁，发出数个缓慢上升的音节，接下来一连串下降的颤音。节奏类似于黄喙栗啄木鸟。

噪鹃 雌

栗斑杜鹃 张永

噪鹃 雄 朱雷

栗斑杜鹃 朱雷

八声杜鹃 董江天

八声杜鹃 幼 杨玉和

八声杜鹃 幼 杨玉和

489. 乌鹃 Fork-tailed Drongo-Cuckoo *Surniculus dicruroides*

【野外识别】体长约 25 cm 的黑色小型杜鹃。雌雄相似。成鸟通体黑色并具有金属光泽，通常在枕后具小块白斑。尾长而深叉状，尾下覆羽和最外侧尾羽具白色细横纹。幼鸟通体乌黑，头顶、胸部和两翼具细碎白点，枕后、尾下覆羽和尾羽白色状如成鸟，尾叉较浅。虹膜—褐色；喙—黑色；跗跖—深灰色。【分布与习性】分布于印度、东南亚和中国南方。国内见于西南至东南部分地区，为夏候鸟，在海南及云南西南部为留鸟。栖息于常绿阔叶林、竹林、灌木丛，主要在树上取食昆虫，但也做卷尾状飞行。巢寄生于多种中小型雀形目鸟类。【鸣声】5~6 声响亮的上升笛音，也发出一连串颤音。

490. 鹰鹃 Large Hawk-Cuckoo *Hierococcyx sparverioides*

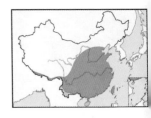

【野外识别】体长 38~40 cm 的大型杜鹃。雌雄相似。成鸟眼圈黄色，头顶至后颈灰色，背部灰褐色。下体近白色，喉部具灰褐色纵纹，上胸锈红色并具纵纹，腹部和两胁有褐色横纹。两翼与上体颜色相近，飞羽具淡色横带，尾羽深灰色并具有黑褐色横纹和淡色端斑。幼鸟前额灰色，上体和两翼棕褐色并具暗色横纹，下体近白色且具有明显的近黑色纵斑。与普通鹰鹃区别见相应种描述。虹膜—橙色；喙—上喙近黑色，下喙灰绿色；跗跖—橙黄色。【分布与习性】分布于喜马拉雅山脉、中国南方和东南亚。国内在黄河以北地区及台湾为夏候鸟，在云南西南部及海南为留鸟。栖息于中低海拔的茂密的落叶林和常绿阔叶林，经常长时间静立于树冠中。迁徙和越冬时也会在地面上觅食，主要取食各种昆虫。巢寄生，将卵产在噪鹛等多种雀形目鸟类巢中。【鸣声】繁殖季发出响亮的三音节鸣唱，音调逐渐升高至极限。也发出一串连续升高的啸声。

491. 普通鹰鹃 Common Hawk-Cuckoo *Hierococcyx varius*

【野外识别】体长约 33 cm 的中型杜鹃。雌雄相似。成鸟头顶浅灰色，上体和两翼灰褐色，喉部白色，上胸浅红色，腹部和两胁形成红白横斑。尾长，具有近白色和黑色横斑，末端浅棕色。幼鸟上体深褐色且遍布黑色横纹，下体皮黄色且有近黑色纵纹。本种与鹰鹃的区别在于体形较小，喉至上胸无深色纵纹，下体斑纹不显著。虹膜—黄色；喙—黄绿色；跗跖—黄色。【分布与习性】分布于印度和斯里兰卡。国内边缘性分布于西藏东南地区，为常见留鸟。栖息于低海拔地区较为开阔的常绿林和种植园等，常躲在树冠中休息和鸣叫。主要取食昆虫。巢寄生，将卵产在中小型雀形目鸟类巢中。【鸣声】繁殖季发出 4~6 声响亮的三音节鸣唱，音调逐渐升高，也发出一连串持续升高的啸声。叫声与鹰鹃略有差异。

乌鹃 崔月

乌鹃 曾祥乐

鹰鹃 黄泰

鹰鹃 文永越

普通鹰鹃 王斌

普通鹰鹃 王斌

492. 北棕腹杜鹃　Northern Hawk-Cuckoo　*Hierococcyx hyperythrus*

【野外识别】体长约 30 cm 的中型杜鹃。雌雄相似。头顶至脸颊灰色，后颈常具白斑而形成半领环。上体和两翼灰褐色，三级飞羽内侧有白斑。喙基具白色竖斑，向下延伸至前颈。颏灰色，胸腹部棕红色，有时呈斑驳状，尾下覆羽白色。尾灰色，具有3~4条黑色横带，次端斑黑色最宽阔，尾羽横带间和末端带棕色。幼鸟上体深灰褐色且具淡色鳞状斑，后颈亦具白色半领环，颏近黑色，下体白色并具有深褐色纵斑。本种与棕腹杜鹃的区别在于本种眼先较淡，胸部红色无纵纹，后颈具白斑，尾羽略带褐色。虹膜—红褐色；喙—近黑色，喙基黄绿色；跗跖—黄色。【分布与习性】繁殖于西伯利亚东南部、朝鲜半岛、日本和中国东北，越冬于东南亚地区。国内在东北东部、华北和华东为夏候鸟，迁徙时经过东南沿海地区。栖息于多种生境，包括各海拔的落叶林、阔叶林、竹林和种植园。主要捕食各种昆虫，也食用果实。巢寄生，将卵产在鸫类和鹟类等巢中。【鸣声】繁殖季发出响亮而尖锐的颤音，音调逐渐升高，也会发出较短而多变的鸣叫。经常在阴雨天气鸣叫。

493. 棕腹杜鹃　Hodgson's Hawk-Cuckoo　*Hierococcyx nisicolor*

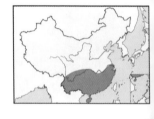

【野外识别】体长约 28 cm 的中型杜鹃。雌雄相似。成鸟头顶、两颊至枕部深灰色，上体深褐色，腰羽深灰色。额深灰色，喉部白色，下体棕红色并具深灰色纵纹，尾下覆羽白色。飞羽具斑纹，翼下覆羽棕色。尾灰色，具有四条黑色横带，尾羽末端浅棕色。幼鸟头顶至枕部深褐色，上体和翼上覆羽具鳞状斑，下体乳白色且遍布褐色纵斑，尾羽末端皮黄色面积更大。与北棕腹杜鹃辨识见该种描述。虹膜—棕色；喙—黑色，基部黄色；跗跖—黄色。【分布与习性】繁殖于喜马拉雅山脉东段至中国南方和东南亚北部，在印度尼西亚群岛越冬。国内分布于包括海南在内的长江以南地区，为夏候鸟。栖息于落叶林、常绿林等次生林，也包括松林和竹林等，越冬时对栖息地要求下降，出现于多种林地生境。主要取食昆虫，有时下降至地面附近觅食。巢寄生，在多种小型雀形目鸟类巢中产卵。【鸣声】繁殖季发出尖锐的双音节哨音，也发出一连串上升的啸声。

494. 小杜鹃　Lesser Cuckoo　*Cuculus poliocephalus*

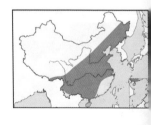

【野外识别】体长约 25 cm 的小型杜鹃。眼圈黄色，雄鸟头部至上体浅灰色，翼角内侧白色而无纹。喉部至上胸浅灰色，腹部白色并具 7~9 条横纹，尾下覆羽皮黄色无纹或略带少许黑色。尾羽和尾上覆羽近黑色，尾羽具斑点和白色端斑。灰色型雌鸟似雄鸟，上胸部略带棕色。棕色型雌鸟上体棕褐色，喉部、上体和两翼具黑色横纹，但在枕部和腰部几乎没有斑纹。幼鸟头部和上体深灰色且具皮黄色斑，胸腹部遍布黑白色横纹。棕色型幼鸟上体褐色，下体皮黄色。本种与该属其他杜鹃的区别在于体形较小，虹膜色深，下体横纹数量少，尾下覆羽几无斑纹。虹膜—深褐色；喙—黑色，喙基黄色；跗跖—黄色。【分布与

北棕腹杜鹃 薛琳

北棕腹杜鹃 董文晓

北棕腹杜鹃 幼 黄秦

棕腹杜鹃 王斌

Hodgson's Hawk Cuckoo 棕腹杜鹃

棕腹杜鹃 王斌

杜鹃 雌（棕色型）黄江天

小杜鹃 赵美华

小杜鹃 吴志华

【习性】繁殖于喜马拉雅山脉至中国东部、朝鲜半岛和日本，越冬于斯里兰卡和非洲东部。国内在繁殖和迁徙时见于东北南部至东南和西南的大部分地区，在海南为留鸟。栖息于从高海拔山区到低地平原的常绿林和落叶林。站姿较直立，飞行迅速。主要取食昆虫。巢寄生，将卵产在树莺等小型雀形目鸟类巢中。【鸣声】繁殖季发出响亮而独特的5~6音节叫声，甚似"阴天打酒喝（喝）"，亦在飞行中鸣唱。

495．四声杜鹃　Indian Cuckoo　*Cuculus micropterus*

【野外识别】体长约32 cm的中型杜鹃。眼圈黄色。雄鸟头颈浅灰色，背部和两翼灰褐色。喉胸部灰色，腹部白色并具近黑色横纹，尾下覆羽白色，部分个体具横斑。尾羽具有白斑，黑色次端斑显著。雌鸟似雄鸟，喉胸部偏褐色。幼鸟眼周色深，头颈和上体具白色和棕色鳞状斑，下体近白色并具棕色横斑，尾偏褐色。本种与该属其他杜鹃的区别在于体形较小，虹膜色深，头颈与背部对比较强，尾下条带分明，尾羽具黑色次端斑。虹膜—

褐色；喙—近黑色，喙基黄绿色；跗跖—黄色。【分布与习性】分布于印度、东南亚和中国中东部至西伯利亚东南部地区。国内在东北至华中、西南和东南地区为常见夏候鸟。栖息于较高海拔山区至低地平原的常绿林和落叶林，性隐蔽，通常仅闻其声。主要取食昆虫。巢寄生，在中小型雀形目鸟类巢中产卵。【鸣声】繁殖季发出响亮而具特征性的四音节鸣唱"光棍好苦"，经常在夜间鸣叫。

496．中杜鹃　Himalayan Cuckoo　*Cuculus saturatus*

【野外识别】体长约32 cm的中型杜鹃。眼圈黄色。雄鸟上体鼠灰色，喉部至上胸浅灰色，翼角具白斑。胸腹部白色并具黑色粗横纹，通常为9~11条。尾下覆羽略带皮黄色，大多数个体具黑色横纹。尾羽深褐色，羽轴具白色斑点和端斑。雌鸟似雄鸟，在颈部和胸部略带褐色。棕色型雌鸟头颈、上体和两翼棕褐色且遍布黑色横纹，腰羽和尾上覆羽亦具黑色横纹。幼鸟上体灰色或棕色并具近白色鳞状斑。与大杜鹃的区别在于下体横纹较

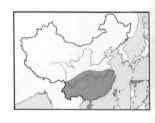

粗而少，翼下色深且近乎无纹，翼角白斑明显且无斑纹；棕色型雌鸟腰羽和尾上覆羽具黑色横纹。与北方中杜鹃相似，辨识见该种描述。虹膜—橙色至褐色；喙—黑褐色，下喙基橙黄色；跗跖—橙黄色。【分布与习性】繁殖于喜马拉雅山脉至中国南方和东南亚，越冬于马来半岛北部和印尼群岛。国内见于长江以南大部分地区及海南和台湾，为常见夏候鸟。主要栖息于海拔较高的山区，主要取食昆虫。巢寄生，产卵于多种中小型雀形目鸟类巢中。【鸣声】繁殖季发出类似戴胜的四音节敲击声"布咕咕咕"，也发出一连串啸声。

四声杜鹃 雌 沈越

中杜鹃 朱雷

中杜鹃 Ron Knight

中杜鹃 Ron Knight

497. 北方中杜鹃　Oriental Cuckoo　*Cuculus optatus*

【野外识别】体长约 33 cm 的中型杜鹃。羽色与中杜鹃非常相近。细微差异在于本种体形略大，胸腹部的黑色横纹较粗大。幼鸟与中杜鹃幼鸟的区别在于本种头颈、喉部和胸部近黑色且羽缘白色，中杜鹃幼鸟羽色稍淡而具皮黄色羽缘。虹膜—橙色至褐色；喙—黑褐色，下喙基橙黄色；跗跖—橙黄色。【分布与习性】古北界广布，越冬于东南亚至澳大利亚。国内繁殖于西北和东北地区，迁徙时见于东部沿海地区。栖息于针阔混交林和泰加林，越冬时见于低海拔地区的各种生境。主要取食昆虫，通常在树冠上觅食，偶尔至开阔地。巢寄生，在柳莺、树莺等小型雀形目鸟类巢中产卵。【鸣声】繁殖季不断重复悦耳的双音节敲击声"咕咕"，非繁殖季不鸣叫。

498. 大杜鹃　Common Cuckoo　*Cuculus canorus*

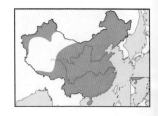

【野外识别】体长约 33 cm 的中型杜鹃。眼圈黄色。雄鸟头颈至上体及胸部浅灰色，腹部白色并具有较细的黑色横纹。翼角具白斑且有斑纹，飞羽具明显的横纹。尾羽深褐色并具白色斑点和端斑。雌鸟似雄鸟，但胸部带有褐色。雌鸟有棕色型，与其他杜鹃棕色型雌鸟的区别在于腰羽和尾上覆羽几乎无斑纹。幼鸟枕部具白斑，上体灰褐色并具白色鳞状斑，通体遍布近黑色横纹。*subtelephonus* 亚种体色较浅，下体横斑较细；*bakeri* 亚种体色较指名亚种颜色更深。与中杜鹃辨识见该种描述。虹膜—黄色；喙—黑色，下喙基黄色；跗跖—黄色。【分布与习性】繁殖于整个欧亚大陆，越冬至非洲和东南亚。国内见于除极高海拔和沙漠外的大部分地区，为夏候鸟；在台湾为旅鸟。栖息于森林、林缘、灌木丛、荒地和湿地，常出现在开阔生境。停栖时身体水平，经常将两翼垂下。主要取食昆虫。巢寄生，在多种雀形目鸟类巢中产卵。【鸣声】繁殖季雄鸟不断重复特征性的双音节叫声"布谷"，越冬时通常不鸣叫。

499. 仓鸮　Barn Owl　*Tyto alba*

【野外识别】体长 34~39 cm 的中型鸮类。雌雄相似。成鸟面部白色具明显心形面盘，头顶皮黄色无耳羽簇；胸部、腹部近白色具褐色斑点；背部、翼上皮黄色具褐色斑块；皮黄色尾羽较短且较明显横纹。幼鸟似成鸟，整体颜色较深，背部、两翼具浅色羽缘。似草鸮，辨识见该种描述。虹膜—深褐色；喙—皮黄色；跗跖—被羽。【分布与习性】广布于各大洲的温带至热带地区。国内仅见于云南南部、西部地区。常栖息于开阔原野、低山丘陵、农田村落等生境。夜行性，主要捕食鼠类，偶尔亦捕食蛙类、中小型鸟类等。【鸣声】有时发出尖锐而单调的"zi zi"声，似锯木声。

北方中杜鹃 张永

北方中杜鹃 幼 崔月

大杜鹃（棕色型）沈越

大杜鹃 陈青骅

大杜鹃 戴美杰

仓鸮 何海清

仓鸮 关翔宇

仓鸮 关翔宇

336
337

鸮形目　仓鸮科
STRIGIFORMES　Tytonidae

鸮形目　鸱鸮科
STRIGIFORMES　Strigidae

500．草鸮　Eastern Grass Owl　*Tyto longimembris*

【野外识别】体长 35~44 cm 的中型鸮类。雌雄相似。成鸟面部黄褐色具明显心形面盘，头顶黄褐色无耳羽簇；胸部、腹部皮黄色具褐色斑点；背部、翼上黄褐色具明显黑色斑块；尾羽较短具较明显横纹。幼鸟似成鸟，整体颜色较深，背部、两翼具浅色羽缘。似仓鸮，但本种个体较大，整体颜色较深，面盘黄褐色。虹膜—深褐色；喙—黄褐色；跗跖—被羽。【分布与习性】分布于亚洲东南部至澳大利亚。国内见于包括海南和台湾在内的长江以南及周边区域，为留鸟。常栖息于中低海拔的低山丘陵、山坡草地和开阔草原等生境。夜行性，主要捕食鼠类和小型哺乳动物，偶尔亦捕食蛇类、蛙类、小型鸟类等。【鸣声】有时发出尖锐单调而连续的"zha zha zha"声。

501．栗鸮　Oriental Bay Owl　*Phodilus badius*

【野外识别】体长 27~30 cm 的中型鸮类。雌雄相似。成鸟面部粉灰色具显著心形面盘，四周具黑色皱领，头顶栗红色无耳羽簇。胸部、腹部灰色具栗色斑点。背部、翼上栗红色具黑色、白色斑点。虹膜—深褐色；喙—黄褐色；跗跖—被羽。【分布与习性】广布于东南亚地区。国内分布于广西、云南、海南等地区，为罕见留鸟。常栖息于山地常绿阔叶林、次生林等生境。夜行性，主要捕食鼠类、蛙类、小型鸟类等。【鸣声】有时发出婉转响亮的似口哨般的叫声。

502．黄嘴角鸮　Mountain Scops Owl　*Otus spilocephalus*

【野外识别】体长 18~21 cm 的小型鸮类。雌雄相似。成鸟头部棕褐色，面盘不甚明显，头顶具棕褐色耳羽簇，虹膜、喙部黄色明显。胸部、腹部灰褐色具深褐色斑纹。肩部具明显白色斑块。尾下覆羽灰白色少斑纹。虹膜—黄色；喙—黄色；跗跖—被羽。【分布与习性】分布于东洋界。国内见于包括海南和台湾在内的华南、西南南部等地区，为留鸟。常栖息于海拔2000 m 以下的山地常绿阔叶林和混交林地带，有时亦到山脚林缘活动。夜行性，主要捕食鼠类、蜥蜴、昆虫等。【鸣声】常发出两声一度而显著响亮的金属声。

草鸮 戴美杰

草鸮 戴美杰

栗鸮 任晓彤

栗鸮 张琴

黄嘴角鸮 曾祥乐

Mountain Scops Ow
黄嘴角鸮

黄嘴角鸮 王斌

503. 领角鸮　Collared Scops Owl　*Otus lettia*

【野外识别】体长 20~27 cm 的小型鸮类。雌雄相似。成鸟头部灰褐色，灰褐色面盘较明显，头顶具灰色耳羽簇，虹膜暗褐色。后颈部具一显著翎领。胸部、腹部灰褐色具深褐色斑纹。背部、两翼棕褐色，具褐色斑块。虹膜—暗褐色；喙—角质色；跗跖—被羽。【分布与习性】分布于东亚、东南亚、南亚等地区。国内于东北、华北东部地区为夏候鸟，于黄河流域周边及其以南大部分地区为留鸟，包括海南和台湾。常栖息于山地阔叶林和混交林地带，有时亦到山脚林缘、村寨树林附近活动。夜行性，主要捕食鼠类、昆虫等。【鸣声】常发出连续的单音节"wu wu wu"声。

504. 纵纹角鸮　Pallid Scops Owl　*Otus brucei*

【野外识别】体长 20~21 cm 的小型鸮类。雌雄相似。成鸟头部灰色，面盘皮黄色具黑边，头顶具黑色纵纹，灰色耳羽簇较明显。胸部、腹部灰色具黑色纵纹。背部、两翼灰色，肩部具明显白色斑块。尾下覆羽偏白色少斑纹。虹膜—黄色；喙—角质色；跗跖—被羽。【分布与习性】分布于中亚、南亚等地区。国内见于新疆，为罕见留鸟。常栖息于低山和平原地带的荒野和半荒漠地区地带，有时亦到农田、果园、低山河谷森林附近活动。夜行性，主要以昆虫为食，有时亦捕食小型哺乳动物。【鸣声】有时发出低沉的两声一度的"wu wu"声。

505. 西红角鸮　Eurasian Scops Owl　*Otus scops*

【野外识别】体长 19~21 cm 的小型鸮类。雌雄相似。本种体色变化较大，有棕色型、灰色型两种色型。成鸟头部棕红色（棕色型）或灰色（灰色型），近黑色面盘较明显，头顶具黑色纵纹，耳羽簇较明显。胸部、腹部灰褐色具黑色纵纹。背部、两翼棕红色（棕色型）或灰色（灰色型），肩部具显著白色斑块。似红角鸮，但分布区不重叠，叫声亦有明显区别。虹膜—黄色；喙—角质色；跗跖—被羽。【分布与习性】繁殖于欧洲至中亚，越冬于非洲热带地区。国内仅见于新疆地区，为留鸟。常栖息于低山和平原地带的开阔原野或城市绿地等地带。夜行性，主要以昆虫为食，有时亦捕食蜥蜴、鸟类。【鸣声】常发出响亮的一声一度的金属声。

领角鸮 黄秦

领角鸮 沈越

纵纹角鸮 甘云

西红角鸮 沈越

西红角鸮 戴辉

506. 红角鸮 Oriental Scops Owl *Otus sunia*

【野外识别】体长 16~22 cm 的小型鸮类。雌雄相似。本种体色变化较大，有红色型、灰色型两种，其中以灰色型较常见。灰色型成鸟头部灰色，深褐色面盘不甚明显，头顶具黑色纵纹，耳羽簇较明显。胸部、腹部灰褐色具黑色纵纹。背部、两翼灰色，肩部具显著白色斑块。红色型成鸟整体棕红色，数量较少。似西红角鸮，但分布区不重叠，叫声亦有明显区别。与兰屿角鸮相似，辨识见该种描述。虹膜—黄色；喙—角质色；跗跖—被羽。
【分布与习性】分布于东亚和东南亚。国内于东北至黄河中东部流域周边为夏候鸟，于长江流域周边及其以南地区和海南为留鸟，于台湾为冬候鸟。常栖息于山地和平原阔叶林、混交林等地带，有时亦到次生林、城市绿地、居民区附近活动。夜行性，主要以昆虫、鼠类为食，有时亦捕食蜥蜴、鸟类等。【鸣声】常发出三声一度的"wu, wu wu"声。

507. 兰屿角鸮 Elegant Scops Owl *Otus elegans*

【野外识别】体长 18~22 cm 的小型鸮类。雌雄相似。本种体色存在较明显区别。成鸟头部褐色，灰褐色面盘不甚明显，头顶无显著斑纹，耳羽簇较明显。胸部、腹部灰褐色具黑色纵纹。背部、两翼棕褐色，肩部具显著白色斑块。似红角鸮，但头顶无深色斑纹，叫声亦有明显区别。虹膜—黄色；喙—角质色；跗跖—被羽。【分布与习性】分布于琉球群岛和菲律宾北部岛屿。国内仅见于台湾地区，为留鸟。常栖息于低山常绿阔叶林和混交林地带，有时亦到次生林、果园等地带活动。夜行性，主要以昆虫为食，有时亦捕食蜥蜴、鸟类等。【鸣声】常发出响亮的两声一度的"wu wu"声，尾声常上扬。

508. 雪鸮 Snowy Owl *Bubo scandiacus*

【野外识别】体长 55~64 cm 的大型鸮类。成年雄鸟整体白色几无斑纹，面盘不显著，无耳羽簇；尾羽白色仅尾端具一道褐色横斑。成年雌鸟整体白色，头顶具黑色点状斑纹；胸部、腹部白色具深褐色横纹；背部白色具深褐色斑纹；尾羽白色具3~5 道深褐色横斑。幼鸟似雌鸟，但深褐色斑纹更重。虹膜—黄色；喙—灰色；跗跖—被羽。【分布与习性】繁殖于环北极地区，冬季在繁殖地以南越冬。国内见于新疆北部和东北部等地。夏季主要栖息于北极冻原带、冻原苔原丘陵等地区；冬季常栖息于平原、旷野雪原、苔原森林、开阔的稀疏树林等地带。昼行性为主，主要以雪兔、鼠类、雉类为食。【鸣声】雄鸟有时发出单调的一声一度的"wu wu"声，雌鸟有时发出一连串的"ga ga ga"声。

红角鸮 沈越

红角鸮 沈越

兰屿角鸮 关翔宇

兰屿角鸮 关翔宇

雪鸮 雌 王斌

雪鸮 雄 亦诺

509．雕鸮　Eurasian Eagle Owl　*Bubo bubo*

【野外识别】体长59~73 cm的大型鸮类。雌雄相似。体大而壮的鸮类。成鸟头部黄褐色，棕黄色面盘较显著，具明显深褐色耳羽簇。胸部、腹部黄褐色具深褐色纵纹，胸部纵纹较腹部纵纹更加显著。背部黄褐色具深色斑纹。尾羽黄褐色具深褐色横斑。虹膜—橙红色；喙—灰色；跗跖—被羽。【分布与习性】分布于欧亚大陆大部分地区，不含南亚、东南亚，为留鸟。国内除海南和台湾外，其他地区均有分布。常栖息于山地森林、平原、荒野、稀疏疏林、裸露的高山和峭壁等地带。夜行性为主，主要以鼠类为食，有时亦捕食雉类、蛙类、昆虫、刺猬等。【鸣声】有时发出响亮而深邃的两声一度"wu wu"声。

510．林雕鸮　Spot-bellied Eagle Owl　*Bubo nipalensis*

【野外识别】体长60~65 cm的大型鸮类。雌雄相似。成鸟头部近灰色，头顶灰褐色，深灰色面盘较显著，具明显深灰色耳羽簇。喉部偏白色具灰褐色横纹。胸部、腹部近白色具"心"形斑纹；背部灰褐色具深褐色斑纹。尾羽灰褐色具深褐色横斑。幼鸟似成鸟，但头顶多斑点，耳羽簇不甚明显。虹膜—褐色；喙—黄色；跗跖—被羽。【分布与习性】分布于东南亚、南亚等地区。国内罕见于四川、云南、广西等地，为留鸟。常栖息于亚热带常绿阔叶林及潮湿落叶阔叶林等地带。夜行性，主要以小型鸟类、蛙类、蜥蜴为食，有时亦捕食昆虫等。【鸣声】有时发出尖锐而响亮的单音节"ya ya"声。

511．乌雕鸮　Dusky Eagle Owl　*Bubo coromandus*

【野外识别】体长53~60 cm的大型鸮类。雌雄相似。成鸟整体棕褐色，头部灰褐色，面盘不甚明显，深色耳羽簇明显；胸部、腹部黄褐色具近黑色纵纹，且每条纵纹具不明显暗色横纹；背部棕褐色具深色斑纹；棕褐色尾羽短具深褐色横斑。似雕鸮，但体色明显偏淡，耳羽簇较明显，虹膜为黄色。虹膜—黄色；喙—灰色；跗跖—被羽。【分布与习性】分布于东南亚、南亚等地。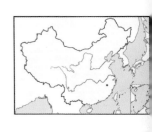国内曾见于浙江建德、江西南昌地区。常栖息于低海拔近水的开阔林地、湿润森林等生境。夜行性，主要捕食中小型鸟类、小型哺乳动物。【鸣声】有时发出较为低沉的"wu，wu，wu，wu wu wu"声。

雕鸮 张永

雕鸮 亦诺

林雕鸮 曾祥乐

林雕鸮 曾祥乐

乌雕鸮 Paul Acmon and Jill Lenoble

512. 毛腿渔鸮 Blakiston's Fish Owl *Ketupa blakistoni*

【野外识别】体长 50~58 cm 的大型鸮类。雌雄相似。成鸟头部灰褐色，褐色面盘不显著，灰褐色耳羽簇长而尖。胸部、腹部黄褐色具深褐色纵纹。背部灰褐色具深色斑纹，肩部具显著白色斑块。尾羽黄褐色具深褐色横斑。虹膜—橙黄色；喙—灰色；跗跖—被羽。【分布与习性】分布于中国东北至俄罗斯远东地

区及库页岛、南千岛群岛和北海道等地区。国内见于东北地区，为罕见留鸟。常栖息于低山阔叶林、混交林和山脚林缘的溪流、河谷等生境。夜行性，有时静立于河中石头上，也可在浅水中涉行，主要以鱼类为食，有时亦捕食虾类、蛙类等水生动物。【鸣声】有时发出深邃的三声一度"du du，du"声。

513. 褐渔鸮 Brown Fish Owl *Ketupa zeylonensis*

【野外识别】体长 51~55 cm 的大型鸮类。雌雄相似。成鸟头部棕褐色，黄褐色面盘不显著，棕褐色耳羽簇长而尖。喉部具不甚明显的白色斑块。胸部、腹部黄褐色具深褐色纵纹，胸部纵纹较腹部纵纹略显著。背部棕褐色具深色斑纹。尾羽暗褐色具 6 道皮黄色横斑。跗跖近上端前缘被羽。似黄脚渔鸮，辨识见该种描述。虹膜—黄色；喙—灰色；跗跖—灰色。【分布与习性】分布于南亚、东南亚等地区。国内见于东南、西南地区，

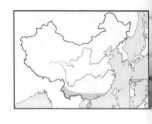

为罕见留鸟。常栖息于水源附近的森林中，特别是开阔的林区河流地带，有时亦见于湖泊、鱼塘附近的丛林。夜行性为主，有时下午亦出现觅食，主要以鱼类、蛙类等为食，有时亦捕捉鸟类、蜥蜴、昆虫等。【鸣声】有时发出尖锐的一声一度的"yi，yi，yi"声，有时发出低沉的"wu，wu"声。

514. 黄脚渔鸮 Tawny Fish Owl *Ketupa flavipes*

【野外识别】体长 58~63 cm 的大型鸮类。雌雄相似。成鸟头部黄褐色，黄色面盘不甚显著，棕黄色耳羽簇长而尖。喉部具不甚明显的白色斑块。胸部、腹部棕黄色具深褐色纵纹，胸部纵纹较腹部纵纹显著。背部黄褐色具深色斑纹。尾羽深褐色具 5 道棕黄色斑纹。跗跖偏黄色明显被羽。似褐渔鸮，但本种体形稍大，整体偏黄色，跗跖被羽明显，趾黄色。虹膜—黄色；喙—灰色；跗跖—被羽。【分布与习性】分布于喜马拉雅南麓部分

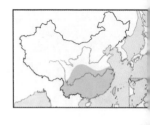

地区至中南半岛东部沿海。国内分布于长江流域周边及其以南地区和台湾，为少见留鸟。常栖息于溪流、河谷等水域附近的阔叶林和次生林生境。夜行性为主，有时白天亦出现觅食，主要以鱼类为食，有时亦捕食鼠类、鸟类、蜥蜴、昆虫等。【鸣声】有时发出异常尖锐的"yi，yi"声。

毛腿渔鸮 高云飞

毛腿渔鸮 蔺云飞

褐渔鸮组成 关翔宇

褐渔鸮 何海清

黄脚渔鸮 亦诺

黄脚渔鸮 章江天

黄脚渔鸮 幼 黄泰

515. 褐林鸮　Brown Wood Owl　*Strix leptogrammica*

【野外识别】体长 46~51 cm 的大型鸮类。雌雄相似。成鸟头部偏圆形，黑色眼圈甚明显，棕褐色面盘显著，具白色眉纹，无耳羽簇。喉部白色。胸部、腹部棕褐色密布褐色横纹。背部深褐色具浅色斑纹。尾羽深褐色具棕黄色横斑。虹膜—深褐色；喙—灰色；跗跖—被羽。【分布与习性】广布于亚洲南部。国内见于华中、华东、华南、西南等地区，包括海南及台湾，为少见留鸟。常栖息于常绿阔叶林和混交林，有时亦见于林缘、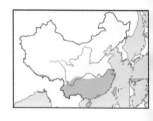
竹林等生境。夜行性，主要以鼠类、小型鸟类为食，有时亦捕食蜥蜴、蛙类、昆虫等。【鸣声】有时发出低沉的三声一度的"wu，wu wu"声。

516. 灰林鸮　Tawny Owl　*Strix aluco*

【野外识别】体长 37~40 cm 的中型鸮类。雌雄相似。本种存在体色变化，有红色型、灰色型两种，其中以灰色型较常见。成鸟头部偏圆形，灰褐色面盘显著，无耳羽簇。胸部、腹部浅褐色具深色纵纹。背部深褐色具明显白色带状斑纹。尾羽深褐色具浅色横斑。红色型头部、胸部略带红褐色。似长尾林鸮，辨识见该种描述。虹膜—深褐色；喙—灰色；跗跖—被羽。【分布与习性】广布于欧洲大陆中纬度地区。国内见于东北东南部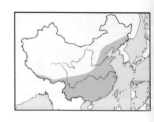
至西藏南部、西南、华南及台湾，为留鸟。常栖息于中低海拔的山地阔叶林和混交林，有时亦见于林缘、民居附近。夜行性，主要以啮齿类为食，有时亦捕食小型鸟类、蛙类、昆虫等。【鸣声】有时发出连续而响亮的"wu，wu wu wu wu"声。

517. 长尾林鸮　Ural Owl　*Strix uralensis*

【野外识别】体长 45~54 cm 的大型鸮类。雌雄相似。成鸟头部近圆形，灰白色面盘显著，无耳羽簇。胸部、腹部白色具褐色纵纹。背部灰褐色。灰褐色尾羽较长具褐色横斑。似灰林鸮，但个体较大，整体颜色偏灰白色，尾羽较长。虹膜—深褐色；喙—黄色；跗跖—被羽。【分布与习性】广布于欧洲大陆北部。国内见于东北至华北北部和新疆极北部，为留鸟。常栖息于山地针叶林、针阔混交林和阔叶林等生境，偶见于林缘次生林。夜
行性为主，主要以鼠类为食，有时亦捕食中小型鸟类、蛙类、昆虫等。【鸣声】有时发出低沉的一声一度的"wu，wu"声。

褐林鸮 幼 楼君

褐林鸮 文辉

褐林鸮 丁铨

灰林鸮 红色型 朱雷

灰林鸮 幼 张梦

灰林鸮 关翔宇

长尾林鸮 张武

长尾林鸮 沈越

长尾林鸮 张武

518. 四川林鸮 Sichuan Wood Owl *Strix davidi*

【野外识别】体长约 54 cm 的大型鸮类。雌雄相似。成鸟头部近圆形，灰色面盘显著，无耳羽簇。胸部、腹部灰白色具褐色纵纹。背部灰褐色。原为长尾林鸮亚种，后提升为独立种。甚似长尾林鸮，但整体颜色较深，且分布区无重合。虹膜－深褐色；喙－黄色；跗跖－被羽。【分布与习性】中国特有种，仅见于四川、甘肃和青海。常栖息于中高海拔的山地针叶林及亚高山混交林。夜行性为主，主要以鼠类为食，有时亦捕食中小型鸟类、蛙类、昆虫等。【鸣声】有时发出低沉的两声一度的"wu wu, wu wu"声。

519. 乌林鸮 Great Grey Owl *Strix nebulosa*

【野外识别】体长 56~65 cm 的大型鸮类。雌雄相似。成鸟头部近圆形，灰色面盘显著，具黑色同心圆，无耳羽簇，眼上及眼下连接成"X"形白色斑纹。胸部、腹部灰白色具粗大的褐色纵纹。背部灰褐色具浅色斑纹。尾羽灰褐色具深灰色横纹。虹膜－黄色；喙－黄色；跗跖－被羽。【分布与习性】广布于欧亚大陆北部和北美洲北部。国内分布于东北北部和新疆极北部，为留鸟。常栖息于原始针叶林和以落叶松、白桦为主的针阔混交林。夜行性为主，主要以小型啮齿动物为食，有时亦捕食中小型鸟类。【鸣声】有时发出连续的低沉的"hu hu hu"声。

520. 猛鸮 Northern Hawk-Owl *Surnia ulula*

【野外识别】体长 34~40 cm 的中型鸮类。雌雄相似。成鸟头部灰白色，头顶白色具黑色点状斑纹，眉纹白色，白色面盘显著，具黑色外缘，无耳羽簇，头后具一对黑色斑块，形成显著的"伪眼"。喉部具白色斑块，颈部具黑色领环。前胸白色无斑纹，胸部、腹部灰白色具黑色横纹。背部灰褐色具白色斑纹。两翼较长，翼下密布深褐色横纹。尾上覆羽白色具褐色横纹，灰褐色尾羽较长具白色横纹。虹膜－黄色；喙－黄色；跗跖－被羽。

【分布与习性】广布于欧亚大陆北部和北美洲北部。国内于新疆西北部为留鸟，于东北北部为冬候鸟。常栖息于原始针叶林和针阔混交林，亦见于森林苔原和平原森林地带。昼行性为主。猛鸮不同于其他鸮，翅长、尾长，常在林间开阔地振翅悬停寻觅食物，主要以小型啮齿动物为食，有时亦捕食中小型鸟类等其他小动物。【鸣声】有时发出连续的两声一度的"zei zei"声。

四川林鸮 何海清

乌林鸮 沈越

乌林鸮 崔月

猛鸮 计云

猛鸮 计云

猛鸮 张永

521. 花头鸺鹠　Eurasian Pygmy Owl　*Glaucidium passerinum*

【野外识别】体长15~19 cm的小型鸮类。雌雄相似。成鸟头部灰褐色，头顶褐色具白色点状斑纹，面盘甚不显著，无耳羽簇，头后无黑色斑块形成的"伪眼"。喉部、前胸具褐色横纹；胸部、腹部白色具褐色纵纹。背部灰褐色具白色点状斑纹。尾下覆羽白色少斑纹，灰褐色尾羽具白色横纹。似领鸺鹠，辨识见该种描述。虹膜－黄色；喙－黄色；跗跖－被羽。【分布与习性】分布于欧亚大陆北部。国内分布于东北大部和新疆北部边缘，为罕见留鸟。常栖息于针叶林和针阔混交林，亦见于林中开阔地带和杨桦林。夜行性为主，主要以鼠类为食，有时亦捕食小型鸟类、蜥蜴和昆虫等。【鸣声】有时发出清脆响亮的一声一度的"a，a，a"声。

522. 领鸺鹠　Collared Owlet　*Glaucidium brodiei*

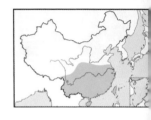

【野外识别】体长14~16 cm的小型鸮类。雌雄相似。成鸟头部褐色，头顶黄褐色具白色点状斑纹，面盘甚不显著，无耳羽簇，头后棕色具明显的黑色"伪眼"。喉部具一白色领环；胸部具显著的褐色横纹；腹部白色具粗大的褐色点状纵纹。背部黄褐色具白色横斑。尾下覆羽白色少斑纹，灰褐色尾羽具白色横纹。似花头鸺鹠，但本种整体颜色偏黄，头后具明显"伪眼"，且分布区不重合。似斑头鸺鹠，辨识见该种描述。虹膜－黄色；喙－黄色；跗跖－黄色。【分布与习性】分布于东南亚、南亚、东亚等地。国内见于包括海南和台湾在内的华南、华中、东南、西南等地区。常栖息于山地森林和林缘地带。昼行性为主，主要以昆虫和小型鸟类为食，有时亦捕食蜥蜴和鼠类等。【鸣声】有时发出清脆响亮的三声一度的"wu，wu wu"声。

523. 斑头鸺鹠　Asian Barred Owlet　*Glaucidium cuculoides*

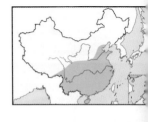

【野外识别】体长20~26 cm的小型鸮类。雌雄相似。成鸟头部黄褐色，头顶黄褐色具黑色斑纹，面盘不甚显著，无耳羽簇，头后无"伪眼"。胸部具显著的褐色横纹；腹部白色具褐色点状纵纹。背部褐色具褐色横纹及白色斑纹。灰褐色尾羽具白色横纹。似领鸺鹠，但本种个体较大，头顶斑纹为横向斑纹而非点状斑纹，头后无"伪眼"。虹膜－黄色；喙－黄色；跗跖－黄色。【分布与习性】分布于东南亚、南亚、东亚等地区。国内见于包括海南在内的华南、华中、东南、西南等地，最北至华北东部，为留鸟。常栖息于阔叶林、混交林、次生林和林缘地带，有时亦活动于村寨附近。昼行性为主，主要以昆虫为食，有时亦捕食小型鸟类、蜥蜴、鼠类等。【鸣声】有时发出一连串具金属声的"a a a a"声。

花头鸺鹠 vil.sandi

花头鸺鹠 幼 Frank Vassen

领鸺鹠 董文晓

领鸺鹠 黄秦

领鸺鹠 关翔宇

斑头鸺鹠 崔月

斑头鸺鹠 沈越

524. 纵纹腹小鸮　Little Owl　*Athene noctua*

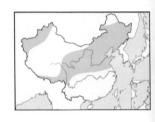

【野外识别】体长 20~26 cm 的小型鸮类。雌雄相似。成鸟头部黄褐色，头顶黄褐色具白色点状斑纹，眉纹白色，较明显，面盘不甚显著，无耳羽簇。喉部具一白色领环。胸部、腹部白色具黄褐色纵纹。背部黄褐色具白色斑纹。尾下覆羽白色无斑纹，褐色尾羽具白色横纹。虹膜—黄色；喙—黄色；跗跖—被羽。【分布与习性】分布于非洲北部及欧亚大陆中纬度地区。国内间断性分布于新疆西部及从东北到西南的带状区域，为留鸟。常栖息于低山丘陵、草原、平原森林、荒漠半荒漠的多石山区等地带，有时亦活动于村寨、农田附近。昼行性为主，多在晨昏活动，主要以鼠类、昆虫为食，有时亦捕食小型鸟类、蜥蜴、蛙类等。【鸣声】有时发出响亮的一声一度的"wen, wen"声。

525. 横斑腹小鸮　Spotted Owlet　*Athene brama*

【野外识别】体长 19~22 cm 的小型鸮类。雌雄相似。成鸟头部黄褐色，头顶黄褐色具白色点状斑纹，眼周环绕一圈白色斑纹，面盘不甚显著，无耳羽簇。喉部具一显著的白色领环。胸部、腹部白色具粗大的黄褐色横纹。背部黄褐色具白色斑纹。黄褐色尾羽具白色横纹。虹膜—黄色；喙—黄色；跗跖—被羽。【分布与习性】分布于东南亚、南亚等地区。国内于云南、西藏极边缘区域为罕见留鸟。常栖息于低山丘陵、平原、农田、村寨等地带的稀疏树林，有时亦活动于花园、果园等地带。主要以昆虫为食，有时亦捕食鼠类、小型鸟类、蜥蜴等。【鸣声】有时发出一连串似塑料摩擦的"wei zi, wei zi"声。

526. 鬼鸮　Boreal Owl　*Aegolius funereus*

【野外识别】体长 23~26 cm 的小型鸮类。雌雄相似。成鸟头部灰褐色，头顶深褐色具白色点状斑纹，白色面盘较显著，外缘深褐色，眼上及眼下连接成"X"形白色斑纹，无耳羽簇。胸部、腹部灰白色具粗大的褐色斑纹。背部、两翼灰褐色具白色斑纹。灰褐色尾羽具白色横纹。虹膜—黄色；喙—黄色；跗跖—被羽。【分布与习性】分布于全北界中高纬度区域。国内分布于东北北部及新疆西北部，以及甘肃南部和四川北部的部分地区，为少见留鸟。常栖息于针叶林和针阔混交林，尤好松、桦、白杨混交林，秋冬季节有时游荡至低海拔地区森林。夜行性，飞行快而直，主要以鼠类为食，有时亦捕食昆虫、小型鸟类、蛙类等。【鸣声】有时发出响亮而连续的"wu wu wu wu"声。

纵纹腹小鸮 张永

纵纹腹小鸮 计云

纵纹腹小鸮 幼 崔月

横斑腹小鸮 何海清

横斑腹小鸮 幼 崔月

鬼鸮 沈岩

鬼鸮 张继

527. 鹰鸮　Brown Hawk Owl　*Ninox scutulata*

【野外识别】体长约 30 cm 的中型鸮类。雌雄相似。外形似鹰的鸮形目猛禽。成鸟头部深褐色，无面盘和耳羽簇。胸部偏白色具显著的褐色斑纹，腹部偏白色具粗大的褐色横纹。背部、两翼褐色具白色斑纹。褐色尾羽具深色横纹。与北鹰鸮相似，识别见相应种描述。虹膜—黄色；喙—灰色；跗跖—被羽。【分布与习性】分布于南亚、东南亚等地。国内见于西南、东南西部及海南等地区，为留鸟。常栖息于中低海拔的针阔混交林、阔叶林、次生林、果园等地带，尤其喜欢林中河谷。夜行性为主，主要以鼠类、昆虫为食，有时亦捕食小型鸟类、蛙类等。【鸣声】有时发出连续的"wu，wu，wu"声，音调逐渐上扬。

528. 北鹰鸮　Northern Boobook　*Ninox japonica*

【野外识别】体长约 30 cm 的中型鸮类。雌雄相似。外形似鹰的鸮形目猛禽。成鸟头部深褐色，无面盘和耳羽簇。胸部、腹部偏白色具粗大的红褐色点状纵纹。背部、两翼褐色具白色斑纹。褐色尾羽具深色横纹。似鹰鸮，但胸腹部多纵纹。虹膜—黄色；喙—灰色；跗跖—被羽。【分布与习性】繁殖于东亚东部，越冬可至大小巽他群岛。国内于东北东南部、华北东部及华东北部地区为夏候鸟，于华东南部及华南东北部为冬候鸟，于台湾为留鸟。常栖息于中低海拔的针阔混交林、阔叶林、次生林、果园等地带，尤其喜欢林中河谷。夜行性为主，主要以鼠类、昆虫为食，有时亦捕食小型鸟类、蛙类等。【鸣声】有时发出较为响亮的单音节"wu，wu"声。

529. 长耳鸮　Long-eared Owl　*Asio otus*

【野外识别】体长 33~40 cm 的中型鸮类。雌雄相似。成鸟棕色面盘显著，外缘黑色，黑色耳羽簇明显，眼上及眼下连接成"X"形棕色斑纹。胸部、腹部棕黄色具显著的黑色纵纹。背部黄褐色具棕色斑纹。黄褐色尾羽具深色横纹。飞行时似短耳鸮，识别见相应种描述。虹膜—红色；喙—灰色；跗跖—被羽。【分布与习性】广布于北半球中纬度地区。国内于新疆西北部为留鸟，于长江以北的大部分地区为夏候鸟或留鸟，在繁殖地以南的大部分地区（包括台湾）为冬候鸟。常栖息于针叶林、针阔混交林等各种森林地带，有时亦活动于林缘的稀疏树林、农田附近。夜行性为主，主要以鼠类为食，有时亦捕食昆虫、小型鸟类、蜥蜴、蛙类等。【鸣声】有时发出较林鸮柔弱的"wu wu"声。

鹰鸮 沈越

北鹰鸮 黄秦

北鹰鸮 沈岩

长耳鸮 朱雷

长耳鸮 计云

长耳鸮幼 计云

长耳鸮 沈越

356
357

鸮形目　鸱鸮科
STRIGIFORMES　Strigidae

夜鹰目　蟆口鸱科
CAPRIMULGIFORMES　Podargidae

夜鹰目　夜鹰科
CAPRIMULGIFORMES　Caprimulgidae

530. 短耳鸮　Short-eared Owl　*Asio flammeus*

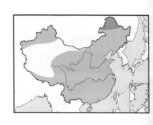

【野外识别】体长 35~40 cm 的中型鸮类。雌雄相似。成鸟棕黄色面盘显著，外缘白色，耳羽簇较短且不明显，眼上及眼下连接成"X"形白色斑纹。颈部棕黄色密布明显的深褐色纵纹。胸部、腹部棕黄色具稀疏的深褐纵纹。背部黄褐色具棕色斑纹。黄褐色尾羽具深褐色横纹。飞行时似长耳鸮，但翅尖黑色明显。虹膜—黄色；喙—灰色；跗跖—被羽。【分布与习性】广布于除大洋洲（部分太平洋岛屿有分布）外的各大洲。国内繁殖于东北北部，在包括台湾和海南的大部分地区为冬候鸟。常栖息于低山、丘陵、苔原、平原、沼泽等生境，尤其喜好开阔的平原草地。夜行性为主，主要在晨昏活动，主要以鼠类为食，有时亦捕食小型鸟类、昆虫等。【鸣声】有时发出一连串低沉的"gu gu gu gu"声。

531. 黑顶蟆口鸱　Hodgson's Frogmouth　*Batrachostomus hodgsoni*

【野外识别】体长 22~26 cm 的小型夜鹰。喙宽阔似蛙嘴，尖端具钩。头部羽须发达。雄鸟上体及两翼灰褐色，遍布黑色的虫蠹状横纹，肩部具有条状白斑。胸腹部色淡并带有深色杂斑。尾羽较长，具黑白色宽阔横斑，最外侧尾羽具白斑。具有良好的保护色，静栖时似一段木桩。雌鸟体色较雄鸟偏棕红色且无明显斑纹，上胸和肩部白斑呈鳞片状。幼鸟羽色较成鸟更加鲜艳而多横纹。虹膜—黄褐色；喙—角质色；跗跖—粉褐色。【分布与习性】分布于印度北部及东南亚。国内见于云南西南部和西藏东南部，为罕见留鸟。栖息于山地森林，常静立于树枝上，伺机扑击捕捉大型昆虫。【鸣声】轻柔上扬的颤音，或较为粗哑的喳喳声。

532. 毛腿耳夜鹰　Great Eared Nightjar　*Lyncornis macrotis*

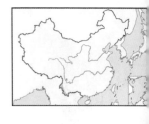

【野外识别】体长 35~40 cm 的大型夜鹰。雌雄相似。成鸟头顶皮黄色并具有明显的耳羽簇。脸颊及颏黑褐色，后颈具褐色半领环。背部黑褐色，肩羽黄褐色并具有粗大的黑斑。翼覆羽黄褐色，遍布深色虫蠹状斑纹。飞羽深褐色且带有黄褐色横纹。喉部和上胸深褐色，具狭窄的白色半领环。下体皮黄色且带有近黑色横纹。尾羽黄褐色，带有黑色横带。虹膜—深褐色；喙—角质色；跗跖—灰褐色。【分布与习性】分布于印度东部、东南亚及印度尼西亚。国内见于云南西部，为罕见留鸟。栖息于较为开阔的林地，常单独或成对活动。傍晚和晚上较为活跃，在飞行中捕食昆虫。【鸣声】重复发出上扬的口哨声。

短耳鸮 万绍平　　短耳鸮 沈越　　短耳鸮 沈越

黑顶蟆口鸱 王瑞　　毛腿耳夜鹰 王斌

毛腿耳夜鹰 王斌

533. 普通夜鹰 Grey Nightjar *Caprimulgus indicus*

【野外识别】体长 25~27 cm 的中型夜鹰。整体羽色偏灰色。雄鸟头顶至上体灰褐色，密布黑褐色与灰白色虫蠹状斑纹。脸颊棕褐色，颊纹白色，颏喉黑色，下喉具白斑。胸部灰黑色，下体灰褐色，均密布细纹。两翼黑褐色，具锈红色斑纹，最外侧三枚初级飞羽具白色斑点。尾上覆羽和尾羽近黑色且有灰色横纹，外侧尾羽具白色次端带。雌鸟整体颜色偏棕黄色，颊部和喉部斑块皮黄色，飞羽斑点淡黄色，尾羽无白斑。虹膜－深褐色；喙－近黑色；跗跖－肉褐色。【分布与习性】于东亚地区为夏候鸟，于南亚和东南亚越冬或为留鸟。国内 *jotaka* 亚种见于东部大部分地区，迁徙时见于台湾和海南；*hazarae* 亚种见于喜马拉雅山一带。栖息于海拔 3000 m 以下的开阔的林地和灌丛。通常单独或成对活动，夜行性。飞行快速而无声，常鼓翼后伴随一段滑翔。捕食各种昆虫。【鸣声】重复发出响亮的"啾啾"声。

534. 欧夜鹰 European Nightjar *Caprimulgus europaeus*

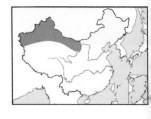

【野外识别】体长 25~28 cm 的中型夜鹰。整体羽色偏灰棕色。雄鸟头部和上体呈斑驳的灰褐色，脸颊与颏喉具棕褐色。颊纹白色，下喉具白斑。其余下体灰褐色，带有棕黄色的斑纹。肩羽具有皮黄色纵纹，翼上覆羽灰色且带有棕黄色斑点，外侧三枚初级飞羽具白斑。尾灰色，缀有黑色横纹，最外侧两枚尾羽具白斑，雌鸟无。各亚种间羽色有差异，但通常为渐变。虹膜－深褐色；喙－近黑色；跗跖－棕黄色。【分布与习性】繁殖于欧洲、中亚至蒙古，南迁至非洲越冬。国内于新疆和内蒙古部分地区为不常见夏候鸟。栖息于干燥而开阔的树林、灌木丛和荒地。夜行性，飞行敏捷而有力，在飞行中捕食昆虫。【鸣声】飞行时会发出急促的叫声。雄鸟通常在地面或栖木上发出持续的噪声般的颤音。

535. 埃及夜鹰 Egyptian Nightjar *Caprimulgus aegyptius*

【野外识别】体长 24~26 cm 的中型夜鹰。成鸟上体沙灰色，略带黑褐色斑纹。颊纹和喉部皮黄色。覆羽沙灰色，带有深色细纹和粗大的皮黄色斑点。下体近灰色，带有皮黄色斑点和棕色横纹。雄鸟最外侧两枚尾羽具有白斑，雌鸟则为皮黄色。两性均无明显的浅色翼斑。虹膜－深褐色；喙－近黑色；跗跖－灰褐色。【分布与习性】繁殖于非洲西北部和中亚地区，南迁至非洲中部越冬。国内在新疆西部有记录。栖息于沙漠或半沙漠地区的荒地，附近通常有水源。贴近地面和植被觅食，取食各种昆虫。【鸣声】雄鸟发出一串响亮的叫声。通常晨昏时在地面鸣唱。

普通夜鹰 张永

普通夜鹰 茹遂然

欧夜鹰 关翔宇

欧夜鹰 关翔宇

536. 长尾夜鹰　Large-tailed Nightjar　*Caprimulgus macrurus*

【野外识别】体长 26~33 cm 的中型夜鹰。成鸟头部、上体及尾羽近灰色，遍布虫蠹状细纹。头顶有数条深色纵纹，脸颊与额部红棕色，具有浅色皮黄色颊纹和白色喉斑。下体灰褐色且遍布细碎横纹。肩羽黑褐色，外翈黄色。翼上覆羽黑褐色，黄褐色羽缘形成浅色翼带。飞羽黑褐色。雄鸟最外侧四枚初级飞羽和最外侧两枚尾羽具明显白斑；雌鸟翼斑皮黄色，尾羽白斑亦不明显。虹膜－深褐色；喙－灰褐色；跗跖－近黑色。【分布与习性】分布于从印度东部到东南亚、印度尼西亚、新几内亚和澳大利亚北部等地。国内见于云南西南部和海南，为留鸟。栖息于低海拔地区的森林和灌丛，偏好植物较为丰富的生境。晨昏时较为活跃，捕食各种昆虫。【鸣声】雄鸟发出持续的蛙鸣般的"咕咕"声，通常晨昏时在栖木或地面鸣唱。

537. 林夜鹰　Savanna Nightjar　*Caprimulgus affinis*

【野外识别】体长 20~26 cm 的小型夜鹰。雄鸟上体灰褐色，密布浅色虫蠹状斑纹。颊纹皮黄色，下体灰褐色，颈部两侧有小块白斑。后颈具模糊的皮黄色半领环，肩羽黑褐色，外翈皮黄色。覆羽具皮黄色斑。尾皮黄色，具显著的黑色横斑。雄鸟最外侧四枚初级飞羽具显著白斑，最外侧两枚尾羽大部分白色；雌鸟翼上斑点皮黄色，尾羽无淡色斑点。虹膜－深褐色；喙－灰褐色；跗跖－肉粉色。【分布与习性】分布于印度、中国南部、东南亚及印度尼西亚，一些群体会做短距离迁徙。国内见于西南南部、华南南部及海南和台湾，为留鸟。栖息于较为开阔的生境，包括林缘、荒地和农田等，有时会出现在城市。夜行性，飞行轻快无声，捕食各种昆虫。【鸣声】上扬且刺耳的叫声"吱欷——"。

538. 凤头雨燕　Crested Treeswift　*Hemiprocne coronata*

【野外识别】体长 24 cm 的大型雨燕。雄鸟体羽大部灰色，前额具灰色羽簇，停歇时明显可见，眼先及眼周黑色，额部、颊部及耳羽橙红色，具细而不明显的白色眉纹。两翼长，停歇时于背部交叉，翼上覆羽深色并具金属光泽，下体颜色略浅，尾羽长而呈深叉形。雌鸟似雄鸟，但颊部及耳羽深灰色而具明显的白色髭纹。除羽色外与其他雨燕类区别为极深的尾羽分叉，飞行时多滑翔而较少振翅。虹膜－深褐；喙－黑色；跗跖－黑色，飞行时不可见。【分布与习性】广泛分布于南亚及东南亚地区。国内仅见于云南西部及南部，为留鸟。常成对或小群于林缘高树顶停歇，不时在空中捕食飞虫。【鸣声】似雀形目粗哑的"啾啾"声。

长尾夜鹰 岩月

林夜鹰 张永

凤头雨燕 雄 张永

凤头雨燕 董江天

539. 短嘴金丝燕　Himalayan Swiftlet　*Aerodramus brevirostris*

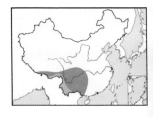

【野外识别】体长 14 cm 的小型雨燕。雌雄相似。体羽大致烟黑色，下体颜色较浅，腰部灰白色，尾羽深叉形。巢由唾液黏合多种植物材料构成。与其他种类金丝燕极易混淆，差异见爪哇金丝燕中的描述。虹膜—深褐；喙—黑色；跗跖—黑色而被羽，飞行时不可见。【分布与习性】广泛分布于喜马拉雅山脉东段至东南亚。国内于西南及中南部为留鸟或夏候鸟，有种群亦于迁徙时偶见于东部沿海地区。喜山区河谷，迁徙时亦出现于低地，常与其他种类的雨燕及燕集群出现。【鸣声】近巢区发出生涩的"吱吱"声，能够发出超声波进行回声定位。

540. 爪哇金丝燕　Edible-nest Swiftlet　*Aerodramus fuciphagus*

【野外识别】体长 12 cm 的小型雨燕。雌雄相似。体羽大致烟黑色，下体颜色较浅，腰部灰白色，尾羽深叉形。巢仅由唾液构成而呈淡黄或白色。与中国分布的其他金丝燕极易混淆，与相对常见的短嘴金丝燕区别于体形较小，而飞行时几乎不可分；与大金丝燕相似，但本种体形较小，其余辨识见该种相应描述。虹膜—深褐色；喙—黑色；跗跖—黑色而不被羽。【分布与习性】分布于东南亚地区。国内见于海南，为留鸟。习性似其他雨燕及金丝燕，常与其他种类的雨燕及燕集群出现。【鸣声】于巢区附近发出嘈杂的"嗒嗒"声，能够发出超声波进行回声定位。

541. 大金丝燕　Black-nest Swiftlet　*Aerodramus maximus*

【野外识别】体长 12~14 cm 的小型雨燕。雌雄相似。体羽大致烟黑色，下体灰黑色，腰部与背部颜色均为烟黑色，尾羽分叉较浅。巢由唾液黏合羽毛构成而呈黑色。极似其他金丝燕，但本种尾叉较浅，且无浅色腰部。虹膜—深褐色；喙—黑色；跗跖—黑色而被羽，飞行时不可见。【分布与习性】分布于东南亚。国内记录于西藏东南部，为留鸟。习性似其他金丝燕。【鸣声】于巢区附近发出嘈杂的"嗒嗒"声，能够发出超声波进行回声定位。

短嘴金丝燕 崔月

短嘴金丝燕 关翔宇

爪哇金丝燕 崔月

爪哇金丝燕 朱雷

大金丝燕 朱雷

大金丝燕 朱雷

542. 白喉针尾雨燕　White-throated Needletail　*Hirundapus caudacutus*

【野外识别】体长 20~22 cm 的大型雨燕。雌雄相似。整体体色黑白分明。体羽大部深褐色，眼先及喉部白色，背部逐渐过渡为灰白色，三级飞羽白色，尾下覆羽白色延伸至两胁，翅形较宽，尾羽短，羽轴延长呈针状但在野外并不易观察。与其他针尾雨燕区别在于喉部为明显白色。虹膜—深褐色；喙—黑色；跗跖—黑色，飞行时不可见。【分布与习性】分布于亚洲东部及大洋洲。国内不常见，于东北山地为夏候鸟，于西南局部区域为留鸟，迁徙时可见于包括台湾在内的东部大部分地区。【鸣声】不详。

543. 灰喉针尾雨燕　Silver-backed Needletail　*Hirundapus cochinchinensis*

【野外识别】体长 19~21 cm 的大型雨燕。雌雄相似。体羽大部深褐色，喉部浅褐色，背部逐渐过渡为灰白色，尾下覆羽白色延伸至两胁。与白喉针尾雨燕区别在于喉部浅褐色而眼先并无白色。虹膜—深褐色；喙—黑色；跗跖—黑色，飞行时不可见。【分布与习性】分布于东南亚。国内见于海南、台湾及云南南部地区，为不常见留鸟。迷鸟偶见于东部沿海地区。习性似其他雨燕。【鸣声】不详。

544. 棕雨燕　Palm Swift　*Cypsiurus balasiensi*

【野外识别】体长 11~14 cm 的小型雨燕。雌雄相似。体羽大部黑褐色，腰部及下体颜色略浅，翅形窄长，最外侧两枚尾羽延长而使尾羽显得修长。与其他褐色雨燕区别在于其体形较小而修长。虹膜—深褐色；喙—黑色；跗跖—黑色，飞行时不可见。【分布与习性】广泛分布于南亚及东南亚。国内见于云南西南部及海南的低地，为留鸟。常出现于高大的棕榈科植物附近。集群或与小白腰雨燕混群活动。【鸣声】群鸟飞行或近巢区时发出细碎的"si si si siih——"声，最后一个音通常最长且音调最高。

白喉针尾雨燕 汤国平

白喉针尾雨燕 黄秦

白喉针尾雨燕 董文晓

灰喉针尾雨燕 Ayuwat Jearwattanakanok

灰喉针尾雨燕 沈越

棕雨燕 张琴

棕雨燕 崔月

545. 高山雨燕　Alpine Swift　*Tachymarptis melba*

【野外识别】体长 20~23 cm 的大型雨燕。雌雄相似。眼先及头顶灰色，深褐色的胸带将白色的喉部和腹部分开。其余体羽褐色。腰部颜色略浅，尾羽深叉形。虹膜－深褐色；喙－黑色；跗跖－黑色，飞行时不可见。【分布与习性】见于欧洲、非洲、中亚及南亚。迷鸟记录于新疆，亦可能出现于西藏东南部。【鸣声】群鸟飞行或近巢区时发出一连串短促而音调逐渐升高的"ji ji ji ji"声。

546. 普通雨燕　Common Swift　*Apus apus*

【野外识别】体长 16~17 cm 的中型雨燕。雌雄相似。眼先及额部灰色，通体深褐色，尾羽深叉形。与白腰雨燕区别于其腰部不为白色，腹部及翼下覆羽并无明显的白色羽缘。虹膜－深褐色；喙－黑色；跗跖－黑色，飞行时不可见。【分布与习性】繁殖于欧亚大陆北部。于中国北部为常见夏候鸟，迁徙经西部至非洲越冬。常集大群活动。有时与白腰雨燕混群。【鸣声】群鸟飞行或近巢区时发出拖长而尖厉的"sih——sih——"声。

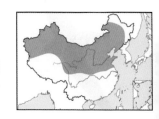

547. 白腰雨燕　Larger white-rumped Swift　*Apus pacificus*

【野外识别】体长 17 cm 的中型雨燕。雌雄相似。体羽深褐色，喉部色浅，翼下覆羽及腹部羽缘白色呈鱼鳞状斑驳。腰部白色。尾羽深叉形。*salimalii* 亚种腰部白色更窄，尾羽更长，分叉更深。与普通雨燕相似，区别见相应种描述。虹膜－深褐色；喙－黑色；跗跖－黑色，飞行时不可见。【分布与习性】亚洲东部的迁徙鸟。国内繁殖或迁徙经过除青藏高原外的全国大部分地区。习性似普通雨燕。【鸣声】似普通雨燕。

高山雨燕 李维东

高山雨燕 朱雷

高山雨燕 朱雷

普通雨燕 沈越

白腰雨燕 沈越

普通雨燕 张永

白腰雨燕 沈越

548. 小白腰雨燕　House Swift　*Apus nipalensis*

【野外识别】体长约 15 cm 的中型雨燕。雌雄相似。体羽黑褐色，喉部白色，腰部白色，尾羽短而分叉不明显，与白腰雨燕区别于腹部无鱼鳞状斑且尾羽平截。与烟腹毛脚燕区别于翅形窄长且体形明显更大。虹膜—深褐色；喙—黑色；跗跖—黑色，飞行时不可见。【分布与习性】国外见于日本、韩国南部及东南亚地区。国内于台湾及云南西南部为留鸟，迁徙种群不常见于华东。习性似其他雨燕。【鸣声】群鸟飞行或近巢区时发出一连串短促而音调逐渐降低的"ji ji ji ji ji ji"声。

549. 橙胸咬鹃　Orange-breasted Trogon　*Harpactes oreskios*

【野外识别】体长 25~26 cm 的咬鹃。喙宽大。雄鸟头颈橄榄绿色，背、肩、腰和尾上覆羽栗色。初级飞羽黑色，外翈羽缘白色。翼覆羽和内侧次级飞羽遍布黑白色横纹。额喉部至上胸橄榄绿色，下胸及腹部橙黄色。中央尾羽栗色，其余尾羽黑色，尾下具三对白色斑块。雌鸟上体及喉部橄榄灰色，翼上覆羽具黑褐相间的横纹，下体近黄色。虹膜—暗褐色，眼周裸皮蓝色；喙—蓝色；跗跖—蓝灰色。【分布与习性】主要分布于东南亚地区的大陆和岛屿。国内见于云南西双版纳，为罕见留鸟。栖息于海拔较低的阔叶林，主要捕食大型昆虫。【鸣声】急促的多音节"啾啾"叫声。

550. 红头咬鹃　Red-headed Trogon　*Harpactes erythrocephalus*

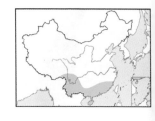

【野外识别】体长 32~36 cm 的咬鹃。喙宽大。雄鸟头颈暗红色，背、肩、腰和尾上覆羽棕色。初级飞羽黑色，外翈羽缘白色，翼覆羽和内侧飞羽密布白色虫蠹状斑纹。额喉部至上胸暗红色，胸部具白色新月状横带，下胸及腹部绯红色。中央尾羽深棕色，其余尾羽黑色，尾下具三对白色斑块。雌鸟头颈及上胸棕褐色，翼上覆羽具褐色虫蠹状斑纹。虹膜—褐色，眼周裸皮蓝色；喙—蓝黑色；跗跖—粉色。【分布与习性】分布于喜马拉雅山脉、东南亚至中国南部。国内见于西南至东南地区及海南，为留鸟。栖息于低海拔地区的常绿林，多单独或成对活动。在林间捕食昆虫。【鸣声】哀怨而下降的多音节叫声。

小白腰雨燕 戴美杰

小白腰雨燕 戴美杰

橙胸咬鹃 雌 崔月

橙胸咬鹃 雄 张永

红头咬鹃 雌 张永

红头咬鹃 雄 崔月

551. 红腹咬鹃 Ward's Trogon *Harpactes wardi*

【野外识别】体长 36~39 cm 的咬鹃。喙宽大。雄鸟前额红色、喙基、眼周、脸颊及颏部黑色，颈部至上体暗酒红色。初级飞羽黑色，外缘白色。翼上覆羽和内侧飞羽具灰白色虫蠹状纹。上胸暗酒红色，其余下体橙红色。尾羽黑色，最外侧尾羽红色，仅具不明显的白色端斑。雌鸟额及眉纹黄色，眼周黑色，头部其余部分及上体橄榄棕色，覆羽具灰褐色虫蠹状斑纹，胸腹部黄色，最外侧 3 对尾羽具大面积白斑。虹膜—褐色，眼周裸皮亮蓝色；喙—粉红色；跗跖—粉色。【分布与习性】分布于喜马拉雅山脉东部和缅甸及越南北部。国内见于云南西部和西藏东南部，为罕见留鸟。栖息于海拔 2000 m 以下的山地森林，捕食昆虫。【鸣声】急促而上扬的多音节叫声。

552. 棕胸佛法僧 Indian Roller *Coracias benghalensis*

【野外识别】体长 30~35 cm 的佛法僧。雌雄相似。成鸟喙基灰白色，头顶青蓝色，耳覆羽及后颈肉褐色，肩部、背部绿褐色，腰部羽蓝紫色。脸颊至胸部肉褐色，有时带有紫色光泽，且遍布淡色纵纹。腹部、两胁及尾下覆羽淡蓝色。飞羽大部分蓝紫色，初级飞羽外侧和翼上覆羽辉蓝色，形成独特的翼上图案。翼下覆羽青蓝色。中央尾羽暗绿色，其余尾羽蓝紫色，中部色淡，形成青蓝色带。虹膜—褐色；喙—灰黑色；跗跖—黄褐色。【分布与习性】分布于印度至东南亚。国内见于西南部地区，为区域性常见留鸟。栖息于较为开阔的林缘和农田，常站立在枯枝顶端或电线上。【鸣声】类似乌鸦和树鹊的粗哑叫声。

553. 蓝胸佛法僧 European Roller *Coracias garrulus*

【野外识别】体长 31~33 cm 的佛法僧。雌雄相似。喙粗壮。成鸟头颈及下体辉蓝绿色，眼周色深，喉部至上胸具淡色纵纹。肩背部和三级飞羽淡褐色，腰部蓝紫色。飞羽蓝黑色，翼上覆羽蓝绿色，翼前缘蓝紫色。尾羽基部蓝黑色，末端色淡，最外侧尾羽末端黑色。幼鸟体色较为黯淡。虹膜—深褐色；喙—灰黑色；跗跖—黄褐色。【分布与习性】繁殖于欧洲及中亚地区，越冬于非洲和印度。国内见于新疆西部和北部地区，为夏候鸟。栖息于较为开阔的林缘和荒地，经常在枯枝或电线上停栖。【鸣声】类似乌鸦的粗哑叫声。

红腹咬鹃 Jharsha

红腹咬鹃 s
oumyajit nandy

棕胸佛法僧 朱雷

棕胸佛法僧 沈越

蓝胸佛法僧 老狼

蓝胸佛法僧 沈越

554．三宝鸟　Oriental Dollarbird　*Eurystomus orientalis*

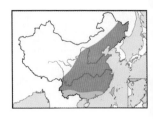

【野外识别】体长27~32 cm的佛法僧。雌雄相似。喙宽大。成鸟头部深黑褐色，喉部蓝紫色。翼上覆羽蓝黑色，初级飞羽黑褐色，基部具淡蓝色斑，飞行时极为显著。其余上体及下体蓝黑色并带有铜绿色光泽。尾羽蓝黑色。幼鸟羽色暗淡，喙黑色。虹膜—暗褐色；喙—珊瑚红色，喙尖黑色；跗跖—橙红色。【分布与习性】广泛分布于东亚、东南亚和澳大利亚。国内见于东北至西南部大多数地区，为较常见的夏候鸟。主要栖息于较为开阔的林缘和河谷附近，常停栖在高大的枯枝或电线上。常在空中飞翔捕食昆虫。【鸣声】粗哑的嘎嘎叫声。

555．鹳嘴翡翠　Stork-billed Kingfisher　*Pelargopsis capensis*

【野外识别】体长35~37 cm的大型翠鸟。雌雄相似。喙粗大，形似鹳喙。成鸟头枕部淡褐色，肩部、背部及两翼深蓝色，飞羽近黑色，背天蓝色。额喉淡黄色，颈侧、翼下覆羽和整个下体赭黄色。尾羽蓝色。虹膜—深褐色；喙—红色，末端色深；跗跖—红色。【分布与习性】分布于南亚至东南亚地区及岛屿。国内仅见于云南极南部，为甚罕见鸟。主要栖息于低海拔地区的林地溪流与河岸，经常单独活动，捕食各种小型动物。【鸣声】响亮而尖锐的双音节口哨声，也发出连续的"笑声"。

556．赤翡翠　Ruddy Kingfisher　*Halcyon coromanda*

【野外识别】体长27 cm的较大型翠鸟。雌雄相似。喙粗长，成鸟头部至上体及两翼栗红色，腰羽辉蓝色。额喉部皮黄色，其余下体赭黄色。幼鸟似成鸟，胸部具鳞状斑。虹膜—深褐色；喙—亮红色；跗跖—红色。【分布与习性】分布于印度至东南亚、东亚地区。国内有3个亚种：指名亚种分布于云南南部，为罕见留鸟；*major*亚种繁殖于中国吉林及朝鲜半岛和日本，迁徙时经过中国东部各省，越冬于东南亚，近年来甚罕见；*bangsi*亚种见于中国台湾及附近岛屿，为罕见留鸟。主要栖息于低海拔地区的河流沿岸，常单独活动。【鸣声】圆润的双音节哨声。

三宝鸟 沈越　　　　　　三宝鸟 张永

鹊嘴翠鸟 　　　　　　鹊嘴翠鸟 关翔宇

赤翡翠 王斌　　　　　　赤翡翠 王斌

557. 白胸翡翠 White-throated Kingfisher *Halcyon smyrnensis*

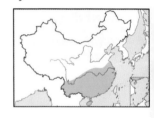

【野外识别】体长27~30 cm的较大型翠鸟。雌雄相似。成鸟头颈部深栗色，颏部至胸部白色。肩背、尾上覆羽及尾羽蓝色。小覆羽栗色，中覆羽黑色，大覆羽、初级覆羽和次级飞羽蓝色。初级飞羽末端黑色，基部白色，飞行时形成显著对比。翼下覆羽、腹部至尾下覆羽亦深栗色。似蓝翡翠，但头部、腹部深栗色，背部、尾羽天蓝色。虹膜—暗褐色；喙—红色；跗跖—红色。【分布与习性】广泛分布于印度、中东至中国南方和东南亚地区。国内见于长江以南大部分地区，为留鸟。主要栖息于山区及平原的水域附近，常站立在枯枝或电线上，捕食小型动物。【鸣声】响亮的铃声般的颤音。

558. 蓝翡翠 Black-capped Kingfisher *Halcyon pileata*

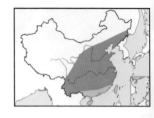

【野外识别】体长26~30 cm的较大型翠鸟。雌雄相似。成鸟头顶至枕部黑色，颏喉至后颈白色，形成白色领环。背羽、腰羽和尾羽深蓝色。翼上覆羽黑色，初级覆羽和次级飞羽蓝色，初级飞羽基部白色，末端黑色，形成独特的翼上图案。喉及上胸白色，胸腹部和翼下覆羽橙色。幼鸟似成鸟，但胸前具鳞状斑，腹部颜色较淡。虹膜—深褐色；喙—红色；跗跖—红色。【分布与习性】广泛分布于东亚至东南亚地区。国内繁殖于东北、华北、华东和西南大部分地区，在华南、海南和台湾地区为留鸟。栖息于山区与平原地区的水域附近，捕食小型动物。【鸣声】喳喳的尖叫声。

559. 白领翡翠 Collared Kingfisher *Todiramphus chloris*

【野外识别】体长24~26 cm的中型翠鸟。雌雄相似。头顶至枕部以及背部、两翼和尾羽蓝绿色，初级飞羽末端灰黑色。眼先至眼上具白色纹，眼后具深色带。喉部至后颈白色，形成领环。翼下覆羽及整个下体白色。虹膜—深褐色；喙—黑色，下喙下缘乳白色；跗跖—灰褐色。【分布与习性】分布于南亚、东南亚至澳大利亚的沿海地区及岛屿，亚种很多。国内曾见于东部沿海地区，为罕见迷鸟。主要栖息于海边的林地，多单独活动，捕食小型动物。【鸣声】一连串尖锐而干涩的叫声。

白胸翡翠 林家洛

白胸翡翠 沈越

蓝翡翠 张永

蓝翡翠 张永

白领翡翠 崔月

白领翡翠 朱雷

560.蓝耳翠鸟　Blue-eared Kingfisher　*Alcedo meninting*

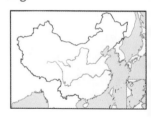

【野外识别】体长 15~17 cm 的小型翠鸟。雌雄相似。成鸟头部钻蓝色并带有亮蓝色斑点，眼先橘黄色，颈侧具长椭圆形白斑。肩羽及翼上覆羽深蓝色，覆羽亦带有亮蓝色珠点，飞羽黑色。整个背部天蓝色。颏喉部白色，胸腹及整个下体栗橙色。似普通翠鸟，但本种耳羽蓝色，上体色调更偏蓝色。虹膜—暗褐色；喙—黑色，下喙基部红色；跗跖—红色。【分布与习性】分布于南亚至东南亚地区。国内仅见于云南南部，为罕见留鸟。主要栖息于低海拔地区的林地溪流与河岸，习性似普通翠鸟。【鸣声】非常尖锐的高音。

561.普通翠鸟　Common Kingfisher　*Alcedo atthis*

【野外识别】体长 15~18 cm 的小型翠鸟。雌雄相似。成鸟头部深蓝绿色，遍布亮蓝色斑纹。眼先、耳覆羽橘黄色，耳后具白色斑。肩羽和翼上覆羽墨蓝色，肩羽具蓝色珠点。整个背部亮蓝色。颏喉部白色，胸腹及整个下体橙黄色。幼鸟整体颜色黯淡，下体羽色较淡，略带褐色。与蓝耳翠鸟、斑头大翠鸟相似，辨识见相应种描述。虹膜—暗褐色；喙—黑色，雌鸟下喙红色；跗跖—橙红色。【分布与习性】广泛分布于欧亚大陆、北非、印度尼西亚和新几内亚。国内见于西北和中东部大多数地区，在东北地区为夏候鸟，在不封冻的地区为留鸟，甚常见。栖息于多种类型的水域附近，常在树枝或岩石上站立，观察水中动静，发现小鱼扎入水中捕食。【鸣声】尖锐的"唧"声。

562.斑头大翠鸟　Blyth's Kingfisher　*Alcedo hercules*

【野外识别】体长 22~23 cm 的中型翠鸟。雌雄相似。成鸟头部墨蓝色，遍布钻蓝色斑点。眼先具皮黄色斑点，耳后具长椭圆形白斑，耳覆羽及颈侧近黑色。肩羽和翼上覆羽蓝黑色，翼上覆羽亦遍布蓝色珠点。飞羽近黑色，羽缘蓝色。整个背部蓝色，尾羽蓝色。颏喉部近白色，其余下体及翼下覆羽棕栗色。与普通翠鸟的区别在于本种体形较大，整体颜色较深，耳覆羽无橙色。虹膜—深褐色；喙—黑色，雌鸟下喙红色；跗跖—橙红色。【分布与习性】分布于印度北部至东南亚北部。国内见于云南南部、华南和海南，为甚罕见留鸟。主要栖息于中低海拔的林地溪流与河岸。主要以鱼类、水生昆虫为食。【鸣声】似普通翠鸟，较深沉。

蓝耳翠鸟 张永

蓝耳翠鸟 沈越

普通翠鸟 雌 关翔宇

普通翠鸟 雄 关翔宇

斑头大翠鸟 童文晓

斑头大翠鸟 关翔宇

563. 三趾翠鸟 Oriental Dwarf Kingfisher *Ceyx erithaca*

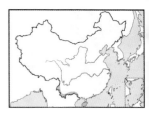

【野外识别】体长 13~14 cm 的小型翠鸟。雌雄相似。成鸟头顶棕红色，前额及眼周黑色，耳后具蓝色和白色斑块。上背和肩羽蓝黑色，下背紫红色，整个上体都具有紫色光泽。两翼近黑色，翼上覆羽具钴蓝色斑点。颏喉部近白色，颈侧和胸部、腹部橙黄色，翼下覆羽褐橙色。尾羽棕橙色。幼鸟羽色较成鸟黯淡。虹膜—深褐色；喙—红色；跗跖—红色。【分布与习性】分布于印度至东南亚。国内见于云南西部和南部，以及台湾和海南，为罕见留鸟。栖息于低海拔地区的森林，在溪流附近捕食。【鸣声】尖锐的高音"吱"。

564. 冠鱼狗 Crested Kingfisher *Megaceryle lugubris*

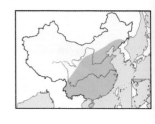

【野外识别】体长 40~43 cm 的大型翠鸟。雌雄相似。成鸟头顶具明显的缀满白色斑纹的黑色羽冠，下喙基部具黑白色的髭纹，与胸带相连。整个上体灰黑色，遍布细碎的白斑。飞羽和翼上覆羽与上体相似，具白色横斑。颏喉部白色，下喙基部至后颈具白色领环。两胁及尾下覆羽具黑色横斑，其余胸腹部白色。雄鸟腋羽和翼下覆羽白色，胸带黑色白色带褐色；雌鸟棕色，胸带黑白色。虹膜—暗褐色；喙—黑色，基部和尖端象牙白色；跗跖—黑色。【分布与习性】分布于喜马拉雅山脉至东亚和东南亚。国内见于从东北到华南的大部分地区，以及海南。主要栖息于水质较为清澈的河道和溪流，常停栖在水域附近的岩石或电线上，发现鱼类扎入水中捕捉。飞行沉稳有力。【鸣声】短促而干涩的"唧"声。

565. 斑鱼狗 Pied Kingfisher *Ceryle rudis*

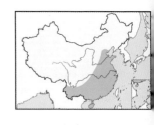

【野外识别】体长 27~30 cm 的较大型翠鸟。雌雄略有差异。成鸟头顶黑色杂以白色羽毛，枕部略具羽冠。眉纹白色，眼罩黑色延伸至后颈。背部和翼上覆羽黑色，末端白色，上体呈斑驳状。飞羽基部白色，末端黑色，飞行时有明显对比。颏喉部及颈侧白色，雄鸟上胸具两条黑色胸带，雌鸟胸带模糊，有时从中间断开。胁部和腹部有黑色斑纹，其余下体白色，翼下覆羽白色。尾羽具宽阔黑带，基部和末端白色。虹膜—深褐色；喙—黑色；跗跖—黑色。【分布与习性】分布于非洲、印度、斯里兰卡、中国南部至东南亚。国内见于西南至东南地区和海南，为较常见的留鸟。成对或集小群栖息于低海拔地区的开阔水体，常停栖在枯枝或岩石上。飞行有力而似战机，会在水面悬停观察。【鸣声】清脆而尖锐的"唧唧"声。

Black-backed Kingfisher
三趾翠鸟 王斌

三趾翠鸟 王斌

冠鱼狗 林家洛

冠鱼狗 林家洛

斑鱼狗 慕童

斑鱼狗 关翔宇

斑鱼狗 关翔宇

566. 蓝须夜蜂虎　Blue-bearded Bee-eater　*Nyctyornis athertoni*

【野外识别】体长31~35 cm的大型蜂虎。雌雄相似。喙粗壮而略下弯。成鸟前额至头顶湖蓝色，头颈、上体、两翼和尾羽呈均匀的草绿色。颏喉部至前胸具宽阔的蓝色饰羽。下胸和腹部浅黄色，具模糊的草绿色纵纹。尾下覆羽皮黄色，尾羽腹面污黄色。虹膜—橘黄色；喙—灰黑色；跗跖—绿褐色。【分布与习性】分布于印度北部至东南亚。国内见于云南极西南部和海南，为少见留鸟。栖息于低海拔地区比较茂密的森林和林缘，在树冠上活动和捕食昆虫。【鸣声】低沉的"咕咕"声。

567. 赤须夜蜂虎　Red-bearded Bee-eater　*Nyctyornis amictus*

【野外识别】体长27~31 cm的大型蜂虎。雌雄略有差异。喙粗壮而略下弯，喙基部羽毛湖蓝色，蓬松。雄鸟前额至头顶粉红色，头部其余部分、上体、两翼和尾羽绿色。颏喉部、两颊至胸部中央洋红色，颈侧至胸侧与上体颜色相同，腹部至尾下覆羽淡绿色。尾羽腹面黄色，末端黑色，对比显著。雌鸟前额洋红色，仅头顶带有部分粉红色，整体颜色亦不如雄鸟明艳。幼鸟通体绿色而似蓝须夜蜂虎，但仅喙基部羽毛为蓝色。虹膜—橘黄色；喙—深蓝色，基部灰绿色；跗跖—灰褐色。【分布与习性】分布于东南亚南部。国内仅于云南瑞丽有一笔记录，为偶见迷鸟。习性似蓝须夜蜂虎。【鸣声】一连串渐弱的粗哑喉音。

568. 绿喉蜂虎　Little Green Bee-eater　*Merops orientalis*

【野外识别】体长18~24 cm的小型蜂虎。雌雄相似。成鸟头顶至上背栗色，眼纹黑色，眼纹下方青蓝色。翼上覆羽和内侧飞羽绿色，外侧飞羽偏肉桂色，翼后缘具深色带。喉部至上胸绿色，颈部具黑色横带，其余下体草绿色，两胁、下腹和尾下覆羽颜色较淡。尾羽绿色，中央尾羽延长突出，黑色。幼鸟通体草绿色，喉部黄绿色，无黑色半领环，中央尾羽不突出。虹膜—红棕色；喙—黑色；跗跖—灰褐色。【分布与习性】分布于南亚和东南亚。国内见于云南西南部，为不常见留鸟。栖息于海拔较低的开阔的林缘和荒地，多成群栖息于河谷、农田或种植园附近的树枝和电线上，捕食多种昆虫。【鸣声】一连串悦耳的"唧唧"声或颤音。

蓝须夜蜂虎 计云

蓝须夜蜂虎 沈越

赤须夜蜂虎 朱雷

赤须夜蜂虎
幼 朱雷

绿喉蜂虎 计云

绿喉蜂虎 朱雷

绿喉蜂虎 计云

569. 蓝颊蜂虎 Blue-cheeked Bee-eater *Merops persicus*

【野外识别】体长27~33 cm的大型蜂虎。雌雄相似。成鸟头顶、颈部和上体绿色，前额及脸颊亮蓝色，具黑色贯眼纹。翼上覆羽和飞羽颜色与上体相同，腰羽蓝绿色。颏黄色，喉部栗色，其余下体草绿色。整个翼下肉桂色，翼后缘具模糊的暗色带。尾羽绿色，中央尾羽延具突出。幼鸟整体颜色偏褐，喉部栗色较淡，中央尾羽无尖锐突出。虹膜—红棕色；喙—黑色；跗跖—灰褐色。【分布与习性】主要分布于中亚和非洲，南迁越冬。国内仅于新疆阿尔金山有一笔记录，为偶见鸟。栖息于低海拔地区的荒漠、半荒漠、草原、农田及林缘。捕食蜜蜂等昆虫。【鸣声】较平淡的"啾啾"颤音。

570. 栗喉蜂虎 Blue-tailed Bee-eater *Merops philippinus*

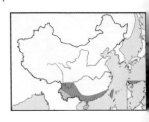

【野外识别】体长25~31 cm的大型蜂虎。雌雄相似。成鸟头顶至上背草绿色，有时略带栗色。具黑色贯眼纹，眼纹上下具浅蓝色带。腰羽和尾上覆羽亮蓝色。翼上覆羽绿色，飞羽棕绿色，翼后缘具明显的黑色带。颏部淡黄色，喉部浓栗色，胸部草绿色，下腹和尾下覆羽浅蓝色，翼下肉桂色。尾羽背面蓝色，腹面肉桂色，中央尾羽突出延长，末端色深。幼鸟上体偏褐色，下体颜色较淡，喉部栗色不明显，中央尾羽亦无延长。虹膜—红棕色；喙—黑色；跗跖—灰褐色。【分布与习性】分布于南亚、东南亚至新几内亚。国内见于西南至华南及台湾，为夏候鸟，于海南为留鸟。栖息于较为开阔的林缘和田野，集群活动，常停栖于枯枝或电线上。捕食各种昆虫。【鸣声】急促的"嘟嘟"颤音。

571. 彩虹蜂虎 Rainbow Bee-eater *Merops ornatus*

【野外识别】体长19~21 cm的小型蜂虎。雌雄相似。雄鸟前额翠绿色，头顶略带棕色。具宽阔的黑色眼纹，眼纹下方有浅蓝色带。颏喉部从黄色过渡到栗色，颈前具黑色横斑。上背草绿色，下背至尾上覆羽蓝色。翼上覆羽翠绿色，飞羽棕色，翼后缘具明显的黑色带。下体绿色，尾下覆羽蓝色。尾羽深蓝色，中央尾羽延长突出。雌鸟虹膜色暗，中央尾羽延伸较短，仅2 cm。幼鸟颜色暗淡，中央尾羽不延长。虹膜—雄鸟红色，雌鸟红棕色；喙—黑色；跗跖—灰褐色。【分布与习性】分布于澳大利亚和新几内亚。国内仅见于台湾，为罕见迷鸟。栖息于较为开阔的草地和林缘。取食各种昆虫。【鸣声】不断重复的"啾啾"颤音。

蓝颊蜂虎 张燕伶

蓝颊蜂虎 张燕伶

栗喉蜂虎
陈奕欣

栗喉蜂虎 朱雷

彩虹蜂虎 王斌

彩虹蜂虎 王斌

572. 蓝喉蜂虎 Blue-throated Bee-eater *Merops viridis*

【野外识别】体长 26~28 cm 的大型蜂虎。雌雄相似。成鸟头顶至上背浓栗色，具黑色贯眼纹，颏喉及脸颊蓝色。肩羽和翼羽绿色，翼后缘具黑色带。下背及腰羽淡蓝色。胸部绿色，腹部淡绿色，尾下覆羽淡蓝色。尾蓝色，中央尾羽突出延长可达 9 cm，尾羽腹面褐色。幼鸟上体油绿色，下体颜色较淡，中央尾羽不延长。虹膜—红棕色；喙—黑色；跗跖—灰黑色。【分布与习性】主要分布于东南亚，为留鸟。国内见于华南及华东、华中部分地区，为区域性常见夏候鸟，在海南为留鸟。栖息于开阔的林缘、草地和河谷，常集小群活动，站立在枯枝或电线上休息。【鸣声】拖长或者反复的"啾啾"颤音。

573. 栗头蜂虎 Chestnut-headed Bee-eater *Merops leschenaulti*

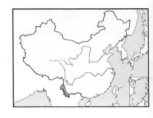

【野外识别】体长 20~21 cm 的小型蜂虎。雌雄相似。成鸟头顶至上背栗色，贯眼纹黑色，颏喉至颊部淡黄色，具栗色和黑色半领环。肩羽和两翼绿色，翼后缘具明显的黑色带。胸部黄绿色，腹部至尾下覆羽淡蓝绿色。腰羽浅蓝色，尾羽绿色，腹面深灰色，中央尾羽无延长。幼鸟颜色较暗淡，半领环不明显。虹膜—红棕色；喙—黑色；跗跖—灰黑色。【分布与习性】分布于南亚、东南亚和大巽他群岛。国内见于云南西部，为不常见留鸟。栖息于较为开阔的林缘与河岸，多集群活动。【鸣声】尖锐的颤音或短促的"唧唧"叫声。

574. 黄喉蜂虎 European Bee-eater *Merops apiaster*

【野外识别】体长 23~30 cm 的大型蜂虎。雌雄相似。成鸟前额至眼上方有淡蓝色眉纹，贯眼纹黑色。头顶至上背栗棕色。颏喉部亮黄色，具黑色半领环分隔喉部与胸部。肩羽和背部下段黄色，腰羽和尾上覆羽蓝绿色。次级覆羽栗色，三级飞羽蓝色，初级覆羽和飞羽蓝绿色，翼后缘具黑色带。胸部湖蓝色，腹部及尾下覆羽颜色较淡。尾羽棕绿色，中央尾羽延长突出。幼鸟颜色较为暗淡，上体和两翼绿褐色，中央尾羽无延长。虹膜—红棕色；喙—黑色；跗跖—黑褐色。【分布与习性】分布于非洲西北部、欧洲南部、中亚和印度西北部，南迁越冬。国内见于新疆天山西部，为区域性常见夏候鸟。栖息于开阔的平原和河谷，常集群活动，停栖于枯枝或电线上。【鸣声】反复的"嘟嘟"颤音，以及急促的"唧唧"声。

蓝喉蜂虎 亦诺

蓝喉蜂虎 王斌

Blue-throated Bee-eater
蓝喉蜂虎

蓝喉蜂虎 亦诺

栗头蜂虎 张永

栗头蜂虎 曾祥乐

黄喉蜂虎 崔月

黄喉蜂虎 关翅宇

386
/387
戴胜目 戴胜科
UPUPIFORMES Upupidae
犀鸟目 犀鸟科
BUCEROTIFORMES Bucerotidae

575. 戴胜 Eurasian Hoopoe *Upupa epops*

【野外识别】体长 25~32 cm。雌雄相似。喙细长而略下弯，头颈至上背肉桂色，头顶具有极为明显的羽冠，羽冠具黑色端斑和白色次端斑，极为醒目。两翼短圆，具有明显的黑白色横纹。喉部及胸部与上体颜色相近，腹部白色，带有褐色斑纹。腰白色，尾羽黑色，中部具白色横斑。本种特征独特，极易识别。虹膜—暗褐色；喙—黑色，基部肉色；跗跖—铅灰色。【分布与习性】广泛分布于欧亚大陆和非洲。国内见于绝大多数地区，北方群体冬季南迁。栖息于较为开阔的草地、耕地和林缘等，在地面挖掘昆虫。飞行时振翅缓慢，波浪式前进。天气晴朗时经常伏在地面晒太阳。【鸣声】轻快的"咕咕"声。

576. 白喉犀鸟 Austen's Brown Hornbill *Anorrhinus austeni*

【野外识别】体长 60~68 cm 的小型犀鸟。喙巨大，上方具盔。雄鸟头颈至上体棕褐色，枕部具白色纵纹。额喉、脸颊及颈侧污白色。肩羽和翼上覆羽褐色，飞羽近黑色，初级飞羽末端白色。胸腹部至尾下覆羽浅褐色。下体尾羽亦棕褐色，仅尾端白色。雌鸟喉部灰褐色，其他与雄鸟相同。虹膜—暗褐色，眼周裸皮蓝灰色；喙—土黄色；跗跖—黑褐色。【分布与习性】主要分布于印度东北部至东南亚。国内见于云南极南部，为甚罕见留鸟。栖息于低海拔地区的常绿林中，常成群活动，飞行缓慢。【鸣声】尖锐刺耳的高声吠叫。

577. 冠斑犀鸟 Oriental Pied Hornbill *Anthracoceros albirostris*

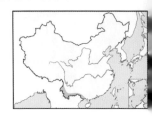

【野外识别】体长 74~78 cm 的小型犀鸟。喙粗大，具明显的盔突。雄鸟眼下方具方形白斑，头、颈、背、两翼和尾黑色，并具有金属光泽。下体仅腹部和尾下覆羽白色，其余均呈黑色。飞羽基部和大部分飞羽末端白色，飞行时形成明显的白色翼后缘，外侧尾羽末端亦白色。雌鸟盔较小，喙上黑斑面积较大，下喙基部略带紫红色，其余似雄鸟。虹膜—深褐色，眼周裸皮蓝色；喙—象牙白色至黄色，盔前方和喙基部具黑色斑；跗跖—黑色。【分布与习性】分布于印度东北部至东南亚。国内见于云南西部和南部、广西南部，为罕见留鸟。栖息于海拔较低的开阔森林，常成对或集小群活动，取食植物果实和昆虫等。【鸣声】吵闹刺耳的"嘎嘎"声。

戴胜 沈越

戴胜 朱雷

白喉犀鸟 Rohit Naniwadekar

冠斑犀鸟 曾祥乐

冠斑犀鸟 朱雷

冠斑犀鸟 沈越

578. 双角犀鸟　Great Hornbill　*Buceros bicornis*

【野外识别】体长 119~128 cm 的大型犀鸟。头顶有巨大显眼的黄色盔。雄鸟脸颊至额部黑色，枕部及颈部淡黄色，上体及两翼黑色。覆羽黄白色，形成明显的翼斑。飞羽基部和末端白色，飞行时翼下对比显著。胸部至上腹部黑色，其余下体白色。尾白色，具宽阔的次端斑。在野外特征明显，容易识别。雌鸟盔较小，盔上无黑斑，虹膜颜色较淡，其余似雄鸟。虹膜—雄鸟红色，雌鸟近白色；喙—喙基和盔下部黑色，上喙端及盔顶略带红色，

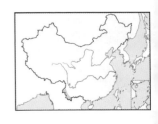

上喙橙黄色，下喙近白色；跗跖—灰黑色。【分布与习性】分布于喜马拉雅山脉至东南亚。国内见于云南西南部，为罕见留鸟。栖息于海拔较低的森林，常成对或集小群活动，取食果实和昆虫等。【鸣声】响亮而粗哑的吠叫，以及不断重复的短促鼻音。

579. 棕颈犀鸟　Rufous-necked Hornbill　*Aceros nipalensis*

【野外识别】体长 115~124 cm 的大型犀鸟。盔突极小。雄鸟头颈及胸部橙棕色，枕部略具发冠。肩、背和两翼黑色，具金属光泽，仅初级飞羽末端白色，飞行时形成对比。胸部棕红色，过渡至腹部呈栗红色。尾羽基部黑色，端部一半白色。雌鸟头颈和下体黑色，喙较小，裸皮颜色稍淡，其余似雄鸟。虹膜—棕色，眼周裸皮天蓝色；喙—黄白色，上喙侧面具黑色沟纹，

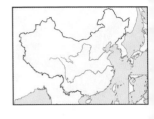

喙缘具锯齿，下喙基皮肤深蓝色和粉红色，喉囊棕红色；跗跖—近黑色。【分布与习性】分布于喜马拉雅山脉东部至东南亚北部。国内见于云南极南部，为甚罕见的留鸟。栖息于中低海拔的阔叶林，通常成对活动。【鸣声】短促而响亮的鼻音"嘎"。

580. 花冠皱盔犀鸟　Wreathed Hornbill　*Rhyticeros undulatus*

【野外识别】体长 84~102 cm 的小型犀鸟。具有明显的盔突。雄鸟前额至枕部栗色，有不明显的丝状羽冠。头侧、颈侧至上胸近白色，喉囊显著突起，呈黄色，其上有一条黑带。后颈、背部及两翼黑色，并带有金属光泽。尾白色。雌鸟喉囊蓝色，除尾羽外全身黑色。虹膜—雄鸟虹膜红色，雌鸟虹膜灰褐色，眼周裸皮红色；喙—淡黄色，上喙具扁平的盔突，盔突及喙基两侧均有沟纹；跗跖—近黑色。【分布与习性】分布于印度东

北部至东南亚及大巽他群岛。国内边缘性分布于云南西部，为罕见留鸟。栖息于低海拔地区的阔叶林，通常成对或集小群活动，取食各种果实。【鸣声】粗糙的三音节吠叫声，以及短促的鼻音。

双角犀鸟 曾祥乐

双角犀鸟 崔月

棕颈犀鸟 Ron Knight

棕颈犀鸟 Francesco Veronesi

花冠皱盔犀鸟 雌 朱雷

花冠皱盔犀鸟 雄 曾祥乐

花冠皱盔犀鸟 雄 曾祥乐

581. 大拟鴷　Great Barbet　*Megalaima virens*

【野外识别】体长 32~35 cm 的大型拟鴷。雌雄相似。头颈部蓝黑色，背部及中覆羽褐色，大覆羽、飞羽、腰部及尾羽绿色，初级飞羽外翈蓝绿色。胸部褐色，两胁淡黄至淡绿色并具水滴状褐色斑纹，腹部蓝绿色具褐色纵纹，尾下覆羽红色。虹膜—深褐色；喙—黄色，上喙末端黑色；跗跖—铅灰色。【分布与习性】分布于喜马拉雅山脉及东南亚北部。国内见于长江以南大部分地区，喜栖于中低海拔常绿阔叶林中上层，常闻其声而不易见。【鸣声】鸣唱为连续不断而悠扬哀怨的双音节"gu wu——"，重音在最后一节，叫声为沙哑似电锯般的"karrrrrr"。

582. 绿拟鴷 / 斑头绿拟鴷　Lineated Barbet　*Megalaima lineata*

【野外识别】体长 27~28 cm 的大型拟鴷。雌雄相似。头部大部分灰白色，仅眼周具黄色裸皮。头顶、颈部、胸部及上腹部灰白色具深褐色纵纹，背部、两翼、腰部及尾羽绿色。下腹部及尾下覆羽淡绿色。虹膜—深褐色；喙—粉红色；跗跖—黄色。【分布与习性】分布于喜马拉雅山脉及东南亚。国内罕见于云南西南部及南部低海拔山区阔叶林，习性似大拟鴷。【鸣声】鸣唱为连续不断而悠扬的双音节"bu gao——"，重音在最后一节，叫声为连续的"bu bu bu bu"。

583. 黄纹拟鴷　Green-eared Barbet　*Megalaima faiostricta*

【野外识别】体长 23~27 cm 的中型拟鴷。雌雄相似。头颈部大部分灰白色，密布深褐色纵纹，眼周裸皮黑色，耳羽黄绿色。背部、两翼、腰部及尾羽绿色，下体淡绿色略具深褐色纵纹。虹膜—红褐色；喙—铅灰色，末端黑色；跗跖—铅灰色。【分布与习性】分布于东南亚。国内罕见于华南及云南南部。栖息于低海拔阔叶林冠层，习性似其他拟鴷。【鸣声】鸣唱似黑眉拟鴷，但音节较少，为速度较快的"gu bo bo bo"。

大拟䴕 朱雷

大拟䴕 文辉

Lineated Barbet
斑头绿拟啄木鸟 2013
斑头绿拟䴕 王斌

黄纹拟䴕 朱雷

黄纹拟䴕 朱雷

黄纹拟䴕 朱雷

584. 金喉拟鴷　Golden-throated Barbet　*Megalaima franklinii*

【野外识别】体长 19~24 cm 的中型拟鴷。雌雄相似。前额红色，头顶及颏部金黄色，眼周及颊部黑色，眉纹亦为黑色并延伸至后枕，耳羽及喉部灰色。其余体羽大致绿色，仅次级飞羽外翈蓝绿色。虹膜—深褐色；喙—铅灰色，末端黑色；跗跖—铅灰色。【分布与习性】分布于喜马拉雅山脉东段及东南亚北部。国内见于西南部中海拔常绿阔叶林冠层，为留鸟。习性似其他拟鴷。【鸣声】鸣唱为不断重复而音节明显的"gu gu ao——wu"，重音在第三音节。

585. 黑眉拟鴷　Black-browed Barbet　*Megalaima oorti*

【野外识别】体长 20~25 cm 的中型拟鴷。雌雄相似。*sini* 亚种眼先黑色，具一不明显的红色斑点；前额、头顶及眉纹黑色，枕部红色，耳羽深蓝色并具一段黑色颊纹。颊部及喉部前段黄色，中段蓝色，喉后段红色。其余体羽大致绿色。*faber* 亚种头部黑色较多。虹膜—深褐色；喙—铅灰色，末端黑色；跗跖—铅灰色。【分布与习性】分布于马来半岛南部。国内见于海南（*faber*）及华南（*sini*）地区，为留鸟。栖息于中低海拔常绿阔叶林冠层，习性似其他拟鴷。【鸣声】鸣唱为不断重复而单调的"gu gu gu gu lu gu gu lu"声。

586. 台湾拟鴷　Taiwan Barbet　*Megalaima nuchalis*

【野外识别】体长 23 cm 的中型拟鴷。雌雄相似。前额黄色，眼先红色，粗眉纹黑色，头顶、枕部、耳羽及颊部蓝色。颊部及喉部前段黄色，中段蓝色，喉后段红色。其余体羽大致绿色。虹膜—深褐色；喙—铅灰色，末端黑色；跗跖—铅灰色。【分布与习性】中国特有种，见于我国台湾地区，为常见留鸟。栖息于中低海拔常绿阔叶林冠层，亦见于市区公园及其他次生林地。习性似其他拟鴷。【鸣声】似黑眉拟鴷，而节奏略有不同。

金喉拟啄
朱雷

金喉拟啄 朱雷

黑眉拟啄 张永

台湾拟啄 沈越

587. 蓝喉拟䴕 Blue-throated Barbet *Megalaima asiatica*

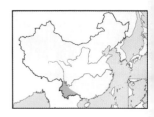

【野外识别】体长 21~24 cm 的中型拟䴕。雌雄相似。一条黑色横纹将红色的前额及头顶分隔，并与黑色的眼先及眉纹多少相连。眼周、耳羽、颊部、颏部及喉部蓝色，颈侧各具一块红色斑。其余体羽大致绿色而下体绿色稍浅。与黑眉拟䴕区别在于本种整个喉部为蓝色。虹膜—深褐色；喙—淡黄色，末端色深；跗跖—灰褐色。【分布与习性】分布于喜马拉雅山脉及东南亚北部低海拔森林。国内常见于西南地区，习性似其他拟䴕。为常见留鸟。【鸣声】鸣唱为短促而最后音节上扬的"gu gu lu du"声。

588. 蓝耳拟䴕 Blue-eared Barbet *Megalaima australis*

【野外识别】体长 16~18 cm 的小型拟䴕。雌雄相似。前额及眼先黑色，头顶中部蓝色，并经眼后与蓝色的耳羽相连，枕侧耳羽后缘间具红色斑块，眼下方具一橙红色斑，颊部前段黑色，后段红色，颏部及喉部蓝色，其余体羽大致绿色，下体色稍浅，尾羽略带蓝色。与蓝喉拟䴕区别于本种体形较小，颊部及眼下具红色。虹膜—深褐色；喙—黑色；跗跖—黄褐色。【分布与习性】分布于东南亚及印度东北部。国内不常见，仅见于云南西部及南部低海拔森林，习性似其他拟䴕。【鸣声】鸣唱为连续不断的"jiui u jiui u"声。

589. 赤胸拟䴕 Coppersmith Barbet *Megalaima haemacephala*

【野外识别】体长 15~17 cm 的小型拟䴕。雌雄相似。前额及头顶前部红色，眼先黑色，眼上方及下方分别具一黄色半月形斑。头顶中部的黑色横带经耳羽与黑色的颊纹相连，枕部及颈侧灰蓝色，颏部、喉部及上胸大致黄色，仅喉部下方具一半月形红色斑。背部及两翼绿色，下体淡黄色具黑色纵纹，尾羽亦为绿色。虹膜—红褐色；喙—黑色；跗跖—红色。【分布与习性】分布于南亚及东南亚。国内见于云南西部及南部较开阔的低海拔森林，与其他拟䴕不同，亦活动于树木较低处。【鸣声】鸣唱为持续不断的单音节"gu"声。

蓝喉拟䴕 朱雷

蓝喉拟䴕 朱雷

蓝耳拟䴕 崔月

赤胸拟䴕 计云

赤胸拟䴕 张永

590. 黄腰响蜜鴷　Yellow-rumped Honeyguide　*Indicator xanthonotus*

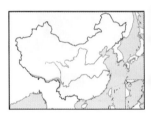

【野外识别】体长约 15 cm 的响蜜鴷。体形似雀类，与鴷形目在国内分布的其他种类迥异。雄鸟前额及颊部金黄色，头颈其余部分灰绿色。背部色较深。两翼深褐色，覆羽羽轴灰白色而在肩部形成纵纹，三级飞羽具白色端斑但常磨损而不可见。腰部金黄色。下体大致灰色，尾下覆羽浅灰，有时具深色纵纹。雌鸟似雄鸟而头部黄色较少。与红眉松雀雌鸟及血雀雌鸟区别在于其喙较细，肩部具纵纹。虹膜—深褐色；喙—上喙铅灰色，下喙橙黄色；跗跖—铅灰色。【分布与习性】分布于喜马拉雅山脉。国内罕见，仅见于云南西部及西藏南部、东南部中高海拔山区森林。常出现于蜂巢附近，起飞后常落回原处似鹟。响蜜鴷科鸟类均为巢寄生性。【鸣声】不甚详，有记录为单音节的"ji ji"声。

591. 蚁鴷　Wryneck　*Jynx torquilla*

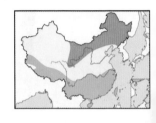

【野外识别】体长 16~17 cm 的小型啄木鸟。雌雄相似。通体灰褐色。贯眼纹深褐色，头顶、后颈至背部灰色。肩部隐约具两条深色条纹。两翼及尾羽灰褐色杂黑色及白色蠹斑。喉部至上胸部浅黄褐色杂黑色横纹，下体其余部分灰白色具黑色横斑。虹膜—褐色；喙—肉色；跗跖—黄褐色。【分布与习性】广布于欧亚大陆及非洲北部。国内繁殖于西北、中北部山区及东北地区，迁徙时经过国内大部分地区，越冬于包括海南和台湾的长江以南大部分地区。常单独或成对活动于疏林地带地面。【鸣声】繁殖期发出重复而音调上扬的"wi wi wi wi wi"声，不錾木发声。

592. 斑姬啄木鸟　Speckled Piculet　*Picumnus innominatus*

【野外识别】体长 9~10 cm 的甚小型啄木鸟。*chinensis* 亚种雄鸟前额、头顶、枕部及后颈棕褐色，眼后发出的深褐色条纹经耳羽延伸至颈侧，颊纹深褐色延伸至胸侧，头颈其余部分污白色。背部及两翼黄绿色，下体污白色，胸部及两胁具黑色点斑。中央尾羽白色，其余尾羽黑色而末端白色。雌鸟甚似雄鸟，但头顶前部无红色。西藏东部的指名亚种及云南南部和西部的 *malayorum* 亚种头顶与背部均为黄绿色，且雄鸟前额颜色较雌鸟更浅。虹膜—深褐色；喙—黑色；跗跖—铅灰色。【分布与习性】分布于南亚及东南亚。国内常见于长江以南大部分地区中低海拔森林，为留鸟。常加入混合鸟群活动于低层灌木。【鸣声】一连串快速的金属铃音"zi zi zi zi zi"，錾木声缓慢而连续。

黄腰响蜜䴕 朱雷

黄腰响蜜䴕 朱雷

黄腰响蜜䴕 朱雷

蚁䴕 沈越

蚁䴕 沈越

斑姬啄木鸟
雌 董江天

斑姬啄木鸟 雄 沈越

593. 白眉棕啄木鸟　White-browed Rufous Piculet　*Sasia ochracea*

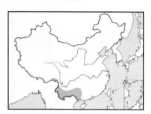

【野外识别】体长 8~10 cm 的甚小型啄木鸟。雄鸟眼先金黄色，头顶黄绿色，眼周具红色裸皮，眼后具短白眉纹，头颈其余部分棕黄色。背部淡棕黄色，两翼黄绿色，下体淡棕黄色，尾羽黑色，甚短。雌鸟似雄鸟而前额色稍暗。虹膜—红褐色；喙—铅灰色；跗跖—肉色。【分布与习性】分布于喜马拉雅山脉东段及东南亚。国内见于西南部，为留鸟。栖息于中低海拔山区多竹丛的森林，常加入混合鸟群活动于低层灌木，尤喜竹丛。【鸣声】连续的 "ji ji ji ji"，音调较高，錾木声较斑姬啄木鸟快速。

594. 棕腹啄木鸟　Rufous-bellied Woodpecker　*Dendrocopos hyperythrus*

【野外识别】体长 20~25 cm 的中型啄木鸟。雄鸟前额、眼先、眼周及颏部污白色，头顶及枕部红色，后颈中部黑色，头颈其余部分棕黄色。背部及两翼黑色具白色横纹。下体棕黄色，尾下覆羽红色。尾羽黑色而最外侧尾羽白色具黑色横纹。雌鸟似雄鸟，头顶及枕部黑色具白色点状斑。幼鸟腹部多少具黑色横纹。虹膜—深褐色；喙—灰黑色，基部色浅；跗跖—铅灰色。【分布与习性】东部种群繁殖于东亚北部，迁徙时经中国东部大部分地区，越冬于东南亚北部；喜马拉雅山脉及中国西南地区的种群为留鸟。单独或成对活动于低海拔至中高海拔的多种林地。【鸣声】一串带鼻音的 "ji ji ji ji" 声，錾木声的后段迅速减弱。

595. 小星头啄木鸟　Japanese Pygmy Woodpecker　*Dendrocopos kizuki*

【野外识别】体长 13~15 cm 的小型啄木鸟。雄鸟前额及头顶灰色，枕部及后颈深色而枕侧具红色羽簇，常隐于枕部羽毛而不可见。眼先、耳羽、颊部及颈侧深褐色，颊纹黑色，头颈其余部分白色。背部及两翼黑色并具整齐的白色横纹。下体灰白色。胸侧及两胁具褐色纵纹。尾羽黑色，最外侧尾羽白色具黑色横纹。雌鸟似雄鸟而头部灰色较多，无红色羽簇。与星头啄木鸟区别在于后者颈侧具明显的黑斑，且仅下背具杂乱的白斑。虹膜—深褐色；喙—灰黑色；跗跖—灰黑色。【分布与习性】分布于东亚北部。国内见于东北地区，为留鸟。栖息于中低海拔阔叶林或针阔混交林，常加入由山雀和鸦组成的混合鸟群。【鸣声】尖细的 "zi zi zi" 声，錾木声极快且短促而似单音节。

白眉棕啄木鸟 雄 董文晓

白眉棕啄木鸟 雄 沈越

棕腹啄木鸟 雌 张永

棕腹啄木鸟 雄 张明

小星头啄木鸟 雌 沈岩

小星头啄木鸟 雄 董江天

596. 星头啄木鸟 Grey-capped Pygmy Woodpecker *Dendrocopos canicapillus*

【野外识别】体长14~17 cm的小型啄木鸟。雄鸟前额及头顶灰色，枕部及后颈黑色而枕侧具红色羽簇，常隐于枕部羽毛而不可见。眼先及耳羽褐色，颈侧具一黑色斑块，颊纹亦为褐色，与颈侧的黑色斑块相连，头颈其余部分白色。上背黑色，下背黑色杂白斑，覆羽黑色而末端白色，连同黑色带白斑的飞羽形成斑驳的上体。下体灰白色而具黑色纵纹，尾羽黑色，最外侧尾羽白色具黑色横纹。雌鸟似雄鸟而头部灰色较多，无红色羽簇。与小星头啄木鸟相似，辨识见该种描述。虹膜—褐色；喙—铅灰色，末端色深；跗跖—铅灰色。【分布与习性】分布于喜马拉雅山脉、东南亚及东亚。国内常见于东部及中部地区，以及海南与台湾，为留鸟。单独或成对活动于多种林地类型。【鸣声】似大斑啄木鸟的单音节或连续的"zhi"声，但较细弱，錾木声较低，快速而细弱。

597. 小斑啄木鸟 Lesser Spotted Woodpecker *Dendrocopos minor*

【野外识别】体长14~18 cm的小型啄木鸟。雄鸟眼先灰褐色，前额白色，头顶红色，头顶侧方一条黑纹同黑色的枕部相连，耳羽灰色，颊纹黑色并延伸至颈侧呈三角形斑块，头颈其余部分白色，上背黑色，下背黑色具白色斑驳，覆羽黑色而具白色端斑，飞羽黑色具白色横纹。下体除胸侧略具黑色纵纹外大致白色，尾羽黑色，最外侧尾羽白色具黑色横纹。雌鸟似雄鸟而头顶无红色。与大斑啄木鸟区别于本种体形较小，喙粗短，尾下覆羽白色。与星头啄木鸟区别于本种下体几乎无纵纹，且雄鸟头顶红色。虹膜—褐色；喙—灰黑色；跗跖—灰黑色。【分布与习性】广布于欧亚大陆。国内仅见于东北和新疆北部以及甘肃南部，为留鸟。栖息于中低海拔阔叶林，喜单独觅食于树木上层。【鸣声】带鼻音的"jiu ji ji ji ji ji"声，錾木声较长。

598. 纹腹啄木鸟 Fulvous-breasted Woodpecker *Dendrocopos macei*

【野外识别】体长18~20 cm的中型啄木鸟。指名亚种雄鸟头顶及枕部红色，黑色颊纹延伸至颈侧呈三角形斑块，后颈黑色，头颈其余部分黄白色。背部及两翼黑色具白色横纹，下体大致黄白色，胸侧略具黑色纵纹，尾下覆羽红色。尾羽黑色而最外侧尾羽白色具黑色横纹。雌鸟似雄鸟而头顶及枕部黑色。与纹胸啄木鸟区别在于本种下体并无明显的黑色纵纹。与黄颈啄木鸟区别在于本种背部黑色有白色横纹。虹膜—褐色；喙—灰黑色；跗跖—灰黑色。【分布与习性】分布于南亚及东南亚。指名亚种国内罕见于西藏东南部，为留鸟。栖息于中低海拔较开阔的森林及林缘。【鸣声】似星头啄木鸟而较细弱，錾木声短促。

星头啄木鸟 雌 蔡欣然

星头啄木鸟 雌 银月

星头啄木鸟 雄 朱雷

小斑啄木鸟 雌 沈岩

小斑啄木鸟 雄 朱雷

小斑啄木鸟 雄 计云

纹腹啄木鸟 雄 银月

纹腹啄木鸟 雌 ChanduBandi

599. 纹胸啄木鸟　Stripe-breasted Woodpecker　*Dendrocopos atratus*

【野外识别】体长 19~22 cm 的中型啄木鸟。雄鸟前额、头顶及枕部红色，黑色颊纹延伸至颈侧呈三角形斑块，后颈黑色，头颈其余部分污白色，背部及两翼黑色具白色横纹，下体大致黄白色并具黑色纵纹，尾下覆羽红色。尾羽黑色而最外侧尾羽白色具黑色横纹。雌鸟似雄鸟而头顶及枕部黑色。虹膜—褐色；喙—灰黑色；跗跖—灰黑色。【分布与习性】分布于东南亚北部。国内常见于云南南部及西部，为留鸟。栖息于中低海拔较开阔的林地，常加入混合鸟群。【鸣声】似大斑啄木鸟，錾木声亦相似。

600. 褐额啄木鸟　Brown-fronted Woodpecker　*Dendrocopos auriceps*

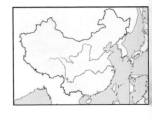

【野外识别】体长 19~20 cm 的中型啄木鸟。雄鸟前额黄褐色，头顶橙黄色而枕部红色，耳羽略带灰色，黑色颊纹延伸至颈侧呈三角形斑块，后颈黑色，头颈其余部分污白色，背部及两翼黑色具白色横纹，下体大致污白色而具黑色纵纹，尾下覆羽淡红色。尾羽黑色而最外侧尾羽白色具黑色横纹。雌鸟似雄鸟而前额、头顶及枕部为均匀的黄褐色。与纹腹啄木鸟区别在于头顶颜色不同，且本种下体多纵纹。虹膜—褐色；喙—灰黑色；跗跖—灰黑色。【分布与习性】分布于喜马拉雅山脉西段，为留鸟。栖息于中高海拔阔叶林或针叶林，冬季下迁至较低海拔。国内于 2012 年首次记录于西藏南部。【鸣声】不详。

601. 赤胸啄木鸟　Crimson-breasted Woodpecker　*Dendrocopos cathpharius*

【野外识别】体长 17~19 cm 的中型啄木鸟。雄鸟头顶黑色，枕部红色，后颈黑色，黑色颊纹经颈侧延伸至胸部下方会合，并包围胸部的红色斑块。头颈其余部分污白色，背部黑色，几枚覆羽全白色而形成白色条带，飞羽黑色具白色横纹。腹部污白色并具黑色纵纹，尾下覆羽红色。尾羽黑色而最外侧尾羽白色具黑色横纹。雌鸟似雄鸟而枕部黑色，下体纵纹亦较细。西藏及云南西北部的诸亚种雄鸟枕部、颈侧及后颈均为橙红色，下体土黄色而尾下覆羽颜色暗淡，雌鸟颈侧亦为橙黄色而似黄颈啄木鸟，区别为本种喙更短粗。虹膜—深褐色；喙—灰黑色；跗跖—铅灰色。【分布与习性】分布于喜马拉雅山脉东段及东南亚北部。国内见于西南及中部地区，为留鸟。栖息于中低海拔山区森林，冬季下迁至较低海拔。【鸣声】似大斑啄木鸟。推测錾木声亦相似。

纹胸啄木鸟 雌 朱雷

纹胸啄木鸟 雄 朱雷

纹胸啄木鸟 雄 沈岩

褐额啄木鸟 雌 gkrishna63

褐额啄木鸟 雄 soumyajit nandy

赤胸啄木鸟 雌 朱雷

赤胸啄木鸟 雄 沈越

602. 黄颈啄木鸟　Darjelling Woodpecker　*Dendrocopos darjellensis*

【野外识别】体长 22~25 cm 的中型啄木鸟。雄鸟头顶黑色，枕部红色，黑色颊纹延伸至颈侧呈三角形斑块，后颈黑色，颈侧及喉部土黄色，头颈其余部分污白色。背部黑色，几枚覆羽全白色而形成白色条带，飞羽黑色具白色横纹。下体大致土黄色并具黑色纵纹。尾下覆羽红色，尾羽黑色而最外侧尾羽白色具黑色横纹。雌鸟似雄鸟而枕部黑色，头侧亦较多土黄色。本种雌鸟与白背啄木鸟 tangi 亚种雌鸟区别在于本种颈部土黄色。

虹膜—深褐色；喙—灰黑色；跗跖—铅灰色。【分布与习性】分布于喜马拉雅山脉东段及东南亚西北部。国内常见于西南地区，为留鸟。栖息于中高海拔山地森林，冬季下迁至较低海拔。【鸣声】似大斑啄木鸟，錾木声亦相似。

603. 白背啄木鸟　White-backed Woodpecker　*Dendrocopos leucotos*

【野外识别】体长 23~28 cm 的中型啄木鸟。雄鸟头顶及枕部红色，黑色颊纹经颈侧延伸至胸侧，后颈黑色，头颈余部白色。上背黑色，下背白色杂黑斑，覆羽黑色具白色端斑，飞羽黑色具白色横纹。下体大致白色，胸侧及两胁具黑色细纹，而下腹部略带淡红色，尾下覆羽红色。尾羽黑色，最外侧尾羽白色具黑色横纹。雌鸟似雄鸟头顶及枕部黑色。*tangi* 亚种、*insularis*亚种及 *fohkiensis* 亚种下背黑色杂白斑，下体颜色土黄而黑色纵纹更粗。与大斑啄木鸟区别在于本种体形更大，喙更细长，腹部具黑色纵纹。*tangi* 亚种雌鸟与黄颈啄木鸟雌鸟相似，区别见该种描述。虹膜—深褐色；喙—灰黑色，末端色深；跗跖—灰黑色。【分布与习性】广布于欧亚大陆。国内间断性分布于北部、西南（*tangi* 亚种）及包括台湾（*insularis*亚种）在内的东南地区（*fohkiensis* 亚种），为不常见留鸟。常单独活动于多枯树的中低海拔开阔林地。【鸣声】似大斑啄木鸟而更弱，錾木声较大斑啄木鸟更长而缓慢。

604. 白翅啄木鸟　White-winged Woodpecker　*Dendrocopos leucopterus*

【野外识别】体长 22~24 cm 的中型啄木鸟。雄鸟头顶黑色，枕部红色，黑色颊纹延伸至颈侧并向上包围耳羽后缘，同时与黑色的后颈相连，头颈其余部分白色。背部黑色，多枚覆羽全白色形成明显的白色条带，飞羽黑色具白色横纹。下体大致白色，下腹至尾下覆羽红色。尾羽黑色而最外侧尾羽白色具黑色横纹。雌鸟似雄鸟而枕部黑色。与同区域分布的大斑啄木鸟甚相似，区别在于本种背部白色条带更长，范围更大。虹膜—深褐色；喙—灰黑色；跗跖—灰黑色。【分布与习性】分布于中亚。国内常见于新疆低海拔开阔林地，为留鸟。习性似大斑啄木鸟，较同区域分布的大斑啄木鸟出现的海拔更低。【鸣声】似大斑啄木鸟錾木声亦相似。

黄颈啄木鸟 雄 董江天

黄颈啄木鸟 雌 董江天

白背啄木鸟 雌 计云

白背啄木鸟 雄 计云

白背啄木鸟 雄 沈越

白翅啄木鸟 雌 董江天

白翅啄木鸟 雄 王尧天

605. 大斑啄木鸟　Great Spotted Woodpecker　*Dendrocopos major*

【野外识别】体长 20~25 cm 的中型啄木鸟。*japonicus* 亚种雄鸟头顶黑色，枕部红色，黑色颊纹延伸至颈侧并向上包围耳羽后缘，但不与黑色的后颈相连，头颈其余部分烟灰色。背部黑色，几枚覆羽全白色而形成白色条带，飞羽黑色具白色横纹。下体大致烟灰色，下腹至尾下覆羽红色。尾羽黑色而最外侧尾羽白色具黑色横纹。雌鸟似雄鸟而枕部黑色。*stresemanni* 亚种耳羽及下体颜色更深，几乎为褐色。*brevirostris* 亚种耳羽及下体白色。与小斑啄木鸟、白背啄木鸟及白翅啄木鸟相似，辨识分别见相应种描述。虹膜—深褐色；喙—灰黑色；跗跖—灰黑色。【分布与习性】广于欧亚大陆。国内常见，见于几乎所有林地区，*stresemanni* 亚种见于西南地区，*brevirostris* 亚种见于新疆及东北北部，为留鸟。适应包括市区公园在内的多种林地生境。【鸣声】单音节响亮的 "zhi" 声，錾木声短而急促。

606. 三趾啄木鸟　Three-toed Woodpecker　*Dendrocopos tridactylus*

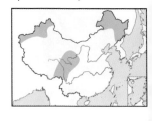

【野外识别】体长 20~23 cm 的中型啄木鸟。雄鸟头顶中央金黄色，杂以深色细纹，头顶两侧及枕部黑色，黑色的颊纹经颈侧与黑色的耳羽相连，头颈其余部分白色。背部黑色而中央白色，飞羽黑色具白色横纹。下体大致白色，仅胸侧及两胁具黑色纵纹。尾羽黑色而最外侧尾羽白色具黑色横纹。雌鸟似雄鸟而头顶黑色具白色细纹。*funebris* 亚种下体烟黑色而具白色点斑。虹膜—深褐色；喙—灰黑色；跗跖—灰黑色。【分布与习性】广布于欧亚大陆。国内见于北部及西南地区（*funebris* 亚种），为留鸟。常单独或成对活动于较原始的针叶林较低处，北方的种群有时进行无方向性游荡。【鸣声】似星头啄木鸟，錾木声似大斑啄木鸟。

607. 白腹黑啄木鸟　White-bellied Woodpecker　*Dryocopus javensis*

【野外识别】体长 40~48 cm 的大型啄木鸟。雄鸟前额、头顶及枕部红色，常延长形成羽冠，颊部具红色条状颊纹。其余体羽除腹部白色外均为黑色。雌鸟似雄鸟而无红色颊纹。虹膜—淡黄色；喙—黑色；跗跖—铅灰色。【分布与习性】分布于南亚及东南亚。国内仅见于西南部低海拔山区森林，为罕见留鸟。常单独活动。【鸣声】吵闹而发出多种嘈杂而响亮的 "gua gua" 声，錾木声似黑啄木鸟而前段更缓慢。

大斑啄木鸟 雌 沈越

大斑啄木鸟 雄 朱雷

大斑啄木鸟 幼
stresemanni 亚种 朱雷

三趾啄木鸟 雌 朱雷

三趾啄木鸟 雄 邢睿

白腹黑啄木鸟 雄 朱雷

白腹黑啄木鸟
雌 朱雷

白腹黑啄木鸟 雌 沈越

608．黑啄木鸟　Black Woodpecker　*Dryocopus martius*

【野外识别】体长 41~47 cm 的特大型啄木鸟。雄鸟除头顶及前额红色外通体黑色。雌鸟似雄鸟而仅枕部红色。飞行时似乌鸦，但其轨迹上下起伏。虹膜—灰白色；喙—灰白色略带粉，末端色深；跗跖—铅灰色。【分布与习性】广布于欧亚大陆。国内见于东北大部、华北、新疆北部及青藏高原东缘，为不常见留鸟。栖息于较稀疏的原始林地，常单独活动于树木较低处，喜在地面取食蚂蚁。【鸣声】叫声为响亮而不断加快但衰减的"gaa gaagagaga"，錾木声长而快速。

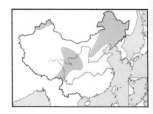

609．大黄冠绿啄木鸟　Greater Yellownaped Woodpecker　*Picus flavinucha*

【野外识别】体长 32~34 cm 的大型啄木鸟。雄鸟头顶黄绿色，喉部及颊部淡黄色，枕部至后颈羽毛黄色，呈丝状延长，头颈其余部分暗绿色。背部及两翼大部黄绿色，仅初级飞羽黑色具红褐色横斑。下体深灰色，尾羽黑色。雌鸟似雄鸟，而头顶、颊部及喉部黄褐色。与小黄冠绿啄木鸟区别于本种体形较大，喙颜色不同，且本种颈侧多黄色而腹部灰绿无横纹。虹膜—深褐色；喙—灰白色；跗跖—铅灰色。【分布与习性】分布于南

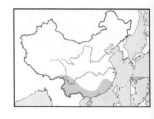

亚及东南亚。国内间断性分布于东南部、西南部及海南。常成对活动于中低海拔林地，亦常同其他鸟种组成混合鸟群。【鸣声】沙哑拖长的单音节"ga——"，极少发出錾木声。

610．小黄冠绿啄木鸟　Lesser Yellownaped Woodpecker　*Picus chlorolophus*

【野外识别】体长 25~28 cm 的中型啄木鸟。雄鸟头部大致黄绿色，前额、头顶侧方及枕侧暗红色，具斑驳的白色颊纹，颊纹下方具暗红色斑块，后颈羽毛黄色，呈丝状延长。上体大致黄绿色，仅次级飞羽暗红色。下体大致深灰色，腹部具不明显的白色细横纹，尾羽黑色。雌鸟似雄鸟而头部仅枕侧暗红色。指名亚种头部白色部分更明显，下体灰白色而具深色细横纹。与大黄冠绿啄木鸟相似，辨识见该种描述。虹膜—深褐色；喙—

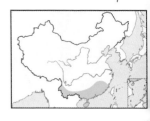

灰黑色，下喙基部黄色；跗跖—灰黑色。【分布与习性】分布于南亚及东南亚。国内间断性分布于东南部、云南（指名亚种）及海南，为少见留鸟。常单独或成对活动于植被较密的中低海拔林地，有时到地面取食，亦常同其他鸟种组成混合鸟群。【鸣声】拖长的单音节"weo——"，鼻音较重，极少发出錾木声。

黑啄木鸟 雌
王尧天

黑啄木鸟 雄 沈越

大黄冠绿啄木鸟 雌
罗平钊 / 西南山地

大黄冠绿啄木鸟 雄 巫嘉伟 / 西南山地

小黄冠绿啄木鸟 雌 朱雷

小黄冠绿啄木鸟
雌（上）和雄 朱雷

小黄冠绿啄木鸟 雄 董文晓

611. 花腹绿啄木鸟　Laced Woodpecker　*Picus vittatus*

【野外识别】体长 28~33 cm 的大型啄木鸟。雄鸟前额、头顶及后枕红色，头侧灰色具白色细纹，颊纹黑色。额部、喉部、颈部及胸部土黄色。背部及两翼大部黄绿色，初级飞羽黑色具白色横纹。腹部及尾下覆羽淡灰绿色而具深褐色箭头状斑，腰部暗黄色，尾羽黑色。雌鸟似雄鸟而前额、头顶及后枕黑色。虹膜—红褐色；喙—上喙铅灰色，下喙黄色；跗跖—铅灰色。【分布与习性】分布于东南亚。国内曾记录于云南南部，为留鸟。单独或成对活动于低海拔森林近地面处。【鸣声】单音节的"ga"声，亦錾木发声。

612. 鳞喉绿啄木鸟　Streak-throated Woodpecker　*Picus xanthopygaeus*

【野外识别】体长 29~31 cm 的大型啄木鸟。雄鸟前额、头顶及后枕红色，眼后具明显的白眉纹，头侧灰色具黑色细纹，多条细密的黑色纵纹于颊部形成不明显的颊纹，额部及喉部灰色密布黑色细纹。颈部、背部及两翼大部黄绿色，初级飞羽黑色具白色横纹。胸部略带黄绿色而具深色鳞状斑纹，腹部及尾下覆羽灰色而具鳞状斑纹，腰部暗黄色，尾羽黑色。雌鸟似雄鸟而前额、头顶及后枕黑色。与其他绿啄木鸟区别在于本种喉部及胸部具深色斑纹。虹膜—红褐色；喙—上喙铅灰色，下喙黄色；跗跖—铅灰色。【分布与习性】分布于南亚及东南亚。国内见于云南西部及西藏东南部，为甚罕见留鸟。单独或成对活动于较开阔的低海拔森林近地面处。【鸣声】通常较安静，叫声似花腹绿啄木鸟，未有錾木发声记录。

613. 鳞腹绿啄木鸟　Scaly-bellied Woodpecker　*Picus squamatus*

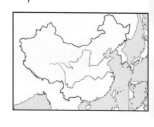

【野外识别】体长约 35 cm 的大型啄木鸟。雄鸟前额、头顶及后枕红色，眼后具明显的白眉纹，头部其余部分大致灰色，颈部及胸部灰色至灰绿色，背部及两翼大部黄绿色，初级飞羽黑色具白色横纹，腹部及尾下覆羽灰白色具鳞状斑纹。腰部暗黄色，尾羽黑色具白色横纹。雌鸟似雄鸟而前额、头顶及后枕黑色。虹膜—红褐色至黄褐色；喙—黄色，上喙基部色深；跗跖—铅灰色。【分布与习性】分布于喜马拉雅山脉西段及中亚。国内见于西藏西南部，为罕见留鸟。单独或成对活动于高海拔针叶林、针阔混交林或灌丛地带，常于地面取食蚂蚁及白蚁。【鸣声】清脆的双音节"wi——wi"声，亦錾木发声。

花腹绿啄木鸟 雌 崔月

花腹绿啄木鸟 雄 朱雷

花腹绿啄木鸟 雄 朱雷

鳞喉绿啄木鸟
雄 崔月

鳞喉绿啄木鸟
雄 Myshreeram

614. 红颈绿啄木鸟　Red-collared Woodpecker　*Picus rabieri*

【野外识别】体长 30~32 cm 的大型啄木鸟。雌雄相似。雄鸟除耳羽、颊部及喉部灰绿色外，头颈其余部分均为红色。其余体羽大部黄绿色，初级飞羽黑色具白色横纹，腹部及尾下覆羽略具深色鳞状斑，尾羽黑色。雌鸟似雄鸟而前额及头顶黑色，红色颊纹不甚明显。虹膜—红褐色；喙—铅灰色；跗跖—灰褐色。

【分布与习性】分布于越南及老挝。国内见于云南东南部，为甚罕见留鸟。喜单独或成对活动于保存完好的低海拔森林，亦加入混合鸟群，喜觅食于近地面处。【鸣声】有记录的声音为啄木鸟典型的单音节叫声，亦錾木发声。

615. 灰头绿啄木鸟　Grey-headed Woodpecker　*Picus canus*

【野外识别】体长 26~33 cm 的大型啄木鸟。雄鸟前额及头顶红色，眼先、颊纹、后枕及后颈黑色，头颈其余部分大致灰色。背部及两翼大部黄绿色，初级飞羽黑色具白色横纹。下体大致灰白色，腰部暗黄色，尾羽黑色具白色横纹。雌鸟似雄鸟而前额及头顶黑色。北方的 *jessoensis* 亚种而枕部及后颈并无黑色。虹膜—黄色；喙—铅灰色，末端色深；跗跖—铅灰色。

【分布与习性】广泛分布于欧亚大陆的温带及热带地区。国内见于几乎所有林区，为留鸟。适应包括市区公园在内的多种林地生境，常单独或成对活动于地面附近，取食蚂蚁或白蚁。【鸣声】雄鸟发出一串嘹亮而连续的"ga ga ga ga"声，亦錾木发声。

616. 金背三趾啄木鸟　Common Flameback　*Dinopium javanense*

【野外识别】体长 28~31 cm 的大型啄木鸟。雄鸟前额及头顶红色，并延长至后枕形成羽冠，羽冠下方具一条黑色细纹。眼先深褐色，眼后的黑色条纹经耳羽延伸至后颈。下喙基部一条黑色颊纹经喉侧至上胸。头颈其余部分白色。胸部及腹部白色具黑色鳞状斑纹。背部、覆羽、次级及三级飞羽金黄色，腰部红色，初级飞羽及尾羽黑色。雌鸟似雄鸟而头顶黑色并密布白色点斑。与大金背啄木鸟区别在于本种喙较短粗，后颈黑色而

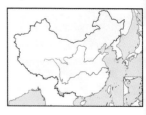

颈侧白色。虹膜—褐色；喙—灰黑色，基部色浅；跗跖—灰黑色。【分布与习性】分布于南亚及东南亚。国内见于云南南部及西藏东南部，为甚罕见留鸟。常成对活动于低海拔次生林地及其他较开阔地区，亦与体形相近的其他啄木鸟混群。【鸣声】沙哑的"ga ga ga"声，錾木声响亮。

灰头绿啄木鸟 雌 沈岩　　灰头绿啄木鸟 雄 崔月

金背三趾啄木鸟 雌 钱斌

金背三趾啄木鸟 雄 崔月

617. 喜山金背三趾啄木鸟　Himalayan Flameback　*Dinopium shorii*

【野外识别】体长29~32 cm的大型啄木鸟。雄鸟前额及头顶红色，并延长至后枕形成羽冠，羽冠下方具一条黑色细纹。眼先褐色，眼周及耳羽黑色并延伸至颈侧。黑色颊纹前段被棕色斑分隔。头颈其余部分白色。胸部及腹部白色而具黑色鳞状斑纹。背部、覆羽、次级及三级飞羽金黄色，腰部红色，初级飞羽及尾羽黑色。雌鸟似雄鸟，头顶黑色并密布白色点斑。与金背三趾啄木鸟区别在于本种具不明显的两道颊纹。与大金背啄木鸟区别在于本种具较短的喙和黑色的后颈。虹膜—褐色；喙—灰黑色，基部色浅；跗跖—灰黑色。【分布与习性】分布于喜马拉雅山脉东段及东南亚西部。国内见于西藏东南部，为甚罕见留鸟。常成对或集小群活动于中低海拔开阔林地的高大乔木。【鸣声】叫声似大金背啄木鸟，錾木声响亮。

618. 小金背啄木鸟　Black-rumped Flameback　*Dinopium benghalense*

【野外识别】体长26~29 cm的大型啄木鸟。雄鸟前额及头顶红色杂黑色细纹，后枕羽毛红色并延伸形成羽冠，黑色杂白色细纹的贯眼纹延伸至后颈。颏部、喉部黑色具白色纵纹，头颈其余部分白色。胸部及腹部白色而具黑色鳞状斑纹。上背黑色，下背亮黄绿色，中覆羽和小覆羽白色具黑色边缘，次级及三级飞羽黄绿色，初级飞羽黑色具白色斑点。腰部黑色，尾羽黑色。雌鸟似雄鸟，头顶黑色具白色点斑，仅枕部红色。与其他背部黄绿色的啄木鸟区别在于本种头部花纹和黑色的上背及腰部。虹膜—褐色；喙—灰黑色，基部色浅；跗跖—灰绿色。【分布与习性】分布于南亚及东南亚西部。国内见于西藏东南部，为甚罕见留鸟。常成对或集小群活动于低海拔开阔林地，亦能适应城市公园。【鸣声】音调逐渐升高并逐渐加快的"ga ga ga ga ga"声，錾木声响亮。

619. 大金背啄木鸟　Greater Flameback　*Chrysocolaptes lucidus*

【野外识别】体长28~32 cm的大型啄木鸟。雄鸟前额及头顶红色，并延长至后枕形成羽冠，羽冠下方具一条黑色细纹，眼周及耳羽黑色并延伸至颈侧。下喙基部发出两条黑色颊纹。头颈其余部分白色。胸部及腹部白色而具黑色鳞状斑纹。背部、覆羽、次级及三级飞羽金黄色，腰部红色，初级飞羽及尾羽黑色。雌鸟似雄鸟而头顶黑色并密布白色点斑。与金背三趾啄木鸟、喜山金背三趾啄木鸟相似，辨识见相应种描述。虹膜—黄褐色；喙—灰黑色，基部色浅；跗跖—灰黑色。【分布与习性】分布于南亚及东南亚。国内见于云南西南部、南部及西藏东南部，为罕见留鸟。常成对或集小群活动于低海拔开阔林地的高大乔木，亦与体形相近的其他啄木鸟混群。【鸣声】响亮而鼻音浓重的"ji ji ji ji"声，錾木声响亮。

小金背啄木鸟 雄 田阳

小金背啄木鸟 雄 张为民

喜山金背三趾啄木鸟 雌 崔月

大金背啄木鸟 雌 朱雷

大金背啄木鸟 雄 朱雷

620. 竹啄木鸟　Pale-headed Woodpecker　*Gecinulus grantia*

【野外识别】体长 23~27 cm 的中型啄木鸟。雄鸟头顶粉红色，头部其余部分浅黄绿色，颈部及整个下体黄绿色，上体大致红褐色，飞羽及尾羽具深褐色横纹。雌鸟似雄鸟而头顶无粉红色。*viridanus* 亚种雄鸟顶冠粉红色极不显著而似雌鸟，背部红色调较少而多黄绿色，覆羽红色调较多，下体颜色更深。虹膜—褐色；喙—灰白色；跗跖—铅灰色。【分布与习性】分布于喜马拉雅山脉东段及东南亚。国内间断性分布于西南及东南部（*viridanus* 亚种），为少见留鸟。栖息于多竹丛的中低海拔森林下层。【鸣声】似黄嘴栗啄木鸟，但音调更细，鼻音更重，錾木声快速而细弱。

621. 黄嘴栗啄木鸟　Bay Woodpecker　*Blythipicus pyrrhotis*

【野外识别】体长 27~30 cm 的大型啄木鸟。雄鸟头颈部大部分棕色，前额、头顶、眼先、眼周、耳羽及颏部色略浅，后颈红色，背部及下体棕色。两翼及尾羽棕黄色并具深棕色横纹。雌鸟似雄鸟而颈部无红色。与栗啄木鸟相似，辨识见相应种描述。虹膜—红褐色；喙—黄色；跗跖—铅灰色。【分布与习性】分布于喜马拉雅山脉东段及东南亚北部。国内见于长江以南山地，为留鸟。栖息于较原始的森林的植被较密处。多单独于植被较密的树木中层活动。【鸣声】常发出嘹亮而音调不断下降的"ka——ga——ga——ga ga ga ga"声。似八声杜鹃而更粗糙，两者生境亦不同。亦发出沙哑而似大笑声的"ga ga ga"声。并不錾木发声。

622. 栗啄木鸟　Rufous Woodpecker　*Celeus brachyurus*

【野外识别】体长约 25 cm 的中型啄木鸟。*fokiensis* 亚种头部棕黄色具细密的深褐色纵纹，眼下方具三角形暗红色斑块。颈部及下体深棕色，上体斑驳，背部深棕色具棕红色细横纹；两翼及尾羽棕红色具黑色横纹。雌鸟似雄鸟而眼下方无红色。*phaioceps* 亚种整体棕黄色，头部无深色纵纹，上体深色横纹亦更细，颜色更浅。与相对较常见的黄嘴栗啄木鸟区别在于本种体形较短粗，喙较短而深色。虹膜—褐色；喙—黑色；跗跖—铅灰色。【分布与习性】分布于南亚及东南亚。国内见于长江以南大部分地区，包括海南，为少见留鸟。栖息于中低海拔山区森林，*phaioceps* 亚种见于云南及西藏。常成对活动于较开阔处，喜食蚂蚁及白蚁，有时于地面活动。【鸣声】似竹啄木鸟，但并不逐渐加快，音调亦不下降，錾木声快速，于后段会逐渐变慢似引擎声而与其他啄木鸟有区别。

竹啄木鸟 *viridanus* 亚种 蔡庆然

萘栗啄木鸟 雌 黄耀华

黄嘴栗啄木鸟 雄
sinensis 亚种 王雪峰

黄嘴栗啄木鸟 雄 指名亚种 朱雷

栗啄木鸟 董文晓

栗啄木鸟
朱雷

栗啄木鸟
Jason
Thompson

623. 大灰啄木鸟 Great Slaty Woodpecker *Mulleripicus pulverulentus*

【野外识别】体长约 51 cm 的现存体形最大的啄木鸟。雄鸟体羽大致灰色，仅颊部具淡红色斑点，额部及喉部淡黄色。下体颜色稍浅。雌鸟似雄鸟而颊部无红色。虹膜—深褐色；喙—铅灰色，末端色深；跗跖—铅灰色。【分布与习性】分布于喜马拉雅山脉及东南亚。国内见于云南西南部及西藏东南部，为甚罕见留鸟。栖息于低海拔保存较完整的热带森林。喜成对或以家庭为单位的小群活动于高树，亦与其他较大型的啄木鸟（白腹黑啄木鸟或大金背啄木鸟）混群活动。【鸣声】联络时发出连续的似 "wua wua aa" 的怪音，极少发出凿木声。

624. 长尾阔嘴鸟 Long-tailed Broadbill *Psarisomus dalhousiae*

【野外识别】体长 22~27 cm 的阔嘴鸟。雌雄相似。喙较宽阔而厚实。头顶至枕部、耳羽及颈侧黑色，形成 "头罩"。头顶有一亮蓝色细纹，枕部两侧各有一黄色圆形块斑。眼先、眼周、额、喉黄色。背、腰及尾上覆羽翠绿色，两翼亦以翠绿色为主，但初级飞羽黑色，基部具亮蓝色斑。下体淡绿色。尾羽蓝色，中央尾羽最长，向外逐枚变短。本种羽色亮丽而有特点，且为阔嘴鸟科中尾羽最长的种类，野外极易识别。虹膜—深褐色；喙—淡黄绿色；跗跖—橄榄褐色。【分布与习性】分布于喜马拉雅山脉至东南亚。国内见于南部及西南部有限地区，为罕见留鸟。主要生境为海拔 2500 m 以下的常绿阔叶林，常集十余只到数十只的小群活动。【鸣声】尖厉的 "pi pi pi pi pi"，5~7 声一度。

625. 银胸丝冠鸟 Silver-breasted Broadbill *Serilophus lunatus*

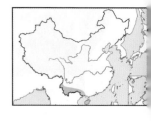

【野外识别】体长 15~18 cm 的小型阔嘴鸟。雌雄相似。喙较宽，呈淡蓝色。头及颈灰色，具甚长而宽阔而醒目的黑色眉纹，眉纹延伸至后颈。上背灰褐色，下背、腰及尾上覆羽栗棕色。两翼黑色，外侧尾羽基部或中部为蓝色，形成显著的块状翼斑。下体灰色，尾下覆羽近白色。尾羽黑色，略呈凸形，除中央两对尾羽外，其余尾羽具白色端斑。雌鸟胸部具一窄而清晰的银白色环带。虹膜—深褐色；喙—淡蓝色或淡黄色，下喙基黄色；跗跖—黄绿色。【分布与习性】广布于东南亚各地。国内见于云南、广西等南部边境地区及海南，为罕见留鸟。主要活动于低海拔常绿阔叶林，常集小群或加入混合鸟群活动，性活泼，不惧人。【鸣声】单调而圆润的 "biu" 声。

灰啄木鸟 雄（下）和雌 文辉

大灰啄木鸟 雄 vil.sandi

大灰啄木鸟 雄 何海清

Long-Tailed Broadbill 长尾阔嘴鸟　长尾阔嘴鸟 王斌

银胸丝冠鸟 雌 王斌

Silver-breasted Broadbill
银胸丝冠鸟　　2012　　银胸丝冠鸟 雄 王斌

626. 双辫八色鸫　Eared Pitta　*Pitta phayrei*

【野外识别】体长 22~24 cm 的八色鸫。雄鸟眼先、前额皮黄色具黑色鳞状斑，头顶两侧白色具黑色鳞状斑并向后延长形成两个"辫状"羽饰，头顶中央至后颈具黑色顶冠纹，眼先、耳羽及颈侧黑色，耳羽具赭色细纹。耳羽下方杂黑色点斑、皮黄色条纹，髭纹黑色，喉部白色杂有黑斑。背部、上胸至腹部赭色，两胁具黑色斑点。大覆羽及中覆羽黑色而末端赭色，初级飞羽及次级飞羽黑褐色，三级飞羽与初级飞羽等长为赭色。

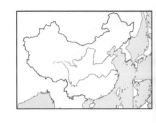

尾下覆羽棕红色，尾羽短而赭色。雌鸟似雄鸟，但头部褐色较多，腹部具黑色点斑。虹膜—深褐色；喙—黑色；跗跖—肉色。【分布与习性】分布于孟加拉国及中南半岛北部。国内见于云南西双版纳地区，为罕见留鸟。栖息于低海拔森林下层，常在沟谷与溪流附近的常绿阔叶林和竹林活动，在地面落叶中寻找食物。【鸣声】鸣唱为悠扬的哨音"wu——wit"。

627. 蓝枕八色鸫　Blue-naped Pitta　*Pitta nipalensis*

【野外识别】体长 22~25 cm 的八色鸫。雄鸟枕部天蓝色，耳羽上方具黑色点斑，背部具淡绿色辉光，尾短，其余体羽大部褐色。雌鸟似雄鸟，枕部淡绿而背部几乎无绿色。与蓝背八色鸫及栗头八色鸫相似，辨识见相应种描述。虹膜—深褐色；喙—黑色；跗跖—褐色至肉色。【分布与习性】分布于尼泊尔至中南半岛北部。国内见于西藏南部、云南及广西西南部，为罕见

留鸟。栖息于多种潮湿的低海拔森林下层，性隐匿，习性似其他八色鸫。【鸣声】鸣唱为短促的哨音"wu wit"。

628. 蓝背八色鸫　Blue-rumped Pitta　*Pitta soror*

【野外识别】体长 22~24 cm 的八色鸫。雄鸟前额、头侧及喉部淡棕色，具褐色的贯眼纹，头顶及腰部铜蓝色，背部羽毛及尾羽具绿色辉光。其余体羽大部棕色。雌鸟似雄鸟，但羽色更淡，仅枕部淡蓝色。与蓝枕八色鸫区别在于本种雄鸟头顶、腰部铜蓝色，尾羽淡绿色；雌鸟具明显的深色贯眼纹；喙颜色亦不同。与栗头八色鸫区别见相应种描述。虹膜—深褐色；喙—黑色，喙尖淡色；跗跖—肉色。【分布与习性】分布于中南半

岛东部。国内见于海南、云南及广西南部，为罕见留鸟。性隐匿，栖息于潮湿的低海拔森林下层，习性似其他八色鸫。【鸣声】鸣唱为单音节短促的"jiu"声。

Eared Pitta
双辫八色鸫

双辫八色鸫 王斌

Blue-naped Pitta
蓝枕八色鸫

蓝枕八色鸫 雌 王斌

Blue-naped Pitta

蓝枕八色鸫 雄 王斌

Blue-rumped Pitta

蓝背八色鸫 王斌

Blue-rumped Pitta

629. 栗头八色鸫　Rusty-naped Pitta　*Pitta oatesi*

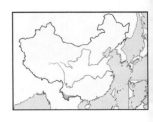

【野外识别】体长 23~25 cm 的八色鸫。雄鸟头顶棕色，前额、头侧及喉部淡棕色，眼先深褐色，眼后具黑色贯眼纹，至耳羽上方扩大为黑色斑点。头顶及枕部栗棕色。背部羽毛及尾羽具淡绿色辉光，下体淡褐色。雌鸟似雄鸟，但羽色更淡，背部及尾羽的淡绿色亦不明显。与蓝背八色鸫及蓝枕八色鸫区别于本种头部无任何蓝色。虹膜—褐色；喙—铅灰色至黑色；跗跖—肉色至褐色。【分布与习性】分布于中南半岛北部。国内见于云南南部，为罕见留鸟。栖息于潮湿的山区森林下层，海拔通常比蓝枕八色鸫及蓝背八色鸫高，性隐匿，习性似其他八色鸫。【鸣声】鸣唱为三音节短促的哨音"wu wu wit"。

630. 蓝八色鸫　Blue Pitta　*Pitta cyanea*

【野外识别】体长 21~24 cm 的八色鸫。雄鸟前额及脸侧灰黄色。头顶前部具黑色细顶冠纹，头顶中部至后颈橙红色，具黑色贯眼纹及髭纹。喉部黑白斑驳。背部、两翼及尾羽蓝色。胸部、腹部淡蓝色具细密的黑色点斑。雌鸟羽色似雄鸟，但头部橙红色较少，背部蓝色不明显，腹部白色具黑斑，尾羽铜蓝色。虹膜—深褐色；喙—黑色；跗跖—肉色。【分布与习性】分布于印度东北部、东南亚。国内见于云南西双版纳地区，为罕见留鸟。栖息于潮湿的低海拔森林下层，性隐匿，习性似其他八色鸫。【鸣声】鸣唱为两音节哨音"whi oo"后接短粗的"wit"声。

631. 绿胸八色鸫　Hooded Pitta　*Pitta sordida*

【野外识别】体长 16~19 cm 的较小型八色鸫。雄鸟头顶栗色，头部及上胸黑色。体羽大部分铜绿色，肩部具两个铜蓝色辉斑，腰部亦为铜蓝色，腹部中央及相连的尾下覆羽鲜红色。初级飞羽黑色，中部白色而形成白色斑块，飞行时可见。雌鸟体羽似雄鸟，但体羽绿色较暗，飞羽上的白色斑块亦较小。虹膜—深褐色；喙—黑色；跗跖—肉色。【分布与习性】分布于南亚东北部、东南亚及巴布亚新几内亚。国内见于四川北部、云南南部及西藏东南部，为留鸟，迷鸟亦记录于台湾。栖息于潮湿的低海拔森林下层，性隐匿，习性似其他八色鸫。【鸣声】鸣唱为两音节哨音"whi——whi——"。

栗头八色鸫 雌 JJ Harrison

栗头八色鸫 雄 王斌

蓝八色鸫 雌 王斌

蓝八色鸫 雄 王斌

蓝八色鸫 雄 崔月

绿胸八色鸫 王斌

绿胸八色鸫 王斌

632. 仙八色鸫　Fairy Pitta　*Pitta nympha*

【野外识别】体长 16~20 cm 的较小型八色鸫。雌雄相似。头顶栗色，具不明显的黑色顶冠纹，眉纹白色或淡黄色。背部淡绿色，两翼蓝绿色具辉蓝色肩斑，腰部亦为辉蓝色。飞羽黑色，初级飞羽具白色斑块，仅飞行时可见。尾羽黑色而末端蓝色。下体大部白色略带灰色，仅腹部中央及与之相连的尾下覆羽鲜红色。与蓝翅八色鸫相似，辨识见相应和描述。虹膜—深褐色；喙—黑色；跗跖—肉色。【分布与习性】繁殖于日本诸岛及朝鲜半岛，越冬于东南亚。国内繁殖于台湾北部至山东东部，从东部迁徙过境。喜潮湿的森林下层，性隐匿，习性似其他八色鸫。【鸣声】鸣唱为粗哑的哨音"wu-will, wu-will"。

633. 蓝翅八色鸫　Blue-winged Pitta　*Pitta brachyura*

【野外识别】体长 18~21 cm 的较小型八色鸫。雌雄相似。宽阔的侧顶冠纹皮黄色，由前额延伸至枕部，顶冠纹黑色，眼先、耳羽、颊部及后颈亦为黑色而形成黑色面罩，喉部白色。背部淡绿色，肩羽及三级飞羽外翈辉蓝色，在两翼形成明显的蓝色肩斑，腰部亦为辉蓝色。飞羽黑色，初级飞羽具明显的白色斑块，仅飞行时可见。尾羽黑色而末端蓝色。整个下体皮黄色，腹部中央及与之相连的尾下覆羽鲜红色。与仙八色鸫区别于本种肩部蓝色斑块更明显，无显著的白色眉纹，翅上白斑更大。虹膜—深褐色；喙—黑色；跗跖—肉色。【分布与习性】繁殖于中南半岛北部，越冬于印尼群岛。国内为云南南部的罕见繁殖鸟，迷鸟偶见于东南沿海红树林及台湾。喜潮湿的低海拔森林下层，性隐匿，习性似其他八色鸫。【鸣声】鸣唱似仙八色鸫，但音色更圆润。

634. 歌百灵　Australasian Bush Lark　*Mirafa javanica*

【野外识别】体长 14 cm 的小型百灵。雌雄相似。喙呈短粗的锥形，眉纹棕白色，耳羽皮黄色具深褐色端斑。飞羽以黄褐色为主，但初级飞羽和外侧数枚次级飞羽具宽阔而显著的棕红色羽缘，停歇时亦可见。前胸具黑色短纵纹，下体皮黄色，尾短，外侧尾羽近白色。与云雀及小云雀相似，区别为本种体形短粗，具较粗的喙及棕红色的外侧飞羽。虹膜—褐色；喙—上喙灰褐色，下喙黄色；跗跖—肉粉色。【分布与习性】广泛分布于东南亚、南亚和大洋洲。国内见于云南边境地区、广东、广西南部，为罕见留鸟。主要活动于开阔的旷野、农田等地，具有百灵科典型的行为，例如在地面行走、奔跑，以及繁殖期的炫耀行为（直冲入高空，悬停在空中鸣唱，之后垂直落下）。【鸣声】鸣唱声较短但婉转多变。

仙八色鸫 崔月

仙八色鸫 朱雷

蓝翅八色鸫 王斌

蓝翅八色鸫 王斌

歌百灵 崔月

歌百灵 朱雷

歌百灵 崔月

635. 草原百灵　Calandra Lark　*Melanocorypha calandra*

【野外识别】体长 18~21 cm 的百灵。雌雄相似。喙粗壮，眉纹白色，眼先褐色，颈部两侧具明显的黑色块斑。上体灰褐色，飞羽深褐色具棕色羽缘和明显的白色端斑，飞行时可见暗色的翼下和明显的白色翼后缘。下体灰白色，外侧尾羽几全为白色，其余尾羽为深褐色。与二斑百灵相似，辨识见相应种描述。虹膜—褐色；喙—黄褐色，部分个体上喙灰褐色；跗跖—肉粉色。【分布与习性】广泛分布于古北界西部以及非洲北部。国内新疆西
北部有零星记录，为甚罕见留鸟。主要活动于开阔的地面——百灵科的典型生境。【鸣声】鸣唱声清脆而婉转多变。

636. 二斑百灵　Bimaculated Lark　*Melanocorypha bimaculata*

【野外识别】体长 16~19 cm 的百灵。雌雄相似。喙粗厚而钝，眉纹白色，眼先近黑色，颈部两侧具大小、形状不一的黑色块斑，部分个体黑色部分向下颈中央延伸形成黑色领环状。上体灰褐色，飞羽褐色，具深色羽缘和发黄色的不显著端斑，飞行时可见翼下以褐色为主。尾短，尾羽褐色，具白色端斑，外侧尾羽亦然。与草原百灵区别于本种眼先黑色；飞行时翼下黄褐色，无白色
翼后缘；且外侧尾羽褐色为主。虹膜—褐色；喙—喙峰灰色，其余部分黄色；跗跖—橙色至肉粉色。【分布与习性】广泛分布于西亚和中亚地区，非洲东北部有越冬记录。国内分布于新疆西部和北部，为不常见的冬候鸟。主要生境为开阔且植被稀疏的荒漠、田野等，主要在地面活动，越冬时集群。繁殖期善鸣，甚至有夜间鸣唱行为。【鸣声】鸣唱声响亮，清脆而婉转多变。

637. 蒙古百灵　Mongolian Lark　*Melanocorypha mongolica*

【野外识别】体长 17~22 cm 的百灵。雌雄相似。头部具黄褐色顶冠纹和亮丽的棕红色外围（侧顶纹至枕部）。眉纹近白色，两条眉纹延伸至枕部后相连，翼上覆羽大多为栗褐色，具皮黄色羽缘。初级飞羽大多为黑色或黑褐色，次级飞羽主要为白色，飞行时与黑色的初级飞羽形成鲜明的对比。上胸两侧有较大的黑色块斑，有时向中央延伸并连接成领环状。下体白色无纵纹。
尾较短，外侧尾羽几全为白色。本种与其他相似种（云雀、长嘴百灵等）的主要区别在于头部和上体较鲜艳的栗红色，以及黑白两色的飞羽（飞行时显著可见）。虹膜—褐色；喙—灰色至淡黄色；跗跖—肉粉色。【分布与习性】分布于东北亚地区。国内常见于东北西北部，向南至青海南部，为留鸟，部分种群会迁徙至华北地区越冬。主要见于草原、湿地、荒漠等生境，具百灵科典型行为。非繁殖期一般集群活动或与其他百灵（如云雀）混群。由于是著名的笼养鸟而遭大量捕捉，应关注种群数量并注意保护。【鸣声】鸣唱声清脆洪亮而复杂，具金属颤音。

草原百灵 许传辉

草原百灵 陈天祺

二斑百灵 丫鱼

蒙古百灵 沈越

蒙古百灵 沈越

蒙古百灵 宋鱼

638. 长嘴百灵 Tibetan Lark *Melanocorypha maxima*

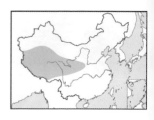

【野外识别】体长 19~23 cm 的百灵。雌雄相似。喙较长而厚实，眉纹白色但部分个体不甚清晰，头部为棕褐色或灰褐色。上体以灰褐色为主并缀有深褐色的纵纹。翼上覆羽和大部分飞羽具黄褐色羽缘，飞羽（除部分初级飞羽外）具白色端斑。前胸至下体为灰白色，中央尾羽褐色，其余尾羽具有向两侧不断扩大的白色端斑，外侧尾羽全白。与蒙古百灵相似，辨识见相应种描述，且二者在中国几无分布重叠。虹膜—褐色；喙—淡黄色，喙端黑色；跗跖—深褐色至近黑色。【分布与习性】分布于喜马拉雅山脉两侧。国内分布于青藏高原、四川西北部、甘肃南部和新疆西部，为区域性常见留鸟。主要生境为海拔 4000 m 左右的草甸、湿地区域。主要在地面活动，较少集群，一般不怕人。【鸣声】鸣唱声响亮而多变。

639. 白翅百灵 White-winged Lark *Melanocorypha leucoptera*

【野外识别】体长 17~19 cm 的百灵。雌雄相似。头顶和耳羽栗红色，具白色眉纹。上体灰褐色具不明显的深色纵纹。翼上小覆羽亦为栗红色，初级飞羽大多为黑褐色，次级飞羽大多为白色，外侧数枚次级飞羽仅前半部分为白色，其余部分为黑褐色。下体灰白色，外侧尾羽白色。与蒙古百灵的差异在于本种上胸两侧无黑色块斑，且二者在中国几无分布重叠。虹膜—褐色；喙—淡黄色偏灰；跗跖—橙色。【分布与习性】分布于西亚和中亚，迷鸟见于欧洲地中海地区。国内见于新疆西北部天山区域，为罕见冬候鸟。主要活动在有稀疏植被的干旱、半干旱的荒漠和盐碱地等，偶尔出现在草地、农田和湿地附近。非繁殖期喜集群，性机警而怕人。【鸣声】鸣啭声较低而清脆多变，具金属颤音。

640. 黑百灵 Black Lark *Melanocorypha yeltoniensis*

【野外识别】体长 18~21 cm 的百灵。喙粗短。雄鸟繁殖羽全身黑色，在野外易于识别；非繁殖羽（秋冬季）上体灰褐色缀以黑色斑点，下体近黑色或黑褐色。雌鸟和幼鸟相似，上体灰褐色，初级飞羽黑褐色，次级飞羽和翼上覆羽亦为黑褐色并具灰色羽缘。额、喉至下体近白色，前胸具零散的黑色短纵纹或点斑。尾较短，黑褐色或褐色。虹膜—深褐色；喙—灰色；跗跖—深青色或黑色。【分布与习性】主要分布于西亚和中亚。国内分布于新疆西北部，为区域性常见留鸟。主要栖息地为开阔的半干旱草甸、荒漠等，具百灵科的典型行为。非繁殖期一般集群活动。【鸣声】鸣啭声较短，但复杂多变，具清脆的颤音。

长嘴百灵 张永

长嘴百灵 韩雪松

白翅百灵 Franceson Veronesi

白翅百灵 关翔宇

黑百灵 雌 张岩

黑百灵 雄 张岩

641. 大短趾百灵　Short-toed Lark　*Calandrella brachydactyla*

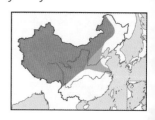

【野外识别】体长 14~17 cm 的小型百灵。雌雄相似。喙粗壮呈锥形，头顶颜色视季节和个体差异从栗褐色到黄褐色不等，具黑色细纵纹。白色眉纹比较明显。上体黄褐色，亦具黑褐色纵纹。飞羽和翼上覆羽深褐色具较宽的皮黄色羽缘。大部分个体颈侧具黑色小块斑，下体近白色，胁部略带皮黄色。尾羽褐色为主，外侧尾羽白色。整体似云雀但本种喙形更粗短，无翼后缘的白色，且胸部和胁部无深色纵纹。与短趾百灵及亚洲短趾百灵相似，辨识分别见相应种描述。虹膜—褐色；喙—黄色，喙端深色；跗跖—肉粉色。【分布与习性】广布于欧亚大陆，区域性常见，大部地区为季候鸟。国内广布于除东南部地区之外的各省，于西部和东北地区为夏候鸟，于华北为冬候鸟。主要活动于干旱、半干旱且有稀疏植物的旷野、荒漠地带，偶见于农田和近水草甸。喜在地面行走或奔跑，冬季亦会集大群活动。【鸣声】鸣唱声复杂多变，繁殖期更加悦耳。

642. 细嘴短趾百灵　Hume's Short-toed Lark　*Calandrella acutirostris*

【野外识别】体长 13~15 cm 的小型百灵。雌雄相似。喙呈锥形，眉纹近白色。上体沙褐色具黑色纵纹。飞羽黑褐色，翼上覆羽黑褐色但具皮黄色羽缘。下体白色。尾羽（包括最外侧尾羽）褐色，具白色端斑。本种与大短趾百灵极相似，分布亦有重叠，野外甚难分辨。相对明显的差异为本种喙较细，且最外侧 4 枚初级飞羽等长，而大短趾百灵则是外侧 3 枚初级飞羽等长，内侧第 4 枚较短，但在野外较难观察到。虹膜—褐色；喙—黄色，喙峰和喙端深色；跗跖—肉粉色。【分布与习性】主要分布于中亚。国内区域性常见于青藏高原和新疆大部分地区，主要为夏候鸟。生境与大短趾百灵相似，喜干旱而植被稀疏的荒漠环境，青藏高原海拔 3600 m 以上比较常见。非繁殖期常形成较大集群，并与其他百灵和雪雀等混群，会进行短距离迁移。【鸣声】鸣声与大短趾百灵相似但更简单，音节较少，以单音节为主。

643. 亚洲短趾百灵　Asian Short-toed Lark　*Calandrella cheleensis*

【野外识别】体长 13~16 cm 的小型百灵。雌雄相似。喙粗钝，眉纹近白色，不明显。头部至上体为淡灰褐色，具不甚清晰的褐色纵纹。前胸具比较分散的深色纵纹。下体近白色。尾较短，尾羽大多为褐色，最外侧一对尾羽几全白色，次外侧尾羽外翈亦为白色。似大短趾百灵但本种喙略短，体形较为紧凑，上体羽色偏灰，且颈侧黑斑不显著。虹膜—褐色；喙—黄褐色；跗跖—肉粉色。【分布与习性】分布于中亚、俄罗斯西南部和蒙古等地。国内除秦岭—淮河线以南各省外均有记录，一般在西部地区为留鸟，东北、华北地区为候鸟。栖息于较干旱的旷野、荒地和草地，具有云雀类典型的生境偏好和炫耀行为。【鸣声】鸣唱声轻快而复杂多变。

大短趾百灵 赵国君

大短趾百灵 赵国君

细嘴短趾百灵 韩雪松

细嘴短趾百灵 幼 韩雪松

亚洲短趾百灵 沈越

亚洲短趾百灵 张永

644. 凤头百灵　Crested Lark　*Galerida cristata*

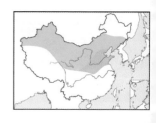

【野外识别】体长 16~19 cm 的百灵。雌雄相似。喙较细长而略下弯。头顶具有较长的褐色羽冠，羽冠收起时亦显著可见，易于和其他百灵区分。上体褐色具黑色纵纹，颜色似云雀，但飞羽褐色无浅色端斑，飞行时无浅色翼后缘，且翼下覆羽为棕红色。前胸密布黑色的短纵纹，下体皮黄色近白，无纵纹。尾羽为深褐色或黄褐色，无白色部分。虹膜—深褐色；喙—淡黄色，喙峰颜色较深；跗跖—肉粉色。【分布与习性】广布于古北界。国内区域性常见于西北、华北各地（秦岭—淮河线以北）的适宜生境。主要活动在干旱、半干旱的荒漠地区。非繁殖期一般成小群活动，不甚怕人。【鸣声】鸣唱声似云雀，复杂多变，具金属颤音。

645. 云雀　Skylark　*Alauda arvensis*

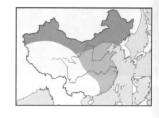

【野外识别】体长 17~19 cm 的百灵。雌雄相似。眉纹白色，颊和耳羽区褐色。上体以灰褐色为主，具近黑色羽干和红褐色羽缘。次级飞羽具近白色端斑，故飞行时可见白色翼后缘。前胸密布黑褐色纵纹。下体白色为主。尾羽大多黑褐色，但最外侧尾羽绝大部分为白色，飞行时可见。本种体色与土地、荒草的颜色甚接近，停歇潜藏于其中时不易寻找。与大短趾百灵及小云雀相似，辨识见相应种描述。虹膜—褐色；喙—喙峰黑褐色，其余部分黄褐色；跗跖—肉褐色。【分布与习性】广布于古北界的区域性常见种类。越冬个体亦在非洲北部和中国南方有记录。主要活动于平原草地、沼泽和耕地，常在冬季集群活动。繁殖期鸣唱声响亮而多变，同时伴有典型的炫耀行为。受惊吓时羽冠竖起并潜伏在地面草丛中，或在地面高速奔跑。【鸣声】鸣声为连续多变而具有金属感的颤音。

646. 小云雀　Oriental Skylark　*Alauda gulgula*

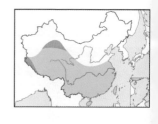

【野外识别】体长 14~16 cm 的小型百灵。雌雄相似。喙较其他百灵细而短，具黄褐色顶冠和耳羽。上体灰褐色具近黑色纵纹。飞羽和覆羽褐色为主，具浅褐色羽缘，次级飞羽具皮黄色端斑，但飞行时不甚明显。尾羽大多为褐色，仅外侧尾羽为白色。整体与云雀甚相似，且二者在中国中部和西部部分地区有分布重叠。但本种体形更小，喙较细，初级飞羽略短，且飞行时不具有明显的白色翼后缘。虹膜—褐色；喙—黄褐色；跗跖—肉褐色。

【分布与习性】广布于欧亚大陆南部。国内主要分布于青藏高原东部和秦岭—淮河一带及其以南地区，包括海南及台湾。一般为留鸟。喜多植被的草甸、农田等，在地面活动，时常悬停鸣啭。短的羽冠仅在受惊吓时竖起。【鸣声】鸣唱声似云雀，复杂多变。

凤头百灵 沈越

凤头百灵 关翔宇

云雀 张永

云雀 朱雷

小云雀 朱雷

小云雀 崔月

小云雀 崔月

434
/435
雀形目　百灵科
PASSERIFORMES　Alaudidae
雀形目　燕科
PASSERIFORMES　Hirundinidae

647. 角百灵　Horned Lark　*Eremophila alpestris*

【野外识别】体长 15~19 cm 的百灵。脸颊和前额白色（部分亚种为黄色），其上有显著的黑色条纹向上与黑色的眼先相连。前额后方有一黑色横带，其后两侧各有一束黑色较长羽簇向后延伸，形成"角"（雌鸟羽簇很短，幼鸟无此羽簇）。雄鸟前胸具一宽阔而清晰的黑色横带，具体形状不同亚种略有差别；雌鸟黑色带较细；幼鸟无黑色胸带，仅在前胸具深褐色鳞状横斑。尾较长，中央尾羽棕褐色，最外侧一对尾羽几全为白色，

其余尾羽为黑褐色。虹膜—褐色；喙—灰色或深灰色；跗跖—深褐色至黑色。【分布与习性】广布于欧亚大陆北部、非洲北部和北美，在全世界有 30 个以上的亚种。国内主要分布于西部地区，为留鸟，移徙种群越冬范围更广。主要栖息于干旱半干旱平原、荒漠和草原。非繁殖期喜集 10 只以内的小群，主要在地面活动，一般不惧人。【鸣声】鸣啭声清脆而具复杂多变的高音。

648. 褐喉沙燕　Plain Martin　*Riparia paludicola*

【野外识别】体长 11~12 cm 的小型燕科鸟类。雌雄相似。头部、枕部、背部及两翼灰褐色。腰部羽色较淡，为淡褐色或灰白色。尾羽深褐色，浅叉形。颏部、喉部、胸部皆呈灰褐色，与上体羽色相似或略淡。腹部及尾下覆羽白色。与崖沙燕和淡色沙燕的区别在于颏部、喉部为灰褐色而非白色，且尾叉甚浅。与岩燕相似，但本种喉部色深而腹部近白，且尾羽不具白斑，故不

难区分。虹膜—深褐色；喙—黑色；跗跖—黑褐色。【分布与习性】主要分布于欧亚大陆南部及非洲。国内见于云南西南部以及台湾，并于香港有零星记录，为区域性常见留鸟。生境与繁殖习性同崖沙燕。【鸣声】单调的"喳喳"声，似崖沙燕。

649. 崖沙燕　Sand Martin　*Riparia riparia*

【野外识别】体长 11~14 cm 的小型燕科鸟类。雌雄相似。上体主要为褐色，两翼大致与上体同色，但飞羽为深褐色。胸部具一深褐色横带，形成比较醒目的"领环"。腹部和尾下覆羽白色。尾羽褐色，呈浅叉形，外侧数枚尾羽具甚窄的近白色羽缘。与淡色沙燕、褐喉沙燕及岩燕相似，辨识分别见相应种描述。

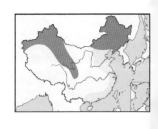

虹膜—深褐色；喙—黑色；跗跖—褐色。【分布与习性】广布于欧亚大陆、非洲及美洲大陆。国内除西南地区外广泛分布，为常见夏候鸟及旅鸟。主要生境为近水（河流、湖泊及水田等）地区，常成群停歇于河滩、堤岸及其周边的电线上，或于水边低空快速飞行。本属（*Riparia*）繁殖习性比较特殊，一般成群在较陡的岸边悬崖上筑巢，巢似翠鸟或蜂虎，为向悬崖内部水平延伸的洞巢。【鸣声】单调而细弱的"cha cha"或"chi chi"。

角百灵 九越

角百灵 朱雷

角百灵 朱雷

褐喉沙燕 董文晓

褐喉沙燕 李飑

褐喉沙燕 幼 李飑

崖沙燕 朱雷

崖沙燕 朱雷

崖沙燕 朱雷

650. 淡色沙燕　Pale Martin　*Riparia diluta*

【野外识别】体长 11~14 cm 的小型燕科鸟类。雌雄相似。头顶、头侧及上体余部灰黑色，眼先近黑色。两翼及尾羽深褐色，尾羽为浅叉形。额、喉灰白色，胸部有一褐色或淡褐色环带，腹部及尾下覆羽白色。甚似崖沙燕（部分文献将本种作为崖沙燕的亚种处理），但本种上体羽色略偏灰，胸带颜色较淡，且尾叉甚浅，接近方形。虹膜－深褐色；喙－黑色；跗跖－褐色。【分布与习性】主要见于欧亚大陆中部及东部。国内广泛分布，但

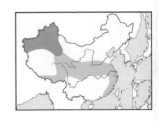

中部及西部记录较多，为常见的留鸟或候鸟。栖息地及繁殖习性似崖沙燕，喜集群活动或与家燕、金腰燕等混群。【鸣声】与崖沙燕相似。

651. 家燕　Barn Swallow　*Hirundo rustica*

【野外识别】体长 15~19 cm 的大型燕科鸟类。雌雄相似。前额栗红色。头顶、头侧及上体余部均为深蓝色，具金属光泽。翼上覆羽与上体同色，飞羽黑色。额部及喉部呈鲜艳的栗红色，上胸有一黑色横带，与喉部的红色相接。腹部及尾下覆羽白色（*tytleri* 亚种下体全为橙红色）。尾羽蓝黑色，深叉状，最外侧一对尾羽特别延长。与线尾燕相似，但本种喉为红色而非白色。与洋燕的区别在于本种喉部红色范围较小，且尾叉更深。与金

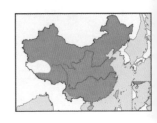

腰燕相似，但本种喉非橙黄色。虹膜－深褐色；喙－黑色；跗跖－黑色。【分布与习性】分布几乎遍布全球，繁殖于全北界，越冬于热带区域。国内各省皆有记录，甚为常见，主要为夏候鸟，于南部为冬候鸟或留鸟。活动于各种开阔生境，特别是城市及村庄附近。【鸣声】单调的 "zhi zhi" 声。

652. 洋燕　Pacific Swallow　*Hirundo tahitica*

【野外识别】体长 12~14 cm 的小型燕科鸟类。雌雄相似。前额及头顶前部红色。眼先、眼周、耳羽、头顶后部及上体余部呈深蓝色，具金属光泽。两翼黑褐色。颊部、额部、喉部及上胸淡红色，下体余部灰白色，腹部两侧略带淡褐色，尾下覆羽具深灰色鳞状斑。尾羽较短（停歇时两翼初级飞羽端部超过尾端），黑褐色或蓝黑色，呈浅叉形。与家燕相似，但本种喉部红色更淡，红色范围较大（扩展至上胸），且尾羽为浅叉形而

非深叉形。与线尾燕相似，辨识见该种描述。虹膜－深褐色；喙－黑色；跗跖－黑色。【分布与习性】主要分布于东南亚及南太平洋诸岛。国内仅见于台湾，为较常见的留鸟或夏候鸟。栖息于较低海拔的各种开阔生境，喜集小群活动。【鸣声】似家燕的 "喳喳" 声或更为尖厉的 "chi chi" 声。

淡色沙燕 沈越

淡色沙燕 韩雪松

家燕 沈越

家燕 朱雷

洋燕 沈越

洋燕 朱雷

653. 线尾燕 Wire-tailed Swallow *Hirundo smithii*

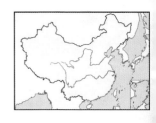

【野外识别】体长 12~14 cm（不计外侧尾羽延长部分）的小型燕科鸟类。雌雄相似。前额及头顶呈鲜艳的红色，具甚宽阔的黑色贯眼纹，后颈亦为黑色。背、腰及两翼深蓝色，具金属光泽。颈侧及下体全部为白色。尾羽蓝黑色，深叉状，除中央尾羽外，其余尾羽中部具白斑。外侧尾羽特别延长呈丝状（雄鸟包括延长部分在内的尾长为 12 cm 左右，雌鸟较短）。本种下体（包括额、喉及颈侧）皆为雪白色，飞行时比较醒目，不难与家燕、洋燕、金腰燕、斑腰燕等区分。虹膜—深褐色；喙—黑色；跗跖—深褐色。【分布与习性】分布于非洲、南亚及东南亚。国内见于云南西南部边境地区，为罕见留鸟。习性与家燕等相似，但更喜在水边活动，有时与家燕混群。【鸣声】似家燕。

654. 黄额燕 Streak-throated Swallow *Hirundo fluvicola*

【野外识别】体长 11~13 cm 的小型燕科鸟类。雌雄相似。头顶及头侧为栗红色，眼先及眼周黑褐色，后颈灰褐色，具黑色纵纹。背部及翼上覆羽蓝黑色，略具金属光泽，飞羽黑褐色。腰浅棕色，具较细的黑褐色纵纹，尾上覆羽及尾羽均为黑褐色，尾羽略呈凹形。颊、耳羽、额、喉至胸部为白色，皆密布黑色纵纹，下体余部白色。幼鸟头顶为栗棕色，略具黑褐色纵纹，上体之蓝黑色无金属光泽。本种下体的纵纹似金腰燕及斑腰燕，但仅止于胸部，腹部和两胁无纵纹；且本种头顶全为栗色，外侧尾羽不延长，故与金腰燕和斑腰燕不难区分。虹膜—深褐色；喙—黑色；跗跖—黑褐色。【分布与习性】主要分布于南亚。国内目前仅于北京有一笔迷鸟记录。习性与本属（*Hirundo*）其他燕相似，多见于河流附近，但并不依人而居。【鸣声】单音节但重复节奏较快的"啾"声。

655. 金腰燕 Red-rumped Swallow *Cecropis daurica*

【野外识别】体长 16~20 cm 的大型燕科鸟类。雌雄相似。头顶至背部及翼上覆羽呈深蓝色并略具金属光泽。腰橙色或栗棕色。大覆羽及飞羽深褐色。眼先深色，颊和耳羽橙色。下体为近白的淡皮黄色，具黑色细纵纹，但不甚清晰。尾羽蓝黑色，深叉形。与家燕的主要区别为醒目的橙色腰部，且本种颏部、喉部为近白色而非红色。与斑腰燕相似，但本种下体纵纹甚细，而斑腰燕相应位置的纵纹较粗，甚为清晰且醒目。虹膜—深褐色；喙—黑色；跗跖—黑色。【分布与习性】主要分布于欧亚大陆南部、非洲和澳大利亚。国内广泛分布，主要为常见夏候鸟。主要栖息于较开阔的原野、村庄，亦在城市中活动，习性似家燕。【鸣声】似家燕的"zhi zhi"或"啾啾"声。

线尾燕 雌 慕童

线尾燕 计云

线尾燕 朱雷

黄额燕 J.M.Garg

黄额燕 J.M.Garg

金腰燕 戴美杰

金腰燕 沈越

656. 斑腰燕　Striated Swallow　*Cecropis striolata*

【野外识别】体长18~20 cm的大型燕科鸟类。雌雄相似。眼先、头顶、枕、背部深蓝色，具不明显的金属光泽。腰橙色，具不甚明显的黑色羽干纹。两翼深褐色。颊及耳羽橙棕色。下体白色，密布甚为清晰的黑色纵纹，特别是腹部纵纹较粗。尾下覆羽端部黑色，基部白色。尾羽黑褐色，深叉形，最外侧一对尾羽延长。本种下体（特别是腹部）有显著的黑色纵纹，可依据此特征将本种与金腰燕或其他燕科鸟类区分。虹膜－深褐色；喙－黑色；跗跖－黑褐色。【分布与习性】主要分布于东南亚。国内见于云南和台湾，为区域性常见的夏候鸟或留鸟。生境及习性与家燕、金腰燕等相似。有时与金腰燕等混群。【鸣声】单调而响亮的"chi chi"声。

657. 岩燕　Eurasian Crag Martin　*Ptyonoprogne rupestris*

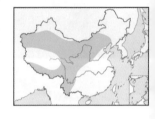

【野外识别】体长13~16 cm的中型燕科鸟类。雌雄相似。头顶、头侧、上体及翼上覆羽呈单调的灰褐色。眼先及初级飞羽为深褐色。额、喉、胸近白色，部分个体喉部具黑褐色细纵纹。腹部褐色，尾下覆羽深褐色。尾短（停歇时初级飞羽尖端明显超过尾端），呈极浅的凹形，飞行时若把尾羽全部展开则呈扇形。尾羽褐色，除中央和最外侧各一对尾羽外，其余尾羽中部具明显的白斑。与崖沙燕相似，但本种无深色胸带。与纯色岩燕相似，但本种整体羽色较淡。虹膜－深褐色；喙－黑色；跗跖－粉色或褐色。【分布与习性】广布于欧亚大陆南部及北非。国内除东北、华南和西部部分地区之外皆有分布，为区域性常见的夏候鸟或留鸟。主要生境为海拔1000~5000 m的山地，特别是在近水源的陡峭悬崖附近较为常见。【鸣声】单调的颤音，单声或两声一度。

658. 纯色岩燕　Dusky Crag Martin　*Ptyonoprogne concolor*

【野外识别】体长12~14 cm的小型燕科鸟类。雌雄相似。上体及两翼暗褐色。额、喉及胸为棕黄色，具较细的黑色纵纹。腹部至尾下覆羽深褐色，但较上体略淡。尾羽亦为深褐色，浅叉状，多数尾羽内翈中部具一白斑，但仅飞行中尾羽展开时可见。与岩燕相似，但本种上体羽色明显较暗，额、喉及胸部亦为较深的棕褐色而非灰白色，且喉部深色纵纹较岩燕更为清晰。虹膜－深褐色；喙－黑色；跗跖－褐色。【分布与习性】主要分布于南亚及东南亚。国内见于云南南部，为罕见留鸟。主要活动于海拔2000 m以下的山地及丘陵，偶尔至平原地区，一般不集群。【鸣声】单调的"chi chi"声。

斑腰燕 朱雷

斑腰燕 董江天

岩燕 天翔干

岩燕 董文晓

岩燕 朱雷

毛色岩燕 Annu Sankh

纯色岩燕
shrikant rao

659. 白腹毛脚燕　House Martin　*Delichon urbica*

【野外识别】体长 13~15 cm 的小型燕科鸟类。雌雄相似。前额、眼先及眼周黑色，头顶、枕、后颈及背部深蓝色，略具金属光泽。腰及尾上覆羽白色。两翼黑色，翼下覆羽灰白色。下体白色。尾羽黑色，为叉形尾。与烟腹毛脚燕相似，但本种下体纯白，无灰色部分，翼下覆羽为灰白色而非黑色，且尾叉较浅。与黑喉毛脚燕的主要区别在于本种喉为白色而非黑色。虹膜－深褐色；喙－黑色；跗跖－肉色，跗跖至趾均被白色绒羽，所以跗跖外观为白色。【分布与习性】广泛分布于欧亚大陆及非洲。国内见于西北、东北和东部多数地区，为常见的候鸟。常见于中低海拔的山地及平原的森林、草甸、湿地、农田、城市等各种生境，喜集群活动，常筑巢于山壁或居民点的屋檐及桥梁下。【鸣声】一般为 "chiu chiu" 或类似的颤音。

660. 烟腹毛脚燕　Asian House Martin　*Delichon dasypus*

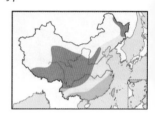

【野外识别】体长 11~13 cm 的小型燕科鸟类。雌雄相似。眼先黑色，头顶至背部为蓝黑色，具深蓝色金属光泽。腰白色，具黑色羽干纹。两翼黑色或深褐色，翼下覆羽黑色，飞行时比较明显。额、喉及颈侧白色。胸、腹部为淡烟灰色，尾下覆羽白色，具灰色鳞状斑。尾羽黑色，为浅叉形。与白腹毛脚燕相似，辨识见相应种描述。虹膜－深褐色；喙－黑色；跗跖－肉色，跗跖至趾均被白色绒羽，故跗跖外观为白色。【分布与习性】见于东亚、东南亚及南亚。国内主要分布于除西北和东北西部之外的大部分地区，其中于西部和东北为夏候鸟，于东南地区为冬候鸟。主要繁殖于海拔 1000~5000 m 的各种生境（迁徙及越冬时对海拔的要求降低），巢址选择习性与白腹毛脚燕相似，常集数十只的小群活动。【鸣声】颤音似白腹毛脚燕。

661. 黑喉毛脚燕　Nepal House Martin　*Delichon nipalensis*

【野外识别】体长 11~13 cm 的小型燕科鸟类。雌雄相似。眼先绒黑色。头顶至背部及部分翼上覆羽深蓝色，两翼黑褐色。腰和尾上覆羽白色。额部、喉部黑色，一般略具灰白色杂斑。胸部、腹部白色。尾下覆羽黑色。尾羽蓝黑色，呈浅叉形。与白腹毛脚燕及烟腹毛脚燕的主要差异在于额部、喉部黑色，且尾下覆羽亦为黑色而非白色。此外本种尾叉又比白腹毛脚燕和烟腹毛脚燕浅，更为接近方形。虹膜－深褐色；喙－黑色；跗跖－肉色，跗跖至趾均被白色绒羽，故跗跖外观为白色。【分布与习性】主要分布于喜马拉雅山脉及东南亚北部。国内边缘性分布于西南地区，为留鸟。主要生境为海拔 1000 m 以上的山地开阔处，喜近水源的区域。常集群繁殖。【鸣声】单调的颤音，常在集群飞行时发出嘈杂的叫声。

白腹毛脚燕 Ómar Runólfsson

白腹毛脚燕 朱雷

烟腹毛脚燕 戴美杰

烟腹毛脚燕 朱雷

黑喉毛脚燕 董江天

黑喉毛脚燕 朱雷

662. 山鹡鸰　Forest Wagtail　*Dendronanthus indicus*

【野外识别】体长16~18 cm的林栖型鹡鸰。雌雄相似，眉纹白色，上体橄榄褐色，两翼具黑白色的翅斑，飞行时十分显眼。下体白色，胸前具两条黑色的胸带，较下的一道有时不完整。虹膜—灰色；喙—上喙褐色，下喙色较淡；跗跖—偏粉色。【分布与习性】繁殖于东亚，南迁越冬于印度、东南亚。国内繁殖于东北、华北、华中和华东地区，冬季南迁至华南、西南和西藏东南部，以及海南和台湾。单独或成对在开阔森林下穿行，

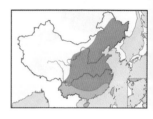

也常栖于树上。尾轻轻往两侧摆动，不同于其他鹡鸰的上下摆动，受惊时作波状低飞。【鸣声】鸣唱为金属音的"吱叽、吱叽、吱叽、吱——"声，鸣叫为短促的"tsip"。

663. 黄鹡鸰　Yellow Wagtail　*Motacilla flava*

【野外识别】体长16~18 cm的鹡鸰。成鸟背部橄榄绿色或橄榄褐色，尾较短，飞行时无白色翼纹，腰黄绿色。头部颜色因各亚种而异。非繁殖期体羽褐色较重，雌鸟和亚成鸟无黄色的臀部，幼鸟腹部白色，体色纯而不同于鹨类。关于本种各个亚种分类地位的争论不断。几个比较典型的亚种：*taivana* 亚种头黄绿色，眉纹黄色，眼先至耳羽黑褐色；*macronyx* 亚种头部蓝灰色，无眉纹；*tschutschensis* 亚种和 *simillima* 亚种头部蓝灰色，

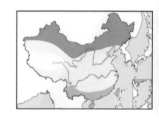

眉纹、颏白色，眼先黑色。虹膜—褐色；喙—褐色；跗跖—褐色至黑色。【分布与习性】西部的群体繁殖于欧洲至中亚，冬季南迁至南亚越冬。*leucocephalus* 亚种繁殖于西北地区，越冬于新疆喀什；*feldegg* 亚种繁殖于新疆天山和塔尔巴哈台山；*beema* 亚种繁殖于新疆北部青河和福海，迁徙时见于西藏南部。东部的群体繁殖于西伯利亚及阿拉斯加，冬季南迁至南亚、东南亚、澳大利亚、新几内亚。国内 *tschutschensis* 亚种迁徙时见于东部省份；*simillima* 亚种迁徙时经过台湾；*macronyx* 亚种繁殖于北方及东北，越冬于东南地区及海南；*taivana* 亚种迁徙时经过东部，越冬于东南部、台湾及海南。喜稻田、沼泽边缘及近水的矮草地，迁徙时常结成大群。【鸣声】飞行时发出单声响亮的"唧——"；鸣唱婉转，夹杂鸣叫。

664. 黄头鹡鸰　Citrine Wagtail　*Motacilla citreola*

【野外识别】体长17~20 cm的鹡鸰。雄鸟头部和下体艳黄色，雌鸟头顶灰色，黄色眉纹和脸颊后缘、下缘黄色会合成环，脸颊中间深灰色，或略带些许黄色。诸亚种上体颜色不一。非繁殖羽体羽暗淡白色，似白鹡鸰及黄鹡鸰幼鸟，但脸颊纹样独特。*citreola* 亚种背部为灰色，雄性在繁殖季节背部靠颈部的部分会发黑，飞羽端也发黑。雌鸟与雄鸟的区别主要在脸部和胸腹，幼鸟似雌鸟，但黄色部分为污白替代。*calcarata* 亚种雄鸟

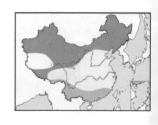

似 *citreola* 亚种，但背部黑色，幼鸟背部也更黑；*werae* 亚种背部灰色更浅，颈后的黑色带很窄，头顶有时略带灰而非全黄。虹膜—深褐色；喙—黑色；跗跖—近黑色。【分布与习性】繁

山鹡鸰 沈越

山鹡鸰 朱雷

黄鹡鸰 *tschutschensis* 亚种 朱雷

黄鹡鸰 甘云

黄鹡鸰 指名亚种 沈越

黄鹡鸰 *taivana* 亚种 沈越

黄鹡鸰 *macronyx* 亚种 沈越

黄头鹡鸰 朱雷

黄头鹡鸰 沈越

黄头鹡鸰 幼 沈越

殖于中东北部、俄罗斯、中亚、印度西北部；越冬至印度及东南亚。国内分布广泛，*werae* 亚种繁殖于西北至塔里木盆地北部；*citreola* 亚种繁殖于华北及东北，冬季南迁至华南和西南；*calcarata* 亚种繁殖于中西部及青藏高原，冬季迁至西藏东南部及云南；各亚种冬季在云贵高原周围都有大量群体存在。夏季栖息于沼泽草甸、苔原带及柳树丛中，越冬于近水草地或稻田，有时结成非常大的群体。【鸣声】飞行时发出单声响亮的"唧——"，似黄鹡鸰；鸣唱婉转，夹杂鸣叫。

665. 灰鹡鸰 Grey Wagtail *Motacilla cinerea*

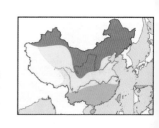

【野外识别】体长 17~20 cm 的鹡鸰。雌雄相似，头部灰色，细眉纹白色，颊纹白色而有灰色下缘，上背灰色，飞行时白色翼斑和黄色的腰明显，尾较长。繁殖羽雄鸟喉部黑色，下体艳黄色（有些个体仅喉至上体黄色）。尾下覆羽黄色，下体其余部分白色。虹膜-褐色；嘴-黑褐色；跗跖-粉灰色。【分布与习性】国外繁殖于欧洲至西伯利亚及阿拉斯加，南迁至非洲、印度、东南亚至新几内亚和澳大利亚越冬。国内繁殖于西北、华北、东北、华中至东部及台湾的山地，越冬于西南、华南、东南，包括台湾和海南。夏季多栖息于山地溪流周围，秋冬季节常见于低地至山地湿润生境，常光顾多岩溪流，并在潮湿砾石或沙地上觅食，也在高山草甸活动。【鸣声】飞行时发出尖锐的两声"唧唧、唧唧"；鸣唱为鸣叫的重复。

666. 白鹡鸰 White Wagtail *Motacilla alba*

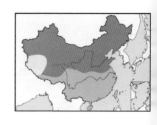

【野外识别】体长 17~20 cm 的鹡鸰。上体灰色或黑色，下体白色，两翼及尾黑白相间，头后、颈背及胸部具黑色斑纹，头部及背部黑色的多少和纹样随亚种而异。雌鸟似雄鸟而颜色更暗。幼鸟体羽灰色取代成鸟的黑色。*leucopsis* 亚种从头顶到上背均为黑色（雌鸟非繁殖期头顶深灰色，上背为石板灰色），脸、喉至下体白色，胸前具黑色"围兜"状黑斑，繁殖期黑斑的面积更大。*ocularis* 亚种头顶黑色，上背浅灰色，脸部具一条黑色的细过眼纹；*lugens* 亚种雄鸟头顶到上背均为黑色，脸白色具黑色过眼纹，胸部具黑色斑块，雌鸟与 *ocularis* 亚种很相似，但飞行时可见其初级飞羽全为白色。*baicalensis* 亚种头顶颜色更黑，背部羽色为纯净的浅灰色；*alboides* 亚种头部至上胸黑色，眼周及额白色，与日本鹡鸰及白眉鹡鸰相似，辨识分别见相应种描述。虹膜-褐色；嘴-黑色；跗跖-黑色。【分布与习性】国外繁殖于欧亚大陆及北非、东亚，南迁至东南亚越冬。国内 *leucopsis* 亚种为留鸟，广布全国大部分地区；*personata* 亚种繁殖于西北地区；指名亚种见于西部（新疆、宁夏等），迁徙时于北京和江苏有记录；*baicalensis* 亚种繁殖于东北，越冬至华南；*lugens* 亚种迁徙、越冬于东部沿海；*ocularis* 亚种繁殖于远东，迁徙经过东部，越冬于华南；*alboides* 亚种繁殖于四川、云南、西藏东南部的山区。活动生境多样，常栖息于近水的开阔地带、稻田、溪流边及人类村落或城镇，受惊扰时呈波浪形飞行并发出警示叫声。【鸣声】飞行时发出清脆的"叽叽叽，叽叽，叽叽叽"声。

灰鹡鸰 雌 朱信

灰鹡鸰 雄 计云

灰鹡鸰 沈越

白鹡鸰 雌 *leucopsis* 亚种 计云

白鹡鸰 雄 *leucopsis* 亚种 张永

白鹡鸰 雄 *personata* 亚种 计云

白鹡鸰 *ocularis* 亚种 沈越

白鹡鸰 *alboides* 亚种 朱信

白鹡鸰 *ocularis* 亚种
钟悦陶

白鹡鸰 *lugens* 亚种 戴美杰

白鹡鸰 沈越

667. 日本鹡鸰　Japanese Wagtail　*Motacilla grandis*

【野外识别】体长 20~22 cm 的较大型鹡鸰。雌雄相似。上体纯黑色，额、颏及眉纹白色，下胸至腹部白色，飞羽大部白色，翼端黑色，尾黑色而具白缘。极似繁殖于中国西南的白鹡鸰 *alboides* 亚种，但本种体形略大，翼上覆羽全白色，飞羽白色也较多。虹膜—深褐色；喙—黑色；跗跖—黑色。【分布与习性】分布于日本，偶至朝鲜半岛。国内偶有冬候鸟至河北、台湾。典型的鹡鸰习性，喜农田、稻田和溪流生境。【鸣声】起飞时发出若干短促的单音"唧"声。

668. 白眉鹡鸰　White-browed Wagtail　*Motacilla maderaspatensis*

【野外识别】体长 21~23 cm 的体型最大的鹡鸰。雌雄相似。头至前胸黑色，最突出的特征是白色眉纹粗长，延伸至脸颊后部，两侧眉纹汇聚于前额，上体黑色，下体白色，两翼合拢时形成一道白色长肩带。甚似白鹡鸰 *alboides* 亚种，但本种体形更大而眼下白色部分甚少，眉纹更加粗而长。虹膜—褐色；喙—黑色；跗跖—黑色。【分布与习性】分布于南亚次大陆的低地。国内于云南有记录，其准确性有待进一步确认。亦有可能见于西藏东南部。习性似白鹡鸰，适应人工环境。【鸣声】鸣叫声似白鹡鸰但带有颤音。

669. 田鹨／理氏鹨　Richard's Pipit　*Anthus richardi*

【野外识别】体长 16~19 cm 的大型鹨。雌雄相似，总体褐色。头顶具暗褐色纵纹，眉纹浅皮黄色，上体棕褐色，背部具褐色纵纹，胸口亦具较细小的黑色纵纹，下体皮黄色；跗跖肉色，后爪较其他鹨类更长；站姿也较直。指名亚种体形较大，颜色稍浅，下体偏白，胸前纵纹较粗而多。*sinensis* 亚种体形稍小，颜色更偏棕色，胸前纵纹短细，在野外难以与东方田鹨、布氏鹨区分，辨识见相应种描述，且鸣叫略有差异。虹膜—褐色；

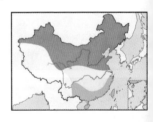

喙—上喙褐色，下喙带黄；跗跖—黄褐色，后爪明显肉色。【分布与习性】繁殖于东亚至西伯利亚，越冬于东南亚、南亚，东亚亦有越冬记录。指名亚种繁殖于中国西北及新疆，冬季南迁；*centralasie* 亚种繁殖于从青海东部及甘肃北部至新疆西部天山，冬季南迁；*ussuriensis* 亚种繁殖于东北及华北，越冬于中国中部和东部；*sinensis* 亚种为华南地区留鸟。多在较干燥泥地、耕地、草地上活动，在地面跑动快而有力，飞行时迅速升高，呈波浪式。【鸣声】惊飞时发出响亮厚重的单声"啾咿"声，鸣唱为鸣叫的不断重复。

日本鹡鸰 王乘东

白眉鹡鸰 崔月

田鹨 朱雷

田鹨 朱雷

670．东方田鹨　Paddyfield Pipit　*Anthus rufulus*

【野外识别】体长 14~15 cm 的小型鹨。雌雄相似，总体褐色。外形似田鹨，但体形较小而尾短，胸斑呈点状而非纹状，跗跖及后趾都比田鹨短，站姿高但不及田鹨，飞行时振翼较弱，飞行距离通常不远。与布氏鹨相似，辨识见相应种描述。繁殖期在空中悬停振翅鸣叫，似云雀，但叫声和云雀及田鹨都不同。虹膜—褐色；喙—褐色；跗跖—褐色。【分布与习性】分布于南亚到东南亚。国内见于四川南部及云南，为常见留鸟；越冬鸟至广西及广东。见于干旱耕地及短草地，可于地面急速奔跑，进食时尾摇动。【鸣声】鸣叫似田鹨而较尖细，鸣唱为鸣叫的不断重复。

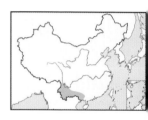

671．布氏鹨　Blyth's Pipit　*Anthus godlewskii*

【野外识别】体长 15~17 cm 的大型鹨。雌雄相似，总体褐色。上体纵纹较多，下体常为较单一的皮黄色，中覆羽羽端较宽而成清晰的翼斑。外形甚似田鹨及东方田鹨，但本种体形略小而显紧凑，尾较短，腿及后爪较短，后爪较弯曲，喙短而尖利。比平原鹨的幼鸟眼先色较淡且翼长。虹膜—褐色；喙—粉红褐；跗跖—粉红。【分布与习性】繁殖于蒙古、俄罗斯的外贝加尔及西伯利亚，越冬至南亚的低地。国内繁殖于大兴安岭西侧经内蒙古至青海及宁夏，冬季南迁至西藏东南部、四川及贵州。喜旷野、湖岸及干旱平原。【鸣声】圆润的"啾"声，似田鹨。

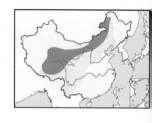

672．平原鹨　Tawny Pipit　*Anthus campestris*

【野外识别】体长 16~18 cm 的大型鹨。雌雄相似。成鸟整体色浅，顶冠至背部沙灰色，几乎无纹，下腹至尾下覆羽米白色，胸侧有不明显的纵纹。幼鸟整体浅棕色，顶冠至背部有浓重的纵纹，胸部纵纹亦重，似田鹨，但体形略小而腿较短，姿势较平，眼先黑色显著。虹膜—深褐；喙—上喙颜色较深，下喙褐色；跗跖—浅黄。【分布与习性】分布于欧洲南部到中亚，于非洲中部到南亚越冬。国内繁殖于新疆西北部及西部，冬季南迁，区域性常见。活动于开阔的沙地、砂石地或田野。【鸣声】飞行时发出清晰响亮的两音节"tshi lip"声。

东方田鹨 朱雷

东方田鹨 沈越

云南鹨 黄亚慧

田鹨 沈越

平原鹨 邢睿

673. 草地鹨 Meadow Pipit *Anthus pratensis*

【野外识别】体长 14.5~15 cm 的小型鹨。雌雄相似，橄榄褐色。喙细，头顶具黑色细纹，眉纹不明显，背部具细纵纹，但腰淡色无纵纹。成鸟下体米白色（第一年非繁殖羽下体偏皮黄色），前端具褐色纵纹。尾黑褐色，尾羽外侧近端处有白边。较林鹨、树鹨胸部纵纹稀疏但两胁纵纹浓密。较粉红胸鹨非繁殖羽少清晰的白色眉纹及粗重的翼斑。虹膜—褐色；喙—角质色；跗跖—粉红。【分布与习性】繁殖于古北界西部，越冬至北非、中东及中亚。国内为新疆西北部的罕见冬候鸟，偶见于西北（甘肃）、华北（北京）及华中（河南），迷鸟至台湾。【鸣声】短促的"唧、唧"声，似黄腹鹨，音调较高。

674. 林鹨 Tree Pipit *Anthus trivialis*

【野外识别】体长 14~15 cm 的小型鹨。雌雄相似。似树鹨，但整体偏褐色，头及上背满布黑色纵纹，下体皮黄白色，胸多纵纹。比树鹨褐色重而无绿橄榄色调，顶冠及背部纵纹更浓密，有时延伸至胁部。脸部图纹不似树鹨强烈，眉纹较不明显，停栖时三级飞羽完全遮住初级飞羽。在分布区不易和其他鹨混淆。虹膜—褐色；喙—上喙褐色，下喙粉红色；跗跖—偏粉色。【分布与习性】繁殖于欧洲至喜马拉雅山脉西部，越冬于非洲、地中海及印度。*schlueteri* 亚种繁殖于新疆西北部，指名亚种繁殖于俄罗斯，越冬时南迁至宁夏、陕西、内蒙古、新疆及西藏等地，迷鸟至北京、广西和台湾。喜林缘多草多矮树的生境。【鸣声】鸣声婉转多变，鸣叫声为似树鹨但更沙哑的"滋滋"声。

675. 树鹨 Olive-backed Pipit *Anthus hodgsoni*

【野外识别】体长 15~17 cm 的大型鹨。雌雄相似。眉线白色，贯眼纹深色，耳羽暗橄榄色，耳后有淡色斑，喉部有黑色颚线。背部橄榄绿色，有不明显的黑褐色纵纹，具两道白色翼斑，喉至胸及外侧尾羽乳白色，腹部白色，胸、胁具黑色粗重斑。*hodgsoni* 亚种纵纹更粗，背部的橄榄绿色更一致。虹膜—深褐色；喙—上喙黑褐色，下喙偏粉色；跗跖—粉红。【分布与习性】繁殖于喜马拉雅山脉及东亚，越冬于南亚、东南亚、菲律宾及

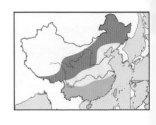

加里曼丹岛。国内分布于从西南到东北的大部地区，在长江以南越冬。成群活动于平原至中海拔的草地、耕地及林缘地带，较其他鹨更喜森林环境。于地面行走，摄取昆虫为食，尾羽会上下摆动，受到惊扰时会飞到树上隐匿。【鸣声】受惊扰或飞行时发出"tseep"或"duii"的叫声，繁殖期于树顶发出复杂多变的鸣声，似云雀类。

草地鹨 朱雷　　　　　　　　　　　　林鹨 朱雷

林鹨 张永　　　　　　　　　　　　林鹨 刘爱华

树鹨 朱雷　　　　　　　　　　　　树鹨 张永

676. 北鹨　Pechora Pipit　*Anthus gustavi*

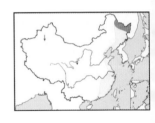

【野外识别】体长 14~15 cm 的鹨。雌雄相似。上体棕褐色，眉纹不甚明显，眼先黑色，黑色髭纹显著；胸部呈皮黄色（繁殖期），具显著的黑色纵纹；背部的浅色羽缘形成 4 条白色条纹，形成两个"V"字形，易区分于其他鹨类。腹部纯白，与黑纹形成鲜明对比。*menzbieri* 亚种下体及尾下覆羽更偏皮黄色，翼较短。似第一年非繁殖羽的红喉鹨，但本种体色更深，纵纹更重，面部图案更清晰，背部具白色横斑，尾无白色边缘。虹膜－褐色；喙－上喙角质色，下喙红色；跗跖－粉红。【分布与习性】繁殖于东北亚，越冬于东南亚。国内于黑龙江有繁殖，于其他地方主要为过境鸟，过境期不常见于沿海各省，迷鸟至新疆。迁徙时活动于开阔的湿润多草地区及沿海多灌丛林带。常降落在矮树及灌丛上，似树鹨。【鸣声】叫声为较柔的"唧、唧"声。

677. 粉红胸鹨　Rosy Pipit　*Anthus roseatus*

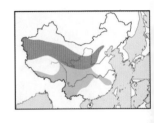

【野外识别】体长 15~16 cm 的鹨。雌雄相似。繁殖羽眉纹粉红，胸及腹部淡粉红色（不同个体间粉色范围差异大），下体无纵纹。非繁殖羽粉红色褪去，似黄腹鹨和草地鹨，但本种米色的眉纹粗重而清晰、近末端有分离的淡色斑点，背部灰色而具黑色粗纵纹，胸及两胁具浓密的黑色点斑或纵纹。与大多数鹨相比姿势较平。虹膜－褐色；喙－灰色，喙基－黄色；跗跖－偏紫色。【分布与习性】繁殖于喜马拉雅山脉，越冬至东南亚的平原地带。国内繁殖于青藏高原至华北，南至四川及湖北，南迁越冬至西藏东南部、云贵高原，迷鸟至海南。于武夷山脉有独立种群。见于海拔 2700~4400 m 的高山草甸及多草的高原，越冬下至稻田或草地。通常藏隐于近溪流处。【鸣声】叫声为柔弱的"tseep tseep"声；炫耀飞行时鸣声为"tit tit tit tit tit"。

678. 红喉鹨　Red-throated Pipit　*Anthus cervinus*

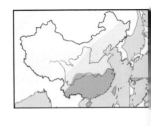

【野外识别】体长 14~15 cm 的鹨。雌雄相似。繁殖羽头、喉至胸红褐色（范围和深浅多变），头上有黑色细纵纹。背部灰褐色，有皮黄色纵纹、黑色斑纹及两条淡色翼带。停栖时初级飞羽和三级飞羽约等长，外侧尾羽白色。腹部至尾下覆羽皮黄色，胸侧至胁有黑褐色纵斑。雌鸟红褐色较淡。非繁殖羽红褐色消失，具淡褐色眉纹，耳羽褐色，颚线黑色。腹部淡米白色，胸、胁有黑色纵斑。非繁殖期与北鹨的区别在于喙基黄色而非粉红色，下腹及背部条纹的皮黄色较重，且叫声不同。通常在地面活动，甚少似北鹨般活动于灌丛小树上。虹膜－深褐色；喙－黑褐色，喙基黄色；跗跖－肉色。【分布与习性】繁殖于欧亚大陆北部至库页岛、阿拉斯加，越冬于非洲、南亚及东南亚。迁徙经中国北方、华东、华中，至长江以南地区及海南和台湾越冬。成小群出现于水域附近的农耕地、湿润草地和沼泽。常与黄鹡鸰同域活动，摄取昆虫、植物种子为食。停栖时下半身常上下摆动，飞行呈波浪状。【鸣声】叫声为尖细的"滋"声，似树鹨。

北鹨 沈岩

北鹨 慕童

粉红胸鹨 非繁殖羽 沈岩

粉红胸鹨 朱雷

红喉鹨 沈越

红喉鹨 朱雷

红喉鹨 非繁殖羽 张永

679. 黄腹鹨　Buff-bellied Pipit　*Anthus rubescens*

【野外识别】体长 14~17 cm 的鹨。雌雄相似。繁殖羽眉纹黄白色、耳羽、背部灰褐色，有不明显的暗色纵纹及两条淡色翼斑，喉以下淡黄褐色，头侧、胸侧、胁部有黑色纵斑，尾羽外侧白色。非繁殖羽似树鹨，但本种背部灰褐色而非橄榄绿，喉部下方两侧有偏黑斑块，两条白色翼斑粗而明显，喉以下污白色，略带褐色，颚线黑色，颈侧、胸侧及胁黑色纵斑明显。与水鹨相似，辨识见相应种描述。虹膜－深褐色；喙－黑褐色，喙基黄色；跗跖－黄褐色。【分布与习性】繁殖于西伯利亚东部至库页岛、北美洲，东亚族群（*japonicus* 亚种）越冬南迁至日本、韩国、中国东部和南部及东南亚。国内迁徙或越冬于大部分地区（除西藏、青海、宁夏）。活动于水田、沼泽、农耕地及溪畔，单独或小群于地面步行摄取昆虫、嫩芽及种子。【鸣声】叫声为高音调的短"啾"声，单声或数声。

680. 水鹨　Water Pipit　*Anthus spinoletta*

【野外识别】体长 15~17.5 cm 的鹨。雌雄相似。繁殖羽眉纹乳白色，背面灰褐色，有不明显的暗色纵纹和两条淡色翼斑，尾羽外侧白色。腹部淡黄褐色，胸侧及胁部有稀疏的褐色纵纹。非繁殖羽体色甚浅，背部褐色，翼带不明显，胸、胁具黑色点斑或纵纹。甚似黄腹鹨，常活动于同一生境，以本种深色的跗跖及不明显的胸部纵纹（夏天几乎完全消失）识别。虹膜－深褐色；喙－黑褐色，喙基黄色；跗跖－黑褐色。【分布与习性】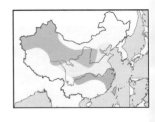繁殖于欧洲西南、中亚、蒙古及中国西部和中部（*blakistoni* 亚种），越冬至北非、中东、印度西北及中国南部。出现于水域附近之湿地、沼泽及溪畔，常藏匿于近溪流处，于地面步行摄取昆虫、嫩芽和种子，停栖时姿势较平。【鸣声】有数种鸣叫声，其中包括短促的数声"tsip"和惊飞时发出的尖细的"啾、啾"双音等。

681. 山鹨　Upland Pipit　*Anthus sylvanus*

【野外识别】体长 17~18 cm 的较大型鹨。雌雄相似。似田鹨，但本种站姿较倾斜，后爪较短且叫声不同。飞行时栗色较浓，尤其是翼。背部、头顶和枕部都有浓密纵纹。喙短而厚。虹膜－褐色；喙－偏粉色；跗跖－偏粉色。【分布与习性】分布于喜马拉雅山脉至中国东部。国内见于四川、云南及长江以南大部，为不常见留鸟。活动于海拔 500 m 以上的多灌丛草地及岩地，冬季活动于低海拔的相似生境。惊飞时在低空直线疾飞。【鸣声】持续的高音调似鹨叫的"zip zip zip zip"，或类似麻雀叫声的"chirp"；鸣唱为具金属音的"唧啾、唧啾"，似虫鸣般重复而更悠远。

黄腹鹨 非繁殖羽 计云

黄腹鹨 戴美杰

水鹨 非繁殖羽 沈岩

水鹨 戴美杰

山鹨 黄秦

682. 大鹃鵙 Large Cuckooshrike *Coracina macei*

【野外识别】体长 23~32 cm 的鹃鵙。雄鸟头顶至枕部深灰色，脸颊、下颏、喉部黑色。胸部浅灰色，腹部、尾下覆羽灰白色。背部、腰部灰色，两翼多深灰色但飞羽及初级覆羽黑色。中央尾羽灰色，外侧尾羽黑色具白色端斑。雌鸟似雄鸟，头部具深灰色贯眼纹，胸部、腹部色浅且常具灰色横纹。似暗灰鹃鵙，识别见相应种描述。虹膜—红褐色；喙—铅灰色；跗跖—深灰色。【分布与习性】分布于东南亚地区。国内见于华南、东南及海南、台湾等地区，多为少见留鸟。常栖息于山脚平原和低山地带的山地森林和林缘地带，尤喜开阔的次生常绿阔叶林和针阔混交林等地带。【鸣声】常发出单调而响亮的叫声。

683. 暗灰鹃鵙 Black-winged Cuckooshrike *Coracina melaschistos*

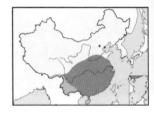

【野外识别】体长 20~24 cm 的鹃鵙。雄鸟头部暗灰色，下颏、喉部、胸部蓝灰色，腹部、尾下覆羽色浅多为褐色。背部、腰部灰色，飞羽近黑色，覆羽多为暗灰色。尾羽偏黑色具白色端斑。雌鸟似雄鸟，整体色浅；胸部、腹部常具灰色横纹。似大鹃鵙，但个体较小，头部少黑色。虹膜—暗褐色；喙—铅灰色；跗跖—深灰色。【分布与习性】分布于东亚、南亚及东南亚地区。国内主要分布于长江流域以南，偶有个体北上至河北、北京等地区，为各地的不常见夏候鸟或留鸟。常栖息于海拔 1500 m 以下的低山丘陵和山脚地带的山地森林和林缘地带，尤喜低山地带的次生阔叶林和针阔混交林等地带。【鸣声】似缓慢而有节奏的笛声。

684. 黑鸣鹃鵙 Pied Triller *Coracina nigra*

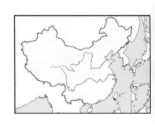

【野外识别】体长 17~18 cm 的鹃鵙。雄鸟头部头顶黑色，白色眉纹与黑色贯眼纹形成显著对比，脸颊多白色。下颏、喉部、胸部、腹部、尾下覆羽白色。背部黑色，两翼多黑色具显著的白色翅斑，腰部灰色。尾羽黑色具白色端斑。雌鸟似雄鸟，整体偏灰褐色；喉部、胸部、腹部灰白色具浅灰色横纹。虹膜—暗褐色；喙—铅灰色；跗跖—深灰色。【分布与习性】分布于东南亚地区。国内仅记录于台湾地区，为罕见迷鸟。常栖息于低山丘陵和山脚地带的山地森林和林缘地带。【鸣声】常发出连贯而急促的叫声。

大鹃鵙 雌 王斌

Large Cuckoo-Shrike

大鹃鵙 雄 沈岩

暗灰鹃鵙 雄 沈岩

暗灰鹃鵙 张永

黑鸣鹃鵙 雌 朱雷

黑鸣鹃鵙 雄 朱雷

685. 粉红山椒鸟　Rosy Minivet　*Pericrocotus roseus*

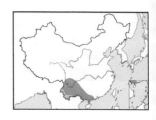

【野外识别】体长 18~20 cm 的山椒鸟。雄鸟头顶及耳羽浅灰灰色，具黑色贯眼纹，眼线上方白色。上体及肩羽棕灰色至灰色，下背及尾上覆羽浅红色。两翼灰褐色，大覆羽及部分飞羽红色，形成明显的斑块。中央尾羽黑褐色，外侧尾羽大部分呈红色。额及喉白色，下体其余部分粉红色。雌鸟以浅黄色代替雄鸟的红色。幼鸟似雌鸟，胸部具模糊的鳞状斑。虹膜—深褐色；喙—黑色；跗跖—黑色。【分布与习性】分布于喜马拉雅山脉至中国南方，在印度至东南亚越冬。国内不常见于云南、四川、广西和广东等地，冬季南迁。栖息于低海拔地区的森林，有时出现于山下的公园和果园。通常成对活动，非繁殖季亦集群。在树冠捕食昆虫。【鸣声】一连串尖锐的颤音。

686. 小灰山椒鸟　Swinhoe's Minivet　*Pericrocotus cantonensis*

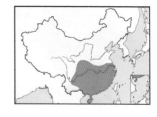

【野外识别】体长 18~19 cm 的灰色山椒鸟。雄鸟前额白色延伸至眼上方，眼纹至头顶中部及枕部黑色。背羽及中小覆羽灰色，腰羽和尾羽灰褐色，大覆羽和飞羽近黑色。中部飞羽具白色斑点，飞行时可见。尾羽深褐色，末端具白斑。下体白色，胸胁部略带灰色。雌鸟前额及头顶灰色，浅色翼斑面积更大。幼鸟似雌鸟，但体羽和飞羽末端多白色，胸胁部具模糊横斑。本种与灰山椒鸟的区别在于头部白色延伸至眼后，翼斑不明显，整体带有棕色调。虹膜—深褐色；喙—黑色；跗跖—黑色。【分布与习性】分布于东南亚及东亚南部。国内见于黄河以南大部分地区，为常见夏候鸟。栖息于各种林地，主要捕食昆虫。【鸣声】带有金属感的颤音，类似灰山椒鸟。

687. 灰山椒鸟　Ashy Minivet　*Pericrocotus divaricatus*

【野外识别】体长 18 cm 的灰色山椒鸟。雄鸟额部白色，眼先至头后方黑色。上体和中小覆羽呈均匀的铁灰色，大覆羽和飞羽黑色，飞羽中部具白斑。中央尾羽黑色，其余尾羽末端白色。额、喉及下体白色。雌鸟头大部为灰色，下体污白色。幼鸟羽缘白色，胸胁两侧具不明显的灰色横斑。与小灰山椒鸟相似，辨识见相应种描述。虹膜—褐色；喙—黑色；跗跖—黑色。【分布与习性】繁殖于西伯利亚东南至中国东北、韩国和日本，迁徙至东南亚地区越冬。在国内繁殖于东北地区，迁徙时大群主要见于东部沿海地区。栖息于多种类型的林地，通常集群活动，在树冠搜寻昆虫。【鸣声】带有金属音的铃音。

粉红山椒鸟 雌
Francesco
Veronesi

粉红山椒鸟 雄 王英

粉红山椒鸟 雄 董江天

小灰山椒鸟 朱雷

小灰山椒鸟 雄 沈岩

灰山椒鸟 雌 沈越

灰山椒鸟 雄 朱雷

灰山椒鸟 雌 沈越

灰山椒鸟 计云

688. 琉球山椒鸟 Ryukyu Minivet *Pericrocotus tegimae*

【野外识别】体长 17 cm 的山椒鸟。雌雄相似。雄鸟前额至眼上方具狭窄的白色带，头顶至后颈乌黑色，背羽、腰羽及尾上覆羽深灰色。翼上覆羽及飞羽乌黑色，中央尾羽黑色，其余尾羽具宽阔白缘。喉部、脸颊及颈侧白色，上胸灰色，腹部污白色。雌鸟羽色较雄鸟稍浅而偏褐。虹膜—深褐色；喙—黑色；跗跖—黑色。【分布与习性】主要分布于琉球群岛，在日本九州南部也有繁殖记录。迷鸟偶至台湾。习性与灰山椒鸟相似，在树冠捕食昆虫。【鸣声】带有金属音的清脆鸣叫。

689. 灰喉山椒鸟 Grey-chinned Minivet *Pericrocotus solaris*

【野外识别】体长 17~19 cm 的山椒鸟。雄鸟头顶至上体铅灰色，耳羽及两颊灰色，翼上覆羽和飞羽近黑色，大覆羽及初级飞羽带有朱红色色斑。除中央尾羽外，其余尾羽大部分红色。额部浅灰色，喉橙黄色，下体橙红色。翼下覆羽橙色。雄鸟与本属其他山椒鸟雄鸟的区别在于喉部和耳覆羽灰色，下体偏橙色而非艳红。雌鸟上体灰褐色，腰羽及尾上覆羽黄绿色，翼带和下体黄色。幼鸟似雌鸟，但上体具不规则横斑。雌鸟与本属其他山椒鸟雌鸟的区别在于前额和耳覆羽无黄色。虹膜—深褐色；喙—黑色；跗跖—黑色。【分布与习性】分布于喜马拉雅山脉、东亚及东南亚。国内见于西南至华南，包括海南和台湾，为留鸟。栖息于开阔的林地，有些群体垂直迁徙。成对或集群活动，在树枝间捕捉昆虫。有时加入混合鸟群。【鸣声】尖锐的双音节叫声"唧唧"，以及轻柔的颤音。

690. 长尾山椒鸟 Long-tailed Minivet *Pericrocotus ethologus*

【野外识别】体长 17~20 cm 的山椒鸟。雄鸟头部至上体黑色，且带有蓝色光泽。下背至尾上覆羽深红色。大覆羽几乎全红色，部分飞羽带红斑而形成红色条带。中央尾羽黑色，其余尾羽大部分为红色。喉部黑色，胸腹部至尾下覆羽红色，翼下覆羽橙色。与本属其他山椒鸟雄鸟的区别在于尾相对较长，翼上色斑呈叉状。雌鸟前额至眼后黄色，耳羽灰色，颔部白色。上体橄榄灰色，腰羽、尾羽和翼上图案由黄色取代红色。虹膜—深褐色；喙—黑色；跗跖—黑色。【分布与习性】繁殖于喜马拉雅山脉至中国中西部地区，越冬于印度和东南亚。国内见于华北、华中至西南地区，主要为夏候鸟；在云南地区冬季可见，居留型未知。栖息于海拔较高的开阔林地。经常集群活动，取食各种昆虫。【鸣声】甜美的双音节哨音"嘀嘀"。

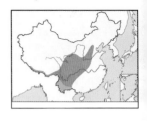

琉球山椒鸟 Hisagi

灰喉山椒鸟 雄 董江天

灰喉山椒鸟 雌 计云

灰喉山椒鸟 雄 沈越

长尾山椒鸟 雌 张永

长尾山椒鸟 雄 沈岩

长尾山椒鸟 雄 Francesco Veronesi

691. 短嘴山椒鸟　Short-billed Minivet　*Pericrocotus brevirostris*

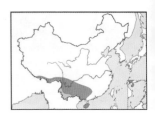

【野外识别】体长 17~20 cm 的山椒鸟。雄鸟头部及上体黑色且带有蓝色光泽，背部至尾上覆羽深红色。大覆羽及部分飞羽红色，在翼上形成旗状图案。下体红色，翼下覆羽橘黄色。与长尾山椒鸟的区别在于本种尾较短，内侧飞羽无红色条带。与赤红山椒鸟的区别在于本种内侧飞羽无红色斑点。雌鸟前额黄色，耳羽、喉部及下体黄绿色，翼斑和尾羽也由黄色代替红色。不同亚种雌鸟的羽色有一些差异。虹膜—深褐色；喙—黑色；跗跖—黑色。【分布与习性】分布于喜马拉雅山至东南亚北部。国内分布于西南地区，主要为夏候鸟。栖息于海拔较高的开阔落叶林和常绿林，冬季下降至低海拔地区。通常成对活动，捕食树冠中的昆虫。【鸣声】尖锐而甜美的单音节哨音"嘶"，以及干涩的联络声。

692. 赤红山椒鸟　Scarlet Minivet　*Pericrocotus flammeus*

【野外识别】体长 18~22 cm 的山椒鸟。雄鸟头部、喉部及背部蓝黑色，下背至尾上覆羽艳红色。大覆羽基本呈橘红色，飞羽具红色斑点，形成分离状的独特翼带。中央尾羽黑色，其余尾羽末端带橘红色。下体亮橘红色，翼下覆羽亮黄色。与本属其他山椒鸟的区别在于本种内侧次级飞羽及三级飞羽的红斑形成分离的色带。雌鸟前额至眼上方亮黄色，头后至上体灰色，下背、腰羽和尾上覆羽黄绿色，飞羽和尾羽黄色代替红色。似短嘴山椒鸟，辨识见相应种描述。虹膜—深褐色；喙—黑色；跗跖—黑色。【分布与习性】分布于东亚、南亚及东南亚。国内见于西南、华南和海南，为区域性常见留鸟。栖息于较为完整的森林，在树冠中搜寻昆虫。【鸣声】一连串尖厉的"唧唧"的哨音。

693. 褐背鹟鵙　Bar-winged Flycatcher-shrike　*Hemipus picatus*

【野外识别】体长 13~15 cm 的鹟鵙。雄鸟头部、头侧黑色；下颔、喉部、胸部、腹部、尾下覆羽白色；背部灰褐色，两翼多黑色具一道狭长的白色翼斑；尾羽近黑色具白色端斑。雌鸟似雄鸟，以褐色代替雄鸟的黑色。幼鸟似雌鸟，头顶、胸部、腹部多鳞状斑纹。虹膜—深褐色；喙—黑色；跗跖—黑色。【分布与习性】分布于东亚、南亚及东南亚。国内主要分布于云南、广西、贵州等地，为不常见留鸟。常栖息于海拔 2000 m 以下的山地次生阔叶林、常绿阔叶林、季雨林等地带，有时亦见于林缘疏林。除繁殖季节外，多集群活动。【鸣声】常发出尖锐而不甚响亮的叫声。

短嘴山椒鸟 雌 朱雷

短嘴山椒鸟 雄 崔月

短嘴山椒鸟 雌 张永

赤红山椒鸟 雌 张永

赤红山椒鸟 雄 张永

褐背鹟鸥 雌 计云

褐背鹟鸥 雄 张永

694. 凤头雀嘴鹎 Crested Finchbill *Spizixos canifrons*

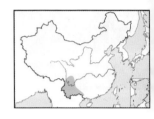

【野外识别】体长 18~22 cm 的中型鹎类。雌雄相似。成鸟头部灰色具一偏黑色显著羽冠，象牙色喙部较短粗。额部近黑色，颈部、胸部、腹部、背部、两翼黄绿色。尾羽黄绿色具黑色端斑。似领雀嘴鹎，辨识见相应种描述。虹膜—深褐色；喙—象牙色；跗跖—粉色。【分布与习性】分布于东南亚、南亚等地区。国内见于云南、西藏东南部、四川西南部等地区，为常见留鸟。常栖息于海拔 1000~3000 m 的山地阔叶林、针阔混交林、次生林、林缘疏林、灌丛等地带。常集小群活动。【鸣声】叫声似清脆连续的"jiu jiu，jiu jiu jiu"声。

695. 领雀嘴鹎 Collared Finchbill *Spizixos semitorques*

【野外识别】体长 17~21 cm 的中型鹎类。雌雄相似。成鸟头部深灰色，象牙色喙部短粗。额部近黑色，前颈具一白色颈环。胸部、腹部、背部、两翼偏绿色。尾羽绿色具黑色端斑。似凤头雀嘴鹎，但头部无羽冠，颈部具一白色颈环。虹膜—深褐色；喙—象牙色；跗跖—偏粉色。【分布与习性】分布于东南亚北部及东亚。国内见于华南、华东、西南等地区，为各地常见留鸟。常栖息于海拔 400~1000 m 的低山丘陵、山脚平原的次生植被、林缘灌丛、果园等地带，有时亦见于海拔 2000 m 左右的山地森林和林缘地带。常集小群活动。【鸣声】叫声似清脆响亮的"pa da，pa de，pa de"声。

696. 纵纹绿鹎 Striated Bulbul *Pycnonotus striatus*

【野外识别】体长 20~24 cm 的大型鹎类。雌雄相似。成鸟头部黄绿色具黑色斑纹，黄绿色羽冠较显著，黑色喙部较细长。额部、喉部黄色无斑纹。胸部、腹部黄绿色具显著的黑色、白色纵纹。背部多较细的白色纵纹，两翼、尾羽黄绿色。虹膜—黑；喙—黑；跗跖—深褐色。【分布与习性】分布于东南亚。国内见于西藏南部、云南西部和南部及广西南部等地区，为少见留鸟。常栖息于海拔 1000~2500 m 的山地森林中，尤喜沟谷阔叶林。常集群在高大乔木树冠层活动。【鸣声】叫声似清脆的"ji jiu，ji jiu"声。

凤头雀嘴鹎 张永　凤头雀嘴鹎 朱雷

领雀嘴鹎 朱雷

领雀嘴鹎 崔月　领雀嘴鹎 张梦

纵纹绿鹎 朱雷　纵纹绿鹎 朱雷

697. 黑头鹎　Black-headed Bulbul　*Pycnonotus atriceps*

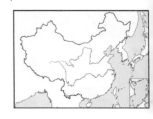

【野外识别】体长16~19 cm的小型鹎类。雌雄相似。成鸟头部、额部、喉部黑色，黑色喙部较细长。胸部、腹部、背部柠檬黄色、两翼柠檬黄色，外缘黑色。尾下覆羽、尾上覆羽偏黄色，柠檬黄色尾羽次端斑黑色较宽，端斑黄色。似黑冠黄鹎，辨识见相应种描述。虹膜—天蓝色；喙—黑色；跗跖—深褐色。【分布与习性】分布于东南亚。国内见于云南西南部，为少见留鸟。常栖息于低山常绿阔叶林、沟谷雨林，有时亦见于次生阔叶林、溪流岸边、稀树灌丛等地带。常成对或集小群活动。【鸣声】叫声似清脆响亮的"jiu jiu"声。

698. 黑冠黄鹎　Black-crested Bulbul　*Pycnonotus melanicterus*

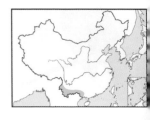

【野外识别】体长18~21 cm的中型鹎类。雌雄相似。成鸟头部黑色具一甚显著的黑色羽冠，黑色喙部较细长。额部、喉部黑色。胸部、腹部柠檬黄色；背部、两翼黄绿色略带黑色。尾下覆羽、尾上覆羽柠檬黄色，尾羽暗褐色。似黑头鹎，但具显著的黑色羽冠。虹膜—偏白色；喙—黑色；跗跖—黑色。【分布与习性】分布于南亚及东南亚。国内见于云南南部和广西西南部等地区，为不常见留鸟。常栖息于海拔1800 m以下的低山常绿阔叶林，尤喜溪流、河谷阔叶林和雨林等地带。常集小群活动。【鸣声】叫声似清脆响亮的"gui gui jiu"声。

699. 红耳鹎　Red-whiskered Bulbul　*Pycnonotus jocosus*

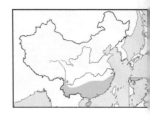

【野外识别】体长17~21 cm的中型鹎类。雌雄相似。成鸟头顶至后颈黑色，具一甚显著的黑色羽冠，脸颊具一鲜红色、白色色斑，外围黑色。额部、喉部白色；胸部白色，胸侧具一较宽的暗褐色横带，腹部、两胁近白色略带浅灰色。背部、两翼灰褐色。尾下覆羽红色，尾羽灰褐色。虹膜—红褐色；喙—黑色；跗跖—黑色。【分布与习性】分布于南亚及东南亚。国内见于西藏、云南、贵州、广西、广东和台湾等地，为各地常见留鸟。常栖息于海拔1500 m以下的低山和山脚地带的雨林、季雨林、常绿阔叶林、果园、竹林等地带。常成群活动。【鸣声】叫声为轻快悦耳的"gui gui jiu，gui gui"声。

黑头鹎 朱雷

黑头鹎 朱雷

黑冠黄鹎 崔月

黑冠黄鹎 朱雷

红耳鹎 朱雷

红耳鹎 张永

700. 黄臀鹎 Brown-breasted Bulbul *Pycnonotus xanthorrhous*

【野外识别】体长 17~21 cm 的中型鹎类。雌雄相似。成鸟额部至后颈黑色，具一较短的黑色羽冠，耳羽灰褐色；颏部、喉部白色；胸部、腹部、两胁近白色略带浅灰色；背部、两翼灰褐色，翼外缘略带黄绿色；尾下覆羽黄色，尾羽灰褐色。虹膜—深褐色；喙—黑色；跗跖—深褐色。【分布与习性】分布于印度北部及缅甸北部等地区。国内见于南方大部分地区，多为常见留鸟。常栖息于中低海拔的低山丘陵和山脚平原的次生阔叶林、混交林、林缘等地带，亦见于竹林、果园、林缘灌丛等生境。常成群活动。【鸣声】叫声似清脆响亮的"gui gui jiu jiu jiu"声。

701. 白头鹎 Light-vented Bulbul *Pycnonotus sinensis*

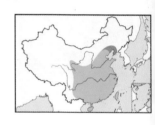

【野外识别】体长 17~21 cm 的中型鹎类。雌雄相似。成鸟额部至头顶黑色，脸侧近黑色，眼后具一白色斑向后延伸至枕部相连（分布于华南南部及海南的 *hainanus* 亚种无此白斑），耳羽浅灰色；颏部、喉部白色；胸部略带浅灰色，腹部、两胁近白色；背部灰褐色，两翼黄绿色；尾下覆羽浅灰色，尾羽黄绿色。似台湾鹎，识别见相应种描述。虹膜—深褐色；喙—黑色；跗跖—深褐色。【分布与习性】分布于东亚及东南亚北部地区。国内见于西至横断山脉、北至兰州到环渤海地区的广泛区域，以及海南和台湾。多为常见留鸟。常栖息于海拔 1000 m 以下的低山丘陵和山脚平原的阔叶林、次生林、混交林、灌丛、疏林、果园、竹林等生境。常集群活动。【鸣声】鸣唱似婉转响亮的"gu gua gua，gu gua gua"声。

702. 台湾鹎 Styan's Bulbul *Pycnonotus taivanus*

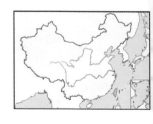

【野外识别】体长 18~20 cm 的中型鹎类。雌雄相似。成鸟额部至后颈黑色，脸侧、耳羽白色，喙基具一道黑色横纹。颏部、喉部白色。胸部、腹部、两胁近白色。背部灰褐色，两翼黄绿色。尾下覆羽近白色，尾羽黄绿色。似白头鹎 *hainanus* 亚种，但本种脸颊白色且与该亚种分布区域不重叠；与同区域分布的白头鹎 *formosae* 亚种相比，本种头顶至后颈多黑色。虹膜—深褐色；喙—黑色；跗跖—黑色。【分布与习性】中国特有种，仅分布于我国台湾地区，为较常见留鸟。常栖息于低山丘陵和山脚平原的次生阔叶林、疏林灌丛、村庄农田路旁的树林、城市公园绿地等生境。常集小群活动。【鸣声】叫声似清脆响亮的"ji gua，ji gua"声。

黄臀鹎 沈越

黄臀鹎 沈越

白头鹎 朱雷

白头鹎 崔月

台湾鹎 张永

白头鹎 *hainanus* 亚种 Charles Lam

台湾鹎 董江天

703．白颊鹎　Himalayan Bulbul　*Pycnonotus leucogeny*

【野外识别】体长19~21 cm的中型鹎类。雌雄相似。成鸟头部深灰色具一显著的羽冠，白色脸侧具一黑色点状斑纹。额部、喉部黑色。胸部、腹部、两胁近白色；背部、两翼近灰色。尾下覆羽黄色，尾羽灰色，端斑白色。虹膜－黑色；喙－黑色；跗跖－黑色。【分布与习性】分布于喜马拉雅山脉南麓。国内分布于西藏东南部，为少见留鸟。常栖息于海拔1200~2500 m的常绿阔叶林、次生林、混交林、疏林灌丛等地带。【鸣声】叫声似清脆响亮的"gui gui jiu，gui gui jiu"声。

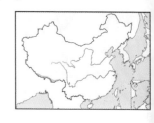

704．黑喉红臀鹎　Red-vented Bulbul　*Pycnonotus cafer*

【野外识别】体长20~24 cm的大型鹎类。雌雄相似。成鸟头部黑色具一较显著的羽冠。额部、喉部黑色。胸部具黑色鳞状斑纹，腹部、两胁偏白色。背部多近黑色鳞状斑纹，两翼近黑色。尾下覆羽红色，尾羽近黑色，端斑白色。似白喉红臀鹎，辨识见相应种描述。虹膜－黑色；喙－黑色；跗跖－黑色。
【分布与习性】分布于南亚及东南亚部分地区。国内分布于西藏东南部到云南西部的部分地区，为常见留鸟。常栖息于海拔1000~1500 m的低山丘陵、山脚平原地带的常绿阔叶林、竹林、疏林灌丛，以及村落附近的林地、果园等生境。常成对或集小群活动。【鸣声】常发出喧闹而连贯的"ji ji，ji yi yi"声。

705．白喉红臀鹎　Sooty-headed Bulbul　*Pycnonotus aurigaster*

【野外识别】体长18~23 cm的中型鹎类。雌雄相似。成鸟头部黑色具一较显著的羽冠；额部黑色，喉部、胸部、腹部、两胁米白色；背部、两翼灰褐色；尾下覆羽红色，尾羽近黑色，端斑白色。似黑喉红臀鹎，但喉部白色，胸部、腹部、背部无鳞状斑纹。虹膜－黑色；喙－黑色；跗跖－黑色。【分布与习性】分布于东南亚地区。国内分布于从西南到华南的大部分地区，包括台湾。为常见留鸟。常栖息于低山丘陵和平原地带的次生阔叶林、竹林、灌丛、村落附近的林地、果园等生境。常集小群活动，有时和红耳鹎混群。【鸣声】叫声似枯燥的"ze，ze，ze ze"声。

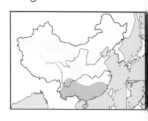

白颊鹎 朱雷

白颊鹎 朱雷

黑喉红臀鹎 朱雷

黑喉红臀鹎 沈岩

白喉红臀鹎 朱雷

白喉红臀鹎 关翔宇

706. 纹喉鹎 Stripe-throated Bulbul *Pycnonotus finlaysoni*

【野外识别】体长 19~22 cm 的中型鹎类。雌雄相似。成鸟额部艳黄色，头顶至后颈深灰色具浅色点状斑纹，眼先黑色。颊部、喉部鲜黄色斑纹。胸部、腹部、背部偏灰色，两翼黄绿色。尾下覆羽艳黄色，尾羽黄绿色。虹膜—深褐色；喙—黑色；跗跖—黑色。【分布与习性】分布于东南亚地区。国内分布于云南西南部。为罕见留鸟。常栖息于低山丘陵和山脚平原地带的常绿阔叶林、次生林、竹林、灌丛、果园等地带。常单独或成对活动。【鸣声】鸣唱似响亮的"gui gui，zi gui gui"声。

707. 黄绿鹎 Flavescent Bulbul *Pycnonotus flavescens*

【野外识别】体长 19~22 cm 的中型鹎类。雌雄相似。成鸟头部灰色具一不显著的羽冠，眼先黑色，其上具一较短的白纹。额部、喉部灰色。胸部、腹部、背部黄绿色。尾下覆羽柠檬黄色，尾羽灰褐色。虹膜—黑色；喙—黑色；跗跖—黑色。【分布与习性】分布于东南亚地区。国内分布于云南西部、南部和广西西北部等地区。为较少见留鸟。常栖息于海拔 1000~2000 m 的低山丘陵、山脚平原地带的常绿阔叶林、次生阔叶林、林竹和林缘等地带。常成对或集小群活动。【鸣声】常发出喧闹而连贯的"a he diu diu diu，a he diu diu diu"声。

708. 黄腹冠鹎 White-throated Bulbul *Alophoixus flaveolus*

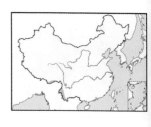

【野外识别】体长 19~24 cm 的大型鹎类。雌雄相似。成鸟头顶至枕部棕黄色，头顶具一显著的羽冠，脸颊灰色。额部、喉部白色。胸部、腹部为艳丽的柠檬黄色，背部棕黄色。尾下覆羽柠檬黄色，尾羽棕黄色。似白喉冠鹎，辨识见相应种描述。虹膜—褐色；喙—黑色；跗跖—粉色。【分布与习性】分布于东南亚地区。国内分布于西藏南部和云南西南部的极小区域。为较常见留鸟。常栖息于海拔 1500 m 以下的低山丘陵、常绿阔叶林、次生阔叶林、雨林和林缘等地带。常集小群活动，喜与银耳相思鸟、山椒鸟、凤鹛混群。【鸣声】常发出喧闹的"zha zha zha zha"声。

纹喉鹎 崔月　　　　纹喉鹎 朱雷

黄绿鹎 朱雷

黄腹冠鹎 沈岩

绿翅鹎 朱雷　　　　黄腹冠鹎 朱雷

709. 白喉冠鹎　Puff-throated Bulbul　*Alophoixus pallidus*

【野外识别】体长 20~25 cm 的大型鹎类。雌雄相似。成鸟头顶至枕部棕黄色，头部具一显著的羽冠，脸颊灰褐色。额部、喉部白色显著。胸部、腹部黄褐色，背部灰褐色。尾下覆羽棕黄色，尾羽灰褐色。似黄腹冠鹎，但胸部、腹部颜色暗淡，为黄褐色。虹膜—褐色；喙—深褐色；跗跖—粉色。【分布与习性】分布于东南亚。国内分布于云南南部和西部、贵州、广西及海南等地区。为较常见留鸟。常栖息于海拔 1500 m 以下的低山丘陵阔叶林、次生林、常绿阔叶林、季雨林和雨林等地带。常集小群活动。【鸣声】常发出喧闹而连贯的 "zhi zhi zhi" 声。

710. 灰眼短脚鹎　Grey-eyed Bulbul　*Iole propinqua*

【野外识别】体长 17~21 cm 的中型鹎类。雌雄相似。成鸟头部暗褐色，头顶具一较短的羽冠。额部、喉部灰白色。胸部、腹部、背部、两翼多橄榄绿色。尾下覆羽棕黄色，尾羽棕褐色。虹膜—蓝色或白色；喙—粉灰色；跗跖—粉色。【分布与习性】分布于东南亚。国内分布于云南西南部、南部及广西西南部等地区。为较常见留鸟。常栖息于海拔 1500 m 以下低山丘陵地带的常绿阔叶林、次生阔叶林、雨林、林缘、果园等地带。常成群活动。【鸣声】叫声似单调的 "wei wei wei" 声。

711. 绿翅短脚鹎　Mountain Bulbul　*Hypsipetes mcclellandii*

【野外识别】体长 20~24 cm 的大型鹎类。雌雄相似。成鸟头部红褐色，脸颊褐色；额部、喉部白色或灰白色；胸部棕褐色具白色纵纹，腹部黄褐色；背部灰褐色，两翼绿色；尾下覆羽偏褐色，尾羽绿色。虹膜—红褐色；喙—黑色；跗跖—粉色。【分布与习性】分布于东亚、东南亚及喜马拉雅山脉等地区。国内分布于南方多数地区，包括海南。为较常见留鸟。常栖息于中低海拔的常绿阔叶林、次生阔叶林、针阔混交林等地带，有时亦见于林缘、果园、竹林等生境。常集小群活动。【鸣声】叫声为单调而尖厉的 "you you，you you" 声。

白喉冠鹎 朱雷　　　　　　　　　白喉冠鹎 朱雷

灰眼短脚鹎 朱雷　　　　　　　　灰眼短脚鹎 崔月

绿翅短脚鹎 崔月

绿翅短脚鹎 蔡欣然

绿翅短脚鹎 张梦

712. 黑短脚鹎　Black Bulbul　*Hypsipetes leucocephalus*

【野外识别】体长 22~26 cm 的大型鹎类。雌雄相似。本种羽色具两种色型。一种成鸟整体黑色，头部略具羽冠。另一种成鸟头部、枕部、胸部白色，胸部、腹部、背部、两翼、尾羽黑色。虹膜—深褐色；喙—红色；跗跖—红色。【分布与习性】分布于东亚、东南亚及喜马拉雅山脉等地区。国内分布于南方多数地区，包括海南及台湾。在分布区内北部地区为夏候鸟，西南地区为常见留鸟。常栖息于低山丘陵和山地森林的常绿阔叶林、针阔混交林和林缘等生境。常集群活动。【鸣声】叫声似粗厉而单调的"yi yi yi"声。

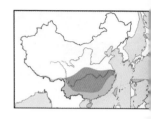

713. 灰短脚鹎　Ashy Bulbul　*Hemixos flavala*

【野外识别】体长 19~22 cm 的中型鹎类。雌雄相似。成鸟额部至后颈黑色，头顶具一较显著羽冠，脸颊具一褐色斑块；颔部、喉部白色；胸部略带灰色，腹部偏白色；背部深灰色，两翼绿色，初级飞羽、初级覆羽黑褐色；尾下覆羽灰白色，尾羽灰绿色。虹膜—深褐色；喙—黑色；跗跖—黑色。【分布与习性】分布于东南亚及喜马拉雅山脉地区。国内分布于西藏东南部、南部和云南西部、南部等地区。为较常见留鸟。常栖息于海拔500~1500 m 的低山丘陵和山地森林的常绿阔叶林、次生阔叶林、沟谷雨林和林缘等生境。常成对或集小群活动。【鸣声】常发出具金属感的"wei，yi wei"声。

714. 栗背短脚鹎　Chestnut Bulbul　*Hemixos castanonotus*

【野外识别】体长 18~22 cm 的中型鹎类。雌雄相似。成鸟额部至后颈黑色，头顶具一较显著羽冠，栗色耳羽延伸至颈侧；颔部、喉部白色；胸部、胸侧、两胁略带灰色，腹部偏白色；背部栗色，两翼灰黑色；尾下覆羽白色，尾羽灰黑色。分布于海南的指名亚种覆羽及尾羽边缘黄绿色，似灰短脚鹎，但后者在海南没有分布。虹膜—深褐色；喙—黑色；跗跖—黑色。【分布与习性】分布于东亚及东南亚部分地区。国内分布于长江以南的多数地区，包括海南，为常见留鸟。常栖息于低山丘陵的次生阔叶林、林缘灌丛、城市公园绿地、果园等生境。常成对或集小群活动。【鸣声】鸣唱似响亮的"wei ji gei，wei ji gei"声。

黑短脚鹎 朱雷

黑短脚鹎 朱雷

黑短脚鹎 计云

灰短脚鹎 崔月

灰短脚鹎 朱雷

栗背短脚鹎 沈越

715. 栗耳短脚鹎 Brown-eared Bulbul *Microscelis amaurotis*

【野外识别】体长 27~29 cm 的大型鹎类。雌雄相似。成鸟头部灰白色，栗色耳羽较显著，额部、喉部灰白色。胸部、腹部灰色具白色点状斑纹；背部、两翼灰色。尾下覆羽白色具栗色斑纹，尾羽灰色。虹膜—深褐色；喙—铅灰色；跗跖—灰褐色。
【分布与习性】分布于东亚及东南亚部分岛屿。国内见于东北、华北、华东等沿海地区及台湾。在台湾地区为留鸟，其余各地多为较少见冬候鸟。常栖息于低山阔叶林、混交林和林缘地带，有时亦见于城市公园、果园等生境。常集小群活动。【鸣声】常发出尖锐刺耳的"wei ji，wei ji"声。

716. 黑翅雀鹎 Common Iora *Aegithina tiphia*

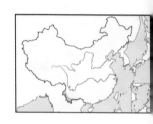

【野外识别】体长 12~16 cm 的雀鹎。整体黄绿色，两翼近黑色，翼上具两道显著的白色翅斑。雄鸟额部黄绿色，背部、肩部黄绿色；喉部、胸部、腹部黄色；尾上覆羽、尾羽近黑色。雌鸟背部、两翼色浅，尾羽深褐色。似大绿雀鹎，辨识见相似种描述。虹膜—灰白色；喙—铅灰色；跗跖—灰色。【分布与习性】分布于东南亚、南亚等地区。国内见于云南西南部、南部等地区，为少见留鸟。常栖息于海拔 1500 m 以下的低山丘陵和山脚平原地带的次生林、果园、城市公园等生境。【鸣声】叫声清脆响亮，为连续的"jiu jiu jiu jiu"声。

717. 大绿雀鹎 Great Iora *Aegithina lafresnayei*

【野外识别】体长 15~18 cm 的雀鹎。整体黄绿色，翼上无翅斑。雄鸟头顶、枕部、背部、两翼橄榄绿色。喉部、胸部、腹部、尾下覆羽黄绿色；尾羽偏绿色。雌鸟似雄鸟，但羽色较暗。似黑翅雀鹎，但个体较大，且两翼无白色翅斑。虹膜—深褐色；喙—铅灰色；跗跖—灰色。【分布与习性】分布于东南亚地区。国内见于云南南部地区，为不常见留鸟。常栖息于海拔 1000 m 以下的低山丘陵和山脚平原地带的次生阔叶林及林缘灌丛，亦见于果园、村寨附近的树林等生境。【鸣声】鸣声似口哨般的"you you you"声。

栗耳短脚鹎 张永

栗耳短脚鹎 张永

黑翅雀鹎 沈越

黑翅雀鹎 张永

大绿雀鹎 朱雷

大绿雀鹎 王雪峰

718. 蓝翅叶鹎 Blue-winged Leafbird *Chloropsis cochinchinensis*

【野外识别】体长 15~18 cm 的叶鹎。整体偏绿色。雄鸟额部浅黄色，头顶至枕部黄绿色；眼先、眼下至下颏及喉部紫黑色，外围环绕淡黄色，下喙基部具一蓝紫色髭纹；两翼外缘及尾蓝绿色；胸部、腹部、背部、腰部、尾上覆羽绿色。雌鸟似雄鸟，但下颏及喉部蓝绿色。似橙腹叶鹎及金额叶鹎，具体辨识分别见相应种描述。虹膜—深褐色；喙—铅灰色；跗跖—灰色。【分布与习性】分布于东南亚、南亚等地区。国内见于云南西南部、南部等地区，为不常见留鸟。常栖息于海拔 1500 m 以下的常绿阔叶林、次生林和林缘疏林等地带，有时亦至果园、农田附近的林地活动。【鸣声】叫声为尖厉的"ji ji ji"声。

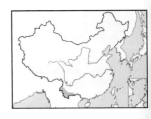

719. 金额叶鹎 Golden-fronted Leafbird *Chloropsis aurifrons*

【野外识别】体长 16~20 cm 的叶鹎。整体偏绿色。雄鸟额部金黄色与绿色头顶形成较显著对比。眼先、眼下至下颏及喉部紫黑色，外围环绕一圈不显著的淡黄色，下喙基部具一蓝紫色髭纹。胸部、腹部、背部、两翼、腰部、尾上覆羽、尾羽绿色。雌鸟似雄鸟，但整体色浅，额部金色面积较小，脸部至喉部绿色。似蓝翅叶鹎，但额部金色显著，翼缘为绿色而非蓝色。虹膜—深褐色；喙—近黑色；跗跖—近黑色。【分布与习性】分布于喜马拉雅山区及东南亚。国内见于云南西南部，为不常见留鸟。常栖息于海拔 1500 m 以下的山地常绿阔叶林和次生林等地带，有时亦至果园、农田附近的林地活动。【鸣声】叫声为连续而较柔弱的"yi yi yi"声。

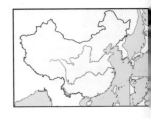

720. 橙腹叶鹎 Orange-bellied Leafbird *Chloropsis hardwickii*

【野外识别】体长 17~21 cm 的叶鹎。整体偏绿色。雄鸟额部至后颈黄绿色或蓝绿色；眼先、眼下、下颏紫黑色，喉部、颈部蓝紫色，下喙基部具一道蓝色髭纹。胸部、腹部、尾下覆羽橙黄色；背部、两翼绿色，翼上羽缘、尾羽蓝紫色。雌鸟似雄鸟，但整体色浅，胸部、腹部橙色，两翼、尾羽亦为绿色。似蓝翅叶鹎，但脸部、喉部至胸部黄绿色，髭纹颜色较淡，胸部、腹部为橙黄色。虹膜—深褐色；喙—近黑色；跗跖—近黑色。【分布与习性】分布于喜马拉雅山脉及东南亚地区。国内见于西藏、云南、广西、福建、海南等地。为较常见留鸟。常栖息于海拔 2000 m 以下的低山丘陵和山脚平原等地带，尤喜次常绿阔叶林和次生阔叶林，有时亦至果园、农田附近的林地活动。【鸣声】叫声为较响亮的"ziwei ziwei"声。

蓝翅叶鹎 雌 朱雷

蓝翅叶鹎 雄 朱雷

金额叶鹎 雌 朱雷

金额叶鹎 雄 曾祥乐

橙腹叶鹎 雌 杨玉和

橙腹叶鹎 雄 文辉

橙腹叶鹎 戴美杰

721．和平鸟　Asian Fairy Bluebird　*Irena puella*

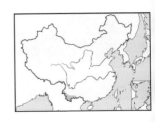

【野外识别】体长24~28 cm的和平鸟。雄鸟额部至枕部辉蓝色。脸颊、下颏、喉部、胸部、腹部近黑色。背部、腰部、尾上覆羽辉蓝色。翼外缘及尾羽近黑色。雌鸟整体铜蓝色。两翼深褐色。虹膜—红色；喙—铅灰色；跗跖—灰色。【分布与习性】分布于东南亚及南亚部分地区。国内见于云南西南部、南部等地区。为少见留鸟。常栖息于中低海拔的常绿阔叶林，有时亦至低山丘陵、山脚林缘附近活动。常在乔木的树冠层活动。【鸣声】叫声为响亮的"wei wo，wei wo，wei wo"声。

722．太平鸟　Bohemian Waxwing　*Bombycilla garrulus*

【野外识别】体长16~21 cm的太平鸟。雌雄相似。成鸟整体灰褐色。头部红褐色，一条黑色贯眼纹从最基延伸至后枕，头顶具一显著羽冠。下颏、喉部黑色。胸部、腹部黄褐色或红褐色。背部、腰部、尾上覆羽灰褐色，翼外缘黑色具白色、红色、黄色斑纹。灰褐色尾羽次端斑近黑色，端斑黄色。似小太平鸟，辨识见相应种描述。虹膜—深褐色；喙—铅灰色；跗跖—深灰色。【分布与习性】分布于欧洲北部、亚洲北部和中部及北美洲部分地区。国内见于新疆西部和从东北到华中、华东的广泛区域以及台湾，为冬候鸟和旅鸟。常栖息于针叶林、针阔混交林和杨桦林，有时亦见于人工林、次生林、果园、城市公园等生境。【鸣声】清亮成串而有金属音的"ji ji ji ji ji"声。

723．小太平鸟　Japanese Waxwing　*Bombycilla japonica*

【野外识别】体长16~20 cm的太平鸟。雌雄相似。成鸟整体灰褐色。头部红褐色，一条黑色贯眼纹从最基延伸至羽冠，头顶具一显著羽冠。下颏、喉部黑色，胸部、腹部黄褐色或红褐色。背部、腰部、尾上覆羽灰褐色，翼外缘黑色具红色、白色斑纹，大覆羽具红色斑块。灰褐色尾羽次端斑近黑色，端斑红色。似太平鸟，但翼外缘斑点无黄色，大覆羽端部略带红色，尾端为红色。虹膜—深褐色；喙—铅灰色；跗跖—深灰色。【分布与习性】分布于东亚部分地区。国内见于从东北到华南的广泛区域，为冬候鸟和旅鸟。常栖息于针叶林、针阔混交林和林缘地带，有时亦见于果园、城市公园、次生林等生境。【鸣声】清亮而不连贯的"ji jiji"声。

和平鸟 雌 王斌

和平鸟 雄 关翔宇

太平鸟 沈越

太平鸟 沈越

太平鸟 朱雷

小太平鸟 朱雷

小太平鸟 沈越

小太平鸟 朱雷

724. 虎纹伯劳　Tiger Shrike　*Lanius tigrinus*

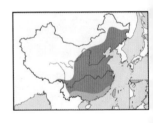

【野外识别】体长16~19 cm的小型伯劳。雄鸟头顶至后枕为灰色，具粗大的黑色过眼纹延伸至前额。额部、喉部、胸部、腹部、两胁白色无斑纹。背部、两翼、腰部棕栗色具黑色鳞状斑纹。尾羽棕栗色无斑纹。雌鸟似雄鸟，但过眼纹灰黑色，白色眉纹不甚清晰，胸部、腹部多褐色鳞状斑纹。幼鸟头部棕褐色多斑纹，过眼纹深褐色。虹膜—深褐色；喙—铅灰色；跗跖—灰色。【分布与习性】分布于欧洲、东亚、东南亚、南亚等地。国内见于从东北到华南、西南的大部地区及台湾，主要为夏候鸟，于广西、广东及台湾等地区越冬。常栖息于低山丘陵和山脚平原地区的森林和林缘地带，尤喜开阔的次生林、灌木丛和林缘灌丛等地带。主要以甲虫、蝗虫、蛾类等昆虫为食，有时亦捕食蜥蜴、小型鸟类等。【鸣声】常发出粗犷而响亮的"zcha zcha zcha zcha"声。

725. 牛头伯劳　Bull-headed Shrike　*Lanius bucephalus*

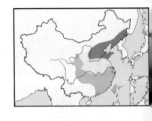

【野外识别】体长18~21 cm的小型伯劳。雄鸟头顶至后枕为橘色，黑色过眼纹于眼后过渡至眼先逐渐变窄，眉纹白色。脸颊、额部、喉部白色少斑纹。胸部、腹部、两胁橘色具棕褐色鳞状斑纹。背部、腰部灰色，两翼近黑色具白色斑块。尾羽深灰色。雌鸟似雄鸟，但过眼纹深褐色，背部、腰部灰褐色。幼鸟似成鸟，头部、背部、两翼多棕褐色。虹膜—深褐色；喙—铅灰色；跗跖—灰色。【分布与习性】分布于欧洲、东亚、东南亚等地。国内主要繁殖于东北及华北地区，在长江以南及台湾越冬，在秦岭附近有部分留鸟。常栖息于林缘疏林、次生林、农田、村落等地带。主要以昆虫为食，有时亦捕食蜘蛛、小型鸟类等。【鸣声】常发出粗犷而尖厉的"chi chi tyo tyo"声。

726. 红尾伯劳　Brown Shrike　*Lanius cristatus*

【野外识别】体长18~22 cm的小型伯劳。不同亚种间羽色差异较大。雄鸟头顶至后颈灰色或棕红色，过眼纹黑色，眉纹白色；脸颊、额部、喉部白无斑纹；胸部、腹部白色或淡棕色，两胁略带橘色；背部红褐色，两翼近黑色；尾羽红褐色。雌鸟似雄鸟，但羽色较淡，过眼纹深褐色。幼鸟似成鸟，两胁多黑褐色鳞状斑纹。虹膜—黑色；喙—铅灰色；跗跖—灰色。【分布与习性】繁殖于东亚，冬季南迁至南亚、东南亚等地区。国内见于东北、华北、华南、东南、西南等地，包括海南及台湾，为我国东部、中部地区夏候鸟或留鸟；亦有种群于东南、西南地区及海南、台湾越冬。为我国分布最广、数量最多的伯劳。常栖息于低山丘陵、山脚平原地带的灌丛、疏林和林缘地带，尤喜有稀疏树木生长的开阔旷野、河谷、湖畔等地。主要以直翅目、半翅目、鳞翅目等昆虫为食。【鸣声】常发出粗犷、响亮的鸣声。

虎纹伯劳 雌 朱雷　　虎纹伯劳 雄 朱雷

虎纹伯劳 幼 沈越　　牛头伯劳 雌 沈越

牛头伯劳 雌 朱雷　　牛头伯劳 雄 计云

红尾伯劳 雌 朱雷　　红尾伯劳 雄 沈越

红尾伯劳 雄 朱雷　　红尾伯劳 幼 张永

727. 红背伯劳　Red-backed Shrike　*Lanius collurio*

【野外识别】体长18~20 cm的小型伯劳。雄鸟额部至后颈灰色，过眼纹黑色，无显著眉纹。脸颊、额部、喉部、胸部、腹部偏白色，两胁略带粉色。背部红色，两翼近黑色具一白色翼斑。尾下覆羽白色无斑纹，尾羽近黑色。雌鸟似雄鸟，但头顶棕褐色，过眼纹深褐色；胸部、两胁白色具灰褐色鳞状斑纹。幼鸟似成鸟，两胁多黑褐色鳞状斑纹。虹膜—黑色；喙—黑色；跗跖—深灰色。

【分布与习性】分布于欧洲、中亚、中东、西亚等地区。国内见于新疆、内蒙古北部地区，为不常见夏候鸟。常栖息于开阔的疏林、林间空地、河边树丛和灌木丛中，有时亦见于果园和农田地区，不喜在茂密的树林地带活动。主要以昆虫为食，有时亦捕食蜥蜴、小型鸟类等。【鸣声】鸣唱似塑料泡沫连续摩擦声。

728. 荒漠伯劳　Isabelline Shrike　*Lanius isabellinus*

【野外识别】体长16~19 cm的小型伯劳。雄鸟额部至后颈棕色或灰色，过眼纹黑色，白色眉纹不显著。脸颊、额部、喉部、胸部、腹部偏白色，两胁略带棕色。背部棕色或灰色，两翼飞羽近黑色，具一白色翼斑，覆羽偏棕色或灰色。尾下覆羽白色无斑纹，尾羽棕色。雌鸟似雄鸟，但整体色浅，过眼纹灰褐色；颈部、胸部、两胁白色具灰褐色鳞状斑纹。幼鸟似成鸟，贯眼纹、眉纹不甚明显。虹膜—黑色；喙—黑色；跗跖—黑色。【分布

与习性】分布于欧洲、中亚、南亚、非洲等地区。国内见于新疆、青海、内蒙古等地区，为不常见夏候鸟。常栖息于荒山、旷野、荒漠或半荒漠地区的灌木丛、小树丛、稀树荒原和林缘丛等地带，不喜在茂密的树林地带活动。主要以蝗虫、甲虫、蜂等昆虫为食，有时亦捕食蜥蜴、小型鸟类等。【鸣声】鸣唱似柔弱而连贯的"zi zi zi zi zi"声。

729. 栗背伯劳　Burmese Shrike　*Lanius collurioides*

【野外识别】体长18~20 cm的小型伯劳。雄鸟额部至后颈深灰色，黑色的过眼纹较宽大，无眉纹。脸颊、额部、喉部、胸部、腹部偏白色，两胁略带栗色。背部、两翼栗色，初级飞羽黑色具一白色翼斑。尾羽近黑色。雌鸟甚似雄鸟，但过眼纹较窄，颜色略浅。幼鸟似成鸟，头顶、胸部、腹部、背部多深褐色鳞状斑纹。似褐背伯劳，辨识见相应种描述。虹膜—黑色；喙—铅灰色；跗跖—深灰色。【分布与习性】分布于南亚、东南亚

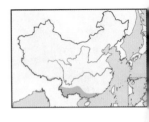

等地区。国内见于西部地区，为少见留鸟。常栖息于低山丘陵、山脚平原地带的开阔次生疏林、林缘和灌丛中，有时亦见于沟谷、路旁和耕地附近的小树或灌木上。主要以昆虫为食。【鸣声】鸣唱清脆多变，婉转动听。

红背伯劳 雌 沈越　　　　红背伯劳 雌 黄亚慧

红背伯劳 雄 沈越　　　　荒漠伯劳 王尧天

荒漠伯劳 董江天　　　　荒漠伯劳 张永

栗背伯劳 雌 朱雷

栗背伯劳 雄 关翔宇

730. 褐背伯劳 Bay-backed Shrike *Lanius vittatus*

【野外识别】体长 16~18 cm 的小型伯劳。雌雄相似。成鸟头顶至枕部深灰色，额部延伸至贯眼纹黑色，无眉纹。脸颊、颔部、喉部白色。胸部、腹部、两胁略带栗色。背部栗色，两翼黑色具一白色翼斑；腰上覆羽灰色，尾羽近黑色。幼鸟似成鸟，整体灰褐色，胸部、腹部、背部多灰褐色鳞状斑纹。似栗背伯劳，但尾上覆羽为灰色，两胁栗色较重。虹膜—黑色；喙—铅灰色；跗跖—深灰色。【分布与习性】分布于印度、巴基斯坦、尼泊尔等地。国内仅见于四川阿坝，为迷鸟。常栖息于开阔次生疏林、林缘和灌丛，不喜在茂密的树林地带活动。主要以昆虫、蜥蜴为食。【鸣声】叫声似单调的"zi zi zi zi"声。

731. 棕背伯劳 Long-tailed Shrike *Lanius schach*

【野外识别】体长 23~28 cm 的大型伯劳。雌雄相似。不同亚种间羽色差异较大。*tricolor* 亚种成鸟头顶黑色，无眉纹；脸颊、额部、喉部偏白色；胸部、腹部、两胁略带棕色；背部棕色，两翼黑色具一白色翼斑；尾羽棕色。雌鸟甚似雄鸟，但过眼纹较窄，颜色略浅。指名亚种成鸟前额黑色，头顶至后枕部、背部多灰色。幼鸟似成鸟，体羽多褐色鳞状斑纹。偶有深色型个体。虹膜—黑色；喙—铅灰色；跗跖—深灰色。【分布与习性】分布于南亚、东南亚、东亚等地。国内多见于南方地区，包括海南及台湾，为常见留鸟；偶有个体见于河北、北京等华北地区。常栖息于低山丘陵、山脚平原地带的开阔次生阔叶林、混交林、林缘灌丛、农田、果园等生境。主要以昆虫为食，有时亦捕食青蛙、蜥蜴、小型鸟类等。【鸣声】叫声似单调而喧闹的"zha ga，zha ga，zha ga"声。

732. 灰背伯劳 Grey-backed Shrike *Lanius tephronotus*

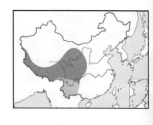

【野外识别】体长 22~25 cm 的中型伯劳。雌雄相似。成鸟额部至后枕部灰色，贯眼纹黑色，无眉纹。脸颊、额部、喉部、胸部、腹部白色，两胁略带棕红色。背部、翼上覆羽灰色，飞羽近黑色。尾上覆羽、尾羽深褐色。幼鸟似成鸟，体羽多褐色鳞状斑纹。虹膜—黑色；喙—铅灰色；跗跖—深灰色。【分布与习性】分布于喜马拉雅山脉和印度北部等地。国内见于甘肃、四川、云南、西藏等地，为夏候鸟；有个体于西南地区越冬。常栖息于低山次生阔叶林和混交林的林缘生境，亦见于村寨、农田、稀树草坡等生境，夏季通常上至 2000~4000 m 的林缘地带。主要以昆虫为食。【鸣声】叫声似单调而连续的"zhi zhi zhi"声。

褐背伯劳 Francesco Veronesi

褐背伯劳 Kunan Naik

棕背伯劳 深色型 董江天

棕背伯劳 指名亚种 关翔宇

棕背伯劳 tricolor 亚种 朱雷

灰背伯劳 沈岩

灰背伯劳 幼 朱雷

灰背伯劳 沈越

733. 黑额伯劳 Lesser Grey Shrike *Lanius minor*

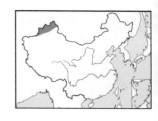

【野外识别】体长 20~23 cm 的中型伯劳。雌雄相似。成鸟额部及贯眼纹黑色，头顶至背部灰色，无眉纹。脸颊、颏部、喉部、胸部、腹部白色，两胁略带粉红色。两翼多黑色具一白色翼斑。尾羽黑色。幼鸟似成鸟，体羽多褐色鳞状斑纹。虹膜—黑色；喙—黑色；跗跖—深灰色。【分布与习性】分布于欧洲南部和中部、西亚、中亚、非洲等地。国内见于新疆北部和西北部等地区，为少见夏候鸟。常栖息于有稀疏树木或灌木生长的开阔平原和草地地带，亦见于农田、旷野、果园等生境。主要以昆虫为食，亦捕食小型鸟类、鼠类等。【鸣声】叫声似单调而微弱的 "zha zha zha" 声。

734. 灰伯劳 Great Grey Shrike *Lanius excubitor*

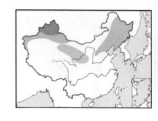

【野外识别】体长 22~27 cm 的中型伯劳。雌雄相似。成鸟额部至枕部浅灰色，贯眼纹近黑色，无显著眉纹。脸颊、颏部、喉部白色。胸部、腹部白色具不显著鳞纹。背部浅灰色，两翼多黑色，次级飞羽基部具一甚窄的白色翼斑。尾上覆羽灰色或白色，尾羽近黑色。幼鸟似成鸟，胸部、腹部鳞状斑纹显著。似楔尾伯劳，辨识见相应种描述。虹膜—黑色；喙—铅灰色；跗跖—深灰色。【分布与习性】分布于欧亚大陆、北美和非洲等地区。国内见于西北、东北及华北部分地区，于西北地区为夏候鸟。常栖息于低山丘陵、山脚平原、沼泽、草地、森林苔原、旷野、耕地及半荒漠等地带，尤喜有稀疏树木和灌丛的开阔地区。主要以鼠类、小型鸟类、蛙类、昆虫为食。【鸣声】叫声清脆细碎似鹤。

735. 楔尾伯劳 Chinese Grey Shrike *Lanius sphenocercus*

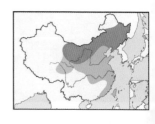

【野外识别】体长 25~31 cm 的大型伯劳。雌雄相似。成鸟额部至枕部浅灰色，贯眼纹近黑色，无显著眉纹。脸颊、颏部、喉部白色。胸部、腹部白色或灰白色。背部灰色，两翼多黑色，次级飞羽基部具一甚宽的白色翼斑。尾上覆羽灰色，近黑色尾羽较长。幼鸟似成鸟，但胸部、腹部多鳞状斑纹。似灰伯劳，但个体较大，尾羽较长呈楔形，白色翼斑较大。虹膜—黑色；喙—黑色；跗跖—深灰色。【分布与习性】分布于东亚及俄罗斯远东地区。国内繁殖于东北到青海、甘肃一带，在华北、华中至华南及台湾越冬，在青藏高原东部有留鸟分布。常栖息于低山、丘陵、平原、林缘、旷野、农田、荒漠和半荒漠等林木和植物稀少的开阔地带，尤喜有稀疏树木和灌丛生长的平原地区。主要以昆虫、鼠类、小型鸟类为食。【鸣声】叫声似单调而粗哑的 "ga ga ga" 声。

黑额伯劳 董江天

黑额伯劳 张永

灰伯劳 陈鑫

灰伯劳 幼 赵国君

楔尾伯劳 计云

灰伯劳 叶腾

楔尾伯劳 张永

494
495

雀形目 盔鵙科
PASSERIFORMES Prionopidae

雀形目 黄鹂科
PASSERIFORMES Oriolidae

736. 钩嘴林鵙 Large Woodshrike *Tephrodornis gularis*

【野外识别】体长 19~23 cm 的盔鵙科鸟类。雄鸟头顶至后颈灰色。甚宽阔的黑色贯眼纹覆盖眼先、眼周、耳羽并延伸至颈部侧后方。背、两翼棕褐色，腰白色。颊、颔、喉及下体余部皆为白色或灰白色。尾羽较短，呈棕褐色，端部羽色略深。雌鸟与雄鸟大致相似，但头顶、枕及颈部偏棕色，且贯眼纹为深褐色而非黑色。与某些伯劳相似，但本种远不及伯劳粗壮，尾较短，且行为有明显差异。虹膜—褐色；喙—黑色；跗跖—黑色。【分布与习性】广布于东洋界。国内见于长江以南部分地区及海南，为罕见留鸟。主要栖息于海拔较低的阔叶林，一般在林冠层集小群活动，性活泼而喧闹。【鸣声】连续的"cho cho cho cho"十数声，或其他复杂多变的鸣声。

737. 金黄鹂 Golden Oriole *Oriolus oriolus*

【野外识别】体长 24~27 cm 的中型黄鹂。指名亚种雄鸟眼先黑色，两翼及尾羽黑色，仅初级覆羽及外侧尾羽末端黄色，其余体羽黄色。雌鸟上体大部黄绿色，两翼及尾羽灰绿色，两胁及尾下覆羽黄绿色，下体其余部分灰白色而略具深色纵纹。幼鸟似雌鸟而喙颜色不同。*kundoo* 亚种似指名亚种但雄鸟眼后亦具黑色，尾羽黄斑亦较大。虹膜—深褐色；喙—雄鸟粉红色，雌鸟暗粉色，幼鸟铅灰色；跗跖—铅灰色。【分布与习性】广布于欧亚大陆及南亚林地。国内为极西部夏候鸟。见于新疆西南部及西藏西南部的 *kundoo* 亚种有时被看作独立物种印度金黄鹂。【鸣声】鸣唱似黑枕黄鹂，为婉转的笛音；叫声沙哑。

738. 细嘴黄鹂 Slender-billed Oriole *Oriolus tenuirostris*

【野外识别】体长 23~26 cm 的中型黄鹂。体羽似黑枕黄鹂，但喙更细更长，喙峰不明显。贯眼纹较黑枕黄鹂更细，初级飞羽外翈白色。幼鸟与黑枕黄鹂区别于喙形。虹膜—深褐色；喙—成鸟粉红色，幼鸟铅灰色，基部色粉色；跗跖—铅灰色。【分布与习性】分布于喜马拉雅山脉东段及东南亚北部。国内见于云南中海拔疏林。为不常见留鸟。习性似其他黄鹂。【鸣声】鸣唱似黑枕黄鹂，为婉转的笛音；叫声沙哑。

钩嘴林鵙 董文晓

钩嘴林鵙 崔月

金黄鹂 雌 丁进清

金黄鹂 雄 *kundoo* 亚种 杨庭松

细嘴黄鹂 董文晓

细嘴黄鹂 朱雷

739．黑枕黄鹂　Black-naped Oriole　*Oriolus chinensis*

【野外识别】体长 24~27 cm 的中型黄鹂。雄鸟贯眼纹黑色并延伸至后枕，体羽大部黄色，飞羽及尾羽黑色。初级覆羽末端、次级飞羽及三级飞羽外翈黄绿色，外侧尾羽具黄色端斑。雌鸟似雄鸟而体羽偏黄绿色。幼鸟上体黄绿色，具暗色贯眼纹，下体白色具深色纵纹。与细嘴黄鹂相似，辨识见相应种描述。虹膜—深褐色；喙—成鸟粉红色，幼鸟铅灰色，基部色粉色；跗跖—铅灰色。【分布与习性】分布于南亚、东南亚及东亚地区。国内见于除西藏、新疆及内蒙古部分地区外的区域，为常见夏候鸟及旅鸟。出现于多种林地生境，多活动于冠层。【鸣声】鸣唱为婉转的哨音"ou——wii ao"，叫声拖长而沙哑。

740．黑头黄鹂　Black-hooded Oriole　*Oriolus xanthornus*

【野外识别】体长 20~25 cm 的小型黄鹂。雄鸟头颈部、飞羽及中央尾羽黑色，初级覆羽及三级飞羽末端黄色，其余体羽亦为黄色。雌鸟似雄鸟而下体颜色偏绿。幼鸟前额黄色，喉至上胸灰白而具不同程度的黑色纵纹。虹膜—成鸟鲜红色，幼鸟色暗；喙—成鸟粉红色，幼鸟深色；跗跖—铅灰色。【分布与习性】分布于南亚及东南亚。国内边缘性分布于云南，为不常见留鸟。栖息于低海拔较开阔的多种林地。习性似其他黄鹂。【鸣声】鸣唱似黑枕黄鹂，为婉转的笛音；叫声沙哑。

741．朱鹂　Maroon Oriole　*Oriolus traillii*

【野外识别】体长 23~28 cm 的中型黄鹂。雄鸟头颈及两翼黑色并具金属光泽，尾羽及尾下覆羽朱红色，其余体羽暗红或鲜红（ *ardens* 亚种）。雌鸟似雄鸟而体羽无金属光泽，背部深褐色，下体均为浅色并具深色纵纹。*ardens* 亚种雌鸟更似雄鸟，仅腹部白色并具深红色纵纹。本种雌鸟与鹊鹂相似，但本种喉部颜色较深且无纵纹，背部略带朱色。虹膜—成鸟淡黄色，幼鸟色暗；喙—灰白色；跗跖—铅灰色。【分布与习性】分布于喜马拉雅山脉东段及东南亚。国内见于西南部及海南、台湾，为常见留鸟。栖息于中低海拔阔叶林地。习性似其他黄鹂。【鸣声】鸣唱似黑枕黄鹂，为婉转的笛音；叫声沙哑。

黑枕黄鹂 王斌

黑枕黄鹂 幼 朱雷

黑头黄鹂 幼 董文晓

黑头黄鹂 朱雷

朱鹂 雌 计云

朱鹂 张永

742. 鹊鹂　Silver Oriole　*Oriolus mellianus*

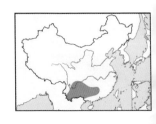

【野外识别】体长约 28 cm 的大型黄鹂。雄鸟头颈及两翼黑色，尾羽及尾下覆羽朱红色，其余体羽灰白色，腹部略具深色纵纹。雌鸟似雄鸟而背部深灰色，喉部色至整个下体均为浅色并具深色纵纹。与朱鹂雌鸟相似，辨识见相应种描述。虹膜—成鸟淡黄色，幼鸟色暗；喙—灰白色；跗跖—铅灰色。【分布与习性】分布于东亚及东南亚部分地区。国内见于中南部，为罕见夏候鸟。栖息于中低海拔常绿阔叶林。习性似其他黄鹂。【鸣声】似朱鹂。

743. 黑卷尾　Black Drongo　*Dicrurus macrocercus*

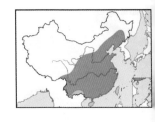

【野外识别】体长 27~31 cm 的中型卷尾。雌雄相似。成鸟通体黑色具蓝黑色辉光，尾长而分叉，分叉末端略上卷。尾羽因换羽常呈锯齿状及各种过渡形态，与各种可能因此混淆的种类区别于其栖息的生境及行为。幼鸟下体具白色横纹。有时易与乌鹃、灰卷尾 *hopwoodi* 亚种及古铜色卷尾混淆，辨识分别见相应种描述。虹膜—暗红色；喙—黑色；跗跖—黑色。【分布与习性】见于南亚及东南亚。国内为北至东北的广大东部、中西部及西南部地区以及海南和台湾的常见夏候鸟或留鸟。栖息于包括农田、果园、疏林等各种开阔环境中，喜停栖于电线、枝顶等视野开阔处捕食空中飞虫。繁殖期领域性极强，常攻击路过的猛禽甚至人类。【鸣声】常发出沙哑而夹杂一连串电子音质感的哨音。

744. 灰卷尾　Ashy Drongo　*Dicrurus leucophaeus*

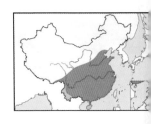

【野外识别】体长 23~30 cm 的中型卷尾。雌雄相似。前额、眼先及额部黑色，眼周部分白色，其余体羽大致灰色。尾长而分叉，分叉末端略上卷，但不如黑卷尾明显。*hopwoodi* 亚种体羽颜色灰黑色，易与黑卷尾混淆，区别于本种颜色偏灰、眼周及耳羽颜色较深、尾羽更长而尾又更深。虹膜—暗红色；喙—黑色；跗跖—黑色。【分布与习性】见于南亚及东南亚。国内为包括海南及台湾，北至河北的华中、中南及西南（*hopwoodi* 亚种）地区的夏季低山繁殖鸟。习性似黑卷尾。【鸣声】常发出一连串婉转的哨音，不时夹杂急促而沙哑的 "cha cha" 声。

鹊鹨 雌 罗平钊 / 西南山地

鹊鹨 雄 罗平钊 / 西南山地

乌卷尾 计云

黑卷尾 崔月

灰卷尾 指名亚种 朱雷

灰卷尾 沈越

灰卷尾 *hopwoodi* 亚种 朱雷

745. 鸦嘴卷尾 Crow-billed Drongo *Dicrurus annectans*

【野外识别】体长27~29 cm的中型林栖型卷尾。雌雄相似。成鸟通体黑色而具明显的蓝绿色辉光。喙较粗厚。尾呈叉形，尾羽较短、末端较宽且分叉较浅而与黑卷尾明显不同。幼鸟羽毛辉光不明显，下体具白色斑纹。与发冠卷尾非繁殖羽的区别在于本种体形较小，喙较粗短，外侧尾羽末端上卷不明显。虹膜—褐色；喙—灰黑色；跗跖—黑色。【分布与习性】片段性分布于南亚及东南亚。国内见于云南西部、华南地区及海南，为不常见留鸟或旅鸟。多栖息于植被较好的山地森林，习性似其他卷尾。【鸣声】似古铜色卷尾，但音色更粗哑。

746. 古铜色卷尾 Bronzed Drongo *Dicrurus aeneus*

【野外识别】体长21~24 cm的小型林栖型卷尾。雌雄相似。成鸟通体黑色具蓝绿色辉光，尾叉形，但最外侧尾羽并不上卷。幼鸟羽毛辉光较不明显。与无延长尾羽的小盘尾相似，辨识见相应种描述。同黑卷尾区别于体形较小且栖息的生境不同。虹膜—褐色；喙—灰黑色；跗跖—黑色。【分布与习性】于南亚及东南亚为留鸟。国内见于西南地区、海南和台湾，为留鸟。多栖息于植被较好的森林，习性似其他卷尾。【鸣声】鸣唱似红耳鹎，为一连串婉转而圆润的哨音；叫声为短促而尖锐的单音节哨音。

747. 发冠卷尾 Hair-crested Drongo *Dicrurus hottentottus*

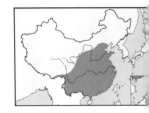

【野外识别】体长25~32 cm的大型卷尾。雌雄相似。成鸟通体黑色具蓝黑色辉光，喙长而下弯，繁殖期头顶具特化毛发状饰羽，尾羽长而分叉不明显，最外侧尾羽由两侧向中部上卷。幼鸟羽毛辉光不明显。非繁殖羽似鸦嘴卷尾，辨识见相应种描述。虹膜—褐色；喙—灰黑色；跗跖—黑色。【分布与习性】见于南亚及东南亚。国内为北至河北的广大东部、中西部及西南部地区的夏季山地繁殖鸟，于台湾及海南过境，在云南西南部为留鸟。见于多种森林生境，习性似其他卷尾。【鸣声】似灰卷尾。

鸦嘴卷尾 沈岩

鸦嘴卷尾 崔月

古铜色卷尾 崔月

古铜色卷尾 朱雷

古铜色卷尾 朱雷

发冠卷尾 沈越

发冠卷尾 朱雷

502/
/503
雀形目　卷尾科
PASSERIFORMES　Dicruridae

雀形目　椋鸟科
PASSERIFORMES　Sturnidae

748．小盘尾　Lesser Racket-tailed Drongo　*Dicrurus remifer*

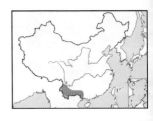

【野外识别】体长约26 cm（不计尾羽延长部分）的中型卷尾。雌雄相似。成鸟通体黑色，头顶略平，除脸部及腹部外通体具蓝绿色辉光，尾羽平截，最外侧尾羽强烈延长，中段仅存羽轴而呈线状，末端羽片正常而形成椭圆形的"盘尾"。但有时磨损或脱落而只能观察到正常的尾羽。幼鸟羽毛辉光不明显而尾羽延长较短。与古铜色卷尾区别于其尾羽平截不分叉。与大盘尾相似，辨识见相应种描述。虹膜—褐色；喙—灰黑色；跗跖—黑色。【分布与习性】分布于喜马拉雅山脉及东南亚。国内不常见于云南及广西，为留鸟或繁殖鸟。喜单独或成对活动于低地森林，习性似其他卷尾，常加入混合鸟群。【鸣声】鸣唱似古铜色卷尾但更多变化，节奏更快。

749．大盘尾　Greater Racket-tailed Drongo　*Dicrurus paradiseus*

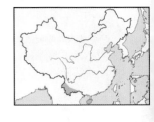

【野外识别】体长31~37 cm（不计尾羽延长部分）的大型卷尾。雌雄相似。成鸟通体黑色具蓝黑色辉光，前额明显的羽冠，尾羽略呈叉形，最外侧尾羽强烈延长，中段仅存羽轴而呈线状，末端具扭曲的羽片形成"盘尾"。但有时磨损或脱落而只能观察到正常的尾羽。幼鸟羽毛辉光不明显，尾羽延长较短且末端羽片较小。与小盘尾区别于体形较大，头顶具羽冠且"盘尾"的形状不同。虹膜—褐色；喙—灰黑色；跗跖—黑色。【分布与习性】分布于南亚及东南亚。国内仅见于云南西南及海南，为留鸟。喜单独或成对活动于低地森林，有时加入混合鸟群，习性似其他卷尾，领域性强而会攻击包括猛禽或犀鸟在内的其他鸟类。【鸣声】鸣唱为一连串重复的鸣叫，空洞而沙哑似黄鹂，叫声单调而沙哑。

750．亚洲辉椋鸟　Asian Glossy Starling　*Aplonis panayensis*

【野外识别】体长17~21 cm的小型椋鸟。雄鸟眼先黑色，颈部羽毛延长呈丝状。其余体羽具闪亮的金属辉光。雌鸟上体大致灰色，下体白色，通体具黑色纵纹。幼鸟似雌鸟。虹膜—红色，幼鸟淡红色；喙—黑色；跗跖—黑色。【分布与习性】分布于南亚东部及东南亚。逃逸种群见于我国台湾，亦零星出现于多个南方城市。为留鸟。多活动于低海拔开阔地带。【鸣声】鸣唱为婉转但刺耳的哨音，叫声为单音节的哨音。

小盘尾 换羽 朱雷

小盘尾 崔月

大盘尾 朱雷

大盘尾 智祥乐

亚洲辉椋鸟 雌 朱雷

亚洲辉椋鸟 雄 于涛

751. 金冠树八哥　Golden-crested Myna　*Ampeliceps coronatus*

【野外识别】体长 19~22 cm 的小型椋鸟。雄鸟前额、头顶及喉部金黄色，眼周裸皮粉红色，其余体羽及飞羽为具金属光泽的黑色，仅初级飞羽中部金黄色而形成金黄色翼斑。雌鸟似雄鸟而黄色范围较小，仅前额、头顶中部及颏部金黄色。虹膜—深褐色；喙—肉色略带灰色；跗跖—黄褐色。【分布与习性】分布于东南亚。国内见于云南西南及南部，为罕见留鸟；于广东东部地区有迷鸟或逃逸鸟记录。常栖息于低海拔常绿阔叶林较开阔处，成对或集小群于冠层取食果实。【鸣声】似鹩哥，但音频较高。

752. 鹩哥　Hill Myna　*Gracula religiosa*

【野外识别】体长 27~31 cm 的大型椋鸟。雌雄相似。眼下方及枕部具醒目的金黄色肉垂，并在耳羽处相连。其余体羽及飞羽为具金属光泽的黑色，仅初级飞羽中部白色而形成白色翼斑。虹膜—深褐色；喙—橙红色；跗跖—金黄色。【分布与习性】分布于东南亚及南亚。国内见于华南、西南部分地区及海南，为留鸟。由于作为笼鸟而被过度捕捉，数量大为减少，城市偶有逃逸个体出现。喜成对或集小群于低地常绿阔叶林较开阔地带的冠层取食果实。【鸣声】鸣唱嘹亮而多变。

753. 林八哥　White-vented Myna　*Acridotheres grandis*

【野外识别】体长 24~27 cm 的中型椋鸟。雌雄相似。前额丝状簇毛长，头颈部黑色具金属光泽，背部及下体黑色略带灰色，尾下覆羽白色，飞羽及尾羽大致黑色。初级飞羽基部白色形成白色翼斑，尾羽末端白色。与八哥区别于后者虹膜颜色浅，前额簇毛短，尾下覆羽黑色具白斑。虹膜—深褐色；喙—金黄色；跗跖—黄色。【分布与习性】分布于东南亚北部。国内见于云南西部、南部及广西西部，为常见留鸟；于台湾为逃逸种群。喜成对活动于低海拔农田、草地等开阔生境。【鸣声】鸣唱婉转复杂，叫声嘈杂似八哥。

金冠树八哥 Charles Lam

金冠树八哥 Sandy Cole

金冠树八哥 Francesco Veronesi

鹩哥 朱雷

鹩哥 曾祥乐

林八哥 崔月

林八哥 关翔宇

754. 八哥　Crested Myna　*Acridotheres cristatellus*

【野外识别】体长 23~28 cm 的中型椋鸟。雌雄相似。前额具黑色羽簇，头颈部及两翼，其余体羽黑色略带灰色。仅初级飞羽基部白色形成白色翼斑，尾下覆羽黑色具白色横纹，尾羽黑色具白色端斑。幼鸟色偏褐，虹膜灰色。虹膜—淡黄色；喙—淡黄色；跗跖—淡褐色。【分布与习性】分布于东亚及东南亚地区。国内见于黄河以南大部分地区，为常见留鸟。栖息于低海拔开阔地带。适应力强，逃逸个体在多个城市中形成了稳定种群。【鸣声】鸣唱婉转多变，亦发出椋鸟典型的嘈杂声。

755. 爪哇八哥　Javan Myna　*Acridotheres javanicus*

【野外识别】体长 22~25 cm 的中型椋鸟。雌雄相似。前额具黑色簇毛，头部黑色，颈部、背部、腰部及下体深灰色至灰黑色。两翼黑色，初级飞羽基部白色形成白色翼斑，尾下覆羽白色，尾羽黑色具白色端斑。幼鸟颜色较淡。虹膜—淡黄色；喙—黄色；跗跖—黄色。【分布与习性】分布于爪哇岛和巴厘岛。国内见于台湾，为逃逸种群。习性似其他八哥。【鸣声】鸣唱婉转多变，叫声似八哥。

756. 白领八哥　Collared Myna　*Acridotheres albocinctus*

【野外识别】体长 25~27 cm 的中型椋鸟。雌雄相似。前额具短簇毛，体羽大致黑色，颈侧至后枕白色形成“白领”。背部及下体稍带灰色，两翼黑色而初级飞羽基部白色形成白色翼斑。尾下覆羽黑色具白色横纹，尾羽黑色具白色端斑。幼鸟“白领”略带灰褐色。虹膜—灰蓝色；喙—金黄色；跗跖—黄褐色。【分布与习性】狭布于东南亚西北部。国内见于云南西南部，为区域性留鸟。栖息于中低海拔较湿润开阔地带，习性似其他八哥。【鸣声】不详，推测似其他八哥。

八哥 朱雷

八哥 戴美杰

爪哇八哥 崔月

爪哇八哥 朱雷

白领八哥 关翔宇

757. 家八哥 Common Myna *Acridotheres tristis*

【野外识别】体长 24~26 cm 的中型椋鸟。雌雄相似。前额无显著羽簇，眼下方及眼后具金黄色裸皮，头颈部黑色。胸部灰褐色，背部、覆羽及腹部褐色，尾下覆羽白色。飞羽黑色而初级飞羽基部白色形成白色翼斑，尾羽黑色而末端白色。幼鸟飞羽及尾羽褐色。虹膜—淡黄色；喙—黄色；跗跖—黄色。【分布与习性】原分布于中亚、南亚及东南亚，后被引入世界各地。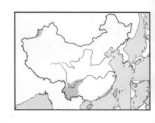国内原分布于海南、云南西部及南部，为留鸟；逃逸种群亦常见于广东、新疆及台湾等地。栖息于低海拔开阔地带。【鸣声】鸣唱婉转多变，叫声似八哥。

758. 红嘴椋鸟 Vinous-breasted Starling *Acridotheres burmannicus*

【野外识别】体长 22~26 cm 的中型椋鸟。雌雄相似。头颈部白色略带灰色，眼周及眼后具黑色裸皮呈贯眼纹状。背部灰褐色，胸部及下体粉褐色，尾下覆羽白色。覆羽及三级飞羽褐色，初级飞羽黑色而基部白色形成白色翼斑，尾羽褐色具白色端斑。幼鸟头顶灰褐色。虹膜—淡黄色；喙—橙红色，下喙基部深灰色；跗跖—黄褐色。【分布与习性】分布于东南亚地区。国内见于云南西南部，为不常见留鸟。习性似其他椋鸟，于低海拔开阔地带活动。【鸣声】似其他椋鸟，鸣唱婉转，叫声嘈杂。

759. 斑翅椋鸟 Spot-winged Starling *Saroglossa spiloptera*

【野外识别】体长 19~20 cm 的小型椋鸟。雄鸟眼先、耳羽及颊部黑色，喉部深棕，前额、头顶至后颈灰色具黑色鱼鳞纹。胸侧白色，而胸中部、两胁及腰部棕黄色，腹部中央白色。背部羽毛黑色而具灰色羽缘亦形成鱼鳞状斑纹，三级飞羽褐色具金属光泽，初级飞羽黑色而基部白色形成小的白色翼斑，尾羽黑色，尾下覆羽白色具棕色斑纹。雌鸟上体灰褐色，下体大致白色而喉部及胸部略带灰色。幼鸟似雌鸟而喙基色淡。虹膜—黄色；喙—黑色，略下弯；跗跖—铅灰色。【分布与习性】分布于喜马拉雅山脉及东南亚西北部。国内见于云南西部，为罕见冬候鸟。亦可能出现于西藏南部及东南部。于林地较开阔处成对或集群活动于冠层。【鸣声】叫声似树麻雀。

家八哥 朱雷

家八哥 崔月

家八哥 朱雷

红嘴椋鸟 智荣珠

斑翅椋鸟 雌 关翔宇

斑翅椋鸟 雄 关翔宇

斑翅椋鸟 雄 关翔宇

760. 黑领椋鸟　Black-collared Starling　*Gracupica nigricollis*

【野外识别】体长 27~29 cm 的大型椋鸟。雌雄相似。眼先、眼周及颊部具黄色裸皮，头部其余部分白色。颈部及上胸黑色，下体白色，背部深褐色。覆羽黑色并具白色端斑，在背部形成多条白斑，腰白色。飞羽黑色无斑，尾羽黑色而末端白色。幼鸟头颈部灰而无黑色，背部灰褐色。虹膜—深褐色；喙—黑色；跗跖—铅灰色。【分布与习性】分布于东南亚地区。国内常见于云南南部及包括海南和台湾在内的长江以南的部分地区，为留鸟；逃逸种群亦见于台湾。习性似其他椋鸟，喜开阔地带。【鸣声】似其他椋鸟，鸣唱婉转，叫声嘈杂。

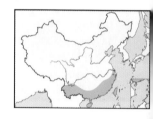

761. 斑椋鸟　Asian Pied Starling　*Gracupica contra*

【野外识别】体长 21~24 cm 的中型椋鸟。雌雄相似。眼先及眼周具橙红色裸皮，前额及耳羽白色，头顶黑色具白色纵纹，头颈其余部分及上胸黑色。下体白色，背部深褐色，中覆羽白色形成白色肩斑。腰白色，两翼、飞羽及尾羽黑色。幼鸟耳羽灰褐色，背部颜色更灰。虹膜—黄色；喙—黄色，后段橙红色；跗跖—黄褐色。【分布与习性】分布于南亚及东南亚地区。国内见于西藏东南部、云南南部及西南部，为不常见留鸟。习性似其他椋鸟，于低海拔开阔地带活动。【鸣声】似其他椋鸟，鸣唱婉转，叫声嘈杂。

762. 北椋鸟　Daurian Starling　*Sturnia sturnina*

【野外识别】体长 16~19 cm 的小型椋鸟。雄鸟繁殖羽头颈、腰部及下体灰白色，后枕具小块黑色斑，常磨损消失。背部羽毛丝状延长而呈紫黑色，中覆羽白色亦延长，大覆羽黑色具白色端斑，亦常磨损消失。飞羽及尾羽黑色闪绿色金属辉光。非繁殖羽头颈部灰色，与下体对比明显。雌鸟似雄鸟而背部褐色，头部及下体颜色更灰，金属辉光不明显。幼鸟似雌鸟而飞羽及尾羽褐色。与丝光椋鸟区别于本种喙短粗呈深色，头颈及下体同色。虹膜—深褐色；喙—铅灰色（非繁殖羽下喙基部色浅），短；跗跖—灰绿色。【分布与习性】分布于东亚及北亚地区。国内繁殖于东北、华北及陕西，迁徙时经过东部多数地区，于台湾越冬。成对或集小群活动于多林地带。【鸣声】鸣唱为聒噪沙哑的 "zhi zhi" 声，叫声似灰椋鸟。

黑领椋鸟 崔月

黑领椋鸟 沈越

斑椋鸟 曾祥乐

斑椋鸟 曾祥乐

北椋鸟 薛琳

北椋鸟 李飏

北椋鸟 沈岩

763. 紫背椋鸟　Chestnut-cheeked Starling　*Sturnia philippensis*

【野外识别】体长 17~19 cm 的小型椋鸟。雄鸟繁殖羽颊部、耳羽及颈侧具斑驳的栗色，头颈其余部分白色。背部黑色泛紫色金属光泽，中覆羽白色形成白色肩斑，大覆羽、飞羽及尾羽黑色泛绿色金属光泽，腰白色。胸部及两胁灰色。腹部及尾下覆羽白色。雌鸟头颈部及背部灰褐色，胸部及两胁亦略带灰褐色。与北椋鸟雌鸟区别于头颈部多少具棕色调。虹膜－深褐色；喙－黑色，短；跗跖－铅灰色。【分布与习性】分布于东亚及东南亚部分地区。国内见于沿海地区，为少见旅鸟；于台湾越冬。习性似北椋鸟，喜较开阔林地。【鸣声】似北椋鸟。

764. 灰背椋鸟　White-shouldered Starling　*Sturnia sinensis*

【野外识别】体长 17~21 cm 的小型椋鸟。雄鸟前额及喉部污白色，眼周颜色略深，头颈其余部分、背部及胸部灰色。覆羽、下体、腰部及尾下覆羽污白色，飞羽黑色，尾羽亦为黑色而末端白色。雌鸟似雄鸟而体羽更多褐色，覆羽白色斑面积更小。幼鸟似雌鸟。与灰头椋鸟相似，辨识见相应种描述。虹膜－灰色；喙－蓝灰色；跗跖－铅灰色。【分布与习性】分布于东亚及东南亚地区。国内见于华南及西南部，为夏候鸟；于台湾及海南越冬；亦有迷鸟出现于北方。习性似其他椋鸟，喜较开阔地带。【鸣声】叫声尖锐沙哑。

765. 灰头椋鸟　Chestnut-tailed Starling　*Sturnia malabarica*

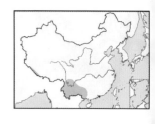

【野外识别】体长 17~20 cm 的小型椋鸟。雌雄相似。*nemoricolus* 亚种头颈部羽毛灰白色，呈丝状延长。背部、覆羽、三级飞羽及中央尾羽灰色，下体大部灰白色，仅两胁略带黄色而臀部棕色。其余飞羽黑色，外侧尾羽深棕色而基部黑色。与丝光椋鸟及灰背椋鸟区别于本种头颈部及下体同色，无白色肩斑，喙及外侧尾羽颜色亦不同。指名亚种下体为淡棕色。幼鸟通体灰色，飞羽及尾羽色深。虹膜－淡黄色；喙－淡黄色，后段蓝色；跗跖－黄褐色。【分布与习性】分布于东南亚及南亚。*nemoricolus* 亚种国内不常见于西南，指名亚种见于西藏南部，为留鸟。喜较开阔的林地，亦出现于农田附近。【鸣声】叫声似树麻雀但嘶哑。

紫背椋鸟 雄 关翔宇

灰背椋鸟 钱斌

灰背椋鸟 幼 戴美杰

灰头椋鸟 朱雷

灰头椋鸟 崔月

766. 黑冠椋鸟　Brahminy Starling　*Temenuchus pagodarum*

【野外识别】体长19~22 cm的中型椋鸟。雌雄相似。眼先、前额、头顶黑色而具蓬松的黑色丝状羽冠，眼后具小块白色裸皮，头颈其余部分、胸部及整个下体均为淡棕色，且羽毛延长呈丝状，仅尾下覆羽白色。背部、覆羽、三级飞羽及中央尾羽灰褐色，其余飞羽灰褐色，外侧尾羽黑色而末端白色。幼鸟头顶无羽冠而呈褐色，体羽颜色更淡。虹膜—黄色；喙—黄色，后段蓝色；跗跖—黄色。【分布与习性】分布于南亚及喜马拉雅山脉西段。国内见于西藏东南部及云南西部，为罕见留鸟。喜低海拔较湿润的开阔地带，常与其他种类的椋鸟混群。【鸣声】嘈杂而似其他椋鸟。

767. 粉红椋鸟　Rosy Starling　*Pastor roseus*

【野外识别】体长19~24 cm的中型椋鸟。雌雄相似。繁殖羽头颈及上胸部黑色，两翼及尾羽亦为黑色，尾下覆羽灰黑色，其余体羽粉色。非繁殖羽所有粉色变为淡灰褐色，黑色部分杂以淡灰色细纹。幼鸟上体淡灰色，下体色较浅而无纵纹，喙及跗跖黄色而与紫翅椋鸟幼鸟区别。虹膜—深褐色；喙—粉色（非繁殖羽灰色，下喙黄色），幼鸟黄色；跗跖—粉色（非繁殖期褐色），幼鸟黄色。【分布与习性】见于欧亚大陆中部及印度。国内于新疆西部为常见繁殖鸟，迁徙时经过甘肃、青海及西藏西部，亦有迷鸟记录于东部地区。喜集大群活动于开阔草原及农田，常同紫翅椋鸟混群活动。【鸣声】似紫翅椋鸟，但声音较粗糙。

768. 丝光椋鸟　Silky Starling　*Sturnus sericeus*

【野外识别】体长20~23 cm的中型椋鸟。雄鸟头颈部污白色，深灰色条带绕颈一周与灰色的背部及下体相连。颈部及背部羽毛延长成丝状。飞羽及尾羽黑色。初级飞羽基部白色形成白色翼斑。尾下覆羽白色。雌鸟似雄鸟而头部灰褐色较多，仅喉部白色。幼鸟体羽更偏灰褐色。与灰头椋鸟相似，辨识见相应种描述。虹膜—深褐色；喙—红色，末端暗色；跗跖—黄褐色。【分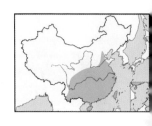布与习性】分布于东亚及东南亚地区。国内见于黄河以南地区，包括海南，为常见留鸟，在台湾为冬候鸟，在华北主要为夏候鸟，于城市中有留鸟种群。习性似其他椋鸟，喜开阔地带。【鸣声】鸣唱婉转，鸣声为单调的颤音，似其他椋鸟。

墨冠椋鸟 J.M.Garg

鹩冠椋鸟 Ravi Vaidyanathan

粉红椋鸟 邢睿

粉红椋鸟 邢睿

丝光椋鸟 幼和雌 陈青骞

丝光椋鸟 娄方洲

丝光椋鸟 雄 崔月

516
517
雀形目 椋鸟科
PASSERIFORMES Sturnidae
雀形目 燕鵙科
PASSERIFORMES Artamidae

769. 灰椋鸟　White-cheeked Starling　*Sturnus cineraceus*

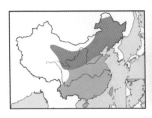

【野外识别】体长 20~24 cm 的中型椋鸟。雌雄相似。头部大致黑褐色，头顶、眼先及耳羽白色具黑色杂纹。颈部及胸部深褐色，背部、覆羽及下体褐色具灰褐色细纹。飞羽黑褐色，次级飞羽外翈具白色形成浅色翼纹。腰部及尾上覆羽白色，尾羽黑色而末端具白斑。幼鸟耳羽灰褐色，体羽亦更灰。虹膜—深褐色；喙—橙色，末端暗色；跗跖—黄褐色。【分布与习性】分布于亚洲东部及东南亚地区。国内常见于东部及中部开阔生境。于北方繁殖，越冬于黄河流域以南；部分种群不迁徙。习性似其他椋鸟。【鸣声】鸣唱流畅但沙哑，鸣叫声与其他椋鸟相似。

770. 紫翅椋鸟　Common Starling　*Sturnus vulgaris*

【野外识别】体长 20~24 cm 的中型椋鸟。雌雄相似。繁殖羽眼先黑色，喉部、颈部及背部羽毛延长呈穗状，通体黑色闪紫色及绿色金属光泽，背部、胸腹部至尾下覆羽具白色端斑而使上述部分呈星状斑驳。非繁殖羽似繁殖羽，但无延长的羽毛，且头颈部羽毛末端亦为白色而通体呈星状斑驳。幼鸟灰褐色，眼先黑色，下体具白色纵纹，常随换羽的进行具成鸟部分羽色，与粉红椋鸟幼鸟的区别见相应种描述。虹膜—深褐色；喙—黑色；跗跖—深褐色。【分布与习性】原分布于欧亚大陆北部，但几乎已被引入各个大洲。国内于西北部繁殖，冬季进行爆发式迁徙而几乎有记录于全国各地。集群活动于疏林开阔地带，亦适应城市环境。【鸣声】鸣唱为细碎而婉转的"si si"声，鸣叫声流畅而沙哑。

771. 灰燕鵙　Ashy Woodswallow　*Artamus fuscus*

【野外识别】体长 16~18 cm 的燕鵙科鸟类。雌雄相似。喙粗钝且厚实，似雀类。额基及眼先黑色，除此之外头部及上体余部灰色或灰褐色，尾上覆羽灰白色。两翼灰色，飞羽羽色略深。两翼较长而尾短(停歇时翼尖超过尾端)，尾羽深灰色，尖端白色。额黑色，喉至上胸深灰色，与上体羽色相似。下胸、腹部及尾下覆羽为淡灰色。飞行时两翼展开似燕科鸟类，但尾羽展开呈扇形，与燕有明显区别。虹膜—褐色；喙—蓝灰色或淡蓝色；跗跖—褐色。【分布与习性】广布于东洋界。国内见于包括海南在内的东南及西南地区，为区域性常见留鸟。主要栖息于低海拔开阔的疏林、旷野、农田、湿地等生境，常集群活动。【鸣声】单调的"wa wa wa wi wi"等。

灰椋鸟 沈越

灰椋鸟 崔月

紫翅椋鸟 黄亚慧

紫翅椋鸟 非繁殖羽 沈越

紫翅椋鸟 张岩

灰燕鸥 朱雷

灰燕鸥 崔月

灰燕鸥 沈越

772. 北噪鸦　Siberian Jay　*Perisoreus infaustus*

【野外识别】体长 26~31 cm 的小型鸦科鸟类。雌雄相似。喙较其他鸦类短而细，眼先及眼周近黑色，头顶至上体灰褐色。翅短，部分翼上覆羽棕色，形成两道翅斑，但翅斑轮廓通常不甚清晰。下体灰褐色略带棕色，腰和尾上覆羽亦为棕色，中央尾羽灰褐色，其余尾羽为较亮丽的橙棕色，常在飞行时扇开，易于识别。虹膜—褐色；喙—深灰色或黑色；跗跖—灰色。【分布与习性】分布于古北界北部。国内见于东北和新疆北部地区，为罕见留鸟，但可做短距离的迁移和游荡，冬季会向林缘地带移动。主要生境为针叶林和混交林，繁殖期成对，非繁殖期有时集 10 只以内的小群活动。【鸣声】大部分时候比较安静，但有时发出响亮且较复杂的叫声似 "bi bi bi" 或 "gra bliu" 等。

773. 黑头噪鸦　Sichuan Jay　*Perisoreus internigrans*

【野外识别】体长 29~32 cm 的小型鸦科鸟类。雌雄相似。喙短，全身以灰黑色为主，其中头部至枕部颜色较深，近黑色。上体、两翼、下体和尾羽几全为深灰色。体形与北噪鸦相似，但无棕色部分，分布亦不重叠，不难识别。虹膜—褐色；喙—黄色或灰褐色；跗跖—灰黑色。【分布与习性】中国特有种，仅分布在四川西北部、西藏东部至甘肃、青海南部海拔 3000~4300 m 的高山针叶林深处，为罕见留鸟，一般不集群。种群数量稀少。【鸣声】通常为嘈杂的高音。

774. 松鸦　Eurasian Jay　*Garrulus glandarius*

【野外识别】体长 28~35 cm 的小型鸦科鸟类。雌雄相似，但诸亚种羽色有些许差别。喙短而粗壮，头部黄褐色（分布于云南的 *leucotis* 亚种头顶黑色，前额、眼周和耳羽白色），具短羽冠和显著的黑色颊纹。上体和下体黄褐色为主，两翼的羽色分布极具特点：初级飞羽近黑色，外翈白色；次级飞羽黑色，外翈靠近基部约一半为白色，停歇时形成一显著的白色翅斑（广布于中国东南的 *sinensis* 亚种初级飞羽和次级飞羽全黑）；三级飞羽黑色与栗色相间；大覆羽和初级覆羽由密集的鲜艳的黑、白、蓝三色镶嵌的点斑构成，停歇和飞行时均清晰可见，为本种的重要特征。腰、尾上覆羽和尾下覆羽白色，与近黑色的尾羽形成对比，飞行时甚明显而易于识别。虹膜—褐色；喙—深灰色；跗跖—黄褐色。【分布与习性】广布于欧亚大陆和北非北部。国内见于除青藏高原和新疆西部之外的大部分地区，包括台湾，为留鸟。栖息于各种类型的林地及其周边地区，非繁殖期集 20 只以内的小群游荡。【鸣声】粗哑的 "ga ga" 声。

北噪鸦 Ron Knight

北噪鸦 Estormiz

黑头噪鸦 宋大昭

黑头噪鸦 董文晓

松鸦 崔月

松鸦 *leucotis* 亚种 沈越

松鸦 沈越

775. 灰喜鹊　Azure-winged Magpie　*Cyanopica cyanus*

【野外识别】体长 32~40 cm 的中型鸦科鸟类。雌雄相似。头顶、头侧至枕部为黑色，喉和颈侧白色。上体灰色为主，但部分亚种略带紫色。大部分飞羽外翈天蓝色，内翈灰色，部分覆羽亦为天蓝色，是飞行和停歇时均易于观察的识别特征。下体灰褐色，尾较长（16~25 cm），亦呈天蓝色，其中两枚中央尾羽具白色端斑。虹膜—深褐色；喙—黑色；跗跖—黑色。【分布与习性】

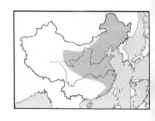

分布于东亚大部分地区（指名亚种）及伊比利亚半岛（*cooki* 亚种）。国内见于东部、中部地区，以及海南，为留鸟；香港和云南部分地区有引种或逃逸个体，但群体数量不稳定。区域性常见于低海拔各种生境（林地、农田、湿地和城市等），喜集群活动，时常围攻猛禽。【鸣声】比较嘈杂，或有特点的长拖尾音"ga——"。

776. 台湾蓝鹊　Taiwan Blue Magpie　*Urocissa caerulea*

【野外识别】体长 60~69 cm 的大型鸦科鸟类。雌雄相似。喙和跗跖均为红色，头部、颈部、胸部均为黑色，上体、下体和两翅为深蓝色，但飞羽具白色端斑。尾甚长（中央尾羽最长，约 40cm），具较宽的白色端斑和黑色次端斑，但中央尾羽无黑色次端斑。相似种红嘴蓝鹊头顶至枕部、下体为白色，且上体和尾羽的蓝色偏灰；红嘴蓝鹊虹膜为红色，而本种虹膜为黄色。

虹膜—黄色；喙—红色；跗跖—红色。【分布与习性】中国特有种，仅分布于台湾，为区域性常见留鸟。主要活动在低山林地，习性与红嘴蓝鹊相似，喜集群活动，攻击性强。近年来被人为引入台湾部分地区的红嘴蓝鹊与本种的竞争状况值得进一步关注。【鸣声】嘈杂刺耳且多变的高音。

777. 黄嘴蓝鹊　Yellow-billed Blue Magpie　*Urocissa flavirostris*

【野外识别】体长 55~69 cm 的大型鸦科鸟类。雌雄相似。黄色的喙为本种重要特征。头部、颈部、胸部黑色，枕部有一白色块斑，上体、两翼蓝灰色，飞羽具白色端斑，下体白色。尾羽甚长（中央尾羽最长，35~45 cm，其余尾羽自中央向两侧逐级变短），具黑色次端斑和白色端斑，但中央尾羽仅具白色端斑。相似种红嘴蓝鹊的喙为猩红色，枕部的白色块斑面积较大，延伸至头顶；与本种分布有重叠时（如云南西部横断山脉），会

选择海拔较低的区域（一般为 1800 m 以下）。虹膜—黄色至深褐色；喙—黄色；跗跖—橙色或黄色。【分布与习性】有限分布于喜马拉雅山脉至横断山脉海拔较高（1800~3500 m）的地带。我国见于西藏南部、东南部至云南横断山脉，为不常见留鸟。喜常绿阔叶林，非繁殖期一般集 5 只以内的小群活动。【鸣声】刺耳的高声鸣叫。

灰喜鹊 单桂林

灰喜鹊 沈越

台湾蓝鹊 沈越

台湾蓝鹊 张永

黄嘴蓝鹊 计云

黄嘴蓝鹊 董江天

778. 红嘴蓝鹊　Red-billed Blue Magpie　*Urocissa erythrorhyncha*

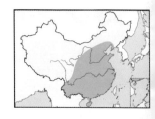

【野外识别】体长 53~68 cm 的大型鸦科鸟类。雌雄相似。喙和跗跖为鲜艳的猩红色，头部黑色延伸至胸部，枕部有较大面积的淡灰白色块斑延伸至头顶。上体和两翼为蓝灰色，下体白色。甚长的尾羽呈显著的凸形，中央尾羽最长（35~47 cm），具明显的白色端斑，其余尾羽具白色端斑和黑色次端斑，尾羽长度从中间向两侧逐渐变短，飞行时尾羽通常扇开，特征明显，不难识别。与黄嘴蓝鹊、台湾蓝鹊相似，辨识分别见相应种描述。虹膜—红色至暗红色；喙—红色；跗跖—红色。【分布与习性】分布于东亚、喜马拉雅山脉部部分地区和东南亚。国内广布于除东北和新疆、西藏、青海、台湾之外的广大地区，包括海南，为区域性常见留鸟。一般活动于海拔 3500 m 以下的林地、湿地、农田、村落、城市等各种生境；常集 30 只以下的小群活动，喜短距离滑翔，性喧闹，不甚惧人。攻击性强，常主动攻击猛禽。【鸣声】尖锐刺耳的鸣叫声"cha cha cha"，或其他复杂多变的鸣声。

779. 白翅蓝鹊　White-winged Magpie　*Urocissa whiteheadi*

【野外识别】体长 44~49 cm 的中型鸦科鸟类。雌雄相似。头部至背部为黑色。两翼黑色为主，但次级飞羽具宽阔的白色端斑，大覆羽和小覆羽全为白色，形成三道显著的白色翅斑。喉部至上胸为黑色，在胸部黑色变淡至腹部变为近白色。尾上覆羽部分为白色，尾下覆羽亦为白色，尾羽灰黑色或黑色，较长（尾长 20~26 cm），但比同属其他种短，凸形，具白色或黄白色端斑。本种与喜鹊相似，但翅斑形状和喙的颜色不同，仔细观察不难识别。虹膜—黄色；喙—橙黄色至橙红色；跗跖—黑色。【分布与习性】分布于东南亚东北部地区。国内见于云南、广西及海南，为罕见留鸟。主要生境为常绿阔叶林地及其周边地带，集小群活动，喜滑翔。【鸣声】喧闹而尖锐刺耳的声音。

780. 蓝绿鹊　Green Magpie　*Cissa chinensis*

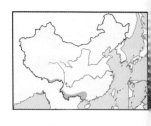

【野外识别】体长 33~40 cm 的中型鸦科鸟类。雌雄相似。喙和跗跖为鲜艳的猩红色，全身以淡绿色或蓝绿色为主。具短羽冠和较宽的黑色贯眼纹，飞羽栗红色，次级飞羽和三级飞羽具显著的黑色次端斑和近白色（可能为淡绿色或淡蓝绿色）端斑。尾较长（尾长 16~21 cm），具黑色次端斑（中央尾羽除外）和近白色端斑。本种整体色调与黄胸绿鹊相似，区别在于本种飞羽具黑色次端斑且尾羽更长。虹膜—褐色；喙—橙色或红色；跗跖—橙色或红色。【分布与习性】分布于南亚及东南亚。国内见于云南南部、西南部，西藏南部及广西南部，为较低海拔阔叶林中的不常见留鸟。一般集 5 只以内的小群活动，性较嘈杂但极少出现在暴露位置。【鸣声】响亮而尖厉的"whi whi whi"，或间以粗哑的单声"ga"，与黄胸绿鹊相似但更为尖厉。

红嘴蓝鹊 张永

红嘴蓝鹊 计云

白翅蓝鹊 董文晓

白翅蓝鹊 幼 刘爱华

蓝绿鹊 关翔宇

Common Green Magpie
蓝绿鹊

蓝绿鹊 王斌

Common Green Magpie
蓝绿鹊 2012

蓝绿鹊 王斌

781. 黄胸绿鹊／印支绿鹊 Yellow-breasted Magpie *Cissa hypoleuca*

【野外识别】体长 30~34 cm 的小型鸦科鸟类。顶冠、上体至尾羽均为鲜艳的淡蓝色（雌鸟）、蓝绿色或绿色（雄鸟）。具短羽冠，粗的黑色贯眼纹延伸至枕部。飞羽为栗褐色，次级飞羽和三级飞羽具显著的绿色或蓝绿色端斑。胸部至腹部一般为淡黄绿色。尾羽具近白色端斑，除中央尾羽外均具黑色次端斑。本种全身颜色鲜艳，对比明显，野外容易识别。与蓝绿鹊相似，辨识见相应种描述。虹膜—褐色；喙—橙色或红色；跗跖—橙

色或红色。【分布与习性】主要分布在东南亚地区。国内分布于广西、海南等南部诸省区，为罕见留鸟。主要活动于较低海拔的常绿阔叶林中，性喧闹，常单只或成对活动。【鸣声】响亮的"whi whi ga，whi whi ga"，常只闻其声而难以观察具体位置。

782. 棕腹树鹊 Rufous Treepie *Dendrocitta vagabunda*

【野外识别】体长 36~45 cm 的中型鸦科鸟类。雌雄相似。头部、颈部、枕部均为灰黑色，其中枕部颜色略浅而偏灰。背部和下体为棕褐色。初级飞羽黑色，部分次级飞羽和大覆羽灰白色，停歇时形成甚显著的翼上灰白色斑。尾较长（中央尾羽最长，20~25 cm），所有尾羽均为灰白色，具黑色端斑。本种与黑额树鹊相似，但黑额树鹊枕部和腹部为灰色，尾短于本种，尾羽全为黑色，且翅斑形状有所不同。虹膜—褐色；喙—灰黑色；

跗跖—灰黑色。【分布与习性】分布于南亚和东南亚北部。国内主要分布在西南地区靠近边境处（滇西、藏东南等），为罕见留鸟。主要活动于海拔 1200 m 以下的常绿阔叶林和林缘生境中。非繁殖期一般集 20 只以内的群体活动。【鸣声】嘈杂的"gua la la la gua"等叫声。

783. 灰树鹊 Grey Treepie *Dendrocitta formosae*

【野外识别】体长 32~39 cm 的中型鸦科鸟类。雌雄相似。头部黑色或黑褐色，枕部的灰色自颈部延伸至胸部和腹部，部分个体颈部颜色偏棕褐色。背部棕褐色，两翼黑色为主，但第三枚及其内侧的初级飞羽基部为白色，形成翼上的小块白斑，白斑大小依个体和亚种不同而略有差异。腰和尾上覆羽灰白色，尾下覆羽棕褐色，尾羽全为灰黑色或黑色，呈凸形，中央尾羽较长。相似种黑额树鹊无白色翼斑，且腰部为黄褐色。虹膜—

红褐色；喙—灰黑色；跗跖—近黑色。【分布与习性】分布于东南亚、南亚北部。国内见于秦岭－淮河线以南，包括海南，为较常见留鸟，也是在中国分布最广的树鹊属种类。一般活动于海拔 2000 m 以下的低山阔叶林。【鸣声】一般为连续的"嘎、嘎、嘎、嘎"声。

黄胸绿鹊 嘉道理中国保育

棕腹树鹊 张永

棕腹树鹊 朱雷

灰树鹊 沈越

灰树鹊 朱雷

灰树鹊 沈越

784. 黑额树鹊 Collared Treepie *Dendrocitta frontalis*

【野外识别】体长 30~39 cm 的中型鸦科鸟类。雌雄相似。头部、额部、喉部为黑色，形成黑色的"头罩"，枕部、颈部和腹部为灰白色，与黑色的头部形成明显对比。背、腰、尾上覆羽、下腹和尾下覆羽均为棕褐色；飞羽黑色，覆羽灰色，形成一道不甚明显的灰色翅斑。尾羽呈黑色，较长（中央尾羽长 24~26 cm）。与相似种棕腹树鹊及灰树鹊的识别见相应种的描述。虹膜-红褐色；喙-灰黑色；跗跖-黑色。【分布与习性】主要分布于喜马拉雅山南部至缅甸。国内见于西藏东南部及云南西部、南部等地，为罕见留鸟。主要生境为海拔 2100 m 以下的中低山林地，习性与其他树鹊相似。【鸣声】"zi gua gua gulr"等复杂而具金属感的鸣声。

785. 塔尾树鹊 Ratchet-tailed Treepie *Temnurus temnurus*

【野外识别】体长 30~33 cm 的小型鸦科鸟类。雌雄相似。全身黑色，尾长，尾羽外翈向两侧延伸、突出，使得尾部整体形成奇特的宝塔形，为本种最重要的识别特征，野外不易错认。虹膜-褐色或红褐色；喙-黑色；跗跖-黑色。【分布与习性】分布于越南北部、老挝中部等地。国内见于云南南部、海南等地，为甚罕见留鸟。主要活动在山地森林深处林冠层，数量稀少，行踪隐秘，非繁殖期常集 5 只以内的小群活动。【鸣声】单调的"ga ga ga"或较复杂的"gurrrrr"等哨声。

786. 喜鹊 Magpie *Pica pica*

【野外识别】体长 38~48 cm 的中型鸦科鸟类。雌雄相似。头部、胸部、背部为黑色。两翼黑白相间，极易辨识：初级飞羽外翈黑色，内翈大部分为白色，具黑色端斑；其他飞羽和覆羽为黑色，但具墨绿色金属光泽；肩羽白色，停歇时形成翼上长圆形大块白斑。腰、尾上覆羽和尾下覆羽均为黑色，尾黑色而具墨绿色金属光泽，较长（尾长 20~28 cm），呈凸形。虹膜-褐色；喙-黑色；跗跖-黑色。【分布与习性】广泛分布于欧亚大陆，北非和北美西部亦有记录。分布几遍全国，为极常见留鸟。活动于林地、湿地、农田、村庄、城市等各种生境，非繁殖季常集成数十只的大群，攻击性较强，常主动围攻猛禽。【鸣声】一般为单调的"cha cha"声。

黑额树鹊 沈越

黑额树鹊 Pkspks

塔尾树鹊 张明（村长）

塔尾树鹊 朱雷

喜鹊 柳悦陶

喜鹊 朱雷

787. 黑尾地鸦 Mongolian Ground Jay *Podoces hendersoni*

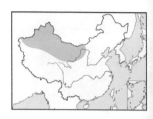

【野外识别】体长 26~32 cm 的小型鸦科鸟类。雌雄相似。喙较细长而下弯，迥异于除白尾地鸦外其他大部分鸦科种类。顶冠至枕部为黑色并具深蓝色金属光泽，与淡黄色的头部形成鲜明对比。全身大部分为淡黄褐色，两翼以紫黑色为主，但外侧部分初级飞羽中具大块白色区域，形成白色翅斑，飞行时极易识别。尾羽黑色，较短。相似种白尾地鸦的大部分尾羽为白色，不难区分。本种体形较相似的地山雀明显大，且两翼紫黑色，不难区分。虹膜—黑褐色；喙—黑色；跗跖—黑色。【分布与习性】分布于中亚极为有限的地区。国内见于新疆、青海、甘肃、内蒙古等地，为少见留鸟。栖息地为海拔 1500 m 以下生有少量灌丛的荒漠地带，主要于地面活动，一般不做长距离飞行，但行走迅速。【鸣声】一连串的"biu biu biu biu"声。

788. 白尾地鸦 Xinjiang Ground Jay *Podoces biddulphi*

【野外识别】体长 27~31 cm 的小型鸦科鸟类。雌雄相似。喙长而略下弯，顶冠为黑色，颊部、喉部亦略带黑色，但黑色面积视季节和个体不同而有差异，头部其他部分、上体、下体为淡黄褐色。初级飞羽白色为主，具黑色端斑；次级飞羽紫黑色具白色端斑，停歇时形成翼上两块白色区域，飞行时亦尤为明显。尾较短，两枚中央尾羽为淡黄褐色，其余尾羽白色，可以借此区分本种与相似种黑尾地鸦。虹膜—黑褐色；喙—黑色；跗跖—黑色。【分布与习性】中国特有种，仅分布于新疆南部、中部及甘肃北部，为少见留鸟。习性似黑尾地鸦，喜多灌木的荒漠区域。【鸣声】一连串的"kar kar kar"声。

789. 星鸦 Nutcracker *Nucifraga caryocatactes*

【野外识别】体长 30~38 cm 的小型鸦科鸟类。雌雄相似。喙较粗壮，呈锥形。顶冠至枕部为棕褐色。颊、背和下体呈暗褐色，密布水滴形小白斑，白斑于胸部和颈侧甚密，形成白色纵纹，但于背部和腹部向后逐渐稀疏。两翼黑褐色，部分个体的覆羽和部分飞羽具不明显的白色端斑。尾下覆羽白色，飞行时与暗色的下体和尾羽形成较明显的对比。尾羽较短，中央一对尾羽全为褐色，外侧相邻的一对尾羽褐色具白色端斑，此白色端斑依由内而外的尾羽次序逐渐变大，最外侧尾羽几全部为白色。虹膜—深褐色；喙—黑色；跗跖—黑色。【分布与习性】分布于欧亚大陆北部。国内广布于北方、华中和西南地区及台湾，为不常见留鸟。单只、成对或集小群活动于山区针叶林中，在部分山地会随季节做短距离垂直迁移。【鸣声】一般为单调而连续的"gra gra gra gra"声。

黑尾地鸦 张岩

黑尾地鸦 沈越

白尾地鸦 张永

白尾地鸦 老狼

白尾地鸦 老狼

星鸦 张永

星鸦 张琴

星鸦 崔月

790. 红嘴山鸦　Chough　*Pyrrhocorax pyrrhocorax*

【野外识别】体长 36~47 cm 的中型鸦科鸟类。雌雄相似。喙较长而下弯，呈红色（幼鸟喙为黄色）。全身羽毛几全为黑色，两翼闪绿黑色金属光泽，尾短。本种由于喙的形状、颜色比较特殊而容易识别，但体形与黄嘴山鸦相似，成鸟可凭借喙的颜色快速辨识；幼鸟的喙虽然亦呈黄色，但喙较长（本种喙长约等于头长，而黄嘴山鸦喙长明显短于头长），且尾较短（本种停歇时翼尖与尾端等长或超过尾端，而黄嘴山鸦翼尖未达尾端）。

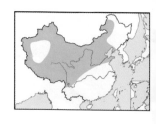

虹膜—红褐色；喙—红色，幼鸟黄色；跗跖—红色。【分布与习性】广布于古北界南部至北非。国内主要分布于西部、华中至华北，以及东北部分地区，为区域性常见留鸟，喜在山区或高原集小群盘旋，善鸣，性喧闹。部分地区于冬季会向低海拔做短距离迁移而出现在平原地区。【鸣声】嘈杂而尖厉的哨声"kro kra"。

791. 黄嘴山鸦　Alpine Chough　*Pyrrhocorax graculus*

【野外识别】体长 34~42 cm 的中型鸦科鸟类。雌雄相似。喙黄色或淡黄色，短而略下弯，全身黑色为主，两翼和尾羽通常具墨绿色金属光泽，尾较长，飞行时常扇开。幼鸟全身通常略带褐色，两翼缺乏金属光泽，喙偏灰色。本种成鸟与红嘴山鸦幼鸟相似，但本种喙较短和尾部较长，详见红嘴山鸦描述。虹膜—深褐色；喙—淡黄色；跗跖—红色。【分布与习性】分布于欧

洲南部山区、西亚至中亚。国内见于青藏高原和西北部山地。主要栖息地为海拔 2000 m 以上的山区及高原，为区域性常见留鸟，部分种群在冬季向较低海拔迁移，常集小群或与其他鸦类混群。【鸣声】复杂而尖厉的"ar kra"等，似红嘴山鸦。

792. 寒鸦　Jackdaw　*Corvus monedula*

【野外识别】体长 30~34 cm 的小型鸦科鸟类。雌雄相似。喙较短，虹膜近白色，前额和头顶黑色，枕部、背部和下体呈灰黑色，后颈有一灰白色"领环"，但部分个体可能不清晰。两翼黑色，翼上覆羽略具紫黑色金属光泽。尾较短，呈黑色。与达乌里寒鸦相似，但达乌里寒鸦虹膜为深色，且后颈和腹部为灰白色，与头、胸和上体的黑色部分形成鲜明对比；达乌里寒鸦亚成鸟虽然全身均为近黑色，但耳羽具白色细纹；且二者分布几乎不

重叠（仅在新疆个别地区有重叠）。虹膜—近白色或淡蓝色；喙—黑色；跗跖—黑色。【分布与习性】分布于欧洲至中亚。国内分布于新疆和西藏部分地区，为区域性常见留鸟，北部种群冬季会向南迁徙。活动于低海拔包括城镇在内的各种生境，冬季有集群习性。【鸣声】单调而急促的降调"a a a"声。

红嘴山鸦 朱雷

红嘴山鸦 文辉

黄嘴山鸦 朱雷

黄嘴山鸦 沈越

寒鸦 计云

寒鸦 黄亚慧

寒鸦 王尧天

793. 达乌里寒鸦　Daurian Jackdaw　*Corvus dauurica*

【野外识别】体长 30~35 cm 的小型鸦科鸟类。雌雄相似。成鸟全身大致为黑白相间，头部至胸部为黑色，耳羽具银白色细纹。后颈和腹部为灰白色，亚成鸟为深灰色或近黑色。两翼和尾羽黑色，具不明显的金属光泽，亚成鸟光泽度较差。与寒鸦及白颈鸦相似，辨识见寒鸦的描述。虹膜—深褐色；喙—黑色；跗跖—黑色。【分布与习性】主要分布于东亚。国内广布于除青藏高原和新疆西部之外的地区，为低海拔各种生境（包括城市）的常见留鸟或候鸟，一般在山地悬崖峭壁之处繁殖，冬季迁移到较低海拔地区或向南迁徙。性喧闹，于非繁殖季常集成数百至数万只的大群并与其他鸦类混群。【鸣声】与寒鸦相似，单调的"a a a"声，但不如大嘴乌鸦粗哑。

794. 家鸦　House Crow　*Corvus splendens*

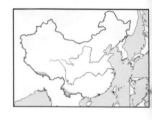

【野外识别】体长 39~43 cm 的中型鸦科鸟类。雌雄相似。头部除耳羽区之外皆为黑色，并略具紫黑色金属光泽（部分个体黑色区域自额、喉向下延伸至胸部）。枕部、耳羽、颈部至腹部为深灰色。背部和下体靠近尾下覆羽处颜色较深，接近黑色。两翼深灰色或黑色，亦略具金属光泽。本种体形明显大于相似种达乌里寒鸦；与大嘴乌鸦、小嘴乌鸦和秃鼻乌鸦的差异在于颈部和下体的灰色（此三种全身皆为黑色）以及相对较小的喙。本种亦与冠小嘴乌鸦相似，但冠小嘴乌鸦体形较大，头部黑色面积较大（整个头部包括耳羽皆为黑色），且颈部和下体的灰色更浅。虹膜—深褐色；喙—黑色；跗跖—黑色。【分布与习性】是南亚、东南亚以及西亚和北非（可能为引种）的留鸟，区域性常见。国内分布于西南部靠近边境的有限地区。主要活动在海拔 1500 m 以下靠近人类居住之处，如农田、村庄、城市等，一般集群活动。【鸣声】一般为干涩的"ah ah ah"之类单调叫声。

795. 白颈鸦　Collared Crow　*Corvus pectoralis*

【野外识别】体长 45~54 cm 的大型鸦科鸟类。雌雄相似。喙粗壮，头部、额和喉为黑色，后颈至前胸具一道宽阔的白色"领环"，领环于后颈甚宽，至胸部略窄，但仍甚为醒目。背部、腹部、两翼和尾羽亦为黑色，几乎不具金属光泽。本种整体体色为黑白相间，区别于同属大部分种类。仅达乌里寒鸦成鸟体色与本种相似，但达乌里寒鸦体形较小，且其体羽白色部分延伸至腹部，并非领环状，较易区分。虹膜—深褐色；喙—黑色；跗跖—黑色。【分布与习性】主要分布于东亚至东南亚北部。国内见于华北至南方地区，多为区域性常见留鸟，部分地区为候鸟（主要为华北的种群）。主要活动于中低海拔（2500 m 以下）的各种生境，喜集 50 只以内的小群。【鸣声】单调、低沉、粗哑的"kua kua"声。

达乌里寒鸦 崔月

达乌里寒鸦 张永

达乌里寒鸦 亚成 崔月

家鸦 张永

家鸦 崔月

白颈鸦 沈越

白颈鸦 朱雷

796. 秃鼻乌鸦 Rook *Corvus frugilegus*

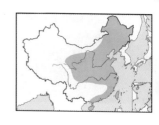

【野外识别】体长 41~50 cm 的中型鸦科鸟类。雌雄相似。喙呈锥形，喙基周围裸露，呈灰白色。全身羽毛皆为黑色，颈部和两翼略具紫色金属光泽。圆尾，飞行时较明显。成鸟以其喙基的裸露部分而有别于其他相似的同属种类，但本种幼鸟喙基被黑色羽毛，和小嘴乌鸦较难区分；但小嘴乌鸦喙较粗壮，且略向下弯曲（上喙尤为明显）而非锥形；且本种头顶较尖，而小嘴乌鸦头顶较平。虹膜—深褐色；喙—黑色；跗跖—黑色。【分布与习性】广布于古北界和东洋界北部地区。国内见于除青藏高原和西南部省份之外的其他地区，包括海南及台湾，为留鸟或季候鸟。虽然分布较广但并不常见，一般随季节做短距离迁徙或较长距离的迁徙。冬季有集群习性，常集小群或混群于其他鸦类群中。生境与同属其他种相似，喜低海拔各类生境。【鸣声】单调而粗哑的"ah ah ah"，与大嘴乌鸦类似。

797. 小嘴乌鸦 Carrion Crow *Corvus corone*

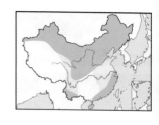

【野外识别】体长 44~54 cm 的大型鸦科鸟类。雌雄相似。喙较粗壮，但不如大嘴乌鸦厚实。头顶较平，颈部羽毛为披针形。全身被黑色羽，具紫黑色金属光泽。与秃鼻乌鸦幼鸟和大嘴乌鸦相似，具体辨识分别见相应种描述。虹膜—深褐色；喙—黑色；跗跖—黑色。【分布与习性】广布于欧洲南部、西亚至中亚和东亚，包括俄罗斯东部沿海。国内见于除青藏高原西部之外的大部分地区，包括海南，多为常见的留鸟（冬季做短距离迁移），南方少数地区为冬候鸟。出现于包括城市、村庄在内的各类生境，高可至海拔 4000 m 以上。常于冬季集大群夜宿于城市内，日间飞至郊区觅食。攻击性较强，常袭击鸟巢内卵和雏鸟，或主动攻击猛禽。【鸣声】单调的"ar ar ar"等，似大嘴乌鸦但较圆润。

798. 冠小嘴乌鸦 Hooded Crow *Corvus cornix*

【野外识别】体长 44~52 cm 的大型鸦科鸟类。雌雄相似。头部至胸部为黑色，枕部、背部、腹部至尾下覆羽为较淡的石板灰色，与黑色的"头罩"形成鲜明对比。两翼亦为黑色，略具金属光泽，翼下覆羽内侧部分过渡为灰色。尾黑色。整体体色与全黑色的小嘴乌鸦和渡鸦等相差较大，但鸣声与小嘴乌鸦相似。虹膜—深褐色；喙—黑色；跗跖—黑色。【分布与习性】主要分布于欧洲至中亚。国内边缘性分布于新疆，为罕见季候鸟。习性和生境与小嘴乌鸦和渡鸦等相似，非繁殖期集群或与其他鸦类（如寒鸦等）混群形成庞大而嘈杂的鸦群，活动于多种生境。【鸣声】单调粗哑的"ar ar"或"ah ah"，与小嘴乌鸦类似。

禿鼻烏鴉 朱雷

禿鼻烏鴉 朱雷

小嘴烏鴉 朱雷

小嘴烏鴉 張永

冠小嘴烏鴉
朱雷

冠小嘴烏鴉 朱雷

799. 大嘴乌鸦 Large-billed Crow *Corvus macrorhynchos*

【野外识别】体长 45~54 cm 的大型鸦科鸟类。雌雄相似。体形粗壮，喙甚为粗厚，喙峰略弯曲，喙峰与前额形成明显的夹角（即额弓），停歇时极为明显。全身羽毛皆为黑色，具蓝紫色金属光泽，尾较长。本种与小嘴乌鸦和渡鸦较相似，但小嘴乌鸦喙较细，额弓不明显，且叫声不如本种干涩；渡鸦体形明显较大，喙虽然粗厚但额弓并不明显，喙基簇羽亦更为发达。虹膜—深褐色；喙—黑色；跗跖—黑色。【分布与习性】分布于中亚部分地区和东亚。国内见于除新疆、青藏高原西部之外的大部分地区，包括海南及台湾，为常见留鸟（东南部部分地区为冬候鸟）。见于低山和平原的林地、湿地、城镇等各种生境，非繁殖期喜集群。【鸣声】响亮、干涩、粗哑的 "ah ah ah" 叫声。

800. 渡鸦 Raven *Corvus corax*

【野外识别】体长 60~79 cm 的甚大型鸦科鸟类。雌雄相似。本种为最大的鸦科鸟类之一。喙粗厚，鼻须明显且向喙峰中部延伸。全身羽毛全为黑色，具金属光泽。喉部、颈部、胸部羽毛呈披针形。翼展较其他乌鸦长，且尾呈楔形，空中盘旋时似猛禽。本种喙甚为强壮，明显较小嘴乌鸦粗壮；前额较平而不上拱，因此没有大嘴乌鸦的 "额弓"。此外，本种的楔形尾羽亦可以作为辅助识别依据，故可以与以上两种体羽全黑的鸦属种类区分。虹膜—深褐色；喙—黑色；跗跖—黑色。【分布与习性】分布遍及全北界以及北非部分地区。国内见于青藏高原、新疆和东北部分地区，为区域性常见留鸟，部分个体在非繁殖季做短距离的游荡或迁移。单独、成对或集小群活动于平原至海拔 5000 m 的各种生境，习性与同属其他种类相似，但一般不进入城市内。攻击性甚强，时常主动围攻猛禽。【鸣声】洪亮、单调的 "ga ga ga" 声。

801. 河乌 White-throated Dipper *Cinclus cinclus*

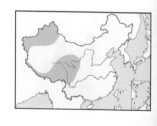

【野外识别】体长 16~21 cm 的河乌科鸟类。雌雄相似。雄鸟头顶、头侧、颈及颈侧棕褐色。上背深褐色，下背、腰、尾上覆羽及两翼灰黑色。额、喉、胸白色，下体余部黑褐色。尾较短，尾羽灰黑色。幼鸟上体灰黑色，各羽具淡褐色羽缘，额、喉、胸至腹部白色，下腹及尾下覆羽深褐色。与褐河乌相似，辨识见相应种描述。虹膜—褐色；喙—黑色；跗跖—褐色。【分布与习性】广布于欧亚大陆中部及西部。国内分布于西部部分地区，为常见留鸟。主要生境为海拔 1000 m 以上（中亚及欧洲种群亦分布于平原地区）的河流及溪流，喜活动于清澈而水流湍急之处，常全身浸入水中或潜水捕食鱼虾或水生昆虫等，一般单独或成对活动。【鸣声】鸣声干涩、单调而刺耳，飞行时常发出似 "zi zi" 的叫声。

大嘴乌鸦 沈岩

大嘴乌鸦 朱雷

渡鸦 沈岩

渡鸦 崔月

河乌 张永

河乌 朱雷

538 / 雀形目　河乌科
539 PASSERIFORMES　Cinclidae

雀形目　鹪鹩科
PASSERIFORMES　Troglodytidae

雀形目　岩鹨科
PASSERIFORMES　Prunellidae

802. 褐河乌　Brown Dipper　*Cinclus pallasii*

【野外识别】体长 18~23 cm 的河乌科鸟类。雌雄相似。全身主要呈棕褐色或深褐色。下腹及尾下覆羽黑褐色。尾羽较短，呈深褐色。与河乌相似，两者分布区于中国中部及西部的有限区域重叠。但河乌喉部、胸部具较大区域的白色，且上体余部偏灰黑色，而本种通体褐色，无白色部分。与乌鸫（雌鸟或幼鸟）相似，但本种喙和眼周为深褐色而非黄色，且二者体形、生境和行为亦有比较明显的差异。虹膜—红褐色；喙—黑色；跗跖—褐色。【分布与习性】分布于中亚至东亚，以及东南亚北部。国内主要见于东部地区，但新疆北部亦有分布，为留鸟。主要栖息于中低海拔的溪流及河谷。单独或成对活动，常站立于水边，尾部翘起并上下摆动。觅食时浮于水面或潜入水中，习性与河乌相似。【鸣声】鸣叫似河乌，鸣啭尖细而多变。

803. 鹪鹩　Eurasian Wren　*Troglodytes troglodytes*

【野外识别】体长 9~11 cm 的鹪鹩科鸟类。雌雄相似。喙较尖细，头顶、枕至后颈棕褐色，具清晰或不甚清晰的灰黄色眉纹。眼先、颊、耳羽及颈侧深褐色，各羽具淡褐色端斑，形成细密斑点。上体余部及翼上覆羽为棕褐色，具黑色或黑褐色横纹，两翼整体显得短而圆。额、喉、胸淡褐色，部分个体具黑色杂斑。下体余部棕褐色，具黑色横斑。尾羽甚短，褐色，具黑色横斑。本种体形短小而紧凑，羽色斑驳，野外不难识别。似丽星鹪鹛，辨识见相应种描述。虹膜—深褐色；喙—近黑色，下喙基部黄色；跗跖—褐色。【分布与习性】广布于欧亚大陆。国内分布广泛，包括台湾，为区域性常见留鸟或冬候鸟。活动于平原至山区的各种生境，主要于地面活动，偶尔至近地面的较低树枝上。一般单独活动，性活泼，甚不惧人。【鸣声】一连串单调的颤音 "che che che che"。

804. 领岩鹨　Alpine Accentor　*Prunella collaris*

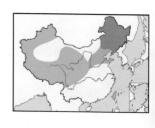

【野外识别】体长 15~19 cm 的大型岩鹨。雌雄相似。头胸部灰色，颏部略带白色，背部棕灰色具黑褐色纵纹，大覆羽及初级覆羽黑色而末端白色，飞羽及尾羽深褐色，外翈浅色而形成浅色翼纹，腹部及尾下覆羽棕色具白色纵纹。虹膜—褐色；喙—黑色，喙基具黄斑；跗跖—褐色。【分布与习性】广布于欧亚大陆北部。国内分布于西北、东北、华北及台湾等地，夏季迁至海拔较高的地区繁殖。非繁殖期可结成大群，亦喜多岩石地带，常立于岩石突出处，不惧人。【鸣声】鸣唱婉转多变，叫声为一串干涩的 "qiu" 声。

褐河乌 慕童

褐河乌 董江天

鹪鹩 沈岩

鹪鹩 沈越

领岩鹨 朱雷

领岩鹨 朱雷

领岩鹨 沈越

805. 高原岩鹨　Himalayan Accentor　*Prunella himalayana*

【野外识别】体长 15~17 cm 的中型岩鹨。雌雄相似。头部灰色，耳羽褐色具白色纵纹，喉部白色而下方具一条黑色的窄横带，背部棕色具黑色纵纹，两翼及尾羽黑色，飞羽外翈土黄色形成浅色翼纹。胸部及两胁棕色具浅灰色细纹，腹部及尾下覆羽白色具棕色纵纹。与领岩鹨区别于喉部白色。虹膜—褐色；喙—黑色；跗跖—褐色。【分布与习性】分布于喜马拉雅山脉及中亚。国内见于新疆西北部至西藏南部，为留鸟。栖息于多岩石地区，冬季下迁至较低海拔。【鸣声】鸣唱婉转，叫声为单音节的"zhi"。

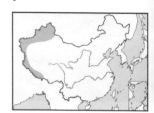

806. 鸲岩鹨　Robin Accentor　*Prunella rubeculoides*

【野外识别】体长 15~17 cm 的中型岩鹨。雌雄相似。头颈部灰色，耳羽略带褐色，背部褐色具黑色纵纹。覆羽及飞羽黑色而外翈褐色，胸部棕色，腹部白色，两胁至尾下覆羽具黑褐色纵纹。尾羽褐色。与棕胸岩鹨区别于无明显的眉纹。虹膜—褐色；喙—黑色；跗跖—褐色。【分布与习性】分布于喜马拉雅山脉地区。国内见于青藏高原及其边缘地带，为留鸟。栖息于高海拔灌丛及草甸，冬季下迁至较低海拔。【鸣声】鸣唱婉转而多颤音，叫声为尖声的"ji ji"。

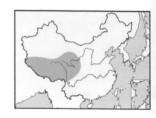

807. 棕胸岩鹨　Rufous-breasted Accentor　*Prunella strophiata*

【野外识别】体长 13~15 cm 的小型岩鹨。雌雄相似。眼周白色，眉纹前段白色、后段棕色，耳羽大致黑色而具两块棕色斑。头颈部其余部分灰褐色具黑色纵纹。背部及两翼大致褐色具黑色条纹，胸部棕色，两胁略带褐色具黑色纵纹，下体其余部分白色具黑色纵纹。尾羽褐色。与鸲岩鹨相似，辨识见相应种描述。虹膜—褐色；喙—黑色；跗跖—黄褐色。【分布与习性】分布于喜马拉雅山脉地区。国内见于青藏高原南部、东部及其边缘地带，为留鸟。栖息于高海拔针叶林及灌丛，通常海拔较鸲岩鹨低，冬季下迁至较低海拔。【鸣声】鸣唱婉转多变，叫声为一连串有金属感的"zezezeze"。

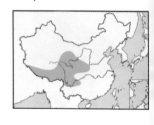

高原岩鹨 王尧天

高原岩鹨 朱雷

鸲岩鹨 崔月

鸲岩鹨 朱雷

鸲岩鹨 朱雷

棕胸岩鹨 沈越

棕胸岩鹨 幼 张永

棕胸岩鹨 朱雷

808. 棕眉山岩鹨 Mountain Accentor *Prunella montanella*

【野外识别】体长 13~16 cm 的小型岩鹨。雌雄相似。前额、眼先、头顶、颊部及耳羽黑色，眉纹、额部及喉部具土黄色，眼下及耳后亦具土黄色斑。颈侧灰色。上体大致棕褐色，具黑色纵纹。整个下体土黄色，两胁略具褐色纵纹尾羽褐色。与各种鹨区别于喙尖细、尾羽外侧无白色。与黑喉岩鹨相似，辨识见相应种描述。虹膜—褐色；喙—黑色；跗跖—粉褐色。【分布与习性】繁殖于欧亚大陆北部。国内见于北方地区，偶至长江以南，为冬候鸟。冬季喜与鹨类混群于林地及多灌丛处。【鸣声】鸣唱婉转多变，叫声为短促的一串 "jijijiji" 声。

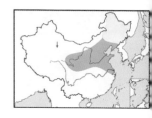

809. 褐岩鹨 Brown Accentor *Prunella fulvescens*

【野外识别】体长 13~16 cm 的小型岩鹨。雌雄相似。前额及头顶深褐色，眼先、颊部及耳羽黑色，眉纹及额部白色，上体灰褐色具深褐色纵纹，喉部至下体土黄色。受亚种、换羽或年龄因素影响，纵纹分布及颜色略有不同，但白色的眉纹及黑色的脸部始终为其可靠的识别特征。与棕眉山岩鹨区别于本种眉纹白色且耳羽不具斑。与黑喉岩鹨非繁殖羽及幼鸟区别于本种额部绝无黑色。虹膜—褐色；喙—黑色；跗跖—褐色。【分布与习性】分布于中亚、蒙古及喜马拉雅山脉至青藏高原。国内见于西部及北部高海拔山灌丛及草甸，为留鸟。冬季下迁至较低海拔；东北部分繁殖种群向西迁徙越冬。【鸣声】鸣唱婉转多变，叫声似棕眉山岩鹨但更尖细。

810. 黑喉岩鹨 Black-throated Accentor *Prunella atrogularis*

【野外识别】体长 14~16 cm 的小型岩鹨。雌雄相似。繁殖羽似褐岩鹨，唯喉部黑色且耳羽具白色斑。非繁殖期及幼鸟喉部黑色范围较小，仅额部黑色，眉纹土黄色，似棕眉山岩鹨。与棕眉山岩鹨及褐岩鹨相似，区别于本种额部为黑色。虹膜—深褐色；喙—黑色；跗跖—褐色。【分布与习性】分布于中亚及欧洲东部。国内不常见于新疆西部、北部及西藏西部，为留鸟。繁殖于中高海拔灌丛，冬季下迁至较低海拔。【鸣声】鸣唱婉转，叫声似棕眉山岩鹨。

棕眉山岩鹨 沈越

棕眉山岩鹨 朱雷

褐岩鹨 东雷

褐岩鹨 崔月

黑喉岩鹨 张永

褐岩鹨 沈越

黑喉岩鹨 张岩

811. 贺兰山岩鹨 Mongolian Accentor *Prunella koslowi*

【野外识别】体长 14~16 cm 的中型而颜色单调的岩鹨。雌雄相似。眼先、颊部及耳羽深褐色，头颈其余部分及上体大致灰褐色。背部具黑色纵纹，下体灰色至灰褐色。虹膜—红褐色；喙—黑色；跗跖—浅褐色。【分布与习性】分布于蒙古。国内见于内蒙古、宁夏、甘肃等地，为少见留鸟。喜干旱及半干旱的多灌丛地带，性隐匿，常活动于植被下。【鸣声】鸣唱婉转，叫声不详。

812. 栗背岩鹨 Maroon-backed Accentor *Prunella immaculata*

【野外识别】体长 13~16 cm 的小型深色岩鹨。雌雄相似。眼先黑色，前额及头顶具白色鳞状斑，虹膜周围红色。头颈其余部分、胸部及上腹部灰色，背部、三级飞羽、腹部、两胁及尾下覆羽深栗色，灰色的中覆羽及大覆羽在翼上形成月牙形斑。飞羽黑色而外翀灰色形成浅色翼纹，尾羽深灰色。虹膜—淡黄色；喙—黑色；跗跖—浅褐色。【分布与习性】分布于喜马拉雅山脉东段至青藏高原东部及其边缘山地，为留鸟。繁殖于中高海拔针叶林下较湿润地带，冬季向南做短距离迁徙或下迁至较低海拔。【鸣声】鸣唱为音调极高而似耳鸣的两音节 "zi zi"，叫声类似但短促。

813. 栗背短翅鸫 Gould's Shortwing *Brachypteryx stellata*

【野外识别】体长约 13 cm 的小型而紧凑的鸫科鸟类。雌雄相似。成鸟前额灰色或栗色，眼先黑色。头顶、背部至尾羽以及两翼均为栗色，部分个体腰为灰褐色。颊部、颏部、喉部、胸部、腹部至尾下覆羽呈灰色并具甚细密的黑色横纹，其中腹部大部分羽毛缀白色端斑。幼鸟上体呈较暗淡的栗色，且头部、背部和下体具白色羽干纹。本种与同属其他种类羽色差别较大，容易识别。虹膜—深褐色；喙—黑色；跗跖—灰褐色。【分布与习性】主要分布于南亚和东南亚北部。国内见于西南地区，为罕见留鸟及候鸟。主要栖息于海拔 1800~4200 m 的山地阔叶林及竹林的林下灌丛，喜在水源（如溪流）附近活动，冬季会向较低海拔做垂直迁移。【鸣声】单调而尖锐的 "si si" 或复杂的一连串尖声鸣唱。

贺兰山岩鹨 王志芳

贺兰山岩鹨 王志芳

贺兰山岩鹨 王志芳

栗背岩鹨 计

栗背岩鹨 沈越

栗背岩鹨 沈越

栗背短翅鸫 朱雷

栗背短翅鸫 朱雷

814. 锈腹短翅鸫 Rusty-bellied Shortwing *Brachypteryx hyperythra*

【野外识别】体长 11~13 cm 的小型鸫科鸟类。整体显得翅短、尾短但跗跖相对较长且健壮。雄鸟上体及尾羽呈深蓝色,细而短的白色眉纹仅延伸至眼上方。额部、喉部至腹部和尾下覆羽为较鲜艳的橙色。雌鸟上体至尾羽棕褐色,眉纹几乎不可见;下体大部分为棕黄色或淡棕红色,部分个体具深色杂斑。喉部至腹部中央多为近白色或较淡的皮黄色。雌鸟上体灰褐色,无眉纹或具极模糊的皮黄色眉纹。下体大致为棕黄色或淡棕红色,部分个体具深色杂斑。腹部中央至尾下覆羽多为近白色或较淡的皮黄色。虹膜—深褐色;喙—黑色;跗跖—粉色或黄褐色。【分布与习性】分布于南亚北部有限地区。国内主要见于藏东南边境地区及高黎贡山,为罕见留鸟。活动于海拔 3000 m 以下山地阔叶林的林下灌丛及地面,常单独或成对活动,喜在地面植被较浓密处快速行进,性隐秘,但鸣声响亮。【鸣声】清脆响亮的串音。

815. 白喉短翅鸫 Lesser Shortwing *Brachypteryx leucophrys*

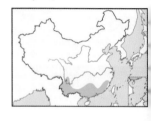

【野外识别】体长 11~13 cm 的小型鸫科鸟类。雄鸟上体及两翼蓝灰色或深蓝色(分布于华南的 *carolinae* 亚种上体以褐色为主,与雌鸟相似),细小的白色眉纹仅至眼上方,额、喉为白色,胸部和腹部为白色或淡蓝灰色,与上体羽色形成明显对比,不难识别。雌鸟上体棕褐色,具细而清晰的白色眉纹,下体近白色,但缀以淡黄褐色杂斑。跗跖较长,尾甚短。虹膜—深褐色;喙—黑色;跗跖—灰褐色或粉褐色。【分布与习性】分布于东南亚大部分地区。国内主要见于长江以南各省。栖息于海拔 1000~3000 m 的常绿阔叶林中,冬季向更低的海拔迁移。一般在林下近地面处单独或成对活动,行为隐秘。【鸣声】尖锐复杂的鸣叫,有时带金属颤音。

816. 蓝短翅鸫 White-browed Shortwing *Brachypteryx montana*

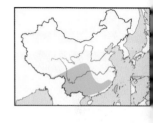

【野外识别】体长 12~15 cm 的小型鸫科鸟类。雄鸟具较长而清晰的白色眉纹,上体及两翼呈蓝黑色,部分个体略带金属光泽。下体除腹部和尾下覆羽为近白色之外,其余部分均为蓝黑色。雌鸟上体、下体均为褐色(少数个体下体偏灰褐色),仅眼先、眼周、眉纹及尾下覆羽为亮棕色。仅分布于台湾的 *goodfellowi* 亚种,雌雄区分不明显,整体均为褐色,通常雄鸟整体颜色较雌鸟深,白色眉纹更显著。虹膜—深褐色;喙—黑色;跗跖—灰褐色。【分布与习性】主要分布于东南亚和喜马拉雅山东南部。国内见于秦岭以南地区,包括台湾,为不常见留鸟。是我国分布最广的一种短翅鸫。主要生境为海拔 1000 m 以上的山地阔叶林、混交林及林缘,一般活动在地面或近地面的灌丛中,善鸣,常只闻其声但很难寻找。【鸣声】相对单调的单音节"wi wi zi zi zi"连续而成,鸣声响亮。

锈腹短翅鸫 雄 陈亮

锈腹短翅鸫 雄 陈亮

白喉短翅鸫 雌 王斌

蓝短翅鸫 雌 朱雷

蓝短翅鸫 雄 何海清

蓝短翅鸫 *goodfellowi* 亚种 陈加盛

蓝短翅鸫 *goodfellowi* 亚种 关翔宇

817. 欧亚鸲　Robin　*Erithacus rubecula*

【野外识别】体长 13~15 cm 的小型鸫科鸟类。雌雄相似。头顶至背部、两翼和尾羽呈褐色，眼先、颊部、额部、喉部至胸部为鲜艳的橙色，头侧眉纹附近有一狭窄的灰色带向下延伸至胸侧，将上体的褐色区域与颊部至胸部的橙色区域隔开。腹部污白色。幼鸟全身大部分呈褐色，头部至胸部具深色的鳞纹，背部羽毛具皮黄色羽干纹。虹膜－深褐色；喙－黑色；跗跖－深褐色。【分布与习性】广泛分布于欧洲和西亚，冬季有部分

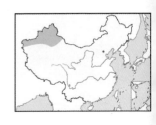

个体迁徙至中亚和北非北部。国内于新疆有少量记录，为不常见留鸟；迷鸟曾见于华北地区。活动于较低海拔的林地、灌丛、湿地、庭院等各种生境，一般不惧人。【鸣声】复杂的高音鸣唱。

818. 日本歌鸲　Japanese Robin　*Erithacus akahige*

【野外识别】体长 14~15 cm 的小型鸫科鸟类。雄鸟头部为亮丽的橙色并延伸至胸部（顶冠附近颜色略淡），枕、背和两翼为橄榄褐色，尾上覆羽和尾羽亦为橙色。腹部为灰白色，于胸部与橙色交界处的灰色较深，接近灰黑色。雌鸟整体颜色与雄鸟相似，但头部和尾部的橙色部分偏褐，不及雄鸟鲜艳，腹部略具褐色杂斑。与琉球歌鸲相似，辨识见相应种描述。虹膜－深褐色；喙－深灰色；跗跖－粉色或褐色。【分布与习性】主

要分布于东亚东部，少量迷鸟见于东南亚北部。国内主要见于东部沿海地区，主要为旅鸟，部分地区有越冬记录。生境为低山和平原的林地、灌丛等，过境时偶见于城市公园，不集群。一般在地面活动，但在繁殖期喜站在较高的树枝鸣啭。【鸣声】响亮的叫声 "zi be be be be"。

819. 琉球歌鸲　Ryukyu Robin　*Ericthacus komadori*

【野外识别】体长 14~15 cm 的小型鸫科鸟类。雄鸟上体及两翼均为栗褐色，眼先、颊部、额部、喉部至胸部为黑色，部分个体前额亦为黑色，与上体的栗色形成醒目的对比，因此一般不会错认。腹部和尾下覆羽为灰色或近白色。部分个体胁部略带黑色。雌鸟上体红褐色，羽色较雄鸟略淡，下体白色或灰白色，无黑色区域。与日本歌鸲相似但本种喉部为黑色或灰白色，并非橙色。虹膜－深褐色；喙－黑色或深灰色；跗跖－粉色。【分

布与习性】主要分布于琉球群岛。我国台湾有少量迷鸟记录。习性和生境与日本歌鸲相似，多栖息于近水的林地和灌丛，喜在地面活动。【鸣声】尖锐的鸣唱，与日本歌鸲相似，但鸣声不及日本歌鸲响亮。

欧亚鸲 宋晋

欧亚鸲 王尧天

日本歌鸲 雌 沈岩

日本歌鸲 雄 沈岩

琉球歌鸲 雌 陈加盛

琉球歌鸲 雄 izusyotou

820. 蓝喉歌鸲　Bluethroat　*Luscinia svecica*

【野外识别】体长 13~16 cm 的小型鸫科鸟类。雄鸟上体灰色而具白色眉纹。额、喉为亮蓝色，喉向下至胸部分别有黑、白、橙三色横带（视亚种和个体差异，色带的宽度和具体颜色分布会有不同，甚至缺失某种颜色）。腹部至尾下覆羽近白色。尾羽较长，中央尾羽为褐色，其余外侧尾羽基部为栗褐色，端部近黑色。雌鸟和幼年雄鸟常具白色颊纹，喉部白色为主，至胸部有颜色甚淡的蓝色、白色和橙色横带，其余特征与雄鸟相同。

雌鸟与红喉歌鸲雌鸟相似，但本种喉部至胸部具有可见的色带，且尾羽由栗、黑、褐三种颜色构成，因此不难区分。与棕头歌鸲雌鸟亦相似，辨识见该种描述。虹膜—深褐色；喙—黑色；跗跖—灰色。【分布与习性】广布于欧亚大陆和北非。国内分布于大部分地区，包括台湾，为不常见候鸟。栖息于近水源的林地、灌丛和苇丛，一般在较低处活动，雄鸟于繁殖期善鸣。【鸣声】轻柔而复杂的颤音，鸣声一般比较尖细。

821. 红喉歌鸲　Siberian Rubythroat　*Luscinia calliope*

【野外识别】体长 13~16 cm 的小型鸫科鸟类。上体棕褐色，具清晰的白色眉纹和白色颊纹。雄鸟的额和喉呈红色，部分个体在红色外围具狭窄的黑色轮廓线；雌鸟喉部则为淡红色或白色。腹部呈白色或淡黄褐色，胁部一般为褐色，尾下覆羽白色，尾较长，棕色，时常上翘，飞行时扇开。本种与黑胸歌鸲及蓝喉歌鸲的雌鸟较相似，辨识分别见相应种描述。虹膜—深褐色；喙—黑色，下喙基部粉色；跗跖—粉色或灰色。【分布与习性】

分布于古北界东部（部分种群至俄罗斯西部）以及东南亚。国内见于除西部之外的广大地区，为不常见候鸟。主要活动于较低海拔的阔叶林和混交林地带，喜在地面或近地面的灌丛处活动，繁殖期雄鸟善鸣，性机警而惧人。【鸣声】尖锐而复杂的哨音。

822. 黑胸歌鸲　White-tailed Rubythroat　*Luscinia pectoralis*

【野外识别】体长 13~16 cm 的小型鸫科鸟类。雄鸟上体灰色或灰褐色，具显著的白色眉纹。眉纹以下部分（眼先、颊和耳羽区前部）均为黑色，额和喉为红色，部分亚种具白色颊纹将黑色的颊和红色的喉分隔开。胸部有一宽阔而醒目的黑色横带。尾较长，中央尾羽深褐色，其余尾羽为白色，具甚宽阔的黑色次端斑。雌鸟眉纹和喉部为白色，头部其余部分灰褐色，胸部亦无黑色带。本种雄鸟不难识别，雌鸟与红喉歌鸲和蓝喉歌鸲

的雌鸟相似，但本种雌鸟尾羽有白色部分。虹膜—深褐色；喙—黑色；跗跖—灰黑色。【分布与习性】分布于中亚、南亚的有限地区。国内见于新疆和青藏高原海拔 3000 m 以上的针叶林和灌丛区域，冬季向较低海拔或繁殖地以南进行短距离迁移。【鸣声】复杂而婉转的哨音和颤音。

蓝喉歌鸲 雄 傅聪

蓝喉歌鸲 雄 张永

蓝喉歌鸲 雌 关翔宇

红喉歌鸲 雄 朱雷

红喉歌鸲 雌 付海霞

红喉歌鸲 雄 沈越

黑胸歌鸲 雌 董江天

黑胸歌鸲 雄 朱雷

黑胸歌鸲 雄 王尧天

823. 棕头歌鸲 Rufous-headed Robin *Luscinia ruficeps*

【野外识别】体长 13~14 cm 的小型鸫科鸟类。雄鸟头顶、头侧至枕部为橙色，眼先黑色，向下延伸至颈侧形成黑色带，上体其余部分及两翼灰色为主。颏、喉呈白色，胸部亦具一深灰色或黑色横带与颈侧黑色相连。腹部白色，胁部灰色。尾长，中央尾羽灰色或暗灰色，其余尾羽为橙色，具较宽的黑色端斑。雌鸟全身以橄榄褐色为主，下体颜色略淡，喉部和胸部羽毛具深褐色边缘，形成鳞状斑，与蓝歌鸲雌鸟甚似，但蓝歌鸲雌鸟颏和喉接近白色，而本种喉部则密布细碎的深色斑。虹膜—深褐色；喙—黑色；跗跖—粉色。【分布与习性】分布于东亚和东南亚的有限地区。国内仅记录于陕西太白山、四川九寨沟和王朗，是极为罕见的夏候鸟。一般活动于海拔 2000 m 以上的林下灌丛或疏林灌丛地带，喜在地面活动或站立于灌丛枝头鸣唱。【鸣声】鸣唱响亮而连续，节奏感强。

824. 黑喉歌鸲 Blackthroat *Luscinia obscura*

【野外识别】体长 12~14 cm 的小型鸫科鸟类。雄鸟头顶、枕、背和两翼为暗灰色，腰和尾上覆羽黑色。头侧以及额部、喉部和胸部均为黑色，非繁殖期头侧和颊部为灰色。腹部及尾下覆羽白色。中央尾羽黑色或灰色，其余外侧尾羽为白色，端部为黑色。雌鸟上体灰褐色，尾羽偏红褐色，下体灰白色无斑纹。虹膜—深褐色；喙—黑色；跗跖—粉色。【分布与习性】主要分布在中国中部的有限地区，东南亚有个别记录。主要栖息于海拔 2200 m 以上的针叶林、竹林和林缘灌丛地带，已知繁殖地很少，是甚罕见的留鸟或夏候鸟，冬季向南部海拔较低处迁移。具有本属的典型习性，喜在地面或近地面处活动。【鸣声】响亮、节奏略慢而金属感强的哨音。

825. 金胸歌鸲 Firethroat *Luscinia pectardens*

【野外识别】体长 13~15 cm 的小型鸫科鸟类。雄鸟头顶、枕部及背部为深灰色，腰至尾上覆羽呈黑色，眼先、眼周、颊部至颈侧和胸侧为黑色，额部、喉部至胸部为鲜艳的橙红色，与黑色部分对比强烈，极易识别。腹部至尾下覆羽为白色。尾较长，中央尾羽为深灰色，外侧尾羽白色，具较宽的黑色端斑。雌鸟上体褐色，喉和胸部黄褐色，腹部为淡黄褐色，甚似黑胸歌鸲雌鸟，但腹部偏褐而非近白色。虹膜—深褐色；喙—黑色；跗跖—粉色。【分布与习性】零星分布于东南亚及东亚部分地区。国内见于秦岭、横断山脉和青藏高原东南部，为罕见夏候鸟。主要栖息于海拔 3000 m 左右的山区林地和灌丛带，常在地面活动。【鸣声】响亮而多变，有时效鸣其他鸟类的叫声。

棕头歌鸲 雄 巫嘉伟 / 西南山地

黑喉歌鸲 雄 唐军 / 西南山地

黑喉歌鸲 雌 张玻

黑喉歌鸲 雄 何屹 / 西南山地

金胸歌鸲 雄 张永

826. 栗腹歌鸲　Indian Blue Robin　*Luscinia brunnea*

【野外识别】体长 13~15 cm 的小型鸫科鸟类。雄鸟上体及两翼呈墨蓝色，具一清晰的白色眉纹，眼先至颊为蓝黑色，额部、喉部、胸部至腹部皆呈橙色或栗色，腹部中央至尾下覆羽为白色或淡橙色。跗跖较长而强健。尾较短，呈蓝灰色。雌鸟上体橄榄褐色，下体黄褐色，腹部中央至尾下覆羽为白色。与蓝歌鸲及棕头歌鸲雌鸟的差异在于本种胸部无鳞状斑；与黑喉歌鸲和金胸歌鸲雌鸟的区别在于本种腹部偏橙褐色或黄褐色，尾下

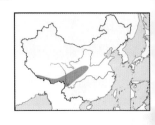

覆羽白色，且尾甚短。雄鸟与白眉林鸲相似，辨识见该种描述。虹膜—深褐色；喙—黑色；跗跖—粉色。【分布与习性】主要分布于东亚和南亚。国内见于喜马拉雅山至横断山区、青藏高原东部及秦岭，为少见留鸟或夏候鸟，栖息在海拔 1500 m 以上的山地森林及林缘灌丛中，具本属典型习性。【鸣声】尖锐、响亮的 "zi zi chu chu chu"，节奏似山雀。

827. 蓝歌鸲　Siberian Blue Robin　*Luscinia cyane*

【野外识别】体长 12~15 cm 的小型鸫科鸟类。雄鸟上体蓝色，微具金属光泽。眼先、眼下方和颊呈近黑色。两翼蓝色为主，但部分初级飞羽和初级覆羽呈褐色。下体白色，跗跖长而强壮，尾蓝色。未成年雄鸟头部为褐色，背部呈蓝色，两翼褐色面积较大，仅部分覆羽为蓝色。雌鸟上体橄榄色，额、喉近白色，胸部具鳞状斑，腹部白色或淡黄褐色。本种雌鸟与棕头歌鸲雌鸟甚似，辨识见该种描述。虹膜—深褐色；喙—黑色；跗跖—

粉色。【分布与习性】广布于东北亚及俄罗斯大部分地区（夏候鸟）至东南亚越冬。除西部省份外广布于国内，繁殖于东北，越冬于西南地区。一般栖息于海拔 1500 m 以下的森林、灌丛等各种生境，喜在地面活动，较常见。【鸣声】响亮而多变的哨音。

828. 红尾歌鸲　Rufous-tailed Robin　*Luscinia sibilans*

【野外识别】体长 12~15 cm 的小型鸫科鸟类。雌雄相似。上体褐色，具暗淡的灰白色或淡黄色眉纹，两翼和尾羽棕红色（雌鸟尾羽颜色较淡）。下体白色为主，胸部羽毛具深褐色羽缘，形成较密集的鱼鳞状斑，有时延伸至喉部和胁部。其他多种同属的雌鸟（如蓝歌鸲等）与本种相似，但可依据本种胸部清晰的鳞状斑区分。虹膜—深褐色；喙—近黑色，下喙基部粉色；

跗跖—粉色。【分布与习性】主要繁殖于东亚北部，越冬于东南亚。国内见于东部和南部，为不常见候鸟。主要生境为低山各种类型的林地，特别是林下灌丛较密之处，一般在地面活动。过境和越冬时对生境和海拔要求降低，于城市公园等地亦有记录。【鸣声】轻柔而连续的颤音。

栗腹歌鸲 雄 白皓天

Indian Blue Robin 栾晓峰 2014

栗腹歌鸲 雄 王斌

蓝歌鸲 雌 沈越

蓝歌鸲 雄 沈越

蓝歌鸲 幼 朱雷

红尾歌鸲 沈岩

红尾歌鸲 朱雷

829. 新疆歌鸲　Nightingale　*Luscinia megarhynchos*

【野外识别】体长 16~20 cm 的中型鸫科鸟类。雌雄相似。体形在同属中较大，全身羽色甚为单调。上体棕褐色，眼先近灰白色。下体为淡黄褐色或近白色，胸部略有褐色晕染。圆尾，尾羽为红褐色。幼鸟上体缀有皮黄色点斑，下体（特别是胸部）有深色杂斑，两翼和尾羽颜色较成鸟淡。虹膜—深褐色；喙—黑色；跗跖—粉色或褐色。【分布与习性】欧洲（除北欧外）和西亚甚常见的夏候鸟，分布向东至中亚，向南至非洲（越冬）。
国内仅于新疆有繁殖记录，为较常见夏候鸟。栖息于低海拔的林地（阔叶林、混交林）、湿地以及城市公园等各种生境，多在较低的树枝和灌丛间活动。雄鸟极善鸣，繁殖期时常在白天甚至夜间长时间鸣唱。由于其喜彻夜鸣叫，鸣声婉转、持久，而得名"Nightingale"（"夜莺"即为本种的另一个中文名），且时常出现在欧洲各时期文学和艺术作品中。【鸣声】鸣声节奏较快，响亮、复杂而婉转。

830. 白眉林鸲　White-browed Bush Robin　*Tarsiger indicus*

【野外识别】体长 13~15 cm 的小型鸫科鸟类。雄鸟头顶、头侧以及上体其余部分呈蓝灰色或青色，长而清晰的白色眉纹延伸至枕部。下体橙黄色为主，腹部中央略带白色。两翼呈橄榄褐色。尾较长，呈蓝黑色。雌鸟上体橄榄褐色或黄褐色，亦具较长的白色眉纹，下体大部分为淡黄褐色。尾羽亦为黄褐色。雄鸟与栗腹歌鸲相似，但本种下体为橙黄色，而栗腹歌鸲下体颜色较深，为橙色至栗色。虹膜—深褐色；喙—黑色或灰褐色；
跗跖—灰褐色。【分布与习性】主要分布于喜马拉雅山脉。国内见于西南部至中部（秦岭）及台湾，为留鸟或候鸟，繁殖于海拔 2000~4000 m 的林地及灌丛地带，于地面或近地面的灌丛处活动。冬季一般迁至海拔 2000 m 以下的低山或平原林地。【鸣声】似相机快门连拍时的"ka ka"声或尖锐而复杂的哨音。

831. 棕腹林鸲　Rufous-breasted Bush Robin　*Tarsiger hyperythrus*

【野外识别】体长 12~14 cm 的小型鸫科鸟类。雄鸟上体深蓝色或蓝紫色，眉纹辉蓝色具金属光泽，眼先、颊及耳羽为蓝黑色。下体橙色为主，尾下覆羽白色（部分个体腹部中央亦为白色）。翼上小覆羽和尾羽呈鲜艳的辉蓝色。雌鸟上体暗褐色为主，腰、尾上覆羽和尾羽呈深蓝色。额、喉、胸和两胁黄褐色，腹部中央至尾下覆羽为白色。雌鸟与红胁蓝尾鸲雌鸟的区别为本种喉部至胸部为黄褐色而非白色或灰色，且尾上覆羽和尾羽为深蓝
色而非天蓝色。虹膜—深褐色；喙—黑色；跗跖—灰褐色。【分布与习性】分布于喜马拉雅山脉南麓。国内见于西藏南部及西南边境地区，为留鸟或候鸟。栖息于海拔 1000~4000 m 的山地森林下层和灌丛。【鸣声】通常为复杂而有节奏的颤鸣。

新疆歌鸲 沈越

新疆歌鸲 叶云

新疆歌鸲 沈越

白眉林鸲 雄 董江天

白眉林鸲 雄 董江天

白眉林鸲 雄 朱雷

棕腹林鸲 雄 朱雷

832. 台湾林鸲　Collared Bush Robin　*Tarsiger johnstoniae*

【野外识别】体长约 12 cm 的小型鸫科鸟类。雄鸟头部及上体其余部分以灰黑色为主,具长而醒目的白色眉纹,胸部有一橙红色领环,向后延伸至后颈形成完整的环状,同时另一条橙色带从肩部延伸到背部(部分个体背部的橙色带可能由于换羽而不清晰)。两胁皮黄色,腹部灰白色。尾部灰黑色。雌鸟上体灰褐色,具较长但不甚清晰的白色眉纹,下体淡褐色。雌鸟与白眉林鸲雌鸟略相似但更偏灰,且分布不重叠。幼鸟似雌鸟,但无眉纹,上体密布皮黄色短纵纹。虹膜—深褐色;喙—黑色;跗跖—灰褐色。【分布与习性】中国特有种,仅分布于台湾,为区域性常见留鸟。栖息于海拔 2000 m 以上的林地下层和灌丛中,为本属典型习性和生境。【鸣声】轻柔的 "bi bi bi bi bar" 声。

833. 红胁蓝尾鸲　Red-flanked Bluetail　*Tarsiger cyanurus*

【野外识别】体长 12~15 cm 的小型鸫科鸟类。雄鸟上体蓝色或蓝灰色,眉纹白色。下体白色为主,两胁橙色。飞羽和大覆羽为褐色,其余覆羽蓝色或蓝灰色,小覆羽大多为鲜艳的辉蓝色。尾亦为蓝色。雄性幼鸟上体蓝灰色杂以褐色。雌鸟上体棕褐色(部分个体具不清晰的白色或皮黄色眉纹),下体白色或略带褐色,两胁亦为橙色,尾蓝色。与蓝眉林鸲相似,辨识见相应种描述。虹膜—深褐色;喙—黑色;跗跖—黑色或灰褐色。【分布与习性】分布于古北界北部(西至俄罗斯西部,东至东亚和东北亚)以及东洋界。国内见于除西北地区外的地区,包括海南及台湾。繁殖于东北、西北和中部山区,越冬于长江以南(于华北某些城市公园亦有少量但稳定的越冬种群)。繁殖期活动于山地森林和林缘灌丛的近地面处,非繁殖期常见于各种生境。【鸣声】尖锐的单音节 "bi bi" 或较复杂但有节奏的一连串鸣唱。

834. 蓝眉林鸲　Himalayan Bluetail　*Tarsiger rufilatus*

【野外识别】体长 12~15 cm 的小型鸫科鸟类。雄鸟上体蓝色,前额、眉纹、部分小覆羽及尾羽为具显著金属光泽的辉蓝色,甚为鲜艳。颏、喉至下体余部大致为白色或灰白色,但两胁为橙色。雌鸟上体橄榄褐色,眉纹近白色但略带淡蓝色,尾羽蓝色,下体灰白色,两胁橙黄色。与红胁蓝尾鸲相似,但本种雄鸟上体为蓝色至辉蓝色,不带灰色,且眉纹亦全为蓝色而无白色部分,整体羽色明显较红胁蓝尾鸲更为鲜艳;雌鸟与红胁蓝尾鸲雌鸟较难区分,但红胁蓝尾鸲雌鸟眉纹不带蓝色。虹膜—深褐色;喙—黑色;跗跖—黑色或灰褐色。【分布与习性】分布于喜马拉雅山脉至东南亚。国内于中部至西南地区繁殖,于云南西南部和西藏南部越冬。习性似红胁蓝尾鸲,繁殖于海拔 1500 m 以上的中高海拔林地和林缘灌丛,越冬时迁至较低海拔。多在地面或近地面处活动。【鸣声】尖声的 "wi wi",多数音节后略带颤音。

台湾林鸲 雌 董江天

台湾林鸲 雄 董江天

红胁蓝尾鸲 雌 沈越

红胁蓝尾鸲 雄 沈越

红胁蓝尾鸲 雌 朱雷

蓝眉林鸲 雌 朱雷

蓝眉林鸲 雄 朱雷

蓝眉林鸲 雄 朱雷

835. 金色林鸲 Golden Bush Robin Tarsiger chrysaeus

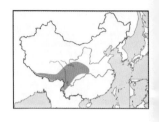

【野外识别】体长 12~14 cm 的小型鸫科鸟类。雄鸟头顶、枕部及背部橄榄色，腰及尾上覆羽呈黄色。眉纹黄色，头侧之眼先、眼周及颊部均为黑色。下体全为黄色。两翼近黑色或深橄榄褐色。中央尾羽全为黑色，其余尾羽基部黄色，端部黑色。整体颜色鲜艳，对比明显，不易错认。雌鸟眉纹不清晰，头侧为橄榄褐色而非黑色，其余部分与雄鸟相似。虹膜—褐色；喙—上喙深灰色或黑色，下喙黄色至粉色；跗跖—粉色。【分布与习性】分布于南亚和东南亚北部的低海拔区域。国内见于青藏高原南部及东南部，秦岭、横断山脉及云南西部。繁殖于海拔 2000 m 以上的林地和灌丛，冬季下至南部较低海拔处，行踪隐秘，不常见。【鸣声】纤细而较单调的鸣声似 "pi pi"。

836. 鹊鸲 Oriental Magpie Robin Copsychus saularis

【野外识别】体长 18~22 cm 的中型鸫科鸟类。雄鸟头、胸及上体其余部分蓝黑色并略具金属光泽。腹部白色。两翼近黑色，次级飞羽和部分覆羽呈白色，停歇时形成一道醒目的白色翼斑。尾羽较长，中央两对尾羽为黑褐色，其余外侧尾羽白色。雌鸟上体和胸部呈灰色，其余特征与雄鸟相似。幼鸟似雌鸟，但胸部具深褐色杂斑。本种与喜鹊相似，但体形明显较小，翼斑位置不同，且尾羽为黑白两色而非单一的黑色。虹膜—褐色；喙—黑色；跗跖—黑色。【分布与习性】广布于东洋界。国内见于秦岭—淮河以南各省，包括海南，为甚常见的留鸟。栖息于包括城市在内的各种生境。【鸣声】单调而尖锐的升调 "si si"、粗哑的 "cha cha" 或复杂多变的鸣唱，时常模仿其他鸟类的叫声。

837. 白腰鹊鸲 White-rumped Shama Copsychus malabaricus

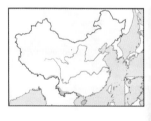

【野外识别】体长 23~28 cm 的大型鸫科鸟类。雄鸟头、胸、枕、背及两翼均呈蓝黑色，具金属光泽。腰和尾上覆羽白色，飞行时显著可见。腹部至尾下覆羽为橙色。尾羽甚长（14~18 cm），中央两对尾羽最长，为黑色，其余尾羽基部黑色，端部白色。雌鸟胸部、上体及两翼以灰色或灰褐色取代雄鸟的黑色部分，但仍具清晰的白腰。腹部橙色较淡，尾较短，其余特征似雄鸟。幼鸟似雌鸟但胸部多深色杂斑。虹膜—深褐色；喙—黑色；跗跖—粉色。【分布与习性】分布于南亚和东南亚。国内见于云南西部、南部和广西西南部及海南等地区，为不常见留鸟。栖息于较低海拔（1500 m 以下）的阔叶林和林缘地带，于地面或低矮的灌丛、树枝上活动。善鸣，长尾时常向上翘起。【鸣声】悦耳而复杂的哨音。

金色林鸲 雌 朱雷　　　　金色林鸲 雄 朱雷

鹊鸲 雌 蔡欣然　　　　鹊鸲 雄 军日

鹊鸲 幼 朱雷

白腰鹊鸲 雌 沈越　　　　白腰鹊鸲 雄 朱雷

838. 棕薮鸲 Rufous Scrub Robin *Cercotrichas galactotes*

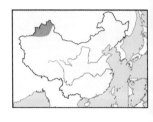

【野外识别】体长 17~19 cm 的中型鸫科鸟类。雌雄相似。上体黄褐色，具白色眉纹和黑色贯眼纹，颊和耳羽灰白色缀有褐色斑。下体灰白色。两翼褐色为主，飞羽和部分覆羽具白色或淡黄色羽缘。尾上覆羽及尾羽以栗褐色为主，尾羽较长，除中央一对尾羽外，其余尾羽具白色端斑和黑色次端斑。尾羽常上翘并扇开。本种与一些褐色的柳莺和苇莺相似，但尾羽颜色和上翘动作极具特点，不难识别。虹膜—深褐色；喙—灰黑色，下喙基部褐色；跗跖—粉色或灰褐色。【分布与习性】分布于北非、南欧、中亚和西亚。国内于新疆有少量繁殖季的记录，具体繁殖和越冬状况有待进一步调查。主要生境为多岩地带的灌丛，一般在地面或矮灌丛中单独或成对活动。【鸣声】尖细、复杂而快节奏的鸣唱。

839. 贺兰山红尾鸲 Ala Shan Redstart *Phoenicurus alaschanicus*

【野外识别】体长 15~17 cm 的小到中型鸫科鸟类。雄鸟头顶、头侧、枕部、后颈灰色，背部至尾上覆羽为橙棕色。下体以橙棕色为主，腹部中央有较小面积呈白色。两翼深褐色，但部分白色的覆羽形成一道明显的白色翼斑。中央一对尾羽深褐色，其余尾羽橙褐色。雄鸟与红背红尾鸲相似，但本种眼先、颊等为灰色而非黑色，且腹部橙棕色面积较大。雌鸟亦甚似红背红尾鸲雌鸟，全身以灰褐色为主，腹部为淡黄褐色。部分飞羽和翼上覆羽具白色或淡黄色羽缘。虹膜—深褐色；喙—黑色；跗跖—黑色。【分布与习性】中国特有种，分布于中部及华北。一般栖息于海拔 3000 m 左右的高山针叶林和灌丛地带，冬季向东部或南部迁徙至海拔较低处。【鸣声】响亮、尖锐而复杂的鸣唱，与红背红尾鸲相似但节奏略慢。

840. 红背红尾鸲 Rufous-backed Redstart *Phoenicurus erythronotus*

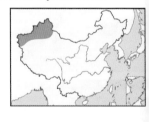

【野外识别】体长 15~17 cm 的小到中型鸫科鸟类。雄鸟头顶至枕部灰白色，眼先、眼下方、颊而耳羽均为黑色。背部至尾上覆羽为橙褐色。额部、喉部及胸部亦为橙褐色，腹部至尾下覆羽为白色。两翼黑褐色为主，但部分翼上覆羽为白色，停歇时形成与贺兰山红尾鸲相似的白色翼斑。中央一对尾羽褐色，其余尾羽为橙褐色。雌鸟全身灰色或灰褐色，部分翼上覆羽和飞羽具淡色羽缘，但不形成块状翼斑。与贺兰山红尾鸲雌鸟的区别在于本种腹部和尾下覆羽为灰白色或白色而非淡褐色。虹膜—深褐色；喙—黑色；跗跖—黑色。【分布与习性】主要分布于中亚。国内见于西部部分地区，为留鸟。栖息于海拔较高的山地针叶林和灌丛地带，冬季可能做短距离迁移。【鸣声】响亮而复杂的快节奏鸣唱。

棕薮鸲 雌 张岩

棕薮鸲 雄 王尧天

贺兰山红尾鸲 雌 董江天

贺兰山红尾鸲 雄 沈岩

贺兰山红尾鸲 雄 张永

红背红尾鸲 雄 张岩

红背红尾鸲 雌 黄亚慧

红背红尾鸲 雄 张永

841. 蓝头红尾鸲　Blue-capped Redstart　*Phoenicurus caeruleocephala*

【野外识别】体长 13~16 cm 的小型鸫科鸟类。雄鸟头顶至枕部蓝灰色。上体其余部分呈黑色或蓝黑色。额部、喉部及胸部呈黑色，腹部及尾下覆羽白色。两翼黑色，但部分覆羽为白色，次级飞羽外翈亦为白色，停歇时形成一道长而醒目的白色翅斑。雌鸟上体褐色或灰褐色，下体颜色与上体相同但腹部羽色略淡。部分覆羽具白色端斑，部分飞羽基部亦为近白色，停歇时形成两道清晰的白色或淡黄色翼斑。尾羽为深褐色。本种雄鸟羽色与其他红尾鸲迥异，雌鸟的翼斑形态似部分柳莺，在本属中亦比较独特，不难识别。虹膜—深褐色；喙—黑色；跗跖—黑色。【分布与习性】主要分布于中亚。国内见于新疆等西部地区，为少见留鸟。主要生境为海拔 2000~4300 m 的高山针叶林及灌丛地带，冬季向低海拔迁移。【鸣声】节奏较快的"bi zer bi zer bi zi bi"，似山雀及部分歌鸲。

842. 赭红尾鸲　Black Redstart　*Phoenicurus ochruros*

【野外识别】体长 13~16 cm 的小型鸫科鸟类。雄鸟头顶为烟灰色，上体余部包括翼上覆羽皆呈黑色（部分亚种如 *phoenicuroides* 等，上体呈深灰色，较头顶羽色略深）。头侧、额部、喉部至胸部黑色，腹部为橙棕色（*rufiventris* 及 *phoenicuroides* 等亚种）或深灰色（主要分布于欧洲的 *gibraltariensis* 亚种等，国内仅见于新疆）。飞羽深褐色，中央一对尾羽褐色，其余尾羽橙棕色。雌鸟全身褐色，腰、尾上覆羽及尾羽为橙褐色，中央尾羽深褐色。幼鸟似雌鸟但更偏灰且腹部较白。雄鸟（*rufiventris* 亚种）与相似种北红尾鸲和黑喉红尾鸲雄鸟的主要区别在于本种无翼斑，雌鸟与相似种黑喉红尾鸲雌鸟的区别见该种的描述。虹膜—深褐色；喙—黑色；跗跖—黑色。【分布与习性】广布于欧亚大陆。国内见于中部和西部海拔 2000 m 以上的山区各种生境，东部亦有零散记录，为区域性常见留鸟。【鸣声】响亮而有节奏的颤音"bi bi biu biu biu"。

843. 欧亚红尾鸲　Common Redstart　*Phoenicurus phoenicurus*

【野外识别】体长 13~16 cm 的小型鸫科鸟类。雄鸟头顶前半部近白色，头顶后半部至背部皆为灰色。前额、头侧、额部、喉部呈黑色。胸部、腹部为橙棕色。两翼为灰褐色，我国分布的指名亚种无翼斑。尾羽橙色，中央一对尾羽为褐色。雌鸟上体为棕褐色，下体为甚淡的橙褐色。雄鸟与赭红尾鸲的差异在于头顶前部为近白色而非烟灰色，背部灰色较淡，且胸部为橙棕色；赭红尾鸲胸部为黑色，仅腹部为橙棕色。雌鸟与赭红尾鸲及黑喉红尾鸲雌鸟的区别在于上体颜色较淡且下体为淡橙褐色而非灰褐色。虹膜—深褐色；喙—黑色；跗跖—黑色。【分布与习性】广布于古北界西部至中部，为夏候鸟，越冬于西亚南部及非洲。国内见于新疆西北部的各种生境，为不常见的夏候鸟。【鸣声】响亮而节奏较慢的"si ter ter ter"，有时夹以复杂多变的颤音。

蓝头红尾鸲 雌 王尧天

蓝头红尾鸲 雄 董江天

蓝头红尾鸲 雄 王尧天

赭红尾鸲 *gibraltariensis* 亚种 雄 王尧天

赭红尾鸲 雌 Ferran Pestaña

赭红尾鸲 雄 朱雷

欧亚红尾鸲 雄 朱越

欧亚红尾鸲 雄 沈越

844. 黑喉红尾鸲　Hodgson's Redstart　*Phoenicurus hodgsoni*

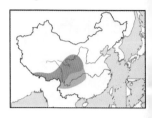

【野外识别】体长 13~16 cm 的小型鸫科鸟类。雄鸟头顶、枕、背及翼上覆羽呈灰色，头侧、额、喉为黑色，胸部、腹部、尾下覆羽及尾羽为橙棕色，中央一对尾羽呈深褐色。飞羽为深灰色，次级飞羽部分为白色，停歇时形成较小的白色三角形翼斑。雌鸟除尾羽外全身呈灰褐色，尾羽羽色与雄鸟相同，无翼斑。雄鸟与北红尾鸲相似，但本种翼斑较小且边缘不甚清晰（次级飞羽基部仅外翈白色），而北红尾鸲翼斑边缘甚清晰且白色面积较大（次级飞羽基部全为白色）。雌鸟甚似赭红尾鸲雌鸟，但下体羽色较淡且偏灰。虹膜－深褐色；喙－黑色；跗跖－黑色。【分布与习性】分布于喜马拉雅山脉至中国中部和西南部。主要生境为海拔 2500~4500 m 的开阔地区（村庄、灌丛、草甸等），为较常见留鸟，有时冬季进行短距离的迁移。【鸣声】鸣啭声清脆而多变。

845. 白喉红尾鸲　White-throated Redstart　*Phoenicurus schisticeps*

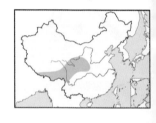

【野外识别】体长 14~16 cm 的小型鸫科鸟类。雄鸟头顶灰色，头侧、额部、枕部及背部为黑色，喉部中央有一醒目的白色块斑。胸部、腹部及尾下覆羽为鲜艳的橙色，但下腹部中央为白色。两翼以黑色为主，但部分覆羽及内侧次级飞羽的羽缘为白色，停歇时形成醒目的长条状白色翼斑。尾羽主要为黑色。雌鸟全身灰褐色，飞羽及尾羽呈深褐色，具有和雄鸟相似的白色翼斑。雄鸟与其他具有条状翼斑的种类（如贺兰山红尾鸲和红背红尾鸲等）的区别在于喉黑色且具白色块斑。雌鸟具独特的翼斑，不难识别。虹膜－深褐色；喙－黑色；跗跖－黑色。【分布与习性】南亚和东南亚北部有少量越冬记录。国内见于青藏高原东南部至四川，为区域性常见留鸟。主要生境为海拔 2500 m 以上的高山针叶林、混交林及林缘灌丛地带。【鸣声】清脆而多变，似黑喉红尾鸲。

846. 北红尾鸲　Daurian Redstart　*Phoenicurus auroreus*

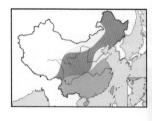

【野外识别】体长 13~16 cm 的小型鸫科鸟类。雄鸟头顶至枕部呈灰白色，背部为黑色。头侧、额及喉黑色。下体其余部分为橙棕色。两翼黑色，但次级飞羽基部为白色，构成醒目的块状白色翼斑。中央一对尾羽黑褐色，其余尾羽橙棕色。雌鸟全身褐色或灰褐色，具有和雄鸟形状相似但略小的白色翼斑。雄鸟与相似种黑喉红尾鸲及赭红尾鸲雄鸟的辨识见相应种描述；与红腹红尾鸲雄鸟亦相似，但本种体形较小，且翼斑较小（红腹红尾鸲雄鸟初级飞羽基部亦为白色，故翼斑甚大而显著）。雌鸟翼斑明显较相似种白喉红尾鸲雌鸟小，但又清晰可见，故不难辨识。虹膜－深褐色；喙－黑色；跗跖－黑色。【分布与习性】主要分布于亚洲东部。国内除西部地区外广泛分布，包括海南及台湾，为常见于各种生境的候鸟。【鸣声】轻快的哨音。

黑喉红尾鸲 雌 朱雷

黑喉红尾鸲 雌 张芩

黑喉红尾鸲 雄 朱雷

黑喉红尾鸲 雄 朱雷

白喉红尾鸲 雌 崔月

白喉红尾鸲 雄 张芩

北红尾鸲 雌 沈越

北红尾鸲 雄 朱雷

847. 红腹红尾鸲　White-winged Redstart　*Phoenicurus erythrogaster*

【野外识别】体长 16~19 cm 的中型鸫科鸟类。雄鸟头顶至枕部为灰白色或白色。头侧、额部、喉部、背部及翼上覆羽皆为黑色。各级飞羽基部具较大面积的白色，停歇时构成甚大的块状白色翼斑。全部尾羽为橙红色（仅少数个体的中央尾羽端部略带褐色）。雄鸟的体形和翼斑大小均大于同属其他相似种（如北红尾鸲），故不难辨识。雌鸟全身为灰褐色，腹部颜色略淡，无翼斑，尾羽橙红色，中央尾羽暗棕红色。与本属其他无翼斑

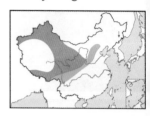

的雌鸟相似但体形较大，羽色较淡。虹膜—深褐色；喙—黑色；跗跖—黑色。【分布与习性】主要分布于中亚至东亚。国内主要见于西部地区，向东可到华北，为罕见留鸟或候鸟。繁殖于海拔 3000 m 以上的高山开阔地带（荒原、灌丛、草甸等），冬季下至较低海拔。【鸣声】清脆而节奏感较强的哨音。

848. 蓝额红尾鸲　Blue-fronted Redstart　*Phoenicurus frontalis*

【野外识别】体长 14~16 cm 的小型鸫科鸟类。雄鸟头、颈、背、部分翼上覆羽及上胸皆为蓝色。腰、尾上覆羽、下胸、腹部及尾下覆羽为橙棕色。飞羽深褐色，无翼斑。中央一对尾羽为黑褐色，其余尾羽橙棕色并具显著的深褐色端斑。雌鸟上体为橄榄褐色，腰、尾上覆羽及尾下覆羽为橙棕色。腹部为淡褐色，尾羽特征与雄鸟相同。雄鸟体色迥异于其他红尾鸲，但与栗腹矶鸫及棕腹仙鹟相似，可凭借体形、腰和尾上覆羽的橙色及尾

羽颜色特点（橙色，具深色端斑）辨识。雌鸟与本属其他无翼斑的雌鸟区别在于上体为橄榄褐色而非灰褐色，且尾羽具宽阔的深色端斑。虹膜—深褐色；喙—黑色；跗跖—黑色。【分布与习性】主要分布于中国中部及西南部，是常见夏候鸟或留鸟，繁殖于海拔 2000 m 以上的针叶林或灌丛地带。冬季向南部或低海拔迁移，南亚及东南亚北部有越冬记录。【鸣声】轻快而复杂的哨音，似赭红尾鸲及北红尾鸲。

849. 红尾水鸲　Plumbeous Water Redstart　*Rhyacornis fuliginosa*

【野外识别】体长 12~15 cm 的小型鸫科鸟类。雄鸟除飞羽外通体暗蓝灰色，尾羽栗红色。雌鸟上体灰褐色，下体白色，具细密的灰色鳞状斑。两翼灰褐色，翼上覆羽和部分内侧飞羽具小而清晰的白色端斑。尾羽大部分为白色，由最外侧尾羽向中央具不断扩大的黑褐色端斑，中央一对尾羽全为深褐色。幼鸟与雌鸟相似但上体密布白色点斑，且全身羽色偏黄褐色而非灰

褐色。本种特征明显，极易辨识。虹膜—深褐色；喙—黑色；跗跖—灰褐色。【分布与习性】分布于东亚至东南亚北部。国内广泛分布于除东北和西北之外的地区，包括海南及台湾，为留鸟。主要栖息在山地溪流石滩处，偶尔见于平原河边。特征性行为为尾羽不断重复扇开、合拢的动作。【鸣声】尖细的颤鸣似 "zi tar zi tar zi zi tar"。

红腹红尾鸲 雌 董磊 / 西南山地

红腹红尾鸲 雄 沈岩

蓝额红尾鸲 雌 沈越

蓝额红尾鸲 雄 沈越

红尾水鸲 雌 朱雷

红尾水鸲 幼 崔月

红尾水鸲 雄 计云

850. 白顶溪鸲　White-capped Water Redstart　*Chaimarrornis leucocephalus*

【野外识别】体长 16~20 cm 的中型鸫科鸟类。雌雄相似。头顶至枕部白色，头部其余部分、胸部、背部及两翼皆为黑色。腰、尾上覆羽、腹部和尾下覆羽为鲜艳而浓重的橙红色。尾羽较长，亦为橙红色，且具宽阔的黑色端斑。本种的体形明显较红尾鸲大，且红、黑、白三色对比明显，易于发现和辨识。虽然体长和羽色与红腹红尾鸲相似，但无白色翼斑，不难区分。虹膜—深褐色；喙—黑色；跗跖—黑色。【分布与习性】主要分布于中亚、东亚至东南亚北部。国内见于中部、东部及南部的广大地区，通常为区域性常见留鸟。一般栖息于山区的水边石滩，与红尾水鸲生境类似，冬季偶尔出现在平原地区。特征性的动作为尾羽有节奏地上翘，但一般不扇开。【鸣声】单调的升调 "zi zi"，每个音节之间间隔较长。

851. 白腹短翅鸲　White-bellied Redstart　*Hodgsonius phoenicuroides*

【野外识别】体长 16~18 cm 的中型鸫科鸟类。雄鸟头、胸及上体其余部分呈深青灰色，腹部白色。两翼铅青灰色为主，小翼羽具显著的白色端斑，形成翼上两个醒目的白点。尾较长，中央一对尾羽深青灰色，其余外侧尾羽基部橙色，具宽阔的青灰色端斑。雌鸟上体褐色，下体淡褐色或近白色，无翼斑，飞羽和尾羽羽色较深。雌鸟与红腹红尾鸲和白尾蓝地鸲雌鸟的区别为本种尾羽呈棕褐色而非橙红色或白色；与蓝额长脚地鸲甚似，辨识见该种描述。虹膜—深褐色；喙—黑色；跗跖—粉色。【分布与习性】主要分布于东亚、东南亚及南亚北部部分地区。国内见于西南部至中部，为区域性常见留鸟，在华北部分高海拔地区有繁殖。繁殖于海拔 2000~4000 m 的林地及灌丛，冬季向低海拔迁移。常将尾部夸张地翘起或将尾羽扇开，一般在近地面处活动，有时在地面高速奔跑。【鸣声】响亮而婉转的哨音 "bi di bi di thre—w"。

852. 白尾蓝地鸲　White-tailed Robin　*Cinclidium leucurum*

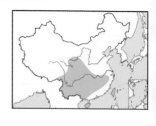

【野外识别】体长 16~18 cm 的中型鸫科鸟类。雄鸟全身主要为深蓝色，前额及外侧小覆羽为鲜艳而具金属光泽的辉蓝色。尾羽较长，中央尾羽和最外侧一对尾羽呈黑色或深蓝色，其余尾羽基部白色，端部为黑色或深蓝色。雌鸟全身褐色，喉近白色（部分个体不明显），尾下覆羽淡褐色或近白色，尾羽特征与雄鸟相同。雄鸟和雌鸟均可依据尾羽的白色部分，与相似种如白腹短翅鸲、蓝额长脚地鸲、红腹红尾鸲（雌鸟）、蓝大翅鸲、大仙鹟等区分。虹膜—深褐色；喙—黑色；跗跖—灰褐色。【分布与习性】分布于东洋界。国内见于西南部诸省，以及海南。为不常见留鸟。主要生境为中低海拔的阔叶林和混交林，冬季一般下至平原地区的林地。雄鸟善鸣，但性隐蔽，尾上上下下摆动或扇开。【鸣声】响亮的 "bi bi blili"，尾音为金属颤音。

白顶溪鸲 计云

白顶溪鸲 朱雷

白腹短翅鸲 雌 何海清

白腹短翅鸲 雄 重江天

白腹短翅鸲 幼 崔月

白尾蓝地鸲 雌 王斌

White-tailed Robin

白尾蓝地鸲 雄 沈岩

853. 蓝额长脚地鸫　Blue-fronted Robin　*Cinclidium frontale*

【野外识别】体长 18~20 cm 的中型鸫科鸟类。雄鸟全身大致为深蓝色，头顶前部与外侧翼上小覆羽为亮蓝色，具金属光泽。两翼和尾羽亦大致为深蓝色，但有时偏褐色。尾长且呈凸状。跗跖较长而强健。雄鸟与大仙鹟相似，但颈部无亮蓝色斑；与白尾蓝地鸫亦相似，但尾羽全为深蓝色而无白色部分，故不难区分。雌鸟全身褐色，甚似白腹短翅鸫雌鸟，但本种下体褐色较深，而非淡褐色或乳白色。虹膜—深褐色；喙—黑色；跗跖—灰褐色。【分布与习性】主要分布于东洋界北部。国内于西南部省份有少量记录，为罕见留鸟。主要栖息于较低海拔的常绿阔叶林、竹林和灌丛，于较低处活动，性隐蔽，一般不集群。【鸣声】一般为响亮而具有较强金属感的 "wi li ter"，三声一度。

854. 蓝大翅鸲　Grandala　*Grandala coelicolor*

【野外识别】体长 18~21 cm 的中型鸫科鸟类。雄鸟除两翼和尾羽外全身皆为蓝紫色（部分个体为深蓝色），两翼和尾羽黑色。雌鸟全身呈褐色，密布皮黄色纵纹，仅腰及尾上覆羽为蓝色。两翼褐色，部分飞羽基部白色，形成一白色翼斑（部分个体翼斑不甚清晰）。尾褐色。雄鸟与蓝矶鸫（*pandoo* 亚种）相似，但整体羽色为较鲜艳的蓝紫色而非蓝灰色，且喙较蓝矶鸫细弱。与蓝额长脚地鸫的差异为两翼较长而尾短，整体显得大而壮实，体形似鸫而非鸲。虹膜—深褐色；喙—黑色；跗跖—黑色。【分布与习性】主要分布于喜马拉雅山脉及东亚部分地区。国内见于西南部至中部，为区域性常见留鸟。主要活动于海拔 3500 m 以上的灌丛和草甸等地带，冬季集群并向低海拔林地迁移。【鸣声】鸣声为降调的 "biu biu biu"。

855. 小燕尾　Little Forktail　*Enicurus scouleri*

【野外识别】体长 12~14 cm 的小型鸫科鸟类。雌雄相似。头部、胸部、背部为黑色，但前额至头顶前部白色。腰、尾上覆羽、腹部及尾下覆羽亦为白色。两翼黑色为主，但内侧飞羽基部和部分覆羽为白色，形成一道宽阔的白色翼斑。中央尾羽黑色，其余尾羽大部分呈白色。尾羽甚短，因此与其他燕尾差异较明显。由于全身羽色黑白相间，且生境特殊，故不难寻找和识别。虹膜—深褐色；喙—黑色；跗跖—淡粉色。【分布与习性】东洋界北部的常见种类。国内主要见于秦岭以南各省，包括台湾，为留鸟。主要生境为海拔 1000 m 以上的山区溪流，冬季向较低海拔迁移。一般不惧人，在水边活动时喜不停地扇开尾羽，行为似红尾水鸲。【鸣声】单调而尖锐。

蓝额长脚地鸲 雄 刘爱华

蓝大翅鸲 雄 张永

蓝大翅鸲 雄 张永

蓝大翅鸲 雄 何晓安

小燕尾 计云

小燕尾 沈越

小燕尾 沈越

856. 黑背燕尾 Black-backed Forktail *Enicurus immaculatus*

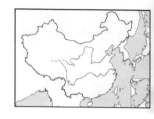

【野外识别】体长 22~25 cm 的中型鸫科鸟类。雌雄相似。头部及上体其余部分黑色，但前额为白色并延伸至眼上方。下背至尾上覆羽为白色，胸、腹及尾下覆羽亦为白色。两翼黑色，内侧飞羽具狭窄的白色端斑，部分翼上覆羽及飞羽基部为白色，形成一道醒目的翼斑。尾长，呈深叉状，中央尾羽最短而外侧尾羽最长，尾羽黑色，基部和端部均为白色。与白额燕尾相似，但白额燕尾喉、胸均为黑色，而本种仅喉部以上为黑色；白额燕尾前额白色面积较大，而本种前额白色区域较狭窄。与灰背燕尾相似，但灰背燕尾顶部及背部为灰色。虹膜－深褐色；喙－黑色；跗跖－淡粉色。【分布与习性】主要分布于南亚及东南亚西北部。国内于西南边境地区有少量记录，为罕见留鸟。一般见于山地或沟谷溪流处，习性与同属其他种类相似。【鸣声】响亮而单调的"di di"声。

857. 灰背燕尾 Slaty-backed Forktail *Enicurus schistaceus*

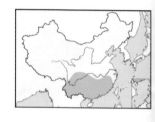

【野外识别】体长 21~24 cm 的中型鸫科鸟类。雌雄相似。头顶至背部及翼上覆羽呈灰色，前额至眼上方为白色，眼先、颊、额、喉黑色，胸、腹至尾下覆羽白色，腰及尾上覆羽亦为白色。飞羽黑色，翼上大覆羽端部和次级飞羽基部为白色，形成与黑背燕尾相似的白色翼斑。初级飞羽基部亦为白色，形成翼斑下方一小而醒目的白色块斑。尾长，呈深叉状，尾羽黑色为主，基部和端斑为白色。可以依据其灰色的上体与其他燕尾区分。虹膜－深褐色；喙－黑色；跗跖－粉白色。【分布与习性】广泛分布于东洋界。国内见于长江流域及其以南的地区，为区域性常见留鸟。主要栖息于低山和平原的溪流与河谷。【鸣声】尖锐的金属音。

858. 白额燕尾 White-crowned Forktail *Enicurus leschenaulti*

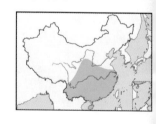

【野外识别】体长 25~30 cm 的大型鸫科鸟类。雌雄相似。头部至上背及喉、胸为黑色，头顶前部及前额白色，下背至尾上覆羽、腹部至尾下覆羽亦为白色。两翼黑色，但覆羽前端和次级飞羽末端白色，形成一道白色翼斑。部分个体飞羽基部具狭窄的白色端斑。尾长而呈深叉形，尾羽基部和端部白色，余部黑色，与同属其他种类类似。与黑背燕尾相似，辨识见相应种描述。虹膜－深褐色；喙－黑色；跗跖－粉白色。【分布与习性】分布于东洋界北部。国内见于秦岭以南地区，是本属在国内分布较广的种类，为留鸟。常见于较低海拔的溪流附近，为本属典型的生境及习性。【鸣声】本属典型的单调而尖锐的哨音"si si"声。

黑背燕尾 董江天

Black-backed Forktail
黑背燕尾
黑背燕尾 王斌

灰背燕尾 沈越

灰背燕尾 崔月

灰背燕尾 朱雷

白额燕尾 沈越

白额燕尾 朱雷

白额燕尾 幼 沈越

859. 斑背燕尾 Spotted Forktail Enicurus maculatus

【野外识别】体长 23~28 cm 的大型鸫科鸟类。雌雄相似。前额至头顶前部具较宽阔的白色区域，头部其余部分至胸部为黑色。后颈、肩部及背部为黑色，密布白色圆点。幼鸟上体为褐色，无背部的点斑。腰、尾上覆羽、腹部及尾下覆羽均为白色。两翼黑色，但翼上大覆羽端部和次级飞羽基部的白色区域构成具有本属特色的显著翼斑。尾长，深叉形，尾羽黑色，基部和端部白色。本种背部的斑点为不会错认的特征。虹膜－深褐色；

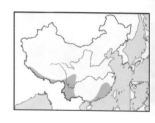

喙－黑色；跗跖－淡粉色。【分布与习性】分布于东洋界北部。国内见于南部及西南部地区，为区域性常见留鸟。繁殖于海拔 1000~3000 m 的山地溪流，冬季向低海拔迁移。【鸣声】略显沙哑的叫声"charr"，以及连续的尖锐哨音。

860. 紫宽嘴鸫 Purple Cochoa Cochoa purpurea

【野外识别】体长 25~29 cm 的大型鸫科鸟类。雄鸟前额及头顶淡蓝色，头侧近黑色。身体其余部分除两翼和尾羽外均为暗紫色。翼上覆羽和次级飞羽基部为淡蓝色或淡紫色，初级飞羽基部亦为淡蓝色，飞羽余部黑色；以上淡色部分于两翼构成两块较大翼斑。尾较短，呈淡紫色，具深色端斑。雌鸟全身以红褐色取代雄鸟的暗紫色（下体红褐色略淡），且覆羽及次级飞羽的翼斑甚不明显。与绿宽嘴鸫体形相似，但羽色有较大差异。

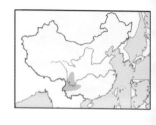

虹膜－褐色；喙－黑色；跗跖－深褐色。【分布与习性】分布于东洋界北部。国内主要见于西南部山地，为罕见留鸟。夏季繁殖于海拔 1000 m 以上的林地，冬季迁移至低海拔阔叶林。【鸣声】鸣声为拖长的"wiii wiii wiii"。

861. 绿宽嘴鸫 Green Cochoa Cochoa viridis

【野外识别】体长 27~29 cm 的大型鸫科鸟类。雄鸟头顶呈淡蓝色，眼先黑色，眼周、颊及耳羽蓝色或淡蓝紫色。上体余部及下体均为鲜艳的绿色。两翼以黑色为主，翼上大覆羽、内侧初级飞羽和次级飞羽外翈基部为淡蓝色，形成 2~3 道醒目的翼斑，其中由飞羽淡蓝色带形成的翼斑甚宽阔。尾羽蓝色，具黑色端斑，最外侧一对尾羽全部为黑色。雌鸟上体及下体亦为绿色或带黄色，但不及雄鸟鲜艳，且飞羽基部为褐色，尾羽有时

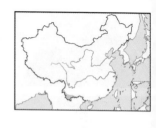

为褐色。其余特征与雄鸟相似。虹膜－褐色；喙－黑色；跗跖－粉色。【分布与习性】分布于东南亚北部。国内主要分布于南部及西南部边境地区，为甚罕见留鸟。主要生境为低山或平原的常绿阔叶林，喜在潮湿或近水源之处活动。【鸣声】为间隔较长的拖尾音"diiiiii diiiiii"。

斑背燕尾 朱雷

斑背燕尾 朱雷

紫宽嘴鸫 雌 沈岩

紫宽嘴鸫 雄 董江天

紫宽嘴鸫 雌 文辉

绿宽嘴鸫 雄 董江天

862. 白喉石䳭　White-throated Bushchat　*Saxicola insignis*

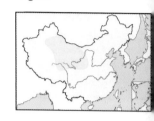

【野外识别】体长 14~15 cm 的小型鸫科鸟类。雄鸟头顶至头侧黑色，后颈为灰黑色或黄褐色，背部及翼上覆羽呈黑色但具灰褐色羽缘，其余飞羽黑色为主，但飞羽基部及大覆羽为白色，构成一条状白色翼斑。腰及尾上覆羽白色。下体主要为白色，但胸部为橙色（部分个体橙色区域延伸至腹部）。尾羽黑色。雌鸟上体为灰褐色具深褐色杂斑，具白色翼斑但不及雄鸟明显，下体呈淡黄褐色，有时胸部羽色略深。雄鸟与黑喉石䳭的差异主要为本种喉白色而非黑色。雌鸟甚似黑喉石䳭雌鸟，但本种腰至尾上覆羽为白色而非褐色。虹膜—深褐色；喙—黑色；跗跖—黑色。【分布与习性】繁殖于中亚，越冬于南亚北部。我国西部地区有零星记录，可能为夏候鸟或旅鸟。主要繁殖于海拔 2000 m 以上的山区，一般在有灌丛的石滩地带活动。【鸣声】复杂的快节奏哨音。

863. 黑喉石䳭　Stonechat　*Saxicola torquata*

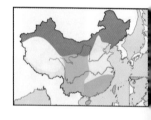

【野外识别】体长 12~15 cm 的小型鸫科鸟类。雄鸟整个头部为黑色或黑褐色，颈侧白色，背部及翼上覆羽为黑色具褐色羽缘。内侧飞羽基部及部分覆羽白色，构成一白色翼斑（部分个体翼斑甚不清晰），其余飞羽为黑色。腰及尾上覆羽为白色（有时为淡皮黄色）。尾羽黑色。下体主要为淡棕褐色，胸部颜色略深，为橙棕色，与黑色的喉部及白色的颈侧形成较明显的对比，野外不难识别。雌鸟上体大部分为黄褐色，缀有深褐色斑，腰和尾上覆羽为淡黄褐色，无斑。下体为淡褐色，其中颏、喉颜色较淡，有时为白色。与白喉石䳭相似，辨识见相应种描述。虹膜—深褐色；喙—黑色；跗跖—黑色。【分布与习性】分布广泛，遍及整个欧亚大陆及非洲北部。国内广布于各地，包括海南及台湾，为常见的季候鸟。喜开阔的生境，如农田、湿地、灌丛、石滩等。【鸣声】鸣叫为单调的"wi ka ka"，鸣唱为复杂的哨音。

864. 白斑黑石䳭　Pied Bushchat　*Saxicola caprata*

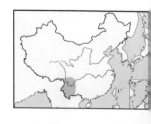

【野外识别】体长 13~15 cm 的小型鸫科鸟类。雄鸟头、背、胸、腹均为黑色，腰、尾上覆羽及尾下覆羽为白色（尾下覆羽白色区域有时向腹部扩展），尾羽黑色。两翼黑色，部分覆羽为白色，形成一道细长的白色翼斑（少数个体翼斑可能不甚清晰）。雄鸟体色黑白对比明显，容易识别，与同为黑白相间的东方斑䳭于国内分布不重叠。雌鸟上体褐色或暗褐色，具不清晰的深色纵纹，腰及尾上覆羽为栗色。下体皮黄色或褐色。雌鸟整体羽色较黑喉石䳭雌鸟暗，且腰为栗色而非淡褐色。虹膜—深褐色；喙—黑色；跗跖—黑色。【分布与习性】主要分布于东南亚和南亚。国内见于西南部地区，为常见留鸟。生境为较低海拔的开阔地带，如灌丛、农田等。【鸣声】鸣叫声为单调的"cha cha"，鸣唱较复杂。

白喉石䳭 雄 韩雪松

白喉石䳭 雄 韩雪松

黑喉石䳭 雌 沈越

黑喉石䳭 雄 朱雷

黑喉石䳭 雄幼 朱雷

白斑黑石䳭
雌 王斌

白斑黑石䳭 雄 沈越

白斑黑石䳭 雄 沈越

865. 黑白林鹏　Jerdon's Bushchat　*Saxicola jerdoni*

【野外识别】体长 14~16 cm 的小型鸫科鸟类。雄鸟上体皆为黑色，下体白色，羽色简单，对比明显，于野外不会错认。雌鸟上体至尾羽为褐色或暗褐色，但腰至尾上覆羽为栗色。下体主要为白色，两胁为淡褐色。雌鸟与灰林鹏雌鸟相似但上体羽色略深，且无眉纹；此外灰林鹏雌鸟外侧尾羽为栗色，而本种尾羽全为褐色。与白斑黑石鹏雌鸟的差异在于本种上体颜色均一，无纵纹，且喉为白色而非褐色或皮黄色。虹膜—深褐色；喙—  黑色；跗跖—黑色。【分布与习性】主要分布于东南亚北部。国内见于云南西部及南部靠近边境的地区，为罕见留鸟。生境为低海拔开阔的灌丛，喜近水处。【鸣声】鸣叫声与同属其他种类相似，鸣唱为比较尖细而婉转的哨音。

866. 灰林鹏　Grey Bushchat　*Saxicola ferreus*

【野外识别】体长 13~15 cm 的小型鸫科鸟类。雄鸟头顶、枕、背呈灰色或灰褐色，具不甚清晰的深色纵纹。具较长而清晰的白色眉纹。眼先、眼周、颊为黑色，形成醒目的黑色"眼罩"。腰和尾上覆羽灰色，下体白色。尾黑色，外侧尾羽为灰色。雌鸟上体褐色，有一较清晰的白色或皮黄色眉纹。额、喉白色，下体余部为淡黄褐色或近白色。中央尾羽黑色或暗褐色，外侧尾羽栗色。雌鸟与黑白林鹏雌鸟相似，辨识见相应种描述。  虹膜—深褐色；喙—黑色；跗跖—黑色。【分布与习性】分布于东洋界北部。国内见于南方大部，为常见留鸟。主要生境为海拔 2000 m 以下的林地、灌丛等地。【鸣声】鸣唱声响亮，为一连串的"zi zi bi bi bi bi"。

867. 沙鹏　Isabelline Wheatear　*Oenanthe isabellina*

【野外识别】体长 14~16 cm 的小到中型鸫科鸟类。雌雄相似。上体为沙褐色或灰褐色，具白色眉纹，眼先黑色(雌鸟眼先褐色)。腰及尾上覆羽白色。下体为淡沙褐色，中央一对尾羽仅基部小段为白色，其他部分为黑色，其余尾羽为白色，具黑色端斑。与漠鹏雌鸟相似，但本种眼先颜色较深，且尾羽大部分呈白色而非黑色。此外，本种翼下覆羽为近白色，而漠鹏翼下覆羽为深灰褐色，飞行时比较明显。虹膜—深褐色；喙—黑色；跗跖— 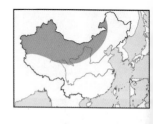 黑色。【分布与习性】主要分布于西亚、中亚、东亚西部及非洲。国内见于西北部和北部地区，为区域性常见夏候鸟。主要生境与漠鹏相似，为开阔且有稀疏灌木的荒漠。【鸣声】典型鸣声为响亮的"wiii wiii wiu"，杂以复杂的"gra gra"等叫声。

黑白林鹏 雄 Paul Holt

灰林鹏 雌 朱雷

灰林鹏 雄 沈岩

灰林鹏 雄 沈越

沙鹏 辈雪松

沙鹏 幼 沈越

沙鹏 张琴

沙鹏 张琴

868. 漠䳭　Desert Wheatear　*Oenanthe deserti*

【野外识别】体长 13~17 cm 的小型鸫科鸟类。雄鸟头顶、枕部及背部棕黄色，腰及尾上覆羽白色。眉纹白色或皮黄色，眼先、颊、颏、喉均为黑色，下体淡黄褐色。两翼黑色，部分覆羽和内侧飞羽基部白色，构成长条状白色翼斑。尾羽几乎全为黑色，仅基部小段为白色。雌鸟头部无黑色部分，眼先淡黄色，眉纹无或甚不清晰，上体淡褐色或灰褐色，颏及喉白色，腹部淡皮黄色。雌鸟与沙䳭相似，辨识见相应种描述。虹膜-深褐色；喙-黑色；跗跖-黑色。【分布与习性】分布于亚洲中部和东部，以及阿拉伯半岛和北非。国内于内蒙古北部至西藏南部一线以西大部地区的适宜生境下为常见留鸟或夏候鸟，主要生境为开阔的荒漠。【鸣声】鸣唱为圆润的 "wi rar rar rar"，夹杂以单调而似 "ka ka" 的叫声。

869. 穗䳭　Northern Wheatear　*Oenanthe oenanthe*

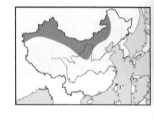

【野外识别】体长 13.5~17 cm 的小型鸫科鸟类。雄鸟头顶、枕、背、腰呈灰色(冬羽以上部分为褐色)，前额和眉纹白色，贯眼纹、耳羽和颊黑色，形成清晰的黑色"眼罩"。下体白色，胸部有时带黄褐色。两翼黑色。中央尾羽基部约三分之一为白色，余部黑色，外侧尾羽为白色，具黑色端斑。雌鸟上体灰褐色或沙棕色，白色眉纹不甚清晰，贯眼纹、两翼及尾羽深褐色。下体为白色或淡皮黄色。雌鸟与雄鸟冬羽相似但眉纹和黑色"眼罩"均不清晰。虹膜-深褐色；喙-黑色；跗跖-黑色。【分布与习性】繁殖于古北界大部分地区，越冬于非洲。国内见于东北、中部至西北的广大地区，为区域性常见夏候鸟；于台湾有迷鸟记录。主要栖息于低山及平原较开阔的灌丛、草地、农田等生境。【鸣声】鸣声为响亮而有力的 "zi zi gra ra ra ra" 或 "cha cha zi zi cha cha cha" 等。

870. 白顶䳭　Pied Wheatear　*Oenanthe pleschanka*

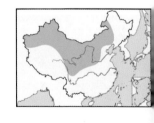

【野外识别】体长 14~17.5 cm 的小型鸫科鸟类。雄鸟头顶、枕部及后颈白色(部分个体略带灰色或黄褐色)。头侧、颏部、喉部、上胸、背部及两翼黑色，腰及尾上覆羽白色，下胸、腹部及尾下覆羽为白色，其中下胸略带黄褐色。中央尾羽黑色，仅基部白色，其余尾羽白色，具黑色端斑，飞行时清晰可辨。雌鸟上体、喉及上胸为灰褐色，具深褐色杂斑，具白色或皮黄色眉纹。腰、尾上覆羽及腹部至尾下覆羽均为白色。尾羽特征与雄鸟相同。雄鸟与东方斑䳭相似，但本种头顶常杂以灰色或黄褐色，且下胸具黄褐色渲染。虹膜-深褐色；喙-黑色；跗跖-黑色。【分布与习性】主要分布于西亚、中亚及东北亚。国内广泛分布于横断山脉北部及秦岭以北的大部地区，为常见留鸟或夏候鸟。主要生境为开阔而多石块的荒地。【鸣声】鸣声清脆、短促而有节奏感。

漠䳭 雌 沈越

漠䳭 雄 张永

穗䳭 雄 沈越

穗䳭 雄 叶云

穗䳭 幼 沈越

白顶䳭 雄 沈越

白顶䳭 雌 张永

白顶䳭 雄 沈岩

871. 东方斑鹏 Variable Wheatear *Oenanthe picata*

【野外识别】体长 16~18 cm 的中型鸫科鸟类。雄鸟为黑白相间，有三种色型，色型之间差异较大：其一头至上胸、背部及两翼均为黑色，腹部及下胸白色；其二胸部、腹部俱黑色，其余特征与前者相同；其三头顶至枕部白色，其余特征与色型一相同。三种色型的雄鸟腰、尾上覆羽、尾下覆羽均为白色，中央尾羽基部一小段白色，其余部分黑色；其余尾羽为白色，具黑色端斑。雌鸟上体及颏、喉、胸为单一的灰褐色或褐色，腹部白色（部分个体胸部亦为白色）。雄鸟色型三与白顶鹏相似，辨识见相应种描述。虹膜—深褐色；喙—黑色；附跖—黑色。【分布与习性】主要分布于中亚。国内边缘性分布于新疆西北部，为不常见留鸟或候鸟。主要生境为中低海拔有稀疏灌丛的荒漠、石滩。【鸣声】婉转而复杂的鸣唱夹杂着单调的"cha cha"声。

872. 蓝矶鸫 Blue Rock Thrush *Monticola solitarius*

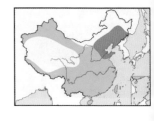

【野外识别】体长 20~24 cm 的较大型鸫科鸟类。雄鸟上体、颏部、喉部及胸部呈蓝色或蓝灰色，两翼黑色；腹部至尾下覆羽为栗红色，部分个体臀部两侧为蓝灰色（*pandoo* 亚种下体全为蓝色）。尾羽深蓝色或褐色。雄鸟冬季上体具黑色横斑。雌鸟上体灰褐色，隐约杂以蓝色，两翼黑色具淡色羽缘。下体为淡皮黄色具黑色鳞状斑，尾羽为深褐色或黑色。雄鸟羽色构成比较简单，与栗腹矶鸫相似但更偏灰，且胸部为蓝色而非栗色。雌鸟带蓝色的背部为重要识别特征，可据此将其与其他矶鸫雌鸟区分。虹膜—深褐色；喙—黑色或深灰色；附跖—灰褐色。【分布与习性】广布于古北界南部、东洋界及非洲北部。国内除青藏高原大部及东北北部外广泛分布，为常见候鸟或留鸟，于台湾为冬候鸟，于东北至环渤海地区为夏候鸟。活动于各种海拔的开阔处，如村庄、石滩、山壁等。【鸣声】叫声为"kra kra"声，鸣唱为略具金属感的婉转颤鸣。

873. 栗腹矶鸫 Chestnut-bellied Rock Thrush *Monticola rufiventris*

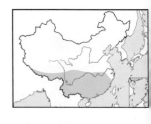

【野外识别】体长 21~25 cm 的较大型鸫科鸟类。雄鸟上体、两翼和尾部均为蓝色。具甚宽阔的黑色贯眼纹（有时黑色区域扩散至颊和喉），颏、喉为深蓝色。下体余部栗红色。雌鸟上体灰褐色。眼先白色，颊灰褐色具白色杂斑，耳羽有一显著的月牙形白斑，为本种重要识别特征，矶鸫属其他种类雌鸟无此白斑。颏、喉灰褐色，但喉中央白色，下体其余部分为深褐色，密布白色或淡皮黄色鳞状斑。雄鸟全身颜色鲜艳且无杂斑，与棕腹大仙鹟等较相似，但本种颈部缺少仙鹟类的金属光泽，且下体羽色较暗，为栗色而非橙色，此外本种体形亦更接近鸫而非鹟类。与蓝矶鸫区别见相应种描述。虹膜—深褐色；喙—黑色；附跖—灰褐色。【分布与习性】广布于东洋界。国内见于东南部至西南部各省及海南，为区域性常见留鸟。主要活动于海拔 1200 m 以上的林地、林缘及开阔地。【鸣声】鸣叫声为粗哑的"ga ga"声，鸣唱为婉转的颤鸣。

东方斑鸲 雄 Navin Sigamany

东方斑鸲 雄 Chinmayisk

蓝矶鸫 雌 沈越

蓝矶鸫 雄 沈越

栗腹矶鸫 雌 朱雷

蓝矶鸫 幼 沈越

栗腹矶鸫 雄 朱雷

874. 白喉矶鸫 White-throated Rock Thrush Monticola gularis

【野外识别】体长 17~19 cm 的中型鸫科鸟类。雄鸟头顶、枕部及翼上小覆羽呈天蓝色，背部、翼上覆羽及飞羽深蓝色并具淡黄色羽缘，形成上体的淡色鳞状斑。喉部有一白色斑块，除此之外整个下体均为橙红色或栗红色。腰和尾上覆羽亦为橙红色，尾羽深蓝色。雄鸟与蓝头矶鸫相似，但本种喉为白色而非蓝色。雌鸟上体褐色，下体白色，背部、胸部及两胁具清晰的黑色鳞状斑，可依据其背部的鳞状斑将其与本属其他种类的雌鸟区分。虹膜—深褐色；喙—黑色；跗跖—粉色或灰褐色。【分布与习性】分布于古北界东部及东洋界。为我国东部和南部不常见候鸟。繁殖于东北、华北，越冬于南部沿海地区和海南岛。一般活动于较低海拔的针叶林和混交林，常单只或成对活动。【鸣声】鸣声圆润而婉转。

875. 蓝头矶鸫 Blue-capped Rock Thrush Monticola cinclorhynchus

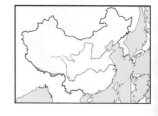

【野外识别】体长 17~19 cm 的中型鸫科鸟类。雄鸟头顶、枕部、额部、喉部及翼上小覆羽均为天蓝色或亮蓝色，眼先、眼周、颊部、耳羽及背部为深蓝色，部分个体背部具褐色羽缘。腰、尾上覆羽、胸、腹至尾下覆羽为橙红色。两翼深蓝色为主，部分次级飞羽外翈基部为白色，形成白色块状翼斑。尾羽深蓝色或黑色。雌鸟上体灰褐色，额和喉灰色或灰白色，下体其余部分灰色具深褐色鳞状斑，两翼和尾褐色。与白喉矶鸫雌鸟相似，但本种上体为纯色，不具清晰黑色斑纹。虹膜—深褐色；喙—黑色；跗跖—灰褐色。【分布与习性】主要分布于南亚。国内见于西藏南部边境地区，为甚罕见留鸟。主要生境为低山常绿阔叶林和混交林，喜近水而多石的地区。【鸣声】清晰而高低起伏的哨音。

876. 白背矶鸫 Rock Thrush Monticola saxatilis

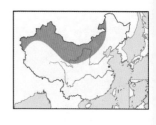

【野外识别】体长 18~20 cm 的中型鸫科鸟类。雄鸟头、颈、上胸及上背蓝色或蓝灰色。下背及腰为白色，为其区别于矶鸫属其余种类雄鸟的重要特征。下胸、腹部、尾上覆羽、尾下覆羽和尾羽为橙红色（中央一对尾羽褐色）。两翼深褐色至黑色，覆羽有不甚清晰的淡黄色端斑。雌鸟上体褐色具浅色斑，腹部淡橙棕色，具深色鳞状斑，尾上覆羽亦为栗棕色，尾羽特征同雄鸟。本属其他种类的雌鸟腹部主要为黑色、白色、褐色斑纹而非棕色，故不难区分。虹膜—深褐色；喙—黑色；跗跖—灰褐色。【分布与习性】广布于古北界南部及非洲。国内见于西北部和北部地区，为常见夏候鸟。活动于低山和平原较开阔的砾石滩、灌丛、草甸、农田等生境，一般不集群。【鸣声】圆润而多变的"biu biu bi biu biu di di di"。

白喉矶鸫 雌 张永

白喉矶鸫 雄 沈越

蓝头矶鸫 雄 王斌

蓝头矶鸫 雄 王斌

白背矶鸫 雌 张永

白背矶鸫 雄 张永

877. 台湾紫啸鸫　Taiwan Whistling Thrush　*Myophonus insularis*

【野外识别】体长 28~30 cm 的大型鸫科鸟类。雌雄相似。全身为深蓝紫色，前额亮蓝色，眼先蓝黑色，下体具醒目的亮蓝色点斑，尾羽深蓝色。本种羽色特殊，不易错认。与紫啸鸫相似，但本种背部为均一的深蓝色，而紫啸鸫背部具亮蓝色点斑，且两者分布区不重叠。虹膜—红褐色；喙—黑色；跗跖—黑褐色或黑色。【分布与习性】中国特有种，分布于台湾，为留鸟。主要生境为海拔 2000 m 以下的中低海拔山地阔叶林，喜在近溪流、河流处活动，一般在地面快速奔跑或跳跃，不集群。【鸣声】音调甚高的 "suiii suiii" 或延长的 "zi zi" 叫声。

878. 紫啸鸫　Blue Whistling Thrush　*Myophonus caeruleus*

【野外识别】体长 28~33 cm 的大型鸫科鸟类。雌雄相似。通体蓝紫色或深蓝色，前额亮蓝色，眼先蓝黑色，头、背、胸、腹密布闪金属光泽的亮蓝色或淡紫色点斑（部分个体腹部点斑不甚清晰）。两翼和深蓝色，部分个体有紫色渲染。本种羽色鲜艳且具醒目的点斑，野外寻找和识别比较简单。虹膜—红褐色；喙—黑色，*eugenei* 亚种喙呈黄色；跗跖—深褐色。【分布与习性】广布于亚洲中部至东部。国内见于除东北和青藏高原外的大部分地区，为常见候鸟或留鸟。主要生境为海拔 3700 m 以下的山地森林，特别是溪流附近比较常见。有时亦见于平原地区的农田、村庄等地带。一般于地面活动，尾羽常上下摆动并扇开。【鸣声】响亮、尖厉的 "chi chi" 或复杂而音调较高的哨音。

879. 橙头地鸫　Orange-headed Thrush　*Zoothera citrina*

【野外识别】体长 19~22 cm 的较大型鸫科鸟类。雌雄相似。头顶、枕部、颈部、胸部及腹部为鲜艳的橙色，头侧的眼先、眼周、颊，以及额部和喉部呈淡皮黄色，眼下和耳羽分别具两道黑色或深褐色的纵向粗纹；部分亚种的整个头部皆为橙色而无斑纹。背、腰、尾上覆羽及尾羽蓝灰色，两翼为灰色或灰褐色，部分亚种的覆羽区域具一道较短的白色翼斑。尾下覆羽白色。幼鸟背部及两翼偏褐色。虹膜—深褐色；喙—深灰色；跗跖—粉色。【分布与习性】广布于东洋界。国内于海南为留鸟，于长江流域东部周边为夏候鸟，其于长江以南大部为迁徙经过。主要生境为低海拔常绿阔叶林和林缘灌丛，一般栖息于林下植被比较浓密之处于地面活动，不集群。【鸣声】响亮而复杂的鸣唱，似噪鹛。

台湾紫啸鸫 张永　　台湾紫啸鸫 沈越

紫啸鸫 计云

紫啸鸫 朱雷

橙头地鸫 沈越

橙头地鸫 崔月

880. 白眉地鸫 Siberian Thrush *Zoothera sibirica*

【野外识别】体长21~24 cm的较大型鸫科鸟类。雄鸟上体黑色，具长而宽阔的白色眉纹。额部、喉部及胸部黑色或深蓝灰色，部分个体具零星白色点斑，两胁黑色，有时具褐色横斑。腹部白色，尾黑色或灰黑色，外侧尾羽具白色端斑。雌鸟上体褐色，眉纹白色，眼先深褐色，颊部白色，密布褐色杂斑。下体白色，具深褐色鳞状斑。尾羽褐色，外侧尾羽端部白色。虹膜—深褐色；喙—黑色；跗跖—粉色。【分布与习性】分布于东亚及东南亚。国内见于华北、华中、华东、华南地区及台湾，为罕见候鸟。主要生境为较低海拔的林地及林缘，于地面或近地面树枝上活动，喜近水地带。迁徙时集小群。【鸣声】似"chui li"的圆润哨音。

881. 光背地鸫 Plain-backed Thrush *Zoothera mollissima*

【野外识别】体长24~26 cm的较大型鸫科鸟类。雌雄相似。上体为单调的橄榄褐色。眼周白色，无眉纹，颊为皮黄色具深色杂斑。下体为白色，各羽具黑色端斑，形成密集的鳞状斑至尾下覆羽。两翼橄榄褐色或黄褐色，无翼斑。尾羽褐色，最外侧一对尾羽具白色端斑。与相似种长尾地鸫的差异为本种两翼无翼斑（长尾地鸫具两道淡黄色翼斑），且长尾地鸫耳羽具新月形黑色斑，而本种耳羽无此特点。虹膜—深褐色；喙—黑色，下喙基部黄褐色；跗跖—粉色。【分布与习性】广布于从喜马拉雅山脉至中国横断山脉一带，为罕见留鸟，但于四川及云南北部为夏候鸟。主要生境为海拔2500~4000 m的针叶林、混交林及林缘、疏林灌丛等，冬季迁移至较低海拔。地栖性，常于林间小路上高速奔跑，机警而惧人。【鸣声】嘈杂而多变的颤音。

882. 长尾地鸫 Long-tailed Thrush *Zoothera dixoni*

【野外识别】体长24~27 cm的大型鸫科鸟类。雌雄相似。上体橄榄褐色，眼周白色，颊皮黄色而略具深褐色渲染，颚纹黑色。耳羽具一醒目的新月形纵向黑色斑。下体白色，密布黑色鳞状横斑。两翼橄榄褐色，中覆羽和大覆羽具淡黄色端斑，停歇时构成两道较清晰的翼斑。尾较长，亦呈橄榄褐色，外侧尾羽端部为白色。与光背地鸫相似，辨识见该种描述。虹膜—深褐色；喙—黑色，下喙基部黄褐色；跗跖—粉色。【分布与习性】分布于从喜马拉雅山脉至中国横断山脉及西南地区。国内于西南部山地（西藏东部、青海东南部、四川和贵州等）繁殖，冬季至喜马拉雅山脉和高黎贡山越冬。主要活动于海拔1800~4300 m的山地针叶林、阔叶林、混交林及灌丛地带。地栖性，与光背地鸫的生境和习性相似。【鸣声】响亮的"char char chui"，有时尾音拖长或带颤音。

白眉地鸫 雄 沈越

白眉地鸫 雄 朱雷

光背地鸫 白皓天

光背地鸫 朱雷

长尾地鸫 朱雷

883. 虎斑地鸫　Golden Mountain Thrush　*Zoothera dauma*

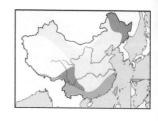

【野外识别】体长 28~31 cm 的大型鸫科鸟类。雌雄相似。整体显得甚大而壮实。眼先白色，无眉纹。上体橄榄褐色，下体白色（胸部可能略带褐色），上体及下体各羽具黑色端斑和淡棕色次端斑，形成覆盖全身的清晰黑色鳞状斑，以胸部和背部最为密集。翼上覆羽由橄榄色、淡棕色和黑色构成，飞羽橄榄色为主，初级飞羽内翈基部有较宽的白色区域，于翼下构成一道显著的白色带。尾羽橄榄褐色，外侧尾羽颜色略深。依据本种全身，特别是背部密布的黑色鳞状斑，可与地鸫属其余种类以及宝兴歌鸫等区分。虹膜—深褐色；喙—深灰色；跗跖—粉色。【分布与习性】广布于欧亚大陆。国内分布于除海南和青藏高原外的大部分地区，包括台湾，为常见候鸟。主要生境为中低海拔的林地，于地面或树的中下部活动，一般不集群，不惧人。【鸣声】柔和的哨音"chur chur"，每个音节通常将尾音拖长。

884. 大长嘴地鸫　Long-billed Thrush　*Zoothera monticola*

【野外识别】体长 26~28 cm 的大型鸫科鸟类。雌雄相似。喙甚长且粗壮而略下弯，与其余鸫科鸟类迥异。上体为深褐色或蓝黑色，无眉纹或其他斑纹。下体喉、胸、腹两侧与上体同色，但靠近中央部分过渡为白色而具深褐色点斑，喉部、胸部及腹部中央为白色，但白色区域较狭窄，仅仰视时清晰可见。尾羽较短，为深褐色。本种虽无特征性斑纹，但体色与同属其他种类相差较大，且喙的形状又比较特殊，极易辨识。虹膜—深褐色；喙—深灰色至黑色；跗跖—灰褐色。【分布与习性】分布于南亚和东南亚。我国于云南西部边境地区有零星记录，为留鸟。主要活动于低海拔常绿阔叶林，喜靠近溪流处，常单只或成对于地面上活动，习性与长嘴地鸫相似。【鸣声】响亮而具有金属感的笛音，两声或三声一度。

885. 长嘴地鸫　Dark-sided Thrush　*Zoothera marginata*

【野外识别】体长 22~25 cm 的较大型鸫科鸟类。雌雄相似。喙明显较其他鸫类长且下弯，但比大长嘴地鸫短。上体、胸部两侧至两胁为均一的橄榄褐色（部分个体两胁为白色具深褐色鳞状斑）。眼先灰白色或褐色，颊为褐色与白色交杂，耳羽有一新月形黑色斑（部分个体黑斑面积较小），其后有一形状不甚规则的白色块斑。额部、喉部、胸部中央、腹部中央为白色或皮黄色。两翼褐色，无翼斑，尾羽较短，亦呈褐色。本种全身羽色较单调，缺乏深色的鳞状斑纹，且喙形状特异，不难识别。虹膜—深褐色；喙—深灰色至黑色；跗跖—灰褐色。【分布与习性】分布于南亚北部和东南亚大部分地区。国内见于云南西部及南部边境，为罕见留鸟。生境为低海拔常绿阔叶林，喜近水地带，于地面活动，不集群，惧人。【鸣声】一般为轻柔而短促的哨音。

虎斑地鸫 沈越

虎斑地鸫 沈越

大长嘴地鸫 Francesco Veronesi

大长嘴地鸫 Soumyajit Nandy

长嘴地鸫 黄文晓

长嘴地鸫 关翔宇

886. 灰背鸫 Grey-backed Thrush *Turdus hortulorum*

【野外识别】体长 20~24 cm 的较大型鸫科鸟类。雄鸟头、胸及上体其余部分皆为灰色，喉为灰白色，有时具深色细纵纹。腹部两侧有较大面积为橙色。腹部中央至尾下覆羽为白色。两翼为灰色（幼年个体偏褐），翼下覆羽为橙色，飞行时较明显。尾灰色或褐色。雌鸟上体为灰褐色取代雄鸟的灰色，部分个体具不甚清晰的白色眉纹，颏、喉至胸白色，具浓密的黑色斑点，翼下和腹部具有和雄鸟相同的橙色部分。雄鸟上体羽色似梯氏鸫，但本种腹部橙色，且分布区域不重叠。雌鸟与乌灰鸫、黑胸鸫和赤胸鸫雌鸟相似，辨识见相应种描述。虹膜—深褐色；喙—雄鸟黄色，雌鸟为褐色，幼鸟深灰色；跗跖—粉色。【分布与习性】主要分布于亚洲东部。国内于东北东部为夏候鸟，于包括海南、台湾在内的长江以南大部为冬候鸟，于华北、华东和华中地区为旅鸟。主要繁殖于近水的阔叶林，迁徙时集群并见于城市公园等各种生境，不惧人。【鸣声】叫声为尖细的 "si si" 声，鸣唱声婉转而复杂。

887. 梯氏鸫 Tickell's Thrush *Turdus unicolor*

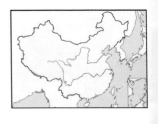

【野外识别】体长约 21 cm 的较大型鸫科鸟类。雄鸟全身呈较均一的灰色，无眉纹或其他斑纹，腹部羽色略淡，为灰白色，尾下覆羽近白色。雌鸟全身以灰褐色取代灰色，颏、喉为白色，喉侧和上胸具较细的深褐色纵纹。本种羽色甚为单调，上体羽色虽与灰背鸫相似，但腹部无橙色部分，且二者分布基本不重叠，故比较容易辨识。虹膜—深褐色；喙—黄色，幼鸟喙端灰褐色；跗跖—粉色或灰色。【分布与习性】主要分布于南亚北部。国内见于西藏南部边境区域，为罕见留鸟或夏候鸟。主要活动于海拔 1500~2800 m 的阔叶林，冬季向较低海拔迁移。【鸣声】鸣叫声为单调而似鸫的 "ber ber" 声，鸣唱为 "gar gar pi pi pi" 声，或音调类似的较复杂音节。

888. 黑胸鸫 Black-breasted Thrush *Turdus dissimilis*

【野外识别】体长 20~24 cm 的较大型鸫科鸟类。雄鸟的喙呈鲜艳的黄色。头、颈及上胸均为黑色。背部至尾羽，以及两翼呈深灰色。下胸至两胁具大面积橙色，与头部、胸部的黑色形成强烈对比，仅腹部中央的狭窄区域至尾下覆羽为白色，但从侧面观察，腹部的白色区域几乎不可见。雌鸟上体褐色或灰褐色，下体以白色为主，上胸具深褐色或黑色点斑，下胸至胁部橙色，但橙色区域较雄鸟狭窄，腹部中央的白色部分面积较大。本种雌鸟与灰背鸫雌鸟相似，但本种喙色更淡（黄色或橙黄色）。与乌灰鸫雌鸟亦相似，辨识见该种描述。虹膜—深褐色；喙—黄色；跗跖—粉色至橙黄色。【分布与习性】分布于东南亚北部。我国见于西南部的有限地区，为常见留鸟。主要生境为中低海拔的林地及灌丛。【鸣声】鸣声婉转而圆润。

灰背鸫 雌 董江天

灰背鸫 雄 黄泰

梯氏鸫 雌 Abledoc

梯氏鸫 雄 Abledoc

黑胸鸫
雌 朱雷

黑胸鸫 雄 沈越

889. 乌灰鸫　Grey Thrush　*Turdus cardis*

【野外识别】体长 20~23 cm 的较大型鸫科鸟类。雄鸟头、颈、胸为黑色，与黄色喙形成鲜明对比。背部及两翼为深灰色。腹部白色，腹部与下胸过渡之处以及两胁均具较密集的黑色点斑，尾下覆羽白色，尾羽灰色。雌鸟上体褐色，下体白色为主，喉侧具深褐色纵纹，胸部至两胁具比较密集的黑色点斑，胸部两侧至两胁的底色为橙棕色而非白色。雄鸟上体羽色与黑胸鸫相

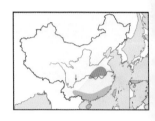

似，但腹部无橙色部分。雌鸟与黑胸鸫、灰背鸫雌鸟甚似，但本种下体的黑色点斑由胸部延伸至两胁，甚至腹部前半部分，而黑胸鸫、灰背鸫雌鸟的黑色点斑不延伸至两胁。虹膜—深褐色；喙—雄鸟黄色，雌鸟深灰色；跗跖—粉色。【分布与习性】分布于东亚。国内主要见于东南诸省，为不常见季候鸟。西南部、华东北部和华北地区偶有记录，但不排除为笼养逃逸个体。主要生境为中低海拔的林地。【鸣声】鸣叫为单调的"biu biu"，鸣唱为复杂的哨音。

890. 白颈鸫　White-collared Blackbird　*Turdus albocinctus*

【野外识别】体长 25~28 cm 的大型鸫科鸟类。雄鸟头部黑色，有一窄而清晰的金黄色眼圈。额部、喉部白色，颈部有一宽阔而完整的白色领环，上体和下体余部黑色，尾下覆羽具不甚清晰的白色羽干纹。雌鸟头部褐色，额部、喉部及颈部的领环为白色或灰白色，上体和下体余部呈灰褐色。本种羽色似乌鸫及灰翅鸫，但具独特而醒目的白色或灰白色领环，故不难识别。

虹膜—深褐色；喙—黄色至橙黄色；跗跖—橙黄色。【分布与习性】分布于南亚北部、喜马拉雅山脉及其周边地区。国内见于西藏南部，为不常见留鸟。主要生境为海拔 2500~5500 m 的针叶林、灌丛及草甸地带，冬季有时集小群并迁移到较低海拔，但一般不低于 1500 m。【鸣声】鸣叫声为单调的"dar dar"声，鸣唱复杂而婉转。

891. 灰翅鸫　Grey-winged Blackbird　*Turdus boulboul*

【野外识别】体长 27~29 cm 的大型鸫科鸟类。雄鸟通体黑色而具窄而清晰的眼圈，但翼上大覆羽外翈及次级飞羽外翈为灰色，形成翼上的大面积银灰色斑块，两翼其余各羽均呈黑色。雌鸟全身为一致的橄榄褐色，飞羽内翈深褐色，部分个体翼上覆羽的外翈为红褐色，构成不甚清晰的红褐色翼上斑块。雄鸟羽色单调，与乌鸫相似，但可依据翼上的灰色斑块准确辨识。

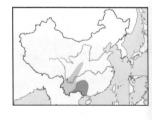

雌鸟亦与乌鸫雌鸟相似，但本种通体为单调的橄榄褐色（若为有棕红色翼斑的个体，则可以快速识别），而乌鸫雌鸟全身为深褐色且喉部具深色纵纹。虹膜—深褐色；喙—橙色；跗跖—橙色至橙褐色。【分布与习性】喜马拉雅山脉及东南亚北部。国内主要分布于西南部的有限地区，为区域性常见留鸟或夏候鸟。主要栖息于高至海拔 3000 m 的山地森林及灌丛，冬季迁移至较低海拔或平原地区的林地，性谨慎而惧人。【鸣声】鸣唱圆润而复杂，似乌鸫。

乌灰鸫 雌 晏志华

乌灰鸫 雄 朱雷

白颈鸫 雄 崔月

白颈鸫 雄 张永

灰翅鸫
雌 朱雷

灰翅鸫
雄 何海清

892. 乌鸫 Blackbird *Turdus merula*

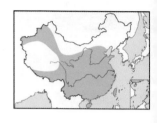

【野外识别】体长24~30 cm的大型鸫科鸟类。雄鸟喙和眼圈黄色，通体皆为黑色。雌鸟全身呈深褐色，颏、喉至上胸为淡黄褐色并具较细密的深褐色点斑或纵纹。幼鸟似雌鸟但更偏黄褐色，且背部和腹部具淡黄色羽干纹。雄鸟于第二年初期的个体羽色近黑，似雄成鸟但飞羽和部分覆羽仍为黄褐色，喙为深褐色或褐色与黄色交杂。与相似种灰翅鸫和白颈鸫的辨识见相应种的描述。虹膜—深褐色；喙—雄鸟黄色，雌鸟为黄色至暗褐色，幼鸟为深褐色或黑色；跗跖—褐色。【分布与习性】分布遍及欧亚大陆。国内见于除东北外的广泛地区，包括海南及台湾。为常见留鸟，于分布的北限（如华北地区）冬季可能向南迁徙。活动于高至海拔4500 m的各种生境，亦为秦岭及淮河以南地区城市内最常见的鸟种之一，非繁殖期一般集小群，甚不惧人。【鸣声】鸣叫声为单调的"do do"，鸣唱较复杂。

893. 岛鸫 Island Thrush *Turdus poliocephalus*

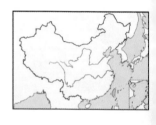

【野外识别】体长20~24 cm的较大型鸫科鸟类。雄鸟整个头及颈白色，上体余部及两翼和尾羽黑色。下体为红褐色，尾下覆羽为黑白相间的斑纹。雌鸟头顶、枕、背及下体赤褐色，具宽阔的白色眉纹，眼先至颊部、颏部及喉部为白色并杂有褐色细纹，尾下覆羽白色具黑色斑，两翼及尾羽黑色。本种头部的白色在鸫属中甚为独特，但与黑短脚鹎白头型羽色相似，主要差异为：本种喙为黄色而非红色，下体为赤褐色而非黑色，且头部白色区域仅至颈部，而黑短脚鹎至上胸，此外二者鸣声差异较大。虹膜—深褐色；喙—黄色；跗跖—橙色至褐色。【分布与习性】分布于东南亚及太平洋诸岛。国内仅见于台湾，为罕见留鸟，主要分布于海拔1500~2500 m的森林地带，树栖性。【鸣声】鸣叫声似乌鸫或为"pi pi"声，鸣唱较尖锐而复杂。

894. 灰头鸫 Chestnut Thrush *Turdus rubrocanus*

【野外识别】体长24~29 cm的大型鸫科鸟类。雄鸟头及颈为深灰色，眼圈淡黄色。上体及下体余部主要为栗色，尾下覆羽黑色，具白色细纹或杂斑，两翼和尾羽黑色。雌鸟羽色与雄鸟大致相似，但头部灰色略淡或为灰褐色，头侧或颏、喉有时具褐色纵纹，两翼及尾羽为深褐色。与棕背黑头鸫相似，但本种头灰色，背部及胸部、腹部均为栗色；而棕背黑头鸫头部为黑色（雄鸟），且背部及胸部具宽阔的黄白色区域，与其腹部的栗色分界清晰。虹膜—深褐色；喙—黄色；跗跖—黄色至褐色。【分布与习性】分布于喜马拉雅山脉及东亚部分地区。国内见于西藏南部至西南部及秦岭一带，为区域性常见留鸟。主要栖息于海拔2500 m以上的林地及灌丛，冬季迁移至较低海拔。【鸣声】鸣叫似"der der"声，鸣唱尖锐而较乌鸫等单调。

乌鸫 雌 崔月

乌鸫 雄 沈岩

乌鸫 雄 张永

岛鸫 雌 Alnus

岛鸫 雄 Francesco Veronesi

灰头鸫 雄 朱雷

灰头鸫 雄 何海清

895. 棕背黑头鸫 Kessler's Thrush *Turdus kessleri*

【野外识别】体长 24~29 cm 的大型鸫科鸟类。雄鸟头、颈全为黑色，胸部及背部为黄白色或棕白色，腰、尾上覆羽、腹部及尾下覆羽呈栗色，其中尾下覆羽具黑色斑。两翼和尾羽为黑色。雌鸟头及颈灰褐色，额、喉具深褐色纵纹，上体及下体余部与雄鸟相似但羽色较雄鸟淡。幼鸟头、颈、两翼及尾羽为深褐色，背部和腹部为皮黄色并具深褐色横斑。与相似种灰头鸫的辨识见该种描述。虹膜—深褐色；喙—黄色；跗跖—褐色。【分布与习性】分布于南亚北部、中国西南部至青藏高原东部；但主要分布区在我国，为区域性常见留鸟。生境为海拔 3500 m 以上的针叶林、灌丛及草甸，冬季向较低海拔迁移，但一般不低于 2000 m。一般于树木中下层、灌丛及地面活动。【鸣声】鸣叫为 "gar gar"，鸣唱声比较圆润，但不够连贯。

896. 褐头鸫 Grey-sided Thrush *Turdus feae*

【野外识别】体长 21~24 cm 的较大型鸫科鸟类。雄鸟上体橄榄褐色，具清晰的白色眉纹，眼先黑色，眼下有一小而清晰的白斑。额、喉白色，胸部为淡灰色或淡灰褐色，两胁灰白色，腹部中央至尾下覆羽为白色。两翼和尾羽褐色，部分个体翼上大覆羽具细小的白色端斑，构成一道翼斑。雌鸟与雄鸟大致相似，具眉纹但不甚清晰。与白腹鸫相似但本种具比较明显的眉纹，且尾羽全为褐色而无白色端斑；与白眉鸫相似但两胁为灰色而非橙褐色。虹膜—深褐色；喙—灰褐色，下喙基部黄色；跗跖—黄褐色。【分布与习性】分布遍及东亚至东南亚北部。但已知繁殖区域比较狭窄，仅为中国华北的有限地区，于中国东部及华南地区有不少过境记录。主要繁殖于海拔 1500 m 以上的山区密林中。【鸣声】鸣叫声为尖锐的 "pi pi" 声，鸣唱为重复的 "gra grula siii"。

897. 白眉鸫 Eyebrowed Thrush *Turdus obscurus*

【野外识别】体长 20~24 cm 的较大型鸫科鸟类。雄鸟头部灰色，眉纹白色，眼先黑色，眼下方有一与褐头鸫相似的白色斑块。上体及两翼橄榄褐色，胸和两胁为橙棕色，腹部中央至尾下覆羽白色。尾羽褐色。雌鸟上体与雄鸟相似，但头部以褐色为主，白色眉纹及眼下方的白色斑点似雄鸟，但额、喉白色，且喉侧具褐色细纹。胸部至两胁为橙棕色但较雄鸟淡，腹部和尾下覆羽白色。本种头部花纹于鸫属内比较独特，仅与褐头鸫相似但腹部羽色完全不同，不难识别。虹膜—深褐色；喙—灰褐色至黑色，下喙基部黄色；跗跖—橙色或粉色。【分布与习性】广布于欧亚大陆东部。国内除西藏外皆有分布，包括海南及台湾，为常见候鸟。主要栖息于中低海拔的林地，迁徙时集小群并见于各种生境。【鸣声】鸣唱短促而有节奏，3~4 声一度。

棕背黑头鸫 雌 朱雷

棕背黑头鸫 亚成 朱雷

棕背黑头鸫 雄（左）幼（右）朱雷

褐头鸫 张永

白眉鸫 亚成 沈越

白眉鸫 雌 朱雷

白眉鸫 雄 崔月

898. 白腹鸫　Pale Thrush　*Turdus pallidus*

【野外识别】体长 21~24 cm 的较大型鸫科鸟类。雄鸟头部灰褐色，颊更偏灰，上体、两翼及尾羽为橄榄褐色，一般不具翅斑。下体主要为白色，有时带甚淡的灰色。尾羽褐色，外侧尾羽具白色端斑。雌鸟与雄鸟相似，但头部偏褐，颏及喉白色而具深褐色细纵纹。本种羽色比较单调，无甚特点，似褐头鸫但无眉纹，且本种下体均一的白色与同属大部分种类不同。虹膜—深褐色；喙—上喙灰色，下喙黄色（部分个体下喙尖端深色）；跗跖—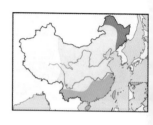
橙红色。【分布与习性】主要分布于东亚。国内于横断山脉及其以东广泛分布，包括海南及台湾，为常见候鸟。主要活动于低海拔林地、灌丛等各种生境，习性与白眉鸫相似，迁徙时常集小群或与白眉鸫等混群。【鸣声】鸣叫声为尖细的"zi zi"，鸣唱圆润而复杂。

899. 赤胸鸫　Brown-headed Thrush　*Turdus chrysolaus*

【野外识别】体长 21~24 cm 的较大型鸫科鸟类。雄鸟头及上体余部橄榄褐色，喉深褐色。胸部至两胁为橙红色，腹部中央至尾下覆羽白色（尾下覆羽具深褐色斑点），两翼和尾羽褐色。雌鸟与雄鸟相似，但头部羽色较淡，偏灰褐色，颏及喉白色，胸部及两胁虽为橙色但较雄鸟淡。与灰背鸫雌鸟相似但本种上体羽色偏褐而非灰色，且胸部无深色斑点。虹膜—深褐色；喙—
灰褐色，下喙基部黄色；跗跖—黄褐色。【分布与习性】分布于东亚（主要繁殖地为日本）。国内于东部和南部沿海有过境记录，于海南和台湾越冬，甚罕见。主要生境为低海拔的灌丛和林地。【鸣声】鸣叫声为"char char"；鸣唱声为"kra kra ziii"（最后一声为升调），3~4 个音节为一度。

900. 黑颈鸫　Black-throated Thrush　*Turdus atrogularis*

【野外识别】体长 21~26 cm 的较大型鸫科鸟类。雄鸟头顶至上体灰色或灰褐色。眼先、眼周、颊部、颏部、喉部至胸部及颈侧皆呈黑色。下体余部白色。翼上覆羽灰褐色，飞羽和尾羽为深褐色。雌鸟上体、两翼及尾羽羽色与雄鸟相似，颏、喉白色而具黑色纵纹，胸部为深褐色或黑色，腹部及尾下覆羽白色，两胁具灰色纵纹。本种成鸟与赤颈鸫相似但可依据胸部羽色判别种类（本种为黑色，赤颈鸫为栗红色）。幼鸟与赤颈鸫幼鸟
甚似，但赤颈鸫幼鸟尾羽多呈红褐色，且胸略具栗红色渲染，而本种幼鸟尾羽则为深褐色，胸部无栗色部分。虹膜—深褐色；喙—灰黑色，下喙基部黄色；跗跖—粉色或灰褐色。【分布与习性】主要分布于中亚。国内主要见于西北部地区，于秦岭东南部及内蒙古东南部有越冬记录。生境和习性与赤颈鸫相似。【鸣声】似赤颈鸫。

白腹鸫 雌 沈岩

白腹鸫 雄 黄秦

赤胸鸫 雄 戴美杰

赤胸鸫 雄 戴美杰

黑颈鸫 雌 沈越

黑颈鸫 雄 张永

901. 赤颈鸫　Red-throated Thrush　*Turdus ruficollis*

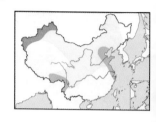

【野外识别】体长 21~26 cm 的较大型鸫科鸟类。雄鸟头顶至枕、背呈褐色或灰褐色，眼先及耳羽亦呈灰褐色，具栗红色眉纹，颏、喉、胸均为栗红色，腹部及尾下覆羽白色。两翼灰色为主，大覆羽和飞羽为深褐色。中央尾羽深褐色，其余尾羽栗红色。雌鸟上体灰褐色，眉纹灰白色或皮黄色，颏、喉灰白色（部分个体为淡栗红色），具深褐色纵纹，胸部为淡栗红色并具深褐色或褐色斑点。腹部白色，两胁具少许灰色斑点。本种幼鸟与黑颈鸫幼鸟相似，辨识见该种描述。本种与斑鸫和红尾鸫的主要区别为胸部和两胁无密集的深色鳞状斑。虹膜—深褐色；喙—黄色，喙端黑色，幼鸟喙深灰色，仅下喙基部黄色；跗跖—粉色或灰褐色。【分布与习性】分布于中亚至东亚。国内见于除东南诸省外的广大地区，为常见候鸟。生境为低山林地和灌丛，冬季集群，常迁至平原林地、果园、城市公园等各种生境。【鸣声】鸣叫为尖细的"si si"，鸣唱亦显尖厉而急促。

902. 红尾鸫　Naumann's Thrush　*Turdus naumanni*

【野外识别】体长 21~25 cm 的较大型鸫科鸟类。雄鸟上体褐色。眉纹棕红色，眼先及耳羽灰褐色，颏、喉至颈侧及胸部皆呈棕红色，下胸、两胁及尾下覆羽各羽为棕红色，但具白色羽缘，形成密集的棕红色及白色鳞状斑。腹部白色。两翼为深褐色，飞羽覆羽外翈具皮黄色或淡棕色羽缘。尾羽亦褐色为主，外侧尾羽大部分为棕红色。雌鸟似雄鸟但眉纹及颏、喉的棕红色较淡（或为皮黄色），且喉部具黑色细纵纹。与白眉歌鸫及斑鸫相似，辨识分别见相应种描述。虹膜—深褐色；喙—黑色，下喙基部黄色；跗跖—灰褐色。【分布与习性】主要分布于古北界东部。国内常见，分布于除西藏、海南外的各省，为旅鸟或冬候鸟。见于林地、开阔田野及城市等各种生境，冬季集大群。【鸣声】鸣叫声为单调而急促的"char char"声，鸣唱音调较高而婉转。

903. 斑鸫　Dusky Thrush　*Turdus eunomus*

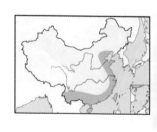

【野外识别】体长 21~25 cm 的较大型鸫科鸟类。雌雄相似。成鸟眼先、耳羽、头顶、枕、后颈至背部为橄榄褐色或深褐色，眉纹白色，颊白色具褐色杂斑，颏、喉白色，具深褐色短纵纹（部分个体深色纵纹仅集中于颏和喉的两侧）。胸部至两胁各羽黑色，具白色羽缘，腹部中央至尾下覆羽白色。翼上覆羽主要为栗色，飞羽内翈黑褐色而外翈栗色，构成翼上的大块栗棕色斑。尾羽黑褐色。与红尾鸫相似，但本种下体主要为黑色而非棕红色。与赤颈鸫相似，区别见该种描述。虹膜—深褐色；喙—黑色，下喙基部黄色；跗跖—灰褐色。【分布与习性】广布于欧亚大陆东部。国内除西藏外见于各地，其中于沿海各省及海南、台湾为冬候鸟，于其余省份为迁徙经过。生境与习性似红尾鸫，冬季常集群或与红尾鸫混群。【鸣声】似红尾鸫。

赤颈鸫 雌 计云　　赤颈鸫 雄 沈越

红尾鸫 雌 计云　　红尾鸫 雌 沈越

红尾鸫 雄 沈越　　斑鸫 朱雷

斑鸫 沈越　　斑鸫 亚成 朱雷

904. 田鸫 Fieldfare *Turdus pilaris*

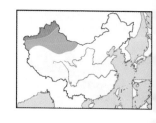

【野外识别】体长 23~27 cm 的较大型鸫科鸟类。雌雄相似。头顶、头侧至后颈灰色，眉纹白色，眼先深褐色。背部及两翼的翼上覆羽为栗褐色，飞羽深褐色，腰及尾上覆羽灰色。下体白色为主，但胸部呈黄褐色，颏、喉具黑色纵纹，至胸部和两胁过渡为密集的黑色箭头状或鳞状斑，腹部中央至尾下覆羽白色。尾羽黑褐色。本种背部的栗色区域于灰色的上体中甚为醒目，比较容易识别。虹膜－深褐色；喙－黄色；跗跖－灰褐色。【分布与习性】广布于古北界。国内主要分布于西北部地区，为不常见留鸟或候鸟。活动于较低海拔的林地、灌丛、农田、城市公园等各种生境，喜集群活动。【鸣声】鸣叫声为急促的"ga ga"，偶尔略带颤音；鸣唱为多变而具金属感的奇怪音调。

905. 白眉歌鸫 Redwing *Turdus iliacus*

【野外识别】体长 20~23 cm 的较大型鸫科鸟类。雌雄相似。上体、两翼和尾羽均为灰褐色，眉纹白色，甚为清晰。下体白色为主，颏、喉具细密的黑色纵纹，喉侧具明显的黑色粗纵纹。胸部及腹部两侧具较大面积的黑色短纵纹，仅腹部中央的狭窄区域至尾下覆羽无纵纹。两胁为橙红色，翼下覆羽亦呈橙红色，飞行时清晰可见。与红尾鸫相似，但本种下体具黑色纵纹而非橙棕色鳞状斑，且尾羽全为褐色，而红尾鸫外侧尾羽为比较显眼的棕红色。虹膜－深褐色；喙－深灰色或黑色，下喙基部黄色；跗跖－粉色至褐色。【分布与习性】分布于欧洲至中亚。国内于新疆有少数记录，为罕见旅鸟。主要生境为较低海拔的各类林地。【鸣声】鸣叫声为单调的"gar gar"，飞行时常发出"zi zi"的叫声；鸣唱为一连串降调的"bi biu biu biu biu"并接以较快节奏的复杂叫声。

906. 欧歌鸫 Song Thrush *Turdus philomelos*

【野外识别】体长 21~24 cm 的较大型鸫科鸟类。雌雄相似。上体褐色，无眉纹及贯眼纹，颊和耳羽黄褐色，具深褐色杂斑。下体白色为主，颏、喉两侧具黑色纵纹。胸部两侧具淡黄褐色渲染，胸部、腹部具较密的圆形（有时为长圆形）黑色或褐色斑点，尾下覆羽白色。两翼主要为橄榄褐色，大覆羽和中覆羽具淡黄褐色端斑，形成两道翼斑（部分个体翼斑不甚清晰）。飞羽内翈深褐色，外翈为橄榄褐色。尾羽褐色。与相似种槲鸫的辨识见该种描述。虹膜－深褐色；喙－深褐色，喙基黄色；跗跖－粉色或橙褐色。【分布与习性】广布于欧洲、阿拉伯半岛及中亚。国内见于新疆西北部，为罕见夏候鸟。生境比较多样，喜各类林地及灌丛、草地等，不集群。【鸣声】鸣叫一般为"zi zi"声，鸣唱声比较多变，为尖厉的较短音节，每个音节重复 2~3 次。

田鸫 沈越

田鸫 沈越

白眉歌鸫 宋绍斌

白眉歌鸫 朱雷

欧歌鸫 崔月

欧歌鸫 邢睿

907. 宝兴歌鸫　Chinese Thrush　*Turdus mupinensis*

【野外识别】体长 20~24 cm 的较大型鸫科鸟类。雌雄相似。上体至尾羽均为橄榄褐色，眼先、颊为淡皮黄色，具褐色杂斑，耳羽区域具黑色新月形条斑。下体白色，颏及喉两侧具粗而短的黑色纵纹。胸部、腹部密布圆形的黑色斑点，尾下覆羽白色。两翼与上体同为橄榄褐色，但大覆羽和中覆羽具淡黄色端斑，形成比较清晰的两道翼斑。与欧歌鸫和槲鸫相似，但耳羽具明显的黑斑，翼斑甚为明显，且体形明显小于槲鸫；此外，本种分布与这两种鸫不重叠。与虎斑地鸫相似，但本种体形更小，且下体密布的黑色斑点为圆形而非鳞状或新月形。虹膜—深褐色；喙—深褐色，喙基黄色；跗跖—灰褐色。【分布与习性】中国特有种，主要分布于中国中部，北至华北，南至云南，为不常见夏候鸟（于北方地区）或留鸟。主要栖息于海拔 3000m 以下的林地。【鸣声】鸣唱圆润而复杂多变。

908. 槲鸫　Mistle Thrush　*Turdus viscivorus*

【野外识别】体长 26~31 cm 的大型鸫科鸟类。雌雄相似。头部及上体灰褐色，下体白色，胸部具箭头状或水滴状黑色斑点，腹部密布圆形黑斑，尾下覆羽亦具黑斑。两翼为较深的灰褐色，飞羽和覆羽外翈具淡黄色羽缘。尾羽褐色，最外侧尾羽具白色的外缘和端斑。似欧歌鸫但体形更大，本种覆羽外翈边缘为淡色而欧歌鸫仅覆羽尖端为淡色，且本种外侧尾羽端部为白色，而欧歌鸫尾羽全为褐色。虹膜—深褐色；喙—灰褐色，喙基黄色；跗跖—橙色或灰褐色。【分布与习性】广布于欧洲至中亚。国内仅边缘性分布于西北地区，为区域性常见留鸟。主要活动于较低海拔比较开阔的林间空地、林缘、农田及草地。迁徙时和冬季常集小群。【鸣声】鸣叫为尖细的"zi zi"声或低沉的颤音"grrr grrr"，鸣唱复杂多变。

909. 白喉林鹟　Brown-chested Jungle Flycatcher　*Rhinomyias brunneatus*

【野外识别】体长 14~16 cm 的中型鹟科鸟类。雌雄相似。喙相对较长且粗厚。无眉纹，上体、两翼及尾羽褐色，部分个体尾羽为棕褐色。下体白色为主，但喉两侧及胸呈褐色，特别是胸部两侧褐色较深，几与上体同色。与褐胸鹟、北灰鹟和姬鹟属（*Ficedula*）多种雌鸟上体羽色相似但体形更大；与仙鹟类（*Niltava* 属和 *Cyornis* 属）雌鸟亦相似，但本种颏、喉白色而胸部褐色，而仙鹟类雌鸟颏、喉、胸一般为比较一致的橙褐色或灰褐色，且颈侧通常具蓝色斑。虹膜—深褐色；喙—深灰色，下喙基部黄色；跗跖—粉色。【分布与习性】广布于东洋界。国内见于东南地区，为少见夏候鸟。主要生境为较低海拔的阔叶林、竹林及林缘灌丛，常躲藏于茂密的林地和灌丛下层，甚难寻找。【鸣声】鸣叫为急促的"cha cha"声，鸣唱声为响亮、圆润的"zi bubu hohohoho"。

宝兴歌鸫 林红　　宝兴歌鸫 朱雷

槲鸫 王尧天

白喉林鸫 卜云

白喉林鸫 王瑞卿

Brown-chested Ju
白喉林鸫 王斌

白喉林鸫 沈岩

910. 斑鹟　Spotted Flycatcher　*Muscicapa striata*

【野外识别】体长 14~16 cm 的中型鹟科鸟类。雌雄相似。喙较长。上体灰色，头顶羽色略淡，呈灰白色，且密布黑褐色细纹。两翼和尾羽灰褐色，覆羽和内侧飞羽具狭窄而清晰的白色羽缘，但不形成特定形状的翼斑。尾羽亦具甚窄的淡色羽缘，但通常不甚清晰。下体白色，喉部及胸部两侧具不甚清晰的灰色纵纹。与灰纹鹟相似，但灰纹鹟喙较短而宽，且胸部具清晰而密集的黑褐色纵纹，多数个体纵纹甚至扩展到两胁，而斑鹟下体纵纹甚淡。此外，这两种鹟的分布区几乎不重叠。虹膜—深褐色；喙—黑色，下喙基部少量黄色；跗跖—深褐色。【分布与习性】繁殖于欧洲至中亚，越冬于非洲。国内见于新疆，为区域性常见夏候鸟。一般活动于较稀疏的林地和开阔的灌丛、庭园等。【鸣声】尖锐的 "zi zi" 或 "zi cha cha cha"。

911. 灰纹鹟　Grey-streaked Flycatcher　*Muscicapa griseisticta*

【野外识别】体长 13~14 cm 的小型鹟科鸟类。雌雄相似。上体灰褐色，眼先白色，前额至头顶具深褐色细纹，但不如斑鹟清晰。两翼深褐色，大覆羽、次级飞羽和三级飞羽具清晰的白色羽缘。飞羽较长，停歇时长度接近尾端（幼鸟或换羽期成鸟此特征不明显）。下体白色，胸部至两胁具清晰的黑褐色纵纹。尾羽灰褐色。与乌鹟及北灰鹟上体羽色相似但腹部具清晰的纵纹；与斑鹟相似，辨识见斑鹟的描述。虹膜—深褐色；喙—黑色，部分个体喙基黄色；跗跖—黑色。【分布与习性】分布于亚洲东部。国内见于东部地区，为较常见候鸟。主要活动于林地（包括人工园林），常静立于突出的树枝上，忽然飞出并在空中捕食昆虫，之后快速返回停歇于原处。【鸣声】急促的 "zi zi" 声。

912. 乌鹟　Dark-sided Flycatcher　*Muscicapa sibirica*

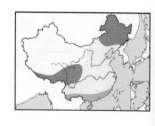

【野外识别】体长 12~14 cm 的小型鹟科鸟类。雌雄相似。上体灰褐色，具皮黄色或白色眼圈。两翼深褐色，次级飞羽、三级飞羽和翼上覆羽具皮黄色羽缘，幼鸟淡色羽缘较宽。额、喉灰白色并稍延伸至颈侧，形成一白色半领环。胸部至两胁灰白色，而具浓重且边缘极为模糊的灰褐色纵纹，或全为似墨水浸染的乌灰色。腹部中央至尾下覆羽白色。尾羽灰褐色。与相似种灰纹鹟的区别在于本种多数个体具颈侧的白色半领环，且下体并非清晰的黑褐色纵纹。与相似种北灰鹟的辨识见该种描述。虹膜—深褐色；喙—黑色；跗跖—黑色。【分布与习性】广布于亚洲东部。国内除西北地区外广泛分布，为常见候鸟。从平原到海拔 4200 m 的青藏高原均有记录，喜阔叶林，一般在乔木中上层活动。【鸣声】主要为单声或一连串的 "zi zi" 声。

斑鹟 朱雷

斑鹟 沈越

灰纹鹟 张永

灰纹鹟 沈岩

乌鹟 沈越

乌鹟 幼 朱雷

913. 北灰鹟　Asian Brown Flycatcher　*Muscicapa dauurica*

【野外识别】体长 11~14 cm 的小型鹟科鸟类。雌雄相似。上体灰色至灰褐色，眼先及眼周白色。两翼深褐色，翼上大覆羽和内侧飞羽具狭窄的白色边缘。下体白色或灰白色，部分个体胸部和两胁为甚淡的灰色，但无深色纵纹。尾羽深褐色。本种羽色较素淡，特别是下体无深色纵纹或成片的深色区域等羽色较深的部分，故与乌鹟、北灰鹟和白喉林鹟等不难区分。虹膜—深褐色；喙—黑色，下喙黄色；跗跖—黑色。【分布与习性】主要分布于欧亚大陆东部，于南亚及东南亚越冬。国内见于东部地区，包括海南及台湾，为常见候鸟。迁徙过境时数量较多。见于各种有树木之处（林地、行道树、城市公园等），习性似灰纹鹟，为鹟科典型习性。【鸣声】似其他同属鹟类的"zi zi"声或干涩的"cha cha"声。

914. 褐胸鹟　Brown-breasted Flycatcher　*Muscicapa muttui*

【野外识别】体长 11~14 cm 的小型鹟科鸟类。雌雄相似。喙较厚实，上体褐色，眼先至眼周白色，两翼深褐色，内侧飞羽和翼上大覆羽具较宽的棕色羽缘，其中大覆羽端部的棕红色尤为明显，构成一道棕色翼斑。额、喉白色，胸部为淡棕褐色（部分个体褐色区域扩展到喉或两胁，亦有部分个体褐色甚淡），腹部及尾下覆羽白色。尾上覆羽及尾羽棕褐色。与白喉林鹟相似，但本种体形较小，且具清晰的翼斑和翼上各羽的棕色羽缘。虹膜—深褐色；喙—上喙灰黑色，下喙仅端部深色，余部黄色；跗跖—粉色或淡黄色。【分布与习性】主要见于南亚和东南亚。国内见于西南至中部地区，为罕见留鸟。主要活动于海拔 2000 m 以下的林地和灌丛，习性与同属其他种类相似。【鸣声】甚为尖细的"si si"声。

915. 棕尾褐鹟　Ferruginous Flycatcher　*Muscicapa ferruginea*

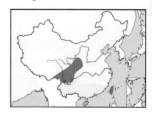

【野外识别】体长 11~13 cm 的小型鹟科鸟类。雌雄相似。头灰色，背部橄榄褐色，腰及尾上覆羽棕色或栗红色。两翼为深褐色，内侧飞羽和翼上覆羽具亮棕色羽缘。额、喉白色，胸部、两胁及尾下覆羽为淡棕色，仅腹部中央的狭窄区域呈白色。尾羽红褐色，羽端为深褐色。幼鸟上体具淡黄色点斑。本种头部和躯干羽色对比明显，色彩较鲜艳，野外容易识别。虹膜—深褐色；喙—黑色，下喙基部有少许黄色；跗跖—肉粉色。【分布与习性】分布于东南亚。国内见于南部至中部，包括海南及台湾，为罕见候鸟。生境为中低海拔的各种林地，但行踪比较隐秘，机警而惧人。【鸣声】鸣叫为细碎的颤音"zi zi"或尖细的"si si"，鸣唱声复杂多变。

北灰鹟 朱雷　　　　北灰鹟 幼 朱雷

褐胸鹟 沈岩　　　　褐胸鹟 沈岩

棕尾褐鹟 王斌　　　　棕尾褐鹟 幼 计云

916. 斑姬鹟　Pied Flycatcher　*Ficedula hypoleuca*

【野外识别】体长 12~14 cm 的小型鹟科鸟类。雄鸟上体主要为黑色，前额有一小而清晰的白色斑块。腰为灰黑色。两翼黑色或深褐色，内侧飞羽基部及部分覆羽白色，形成较大面积的块状翼斑。下体白色。尾羽黑色，外侧数枚尾羽的外翈白色。雌鸟上体灰褐色或橄榄褐色（少数成年雄鸟上体灰褐色，似雌鸟）。两翼深褐色，内侧飞羽基部与大覆羽端部为白色，形成较雄鸟略小的翼斑。下体白色。尾羽深褐色，部分外侧尾羽外翈基部白色。雄鸟与小斑姬鹟相似但无眉纹，且分布不重叠。虹膜—深褐色；喙—黑色；跗跖—黑色。【分布与习性】主要繁殖于欧洲，越冬于非洲。国内于新疆等地有零星迷鸟记录。主要生境为低海拔的阔叶林。【鸣声】鸣叫声为简单的"bi bi"，鸣唱复杂多变。

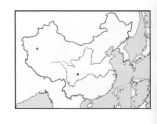

917. 白眉姬鹟　Yellow-rumped Flycatcher　*Ficedula zanthopygia*

【野外识别】体长 11~14 cm 的小型鹟科鸟类。雄鸟头顶、头侧、后颈、颈侧及上背黑色，眉纹白色，下背及腰黄色，尾上覆羽及尾均为黑色。两翼亦黑色为主，但内侧数枚飞羽及部分大覆羽和中覆羽呈白色，形成一道宽阔的白色翼斑。下体鲜黄色，部分个体喉部及上胸部具橙红色渲染。雌鸟头至背灰绿色，眉纹甚模糊，腰黄色，尾上覆羽至尾羽深褐色。两翼深褐色，内侧第三枚三级飞羽外翈及内侧部分覆羽白色，部分个体内侧翼上覆羽褐色而具淡色羽缘，形成不同形状的翼斑。下体为淡黄绿色。虹膜—深褐色；喙—黑色；跗跖—灰褐色。【分布与习性】主要繁殖于欧亚大陆东南部，越冬于东南亚。国内广布于东部和南部地区，为常见候鸟。主要栖息于海拔 1000 m 以下的阔叶林中。【鸣声】鸣唱响亮、清脆而多变。

918. 黄眉姬鹟　Narcissus Flycatcher　*Ficedula narcissina*

【野外识别】体长 11~14 cm 的小型鹟科鸟类。雄鸟上体及尾羽主要为黑色，但眉纹黄色，且下背至腰为鲜黄色。两翼黑色，部分内侧翼上覆羽白色，形成一醒目的长圆形翼斑。下体黄色，但尾下覆羽白色。雌鸟无眉纹，上体灰褐色，腰及尾上覆羽橄榄色，尾羽褐色。两翼深褐色，覆羽和三级飞羽具淡褐色羽缘，但无明显白色部分，不形成似雄鸟的块状翼斑。下体淡黄白色。雄鸟与白眉姬鹟雄鸟相似但眉纹黄色。雌鸟与白眉姬鹟雌鸟的差异在于无明显的翼斑，与绿背姬鹟的辨识见该种描述。虹膜—深褐色；喙—黑色；跗跖—灰褐色。【分布与习性】主要繁殖于东亚地区，越冬于东南亚。国内见于东部及南部，包括海南，为不常见候鸟。生境与白眉姬鹟相似。【鸣声】音调较高的哨音"zhi zhu zhi"，两声或三声一度。

斑姬鹟 雌 朱雷

斑姬鹟 雄 朱雷

白眉姬鹟 雌 沈越

白眉姬鹟 雄 沈越

黄眉姬鹟 雌 关翔宇

黄眉姬鹟 雄 朱雷

919. 绿背姬鹟　Green-backed Flycatcher　*Ficedula elisae*

【野外识别】体长 12~14 cm 的小型鹟科鸟类。雄鸟上体橄榄绿色为主，眉纹黄色，腰及尾上覆羽黄色。两翼黑褐色，内侧各级翼上覆羽白色，形成一长圆形白色翼斑（形状似黄眉姬鹟）。下体黄色，尾下覆羽为淡黄白色，尾羽黑色。雌鸟上体橄榄绿色，但不及雄鸟鲜艳，无眉纹，两翼橄榄褐色，翼上大覆羽和中覆羽具白色或淡黄白色端斑，形成两道较细翼斑，形状与雄鸟明显不同。雌鸟似黄眉姬鹟雌鸟，但眼先及背部为橄榄绿色而非灰褐色。虹膜—深褐色；喙—黑色；跗跖—灰褐色。【分布与习性】繁殖于中国华北，越冬于东南亚，迁徙途经中国东部沿海南部广大地区。为区域性常见季候鸟。习性与同属其他种类相似但通常繁殖于海拔 1200~2500 m 的地带。【鸣声】鸣唱声复杂多变。

920. 鸲姬鹟　Mugimaki Flycatcher　*Ficedula mugimaki*

【野外识别】体长 11~14 cm 的小型鹟科鸟类。雄鸟上体黑色，具较短的白色眉纹，仅从眼上方延伸至眼后方。两翼黑褐色，部分大覆羽和中覆羽白色，构成一椭圆形白色翼斑，甚为醒目。额部、喉部、胸部及腹部上半部分呈鲜艳的橙红色，橙色区域于腹部逐渐变淡，下腹及尾下覆羽白色。尾羽黑色，外侧数枚尾羽基部白色。雌鸟上体灰褐色，两翼褐色，翼上大覆羽和中覆羽仅端部白色，形成一道或两道较细的翼斑，与雄鸟差别甚大。额部、喉部及胸部橙色，下体余部白色，尾羽褐色。雌鸟与部分仙鹟类雌鸟相似，但具清晰的翼斑。虹膜—深褐色；喙—黑色；跗跖—灰褐色。【分布与习性】繁殖于东亚，越冬于东南亚。国内见于东北、华北、华东及华南诸省，为候鸟。主要活动于低海拔林地。【鸣声】急促的"pe pe"声，或清脆多变的鸣唱。

921. 锈胸蓝姬鹟　Slaty-backed Flycatcher　*Ficedula hodgsonii*

【野外识别】体长 12~14 cm 的小型鹟科鸟类。雄鸟上体蓝灰色，眼先深蓝色。翼上覆羽亦为蓝灰色，飞羽橄榄褐色。额、喉、胸、上腹为橙棕色，下腹至尾下覆羽为淡皮黄色或白色。尾羽深蓝色，外侧部分尾羽基部白色。雌鸟上体及两翼橄榄褐色，翼上大覆羽具白色端斑，形成一道白色翼斑。下体白色，但胸部以上略偏淡橄榄色。尾羽深褐色。雄鸟与棕胸蓝姬鹟相似，但无眉纹；雌鸟与黄眉姬鹟雌鸟相似，但具清晰的翼斑，且额、喉为淡橄榄褐色而非灰白色。虹膜—深褐色；喙—黑色；跗跖—深褐色。【分布与习性】分布于亚洲东南部的有限地区。国内见于西南边境至中部地区，为较常见夏候鸟；云南有少量越冬记录，偶有迷鸟见于华北地区。主要生境为海拔 2500~4500 m 的针叶林及灌丛地带。【鸣声】鸣叫为急促而似蛙叫的"gar gar"，鸣唱复杂多变。

绿背姬鹟 雌 张永

绿背姬鹟 雄 计云

鸲姬鹟 雌 沈岩

鸲姬鹟 雄 朱雷

鸲姬鹟 幼 蔡欣然

锈胸蓝姬鹟 雌 董江天

锈胸蓝姬鹟 雄 朱雷

922. 橙胸姬鶲　Rufous-gorgeted Flycatcher　*Ficedula strophiata*

【野外识别】体长 12~15 cm 的小型鶲科鸟类。雄鸟头顶、枕、后颈及上体余部为橄榄褐色，前额白色，白色眉纹甚短，仅自前额至眼上方，颊、耳羽为深灰色并延伸至颈侧和胸侧。眼先、颏、喉黑色，上胸有一小而清晰的橙色斑块，下胸灰色，至腹部过渡为近白色。尾羽黑色，外侧尾羽基部白色。雌鸟羽色与雄鸟相似，但前额白色不甚清晰，头侧灰色较淡，颏、喉亦为灰色而非黑色，且上胸橙色较淡。虹膜—深褐色；喙—黑色；跗跖—褐色。【分布与习性】分布于喜马拉雅山脉及东南亚地区。国内见于西南、南部至中部地区，为常见候鸟。繁殖于海拔 1000~4000 m 的山地森林和灌丛，冬季下至较低海拔及平原。【鸣声】单调的 "ke ke" 声或尖细的 "zi zi" 等。

923. 红胸姬鶲　Red-breasted Flycatcher　*Ficedula parva*

【野外识别】体长 11~13 cm 的小型鶲科鸟类。雄鸟繁殖羽头部灰色，上体余部橄榄褐色。两翼深褐色，大覆羽和内侧飞羽具淡褐色羽缘。颏部、喉部及胸部橙红色，下体余部白色。尾上覆羽和尾羽黑色，除中央尾羽外，其余尾羽基部均为白色。雄鸟非繁殖羽和雌鸟相似，颏、喉为白色，胸部淡褐色，其余特征似雄鸟繁殖羽。本种与欧亚鶲相似，但眼先、眼周及颊为灰色而非橙红色，尾羽为黑色而非褐色，且本种具有鶲科典型

行为（静立一飞至空中或地面捕食一返回原处停歇）。与红喉姬鶲相似，辨识见该种描述。虹膜—深褐色；喙—黑色；跗跖—黑色。【分布与习性】主要繁殖于欧洲，越冬于南亚及西亚。国内有零星迷鸟记录，甚罕见。林栖型，生境和行为似红喉姬鶲。【鸣声】似红喉姬鶲。

924. 红喉姬鶲　Taiga Flycatcher　*Ficedula albicilla*

【野外识别】体长 11~14 cm 的小型鶲科鸟类。雄鸟繁殖羽上体灰褐色。两翼深褐色，无翼斑。颏及喉橙色，胸部偏灰色，下体余部为白色。尾上覆羽和尾羽黑色，除中央尾羽外，其余尾羽基部白色。雄鸟非繁殖羽颏及喉灰白色或白色，其余特征与繁殖羽相似。雌鸟与雄鸟非繁殖羽相似。与红胸姬鶲的主要差异在于本种头部主要为灰褐色而非灰色，且仅颏、喉为橙红色，而红胸姬鶲的橙红色范围延伸至胸部。虹膜—深褐色；喙—黑色；

跗跖—黑色。【分布与习性】广布于欧亚大陆中部及东部，于东南亚地区越冬。国内各省皆有记录，为各地较常见候鸟。主要栖息于海拔较低的林地。一般于树木中下部或地面活动，过境时见于各种生境。尾羽常翘起甚高。【鸣声】单调的颤音似 "ke ke" 声。

橙胸姬鹟 雌 朱雷

橙胸姬鹟 幼 朱雷

橙胸姬鹟 雄 朱雷

红胸姬鹟 雌 黄亥

红胸姬鹟 雄 张永

红喉姬鹟 雌 朱雷

红喉姬鹟 雄 非繁殖羽 张永

红喉姬鹟 雄 沈越

925. 棕胸蓝姬鹟 Snowy-browed Flycatcher *Ficedula hyperythra*

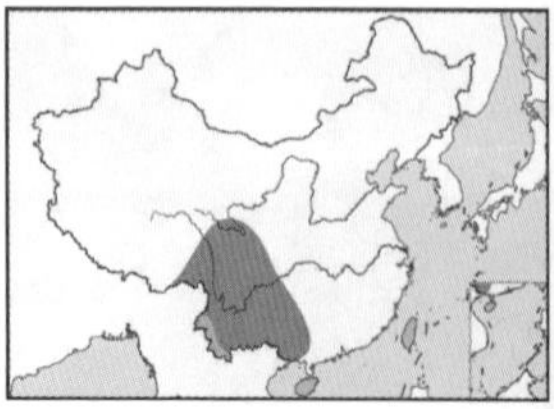

【野外识别】体长 10~12 cm 的小型鹟科鸟类。雄鸟上体蓝灰色，具短而清晰的白色眉纹，眼先深蓝色。翼上覆羽与上体同色，飞羽橄榄褐色。颏部、喉部至胸部橙色，至腹部和尾下覆羽过渡为白色或淡皮黄色。尾羽深蓝色。雌鸟上体、两翼和尾羽皆为橄榄褐色，眉纹及眼周淡皮黄色但不甚清晰。颏、喉为淡棕色，胸部为棕褐色，至腹部及尾下覆羽变淡，为白色或淡棕褐色。雄鸟的白色眉纹为本种区别于鹟科其他蓝色鹟类的重要特征；雌鸟似玉头姬鹟雌鸟但下体色淡，无明显的橙色部分。虹膜－深褐色；喙－黑色；跗跖－肉粉色。【分布与习性】主要分布于东南亚地区。国内主要分布于华南和西南地区，包括海南及台湾，为不常见候鸟或留鸟。主要生境为较低海拔的林地和灌丛，一般于近地面处活动。【鸣声】尖细的“zi zi”声。

926. 小斑姬鹟 Little Pied Flycatcher *Ficedula westermanni*

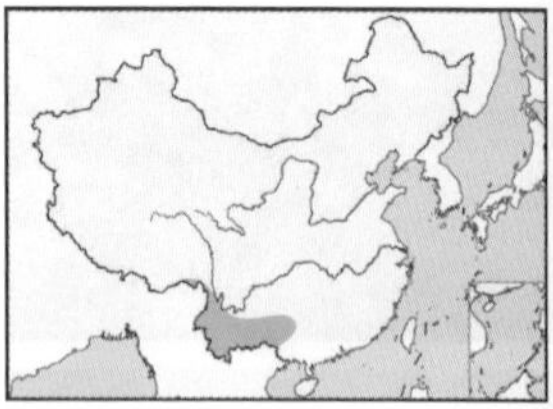

【野外识别】体长 10~12 cm 的小型鹟科鸟类。雄鸟上体黑色，具前窄后宽的白色眉纹。两翼亦主要为黑色，但内侧飞羽外翈及部分大覆羽为白色，形成一道较长的白色翼斑。下体全为白色。尾羽黑色，外侧尾羽基部白色。雌鸟上体灰褐色。飞羽橄榄褐色。下体灰色，其中颏部、喉部及腹部中央接近白色。尾羽全为褐色。本种雌鸟全身特征甚不明显，与棕胸蓝姬鹟、灰蓝姬鹟等雌鸟相似但下体偏灰而非棕褐色；与红喉姬鹟雌鸟相似但尾羽无白色部分。与相似种白眉蓝姬鹟的辨识见该种描述。虹膜－深褐色；喙－黑色；跗跖－黑色。【分布与习性】分布于喜马拉雅山脉及东南亚地区。国内见于西南地区，为较常见留鸟。见于林地、灌丛、农田、庭园等各种生境。【鸣声】鸣叫为颤音“gir gir”，鸣唱为尖细而似泡沫塑料摩擦的奇怪声音。

927. 白眉蓝姬鹟 Ultramarine Flycatcher *Ficedula superciliaris*

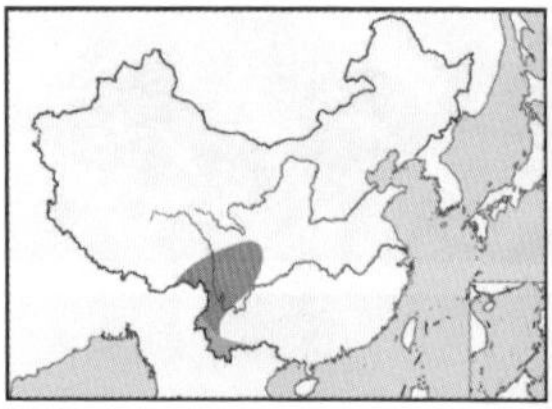

【野外识别】体长 10~12 cm 的小型鹟科鸟类。雄鸟上体、喉侧、颈侧及胸侧均为蓝色，部分个体具极不明显的白色或淡蓝色眉纹。两翼深蓝色，飞羽褐色。下体白色。尾羽为深蓝色或褐色。雌鸟上体灰褐色，前额及眼先棕褐色。两翼深褐色。下体白色或灰白色。尾羽深褐色，外翈略带深蓝色。雄鸟与上体同为蓝色的海南蓝仙鹟及白腹蓝鹟的差异为体形较小，且喉为白色；似红胁蓝尾鸲但两胁为白色而非橙色；与灰蓝姬鹟的辨识见该种描述。雌鸟与小斑姬鹟雌鸟相似，但前额及眼先偏棕色而非灰色，且尾羽略带蓝色。虹膜－深褐色；喙－黑色；跗跖－黑色。【分布与习性】广布于南亚、东南亚及喜马拉雅山脉。国内见于西南地区，为罕见候鸟。主要生境为海拔 1500~3000 m 的林地，冬季下至海拔 1000 m 左右。【鸣声】单调而急促的“呸”声。

棕胸蓝姬鹟 雌 沈越

棕胸蓝姬鹟 雄 沈越

小斑姬鹟 雌 文辉

小斑姬鹟 雄 沈越

蓝姬鹟 雌 崔月

白眉蓝姬鹟 雄 李飏

928. 灰蓝姬鹟　Slaty-blue Flycatcher　*Ficedula tricolor*

【野外识别】体长 10~13 cm 的小型鹟科鸟类。雄鸟上体蓝色，眼先及颊深蓝色，两翼橄榄褐色。额、喉白色，下体余部灰白色。尾羽黑色，除中央尾羽外，其余尾羽基部白色。雌鸟上体及两翼褐色。额、喉淡黄色，下体余部淡棕褐色。尾羽红褐色。本种雄鸟与白眉蓝姬鹟雄鸟相似，但胸部两侧与下体同色而非蓝色，且尾羽外侧具白色，而白眉蓝姬鹟尾羽全为蓝色。本种雌鸟与小仙鹟雌鸟相似但颈侧无蓝色部分，与棕胸蓝姬鹟雌鸟相似但喉部羽色较淡，且尾羽呈红褐色而非橄榄褐色。虹膜—深褐色；喙—黑色；跗跖—黑色。【分布与习性】分布于喜马拉雅山脉及东南亚北部。国内主要见于西南地区至秦岭。主要生境为海拔 1000~3500 m 的林地和灌丛，冬季至较低海拔。停歇喜将两翼下垂、尾羽上翘。【鸣声】似 "yi ke yi ke"，或仅急促的 "ke ke" 声。

929. 玉头姬鹟　Sapphire Flycatcher　*Ficedula sapphira*

【野外识别】体长 10~12 cm 的小型鹟科鸟类。成年雄鸟上体及两翼蓝色，扩展至喉侧及胸侧。额、喉及上胸为橙色。下体余部白色。尾羽深蓝色。雄鸟未成年个体头部至上背为褐色，喉侧、胸侧与下体同色，其余特征同成年雄鸟。雌鸟上体褐色，两翼及尾羽深褐色。额、喉及腰为橙棕色，下体余部白色。本种雄鸟与棕胸蓝姬鹟雄鸟相似但无眉纹。本种雌鸟与同样喉为橙色的鸲姬鹟、海南蓝仙鹟、蓝喉仙鹟等雌鸟相似但体形明显较小而尾短，且本种腰部偏橙色而非灰褐色。虹膜—深褐色；喙—黑色；跗跖—灰褐色。【分布与习性】分布于东南亚北部。国内主要见于西南地区，为罕见候鸟。主要栖息于较低海拔林地，一般活动于树的中上部。【鸣声】似红喉姬鹟的 "ke ke" 声。

930. 白喉姬鹟　White-gorgeted Flycatcher　*Ficedula monileger*

【野外识别】体长 11~13 cm 的小型鹟科鸟类。雌雄相似。上体灰褐色或棕褐色，具白色短眉纹但仅至眼上方。眉纹上方略带红褐色，部分个体甚至眉纹前端亦为红褐色而导致眉纹不清晰。两翼橄榄褐色，内侧飞羽和翼上覆羽具棕红色羽缘。额、喉白色，此白色区域的周围（喉侧及喉与上胸分界处）具一圈醒目的黑色轮廓。胸部及两胁灰褐色或淡橄榄褐色，腹部中央近白色。尾羽棕褐色。本种虽然羽色单调，但喉部的黑白镶嵌图案甚为独特，不难识别。虹膜—深褐色；喙—黑色；跗跖—灰褐色。【分布与习性】主要分布于喜马拉雅山脉南麓至东南亚北部的有限地区。国内见于西南部靠近边境处，为甚罕见留鸟。主要生境为低海拔常绿阔叶林，一般在地面附近活动，行踪隐秘，惧人。【鸣声】尖锐而具有金属感的 "ziii ziii"，鸣唱尖锐而复杂。

灰蓝姬鹟 雌 崔月

灰蓝姬鹟 雄 何海清

灰蓝姬鹟 张永

玉头姬鹟 雌 关翔宇

玉头姬鹟 雄 董江天

玉头姬鹟 幼 朱雷

白喉姬鹟 朱雷

白喉姬鹟 朱雷

931. 白腹蓝鹟　Blue-and-white Flycatcher　*Cyanoptila cyanomelana*

【野外识别】体长 15~18 cm 的中型鹟科鸟类。雄鸟头顶及上体余部均为蓝色或深蓝色。两翼大致与上体同色。头侧、额部、喉部至胸部黑色。腹部及尾下覆羽白色。尾羽暗蓝色，外侧尾羽基部白色。雌鸟上体及两翼褐色。额、喉淡皮黄色，胸部及两胁灰褐色或淡褐色，腹部白色。尾羽棕褐色。雄性未成年个体似雌鸟，但下背至尾部，以及两翼均为蓝色。本种成年雄鸟

似海南蓝仙鹟但头侧至喉部为黑色而非蓝色。本种雌鸟与棕腹大仙鹟等仙鹟类雌鸟相似，但喉部无白斑，颈侧无蓝色斑，且下体羽色较淡。虹膜—深褐色；喙—黑色；跗跖—黑色。【分布与习性】分布于东亚至东南亚。国内广布于东部、南部及西南地区，包括台湾与海南，为常见候鸟。主要栖息于中低海拔的山区林地，迁徙时集小群。【鸣声】鸣唱为复杂而圆润的哨音。

932. 铜蓝鹟　Verditer Flycatcher　*Eumyias thalassinus*

【野外识别】体长 14~17 cm 的中型鹟科鸟类。雄鸟通体为鲜艳的湖蓝色。眼先黑色，两翼为略深的铜蓝绿色，但飞羽内翈为褐色。尾下覆羽为深蓝绿色，具白色羽缘。雌鸟与雄鸟相似，但眼先为灰色或灰蓝色，且全身羽色略淡，不如雄鸟鲜艳。本种上下体羽色一致，且雌雄相差不多，在鹟科中比较特殊，仅

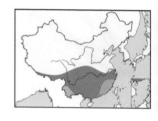

与纯蓝仙鹟雄鸟相似，但纯蓝仙鹟全身为天蓝色，且腹部为白色。虹膜—深褐色；喙—黑色；跗跖—黑色。【分布与习性】广布于南亚及东南亚地区。国内于西藏南部及秦岭以南地区皆有分布，为较常见留鸟或候鸟，甚至华北地区亦有零星记录，但不排除为逃逸的笼养个体。主要生境为中低海拔较开阔的林地和林缘。【鸣声】鸣唱声连续而复杂多变。

933. 海南蓝仙鹟　Hainan Blue-Flycatcher　*Cyornis hainanus*

【野外识别】体长 13~15 cm 的小型鹟科鸟类。雄鸟上体深蓝色，头顶、小覆羽及尾上覆羽为亮蓝色，眼先近黑色。两翼褐色而具蓝色羽缘。额、喉及上胸深蓝色，下胸蓝色变淡，腹部白色。尾羽主要为蓝色。雌鸟上体、两翼及尾羽褐色，额、喉及胸为橙棕色，两胁淡皮黄色，腹部和尾下覆羽白色。本种雄鸟与白尾蓝仙鹟相似但尾羽无白色部分；与小仙鹟相似但体形较大，且腹部为白色。本种雌鸟与山蓝仙鹟雌鸟相似，但喉、胸为棕

褐色或橙棕色，而山蓝仙鹟雌鸟则为更鲜亮的橙黄色；与蓝喉仙鹟雌鸟亦相似，但本种喉部棕色较淡且尾羽为褐色而非栗褐色。虹膜—深褐色；喙—黑色；跗跖—褐色。【分布与习性】分布于东南亚地区。国内于华南及西南部分地区，为候鸟；于海南为留鸟。【鸣声】基本的音节为 "zi chu chu zi chu chu chu" 并衍生出若干复杂的变化。

白腹蓝鹟 雌 朱雷

白腹蓝鹟 雄 朱雷

白腹蓝鹟 幼 崔月

铜蓝鹟 雌 关翔宇

铜蓝鹟 雄 朱雷

海南蓝仙鹟 雌 朱雷

海南蓝仙鹟 雄 崔月

934. 纯蓝仙鹟　Pale Blue Flycatcher　*Cyornis unicolor*

【野外识别】体长16~17 cm的中型鹟科鸟类。雄鸟上体、两翼和尾羽皆为蓝色，前额至眉纹亮蓝色，眼先黑色。额部、喉部至胸部淡蓝色，腹部及尾下覆羽灰白色，尾下覆羽具不甚清晰的深灰色横斑。雌鸟上体及两翼褐色，尾上覆羽至尾羽棕褐色或栗褐色。下体主要为灰白色，胸部羽色略深，呈淡褐色（部分个体胸部仍为灰白色），尾下覆羽略具皮黄色渲染。本种雄鸟与铜蓝鹟相似但腹部为灰白色而非蓝色。本种雌鸟（特别是喉部）为较一致的灰白色，与小斑姬鹟雌鸟相似但体形更大，且喙和尾羽较长。虹膜—深褐色；喙—黑色；跗跖—灰褐色。【分布与习性】主要分布于东南亚。国内见于南部及西南地区，包括海南，为少见夏候鸟。一般栖息于低海拔常绿阔叶林及竹林深处。【鸣声】圆润而似鸫类的快节奏鸣唱。

935. 灰颊仙鹟　Pale-chinned Flycatcher　*Cyornis poliogenys*

【野外识别】体长13~15 cm的小型鹟科鸟类。雌雄相似。头顶、上体及两翼橄榄褐色。头侧为灰色或灰褐色，额、喉淡皮黄色，很多个体为近白色。胸部至两胁为褐色，腹部中央及尾下覆羽淡黄白色。尾羽栗褐色。本种雄鸟羽色甚不鲜艳并与雌鸟相似，在本属中比较独特。本种与海南蓝仙鹟雌鸟相似但喉部为淡黄白色，而非棕褐色；与蓝喉仙鹟和山蓝仙鹟雌鸟亦甚似，但本种喉更偏白，且颊（头侧）为灰色而非棕色或橄榄褐色。虹膜—深褐色；喙—深灰色；跗跖—粉色。【分布与习性】分布于东南亚及南亚部分地区。国内见于西南边境附近，为罕见留鸟。主要活动于较低海拔阔叶林中下层及林下和林缘灌丛。【鸣声】一连串清脆而复杂的叫声。

936. 山蓝仙鹟　Hill Blue Flycatcher　*Cyornis banyumas*

【野外识别】体长13~15 cm的小型鹟科鸟类。雄鸟上体、两翼和尾羽暗蓝色，前额和眉纹辉蓝色，眼先、眼周及颊黑色。额、喉、胸及两胁为橙色，腹部中央到尾下覆羽白色；雌鸟头部灰褐色，上体及两翼橄榄褐色。前额、眼先、眼周淡棕黄色、额部、喉部及胸部为橙黄色。两胁淡橙棕色，下腹至尾下覆羽白色。尾羽棕色。本种雄鸟与蓝喉仙鹟 *glaucicomans* 亚种相似，但上体蓝色不如蓝喉仙鹟鲜艳，且本种额和喉均为橙色，而蓝喉仙鹟仅喉中央为橙色，额和喉两侧则为蓝色；本种雌鸟与蓝喉仙鹟及海南蓝仙鹟雌鸟的区别在于眼先和眼周偏黄，且喉部橙黄色更为明亮。虹膜—深褐色；喙—黑色；跗跖—灰褐色。【分布与习性】分布于东南亚地区。国内见于西南部，为罕见夏候鸟。主要生境为中低海拔的阔叶林和竹林，一般在树林中下层活动。【鸣声】鸣唱声音调较高，复杂而多变。

纯蓝仙鹟 雄 王雪峰

纯蓝仙鹟 雄 王雪峰

灰颊仙鹟 崔月

灰颊仙鹟 朱雷

山蓝仙鹟 雌 关翔宇

山蓝仙鹟 雄 崔月

937. 蓝喉仙鹟　Blue-throated Flycatcher　*Cyornis rubeculoides*

【野外识别】体长 13~15 cm 的小型鹟科鸟类。雄鸟上体、两翼及尾羽呈鲜艳的钴蓝色。前额、眉纹、小覆羽及尾上覆羽为闪亮的辉蓝色。头侧深蓝色或蓝紫色，眼先近黑色。指名亚种颏、喉蓝色，胸部橙色；国内分布更广的 *glaucicomans* 亚种仅喉部两侧为蓝色，胸部的橙色区域向上呈"Λ"形凸进至喉中央。腹部和尾下覆羽白色。雌鸟上体橄榄褐色，两翼及尾羽栗褐色。颏、喉皮黄色，胸部棕色或橙棕色，两胁褐色，腹部中央至尾下覆羽近白色。与相似种山蓝仙鹟的辨识见该种描述。虹膜—深褐色；喙—黑色；跗跖—灰褐色。【分布与习性】分布于东南亚、南亚。国内广布于秦岭以南地区，西南部记录较多，为少见夏候鸟。主要活动于低海拔林地的林间开阔处及林缘。【鸣声】清脆而复杂多变。

938. 白尾蓝仙鹟　White-tailed Flycatcher　*Cyornis concretus*

【野外识别】体长 15~18 cm 的中型鹟科鸟类。雄鸟上体及两翼暗蓝色，头顶前部略呈较鲜艳的亮蓝色，眼先黑色。额部、喉部及胸部深蓝色，下胸明显偏灰，至腹部过渡为白色。尾下覆羽亦为白色。中央两对尾羽和最外侧尾羽几全为深蓝色，其余尾羽大多为白色，仅端部深蓝色。雌鸟上体橄榄褐色，两翼棕褐色。额呈淡皮黄色，喉、胸棕褐色，上胸有一较宽阔的白色横斑。腹部至尾下覆羽灰褐色或近白色。尾羽深褐色，除中央两对尾羽外，其余尾羽端部为白色。与其余仙鹟类的主要差异在于尾羽外侧白色。虹膜—深褐色；喙—黑色；跗跖—灰褐色。【分布与习性】主要分布于东南亚。国内见于西南边境地区，为罕见留鸟或候鸟。主要栖息于中低海拔的常绿阔叶林中。【鸣声】响亮而多变的哨音。

939. 棕腹大仙鹟　Fujian Niltava　*Niltava davidi*

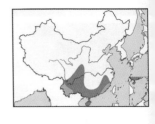

【野外识别】体长 16~18 cm 的中型鹟科鸟类。雄鸟头顶、后颈至背部及翼上覆羽均为深蓝色，前额基部、头侧、额、喉为黑色或蓝黑色。前额、颈侧、小覆羽、腰和尾上覆羽为亮蓝色。初级覆羽和飞羽褐色。胸部及腹部橙色，至臀部过渡为淡橙棕色，尾下覆羽近白色。中央尾羽蓝色，其余尾羽深褐色。雌鸟上体及额、喉橄榄褐色，喉部靠下有一白色条状横斑，颈侧具蓝色斑（部分个体不甚清晰），胸部至腹部为灰褐色，尾下覆羽白色。尾羽棕红色。本种与棕腹仙鹟相似，具体辨识见该种描述。虹膜—深褐色；喙—黑色；跗跖—灰褐色。【分布与习性】分布于东南亚。国内见于南部地区，包括海南。为较常见候鸟。一般栖息于海拔 2500 m 以下的阔叶林。【鸣声】通常为尖细的"zi zi"声。

蓝喉仙鹟 雌 王雪峰　　　蓝喉仙鹟 雄 王渊

白尾蓝仙鹟 雌 董文晓　　　蓝喉仙鹟 *glaucicomans* 亚种 朱雷

白尾蓝仙鹟 雄 沈岩　　　白尾蓝仙鹟 雄 文辉

棕腹大仙鹟 雌 何海清　　　棕腹大仙鹟 雄 Vincent

940. 棕腹仙鹟 Rufous-bellied Niltava *Niltava sundara*

【野外识别】体长 13~16 cm 的小到中型鹟科鸟类。雄鸟头顶亮蓝色。前额、头侧至颏和喉均为黑色。背部及两翼深蓝色，颈侧、小覆羽、腰和尾上覆羽亮蓝色。胸、腹及尾下覆羽皆为鲜艳的橙色。中央尾羽亮蓝色，其余尾羽蓝黑色。雌鸟全身以橄榄褐色为主。喉部具一醒目的白色斑，飞羽蓝色，有时具棕色羽缘。腰、尾上覆羽至尾羽亦为栗棕色。与棕腹大仙鹟相似，但体形略小，且本种雄鸟头顶和腰的亮蓝色斑块光泽明显，两
翼飞羽蓝色显著，下体（特别是腹部及尾下覆羽）的橙色亦很鲜艳，而棕腹大仙鹟腹部橙色通常较淡。虹膜—深褐色；喙—黑色；跗跖—灰褐色。【分布与习性】主要分布于喜马拉雅山脉至东南亚地区。国内见于西南、南部及中部地区，为区域性常见候鸟。生境和习性与棕腹大仙鹟相似。【鸣声】音调甚高的尖细哨音。

941. 棕腹蓝仙鹟 Vivid Niltava *Niltava vivida*

【野外识别】体长 16~18 cm 的中型鹟科鸟类。雄鸟头顶、颈侧、小覆羽、腰及尾上覆羽呈蓝色，略具光泽。头侧、额部、喉部、背部及两翼为深蓝色。胸、腹及尾下覆羽橙色。尾羽深蓝色。雌鸟上体及两翼灰褐色，飞羽深褐色，腰、尾上覆羽和尾羽呈棕褐色。额、喉皮黄色，下体余部灰褐色。本种与棕腹大仙鹟和棕腹仙鹟相似，雄鸟的差异主要为本种上胸的橙色呈"∧"
形切入喉部中央的蓝色区域，而棕腹大仙鹟和棕腹仙鹟喉部蓝色与胸部橙色之间为平直的分界线。本种雌鸟无喉部的白斑和颈侧的蓝色横斑。虹膜—深褐色；喙—黑色；跗跖—灰褐色。【分布与习性】主要分布于东南亚北部。国内见于西南地区以及台湾，为罕见候鸟；于台湾为留鸟。生境和习性与棕腹大仙鹟相似。【鸣声】尖细而多变的哨音。

942. 大仙鹟 Large Niltava *Niltava grandis*

【野外识别】体长 20~22 cm 的大型鹟科鸟类。雄鸟头顶及上体余部，包括翼上覆羽皆为深蓝色，略具金属光泽。其中头顶、颈侧、小覆羽及腰部为鲜艳的辉蓝色。初级飞羽深褐色。头侧、额、喉至上胸为黑色，下胸至腹部羽色变淡，由深蓝色过渡至淡蓝灰色。尾羽深蓝色。雌鸟全身主要为棕褐色或橄榄褐色，眼先、颊羽色略淡，额、喉为白色或淡皮黄色。颈侧具亮蓝色斑。
本种与小仙鹟相似但体形明显更大。虹膜—深褐色；喙—黑色；跗跖—灰褐色。【分布与习性】分布于东南亚地区。国内见于西藏南部、云南西部及南部，为区域性常见留鸟。一般活动于中低海拔的常绿阔叶林或混交林中，大多在树木中下层及地面活动。【鸣声】三声一度的上升音调"chi chui chui"。

棕腹仙鹟 雌 宋雷

棕腹仙鹟 雄 宋雷

棕腹蓝仙鹟 雌 董江天

棕腹蓝仙鹟 雄 董江天

大仙鹟 雌 何海清

大仙鹟 雄 何海清

943. 小仙鹟　Small Niltava　*Niltava macgrigoriae*

【野外识别】体长 11~14 cm 的小型鹟科鸟类。雄鸟上体深蓝色，头顶前部、颈侧、腰及尾上覆羽为辉蓝色。两翼大致与上体同色，但飞羽呈褐色。眼先近黑色，颊、耳羽、颏及喉与上体同为深蓝色，部分个体额近黑色。胸部至两胁为蓝灰色，腹部中央和尾下覆羽灰白色。尾羽深蓝色。雌鸟全身褐色为主，但颈侧具亮蓝色斑，腹部中央至尾下覆羽白色，尾羽棕红色。本种雄鸟与海南蓝仙

鹟相似，但本种胸部至两胁为蓝色或蓝灰色，而海南蓝仙鹟下胸及整个腹部均为白色。虹膜—深褐色；喙—黑色；跗跖—黑色。【分布与习性】分布于喜马拉雅山脉至东南亚北部。国内见于东南和西南地区，为少见留鸟或候鸟。主要活动于中低海拔的林地下层。【鸣声】尖细而复杂的高音。

944. 侏蓝仙鹟　Pygmy Blue Flycatcher　*Muscicapella hodgsoni*

【野外识别】体长 10~12 cm 的小型鹟科鸟类。雄鸟上体及两翼深蓝色，头顶亮蓝色，眼先黑色。下体为橙黄色。尾羽黑色，具蓝色羽缘。雌鸟上体、两翼及尾羽橄榄褐色，腰及尾上覆羽栗褐色。额、喉、胸橙黄色或皮黄色，腹部和尾下覆羽淡橙黄色。本种为鹟科体形最小的种类。本种雄鸟上体似蓝喉仙鹟，但下体羽色为均一的橙黄色，不难区分。本种雌鸟似山蓝仙鹟雌鸟

但体形较小，腰部更偏栗色而非褐色，且整个下体羽色偏黄。虹膜—深褐色；喙—黑色；跗跖—灰褐色。【分布与习性】主要分布于东南亚。国内见于云南西南部，为罕见夏候鸟或留鸟。主要生境为常绿阔叶林及林缘开阔的灌丛地带。一般在地面或近地面处活动，常将尾羽上翘。【鸣声】似红喉姬鹟的颤音"ker ker"或尖细的"si si"。

945. 方尾鹟　Grey-headed Canary Flycatcher　*Culicicapa ceylonensis*

【野外识别】体长 11~13 cm 的小型鹟科鸟类。雌雄相似。头顶具短羽冠，眼周灰色。整个头部、颈部及胸部皆为灰色，而上体余部（包括两翼及尾羽）及下体余部均为黄绿色，其中腹部羽色略淡。部分个体大覆羽和中覆羽具淡黄色端斑，形成一道或两道翼斑。本种羽色鲜艳，前半部（头部、颈部、胸部）的灰色与后半部（背部、腹部）的黄绿色形成清晰的分界线，

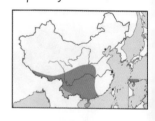

野外极易辨识。虹膜—深褐色；喙—上喙黑色，下喙黄褐色；跗跖—褐色。【分布与习性】分布于南亚及东南亚地区。国内广布于南部及西南，包括海南。为常见夏候鸟或留鸟，个别迷鸟至东南沿海及华北地区。栖息于海拔 2500 m 以下的阔叶林及竹林，非繁殖季有时集小群。【鸣声】鸣叫为急促的"cha cha"声，鸣唱为响亮的"chi——wi chi——wi"或"chi wi wi yi"等哨音。

小仙鹟 雌 关翔宇　　　小仙鹟 雄 张永

侏蓝仙鹟 雌 董文晓　　　侏蓝仙鹟 雄 沈岩

方尾鹟 沈岩

946. 白喉扇尾鹟 White-throated Fantail *Rhipidura albicollis*

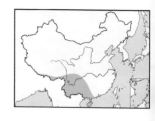

【野外识别】体长17~20 cm的大型扇尾鹟。雌雄相似。头黑色为主，眉纹及喉为白色。上体及下体余部深灰色。两翼和尾羽黑褐色，无翼斑。尾羽较长，呈凸形，除中央一对尾羽外，其余尾羽具醒目的白色端斑。本种体形较大，羽色黑白分明，行为特殊，相似种为白眉扇尾鹟，具体辨识见其描述。虹膜—深褐色；喙—黑色；跗跖—黑色。【分布与习性】广布于东南亚至南亚地区。国内见于西南地区，包括海南，为常见留鸟。主要生境为中低海拔林地。常在树枝间有节奏地快速转身并伴随着尾羽的扇开和合拢，之后跳跃至附近的树枝并重复转身、扇尾等行为。本种行为有特点且比较明显，容易辨识。【鸣声】单调的"bi bi"，或尖细的单音节"di di di di"，3~4声一度，音调逐次下降。

947. 白眉扇尾鹟 White-browed Fantail *Rhipidura aureola*

【野外识别】体长17~19 cm的大型扇尾鹟。雌雄相似。头部及上体余部主要为深灰色，头部羽色略深，为近黑色。具甚宽阔的白色眉纹，两侧眉纹于前额交会。两翼灰黑色，翼上各级覆羽具较小的白色端斑，依稀构成2~3道翼斑。下体全为白色，部分个体喉侧、胸侧为深灰色。尾羽较长，近黑色，除中央一对（有时为两对）尾羽外，其余尾羽具宽阔的白色端斑。相似种为白喉扇尾鹟，但本种眉纹较宽且延伸至前额，两翼具多道白色翼斑，且下体为白色而非深灰色。虹膜—深褐色；喙—黑色；跗跖—深褐色。【分布与习性】分布于南亚及东南亚多数地区。国内边缘性分布于云南西部地区，为甚罕见留鸟。栖息于较低海拔的林地及林缘开阔地区，习性似白喉扇尾鹟。【鸣声】鸣唱复杂多变，节奏较快。

948. 黄腹扇尾鹟 Yellow-bellied Fantail *Rhipidura hypoxantha*

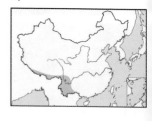

【野外识别】体长10~12 cm的小型扇尾鹟。雄鸟头顶前部橄榄绿色，头顶后部、枕、背、腰灰色或橄榄色。具一道较宽的黄色眉纹，两侧眉纹于前额连接。眼先、眼周、颊和耳羽黑色。两翼与上体同色，翼上大覆羽具白色端斑，形成一道较细的翼斑。下体为鲜艳的黄色，尾下覆羽为淡黄白色。尾羽较长，呈灰褐色，具白色或淡灰色端斑。雌鸟耳羽颜色较雄鸟淡，通常为灰色或橄榄色，其余特征同雄鸟。本种头部羽色与部分莺类（如黑脸鹟莺）相似，但尾羽较长且具浅色端斑。虹膜—深褐色；喙—黑色；跗跖—深褐色。【分布与习性】分布于喜马拉雅山脉至东南亚北部。国内见于西南地区，为区域性常见留鸟。主要活动于海拔1000 m以上的山区林地及林缘灌丛。性活泼，常于树上快速移动或上下翻飞，喜将尾羽扇开。【鸣声】尖细的颤音。

白喉扇尾鶲 沈戚

白喉扇尾鶲 朱雷

白眉扇尾鶲 Thimindu Goonatillake

白眉扇尾鶲 Thimindu Goonatillake

黃腹扇尾鶲 沈岩

黃腹扇尾鶲 朱雷

949. 黑枕王鹟　Black-naped Monarch　*Hypothymis azurea*

【野外识别】体长 15~17 cm 的王鹟科鸟类。雄鸟头部及上体余部，包括两翼及尾羽皆呈鲜艳的蓝色，且略具金属光泽。前额基部黑色，枕部有一黑色斑块。额部、喉部至胸部均为蓝色，上胸具一黑色横带。腹部及尾下覆羽白色。雌鸟仅头部蓝色，且色彩较雄鸟暗淡而缺乏金属光泽。枕部无黑色斑块。上体余部、两翼及尾羽则呈灰褐色，与头部的蓝色形成比较明显的对比。额、喉淡蓝色，胸部为淡蓝灰色，腹部至尾下覆羽白色。本种羽色鲜艳，与其余鹟类有比较明显的差别。虹膜－深褐色；喙－蓝色；跗跖－蓝灰色。【分布与习性】广布于东南亚至南亚。国内主要见于长江以南地区，包括海南及台湾，为较常见留鸟。【鸣声】圆润而单调的 "chui chui"，或急促而略粗哑的单声鸣叫。

950. 寿带　Asian Paradise-Flycatcher　*Terpsiphone paradisi*

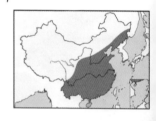

【野外识别】雄鸟体长 35~49 cm，雌鸟体长 17~21 cm。雄鸟头部、颈部深蓝色，具金属光泽，喙及眼周蓝色。上体余部、两翼及尾羽栗红色。胸蓝灰色，腹部及尾下覆羽白色（雄鸟白色型除头、颈为深蓝色外，余部皆为白色）。中央尾羽甚长（尾长 20~38 cm）。雌鸟与雄鸟相似，但头部羽色较暗淡，且无延长的中央尾羽。雄鸟于繁殖季末尾到冬季无显著延长的中央尾羽，整体与雌鸟相似。本种羽色艳丽、特征明显，野外极易辨认。虹膜－深褐色；喙－蓝色；跗跖－蓝灰色。【分布与习性】广布于东亚及东南亚。国内分布于东部及南部的广泛区域，多为不常见夏候鸟；于台湾为旅鸟，于海南为留鸟。主要生境为低海拔的阔叶林及竹林，喜近水源处。攻击性较强，特别是在繁殖期，常主动攻击进入其领域的其他鸟类，包括猛禽。【鸣声】复杂而具有金属感的鸣唱，鸣叫似紫寿带。

951. 紫寿带　Japanese Paradise-Flycatcher　*Terpsiphone atrocaudata*

【野外识别】雄鸟体长 38~44 cm，雌鸟体长 17~20 cm。雄鸟具羽冠，头、颈黑色或蓝黑色，喙和眼周蓝色。上体余部及两翼紫红色。胸深紫色，腹部和尾下覆羽白色。尾羽紫黑色，中央尾羽甚长（尾长 22~30 cm）。雌鸟与雄鸟相似，但羽冠较短，尾羽短而较平，无甚长的中央尾羽。本种体形（特别是延长的尾羽）极具特点，不难识别，仅与寿带相似，但寿带头部羽色有光泽，且背部羽色比较鲜艳，而本种头部近黑色而欠光泽，且上体羽色为更暗的紫红色而非栗红色。虹膜－深褐色；喙－深蓝色；跗跖－蓝黑色。【分布与习性】繁殖于日本及朝鲜半岛，越冬于东南亚。国内主要见于东部及南部，为罕见旅鸟，沿海地区记录相对较多；仅于台湾兰屿有繁殖记录。主要活动于较低海拔的阔叶林。【鸣声】响亮的 "chui chui chui"，或其他复杂的哨音。

黑枕王鹟 雌 朱雷

黑枕王鹟 雄 郭永

寿带 雌 沈越

寿带 雄 沈越

寿带 白色型 雄 沈岩

紫寿带 雌 吴志华

紫寿带 雄 Pokopong

紫寿带 幼 崔月

952. 黑脸噪鹛 Masked Laughingthrush *Garrulax perspicillatus*

【野外识别】体长 27~32 cm 的中型噪鹛。雌雄相似。前额、眼先和耳羽黑色形成黑色脸罩。头部至上胸部灰褐色，上体褐色，下体从胸部至腹部逐渐过渡为灰白色，臀部及尾下覆羽棕黄色。尾羽褐色，外侧尾羽末端黑褐色。虹膜—褐色；喙—灰黑色，喙尖端色略淡；跗跖—肉色。【分布与习性】分布于越

南东北部地区。国内为华东、华中及华南等地区的低海拔适宜生境中的常见留鸟。集小群活动于林地、灌丛、农田和城市公园等多种植被浓密区域，多觅食于地面，性吵闹。【鸣声】群鸟联络时发出刺耳的 "piew piew piew" 哨音。

953. 白喉噪鹛 White-throated Laughingthrush *Garrulax albogularis*

【野外识别】体长 26~30 cm 的中型噪鹛。雌雄相似。前额棕色，眼先黑色。喉部及上胸部纯白色，头胸部及整个上体褐色。初级飞羽外缘色浅而形成不明显的浅色翼纹。腹部、臀部及尾下覆羽棕色，尾羽褐色，外侧尾羽末端白色。*ruficeps* 亚种头顶棕红色，两胁棕色，腹部至尾下覆羽近白色。虹膜—灰色或褐色（*ruficeps* 亚种）；喙—黑色；跗跖—偏灰的肉色。【分布与习性】分布于沿喜马拉雅山脉至中国西南部的中海拔山地，为留鸟。

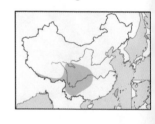

ruficeps 亚种为台湾海拔 1200 m 以上森林的常见繁殖鸟，冬季下迁至较低海拔。可结成大群在林下或冠层穿行，有时与其他噪鹛混群活动，性吵闹。【鸣声】群鸟联络时发出短粗的 "吱、吱" 声，警报时发出尖而长的带金属颤音的哨音，鸣唱为一连串流水般的哨音。

954. 白冠噪鹛 White-crested Laughingthrush *Garrulax leucolophus*

【野外识别】体长 28~32 cm 的中型噪鹛。雌雄相似。指名亚种具宽阔的黑色贯眼纹。羽冠、喉部和上胸白色，后颈灰色。上背、胸部下侧及腹部上侧栗色。两翼、肩部、背部、臀部及尾下覆羽褐色，尾羽棕黑色。*patkaicus* 亚种后颈无灰色，背部栗色较多。*diardi* 亚种后颈至上背灰色，肩部及两翼栗色，两胁栗色，下体白色。虹膜—红褐色；喙—黑色；跗跖—铅灰色。

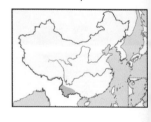

【分布与习性】为沿喜马拉雅山脉南坡至东南亚的低地森林中的常见留鸟。国内见于西藏东南部（指名亚种）、云南西南部（*patkaicus* 亚种）和云南南部（*diardi* 亚种）。集群觅食于森林下层，常加入混合鸟群形成 "鸟浪"。性喧闹而惧生。【鸣声】群鸟发出一连串越来越聒噪的 "gua gua" 声。

黑脸噪鹛 沈越

黑脸噪鹛 朱雷

白喉噪鹛 沈岩

白喉噪鹛 崔月

白冠噪鹛 *patkaicus* 亚种 沈岩

白冠噪鹛 *diardi* 亚种 王斌

955. 小黑领噪鹛　Lesser Necklaced Laughingthrush　*Garrulax monileger*

【野外识别】体长24~29 cm的中型噪鹛。雌雄相似。具白色眉纹。黑色贯眼纹由颈侧延伸至胸部形成黑色领环，与不显著的黑色颚纹相连。耳羽白色。上体黄褐色，上背及两胁栗色，腹部白色，外侧尾羽末端白色而具黑色的次端斑。与黑领噪鹛的主要区别在于眼先黑色且耳羽无黑色粗纹，虹膜色浅。虹膜—黄色；喙—深灰；跗跖—偏灰的肉色。【分布与习性】分布于喜马拉雅山脉南坡至东南亚的低地森林，为常见留鸟。国内分布于长江以南的多数地区及海南。群栖于林下，有时与黑领噪鹛混群，经常加入混合鸟群形成"鸟浪"。【鸣声】一连串似笑声的哨音。

956. 黑领噪鹛　Greater Necklaced Laughingthrush　*Garrulax pectoralis*

【野外识别】体长27~32 cm的中型噪鹛。雌雄相似。头部图案复杂，具白色眉纹。黑色贯眼纹由颈侧延伸至胸部形成灰色或黑色领环，与不显著的黑色颚纹相连。耳羽白色具黑色粗纹。体羽似小黑领噪鹛，区别见相应种描述。虹膜—褐色；喙—深灰色；跗跖—灰色。【分布与习性】分布于喜马拉雅山脉至中南半岛北部的低山森林，为常见留鸟。国内见于包括海南在内的南方大部分丘陵及多山地区。群栖于林下，可与相似的小黑领噪鹛混群或加入混合鸟群形成"鸟浪"。【鸣声】一连串似笑声的哨音或两声降调的"piew piew"声。

957. 条纹噪鹛　Striated Laughingthrush　*Garrulax striatus*

【野外识别】体长29~34 cm的大型噪鹛。雌雄相似。喙粗壮，头部具明显的羽冠。上体褐色，下体浅褐色，初级飞羽外缘色浅而形成不明显的浅色翼纹。通体羽毛具白色的羽干而形成明显的白色条纹。与细纹噪鹛的区别在于本种体形较大，外侧尾羽末端无白色，白色条纹粗而遍布全身。虹膜—褐色；喙—黑色；跗跖—灰色。【分布与习性】见于沿喜马拉雅山脉经横断山脉至云南西部的山区森林。成对或集小群活动于森林中下层，较其他噪鹛更依赖于树木。【鸣声】群鸟发出吵闹的"呱呱"声，鸣唱为连续或断开的哨音"hui you hui hui you"。

小黑领噪鹛 朱雷

小黑领噪鹛 朱雷

黑领噪鹛 沈越

黑领噪鹛 崔月

黑领噪鹛 朱雷

条纹噪鹛 沈岩

条纹噪鹛 崔月

条纹噪鹛 朱雷

958. 白颈噪鹛　White-necked Laughingthrush　*Garrulax strepitans*

【野外识别】体长27~30 cm的中型噪鹛。雌雄相似。眼先及额部黑色，眼后具黑蓝色裸皮。头顶、颊部及耳羽褐色，喉部至胸部深褐色，白色沿上背及颈侧至胸部过渡为灰色形成领环。体羽其余部分浅褐色，尾羽末端色深。与褐胸噪鹛区别见相应种描述。虹膜—褐色；喙—黑色；跗跖—灰黑色。【分布与习性】分布于老挝北部、缅甸东部、泰国北部山区森林，为常见留鸟。国内极为罕见，仅边缘性分布于西双版纳西南部。习性似其他噪鹛并可与之混群，吵闹但易隐匿。【鸣声】群鸟发出一长串似笑声的越来越快速的"jiu jiu"哨音。

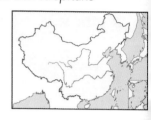

959. 褐胸噪鹛　Grey Laughingthrush　*Garrulax maesi*

【野外识别】体长28~30 cm的中型噪鹛。雌雄相似。眼先、眼周及额部黑色，耳羽及颈侧白色，头顶灰白色。通体灰色，胸褐色，初级飞羽外缘色浅而形成不明显的浅色翼纹。与黑喉噪鹛的各个亚种区别在于顶冠非灰蓝色且胸为褐色。与白颈噪鹛区别在于灰色较重且耳羽为白色。*castanotis* 亚种色较深，耳羽栗色，与栗颈噪鹛相似，但本亚种仅分布于海南。虹膜—褐色；喙—黑色；跗跖—灰黑色。【分布与习性】仅分布于越南及中国。在国内为留鸟，罕见于西南至华南地区及海南（*castanotis* 亚种）的山区森林，可做季节性垂直迁徙。集群活动于林下浓密灌丛或竹丛。【鸣声】一连串狂乱的哨音夹杂"咯咯咯"的"怪笑"声。

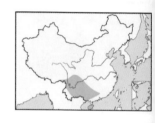

960. 栗颈噪鹛　Rufous-necked Laughingthrush　*Garrulax ruficollis*

【野外识别】体长22~27 cm的中型噪鹛。雌雄相似。整体羽色褐色。头顶暗灰色，脸侧、喉部至上胸部全黑，颈侧及尾下覆羽栗色，尾羽末端黑色。甚似褐胸噪鹛 *castanotis* 亚种，但后者仅分布于海南。虹膜—褐色；喙—黑色；跗跖—灰黑色。【分布与习性】为沿喜马拉雅山脉南麓中段至怒江以西地区的低海拔留鸟。国内少见，仅分布于云南西部及西藏东南部。集群活动于多种生境下的茂密植被。【鸣声】一连串流水般的哨音夹杂"吱吱吱"的哨音。

白颈噪鹛 王英

白颈噪鹛 王英

褐胸噪鹛 刘爱华

褐胸噪鹛 *castanotis* 亚种 姚望

褐胸噪鹛 刘爱华

栗颈噪鹛 Dibyendu Ash

961. 黑喉噪鹛 Black-throated Laughingthrush *Garrulax chinensis*

【野外识别】体长 23~29 cm 的中型噪鹛。雌雄相似。蓬松的前额黑色，后具白色边缘。眼先、眼周、颏部及喉部亦为黑色，耳羽白色，头顶灰蓝色。背部、两翼及臀部褐色，胸腹部灰色，初级飞羽外缘色浅而形成不明显的浅色翼纹。尾羽由褐色过渡为末端的黑色。*monachus* 亚种耳羽黑色，头顶蓝色更重，体羽深栗色。与褐胸噪鹛区别见相应种描述。虹膜—红褐色；喙—黑色；跗跖—灰黑色至肉色。【分布与习性】为东南亚地区至

中国南部的常见留鸟。国内分布于云南西部至广东及海南（*monachus* 亚种）的低地森林。集小群觅食于下层植被，常与其他种类的噪鹛混群。【鸣声】婉转多变的哨音及沙哑的"wa wa"声。

962. 黄喉噪鹛 Yellow-throated Laughingthrush *Garrulax galbanus*

【野外识别】体长 23~25 cm 的中型噪鹛。雌雄相似。*courtoisi* 亚种前额黑色羽毛蓬松，后具白色边缘。眼先、耳羽及颏部黑色形成黑色"脸罩"。头顶至后颈及颈侧靛蓝色，喉部及腹部黄色；胸部灰色，背及两翼褐色，初级飞羽外缘蓝灰色而形成浅色翼纹；尾下覆羽白色，中央尾羽灰色具深褐色端斑，外侧尾羽末端白色。*simaoensis* 亚种颜色较淡，与棕臀噪鹛区别见相应种描述。虹膜—红褐色；喙—黑色；跗跖—灰色。【分布

与习性】低海拔森林留鸟，指名亚种见于印度东北部至缅甸西部。国内 *simaoensis* 亚种分布于云南思茅，现仅存标本；*courtoisi* 亚种分布于江西东北部丘陵地带，数量稀少，极度濒危。习性似其他噪鹛，但更偏爱在高大树木中上层活动。【鸣声】联络时发出"jiu jiu"的哨音，鸣唱为一连串高音调的"zhi zhi"声。

963. 棕臀噪鹛 Rufous-vented Laughingthrush *Garrulax gulari*

【野外识别】体长 23~25 cm 的中型噪鹛。雌雄相似。眼先及耳羽黑色形成黑色眼罩。喉及上胸黄色，头顶、颈部及胸侧灰色。背部、下胸部、腹部、尾下覆羽及尾羽羽缘棕色。尾羽褐色，末端色深。与黄喉噪鹛 *simaoensis* 亚种区别在于黑色"眼罩"面积较小，尾下覆羽无白色且外侧尾羽末端无白斑。虹膜—红褐色；喙—黑色；跗跖—橘黄色。【分布与习性】分布于喜

马拉雅山脉东段延伸至缅甸北部，以及老挝北部的低海拔森林，为不常见留鸟。国内 2007 年首次记录于云南南部思茅及西双版纳的边境地区。性极羞怯，吵闹的鸟群于地面觅食，有时同其他噪鹛混群。【鸣声】吵嚷的"zhi zhi"声及响亮的"pi yii wu"哨音。

黑喉噪鹛 monachus 亚种 邱垂坚

黑喉噪鹛 朱雷

Blue-crowned Laughingthrush
黄喉噪鹛 银冠噪鹛 王斌

黄喉噪鹛 王斌

棕臀噪鹛 乔轶伦

964. 山噪鹛 Plain Laughingthrush *Garrulax davidi*

【野外识别】体长 23~26 cm 的中型噪鹛。雌雄相似。羽毛整体呈褐色。喙明显下弯，前额、眼先及额部近黑，耳羽灰褐色，具不明显的浅色眉纹。初级飞羽外缘淡灰色而形成浅色翼纹，其余体羽为单调的褐色，尾羽末端色深。虹膜—红褐色；喙—黄色；跗跖—褐色。【分布与习性】中国特有种，见于东北、华北至中西部山区，为常见留鸟，冬季下到较低海拔。喜集小群活动于灌丛生境，觅食于地面，性好奇且不惧生。【鸣声】

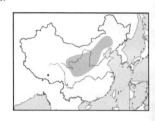

告警声似带蜂鸣的长哨音，联络时发出"wi wooo"的哨音，鸣唱包括多种婉转的哨音。

965. 黑额山噪鹛 Sukatschev's Laughingthrush *Garrulax sukatschewi*

【野外识别】体长 27~31 cm 的中型噪鹛。雌雄相似。前额、眼先黑色，眼后具黑色细纹，同黑色的颚纹几乎包裹纯白色的耳羽。上体褐色，三级飞羽末端具白斑，初级飞羽外缘蓝灰色而形成浅色翼纹。喉部至腹部为略带粉色的褐色，臀部、腰部及尾下覆羽棕黄色，中央尾羽外侧略带棕色，外侧尾羽末端白色并具黑色次端斑。虹膜—褐色；喙—上喙灰色，下喙黄色；跗跖—肉色。【分布与习性】中国特有种，于四川北部至甘肃南部为

区域性常见或罕见留鸟。栖息于亚高山针叶林或灌丛及竹丛，成对或集小群安静地于地面活动。【鸣声】告警声似白颊噪鹛的"zhi zhi"声，鸣唱为拖长的"yi you——yi you——"。

966. 灰翅噪鹛 Ashy Lauthingthrush *Garrulax cineraceus*

【野外识别】体长 21~24 cm 的小型噪鹛。雌雄相似。眼先及颊部白色，前额黑色，向下延伸至颚纹并在颈侧散开成细纹，喉部色浅。通体黄褐色，三级飞羽及中央尾羽末端黑色具白色细缘，有可能因磨损而不易被观察到。大覆羽黑色，初级飞羽外缘银灰色而形成浅色翼纹，外侧尾羽末端白色而具黑色次端斑。*cinereiceps* 亚种头顶灰色，*strenuous* 亚种体色更淡，头顶黑色、脸白色更多。虹膜—黄白色；喙—上喙灰色至黄色，下

喙黄色；跗跖—肉色。【分布与习性】指名亚种分布于南亚，*cinereiceps* 亚种见于中国西南、中南及华东的大部分山区森林，*strenuous* 亚种于缅甸东北部至云南，为留鸟，但可随季节进行垂直迁徙。成对或集小群觅食于地面，有时与画眉混群。【鸣声】鸣声多变。鸣叫包括快速重复的高音，以及似其他鹛类的婉转鸣声。

山嗦鹛 沈越

山嗦鹛 朱雷

黑额山嗦鹛 董江天

黑额山嗦鹛 何海清

灰翅嗦鹛 *cinereiceps* 亚种 朱雷

灰翅嗦鹛 *strenuous* 亚种 沈岩

967. 棕颏噪鹛 Rufous-chinned Laughingthrush *Garrulax rufogularis*

【野外识别】体长23~25 cm的中型噪鹛。雌雄相似。头顶黑色，眼先具明显的皮黄色斑，眼周灰色，眼后具黑色条纹，颚纹粗延伸至颈侧，黑色，耳羽及颏部棕色，喉白色。上体及两胁褐色，羽缘黑色形成鳞状斑纹，黑色的大覆羽末端、次级飞羽、三级飞羽末端形成两道黑色翼斑，初级飞羽外缘银灰色而形成浅色翼纹。胸及两胁密布黑色点斑。胸腹部灰白色，尾下覆羽棕色，尾羽末端橙色具黑色次端斑。虹膜－褐色；喙－上喙淡黄色略

带灰色，下喙淡黄色；跗跖－灰褐色至肉色。【分布与习性】分布于沿喜马拉雅山脉至印度东北部及缅甸北部的山区，为不常见留鸟。国内1999年首次记录于云南西南部瑞丽地区，推测西藏东南部也可能有该种分布。习性似其他噪鹛。【鸣声】告警声为沙哑的"zhi zhi"声，鸣唱为拖长的"wi yi wi——"。

968. 眼纹噪鹛 Spotted Laughingthrush *Garrulax ocellatus*

【野外识别】体长30~34 cm的大型噪鹛。雌雄相似。*artemisiae*亚种眼先及额部皮黄色，头顶、耳羽及喉部黑色，耳羽后具白色斑块，细眉纹白色。颈侧、胸部及两胁羽毛棕黄色具黑色次端斑而形成斑驳的鳞斑，腹部及尾下覆羽色稍浅而纯色。背部、腰部及尾羽深栗色，羽毛末端具白色点斑而次端斑黑色。初级飞羽黑色而具白色端斑，基部的外缘灰色形成浅色翼纹。指名亚种及*maculipectus*亚种耳羽及眉纹栗色，下体颜

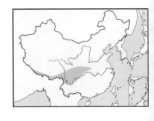

色更淡，似同区域分布的大噪鹛，但头顶及喉部为黑色而与之区别。虹膜－灰色；喙－深灰色至黑色，下喙基部色浅；跗跖－肉色。【分布与习性】留鸟分布于经喜马拉雅山脉、中国中西部至华南地区西部的山区森林。指名亚种见于藏南和藏东南，*maculipectus*亚种见于云南西部，*artemisiae*亚种见于甘肃南部到四川中西部及云南东北部。成对或集小群活动于林下或灌丛，有时与黑顶噪鹛混群。【鸣声】告警声似橙翅噪鹛的"diu diu"声，鸣唱似大噪鹛的"guang gun hao ku——"。

969. 斑背噪鹛 Bar-backed Laughingthrush *Garrulax lunulatus*

【野外识别】体长24~28 cm的中型噪鹛。雌雄相似。头顶、额部、喉部及上胸褐色，眼先、颊部及眼周白色。颈侧及腹部灰色至灰白色。背、胸及两胁羽毛具白色至皮黄色月牙形边缘及黑色次端斑，初级飞羽外缘银灰色而形成浅色翼纹。外侧尾羽末端白色而具黑色次端斑形成"斑背"。虹膜－灰白色；喙－上喙淡黄略带灰色，下喙淡黄色；跗跖－肉色。【分布与习性】中

国特有种，分布于中部山区，为不常见留鸟，多成对或集小群隐于竹丛或林下灌丛，较其他噪鹛安静。【鸣声】告警声为似笑声的一串咯咯声，鸣唱为悠扬的"wi ou——wi ou——"。

棕翅噪鹛 Soumya K Nanc

眼纹噪鹛 *artemisiae* 亚种 沈岩

眼纹噪鹛 指名亚种 崔月

眼纹噪鹛 指名亚种 崔月

斑背噪鹛 王昌大

斑背噪鹛 王昌大

斑背噪鹛 李克谦

970. 白点噪鹛　White-speckled Laughingthrush　*Garrulax bieti*

【野外识别】体长 24~28 cm 的中型噪鹛。雌雄相似。似斑背噪鹛，但本种头顶和背部均为棕褐色，额部、喉部及上胸部黑褐至黑色，颈侧、羽尖白色形成密布的白点。胸、背及两胁的羽毛也具黑色次端斑和白色端斑。虹膜－灰白色；喙－上喙淡黄色略带灰色，下喙淡黄色；跗跖－肉色。【分布与习性】中国特有种，罕见留鸟于四川西南部及云南西北部的针叶林下及高山灌丛。习性似其他噪鹛，种群因受分布区狭窄的影响而面临威胁。【鸣声】鸣唱似斑背噪鹛，但为节奏感更强的 "wi yi wi ouyi ou" 哨音。

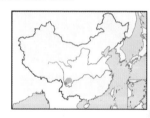

971. 大噪鹛　Giant Laughingthrush　*Garrulax maximus*

【野外识别】体长 31~35 cm 的大型噪鹛。雌雄相似。头顶灰褐色，耳羽、额部及喉部棕色。颈侧、上背、上胸部灰色，背部、两翼及腰部羽毛深栗色，端部具白点斑及黑色次端斑。下体深皮黄色。初级飞羽黑色而末端白色，基部的外缘灰色而形成浅色翼纹。尾羽灰色略带棕色，最外侧尾羽端部白色且黑色次端斑。与眼纹噪鹛耳羽栗色的亚种相似，区别在于头顶及喉不为黑色。虹膜－灰色；喙－铅灰色，下喙基部色浅；跗跖－肉色。

【分布与习性】中国特有种，为中西部中高海拔山区常见留鸟。性吵闹，集群活动于杜鹃灌丛及高山针阔混交林，分布海拔通常较眼纹噪鹛高，通常不惧人。【鸣声】告警声为聒噪的 "gua gua" 声，鸣唱似拖长音而有节奏的四声杜鹃 "guang gun hao ku——"。

972. 灰胁噪鹛　Grey-sided Laughingthrush　*Garrulax caerulatus*

【野外识别】体长 25~29 cm 的中型噪鹛。雌雄相似。前额及眼先黑色，眼周具灰蓝色裸皮，头顶具黑色鳞状斑，耳羽白色。上体为均匀的棕色，喉部至尾下覆羽白色，两胁灰色。*latifrons* 亚种耳羽大部棕色，仅下部具很小的白斑。与棕噪鹛区别在于喉白色。虹膜－褐色；喙－黑色；跗跖－肉色。【分布与习性】分布于喜马拉雅山脉东段经缅甸西北部至中国西南部山区，为不常见留鸟。国内见于西藏东南部及云南西部（*latifrons* 亚种）。

成对或集小群活动于林下浓密的灌丛或竹丛。【鸣声】告警声为沙哑的长啸声，鸣唱为多变但有节奏的哨音。

白点噪鹛 董文晓

大噪鹛 沈越

大噪鹛 朱雷

大噪鹛 朱雷

灰胁噪鹛 邓钢

973. 棕噪鹛　Buffy Laughingthrush　*Garrulax poecilorhynchus*

【野外识别】体长 25~29 cm 的中型噪鹛。雌雄相似。前额及眼先黑色，眼周裸皮蓝色，指名亚种上体为均一的棕褐色，下体暗灰色。其他亚种头胸及背部棕黄色，两翼及尾羽栗色，下体灰白色，外侧尾羽末端白色。与灰胁噪鹛的区别在于喉部及胸部棕黄色。虹膜—褐色；喙—黄色，基部黑色；跗跖—灰色。
【分布与习性】中国特有种，指名亚种分布于台湾，其余亚种分布于西南至华东的山区及丘陵地带，为留鸟。喜小群活动于林下灌丛或竹丛。【鸣声】鸣唱为似"ou hou ou"的哨音，音节间隔较短。

974. 斑胸噪鹛　Spot-breasted Laughingthrush　*Garrulax merulinus*

【野外识别】体长 23~26 cm 的中型噪鹛。雌雄相似。通体褐色，喙长而尾短，眼先灰色，眼后具细小的白色眉纹。喉部及胸部皮黄色具显著的黑色纵纹，尾下覆羽深棕色。虹膜—红褐色；喙—深灰色；跗跖—灰褐色。【分布与习性】分布于从印度东北部至缅甸西北经泰国、老挝至越南的区域，为罕见留鸟。国内仅边缘性分布于云南东南及西南部。成对或集小群活动于林下灌丛。【鸣声】告警声为似笑声的沙哑"咯咯"声，鸣唱为多变的哨音。

975. 画眉　Hwamei　*Garrulax canorus*

【野外识别】体长 21~24 cm 的小型噪鹛。雌雄相似。上体棕褐色，头顶、颈背及喉部具深褐色细纹。眼周及粗眉纹白色。腹部深灰色，尾下覆羽深棕色，尾羽由基部的棕褐色过渡至末端的深褐色并具深褐色横纹。*taewanus* 亚种颜色更淡，无白色眉纹且头颈的深色纵纹更深更粗。虹膜—橙黄色；喙—黄色；跗跖—黄色。【分布与习性】分布于东南亚东北部及东亚。国内广泛分布于包括海南和台湾（*taewanus* 亚种）在内的南方大
部分山区及丘陵地带，为留鸟。常见于各种次生环境，成对或集小群活动，惧生而隐匿，因其鸣唱婉转动听而被广泛捕捉，部分地区的种群因此受到影响。【鸣声】鸣唱嘹亮婉转多变，可效仿其他鸟叫。

棕噪鹛 沈越

棕噪鹛 指名亚种 蓝江天

斑胸噪鹛 Francesco Veronesi

画眉 朱雷

画眉 taewanus 亚种 陈加盛

画眉 沈越

976. 白颊噪鹛　White-browed Laughingthrush　*Garrulax sannio*

【野外识别】体长21~24 cm的小型噪鹛。雌雄相似。眼先、眉纹、颊部及耳羽白色，眼后、额部、喉部及头顶棕褐色形成独特的脸部图案。体羽灰褐色，两翼、尾下覆羽及尾羽褐色。虹膜—褐色；喙—黑色；跗跖—褐色。【分布与习性】分布于印度东北部至包括海南的中国广大南方地区，为常见留鸟。通常不惧生，喜灌丛及其他次生环境，有时出现在开阔地带。【鸣声】单调拖长的"jiu jiu"声。

977. 细纹噪鹛　Streaked Laughingthrush　*Garrulax lineatus*

【野外识别】体长18~21 cm的小型噪鹛。雌雄相似。体羽灰褐色，耳羽、两翼及尾羽栗色而与体羽对比明显。头顶及颈部羽干棕色形成棕色细纹。上背及胸部棕色而羽干纹白色。外侧几枚初级飞羽末端外缘灰色形成野外不易观察的浅色翼纹，尾羽末端白色而具黑色次端斑，可因磨损而消失。*imbricatus* 亚种颜色偏深，头顶无纵纹，耳羽灰褐色，颊部至颈侧羽缘白色形成楔状点斑。与条纹噪鹛的区别见相应种描述。虹膜—褐色；喙—

偏灰色，下喙色稍淡；跗跖—肉色至褐色。【分布与习性】常见于喜马拉雅山脉，为留鸟。国内见于西藏南部（指名亚种）和东南部（*imbricatus* 亚种）。成对或集群活动于中高海拔的灌丛或其他较开阔生境。【鸣声】叫声为刺耳的"zhi zhi"声，鸣唱由一连串的"ji ji"声逐渐加快至两声哨音。

978. 纯色噪鹛　Scaly Laughingthrush　*Garrulax subunicolor*

【野外识别】体长23~25 cm的中型噪鹛。雌雄相似。眼先及额部深褐色，体羽黄褐色，头部暗褐色，体羽羽缘黑色而形成鳞状斑纹。暗黄色的次级飞羽及三级飞羽连同外缘鲜黄的几枚内侧初级飞羽形成明显的翼镜，外侧几枚初级飞羽外缘灰色形成不容易观察的浅色翼纹。中央尾羽与翼镜同色，外侧尾羽羽端白而具黑色次端斑。*griseatus* 亚种眼后具白色细眉纹。似蓝翅噪鹛，区别见该种描述。虹膜—黄白色或深色（*griseatus* 亚种）；

喙—黑色；跗跖—褐色。【分布与习性】分布于喜马拉雅山脉东段至印度东北部、缅甸及越南，为较少见留鸟。国内见于西藏南部至东南部、云南西北（*griseatus* 亚种）及西南部。分布海拔较蓝翅噪鹛高。成对或集小群活动于林下灌丛，不甚惧生。【鸣声】告警似橙翅噪鹛但音调较高，鸣唱为细长的哨音。

白颊噪鹛 沈越

白颊噪鹛 计云

白颊噪鹛 朱雷

细纹噪鹛 指名亚种 崔月

细纹噪鹛 *imbricatus* 亚种 张永

细纹噪鹛 指名亚种 朱雷

纯色噪鹛 *griseatus* 亚种 朱雷

纯色噪鹛 指名亚种 张永

979. 蓝翅噪鹛　Blue-winged Laughingthrush　*Garrulax squamatus*

【野外识别】体长22~25 cm的中型噪鹛。唯一雌雄异色的噪鹛。雄鸟眉纹粗呈黑色，体羽棕褐色，体羽羽缘黑色而形成鳞状斑纹。黑色的三级飞羽外缘栗色，连同栗色的大覆羽形成明显的翼镜，次级飞羽黑色，初级飞羽外缘蓝灰色形成浅色翼纹。腰及尾下覆羽亦为栗色。中央尾羽黑色，外侧尾羽羽端栗色。雌鸟似雄鸟，但面部、背部和下体更偏褐色，飞羽及尾羽棕褐色而非黑色。与纯色噪鹛区别在于体羽偏棕、鳞斑较细、具黑色粗眉纹且大覆羽栗色。虹膜—黄白色；喙—黑色；跗跖—褐色。【分布与习性】分布于喜马拉雅山脉中段南麓至印度东北部、缅甸西北部和越南北部，为罕见留鸟。中国见于极西南部，海拔分布通常比纯色噪鹛低。单独或成对或集小群隐匿于浓密灌丛中。【鸣声】叫声为单调的哨音，鸣唱为稍带变化的哨音。

980. 橙翅噪鹛　Elliot's Laughingthrush　*Garrulax elliotii*

【野外识别】体长23~25 cm的中型噪鹛。雌雄相似。体羽灰褐色，眼先及眼周黑色，头顶灰色，秋季新羽后颈至前胸具细小的白点，至次年春因磨损而不得见。次级飞羽及内侧的几枚初级飞羽外缘具橙黄色形成翼镜，外侧几枚初级飞羽末端外缘灰色形成浅色翼纹。臀部及尾下覆羽棕红色。尾羽灰色，外缘亦为橙黄色，外侧尾羽末端白色。虹膜—黄白色；喙—黑色；跗跖—褐色至肉色。【分布与习性】中国特有种，分布于中西部山区，为常见留鸟。从海拔1000 m至4000 m可见，是海拔分布最广的噪鹛种类。集群活动于林下、灌丛及竹丛等多种环境，好奇而甚不惧生。【鸣声】联络时发出"diu diu diu"的哨音，告警音为沙哑的"吱吱"声及似流水的"diu diu"声，鸣唱为悠扬的降调"yi——ou——"。

981. 杂色噪鹛　Variegated Laughingthrush　*Garrulax variegates*

【野外识别】体长24~27 cm的中型噪鹛。雌雄相似。眼先、额部及喉上部黑色，前额白色略带褐色至头顶过渡为灰色。眼后具一小白斑，颊白色宽阔至喉部，耳羽暗灰，下方有一黑色斑。颈、背、胸及腰灰褐色。两翼图案复杂，大覆羽棕色，初级覆羽黑色，初级飞羽及外侧几枚次级飞羽基部具黄绿色外缘，三级飞羽、次级飞羽黑色而末端具灰色外缘。腹部灰色略带棕色，臀部及尾下覆羽浅棕色。尾羽灰色，基部黑色。外侧尾羽外缘黄绿色而末端白。虹膜—灰色；喙—黑色；跗跖—黄褐色。【分布与习性】常见于喜马拉雅山脉中段向西至中亚的中高海拔山区，为留鸟。夏季成对或集小群活动于高山杜鹃灌丛及林线附近，冬季下降至较低海拔。【鸣声】重复的"wi ou yi——"及似橙翅噪鹛的"yi——ou——"声。

蓝翅噪鹛 雄 沈岩

蓝翅噪鹛（上、下）雄 朱雷

橙翅噪鹛 沈岩

橙翅噪鹛 朱雷

杂色噪鹛 崔月

杂色噪鹛 董江天

982. 灰腹噪鹛 Brown-cheeked Laughingthrush *Garrulax henrici*

【野外识别】体长 24~27 cm 的中型噪鹛。雌雄相似。眼先、眼周及耳羽形成栗褐色眼罩，颚纹白色，细眉纹白色不易观察。体羽灰褐色，臀部及尾下覆羽棕褐色。外侧几枚初级飞羽基部外侧橙黄色形成翅纹，大部分飞羽外缘亮灰色形成翼镜。尾羽亦为亮灰色，尾羽末端白色具黑色次端斑。*gucenensis* 亚种似指名亚种但白色的颊纹不明显，耳羽灰褐色。虹膜—褐色；喙—暗黄偏粉色或红褐色（*gucenensis* 亚种）；跗跖—红褐色。

【分布与习性】分布于喜马拉雅山脉东段中高海拔的常见留鸟，可随季节进行垂直迁徙。甚不惧人，成对或小群觅食于灌丛及其他较开阔生境。【鸣声】鸣唱为似橙翅噪鹛的"yi yi yi——ou——"。

983. 黑顶噪鹛 Black-faced Laughingthrush *Garrulax affinis*

【野外识别】体长 24~26 cm 的中型噪鹛。雌雄相似。眼先、眉纹及耳羽黑色形成黑色脸罩，眼后具白色小斑，颊纹粗呈白色，颈侧具半月形白斑，头顶暗棕灰色，后颈、喉部、腰部及尾下覆羽棕色。胸部及上背羽毛灰褐色具深色或浅色羽缘，形成不明显的鳞状斑。腹部较胸部色稍深但无斑。初级覆羽黑色，飞羽银灰色，次级及初级飞羽基部外缘具橙黄色羽缘形成翼镜。尾羽橄榄绿色末端灰色。*blythii* 亚种颈侧斑纹灰色不显，体羽

颜色更深。虹膜—褐色；喙—黑色；跗跖—偏红的肉色。【分布与习性】分布于喜马拉雅山脉至中国西南部的中高海拔山区，为少见留鸟；*blythii* 亚种分布于四川中部至甘肃东南部。成对或小群觅食于林下或高山灌丛。【鸣声】鸣唱为悠扬的升调"wi yii——ou——"。

984. 玉山噪鹛 White-whiskered Laughingthrush *Garrulax morrisonianus*

【野外识别】体长 25~28 cm 的中型噪鹛。雌雄相似。头顶灰色具黑色鳞状斑，眉纹及颊纹明显，呈白色。眼先、眼周及耳羽栗色无斑。喉部、胸部、颈背亦为栗色但羽缘灰白色形成鳞状斑，大覆羽、腹部及腰灰色，飞羽银灰色，次级及初级飞羽基部外缘具橙黄色羽缘形成翼镜。臀部及尾下覆羽深栗色。尾羽灰色，基部外缘橙黄色，外侧尾羽由灰色过渡为末端的白色。

虹膜—褐色；喙—偏粉的黄色；跗跖—偏红色。【分布与习性】中国特有种，仅分布于台湾，为常见留鸟。栖息于高海拔山区森林，甚不惧人。成对或小群活动于灌丛、林下及开阔地带。【鸣声】告警为似笑声的"咯咯"声，鸣唱为分成两段的"wi, wi yi ou——"。

灰腹噪鹛 张永

灰腹噪鹛 朱雷

黑顶噪鹛 hivilni 亚种 沈越

黑顶噪鹛 张永

玉山噪鹛 张永

玉山噪鹛 董江天

985. 红头噪鹛　Red-headed Laughingthrush　*Garrulax erythrocephalus*

【野外识别】体长 24~26 cm 的中型噪鹛。雌雄相似。*nigrimentum* 亚种前额、后枕及颈侧橙红色，眼先及喉部黑色，耳羽黑色具白色羽缘而形成鳞状斑。头顶及眼后深灰色，后颈及胸部羽毛黑色具白色至皮黄色边缘而呈鳞状斑。背部栗色至褐色无斑纹，初级覆羽棕红色，三级飞羽、次级飞羽及内侧的几枚初级飞羽外缘具橙黄色形成翼镜，外侧几枚初级飞羽末端外缘灰色形成浅色翼纹，腹部、臀部及尾下覆羽褐色。尾羽橙黄色，外侧尾羽具白色末端。*woodi* 亚种及相似的 *ailaoshanensis* 亚种前额、眉纹、眼后及耳羽灰色无斑纹，上背及胸羽毛黑色而羽缘酒褐色形成鳞状斑。*melanostigma* 亚种及相似的 *connectens* 亚种耳羽银灰色，头顶橙红色，前额、眼先及颏部黑色，喉部由黑色过渡至红褐色。背部及下体灰褐色无斑纹。虹膜—褐色；喙—黑色；跗跖—灰色至褐色。【分布与习性】分布于喜马拉雅山脉经印度东北部、缅甸至越南，为留鸟。国内见于西藏南部（*nigrimentum* 亚种）至东南部（*imprudens* 亚种）、云南中部（*ailaoshanensis* 亚种）和西部（*woodi* 亚种）、云南东南部（*connectens* 亚种）及西南部（*melanostigma* 亚种）。成对或集小群活动于地面灌丛，有时上到树冠层。【鸣声】悠扬的哨音，音节短但多变。

986. 红翅噪鹛／丽色噪鹛　Red-winged Laughingthrush　*Garrulax formosus*

【野外识别】体长 24~28 cm 的中型噪鹛。雌雄相似。眼先、眉纹、耳羽后缘、额部及喉部烟黑色。前额、头顶及耳羽灰白色具黑色细纹。颈背及胸部褐色，腹部、腰部及尾下覆羽灰褐色。飞羽黑褐色，基部外缘红色，连同红色的初级覆羽形成翼镜。尾羽亦为红色，末端深色。与红尾噪鹛区别在于头顶灰白色。虹膜—褐色；喙—黑色；跗跖—褐色。【分布与习性】分布于中国西南部及越南北部，为不常见留鸟。成对或小群觅食于林下灌丛或竹丛，隐匿而惧生。【鸣声】鸣唱为悠扬的"wu e e yi——ou"的哨音，重音在倒数第二个音节。

987. 红尾噪鹛／赤尾噪鹛　Red-tailed Laughingthrush　*Garrulax milnei*

【野外识别】体长 24~28 cm 的中型噪鹛。雌雄相似。眼先、额部及细眉纹黑色，头顶至后颈橙红色，耳羽灰色至银白色。喉、背及下体灰色，胸背部具深色的羽缘形成不明显的鳞斑。初级覆羽黑色，大覆羽、飞羽外缘及尾羽红色。与红翅噪鹛区别在于头顶橙红色而非灰白色。虹膜—褐色；喙—黑色；跗跖—黑色。【分布与习性】分布于越南、老挝及缅甸和泰国。国内隔离分布于东南及西南部，为不常见中低海拔留鸟。成对或集群觅食于林下稠密灌丛及竹丛，隐匿而惧生。【鸣声】音调逐渐升高的"ga ga"哨音。

红头噪鹛 nigrimentum 亚种 朱雷

红头噪鹛 woodi 亚种 朱雷

红头噪鹛 melanostigma 亚种 Jason Thompson

红翅噪鹛 王昌大

红翅噪鹛 王昌大

红尾噪鹛 朱雷

红尾噪鹛 朱雷

988. 灰胸薮鹛　Grey-faced Liocichla　*Liociohla omeiensis*

【野外识别】体长 15~20 cm 的较小型鹛类。雄鸟头顶灰色具黑色纵纹，眼周白色，眼上方具一黑色斑点。前额、眼先、颊部及喉部橄榄绿色，上体亦为橄榄绿色。耳羽及下体深灰色。飞羽黑色，基部及三级飞羽端部外翈红色，初级飞羽端部外翈橙黄色，形成彩色的翼上图案。尾下覆羽黑色具橙红色羽缘，尾羽具黑色横纹，末端平截呈红色。雌鸟似雄鸟，色彩更淡，飞羽、尾羽及尾下覆羽无红色。虹膜—褐色；喙—灰色；跗跖—灰褐色。

【分布与习性】中国特有种，分布于四川中南部至云南东北部的中海拔常绿阔叶林，为少见留鸟。单独或成对活动于林下、灌丛及竹丛，较其他薮鹛更孤僻，不喜结群，因鸟类贸易而受到威胁。【鸣声】鸣唱为悠扬的哨音"iiou——iiou——"，鸣叫声嘈杂。

989. 黄痣薮鹛　Steere's Liocichla　*Liocichla steerii*

【野外识别】体长 17~19 cm 的中型鹛类。雌雄相似。眉纹黑色，眼先具亮黄色斑，颈侧包围耳羽的部分亦具亮黄色条纹，前额、耳羽及胸部黄绿色。头顶、喉部、后颈及腹部深灰色，背部灰黄色。飞羽蓝黑色，大覆羽、初级飞羽及次级飞羽基部外翈橙黄色形成彩色翼镜。三级飞羽基部外翈棕色。尾下覆羽及尾羽亦为黄绿色，尾羽末端平截，白色并具黑色次端斑。虹膜—褐色；喙—深灰色；跗跖—褐色。

【分布与习性】中国特有种，分布于台湾中高海拔山区森林，为常见留鸟。单独、成对或集小群活动于林下、灌丛及竹丛，有时加入混合鸟群，不甚惧人。【鸣声】鸣唱为尖细的哨音"wi——wiou"，鸣叫声嘈杂。

990. 红翅薮鹛　Crimson-winged Liocichla　*Liocichla phoenicea*

【野外识别】体长 21~24 cm 的较大型鹛类。雌雄相似。*ripponi* 亚种和 *wellsi* 亚种在包括眉纹、眼先、颊部及额部的整个脸至颈侧赤红色，眉纹上方具不明显的黑色。头顶及后颈灰色，背灰绿色，飞羽末端具白斑，外翈基部至中部红色，端部橙黄色。喉部至整个下体橄榄绿色，尾下覆羽黑色具橙红色羽缘。尾羽深灰色具黑色横斑，平截而具橙色端斑。*bakeri* 亚种体羽偏棕，头顶棕灰色，具明显的粗黑眉纹，头部红色范围较小，仅在耳羽、

颊部及颈侧而形成"缺口"状。虹膜—红褐色；喙—黑色；跗跖—褐色。【分布与习性】分布于喜马拉雅山脉中段至马来半岛中部的山区森林。国内分布于西藏东南部及云南西北部（*bakeri* 亚种）、云南西南至南部（*ripponi* 亚种）及云南东南部至广西西部（*wellsi* 亚种），为不常见留鸟。成对或集小群活动于稠密植被。【鸣声】鸣唱为悠扬的哨音"wiwi——ou"，鸣叫声嘈杂。

灰胸薮鹛 雄 沈越

灰胸薮鹛 雄 沈越

灰胸薮鹛 雄 董江天

黄痣薮鹛 沈越

黄痣薮鹛 沈越

黄痣薮鹛 张永

红翅薮鹛 朱雷

红翅薮鹛 朱雷

991. 棕胸幽鹛／棕胸雅鹛　Buff-breasted Babbler　*Pellorneum tickelli*

【野外识别】体长 13~15 cm 的较小型鹛类。雌雄相似。羽色单调而无特点。尾短圆，通体褐色，眼周及眼先色浅，前额、两翼及尾羽略带棕色。初级飞羽外翈灰色形成不明显翼纹。与褐脸雀鹛区别于尾短且无黑色粗眉纹。与白腹幽鹛区别于脸部非灰色且喉部无黑色斑点。虹膜—红褐色；喙—肉色略带灰色；跗跖—肉色。【分布与习性】分布于印度东北部至中南半岛大

部的低地森林。国内分布于云南西南部至广西西部，为罕见留鸟。性隐匿，成对或与其他地栖小型鹛类混群活动于浓密植被下层。【鸣声】鸣唱为双音节"ji ou——"，重音在最后一个音节。鸣叫声沙哑。

992. 白腹幽鹛　Spot-throated Babbler　*Pellorneum albiventre*

【野外识别】体长 14~15 cm 的较小型鹛类。雌雄相似。*cinnamomeum* 亚种尾短圆，上体褐色，下体略带棕色，腹部淡棕色至污白色；脸部色浅呈灰色，喉部白色具黑色点斑；初级飞羽外翈灰色形成不明显翼纹。*pusillum* 亚种喉部皮黄色，斑点不明显，下体颜色亦更棕。与褐脸雀鹛区别于尾短且无黑色粗眉纹。与棕胸幽鹛的区别见相应种描述。虹膜—红褐色；喙—铅灰色；跗跖—肉色。【分布与习性】分布于印度东北部至

中南半岛大部分地区。国内分布于云南西南部（*cinnamomeum* 亚种）、云南东南部至广西西部（*pusillum* 亚种），为少见留鸟。成对活动于浓密植被下层，性隐匿。【鸣声】鸣唱婉转嘹亮。

993. 棕头幽鹛　Puff-throated Babbler　*Pellorneum ruficeps*

【野外识别】体长 15~17 cm 的中型鹛类。雌雄相似。头顶棕色，眉纹白色延伸至后颈，颈侧具皮黄色纵纹，喉部白色，整个上体褐色，下体白色，胸部至腹部因亚种不同具粗细不同的深褐色纵纹。虹膜—褐色；喙—上喙铅色，下喙肉色；跗跖—肉色。【分布与习性】分布于南亚次大陆至中南半岛的山区森林。国内分

布于云南东南部至西南部，为常见留鸟。成对或小群活动于植被下层或地面，于落叶中翻捡觅食。【鸣声】鸣唱为三音节哨音"wu wii ou"，重音在第二音节。

...ed Babbler ♀ 2014
王斌

Buff-breasted Babbler ♀ 2014
棕胸幽鹛 王斌

白腹幽鹛 杨怿

棕头幽鹛 朱雷

棕头幽鹛 朱雷

994. 长嘴钩嘴鹛 Large Scimitar Babbler *Pomatorhinus hypoleucos*

【野外识别】体长 24~28 cm 的大型鹛类。雌雄相似。眼先及耳羽灰色，颈侧栗色，白色纵纹自眼后经颈部延伸至胸部两侧。上体褐色，两翼及尾羽略呈棕色，喉至胸部白色，下体其余褐色。虹膜－褐色；喙－浅灰色；跗跖－铅色。【分布与习性】见于印度东北部至整个中南半岛的低海拔森林。国内分布于云南西南至广西南部及海南，为罕见留鸟。常成对笨拙地在地面或植被下层觅食，较其他钩嘴鹛更喜在地面活动。【鸣声】圆润而聒噪的 "wu wu a wu" 声，重音在第三音节。

995. 斑胸钩嘴鹛 Spot-breasted Scimitar Babbler *Pomatorhinus erythrogenys*

【野外识别】体长 22~26 cm 的较大型鹛类。雌雄相似。*abbreviatus* 和 *swinhoei* 亚种相似，前额及耳羽锈色，头顶至后颈褐色具不明显的纵纹，背部、两翼及尾羽栗色。眼先、喉部、胸部至腹部白色，胸部具黑色斑纹，两胁深灰色，尾下覆羽棕色。*cowensae*、*decarlei*、*dedekeni*、*gravivox* 及 *odicus* 亚种相似，整个上体颜色均为褐色，两胁锈色。*erythrocnemis* 亚种前额及眼下具栗色斑，头顶、耳羽、后颈及颈侧深灰色。背部、两翼及尾羽栗色。胸部具粗黑纵纹，腹部略带灰色。虹膜－灰色；喙－铅灰色；跗跖－肉褐色。【分布与习性】分布于沿喜马拉雅山脉至中国中部及南方大部适宜生境。国内分布于中部至华南（*abbreviatus*、*swinhoei* 亚种），中部至西部及西南部（*cowensae*、*decarlei*、*dedekeni*、*gravivox* 和 *odicus* 亚种），以及台湾（*erythrocnemis* 亚种）。习性似其他钩嘴鹛，主要栖息于灌木丛、矮树林、竹丛和灌草丛。【鸣声】鸣唱同叫声类似，单音节聒噪的 "gua"。

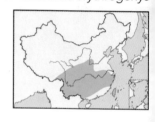

996. 灰头钩嘴鹛 White-browed Scimitar Babbler *Pomatorhinus schisticeps*

【野外识别】体长 19~23 cm 的较大型鹛类。雌雄相似。前额及头顶略带灰色，眼先及耳羽黑色，具白色粗眉纹，喉部亦为白色，颈侧栗色，上体褐色，下体大致白色而两胁略带褐色。与棕颈钩嘴鹛 *albipectus* 亚种区别于本种虹膜灰白色，且后者头顶无灰色。虹膜－灰白色；喙－黄色；跗跖－铅灰色。【分布与习性】分布于喜马拉雅山脉及东南亚中低海拔山区，为留鸟。国内可能出现于西藏东南部及云南西南部，习性似其他钩嘴鹛。【鸣声】似棕颈钩嘴鹛的 "hu hu hu" 声，但节奏更快。

长嘴钩嘴鹛 朱雷

斑胸钩嘴鹛 gravivox 亚种 何海涛

斑胸钩嘴鹛 decarlei 亚种 灰石

斑胸钩嘴鹛 erythrocnemis 亚种 Afi Chen

斑胸钩嘴鹛 swinhoei 亚种 吴志华

灰头钩嘴鹛 崔月

灰头钩嘴鹛 朱雷

997. 棕颈钩嘴鹛　Rufous-necked Scimitar Babbler　*Pomatorhinus ruficollis*

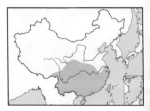

【野外识别】体长 16~21 cm 的中型鹛类。雌雄相似。前额、眼先及耳羽黑色，头顶棕褐色，具白色粗眉纹，喉部亦为白色，颈侧栗色，上体褐色，胸白色因亚种不同具褐色至栗色纵纹，下体其余部分褐色。*godwini* 亚种胸部褐色最多，白色呈细纹状，*musicus* 亚种头顶棕色，胸部具疏黑色纵纹，因新羽具白色羽缘而于秋季可呈现斑点状，颈侧栗色延伸至胸部两侧。*nigrostellatus* 亚种似 *musicus* 亚种，但头顶褐色，胸部纵纹深褐色。*albipectus* 亚种喙全淡黄色，胸部无纵纹，与灰头钩嘴鹛区别见相应种描述。虹膜—褐色或灰色（*musicus* 亚种）；喙—上喙铅灰色，末端淡黄色，下喙淡黄色；跗跖—铅灰色。【分布与习性】分布于喜马拉雅山脉南麓至中南半岛北部。国内常见于包括海南（*nigrostellatus* 亚种）和台湾（*musicus* 亚种）的广大南方地区（*eidos*、*similes*、*reconditus*、*styani*、*hunanensis* 及 *stridulus* 亚种），以及云南西南部（*albipectus* 亚种）和西藏东南部（*godwini* 亚种），为各地较常见留鸟。集群觅食于下层植被及地面，喜各种次生环境。【鸣声】鸣唱多变，叫声为短促的三音节哨音"hu huhu"。

998. 棕头钩嘴鹛　Red-billed Scimitar Babbler　*Pomatorhinus ochraceiceps*

【野外识别】体长 22~24 cm 的较大型鹛类。雌雄相似。眼先及颊部黑色，耳羽深褐色，具明显的白眉纹，头顶及上体棕黄色，喉部及下体污白色，两胁及尾下覆羽皮黄色，尾羽棕黄色而末端色深。与相似种红嘴钩嘴鹛区别在于喙长且细，眉纹上方无黑色。虹膜—黄色；喙—橙红色；跗跖—浅褐色。【分布与习性】分布于印度东北部至中南半岛的山区森林。国内见于云南西部和东南部，为少见留鸟。成对或集小群活动于林下或中层，较其他钩嘴鹛更偏树栖，有时加入混合鸟群组成的"鸟浪"，常与白头鵙鹛一起出现。【鸣声】一连串快速的"huhu hhuu"声，夹杂沙哑的怪声。

999. 红嘴钩嘴鹛　Coral-billed Scimitar Babbler　*Pomatorhinus ferruginosus*

【野外识别】体长 21~24 cm 的较大型鹛类。雌雄相似。指名亚种前额锈色，头顶黑色，眼先、颊部及耳羽黑色，具白色眉纹和髭纹，额部亦为白色，喉至胸部棕红色，体羽其余部分褐色。*orientalis* 亚种头顶褐色，黑色仅于白色眉纹上方，额部及喉部白色，胸部及腹部皮黄色。似棕头钩嘴鹛，区别见该种描述。虹膜—黄色；喙—红色；跗跖—浅褐色。【分布与习性】分布于喜马拉雅山脉东段至中南半岛山区森林。国内分布于西藏东南部（指名亚种，罕见留鸟）及云南西部和南部（*orientalis* 亚种，少见留鸟）。常成对或集小群活动于林下灌丛及竹丛，性隐匿。【鸣声】似棕头钩嘴鹛。

棕额钩嘴鹛 沈越

棕额钩嘴鹛 沈越

棕头钩嘴鹛 董江天

棕头钩嘴鹛 董文晓

红嘴钩嘴鹛 王英

红嘴钩嘴鹛 王英

1000. 剑嘴鹛 Slender-billed Scimitar Babbler *Xiphirhynchus superciliaris*

【野外识别】体长 19~22 cm 的较大型鹛类。雌雄相似。喙细长而下弯。眼先黑色，头顶、耳羽及颊部深灰色，眼后具白眉纹，喉部灰色有深色细纹。两翼及尾羽深褐色，其余体羽棕褐色。虹膜—灰白色；喙—灰黑色；跗跖—深褐色。【分布与习性】分布于喜马拉雅山脉东段经缅甸北部至老挝和越南北部。国内分布于西藏南部和东南部、云南西部及中部山区森林，为不常见留鸟。结成吵闹的小群活动于浓密的竹丛及灌丛，取食于地面，有时于其他种类混群。【鸣声】鸣唱为一连串单调而快速的"gu gu gu gu"声。

1001. 长嘴鹩鹛 Long-billed Wren Babbler *Rimator malacoptilus*

【野外识别】体长 11~13 cm 的较小型尾甚短的鹛类。雌雄相似。喙长而略下弯，眼先及耳羽皮黄色，髭纹深褐至黑色，喉部偏灰色，体羽褐色具皮黄色羽干纹，两翼及尾羽略带棕。虹膜—红褐色；喙—灰黑色；跗跖—肉色至红褐色。【分布与习性】分布于喜马拉雅山脉东段，为不常见留鸟。国内仅见于云南西北部。性隐匿，成对活动于森林下层灌丛及地面，用长嘴在落叶间翻捡或探入土中取食。【鸣声】鸣唱为拖长的单音节哨音"we——"，音节末尾迅速减弱。

1002. 灰岩鹩鹛 Limestone Wren Babbler *Napothera crispifrons*

【野外识别】体长 15~16 cm 的中型鹛类。雌雄相似。为鹩鹛中尾较长的种类。头顶至背部灰色具黑色纵纹，眉纹及耳羽亦为灰色，具不明显的黑色贯眼纹。喉部白色至皮黄色，具明显的粗黑纵纹并延伸至上胸部，胸部灰色，腹部、两胁及尾下覆羽略带棕色，两翼及尾羽褐色。与短尾鹩鹛区别在于体形较大，尾较长，喉部纵纹更粗且二者脸部图案不同。虹膜—红褐色；喙—灰黑色，末端色淡；跗跖—铅灰色至浅褐色。【分布与习性】分布于老挝、越南及泰国北部。国内常见于云南极南部石灰岩地区。成对或集小群觅食于岩石间及森林下层藤蔓间，有时不惧人。【鸣声】鸣唱为婉转而圆润的哨音，叫声及告警声短促而沙哑似其他鹛。

剑嘴鹛 何海清

剑嘴鹛 朱雷

长嘴钩嘴鹛 陈彪

灰岩鹪鹛 沈越

灰岩鹪鹛 朱雷

灰岩鹪鹛 崔月

1003. 短尾鹪鹛　Short-tailed Wren Babbler　*Napothera brevicaudata*

【野外识别】体长 12~17 cm 的较小型鹛类。雌雄相似。
venningi 亚种头顶至背部黄褐色具黑色鳞状斑，眼先、眼周及
颊部亦为灰色，喉部灰白色具不明显深色纵纹。两翼、下体及
尾羽褐色。*stevensi* 亚种上体颜色更淡，下体颜色更偏灰，喉部
的深色纵纹更明显但仍不及灰岩鹪鹛的明显。虹膜—红褐色；
喙—灰黑色，末端色淡；跗跖—铅灰色至浅褐色。【分布与习性】
分布于中南半岛的山区森林，为区域性常见或罕见留鸟。国内

分布于云南西部（*venningi* 亚种）、云南东南部至贵州南部及广西西部（*stevensi* 亚种）。成对
或小群活动于林下或无灰岩鹪鹛活动的石灰岩地区，偶尔会与后者同栖息于一片石灰岩。【鸣声】
鸣唱为缓慢而拖长的哨音"wu——iiii"。

1004. 纹胸鹪鹛　Lesser Wren Babbler　*Napothera epilepidota*

【野外识别】体长 10~11 cm 的小型而尾甚短的鹛类。雌雄相似。
头顶褐色具黑色鳞状斑纹，眉纹皮黄色，贯眼纹深褐色，耳羽
脏灰色，颊部及喉部污白色。背部羽毛浅褐色具皮黄色羽干纹，
两翼及尾羽亦为褐色，大覆羽同中覆羽末端具小白斑，可因磨
损而不可见。下体污白色具褐色纵纹。虹膜—红褐色；喙—上
喙铅色，下喙色淡；跗跖—肉红色。【分布与习性】为分布于
印度东北部至中南半岛大部及印尼北部的山区森林的常见留鸟。

国内常见于海南、罕见于云南西部至广西西部。成对或集小群活动于植被下层及地面，性隐匿。
【鸣声】鸣唱为单调而拖长的单音节哨音"we eee"。

1005. 鳞胸鹪鹛　Scaly-breasted Wren Babbler　*Pnoepyga albiventer*

【野外识别】体长 8.5~10 cm 的小型鹛类。雌雄相似。尾羽极
短而不可见。指名亚种上体褐色，头顶至上背羽缘暗色形成鳞
状斑，头顶两侧、耳羽及颈侧羽毛具皮黄色羽干纹而成斑点状，
下背、大覆羽及中覆羽末端具皮黄色斑点。喉部白色略具暗色
斑纹，胸腹羽毛黑色具白色外缘形成鳞状斑，两胁羽毛外缘略
带棕色。棕色型下体羽缘及喉部色皮黄色。与小鳞胸鹪鹛区别于
头顶两侧具皮黄色斑点且鸣唱不同。与尼泊尔鹪鹛的区别见相

应种描述。虹膜—红褐色；喙—灰黑色，下喙色淡；跗跖—肉红色。【分布与习性】分布于东
南亚北部的山区森林。国内见于喜马拉雅山脉至横断山脉及台湾，为留鸟。繁殖季节分布海拔
通常较小鳞胸鹪鹛高，习性似其他鳞胸鹪鹛。【鸣声】鸣唱尖细而婉转，叫声为拖长的"ze——"声。

短尾鹩鹛 张永

短尾鹩鹛 刘爱华

纹胸鹩鹛 王雪峰

纹胸鹩鹛 王雪峰

鳞胸鹩鹛 幼 沈岩

鳞胸鹩鹛 棕色型 朱雷

鳞胸鹩鹛 梁丹

鳞胸鹩鹛 沈越

1006. 小鳞胸鹪鹛　Pygmy Wren Babbler　*Pnoepyga pusilla*

【野外识别】体长 7.5~9 cm 的小型鹛类。雌雄相似。尾羽极短而不可见。上体褐色，头顶至上背羽缘暗色形成鳞状斑，下背、大覆羽及中覆羽末端具皮黄色斑点。喉部白色略具暗色斑纹，胸腹羽毛黑色具宽白色外缘形成鳞状斑，有时可盖住黑色部分而整体呈白色，两胁羽毛外缘略带棕色。棕色型下体羽毛皮黄色具黑色鳞状斑。与鳞胸鹪鹛及尼泊尔鹪鹛的区别见相应种描述。虹膜—红褐色；喙—灰黑色，下喙色淡；跗跖—肉红色。【分布与习性】广泛分布于喜马拉雅山脉及中南半岛山区森林，为留鸟。国内常见于秦岭以南的大部分山区。喜潮湿的林下植被，觅食于地面。【鸣声】鸣唱为尖细而拖长的"di——wi——"。

1007. 尼泊尔鹪鹛　Nepal Wren-Babbler　*Pnoepyga immaculata*

【野外识别】体长 8.5~10 cm 的小型鹛类。雌雄相似。尾羽极短而不可见。上体黄褐色，头顶及背部具不明显的皮黄色鳞状斑，喉部皮黄色，下体羽毛黑色而羽缘皮黄色形成鳞状斑纹。棕色型下体棕褐色部分更多。与鳞胸鹪鹛及小鳞胸鹪鹛区别于存在较明显的深色髭纹，上体及两翼斑纹不明显，下体羽毛的黑色部分末端较尖而有纵纹感。虹膜—红褐色；喙—灰黑色，下喙色淡；跗跖—肉红色。【分布与习性】国外仅分布于尼泊尔及邻近的印度北部。国内分布于西藏南部日喀则地区，为留鸟。习性似其他鹪鹛。【鸣声】鸣唱为连续而音调不断下降的尖细哨音。

1008. 短尾鹪鹛　Rufous-throated Wren-Babbler　*Spelaeornis caudatus*

【野外识别】体长 8~10 cm 的小型鹛类。雌雄相似。尾短。眼先及耳羽灰色，额部白色，喉部淡棕色，上体褐色具黑色鳞状斑，胸及两胁黑色具棕黄色鳞状斑，腹部具白色点斑，与长尾鹪鹛区别于其喉部具淡棕色。虹膜—深褐色；喙—黑色；跗跖—肉色。【分布与习性】见于喜马拉雅山脉东段中海拔山区林下，可能出现于西藏东南部。【鸣声】鸣唱为不断重复的一串"ji wi ji wi ji wi"哨音。

小鳞胸鹪鹛 朱雷

尼泊尔鹪鹛 Pkspks

短尾鹪鹛 Umeshsrinivasan

短尾鹪鹛 Umesh Srinivasan

1009. 斑翅鹩鹛　Bar-winged Wren Babbler　*Spelaeornis troglodytoides*

【野外识别】体长约 10 cm 的小型鹛类。雌雄相似。头顶、后颈及上背褐色具黑色及皮黄色杂斑。耳羽浅褐色具白色细纹，颏部至上胸白色，下背、颈侧、胸侧、腹部及尾下覆羽锈红色。颈侧与两胁散布白色斑点。两翼及尾羽灰色具黑色横斑。诸亚种体羽色调和色块的分布略有不同。虹膜—红褐色；喙—上喙肉红色略带灰色，下喙肉红色；跗跖—肉红色。【分布与习性】分布于喜马拉雅山脉东段至云南西部、经横断山脉至秦岭，以及邻近的大娄山及大巴山地区，为少见留鸟。成对或集小群活动于林下植被及地面，较其他鹩鹛和鹪鹛更具树栖性，有时于树枝及苔藓覆盖的树干上活动。【鸣声】鸣唱为一连串圆润而重复的哨音。

1010. 丽星鹩鹛　Spotted Wren Babbler　*Spelaeornis formosus*

【野外识别】体长约 10 cm 的小型鹛类。雌雄相似。尾短。体羽暗褐色，具大小不一的白色斑点，腹部另有黑色斑点。两翼及尾羽棕色，具黑色横纹。体羽与行为均甚似鹪鹛，但鹪鹛通体褐色无颜色对比，具不明显的眉纹，喙更短且颜色不同。虹膜—深褐色；喙—黑色；跗跖—肉红色。【分布与习性】分布于喜马拉雅山脉东段及印度东北部至缅甸北部，经云南至老挝及越南北部，另有数个隔离的种群分布于中国西南至东南部山区森林，为不常见或常见留鸟。单独或成对活动于茂密植被下。【鸣声】鸣唱包括一系列音调极高、长短不一的哨音。

1011. 长尾鹩鹛　Long-tailed Wren Babbler　*Spelaeornis chocolatinus*

【野外识别】体长约 11 cm 的较小型鹛类。尾短。*reptatus* 亚种雄鸟喉部白色具暗色斑点，眼先、眼周及耳羽灰色，体羽褐色，头颈和背部具黑色鳞状斑，胸部及两胁具整齐的白色点斑，腹部白色具黑色鳞状斑。雌鸟脸部灰色更少，相应部分棕黄色而非白色。*kinneari* 亚种与 *reptatus* 亚种类似，但具不明显的深色髭纹，雄鸟喉部纯白色，胸腹棕黄色具黑色鳞状斑。虹膜—红褐色；喙—黑色；跗跖—肉红色。【分布与习性】分布于印度东北部、孟加拉国、越南、缅甸及泰国北部山区森林，为不常见留鸟。国内见于云南西部至四川中部，亦有记录于重庆（*reptatus* 亚种），以及云南东南及广西西南部（*kinneari* 亚种）。喜稠密植被，单独或成对活动于地面，性隐匿。【鸣声】鸣唱圆润婉转，似"wu ii——i i i——"声。

斑翅鹩鹛 张国良／西南山地　　斑翅鹩鹛 张国良／西南山地

丽星鹩鹛 沈岩　　丽星鹩鹛 沈岩

长尾鹩鹛 白皓天　　长尾鹩鹛 何海清

1012. 楔嘴鹩鹛 Wedge-billed Wren Babbler *Sphenocichla humei*

【野外识别】体长约 18 cm 的中型鹛类。雌雄相似。指名亚种体羽深褐色，喙呈楔形，前额棕色，眼上方有一白斑，耳羽棕褐色无斑纹。头顶、背部、颈侧及下体羽缘白色而形成三角形斑纹。喉部至胸部黑色，下体淡灰色。两翼及尾羽棕色具黑色横纹。*roberti* 亚种似指名亚种，但胸部具白色三角形斑纹，不为黑色。虹膜—灰白色；喙—上喙淡黄色略带灰色，下喙淡黄色；跗跖—灰褐色。【分布与习性】分布于印度东北部、缅甸北部及中国西藏东南部（指名亚种）和云南西北部（*roberti* 亚种）山区森林，为罕见留鸟。常集群活动于近溪流处的植被下层，但相比其他鹩鹛和鹛鹛更具树栖性。【鸣声】鸣唱为悠扬的"wi ou wi ou"哨音。

1013. 黑颏穗鹛 Black-chinned Babbler *Stachyridopsis pyrrhops*

【野外识别】体长约 10 cm 的小型鹛类。雌雄相似。眼先及颏黑色，头顶具不甚明显的黑色纵纹，上体橄榄绿色，下体黄色。与金头穗鹛区别于黑色的颏。虹膜—红色；喙—肉红色略带灰色；跗跖—棕黄色至褐色。【分布与习性】分布于喜马拉雅山脉西段至中段，为常见留鸟。国内见于西藏南部日喀则地区。集群活动于林缘、竹丛等各种次生环境的下层，有时与其他种类混群。【鸣声】鸣唱为一串无音调变化的快速"ju ju ju ju"声。

1014. 黄喉穗鹛 Buff-chested Babbler *Stachyris ambigua*

【野外识别】体长 10~12 cm 的较小型鹛类。雌雄相似。甚似红头穗鹛，野外不易识别，但分布区重叠较少。区别在于黄喉穗鹛头顶具不明显的黑色细纹，同后颈的颜色过渡不如红头穗鹛明显，眼先及眼上方色淡而形成不明显的眉纹状。下体颜色较浅。虹膜—红褐色；喙—肉红色略带灰色；跗跖—浅褐色。【分布与习性】分布于东南亚，为留鸟。国内分布于云南西部及广西西南部，为不常见留鸟。习性似其他穗鹛。【鸣声】鸣唱似红头穗鹛，但速度更缓。

楔嘴鹩鹛 *roberti* 亚种 董文晓

黑颏穗鹛 Dibyendu Ash

黄喉穗鹛 Pkspks

1015. 红头穗鹛 Rufous-capped Babbler *Stachyris ruficeps*

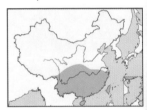

【野外识别】体长 9~12 cm 的小型鹛类。雌雄相似。前额及头顶橙红色，眼先略带黄色，喉部具暗色细纹，通体橄榄绿色，两翼及尾羽灰褐色。与黄喉穗鹛、纹胸鹛的区别见相应种描述。虹膜—红褐色；喙—肉红色略带黄色；跗跖—浅褐色。【分布与习性】常见留鸟于东南亚及中国南方大部分地区。集小群活动于灌丛、林缘、竹丛等各种次生生境，常同其他种类混群。【鸣声】鸣唱为无音调变化的"wu jujujuju"。

1016. 金头穗鹛 Golden Babbler *Stachyris chrysaea*

【野外识别】体长 10~12 cm 的较小型鹛类。雌雄相似。眼先及眼周暗灰色，前额同头顶亮黄色具黑色纵纹，耳羽、背部、两翼及尾羽橄榄绿色，下体亮黄色。与黑额穗鹛区别于额部无黑色。虹膜—暗红色；喙—肉红色略带灰色；跗跖—黄色。【分布与习性】区域性常见于喜马拉雅山脉东段、印度东北部、苏门答腊岛及中南半岛的大部分山区森林。国内分布于云南西部和西南部。成对或集群活动于林下灌丛，亦见于各种次生环境，有时同其他种类混群。【鸣声】鸣唱似红头穗鹛，但节奏较快。

1017. 弄岗穗鹛 Nonggang Babbler *Stachyris nonggangensis*

【野外识别】体长约 18 cm 的中型鹛类。雌雄相似。耳羽后缘具新月形白斑，喉部和上胸中央白色，具黑色斑点。体羽烟褐色，两翼及尾羽深棕色。虹膜—淡蓝色；喙—灰黑色，末端色淡；跗跖—褐色。【分布与习性】仅分布于广西极西南部石灰岩地区森林，亦有可能见于邻近的越南地区。成对或集群活动于林下植被茂密处，不与其他种类混群。【鸣声】鸣唱为尖厉拖长的单音节"jiu——"声，鸣叫嘈杂沙哑似其他鹛。

红头穗鹛 沈越　　　　　　　　红头穗鹛 朱雷

金头穗鹛 朱雷　　　　　　　　金头穗鹛 朱雷

弄岗穗鹛 沈岩　　　　　　　　弄岗穗鹛 刘爱华

1018. 黑头穗鹛　Black-headed Babbler　*Stachyris nigriceps*

【野外识别】体长 11~14 cm 的较小型鹛类。雌雄相似。头部图案复杂，头顶灰白色具黑色粗纵纹，其中两侧纵纹最为明显，形成眉纹，眉纹下方具一条灰白色条纹。眼周白色，耳羽灰褐色，喉中央灰黑色，连同黑色的颊纹包围一道灰白色的髭纹。体羽其余部分褐色，尾羽末端色淡。虹膜—灰白色；喙—肉红色略带灰色；跗跖—黄褐色。【分布与习性】分布于喜马拉雅山脉、东南亚大部分地区及中国西南部，为较常见留鸟。成对或小群取食于森林下层植被及地面，常加入混合鸟群形成"鸟浪"。【鸣声】鸣唱为一串快速无音调变化的"jijijiji"。

1019. 斑颈穗鹛　Spot-necked Babbler　*Stachyris striolata*

【野外识别】体长 15.5~16.5 cm 的中型鹛类。雌雄相似。眼先及耳羽灰色，颊部灰白色，眼后白色眉纹延伸至颈侧发散成斑点状，眉纹上方黑色亦延伸至颈侧，髭纹黑色，喉白色，头顶、后颈、背部、两翼及尾羽褐色，下体棕褐色。虹膜—红褐色；喙—铅灰色；跗跖—铅灰色。【分布与习性】分布于缅甸东南部、苏门答腊岛、老挝、泰国及越南北部，为区域性常见留鸟。国内见于云南西南部及广西西南部和海南。成对或小群活动于森林下层茂密植被，常加入混合鸟群形成"鸟浪"。【鸣声】鸣唱为三音节哨音"wo wi wo"，重音在第二音节。

1020. 纹胸鹛　Striped Tit Babbler　*Macronous gularis*

【野外识别】体长 11~12 cm 的较小型鹛类。雌雄相似。眼先黑色，头顶橙红色，具黄色眉纹，喉部及胸部黄色具黑色细纹，背部、两翼及尾羽褐色，颈侧、腹部、两胁及尾下覆羽橄榄绿色。同红头穗鹛区别于黄色的眉纹、黑色的眼先及虹膜颜色。虹膜—灰白色；喙—铅灰色；跗跖—浅褐色。【分布与习性】分布于南亚及东南亚低地森林，为常见留鸟。国内见于云南西南部及南部。成对或集群活动于林下植被及地面，有时与其他鸟种混群。【鸣声】鸣唱为一连串单音节"jiu jiu jiu jiu"。

黑头穗鹛 张永　　黑头穗鹛 朱雷

黑头穗鹛 何海清　　斑颈穗鹛 张永

斑颈穗鹛 董江天　　纹胸鹛 朱雷

纹胸鹛 文辉

1021. 红顶鹛　Chestnut-capped Babbler　*Timalia pileata*

【野外识别】体长 16~18 cm 的中型鹛类。雌雄相似。喙厚而粗壮，眉纹短，白色，眼先黑色，头顶栗色，耳羽灰白，颈侧及胸侧灰色，额及喉部白色，胸部污白色具黑色细纹。其余体羽褐色，尾羽较长而末端具深色横纹。与金眼鹛雀区别于栗色的头顶及黑色眼先。虹膜—褐色；喙—黑色；跗跖—褐色。【分布与习性】广布于南亚、东南亚的低海拔地区。国内见于云南南部、广西南部及广东西南部。成对或集小群活动于耕地边缘、高草丛、湿地苇丛等开阔生境，觅食于中下层，有时同金眼鹛雀混群活动。【鸣声】鸣唱为一连串流畅的颤音，叫声为音调逐渐下降的沙哑"jiu jiujiu"声。

1022. 金眼鹛雀　Oriental Yellow-eyed Babbler　*Chrysomma sinense*

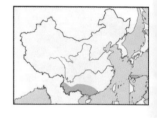

【野外识别】体长 17~22 cm 的中型鹛类。雌雄相似。喙厚而粗壮，眼先白色向后延长成短眉纹，眉纹上方黑色，具明显的橙红色眼圈。头顶、耳羽、颈侧及背部褐色，两翼棕褐色。喉部、颊部及胸部白色。其余下体皮黄色，尾羽长而呈深褐色。与红顶鹛的区别见相应种描述。与各种山鹪莺（*Prinia* 属）区别于体形大、喙粗壮及明显的橙红色眼圈。虹膜—黄色；喙—黑色；跗跖—黄色。【分布与习性】广布于南亚、东南亚的低海拔地区。国内见于云南南部、广西南部及广东西南部。成对或集小群活动于灌丛、高草丛、湿地苇丛等多种开阔生境，于高处鸣唱，常与各种山鹪莺混群活动。【鸣声】鸣唱为尖细的哨音接颤音"ji ji wu jiu uuuu"，重音在前两个音节。

1023. 宝兴鹛雀　Rufous-tailed Babbler　*Moupinia poecilotis*

【野外识别】体长 13~15 cm 的较小型鹛类。雌雄相似。羽色单调而尾长。眼先、颊部及耳羽污灰色，具不明显的污白色眉纹，头顶褐色，喉白色，后颈、颈侧、胸部及背部灰褐色。两胁、腹部及尾下覆羽褐色。两翼及尾羽棕褐色。虹膜—红褐色；喙—铅灰色，下喙基部色淡；跗跖—褐色。【分布与习性】中国特有种，仅分布于四川西部及云南西北部中高海拔山区。单独或成对活动于浓密灌丛或草丛，有时至开阔地面取食，不甚惧人。【鸣声】鸣声为单音节的"jiu"声。

红顶鹛 李飏

红顶鹛 刘爱华

金眼鹛雀 沈岸

金眼鹛雀 刘爱华

宝兴鹛雀 董文晓

1024．矛纹草鹛 Chinese Babax *Babax lanceolatus*

【野外识别】体长25~29 cm的大型鹛类。雌雄相似。头顶棕色，眼后具白色眉纹，耳羽污白色，具黑色髭纹。颈部至背部棕色，密布白色纵纹，下体白色，两胁密布棕色纵纹。尾羽长，褐色具深色横纹。与异域分布的山鹛区别在于体形大且羽毛不偏橙色，二者栖息生境亦有所不同。与大草鹛的区别见相应种描述。虹膜—灰白色；喙—灰黑色；跗跖—肉褐色。【分布与习性】见于印度东北部、缅甸北部至中国南方广大地区，为较常见留鸟。栖息于山区常绿阔叶林，成对或小群活动于森林下层植被茂密处，性羞怯。【鸣声】鸣唱为拖长的四音节哨音"wii——woo——wii woo——"。

1025．大草鹛 Giant Babax *Babax waddelli*

【野外识别】体长31~34 cm的大型鹛类。雌雄相似。喙略下弯，通体灰色具褐色纵纹，尾羽深褐色。似矛纹草鹛，但体形明显较大，整体颜色偏灰且无明显的脸部图案。虹膜—灰白色；喙—灰黑色；跗跖—黑色。【分布与习性】分布于印度东北部、西藏东部及南部，为留鸟。集群活动于高海拔林缘及林线以上干燥的灌丛地带，有时光顾裸岩地带，可与大噪鹛混群，性隐匿。【鸣声】鸣叫为重复的单音节"jiu"声，鸣唱多变。

1026．棕草鹛 Tibetan Babax *Babax koslowi*

【野外识别】体长28~30 cm的大型鹛类。雌雄相似。喙略下弯，眼先色深，颊部及耳羽色淡，具不明显的棕色髭纹。喉部暗灰色，头顶、上体及尾羽暗棕色，下体棕色具不明显的暗棕色纵纹。虹膜—灰白色；喙—灰黑色；跗跖—肉色。【分布与习性】中国特有种，分布区仅局限于四川西北部、青海南部、西藏东部及东南部，为留鸟。栖息于高海拔刺柏林及灌丛地带，性隐匿，成对或集小群觅食于地面。【鸣声】鸣唱多变。

矛纹草鹛 张永

矛纹草鹛 崔月

大草鹛 崔月

大草鹛 崔月

棕草鹛 张永

1027. 银耳相思鸟　Silver-eared Mesia　*Leiothrix argentauris*

【野外识别】体长 15~18 cm 的中型鹛类。雄鸟前额黄色，头顶、眼先及颊部黑色，耳羽银白色。喉部、颈侧及胸部黄色至橙红色，背部灰绿色。初级飞羽外翈橙黄色，基部红色形成彩色的翼上图案。两胁及腹部橄榄绿色，尾上及尾下覆羽红色，尾羽褐色，外侧尾羽外翈橙色。雌鸟似雄鸟但尾上及尾下覆羽橙色至黄色。虹膜—褐色；喙—黄色；跗跖—肉色。【分布与习性】广布于南亚、东南亚及中国西南部山区森林。集群活动于林下灌丛、林缘、竹丛等多种次生生境。【鸣声】鸣唱婉转多变，鸣叫声嘈杂。

1028. 红嘴相思鸟　Red-billed Leiothrix　*Leiothrix lutea*

【野外识别】体长 13~15 cm 的较小型鹛类。雌雄相似。眼先淡黄色，前额两侧略带黑色，头顶橄榄绿色，耳羽浅黄绿色，喉部黄色，具黑色髭纹。背部、三级飞羽、两胁、腹部两侧及尾上覆羽灰色，胸部橙黄色至橙红色，腹中线及尾下覆羽浅色略带黄色。初级、次级飞羽黑色，外翈橙黄色而基部红色，形成彩色的翼上图案。尾羽黑色分叉而末端略外翻。虹膜—褐色；喙—红色，喙基黑色；跗跖—黄褐色。【分布与习性】广布于

喜马拉雅山脉、中国南方大部分山区及邻近的东南亚地区，为常见留鸟。集群活动于林下灌丛、林缘、竹丛等多种次生生境。【鸣声】鸣唱婉转多变，鸣叫声嘈杂。

1029. 斑胁姬鹛　Cutia　*Cutia nipalensis*

【野外识别】体长 17~19.5 cm 的中型鹛类。色彩艳丽而尾短。雄鸟喙略下弯，眼先、眼周、耳羽及颈侧黑色，头顶及两翼灰蓝色。喉部至整个下体白色，背部栗红色，大覆羽、中覆羽及尾羽黑色，两胁污白色具黑色横纹。尾上覆羽长，栗红色。雌鸟似雄鸟但耳羽及颈侧深褐色，背部褐色而具黑色纵纹。虹膜—褐色；喙—铅灰色，基部色浅；跗跖—深黄色。【分布与习性】分布于喜马拉雅山脉东段及中南半岛北部的山区森林，为留鸟。

国内分布于云南西部及西藏东南部至四川。成对或集小群活动于森林冠层，于苔藓覆盖的树干上取食，似鸸（*Sitta* 属），移动笨拙，常同各种鸸鹛混群活动。【鸣声】鸣唱为音调下降的哨音"jiu jiujiujiu"。

银耳相思鸟 雌 JJ Harrison

银耳相思鸟 雄 崔月

银耳相思鸟 雄 张永

红嘴相思鸟 沈越

红嘴相思鸟 崔月

斑胁姬鹛 雄 柯清清

斑胁姬鹛 雄 朱雷

1030. 棕腹鹛鹛　Black-headed Shrike Babbler　*Pteruthius rufiventer*

【野外识别】体长 18.5~20 cm 的中型鹛类。雄鸟头顶、眼先、眼周、耳羽、颈侧及后颈黑色，颊部、喉部及胸部灰白色。背及腰部浅红，两翼及尾羽黑色而具浅红色端斑。下体略带淡红色而胸侧具黄色斑块。雌鸟头顶黑色具灰色斑点，后颈黑色，耳羽后具黑色斑块、脸部、颈部至上胸部为灰色。背部、两翼及尾羽亮橄榄绿色，飞羽及尾羽末端浅红，在尾部下方形成数个浅色斑点，下体及腰部亦为浅红。与红翅鹛鹛 *validirostris* 亚种雌鸟区别于体形较大，头顶黑色，喉部灰色且三级飞羽非红色。虹膜—灰色；喙—铅灰色；跗跖—肉色。【分布与习性】罕见留鸟于喜马拉雅山脉至东南亚的山区森林。国内见于西藏南部及东南部、云南西部及西北部。单独或成对活动于森林中上层，习性似红翅鹛鹛。【鸣声】鸣唱为婉转的哨音 "iwu wi——"，重音在最后一个音节。

1031. 红翅鹛鹛　White-browed Shrike Babbler　*Pteruthius flaviscapis*

【野外识别】体长 14~18 cm 的中型鹛类。雄鸟眼先及头顶黑色，眼周至耳羽逐渐过渡为灰色，眼后具明显的白色眉纹，喉部及颊部浅灰。颈侧、后颈及背部灰色，两翼及尾羽黑色，三级飞羽亮橙黄色，末端略带红色。下体浅灰色至污白色，臀部略带粉色。雌鸟头顶及眼先浅灰色，眉纹污白色可能不明显，两翼及尾羽均亮橙黄色，腹部略带粉色。*validirostris* 亚种与国内分布的其余亚种略有区别。雄鸟下体污白色无灰色，三级飞羽栗色。雌鸟头顶灰色而具深褐色眼先、眼周及耳羽，三级飞羽橙红色，其余飞羽及尾羽亮橙黄色。虹膜—灰色；喙—铅灰色，基部色浅；跗跖—肉色。【分布与习性】广泛分布于南亚及东南亚的山区森林，为常见留鸟。国内见于西南、华南地区及海南；*validirostris* 亚种分布于西藏南部、东南部及云南西北部。成对或小群活动于森林冠层。【鸣声】鸣唱为三音节哨音 "jiu jijiu"，重音在第一音节。

1032. 淡绿鹛鹛　Green Shrike Babbler　*Pteruthius xanthochlorus*

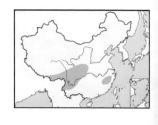

【野外识别】体长 11~13 cm 的较小型鹛类。羽色单调似柳莺。指名亚种雄鸟眼先色暗，头顶灰色，眼上、眼周及颊部灰白色，喉污白色，耳羽至颈侧、背部、两翼及尾羽淡黄绿色，小翼羽黑色，大覆羽末端白色形成一道翼斑。下体由上胸部污白色过渡至淡黄色。雌鸟似雄鸟，但顶冠颜色更淡。国内更常见的 *pallidus* 亚种及 *obscurus* 亚种具其明显的白色眼圈。与灰眶雀鹛区别在于具翼斑且背部颜色不同，与各种柳莺区别于喙厚而短。虹膜—褐色；喙—灰黑色；跗跖—肉色。【分布与习性】分布于喜马拉雅山脉经横断山脉至秦岭、大巴山区，为留鸟；亦有数个隔离种群分布于东南部山区丘陵，指名亚种于国内仅见于西藏南部至东南部。单独、成对或小群活动于冠层，常与各种柳莺及山雀混群。【鸣声】鸣唱为连续的 "wiu wiu wiu wiu"。

棕腹鸥鹛 雌 计云

棕腹鸥鹛 雄 董江天

红翅鸥鹛 雌 朱雷

红翅鸥鹛 雌 朱雷

红翅鸥鹛 雄 朱雷

红翅鸥鹛 雄 *validirostris* 亚种 Pkspks

淡绿鸥鹛 指名亚种 张永

淡绿鸥鹛 *pallidus* 亚种 张梦

1033. 栗喉鹀鹛 Black-eared Shrike Babbler *Pteruthius melanotis*

【野外识别】体长 10~12 cm 的较小型鹛类。雄鸟前额及耳羽柠檬黄色，具明显的白色眼圈，眼圈外一圈黑色同亦为黑色的眼先及耳羽后缘相连。眼后、耳羽上方、上颈及颈侧灰色。喉部栗色，胸部黄色略带栗色。头顶、背部及尾羽橄榄绿色，飞羽灰黑色，大覆羽及中覆羽黑色而具白色端斑形成两道宽阔的翼斑。下体鲜黄色。雌鸟似雄鸟，但前额同头顶同色，喉部和胸部栗色更少，翼斑橙黄色。似栗额鹀鹛，识别见该种描述。

虹膜—褐色；喙—灰黑色；跗跖—肉色。【分布与习性】分布于喜马拉雅山脉东段至中南半岛大部分山区森林，为留鸟。国内见于云南西部和东南部。单独或成对活动于森林冠层，常与其他鸟种混群。【鸣声】鸣唱为不断加快的"ji ji jijiji"声。

1034. 栗额鹀鹛 Chestnut-fronted Shrike Babbler *Pteruthius aenobarbus*

【野外识别】体长 10~12 cm 的较小型鹛类。*intermedius* 亚种雄鸟前额及喉部深栗色，眼先黑色，具明显的白色眼圈，下半圈外具半圈黑色，上半圈同灰色的宽眉纹连接并延伸至耳羽后缘。耳羽及胸部鲜黄色，其余体羽似栗喉鹀鹛。雌鸟似雄鸟，但喉部几无栗色，头顶淡栗色，下体颜色淡黄色。*yaoshanensis* 亚种雄鸟喉部的栗色范围大，延伸至胸部。与栗喉鹀鹛区别在于缺少黑色的耳羽后缘，且头部栗色深浅及范围不同。虹膜—

褐色；喙—灰黑色；跗跖—肉色。【分布与习性】分布于中南半岛和印度东北部。国内分布于海南和广西（*yaoshanensis* 亚种）及云南西部（*intermedius* 亚种）山区森林，为少见留鸟。单独或成对觅食于树冠层，常与其他鸟种混群活动。【鸣声】鸣唱为连续不断重复的双音节"jiu wi"声。

1035. 白头鹀鹛 White-headed Shrike Babbler *Gampsorhynchus rufulus*

【野外识别】体长 21~24 cm 的尾长的较大型鹛类。雌雄相似。指名亚种头部、胸部及腹部白色，两胁及尾下覆羽皮黄色，上体黄褐色，尾羽末端有白色狭斑，常磨损而不可见。*torquatus* 亚种颈侧至上胸具不闭合的窄黑环，胸部浅棕红色。幼鸟除喉部白色外，整个头棕黄色，随着换羽的进行可呈现白色斑驳，似红头鸦雀，区别见相应种描述。虹膜—黄色；喙—上喙铅灰色，

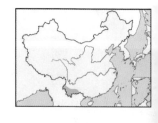

下喙肉色；跗跖—肉色。【分布与习性】分布于印度东北部至中南半岛北部，为留鸟。国内不常见于云南西南部（指名亚种）和南部至东南部（*torquatus* 亚种）的山区森林，集小群或同其他鸟种（尤其与棕头钩嘴鹛和红头鸦雀）混群活动于多竹丛处。【鸣声】鸣唱沙哑嘈杂。

栗喉鸡鹛 李飏

栗喉鸡鹛 幼 李飏

栗喉鸡鹛 何海清

栗颏鸡鹛 *intermedius* 亚种 雌 黄江天

白头鸡鹛 指名亚种 沈越

白头鸡鹛 指名亚种 朱雷

1036. 栗额斑翅鹛／锈额斑翅鹛 Rusty-fronted Barwing *Actinodura egertoni*

【野外识别】体长20~23.5 cm的较大型鹛类。雌雄相似。前额、眼先、眼圈及颏部栗色，头顶具蓬松羽冠，其余头部灰色。小翼羽黑褐色，飞羽灰褐色，初级飞羽基部同次级、三级飞羽外翈栗棕色，并具黑色横纹。其余体羽大部分为棕黄色而无任何条纹。尾羽棕褐色具深褐色横纹，至端部逐渐加深至黑褐色而末端白色。似白眶斑翅鹛，区别见相应种描述。虹膜－褐色；喙－肉黄色，上喙略带灰色；跗跖－灰褐色。【分布与习性】分布于喜马拉雅山脉东段、印度东北部及缅甸北部。国内见于西藏东南部及云南西南部，为区域性常见留鸟。成对或小群活动于森林中下层，常加入混合鸟群形成"鸟浪"。【鸣声】鸣唱为三音节哨音"wu wi wu"，重音在第二音节。

1037. 白眶斑翅鹛 Spectacled Barwing *Actinodura ramsayi*

【野外识别】体长20~24 cm的较大型鹛类。雌雄相似。前额及头顶棕黄色，眼先、耳羽、颊部及枕部灰色，白色眼圈明显，头顶具蓬松羽冠。颏部、喉部及整个下体灰黄色，背部灰褐色，小翼羽黑褐色，三级飞羽灰褐色具黑色横纹，初级飞羽及次级飞羽深褐色，外翈栗棕色具黑色横纹。尾羽棕褐色具深褐色横纹，至端部逐渐加深至黑褐色而末端白色。与栗额斑翅鹛区别于其具明显的白色眼圈、头顶棕黄色且分布范围不重叠。虹膜－褐色；喙－深灰色；跗跖－褐色。【分布与习性】分布于中南半岛北部。国内分布于云南东南部及邻近的贵州南部和广西西部，多为区域性少见留鸟。成对或小群活动于森林中下层，常加入混合鸟群形成"鸟浪"。【鸣声】鸣唱为多种悠扬的哨音。

1038. 纹头斑翅鹛 Hoary Barwing *Actinodura nipalensis*

【野外识别】体长20~21 cm的较大型鹛类。雌雄相似。前额及头顶深褐色，并具皮黄色纵纹，羽毛蓬松形成羽冠，眼先、耳羽及枕部灰色，眼圈皮黄色，具宽阔的黑色髭纹和深褐色的颊部。上背黄褐色，喉部至上腹部灰白色，下腹部及以下淡黄色。小翼羽黑褐色，飞羽深褐色，外翈栗棕色具黑色横纹。尾羽棕褐色具黑横纹，末端白色而具黑色次端斑。与相似的纹胸斑翅鹛 *daflaensis* 亚种区别于喉部及胸部无白色纵纹且髭纹更明显。虹膜－褐色；喙－铅灰色；跗跖－褐色。【分布与习性】仅分布于喜马拉雅山脉中段。国内分布于西藏南部，为少见留鸟。成对或小群活动于森林中上层。【鸣声】鸣唱为由颤音开始的悠扬哨音。

栗额斑翅鹛 朱雷

栗额斑翅鹛 朱雷

白眶斑翅鹛 李飏

白眶斑翅鹛 Jason Thompson

斑翅鹛 Koshy Koshy

1039. 纹胸斑翅鹛　Austen's Barwing　*Actinodura waldeni*

【野外识别】体长 20~22 cm 的较大型鹛类。雌雄相似。
daflaensis 亚种前额、头顶深灰色，并具灰色纵纹，羽毛蓬松形
成羽冠，眼先、耳羽及枕部灰色，眼圈皮黄，具不明显髭纹，
喉部及上胸灰色具白色纵纹，其余体羽似纹头斑翅鹛。与灰头
斑翅鹛的区别见相应种描述。*saturatior* 亚种整个下体栗棕色并
具白色纵纹。虹膜－褐色；喙－铅灰色；跗跖－褐色。【分布
与习性】分布于喜马拉雅山脉东段及印度北部和缅甸北部。国

内见于西藏东南部（*daflaensis* 亚种）及云南西部（*saturatior* 亚种），为少见留鸟。成对或小
群活动于树干多苔藓的森林中层，攀于树干搜寻苔藓中的昆虫。常加入混合鸟群形成"鸟浪"。
【鸣声】鸣唱为悠扬的哨音"wi u u wi u"。

1040. 灰头斑翅鹛　Streaked Barwing　*Actinodura souliei*

【野外识别】体长 21~23 cm 的较大型鹛类。雌雄相似。前额
及头顶前部栗色具黑色纵纹，羽毛蓬松形成羽冠，眼先、颊部、
耳羽、枕部及头顶后部灰色，眼圈白色。上背棕黄色至下背过
渡为棕色，并具明显的粗黑色纵纹。喉部及整个下体棕黄色具
黑色纵纹。小翼羽黑褐色，飞羽深褐色，外翈栗棕色具黑色横纹。
尾羽短，棕褐色具黑横纹，末端白色而具黑色次端斑。与纹胸

斑翅鹛区别于背部具明显的黑色纵纹。虹膜－褐色；喙－铅灰色；
跗跖－褐色。【分布与习性】分布于中国西南部及邻近的越南北部，为罕见留鸟。习性似纹胸
斑翅鹛。【鸣声】不详。

1041. 台湾斑翅鹛　Taiwan Barwing　*Actinodura morrisonian*

【野外识别】体长 17~19 cm 的中型鹛类。雌雄相似。头部深
栗色，羽冠不明显，颈部及胸部灰色具白色纵纹。背部、腹部
及尾下覆羽棕黄色。小翼羽黑褐色，飞羽深褐色，外翈栗棕色
具黑色横纹。尾羽短，棕褐色具黑横纹，末端白色而具黑色次
端斑。虹膜－褐色；喙－铅灰色；跗跖－褐色。【分布与习性】

中国特有种，仅见于台湾地区，为区域性常见留鸟。常见于森
林中下层，成对或集小群活动，常加入混合鸟群形成"鸟浪"。
【鸣声】鸣唱为婉转悠扬的哨音。

纹胸斑翅鹛 *saturatior* 亚种 计云

纹胸斑翅鹛 *daflaensis* 亚种 gkrishna63

灰头斑翅鹛 白皓天

台湾斑翅鹛 沈越

台湾斑翅鹛 沈越

1042. 蓝翅希鹛　Blue-winged Minla　*Minla cyanouroptera*

【野外识别】体长 14~15 cm 的较小型鹛类。雌雄相似。前额、头顶至后颈蓝灰色并具黑色细纹，眼先、眼周及眉纹白色，眉纹上方具黑色次顶冠纹。耳羽、颈侧及整个下体灰白色，两胁皮黄，背部、腰部及尾下覆羽淡褐色。飞羽黑褐色，初级飞羽外翈深蓝色，次级及三级飞羽外翈淡蓝色而形成浅色翼纹，尾羽亦为深蓝色，端部黑色。虹膜—褐色；喙—铅灰色，基部色浅；跗跖—黄褐色。【分布与习性】分布于喜马拉雅山脉及中南半岛，为常见留鸟。国内见于包括海南在内的西南和华南西部地区。性吵闹，集群活动于森林中上层，也见于林缘、灌丛等多种生境，常加入混合鸟群形成"鸟浪"。【鸣声】鸣唱婉转多变，鸣叫声沙哑。

1043. 斑喉希鹛　Bar-throated Minla　*Minla strigula*

【野外识别】体长 15~18 cm 的中型鹛类。雌雄相似。前额、头顶及枕部棕黄色，眼圈淡黄色，眼先、眼周及耳羽灰黄色密布黑色细斑，耳羽下缘具黑色斑块同黑色髭纹相连，颏及眉纹黄色。上体灰黄色，喉白色具黑色横纹，其余下体淡黄色。小翼羽黑色，飞羽深褐色，初级飞羽、大部分次级飞羽外翈橙红，三级飞羽外翈两端白色而中部黑色。中央尾羽棕红色具黑色次端斑及白色端斑。从中央尾羽向外侧黑色逐渐增多，最外侧尾羽为黄色。与栗头雀鹛的区别见相应种描述。虹膜—褐色；喙—铅灰色；跗跖—灰褐色。【分布与习性】分布于喜马拉雅山脉至缅甸和越南北部山区。国内见于西南地区，为较常见留鸟。成对或集小群活动于森林冠层，常同其他鸟种如各种凤鹛和火尾希鹛混群。【鸣声】似蓝翅希鹛，但更沙哑。

1044. 火尾希鹛　Fire-tailed Minla　*Minla ignotincta*

【野外识别】体长 12~15 cm 的较小型鹛类。雄鸟前额、头顶至后颈黑色，白色粗眉纹延伸至后颈，眼先、耳羽及颈侧亦为黑色，额部、颊部及喉部白色。背部灰褐色，下体污黄色，胸侧具灰色纵纹。小翼羽及飞羽黑色，大覆羽黑色具白色羽缘形成一道翼斑，初级飞羽、次级飞羽外翈基部赤红中部黄色，三级飞羽具白色端斑。尾羽黑色而外翈及端部赤红，中央尾羽基部具白色条斑。雌鸟似雄鸟而两翼及尾羽红色部分较少。虹膜—淡黄色；喙—铅色；跗跖—黄褐色。【分布与习性】分布于喜马拉雅山脉东段至中南半岛北部山区。国内见于西南和华南西部地区，为较常见留鸟。集群与其他鹛类一起活动于森林中上层，喜在苔藓覆盖的树干上攀爬搜寻昆虫。【鸣声】似蓝翅希鹛。

蓝翅希鹛 计云

蓝翅希鹛 朱雷

斑喉希鹛 董江天

斑喉希鹛 计云

火尾希鹛 朱雷

火尾希鹛 朱雷

1045. 金胸雀鹛 Golden-breasted Fulvetta *Alcippe chrysotis*

【野外识别】体长 10~11.5 cm 的较小型鹛类。雌雄相似。*swinhoii* 亚种头部黑色，不达前额的顶冠纹和耳羽白色，背部及腰部橄榄绿，覆羽和飞羽均为黑色，初级飞羽、次级飞羽外翈橙红色，次级飞羽、三级飞羽具白色端斑，下体橙黄色，尾羽黑色，外侧尾羽基部外翈橙红色。指名亚种仅前额和头顶侧方黑色，头顶中部深灰色，耳羽、颊部及喉部灰色。*forresti* 亚种具白色顶冠纹和灰色的耳羽及颊部，喉部深灰色。*amoenus*
亚种似 *forresti* 亚种但眼圈明显黄色。虹膜—褐色；喙—铅灰色；跗跖—褐色。【分布与习性】分布于喜马拉雅山脉东段、印度东北部及中南半岛北部。国内见于西藏东南部（指名亚种）、云南西北部（*forresti* 亚种）、云南东南部（*amoenus* 亚种）、西南及华南地区（*swinhoii* 亚种），为各地常见留鸟。成对或集小群活动于林地、灌丛及竹丛，常倒悬取食似山雀。【鸣声】群鸟发出一连串嘈杂的"si si si"声和"zhi zhi"声。

1046. 金额雀鹛 Yellow-fronted Fulvetta *Alcippe variegaticeps*

【野外识别】体长 10~12 cm 的较小型鹛类。雌雄相似。前额及头顶前部金黄色，头顶中部灰褐色具白色羽干纹，后颈浅棕色，颊部具一明显的黑色斑点，头侧其余部分污白色，背部灰色，大覆羽及飞羽黑色，外侧初级飞羽及次级飞羽外翈金黄色而形成黄白相间的彩色翼纹。尾羽深褐色而外翈略带金黄色。喉白色略带黄色，下体余部颜色浅。虹膜—褐色；喙—上喙铅灰色，下喙黄褐色；跗跖—黄褐色。【分布与习性】中国特有种，分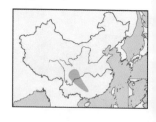
布于四川中部至广西中部的山区森林，为罕见留鸟。多成对或集小群攀于苔藓覆盖的树干取食，亦见于灌丛及竹丛。【鸣声】鸣叫为爆发的双音节"psi——pi"。

1047. 黄喉雀鹛 Yellow-throated Fulvetta *Alcippe cinerea*

【野外识别】体长 10~12 cm 的较小型鹛类。雌雄相似。头顶黄褐色而具深褐色鳞状斑纹，黑色侧顶冠纹自前额延伸至后颈，黑色贯眼纹同鲜黄色眉纹由眼先延伸至耳羽末端，耳羽及颊部灰黄色杂以深褐色条纹，背部、两翼及尾羽橄榄绿色，下体由黄色的喉部逐渐过渡至腹部的黄绿色。与各种黄色系的柳莺及
鹟莺区别于无任何顶冠纹，尾亦较短。虹膜—褐色；喙—浅灰色；跗跖—黄褐色。【分布与习性】分布于喜马拉雅山脉至印度东北部及中南半岛北部山区森林。国内分布于西藏东南部及云南西北部，为少见留鸟。常集小群活动于较开阔处。【鸣声】鸣唱为几声婉转的哨音接一连串快速而降调的"zi zi"声。

金胸雀鹛 *swinhoii* 亚种 崔月

金胸雀鹛 *forresti* 亚种 陈奕欣

金胸雀鹛 *amoenus* 亚种 何海清

金额雀鹛 巫嘉伟/西南山地

金额雀鹛 董文晓

黄喉雀鹛 王雪峰

1048. 栗头雀鹛 Chestnut-headed Fulvetta *Alcippe castaneceps*

【野外识别】体长 10~12 cm 的较小型鹛类。雌雄相似。头顶至后颈栗色具白色羽干纹，眼先、眼周及眉纹白色，耳羽黑色，中央具白色斑驳形成头侧的两个黑斑。喉至下体污白色至皮黄色，背部、三级飞羽及两胁灰绿色，覆羽、次级飞羽及初级飞羽黑色，外侧初级飞羽外翈白色，连同内侧初级飞羽及次级飞羽外翈基部的橙色形成彩色翼纹，尾羽灰褐色。与斑喉希鹛区别于后者体形较大，喉具黑色横纹。虹膜—褐色；喙—铅灰色，基部色浅；跗跖—黄褐色。【分布与习性】分布于喜马拉雅山脉、印度东北部及中南半岛北部山区森林。国内见于云南及西藏，为少见留鸟。觅食于多苔藓覆盖的树干，常集群于森林中层快速移动，亦同其他种类混群活动。【鸣声】鸣唱为一连串尖厉的哨音，叫声短促，群鸟可发出雀鹛典型的 "zhi zhi zhi" 联络声。

1049. 白眉雀鹛 White-browed Fulvetta *Alcippe vinipectus*

【野外识别】体长 11~13 cm 的较小型鹛类。雌雄相似。头顶棕褐色，具宽阔的白色眉纹，深棕色的侧顶冠纹自眼后延伸至后颈，眼圈白色，耳羽及颈侧深棕色，喉白而具不明显黄褐色细纹。背部灰褐色，覆羽、次级飞羽及三级飞羽棕色，初级飞羽黑色，中间部分初级飞羽外翈白色而形成浅色翼纹，尾羽灰褐色，下体皮黄色。*chumbiensis* 亚种和指名亚种与其他亚种略有区别，耳羽棕色与顶色相近，白色眉纹不达喙基，喉部纵纹不明显。与褐胁雀鹛相似，区别见相应种描述。虹膜—白色；喙—铅灰，基部色浅；跗跖—褐色。【分布与习性】分布于喜马拉雅山脉及越南北部，为留鸟。国内常见于西南地区及西藏南部和东南部。集小群活动于高海拔灌丛及矮林，有时与其他种类混群。【鸣声】鸣唱为快速而尖厉的 "wi wi iiii"。

1050. 高山雀鹛 Chinese Mountain Fulvetta *Alcippe striaticollis*

【野外识别】体长 11~13 cm 的色彩单调的较小型鹛类。雌雄相似。眼先色深褐色，头褐色具浅褐色纵纹。背部褐色，次级飞羽、三级飞羽及尾羽棕褐色，初级飞羽黑色，中间部分初级飞羽外翈白色而形成浅色翼纹。喉部污白色而具褐色纵纹，下体余部灰白色。与褐头雀鹛区别于头侧无灰白色。虹膜—白色；喙—上喙铅灰色，下喙肉色；跗跖—褐色。【分布与习性】中国特有种，成对或集小群活动于中部及西南部高海拔杜鹃灌丛或矮林。【鸣声】鸣唱为尖细的哨音 "jijiwi wi wi"，最后三个音节拖长。

栗头雀鹛 何海清

栗头雀鹛 董江天

白眉雀鹛 曾祥乐

白眉雀鹛 张永

高山雀鹛 王昌大

白眉雀鹛 Allan Drewitt

高山雀鹛 王英

1051. 棕头雀鹛　Spectacled Fulvetta　*Alcippe ruficapilla*

【野外识别】体长 10.5~11.5 cm 的较小型鹛类。雌雄相似。指名亚种前额及眼先黑色，头顶棕色，黑色侧顶冠纹由前额延伸至后颈，眼圈白色，耳羽淡棕色，头侧其余部分灰色。上背灰色，翼上覆羽、次级飞羽及三级飞羽棕黄色，初级飞羽黑色，中间部分初级飞羽外翈白色而形成浅色翼纹。喉白色，胸及下体灰白色而两胁皮黄，尾羽褐色。*sordidior* 亚种耳羽颜色较浅，喉部具褐色纵纹。与褐顶雀鹛区别于其具白色眼圈、喉白色而

腹部及尾下覆羽不为棕色。虹膜—褐色；喙—肉色；跗跖—褐色。【分布与习性】中国特有种，成对或小群活动于中部（指名亚种）及西南部（*sordidior* 亚种）山区森林。【鸣声】似褐头雀鹛。

1052. 褐头雀鹛　Streak-throated Fulvetta　*Alcippe cinereiceps*

【野外识别】体长 11 cm 的较小型鹛类。雌雄相似。亚种多而差别显著，指名亚种及 *fessa* 亚种头部银灰色，具褐色侧顶冠纹，背部、次级飞羽及三级飞羽棕色，初级飞羽黑色，中间部分初级飞羽外翈白色而形成浅色翼纹，尾羽棕褐色，腹部及尾下覆羽浅棕色。*fucata* 亚种和 *guttaticollis* 亚种似指名亚种但头顶及耳羽浅棕色，背部色调亦偏褐。*manipurensis* 亚种及 *tonkinensis* 亚种头部、上背及上胸灰褐色，侧顶冠纹颜色更深，喉部具深

褐色纵纹，背部及腹部颜色更浅。*formosana* 亚种眼圈白色，具深褐色侧顶冠纹，喉色浅而具明显的深褐色纵纹，除两翼及尾羽外，其余体羽亦为褐色。虹膜—白色；喙—黑色；跗跖—褐色。【分布与习性】分布于包括台湾（*formosana* 亚种）的中国中西部（指名亚种、*fessa* 亚种）、东南部（*fucata*、*guttaticollis* 亚种）及西南部（*manipurensis*、*tonkinensis* 亚种）的山区森林，亦边缘性分布于相邻的中南半岛北部，为留鸟。成对或小群活动，觅食似山雀喜倒悬。【鸣声】群鸟发出短促的哨声和一系列快速而沙哑的 "zi zi zi" 声。

1053. 路氏雀鹛　Ludlow's Fulvetta　*Alcippe ludlowi*

【野外识别】体长 11.5 cm 的较小型鹛类。雌雄相似。前额及眼先深棕色，头顶、颊及耳羽棕色杂不明显的灰色纵纹，后颈棕色。喉部及上胸白色具棕色纵纹，背部及胸部深灰色，翼上覆羽栗色，初级飞羽黑色，中间几枚初级飞羽外翈白色形成黑白相间的翼纹。次级飞羽、三级飞羽及尾羽棕褐色，腹部及尾下覆羽亦为棕褐色。虹膜—褐色；喙—铅灰，基部色浅；跗跖—

肉色。【分布与习性】仅分布于喜马拉雅山脉东段的小部分区域。国内见于西藏东南部。成对或小群活动于中高海拔的矮竹丛或杜鹃灌丛。【鸣声】似褐头雀鹛。

棕头雀鹛 指名亚种 崔月

棕头雀鹛 *sordidior* 亚种 计云

褐头雀鹛 指名亚种 崔月

褐头雀鹛 *formosana* 亚种 沈越

路氏雀鹛 戴劲弓

褐头雀鹛 *manipurensis* 亚种 Pkspks

1054. 棕喉雀鹛　Rufous-throated Fulvetta　*Alcippe rufogularis*

【野外识别】体长 12~13 cm 的较小型鹛类。雌雄相似。头顶棕色，黑色侧顶冠纹由前额延伸至后颈，白色的眼先及眉纹同白色的眼圈连接。耳羽深褐色，喉白，上胸具完整的栗棕色横带。上体余部褐色，下体灰白色而两胁褐色。虹膜—红褐色；嘴—黑色；跗跖—褐色。【分布与习性】分布于中南半岛北部及印度东北部。国内仅边缘性分布于云南南部低地森林，为不常见留鸟。性隐匿，单独或成对活动于地面附近。【鸣声】似褐顶雀鹛，鸣声为单音节的"jiu"声。

1055. 褐胁雀鹛　Rusty-capped Fulvetta　*Alcippe dubia*

【野外识别】体长 14~15 cm 的较小型鹛类。雌雄相似。前额淡棕色，眼先深褐色，头顶棕褐色，眼后的白色眉纹和黑色侧顶冠纹延伸至后颈，上体余部褐色而飞羽略带棕色。喉及上胸污白色，下体余部偏灰褐。与白眉雀鹛区别于无浅色翼纹，习性亦不同。虹膜—黄色；嘴—黑褐色；跗跖—肉色。【分布与习性】常见于中国西南部及邻近的中南半岛北部与印度东北部的多种生境，成对或小群于地面附近觅食。【鸣声】鸣唱婉转多变，群鸟常发出嘈杂的"sha sha sha"声。

1056. 褐顶雀鹛　Gould's Fulvetta　*Alcippe brunnea*

【野外识别】体长 13~13.5 cm 的较小型鹛类。雌雄相似。头顶及整个上体褐色，眼圈淡褐色，黑色侧顶冠纹从眼后延伸至后颈。脸部及下体灰色，喉、胸腹中线颜色较浅，臀部棕褐色。与棕头雀鹛区别于无白色眼圈及浅色翼纹，分布范围及习性亦不同。虹膜—褐色；嘴—黑褐色；跗跖—肉色至粉色。【分布与习性】中国特有种，见于中部和东南部及海南、台湾的山区森林。成对或小群于地面附近活动。【鸣声】鸣唱为悠扬的五音节哨音"wi wu wu wi yiu——"，鸣声为单音节的"jiu"声。

棕喉雀鹛 Pranjal Jyoti Saikia 褐腋雀鹛 朱雷

褐胁雀鹛 朱雷 褐顶雀鹛 朱雷

褐顶雀鹛 沈越

1057. 褐脸雀鹛　Brown-cheeked Fulvetta　*Alcippe poioicephala*

【野外识别】体长 16.5 cm 的中型鹛类。雌雄相似。头顶及眼先灰色，明显的黑色侧顶冠纹从眼后延伸至后颈，其余体羽黄褐色。与灰眶雀鹛区别于体形较大，无白色眼圈，侧顶冠纹明显且颊部褐色。虹膜—褐色；喙—褐色略带黑色；跗跖—肉褐色。
【分布与习性】见于中南半岛北部及印度。国内仅见于云南极南部及极西南部。常集小群活动于森林中下层，多加入混合鸟群。
【鸣声】鸣唱为婉转的哨音，鸣声嘈杂似灰眶雀鹛。

1058. 灰眶雀鹛　Grey-cheeked Fulvetta　*Alcippe morrisonia*

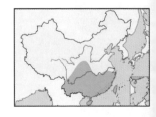

【野外识别】体长 12.5~14 cm 的较小型鹛类。雌雄相似。亚种多但差别不甚明显，指名亚种头大部灰色，具明显黑色侧顶冠纹，白色眼眶宽而明显，喉部灰色较淡，上体余部褐色，下体皮黄色。东南部诸亚种（*hueti*、*rufescentior*）常具明显的黑色侧顶冠纹和相对较明显的白色眼圈，而中部及西南部的诸亚种（*davidi*、*fraterculus*、*yunnanensis*、*schaefferi*）则不明显，诸亚种间下体色调的深浅也有不同。与白眶雀鹛极似，区别见相应种描述。虹膜—褐色；喙—黑褐色；跗跖—肉色至褐色。【分布与习性】广布于包括台湾（指名亚种）及海南（*rufescentior* 亚种）的中国南方至中南半岛北部，常集群活动于中低海拔森林中上层，性吵闹而常加入混合鸟群。【鸣声】鸣唱为婉转多变的哨音，群鸟常发出嘈杂的"zhi zhi zhi"声。

1059. 白眶雀鹛　Nepal Fulvetta　*Alcippe nipalensis*

【野外识别】体长 12.5~13 cm 的较小型鹛类。雌雄相似。极似灰眶雀鹛，与同区域分布的灰眶雀鹛 *yunnanensis* 亚种区别于白色眼圈宽而明显，此外头部的灰色无过渡，黑色侧顶冠纹明显且腹部颜色偏白，喙颜色更浅。虹膜—褐色；喙—铅灰色，尖端常呈象牙白色；跗跖—肉色至褐色。【分布与习性】分布于喜马拉雅山脉至缅甸东北部，为留鸟。国内不常见于西藏东南部及云南极西部，习性似灰眶雀鹛，常加入混合鸟群。【鸣声】似灰眶雀鹛。

褐脸雀鹛 朱雷

褐脸雀鹛 朱雷

灰眶雀鹛 *davidi* 亚种 朱雷

灰眶雀鹛 *yunnanensis* 亚种 朱雷

灰眶雀鹛 *hueti* 亚种 陈青骞

灰眶雀鹛 *hueti* 亚种 吴志华

白眶雀鹛 朱雷

白眶雀鹛 朱雷

1060．栗背奇鹛　Chestnut-backed Sibia　*Heterophasia annectens*

【野外识别】体长 18.5~20 cm 的中型鹛类。雌雄相似。前额、眼先、头顶、头侧及枕部黑色，后颈黑色具灰白色纵纹，肩部亦为黑色，背部及腰部栗色，下体大部白色，唯两胁及尾下覆羽淡棕黄色。小翼羽及大覆羽黑色，飞羽亦为黑色而具白色羽缘，三级飞羽尤为明显。尾羽黑色，除中央尾羽外具白色端斑。虹膜—褐色；喙—灰黑色，基部色浅；跗跖—肉色。【分布与习性】

分布于喜马拉雅山脉东段及中南半岛大部地区。国内分布于云南西部和南部的中低海拔阔叶林，为常见留鸟。成对或小群活动于森林中上层，喜攀援于树干觅食，常加入混合鸟群形成"鸟浪"。【鸣声】鸣唱为悠扬的哨音"wi wu wi ou"，重音在第二和第四音节。

1061．黑顶奇鹛　Rufous Sibia　*Heterophasia capistrata*

【野外识别】体长 21~24 cm 的较大型鹛类。雌雄相似。前额、眼先、头顶、颊部及枕部黑色，头顶具蓬松的羽冠，耳羽灰黑色，其余体羽棕色，仅背部色调偏灰。小翼羽黑色，大覆羽灰蓝色，初级飞羽灰黑色而具灰蓝色外翈形成浅色翼纹，次级飞羽灰黑色，三级飞羽棕色具灰黑色羽缘。尾羽棕色具黑色次端斑及灰色端斑。虹膜—褐色；喙—黑色；跗跖—肉色。【分布与习性】

分布于喜马拉雅山脉，为常见留鸟。国内见于西藏南部。成对或集群觅食于森林冠层，也出现于林缘灌丛，通常不与其他种类混群。【鸣声】鸣唱为一连串平淡的哨音"wiwiwiwiwi"。

1062．灰奇鹛　Grey Sibia　*Heterophasia gracilis*

【野外识别】体长 22.5~24.5 cm 的较大型鹛类。雌雄相似。前额、眼先、头顶及颊部黑色，耳羽及枕部深灰色，上体余部灰色，下体大部白色，胸侧及两胁略带灰色，臀部和尾下覆羽淡皮黄色。小翼羽及大覆羽黑色，初级飞羽灰黑色而具灰蓝色外翈形成浅色翼纹，次级飞羽亦为灰黑色，三级飞羽灰色。尾羽灰色具黑色次端斑。与相似种黑头奇鹛区别于后者枕部、耳羽、三级飞羽及尾羽均为黑色。虹膜—褐色；喙—黑色；跗跖—褐色。【分

布与习性】仅分布于印度东北部、缅甸北部及邻近的中国云南极西部，为留鸟。成对或小群活动于中低海拔阔叶林冠层。【鸣声】鸣唱似白耳奇鹛，但节奏平缓为"wi wi wi wi ou"。

栗背奇鹛 董文晓　　栗背奇鹛 朱雷

黑顶奇鹛 朱雷

黑顶奇鹛 张永

灰奇鹛 沈越

灰奇鹛 朱雷

1063. 黑头奇鹛 Black-headed Sibia *Heterophasia melanoleuca*

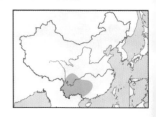

【野外识别】体长 21.5~24.5 cm 的较大型鹛类。雌雄相似。前额、眼先、头顶、头侧及枕部黑色，上体余部灰色。下体大部白色，胸侧及两胁略带灰色，小翼羽、大覆羽及飞羽黑色。尾羽黑色具白色端斑，中央尾羽具灰色端斑。与灰奇鹛相似，区别见相应种描述。虹膜—红褐色；喙—黑色；跗跖—褐色。【分布与习性】分布于中南半岛北部及邻近的中国西南地区，为常见留鸟。成对或小群觅食于森林冠层。【鸣声】鸣唱为一连串音调下降的颤音"wiiiiii di di ou"。

1064. 白耳奇鹛 White-eared Sibia *Heterophasia auricularis*

【野外识别】体长约 23 cm 的较大型鹛类。雌雄相似。前额、头顶、颏、颊部黑色，眼先、眼圈及蓬松而延长的耳羽白色，喉部深褐色，胸部及背部深灰色，腹部淡橙色，腰部及尾下覆羽棕黄色。小翼羽、大覆羽及飞羽黑色，初级飞羽具灰色外翈形成浅色翼纹。尾羽黑色，除中央尾羽外具白色端斑。虹膜—红褐色；喙—黑色；跗跖—肉色。【分布与习性】中国特有种，仅分布于台湾。成对或小群觅食于森林冠层，有时也下到灌丛活动，冬季垂直迁徙至较低海拔，不惧人。【鸣声】鸣唱为悠扬的哨音"wiwi wii wii ou"，重音在最后三个音节。

1065. 丽色奇鹛 Beautiful Sibia *Heterophasia pulchella*

【野外识别】体长约 23 cm 的较大型鹛类。雌雄相似。眼先、眼周黑色，耳羽灰蓝色，具越向后越不明显的黑色纵纹。其余体羽大部灰蓝色，下体颜色较淡，小翼羽及大覆羽黑色，初级飞羽黑色具灰白色羽缘，次级飞羽黑色具发达的丝状灰蓝色羽缘，三级飞羽褐色具灰蓝色羽缘。中央尾羽褐色具黑色次端斑和灰蓝色端斑，外侧尾羽黑色部分逐渐扩大至外侧尾羽无褐色。西藏东南部的种群整个头侧均为黑色，下体颜色更浅。虹膜—褐色；喙—黑色；跗跖—肉色。【分布与习性】分布于印度东北部、缅甸北部及邻近的中国西藏东南部和云南西部地区，为留鸟。成对或集群活动于森林上层，有时加入混合鸟群形成"鸟浪"。【鸣声】鸣唱为悠扬的哨音"wi wi ou"，重音在前两个音节。

黑头奇鹛 朱雷

丽色奇鹛 朱雷

白耳奇鹛 董江天

丽色奇鹛 钟悦陶

1066．长尾奇鹛　Long-tailed Sibia　*Heterophasia picaoides*

【野外识别】体长 21.5~24.5 cm 的较大型而尾长的鹛类。雌雄相似。前额、眼先灰黑色，由耳羽、头顶向后至背部颜色逐渐过渡为深灰色，喉至胸部灰色，向下至尾下覆羽逐渐过渡至灰白色。两翼及尾羽深褐色，次级飞羽基部外翈白色而形成明显的白斑。尾羽末端白色。虹膜—红色；喙—黑色；跗跖—灰褐色。【分布与习性】分布于印度东北部及东南亚山区森林，为留鸟。国内见于云南西部、东南部及邻近的广西西部。成对或小群活动于森林冠层，常加入混合鸟群形成"鸟浪"。【鸣声】鸣唱为一串连续的尖厉哨音。

1067．栗耳凤鹛　Striated Yuhina　*Yuhina castaniceps*

【野外识别】体长 13~15 cm 的较小型鹛类。雌雄相似。*torqueola* 亚种前额、眼先、不甚明显的头顶羽冠及枕部灰色，耳羽及颊部深栗色具白色纵纹，颈侧及后颈栗色具白色纵纹，背部褐色具白色细纹，两翼同腰部亦为褐色，下体大部白色而胸及两胁略带灰色。尾羽褐色，除中央尾羽外具白色端斑。*plumbeiceps* 亚种头部仅耳羽栗色。虹膜—褐色；喙—铅灰色；跗跖—红褐色。【分布与习性】常见于喜马拉雅山脉东段、印度东北部及中南半岛北部。国内 *torqueola* 亚种见于长江以南大部分地区，*plumbeiceps* 亚种见于怒江以西。集吵闹的大群或与其他鸟种混群活动于森林中下层，有些个体冬季进行短距离南迁。【鸣声】群鸟发出吵闹的"zhi zhi"及"ji ji"声。

1068．白颈凤鹛　White-napped Yuhina　*Yuhina bakeri*

【野外识别】体长 12~13.5 cm 的较小型鹛类。雌雄相似。后颈及喉部白色，头顶具明显羽冠，耳羽棕黄色具白色条纹，头颈部其余部分棕黄色，背部褐色具白色细纹，腰部灰黄色，胸部淡棕色具黑色细纹，腹部皮黄色至淡棕色，尾下覆羽棕黄色。两翼及尾羽褐色。虹膜—褐色；喙—黑色；跗跖—褐色。【分布与习性】分布于喜马拉雅山脉东段、印度东北部、缅甸北部及相邻的中国西藏东南部及云南西北部，为区域性常见留鸟。集小群活动于阔叶林冠层，有时同其他鸟种混群。【鸣声】群鸟发出凤鹛典型嘈杂的鸣叫声。

长尾奇鹛 崔月

长尾奇鹛 崔月

栗耳凤鹛 phayrei 亚种 沈越

栗耳凤鹛 torqueola 亚种 沈越

白颈凤鹛 王渊

1069. 黄颈凤鹛　Yellow-napped Yuhina　*Yuhina flavicollis*

【野外识别】体长 12~12.5 cm 的较小型鹛类。雌雄相似。眼先及髭纹黑色，眼圈白色，前额及头顶羽冠深褐色，眉纹、颊部、耳羽及枕部灰色，后颈及颈侧棕黄色。背部褐色具白色细纹，腰部、两翼及尾羽亦为褐色。喉部白色有黑色细纹，胸腹部淡黄色，胸侧及两胁浅褐色具白色纵纹，尾下覆羽皮黄。与棕臀凤鹛相似，区别见相应种描述。虹膜—褐色；喙—铅灰色；跗跖—黄褐色。【分布与习性】分布于喜马拉雅山脉、印度东北部及中南半岛北部，为常见留鸟。国内见于西藏南部、东南部及云南。成对或小群活动于森林中下层，有时同其他鹛类混群。【鸣声】鸣唱为音调不断上升的尖厉"ji ji ji ji"声。

1070. 纹喉凤鹛　Stripe-throated Yuhina　*Yuhina gularis*

【野外识别】体长 12~16 cm 的较小型鹛类。雌雄相似。前额及头顶羽冠暗褐色，眼先、头侧、枕部及颈部灰色，眼圈白色，喉部白色具黑色纵纹，背部、大覆羽及三级飞羽褐色，初级飞羽、次级飞羽黑色，内侧次级飞羽外翈橙色形成彩色翼纹，下体灰色或淡黄色，尾下覆羽棕黄色，尾羽褐色，末端色深。虹膜—褐色；喙—铅灰色；跗跖—褐色。【分布与习性】分布于喜马拉雅山脉、印度东北部及中南半岛北部，为留鸟。国内见于西南地区，北至陕西南部。集小群或与其他鸟种混群活动于森林冠层，有时也见于灌丛。【鸣声】鸣唱为带颤音的单音节"guii"。

1071. 白领凤鹛　White-collared Yuhina　*Yuhina diademata*

【野外识别】体长 14.5~19 cm 的中型鹛类。雌雄相似。眼先及额部黑色，羽冠褐色而两侧略带黑色。眼后白色延伸至枕部形成"白领"，耳羽褐色具白色细纹，上体余部褐色而初级飞羽及外侧尾羽黑褐色，尾羽和飞羽均具明显的白色羽轴。下体大部浅褐色，腹部、臀部及尾下覆羽灰白色。虹膜—褐色；喙—黄色略带灰色；跗跖—肉黄色。【分布与习性】于中国中部至西南部山区，为常见留鸟，亦见于邻近的缅甸东北部和越南北部。成对或小群活动于森林冠层及灌丛。【鸣声】鸣唱为带颤音的单音节哨音"wii"。

黄颈凤鹛 崔月　　黄颈凤鹛 计云

黄颈凤鹛 朱雷　　纹喉凤鹛 钟悦陶

纹喉凤鹛 臀祥乐　　白领凤鹛 沈越

白领凤鹛 朱雷　　白领凤鹛 朱雷

1072. 棕臀凤鹛 Rufous-vented Yuhina *Yuhina occipitalis*

【野外识别】体长 12~14 cm 的较小型鹛类。雌雄相似。头顶羽冠、耳羽、颊部及后颈灰色，枕部棕黄色。具白色眼圈和黑色髭纹。上体褐色而飞羽色较深，喉部及胸部淡酒红色，前腹部及两胁灰白色，后腹部、臀部及尾下覆羽棕褐色。与相似种黄颈凤鹛区别于后者棕黄色位于颈侧而非枕部，臀部及尾下覆羽无棕褐色。虹膜－褐色；喙－红褐色；跗跖－黄褐色。【分布与习性】分布于喜马拉雅山脉东段及缅甸北部，为常见留鸟。国内见于云南西北部至四川西南部。成对或集群活动于山区森林冠层，亦见于灌丛和竹丛，常加入混合鸟群形成"鸟浪"。【鸣声】群鸟发出凤鹛典型嘈杂的叫声。

1073. 褐头凤鹛 Taiwan Yuhina *Yuhina brunneiceps*

【野外识别】体长约 13 cm 的较小型鹛类。雌雄相似。前额黑色，羽冠褐色而两侧具黑色条纹，眼先、眉纹、耳羽、枕部及喉部白色或污白色，喉及上胸具黑色细纵纹，眼后亦有黑色条纹，向下包围耳羽后同黑色髭纹相连。上体灰褐色，下体白色略带灰色而两胁略具栗褐色纵纹。虹膜－褐色；喙－黑色；跗跖－黄色。【分布与习性】中国特有种，仅分布于台湾，为留鸟。常见于山区森林或灌丛环境，多集群活动，繁殖期亦然。【鸣声】鸣唱为哨音"wi pii ou"，重音在第二音节。

1074. 黑颏凤鹛 Black-chinned Yuhina *Yuhina nigrimenta*

【野外识别】体长 9~10 cm 的小型鹛类。雌雄相似。眼先及颏部黑色，头顶羽毛黑色，边缘具宽窄不一的灰色而形成有鳞状斑或纵纹的羽冠，耳羽、颊部、颈侧和后颈亦为灰色。喉白，上体浅褐色而下体棕黄色。虹膜－褐色；喙－上喙铅灰色，下喙肉红色；跗跖－肉黄色。【分布与习性】见于喜马拉雅山脉及印度东北部及缅甸北部，为常见或不常见留鸟。国内片段化分布于东南及西南山区，成对或小群活动于森林冠层，有时至林缘和灌丛。【鸣声】群鸟发出凤鹛典型嘈杂的叫声。

棕臀凤鹛 沈越　棕臀凤鹛 朱雷
褐头凤鹛 董江天　褐头凤鹛 张永
黑颏凤鹛 朱雷　黑颏凤鹛 沈越

1075. 白腹凤鹛 White-bellied Yuhina *Erpornis zantholeuca*

【野外识别】体长 11~13 cm 的较小型鹛类。雌雄相似。上体淡黄绿色，头部具羽冠，眼先、颊部及整个下体灰白色。虹膜—褐色；喙—肉色略带灰色；跗跖—肉色。【分布与习性】广泛分布于东南亚及邻近的中国热带地区，为留鸟。比其他凤鹛更安静而不喜与同类集群，但常与在森林冠层活动的柳莺及各种小型鹛类混群，取食时常倒悬似山雀。【鸣声】鸣唱为单音节的 "jiu——"。

1076. 火尾绿鹛 Fire-tailed Myzornis *Myzornis pyrrhoura*

【野外识别】体长 11~13 cm 的较小型鹛类。雄鸟眼先及眼后黑色形成黑色贯眼纹，头顶羽毛中央黑色形成鳞状斑纹，上体大部翠绿色，喉及上胸棕红色，飞羽黑色而具白色端斑，初级飞羽外翈红色，形成红色翼上图案，下体及尾下覆羽黄绿色，尾羽灰绿色而外翈赤红。雌鸟似雄鸟，但喉和上胸橙色，翼上图案暗黄色而不明显，下体黄色较多，尾羽外翈橙红色。虹膜—褐色；喙—黑色；跗跖—肉黄色。【分布与习性】分布于喜马

拉雅山脉东段，为不常见留鸟。国内见于西藏及云南西北部，冬季下降至较低海拔。成对或集小群活动于高山灌丛、矮树及竹丛，喜访花，常悬停似太阳鸟，亦于苔藓覆盖的树干取食。【鸣声】常发出一连串尖细似太阳鸟的 "zizizi" 声。

1077. 文须雀 Bearded Reedling *Panurus biarmicus*

【野外识别】体长约 16.5 cm 的中型鸦雀。雄鸟头颈大部灰色，仅眼先至颊部具黑色髭纹，喉部白色。背部棕色，飞羽及翼上覆羽黑色，初级飞羽及覆羽外翈灰白色形成浅色翼纹。最内侧三级飞羽白色形成肩部条纹。胸部至腹部灰白色而两胁至尾下覆羽棕色。尾羽亦棕色，最外侧尾羽白色。雌鸟及幼鸟头部土黄色无髭纹，体羽棕色亦较淡。虹膜—黄色；喙—橙色；跗跖—灰黑色。【分布与习性】广布于欧亚大陆。国内见于北方大部

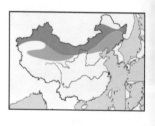

分多芦苇的湿地环境，冬季可进行短距离南迁，常集群活动于芦苇丛中。【鸣声】群鸟发出似绣眼鸟但更短促的 "jiu jiu" 声。

白腹凤鹛 朱雷

白腹凤鹛 朱雷

火尾绿鹛 雄 董江天

火尾绿鹛 雄 张永

文须雀 雌 黄小安

文须雀 雄 计云

文须雀 幼 林红

1078. 红嘴鸦雀　Great Parrotbill　*Conostoma oemodium*

【野外识别】体长 27.5~28.5 cm 的特大型鸦雀。雌雄相似。喙较其他鸦雀较长，前额略带白色，眼先黑褐色，两翼略带棕色。其余体羽褐色。虹膜—黄色；喙—橙色；跗跖—灰黑色。【分布与习性】分布于喜马拉雅山脉东段、青藏高原东缘山地至秦岭，为留鸟。活动于高海拔林下多竹丛的落叶阔叶林及灌丛，成对或集小群活动，有时与噪鹛或其他鹛类混群，冬季下迁至较低海拔。【鸣声】典型的鸣唱为响亮而夹杂颤音的"ji ji diu u i——"，重音在最后一个音节。

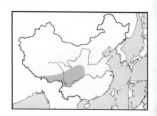

1079. 点胸鸦雀　Spot-breasted Parrotbill　*Paradoxornis guttaticollis*

【野外识别】体长 18~22 cm 的大型鸦雀。雌雄相似。眼先、额部、颊部后方及耳羽黑色，前额、头顶及后颈棕黄色，眼下方的白色经颊前部延伸至喉部。背部、两翼及尾羽棕褐色，胸部白色具黑色点斑，下体余部污白色。虹膜—褐色；喙—黄色；跗跖—铅灰色。【分布与习性】分布于南亚及东南亚北部，为留鸟。国内不常见于中部及长江以南部分山区。喜小群或与鹛类混群活动于较开阔的灌丛、竹丛及草丛。【鸣声】鸣唱为带颤音且音调不断升高的"wir wir wir wir"。

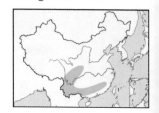

1080. 灰头鸦雀　Grey-headed Parrotbill　*Paradoxornis gularis*

【野外识别】体长 15.5~18.5 cm 的中型鸦雀。雌雄相似。黑色眉纹从前额延伸至后枕，眼上方具白斑，颊部白色，喉部黑色，头颈余部灰色。背部、两翼及尾羽棕色，下体白色。虹膜—褐色；喙—橙色；跗跖—铅灰色。【分布与习性】分布于喜马拉雅山脉东段及东南亚，为留鸟。国内见于包括海南在内的南方大部分地区。常集群于中低海拔常绿阔叶林中上层活动，亦至地面灌丛。【鸣声】群鸟发出响亮多变的"吱吱"声，叫声沙哑刺耳。

红嘴鸦雀 沈越

点胸鸦雀 朱雷

点胸鸦雀 朱雷

灰头鸦雀 沈岩

灰头鸦雀 张永

1081. 三趾鸦雀　Three-toed Parrotbill　*Paradoxornis paradoxus*

【野外识别】体长约 20 cm 的大型鸦雀。雌雄相似。体羽大致褐色，眼周白色而具黑色粗眉纹，耳羽及颊部略带棕色。与褐鸦雀区别于本种眼周白色范围更大更明显，喙橙色，且足仅具三趾。与白眶鸦雀区别于后者体形较小，无黑色眉纹。虹膜—黄褐色；喙—橙色；跗跖—灰褐色。【分布与习性】中国特有种，分布于中部山区，为罕见留鸟。常小群栖息于高海拔林下竹丛，冬季下迁至较低海拔。【鸣声】不详，可能似褐鸦雀。

1082. 褐鸦雀　Brown Parrotbill　*Paradoxornis unicolor*

【野外识别】体长约 21 cm 的大型鸦雀。雌雄相似。体羽大致褐色，眼周白色而具黑色眉纹。颊部及耳羽棕褐色具不明显的白色细纹。两翼亦略带棕色。与三趾鸦雀区别于本种眼周白色范围小且不甚明显，喙黄色，足具四趾。虹膜—灰黄色；喙—黄色；跗跖—铅灰色。【分布与习性】间断性分布于喜马拉雅山脉东段及青藏高原东缘山地，留鸟栖息于高海拔林下竹丛，常结成小群活动，冬季下迁至较低海拔。【鸣声】鸣唱为响亮多变的"吱吱"声，叫声刺耳沙哑。

1083. 白眶鸦雀　Spectacled Parrotbill　*Paradoxornis conspicillatus*

【野外识别】体长 14~15 cm 的中型鸦雀。雌雄相似。头顶至后颈棕色，眼周白色，头颈余部及下体粉褐色。喉及胸部略具白色细纹，背部、两翼及尾羽褐色。与棕头鸦雀区别于后者眼周无白色，喙颜色亦不同。与三趾鸦雀的区别见相应种描述。虹膜—深褐色；喙—淡黄色；跗跖—褐色。【分布与习性】中国特有种，分布于青藏高原东缘山地及秦岭、大巴山一带，为不常见留鸟。集小群活动于林下灌丛或竹丛。【鸣声】带鼻音而拖长的"ji ji"，通常由一串快速尖细的"zizizi"声开始。

三趾鸦雀 唐军／西南山地

三趾鸦雀 唐军／西南山地

褐鸦雀 董江天

褐鸦雀 董文晓

白眶鸦雀 沈越

白眶鸦雀 张永

1084. 棕头鸦雀 Vinous-throated Parrotbill *Paradoxornis webbianus*

【野外识别】体长 11~12.5 cm 的小型鸦雀。雌雄相似。头颈大部棕色，仅额部及喉部粉灰色略具棕色纵纹，背部及尾羽灰褐色，两翼棕红色，下体淡灰褐色。与褐翅鸦雀相似，但后者喙淡黄色，翼上覆羽略带褐色。与白眶鸦雀的区别见相应种描述。虹膜—灰白色；喙—铅灰色至肉色；跗跖—褐色。【分布与习性】分布于朝鲜半岛及俄罗斯东部，为留鸟。国内常见，分布于包

括台湾在内的东部大部分地区。集群活动于中低海拔次生林地、灌草丛或农田。【鸣声】鸣唱为悠扬的哨音"u ji jiu——"，鸣叫声为一连串刺耳的"zhi"声。

1085. 褐翅鸦雀 Brown-winged Parrotbill *Paradoxornis brunneus*

【野外识别】体长 12~13 cm 的小型鸦雀。雌雄相似。头顶至后颈棕红色，耳羽及颊部棕色，额部及喉部粉灰色具棕色纵纹。背部及尾羽灰褐色，两翼略带褐色。下体淡灰褐色。与棕头鸦雀区别于本种两翼略带褐色。虹膜—黄色；喙—淡黄色，上喙上缘黑色；跗跖—淡褐色。【分布与习性】分布于中国西南及

邻近的缅甸北部，为留鸟。群集活动于中海拔灌草丛，习性似棕头鸦雀。【鸣声】似棕头鸦雀。

1086. 灰喉鸦雀 Ashy-throated Parrotbill *Paradoxornis alphonsianus*

【野外识别】体长 11~12.5 cm 的小型鸦雀。雌雄相似。头顶至后颈棕红色，头颈余部灰色，背部及尾羽灰褐色，两翼棕红色，下体淡灰褐色，幼鸟耳羽及颊部多棕色，与棕头鸦雀区别于本种喉部和颊部明显灰色。虹膜—灰白色；喙—铅灰色至肉色；跗跖—褐色。【分布与习性】中国特有种，分布于西南地区，

为留鸟。集群活动于中低海拔次生林地、灌草丛或农田，习性似棕头鸦雀。【鸣声】鸣唱及叫声均似棕头鸦雀。

棕头鸦雀 宋晶
棕头鸦雀 聂延秋
棕头鸦雀 沈越
褐翅鸦雀 沈越

灰喉鸦雀 黄福生
灰喉鸦雀 李克谦

1087. 暗色鸦雀 Grey-hooded Parrotbill *Paradoxornis zappeyi*

【野外识别】体长约 12.5 cm 的小型鸦雀。雌雄相似。头顶、前额及眼先深灰色，眼周白色，喉部灰白色，头颈余部灰色。背部及两翼棕褐色，胸及下体灰色而两胁淡棕黄色。尾羽灰褐色。虹膜—深褐色；喙—粉白色；跗跖—褐色。【分布与习性】中国特有种，仅分布于四川西南及相邻的贵州北部。集群活动于中高海拔针叶林下竹丛，冬季下迁至较低海拔。【鸣声】群鸟发出嘈杂的"zhi zhi"声及"wii ou"的哨音。

1088. 灰冠鸦雀 Rusty-throated Parrotbill *Paradoxornis przewalskii*

【野外识别】体长 13~14.5 cm 的中型鸦雀。雌雄相似。黑褐色的眉纹自前额延伸至后枕。眼先、眼周、额部及喉部锈红色，头颈余部灰色。背部、两翼及尾羽灰褐色。下体淡灰褐色。虹膜—深褐色；喙—粉白色；跗跖—褐色。【分布与习性】中国特有种，区域性分布于甘肃南部及四川西北部。成对或小群活动于中高海拔针叶林下竹丛，冬季下迁至较低海拔。【鸣声】似树麻雀但多颤音的"jiiu jiiu"声，其后跟随似鹛类告警的"ji ji"声。

1089. 黄额鸦雀 Fulvous-fronted Parrotbill *Paradoxornis fulvifrons*

【野外识别】体长 12~12.5 cm 的小型鸦雀。雌雄相似。头颈部大致棕黄色，仅眼周略白，粗眉纹黑色延伸至后枕。背部灰褐色，飞羽黑色，翼上覆羽同次级飞羽、三级飞羽外翈棕黄色，初级飞羽外翈白色而形成浅色翼纹。白色的胸带将棕黄色胸部同喉部分隔，下体余部白色，尾羽棕黄色而末端色深。与金色鸦雀及黑喉鸦雀区别于额部及喉部无黑色。虹膜—深褐色；喙—粉色，上喙上缘黑色；跗跖—铅灰色。【分布与习性】间断分布于喜

马拉雅山脉东段及青藏高原东缘山地，为留鸟。成对或小群活动于中高海拔竹丛，冬季下迁至较低海拔。【鸣声】鸣叫为尖细而拖长音的"ji ou"，叫声为一串带颤音的"zizizixi"。

暗色鸦雀 董文晓

暗色鸦雀 董文晓

灰冠鸦雀 董磊／西南山地

灰冠鸦雀 唐军／西南山地

黄额鸦雀 董江天

黄额鸦雀 董文晓

1090. 黑喉鸦雀　Black-throated Parrotbill　*Paradoxornis nipalensis*

【野外识别】体长约 10 cm 的小型鸦雀。雌雄相似。亚种多而羽色各异。*crocotius* 亚种头顶至后颈棕黄色，眉纹黑色由前额延伸至后枕，眼先及颊部白色，耳羽橙色，颈侧灰色，额部黑色，喉部污白色。背部棕黄色。飞羽黑色而三级飞羽外翈橙色，初级飞羽外翈灰白色形成浅色翼纹，下体大致污白色而尾下覆羽略带黄色。尾羽棕褐色，外缘略带橙色而末端色深。*poliotis* 亚种耳羽及胸侧灰色。*beaulieu* 亚种耳羽及颈侧黑色，喉部亦为黑色，下体棕黄色。指名亚种头顶灰色，耳羽淡棕色杂白色细纹。虹膜—深褐色；喙—黑色或铅灰色（*beaulieu* 亚种）；跗跖—褐色。【分布与习性】分布于喜马拉雅山脉东段及东南亚北部，为留鸟。国内不常见于西藏东南部（*crocotius* 亚种）、南部（指名亚种）、西南部和云南西部（*poliotis* 亚种）、南部（*beaulieu* 亚种）。习性似黄额鸦雀。【鸣声】似黄额鸦雀。

1091. 金色鸦雀　Golden Parrotbill　*Paradoxornis verreauxi*

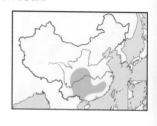

【野外识别】体长 11.5 cm 的小型鸦雀。雌雄相似。眼先色暗，眼周污白色，耳羽、颊部、头顶至后颈橙色，具白色髭纹，额部及喉部黑色。背部黄绿色，覆羽灰褐色，飞羽黑色而三级飞羽外翈橙色，初级飞羽外翈灰白色形成浅色翼纹。下体大致污白色而两胁橙色，尾羽棕褐色而末端色深。*morrisonianus* 亚种与其他诸亚种略有差别，耳羽及颊部灰白色或灰色，头顶仅前部橙色，后部及后颈黄绿色。虹膜—深褐色；喙—黑色，基部粉色；跗跖—粉色。【分布与习性】留鸟于东南亚北部。国内间断性分布于台湾（*morrisonianus* 亚种）、华东、中部及西南中高海拔多竹丛山区森林。习性似黄额鸦雀。【鸣声】似黄额鸦雀。

1092. 短尾鸦雀　Short-tailed Parrotbill　*Paradoxornis davidianus*

【野外识别】体长 9.5~10 cm 的小型而尾短的鸦雀。雌雄相似。除眼先灰黑色、额部及喉部黑色外，整个头颈部橙色，背部及两翼灰色，下体亦为淡灰褐色，尾羽褐色具橙色外缘。虹膜—深褐色；喙—粉色；跗跖—褐色。【分布与习性】分布于东南亚北部，为留鸟。国内罕见，间断分布于华东、华南及西南。栖息于中低海拔林下竹丛及灌丛，常集群或与其他鸟混群活动。【鸣声】鸣唱为逐渐加快、音调逐渐升高的"zi zi zi zizi"，叫声似棕头鸦雀。

黑喉鸦雀 *nipalensis* 亚种 张永

黑喉鸦雀 *poliotis* 亚种 董文晓

金色鸦雀 关翔宇

金色鸦雀 关翔宇

短尾鸦雀 董文晓

短尾鸦雀 董文晓

1093．黑眉鸦雀　Black-browed Parrotbill　*Paradoxornis atrosuperciliaris*

【野外识别】体长约 15 cm 的中型鸦雀。雌雄相似。眼先灰色，眼周白色，眼上方具一条黑色短眉纹，额部及喉部污白色，头颈余部橙色。背部、两翼及尾羽褐色。下体大致污白色，而胸侧及两胁略带土黄色。与红头鸦雀区别于后者体形较大且无黑色眉纹。虹膜—红褐色；喙—粉色；跗跖—铅灰色。【分布与习性】分布于喜马拉雅山脉东段及东南亚北部，为留鸟。国内不常见，分布于云南西部。栖息于中低海拔多竹丛林下。小群

常与白头鹛鹛及红头鸦雀混群活动。【鸣声】鸣唱为音调逐渐下降的一串"ji ji ji iououou"哨音，叫声嘈杂。

1094．红头鸦雀　Rufous-headed Parrotbill　*Paradoxornis ruficeps*

【野外识别】体长 19~19.5 cm 的大型鸦雀。雌雄相似。*bakeri* 亚种眼周裸露呈淡蓝色，除额部及喉部黄白色外，整个头颈部橙色，背部、两翼及尾羽褐色。下体淡土黄色。指名亚种胸部污白色。与白头鹛鹛幼鸟区别于后者眼周无淡蓝色而喙细长。虹膜—深褐色；喙—铅灰色，下喙色浅；跗跖—灰黑色。【分布与习性】分布于喜马拉雅山脉东段及东南亚北部。国内分布于西藏东南部（指名亚种）及云南西部（*bakeri* 亚种），为不

常见留鸟。习性似黑眉鸦雀。【鸣声】鸣唱为音调逐渐降低的"jiu jiji jiuuu"哨音，叫声嘈杂。

1095．震旦鸦雀　Reed Parrotbill　*Paradoxornis heudei*

【野外识别】体长 18~20 cm 的大型鸦雀。雌雄相似。繁殖羽头颈部大致灰白色，仅眉纹及眼先黑色。上背及上胸粉色，下背、翼上覆羽及下胸深棕色，腹部中央灰白色而两胁深棕色，飞羽黑褐色，三级飞羽内缘白色，初级飞羽外翈亦为白色。中央尾羽棕黄色，两侧尾羽黑色而具白色端斑。非繁殖羽背部棕黄色具深棕色纵纹。虹膜—深褐色；喙—黑色；跗跖—灰黑色。

【分布与习性】中国特有种，广泛但间断分布于东部沿海及内陆的芦苇湿地环境，为留鸟。成对或小群活动于芦苇丛。【鸣声】鸣唱为速度不断变快的"jiu ji jijiji"。

黑眉鸦雀 沈越

黑眉鸦雀 李利伟

红头鸦雀 *bakeri* 亚种 董文晓

红头鸦雀 *bakeri* 亚种 关翔宇

红头鸦雀 指名亚种 Ron Knight

震旦鸦雀 沈越

震旦鸦雀 崔月

1096. 棕扇尾莺 Zitting Cisticola *Cisticola juncidis*

【野外识别】体长 10~11 cm 的中型而尾短的扇尾莺。雌雄相似。眉纹短，白色，前额、头顶、颊部、颈部及上体黄褐色，背部及头顶具黑白交错的纵纹，颏部、喉部至下体白色，胸侧、两胁及尾下覆羽黄褐色。飞羽黑色具黄褐色边缘，尾羽深褐色具黑色次端斑及白色端斑。与金头扇尾莺非繁殖羽相似，区别见相应种描述。虹膜—褐色；喙—上喙褐色，下喙色浅；跗跖—粉色。【分布与习性】广布于除美洲外的温暖地带。国内常见于从河北到云南一线以东的多高草处及农田生境，繁殖期多于领域上空边飞边鸣唱，北部种群会进行短距离迁徙。【鸣声】鸣声似鸻类告警，为连续而短促的"ji ji ji ji ji"。空中飞行时常发出有金属感的"di di di di di"声，可持续数分钟。

1097. 金头扇尾莺 Golden-headed Cisticola *Cisticola exilis*

【野外识别】体长约 9 cm 的小型而尾短的扇尾莺。雌雄相似。繁殖期前额、头顶淡黄色，眉纹、耳羽及颈部棕褐色，颏部及喉部白色。背部褐色具黑色纵纹，飞羽、覆羽及尾羽深褐色具黄褐色边缘，下体大部白色而两胁略带黄褐色，尾羽具白色端斑。非繁殖羽似棕扇尾莺，但其眉纹颜色与耳羽及颈部相同，羽色亦更棕。虹膜—褐色；喙—肉色而上喙略带灰色；跗跖—粉色。【分布与习性】分布于南亚、东南亚及澳大利亚，为留鸟。国内不常见，分布于包括台湾在内的长江以南大部分地区。习性似棕扇尾莺，喜低地高草生境。【鸣声】鸣唱婉转夹杂似猫叫的"mi"声，叫声为拖长而沙哑似猫的"mi——"。

1098. 山鹛 White-browed Chinese Warbler *Rhopophilus pekinensis*

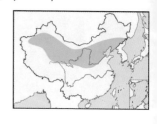

【野外识别】体长 15~17 cm 的大型而尾长的扇尾莺。雌雄相似。头顶棕色，具黑色纵纹，深棕色的贯眼纹将灰色的眉纹同耳羽分隔。髭纹黑色，颏部、喉部及胸部白色，颈部及背部棕色具灰色及黑色纵纹。两翼及尾羽灰褐色。下体白色而两胁具棕红色纵纹。外侧尾羽末端具白斑。*albosuperciliaris* 亚种整体更偏灰色，纵纹亦较细。虹膜—灰色；喙—上喙铅灰色，下喙淡黄色；跗跖—肉色。【分布与习性】中国特有种，分布于华北至西北山区，为留鸟。常成对活动于中低海拔多灌丛地带，亦见于高草环境，冬季亦下迁至较低海拔。【鸣声】鸣唱为婉转的哨音，告警时发出一串短促的"zezezeze"声。

棕扇尾莺 张永

棕扇尾莺 沈越

棕扇尾莺 张梦

金头扇尾莺 Francesco Veronesi

金头扇尾莺 非繁殖羽 Greg Schechter

山鹛 *albosuperciliaris* 亚种 老狼

山鹛 沈越

1099. 山鹪莺　Striated Prinia　*Prinia crinigera*

【野外识别】体长约 16 cm 的大型而尾长的扇尾莺。雌雄相似。繁殖羽通体黄褐色，头颈及背部具深褐色纵纹，下体大部分土黄色，仅尾下覆羽略带棕色。尾羽末端具土黄色斑。非繁殖期胸部被深褐色纵纹。西藏东南部的指名亚种与国内其他诸亚种略有区别，繁殖羽头颈、背部、胸侧及两胁深灰色，而非繁殖羽似其他亚种。与褐山鹪莺的区别见相应种描述。虹膜—红褐色；喙—黑色（非繁殖期浅色）；跗跖—粉色。【分布与习性】分布于喜马拉雅山脉及西亚。国内见于包括台湾在内的黄河以南大部分地区。喜高草、灌丛及农田生境，除繁殖期外不易见。【鸣声】鸣唱为不断重复的短促"ji i ou"声，鸣叫声单音节似褐柳莺。

1100. 褐山鹪莺　Brown Hill Prinia　*Prinia polychroa*

【野外识别】体长约 16 cm 的大型而尾长的扇尾莺。雌雄相似。繁殖羽整体灰褐色，眼先黄褐色，头颈、背部无明显纵纹，喉部至整个下体土黄色，两胁及尾下覆羽略带棕色。非繁殖羽上体略具纵纹但远不如山鹪莺明显。虹膜—红褐色；喙—黑色（非繁殖期浅色）；跗跖—粉色。【分布与习性】分布于东南亚，为留鸟。国内罕见，仅分布于云南西南地区。习性似山鹪莺，喜高草灌丛生境。【鸣声】鸣唱为不断重复的拖长"ji u"声，叫声似树麻雀，为粗哑的单音节。

1101. 黑喉山鹪莺　Hill Prinia　*Prinia atrogularis*

【野外识别】体长约 16 cm 的大型而尾长的扇尾莺。雌雄相似。较为常见的 *superciliaris* 亚种繁殖期前额、头顶深褐色，眼先黑色，具白色的眉纹，耳羽灰黑色，颏部、喉部白色，胸部白色并具黑色纵纹，背部、两翼及尾羽棕褐色，下体白色而两胁及尾下覆羽略带褐色。非繁殖羽胸部纵纹不显。指名亚种繁殖羽头颈部灰色，额部、喉部及胸部黑色，于腹部相接处呈黑色鳞状杂斑。非繁殖羽黑色不显。虹膜—浅褐色；喙—黑色（非繁殖期浅色）；跗跖—粉色。【分布与习性】分布于喜马拉雅山脉东段及东南亚，为留鸟。国内广布于南方部分地区，指名亚种仅见于西藏南部。习性似其他山鹪莺。【鸣声】鸣唱为连续重复的"wii o"，叫声单音节似鸣唱。

山鹛莺 戴美术　　山鹛莺 吴连华

褐山鹛莺 J.J. Harrison　　黑喉山鹛莺 朱雷

黑喉山鹛莺 张永　　黑喉山鹛莺 非繁殖羽 崔月

1102. 暗冕山鹪莺　Dark-crowned Prinia　*Prinia rufescens*

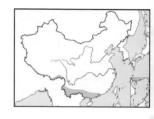

【野外识别】体长约 12 cm 的中型扇尾莺。雌雄相似。繁殖羽除具短眉纹及喉部白色外，头颈余部灰色，背部、两翼及尾羽棕褐色无斑纹。胸腹部淡褐色而胸侧略具灰色，两胁至尾下覆羽浅黄褐色。外侧尾羽末端浅色并具黑色次端斑，非繁殖羽头颈部的灰色由棕褐色替代，眉纹较繁殖羽更长。与非繁殖期灰胸山鹪莺区别于后者喙颜色更深，眉纹更短且细。与纯色山鹪莺区别于后者眉纹、喉部与下体同色，尾羽更长无黑色。虹膜－浅褐色；喙－黑色（非繁殖期铅灰色）；跗跖－肉色。【分布与习性】分布于南亚及东南亚，为留鸟。国内常见于云南南部及西藏东南部。习性似其他山鹪莺。【鸣声】鸣唱为不断重复的"jiujiujiu"声，叫声似单音节的鸣唱。

1103. 灰胸山鹪莺　Franklin's Prinia　*Prinia hodgsonii*

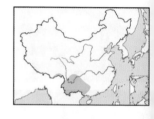

【野外识别】体长约 12 cm 的中型扇尾莺。雌雄相似。繁殖羽头颈部除额部及喉部白色外均为灰色，背部、两翼及尾羽深灰色，胸部亦为灰色，腹部至尾下覆羽白色，外侧尾羽末端白色具黑色次端斑。非繁殖羽具短而细的浅色眉纹，眼先深色，上体灰褐色至褐色，下体无灰色。与非繁殖期暗冕山鹪莺的区别见相应种描述。与纯色山鹪莺区别于后者眉纹、喉部与下体同色，尾羽更长无黑色。虹膜－红褐色；喙－黑色；跗跖－肉色。【分布与习性】分布于南亚及东南亚，为留鸟。国内常见于西南地区，习性似其他山鹪莺。【鸣声】鸣唱为似山雀的三音节"ji wei jit"接一串快速带颤音的"wiwiwi"，叫声似单音节鸣唱。

1104. 黄腹山鹪莺　Yellow-bellied Prinia　*Prinia flaviventris*

【野外识别】体长 12~14 cm 的中型扇尾莺。雌雄相似。*sonitans* 亚种繁殖羽头顶灰色，眼先黑色，具短而细的白色眉纹，耳羽及颊部灰白色，喉部及上胸白色，同土黄色的下体对比明显。颈部灰褐色，背部、两翼及尾羽褐色。尾羽末端具浅色斑。非繁殖羽头颈部灰褐色，喉部及胸部灰白色。见于云南西南部的 *delacouri* 亚种繁殖羽无白色眉纹，背部、两翼及尾羽黄绿色，下体颜色鲜黄。虹膜－红褐色；喙－黑色；跗跖－黄褐色。【分布与习性】广布于喜马拉雅山脉及东南亚，为留鸟。国内常见于包括海南及台湾在内的南方部分地区。习性似其他鹪莺。【鸣声】鸣唱为快速而重复的"wiyujiji ou"，叫声为沙哑的"咪"声。

暗冕山鹪莺 崔月

暗冕山鹪莺 非繁殖羽 吴志华

灰胸山鹪莺 沈越

灰胸山鹪莺 非繁殖羽 沈越

灰胸山鹪莺 非繁殖羽 沈越

黄腹山鹪莺 朱雷

黄腹山鹪莺 计云

1105. 纯色山鹪莺 Plain Prinia *Prinia inornata*

【野外识别】体长约11 cm的中型扇尾莺。颜色单调。雌雄相似。除喙颜色不同外无显著的繁殖羽，头顶、颈部、背部、两翼及尾羽褐色。头部隐约具土黄色眉纹。眼先、颊部、耳羽、喉部至整个下体均为土黄色，尾下覆羽色略深。尾羽末端具淡色斑。与暗冕山鹪莺及灰胸山鹪莺相似，区别见相应种描述。虹膜—红褐色；喙—黑色（非繁殖期浅色）；跗跖—肉色。【分布与习性】分布于南亚及东南亚，为留鸟。国内常见于包括海南及台湾在内的长江周边及其以南地区。习性似其他鹪莺。【鸣声】鸣唱为一连串沙哑的金属音"ge ge ge ge"，叫声为单音节的"jiu"声。

1106. 栗头地莺 Chestnut-headed Tesia *Tesia castaneocoronata*

【野外识别】体长8~10 cm的小型莺科鸟类。雌雄相似。头部栗色，无眉纹，眼后有一小而清晰的白点。上体、两翼及尾羽橄榄色，尾甚短。额、喉黄色，与头部羽色形成鲜明对比。下体其余部分黄绿色为主，两胁至尾下覆羽有时偏橄榄色。本种羽色鲜艳，与国内有分布的其余两种地莺差异较大，野外一般不会错认。虹膜—褐色；喙—深褐色；跗跖—淡褐色或粉色。【分布与习性】分布于喜马拉雅山脉及东南亚北部。国内主要见于西南部地区，是区域性常见留鸟或做垂直迁移。一般活动于常绿阔叶林的林下灌丛，繁殖期时常至较高处鸣唱，喜近水源处，常在溪流附近的地面快速移动，一般不远飞。【鸣声】鸣叫为单调而清晰的"pi pi pi"声，鸣唱以5~6个音节为一度，婉转而有节奏感。

1107. 金冠地莺 Slaty-bellied Tesia *Tesia olivea*

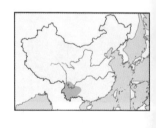

【野外识别】体长8~10 cm的小型莺科鸟类。雌雄相似。头顶为鲜艳的金黄色（部分个体可能偏绿色），至枕部、上体及两翼过渡为橄榄绿色。具黑色或深灰色贯眼纹，颊、额、喉及下体余部皆为青灰色，尾甚短。与灰腹地莺相似，但本种无眉纹，贯眼纹不甚清晰，且下体灰色较深；此外本种顶冠的金黄色亦为重要的辨识特征。虹膜—深褐色；喙—上喙深灰色，下喙黄色；跗跖—淡褐色。【分布与习性】分布于喜马拉雅山脉东部及东南亚北部。国内见于西南部有限地区。一般在海拔2000 m以下溪流附近的近地面处活动，喜在浓密的植被下快速跳跃。性隐蔽，单只或成对活动。【鸣声】鸣叫为一连串的"cha cha"声，鸣唱响亮而复杂，金属感强。

纯色山鹪莺 崔月　　　　纯色山鹪莺 沈越

栗头地莺 朱雷　　　　栗头地莺 朱雷

金冠地莺 沈岩

1108．灰腹地莺　Grey-bellied Tesia　*Tesia cyaniventer*

【野外识别】体长 8~10 cm 的小型莺科鸟类。雌雄相似。头顶及上体余部为橄榄绿色，具较宽而清晰的黄绿色眉纹及黑色贯眼纹。颊、额、喉及下体大致为灰色，尾甚短。与金冠地莺相似，具体辨识见该种描述。虹膜—深褐色；喙—上喙深色，下喙基部黄色，端部深色；跗跖—淡褐色。【分布与习性】主要分布于喜马拉雅山脉东部和缅甸、泰国、越南北部。国内分布于西藏、广西、云南等西南部省份，为不常见留鸟，在部分地区亦做短距离垂直迁移。主要活动于中低海拔的林地和灌丛，一般在溪流附近比较常见，习性似其他地莺。【鸣声】鸣叫为单音节的"chi chi chi"，鸣唱响亮而婉转。

1109．鳞头树莺　Asian Stubtail　*Urosphena squameiceps*

【野外识别】体长 8~10 cm 的小型莺科鸟类。雌雄相似。喙较长，头顶、头侧及上体其余部分褐色，具较长且宽阔的淡皮黄色眉纹，贯眼纹深褐色。下体近白色，两胁及尾下覆羽过渡为淡褐色。尾羽褐色，甚短。本种羽色与部分莺科其他褐色无翼斑种类（树莺、部分柳莺等）相似，但本种尾羽极短，且鸣声特殊，故野外不难辨识。虹膜—深褐色；喙—深灰色；跗跖—粉色。【分布与习性】主要分布于东亚至东南亚。国内于东北东部为夏候鸟，于东南沿海及台湾和海南越冬，从渤海湾至云南一线东部迁徙可见。繁殖于低山地区的林下，主要在地面或近地面的低树枝上活动，迁徙和越冬时亦见于较开阔的疏林、灌丛和草丛。【鸣声】单调而连续的尖细鸣声，似某些昆虫的叫声。

1110．淡脚树莺　Pale-footed Bush Warbler　*Cettia pallidipes*

【野外识别】体长 11~13 cm 的中型莺科鸟类。雌雄相似。喙略长而粗壮。头部、上体及两翼为灰褐色，前额羽色略深，眉纹白色或淡皮黄色，长且宽阔，贯眼纹褐色，甚为清晰。额、喉及下体余部白色为主，两胁略带极淡的皮黄色。尾羽灰褐色，略短于国内分布的其他树莺，且呈方形，此为本种重要辨识特征之一（国内其余树莺、短翅莺尾羽较长且末端为圆形）。本种上体、下体皆不偏棕色，且跗跖颜色甚淡，可据此与同属其他种类以及与之相似的部分柳莺（如褐柳莺）区分。虹膜—深褐色；喙—灰褐色，下喙基部略带黄色；跗跖—粉色。【分布与习性】分布于喜马拉雅山脉及东南亚部分地区。国内见于云南和广西的有限区域，为罕见留鸟。在香港有迷鸟记录。主要生境为海拔 1500 m 以下的阔叶林、竹林及灌丛。【鸣声】圆润而有节奏，一般以 6 个音节为一段落，第一个音节后有短暂停顿。

灰腹地莺 张琴

灰腹地莺 张永

鳞头树莺 关翔宇

淡脚树莺 董文晓

1111. 远东树莺　Manchurian Bush Warbler　*Cettia canturians*

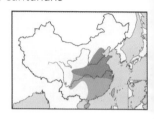

【野外识别】体长 16~18 cm 的大型莺科鸟类。雌雄相似。具清晰的白色眉纹。上体、两翼及尾羽棕褐色，尾较长，尾羽端部较平。下体以白色为主，两胁及尾下覆羽呈皮黄色或褐色。本种为国内树莺属中体形最大者，亦明显较柳莺更大。相似种为日本树莺，但本种上体偏棕褐色（于前额和两翼比较明显），而日本树莺上体则为橄榄褐色，一般无棕色。似宽尾树莺，但分布区域不重叠。虹膜—深褐色；喙—上喙深色，下喙基部淡黄色，端部深色；跗跖—粉色或淡褐色。【分布与习性】分布于亚洲东部。国内广布于东部、中部及南部地区，为常见候鸟。主要活动于海拔 1500 m 以下的低山阔叶林和灌丛。【鸣声】一般 4~6 个音节为一段，第一个音节音调较低而为延长的颤音，似"唔——"，之后连接以其余复杂的音节。

1112. 日本树莺　Japanese Bush Warbler　*Cettia diphone*

【野外识别】体长 14~16 cm 的大型莺科鸟类。雌雄相似。上体橄榄褐色至棕褐色，眉纹较宽，呈白色，一般比较清晰。颊部、喉部白色，胸部略呈暗灰色，部分个体具较明显的暗灰色胸带。自胸部向下过渡为淡皮黄色，两胁、下腹及尾下覆羽皮黄色略深。尾羽较长，呈橄榄褐色。与相似种远东树莺的辨识见该种描述。与黄腹树莺和强脚树莺的差异在于本种体形较大，尾羽明显较长，且眉纹清晰，下体羽色较淡而腹部不呈棕黄色。与褐柳莺相似，辨识见该种描述。与宽尾树莺相似，但分布区域完全不同。虹膜—深褐色；喙—上喙深色，下喙黄褐色；跗跖—粉色。【分布与习性】主要分布于东亚。国内一般于东北东部繁殖，迁徙经过东部大部地区，于包括台湾在内的东南部沿海地区越冬。主要活动于中低海拔（但偶见于海拔 2000 m 以上）的阔叶林、竹林、灌丛及草丛，性隐蔽，善鸣。【鸣声】3~6 声一度，响亮而清脆，节奏与远东树莺相似，但第一个音节音调一般较高。

1113. 强脚树莺　Brownish-flanked Bush Warbler　*Cettia fortipes*

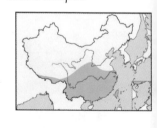

【野外识别】体长 10~12 cm 的小型莺科鸟类。雌雄相似。上体棕褐色，具较窄而不甚清晰的淡皮黄色眉纹，黑褐色的贯眼纹亦较模糊。额部、喉部至胸部为淡黄褐色，腹部白色，胸侧、两胁至尾下覆羽为较明显的褐色。尾羽黄褐色，尾端略呈圆形。与黄腹树莺相似，但本种上体棕褐色略深，且下体偏褐色而非皮黄色。与异色树莺相似，辨识见该种描述。虹膜—深褐色；喙—上喙深褐色，下喙基部黄色，喙端深色；跗跖—粉色。【分布与习性】分布于喜马拉雅山脉、东亚及东南亚。国内广布于包括台湾在内的秦岭及其以南地区。为常见留鸟。一般栖息于海拔 2000 m 以下的林地、灌丛，有时亦在地面活动，性隐蔽。【鸣声】响亮而有节奏的鸣唱，一般为 3 声一度，第一个音节延长，之后音调上升，似"咦——是谁"。

远东树莺 戴美杰

远东树莺 戴美杰

远东树莺 戴美杰

日本树莺 非繁殖羽 沈岩

强脚树莺 沈越

强脚树莺 沈越

强脚树莺 蔡欣然

1114. 大树莺　Chestnut-crowned Bush Warbler　*Cettia major*

【野外识别】体长 11~13 cm 的中型莺科鸟类。雌雄相似。前额至头顶栗红色，眉纹白色，眉纹端部至眼先略带皮黄色或淡棕色，贯眼纹深褐色。上体橄榄褐色，两翼及尾羽呈褐色或棕红色。下体以白色为主，但胸侧至两胁略带淡黄褐色。本种体形略大于其余在相似海拔和地区繁殖的树莺。除鸣声有差异外，与棕顶树莺在野外很难分辨，具体辨识见棕顶树莺。虹膜—深褐色；喙—上喙深褐色，下喙基部黄色，喙端深色；跗跖—粉色。
【分布与习性】分布于喜马拉雅山东部及南侧的有限地区。国内见于西南部分山地，为不常见留鸟。主要繁殖于海拔 2000~4000 m 的针叶林、竹林及灌丛，冬季迁移至较低海拔越冬。【鸣声】清脆的快节奏鸣唱，6~7 声为一个段落，第一声后有短暂停顿。

1115. 异色树莺　Aberrant Bush Warbler　*Cettia flavolivaceus*

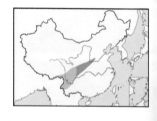

【野外识别】体长 11~13 cm 的中型莺科鸟类。雌雄相似。上体、两翼及尾羽均为较暗的橄榄褐色，具黄色眉纹和狭窄的黑色贯眼纹。下体淡棕黄色，两胁为略深的棕色。与相似种强脚树莺的主要差异在于本种眉纹为黄色，而强脚树莺眉纹则为近白的淡皮黄色。此外本种下体明显偏黄，而强脚树莺下体则以白色为主，仅部分为褐色。与相似种黄腹树莺的辨识见该种描述。虹膜—深褐色；喙—上喙深褐色，下喙粉色或黄色；跗跖—黄色。
【分布与习性】分布于喜马拉雅山脉南侧及东南亚北部。国内见于中部至西南部地区，为区域性常见留鸟，但中部地区种群为夏候鸟。主要繁殖于海拔 1800~4500 m 的林地及灌丛，冬季下至低海拔较开阔地区活动。【鸣声】鸣声复杂而婉转，其中有一音节为较长的变调哨音，与短促的音节相连，甚具特点。

1116. 黄腹树莺　Yellowish-bellied Bush Warbler　*Cettia acanthizoides*

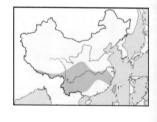

【野外识别】体长 10~12 cm 的小型莺科鸟类。雌雄相似。上体褐色，具白色或淡皮黄色眉纹，贯眼纹深褐色，两翼和尾羽偏棕褐色。额部、喉部至胸部灰白色或浅灰色，腹部及两胁皮黄色。与强脚树莺相似但本种上体少棕色，且胸部更偏灰；本种腹部为皮黄色，而强脚树莺腹部则为白色，两胁棕色。与异色树莺相似但本种眉纹近白色，而异色树莺眉纹则为黄色。虹膜—深褐色；喙—上喙深色，下喙黄褐色；跗跖—黄褐色。【分布与习性】分布于喜马拉雅山脉及缅甸一带。国内广布于包括台湾在内的秦岭以南地区，为常见留鸟。繁殖于海拔 1500~4000 m 的阔叶林、竹林及灌丛中，越冬于较低海拔。善鸣，性活泼，一般单只或成对活动，偶尔集小群。【鸣声】诸亚种鸣声有些许差异，一般是由清脆而尖细的 "di di di" 声组成的鸣唱，持续时间通常甚长，似昆虫鸣叫。

大树莺 董文晓

异色树莺 蓝工头

异色树莺 崔月

黄腹树莺 张永

黄腹树莺 关翔宇

1117. 棕顶树莺　Grey-sided Bush Warbler　*Cettia brunnifrons*

【野外识别】体长 10~11 cm 的小型莺科鸟类。雌雄相似。前额至顶冠呈鲜艳的栗色，具长而清晰的白色眉纹和深色贯眼纹。上体褐色，两翼和尾羽偏棕色。下体灰白色，两胁呈淡褐色。甚似大树莺，两者分布及生境亦相似，但本种体形较小，且鸣声有显著差异（见鸣声描述）。本种眉纹前端为白色，而大树莺则略带淡棕色或皮黄色。此外，本种下体偏灰，但此特征有时与大树莺较难分辨。虹膜—深褐色；喙—上喙深褐色，下喙黄褐色；跗跖—粉色。【分布与习性】分布于喜马拉雅山脉及其东南部。国内见于西藏东南部、云南及四川的局部地区，为罕见留鸟。分布于 2500~4500 m 的高海拔针叶林、竹林及灌丛，冬季迁至较低海拔的开阔地区。【鸣声】本种鸣唱的每个段落由两部分构成，首先是 5~6 声清脆而紧凑的哨音，之后紧接着 2 声较涩而似鼻音的叫声。与其他树莺的鸣唱差异较大。

1118. 宽尾树莺　Cetti's Warbler　*Cettia cetti*

【野外识别】体长 12~15 cm 的中型莺科鸟类。雌雄相似。上体棕色，具较细的白色眉纹和深褐色贯眼纹。尾羽较宽且尾端甚圆，尾羽喜上翘。下体以白色为主，两胁褐色。与远东树莺和日本树莺相似，但分布区完全不同，且本种尾羽端部明显较宽而圆，依据此尾羽形态特征亦可区分本种与同区域分布的其他相似苇莺，如稻田苇莺等。虹膜—深褐色；喙—上喙灰褐色，下喙粉色；跗跖—粉色或淡褐色。【分布与习性】广布于欧洲、北非、亚洲西部及中部。国内见于新疆西北部，为罕见夏候鸟。主要生境为较低海拔的近水灌丛和苇丛，更接近苇莺属的生境而与其他树莺差异较大。习性亦似苇莺类，善藏匿于苇丛中。【鸣声】鸣声复杂多变，但一般第一音节后有一明显停顿。

1119. 斑胸短翅莺　Spotted Bush Warbler　*Bradypterus thoracicus*

【野外识别】体长 11~13 cm 的中型莺科鸟类。雌雄相似。上体棕褐色，眉纹白色但不甚明显，贯眼纹深褐色。两翼短而圆，尾较长，端部呈圆形。额部、喉部、胸部及腹部中央为灰白色，胸部密布黑色斑点（秋季、冬季斑点甚不清晰），两胁和尾下覆羽褐色，其中尾下覆羽端部呈白色，形成白色鳞状斑。本种繁殖羽胸部的黑色斑点为重要的识别特征，但冬羽与中华短翅莺、高山短翅莺等相似，具体辨识见相应种描述。虹膜—深褐色；喙—黑色；跗跖—粉色或淡褐色。【分布与习性】分布于喜马拉雅山、东亚及东南亚。国内见于东北、华北、中部、西南和华南地区。繁殖于海拔 1000~3500 m 的林地和灌丛，迁徙和越冬时见于平原开阔地区。【鸣声】鸣唱为连续而有节奏的"嘀嗒"声，杂以较复杂的哨音。

棕顶树莺 梁丹

宽尾树莺 杨庭松

宽尾树莺 幼 朱雷

斑胸短翅莺 董江天

1120. 巨嘴短翅莺 Long-billed Bush Warbler *Bradypterus major*

【野外识别】体长 12~15 cm 的中型莺科鸟类。雌雄相似。喙较长且略向下弯曲。上体褐色或橄榄褐色，白色眉纹和深色贯眼纹较窄，不甚显著。尾羽褐色，圆尾。下体白色，但胸部、两胁略带皮黄色，依季节和亚种不同，下体皮黄色的深浅程度略有变化。尾下覆羽褐色，端部白色。本种与其余短翅莺无重  叠分布，且喙的形状比较独特，野外不难识别。虹膜—深褐色；喙—黑色；跗跖—粉色。【分布与习性】分布于中亚局部区域。国内主要见于新疆、西藏西部的局部地区，为罕见留鸟。主要生境为海拔 1000 m 以上的开阔灌丛和草丛，冬季下至更低海拔。性隐秘，常于灌丛、草地深处活动。【鸣声】鸣唱为略显单调但有节奏的金属声。

1121. 中华短翅莺 Chinese Bush Warbler *Bradypterus tacsanowskius*

【野外识别】体长 12~14 cm 的中型莺科鸟类。雌雄相似。上体褐色，淡皮黄色的眉纹甚不明显，几无贯眼纹。额部、喉部、胸部至腹部中央近白色或略带淡黄色，胸部有时具褐色斑点，但一般不甚清晰。胸侧、两胁及尾下覆羽褐色，尾下覆羽端部白色，形成鳞状斑。与斑胸短翅莺冬羽相似，但后者下体偏灰，且眉纹较本种清晰。与高山短翅莺的辨识见该种描述。虹膜—  深褐色；喙—上喙深灰色，下喙粉色，喙端深灰色；跗跖—黄色或粉色。【分布与习性】广布于东北亚、东亚至东南亚。国内亦由北至南广泛分布，为不常见夏候鸟或旅鸟。主要生境为低山或平原的灌丛、草丛和苇丛，性隐秘。【鸣声】鸣唱为干涩而单调的"zi——"声。

1122. 高山短翅莺 Russet Bush Warbler *Bradypterus seebohmi*

【野外识别】体长 12~14 cm 的中型莺科鸟类。雌雄相似。上体棕褐色，眉纹白色，不甚明显。两翼和尾羽暗褐色，尾较长。额部、喉部白色，喉部有时具褐色或黑色斑点。胸部、两胁及尾下覆羽褐色，尾下覆羽具白色端斑。由于本种胸部及腹侧褐色较显著，特别是褐色区域在胸部几乎连成一片，且尾较长， 故不难与斑胸短翅莺（冬羽）及中华短翅莺区分。但本种与下体同样有大面积褐色的棕褐短翅莺相似，具体辨识见该种描述。甚似四川短翅莺，但本种鸣声更为尖锐。虹膜—深褐色；喙—上喙深灰色，下喙粉色，喙端深灰色；跗跖—粉色。【分布与习性】于东洋界有零散的分布。国内于长江流域及其南部山区为罕见留鸟，冬季可能做短距离迁移。主要活动于低山丘陵至较高海拔（海拔 1000~3000 m）的林地、灌丛和草丛中，性隐秘而谨慎。【鸣声】鸣唱为尖锐具有金属感的两音节，似"zi bi zi bi"。

中华短翅莺 刘世同

高山短翅莺 赵健

高山短翅莺 赵健

1123. 四川短翅莺　Sichuan Bush Warbler　*Bradypterus chengi*

【野外识别】体长约 14 cm 的中型莺科鸟类。雌雄相似。上体及两翼棕褐色，具不甚清晰的淡黄白色眉纹，尾较长，尾羽暗褐色，羽缘棕色。额部、喉部白色，胸部、腹部两侧及尾下覆羽皆为褐色，尾下覆羽具白色端斑。甚似高山短翅莺，但鸣声有较明显差异。虹膜—深褐色；喙—上喙深灰色，下喙粉色，喙端深灰色；跗跖—粉色。【分布与习性】目前仅于中国有记录，见于中西部的山区，多记录于 500~1850 m 的中低海拔灌丛和林地，性隐秘。因本种为 2015 年发表的新种，故其习性有待进一步研究。【鸣声】两声一度，重音在第一音节，较为圆润，明显不如高山短翅莺的鸣声尖锐。

1124. 台湾短翅莺　Taiwan Bush Warbler　*Bradypterus alishanensis*

【野外识别】体长约 14 cm 的中型莺科鸟类。雌雄相似。上体和两翼棕褐色，眉纹白色，较短。尾羽橄榄褐色。额部、喉部白色，喉部有时具深色斑点。胸部略带灰色，胸侧、腹部、两胁及尾下覆羽棕色，尾下覆羽端部白色，但少数个体白色端斑并不清晰。与棕褐短翅莺相似，但本种眉纹比较清晰，而棕褐短翅莺几无眉纹。虹膜—深褐色；喙—黑色；跗跖—粉色。【分布与习性】中国特有种，仅见于台湾，为罕见留鸟。主要分布于海拔 1200 m 以上的山区竹林、灌丛和草丛等生境，冬季下至较低海拔，行为似同属其他短翅莺，比较隐秘。【鸣声】似"嘀嘀嗒嗒"声，但比较圆润且婉转，不似棕褐短翅莺或高山短翅莺的生涩。

1125. 棕褐短翅莺　Brown Bush Warbler　*Bradypterus luteoventris*

【野外识别】体长 12~14 cm 的中型莺科鸟类。雌雄相似。上体棕褐色，眉纹、贯眼纹不甚清晰，部分个体无眉纹。喉部白色，下体灰白色或淡皮黄色，胸侧、两胁及尾下覆羽为棕褐色，与上体羽色相同，尾下覆羽白色端斑甚不明显。与高山短翅莺相似，但本种尾下覆羽几无白色鳞状斑，且二者鸣声差异较大。与斑胸短翅莺的主要差异在于本种下体褐色范围较大，且本种尾下覆羽的特征亦可用于此处辨识。虹膜—深褐色；喙—上喙黑色，下喙粉色；跗跖—粉色。【分布与习性】主要分布于东南亚。国内广布于秦岭以南，为区域性常见留鸟。主要繁殖于海拔不超过 3000 m 的山地灌丛和草丛中，习性与同属其余种类相同，行为甚隐蔽。【鸣声】连续而似发电报的"嗒嗒嗒"声。

四川短翅莺 Per Alström

台湾短翅莺 Charles Lam

台湾短翅莺 陈加盛

棕褐短翅莺 朱雷

1126. 矛斑蝗莺　Lanceolated Warbler　*Locustella lanceolata*

【野外识别】体长 11~13 cm 的中型莺科鸟类。雌雄相似。上体褐色至橄榄褐色，眉纹淡皮黄色，但甚窄且不显著。头顶至枕部密布黑色细纵纹，至背部、腰部、尾上覆羽和翼上覆羽纵纹变粗，两翼黑褐色，具较宽的棕黄色羽缘。尾羽亦为黑褐色。下体乳白色或淡皮黄色，喉部、胸部、两肋至尾下覆羽密布黑色纵纹。两肋一般略带褐色。与国内分布的其他蝗莺的差异在于本种眉纹极不明显，且下体密布纵纹。虹膜—深褐色；喙—

上喙深灰色，下喙粉色；跗跖—粉色。【分布与习性】分布于西伯利亚、东亚至东南亚。国内不常见，于东北大部为夏候鸟，于包括海南与台湾在内的东部和南部诸省为旅鸟。主要活动于水田、苇丛及近水的灌丛，迁徙时亦可能出现在距水源较远之处。【鸣声】一连串快节奏的尖细颤音，似 "zi wi wi wi wi wi"。

1127. 黑斑蝗莺　Grasshopper Warbler　*Locustella naevia*

【野外识别】体长 13~14 cm 的中型莺科鸟类。雌雄相似。上体橄榄褐色，具白色而不甚清晰的眉纹，顶冠具较细的黑色短纵纹，背部具深褐色斑点，腰及尾上覆羽几无斑点，两翼深褐色，外翈具黄褐色羽缘，尾羽褐色，具较细且不清晰的深褐色横斑。下体白色，无纵纹，两肋和尾下覆羽一般略带皮黄色。与相似种小蝗莺的辨识见该种描述。虹膜—深褐色；喙—上喙深灰色，下喙基部粉色，端部深灰色；跗跖—粉色。【分布与习性】广

泛分布于古北界西部和中部，越冬于南亚、南欧及北非。国内仅见于新疆西北部的边缘地区。主要活动于低山或平原的疏林、灌丛或草丛，以及湿地附近的植被中，性隐蔽。【鸣声】长时间连续而单调的"嗒嗒嗒嗒嗒"声。

1128. 小蝗莺　Rusty-rumped Warbler　*Locustella certhiola*

【野外识别】体长 14~16 cm 的大型莺科鸟类。雌雄相似。上体以棕褐色为主，具比较清晰的白色眉纹，头顶密布黑色纵纹，背部及腰亦具明显的黑色纵纹。两翼黑褐色，翼上覆羽和飞羽外翈具棕色羽缘。尾羽黑褐色，基部偏棕色，端部具白色端斑。下体乳白色，胸侧、两肋及尾下覆羽棕色至皮黄色，一般无纵纹（幼鸟胸部具点斑或细纵纹）。与黑斑蝗莺相似，但本种眉纹明显，上体纵纹粗而显著，且尾羽具白色端斑。虹膜—深褐色；

喙—上喙黑色，下喙基部粉色，端部深灰色；跗跖—粉色或黄色。【分布与习性】广布于亚洲。国内于广大的北方地区为夏候鸟，于包括台湾在内的东部、南部及西南部为旅鸟。主要生境为近水的各种植被，包括林地、灌丛、苇丛、草丛、水田等，习性同其他蝗莺。【鸣声】鸣唱复杂多变。

矛斑蝗莺 张连喜

矛斑蝗莺 朱雷

黑斑蝗莺 邢睿

小蝗莺 赵国君

小蝗莺 关翔宇

小蝗莺 王雪峰

1129. 北蝗莺　Middendorff's Warbler　*Locustella ochotensis*

【野外识别】体长 14~16 cm 的大型莺类。雌雄相似。上体橄榄褐色，具明显的白色眉纹，上体无深色纵纹，但部分个体具极模糊的深褐色斑。腰泛棕色，两翼和尾羽暗褐色，尾羽具较小的白色端斑。下体白色，胸侧、两胁及尾下覆羽淡褐色或皮黄色，无纵纹。与东亚蝗莺相似，但本种喙较短，头顶及背部羽色较深，且有时具模糊的深色斑纹，而东亚蝗莺喙明显长而粗壮，上体羽色淡，无任何斑纹。与苍眉蝗莺相似，但本种体形较小，且两翼色深。虹膜—深褐色；喙—上喙深灰色，下喙基部粉色或黄色，端部深色；跗跖—粉色。【分布与习性】分布于亚洲东部。国内见于环渤海湾以及东部和南部沿海区域，为罕见旅鸟。主要生境为较低海拔的灌丛和草丛。【鸣声】鸣唱响亮而复杂。

1130. 东亚蝗莺　Pleske's Warbler　*Locustella pleskei*

【野外识别】体长 15~16 cm 的大型莺科鸟类。雌雄相似。喙较长且健壮。上体橄榄褐色至灰褐色，无任何纵纹，眉纹白色，贯眼纹深褐色。尾呈明显的凸形，外侧尾羽具较小的白色端斑。下体白色，两胁及尾下覆羽为灰褐色或皮黄色。本种喙明显长于其他蝗莺，且头顶及背部色浅，无纵纹，不难与其余相似蝗莺区分，但可能与部分苇莺混淆，辨识重点是本种两翼较短圆，尾亦较短且呈明显的凸形。与苍眉蝗莺相似，辨识见该种描述。虹膜—深褐色；喙—上喙深灰色，下喙粉色；跗跖—粉色。【分布与习性】分布于亚洲东部。国内罕见，迁徙经过东部沿海地区。主要栖息于近水的林地、灌丛、苇丛及草丛，性隐秘，善于藏匿。【鸣声】响亮而复杂多变。

1131. 苍眉蝗莺　Gray's Warbler　*Locustella fasciolata*

【野外识别】体长 16~18 cm 的大型莺科鸟类，为国内分布的蝗莺中体形最大者。雌雄相似。上体橄榄褐色，具明显的白色或淡皮黄色眉纹，腰略带棕色，两翼和尾羽色略深，尾羽无浅色端斑，呈凸形。下体大致呈灰白色，但颔部、喉部及胸部明显偏灰，而两胁和尾下覆羽则为褐色。与东方大苇莺羽色相似，但本种尾羽呈明显的凸形，且胸部偏灰。与东亚蝗莺亦相似，但本种体形更大，且前胸为灰白色而非白色或皮黄色。与鸲蝗莺相似，区别见相应种描述。虹膜—深褐色；喙—上喙深灰色，下喙粉色；跗跖—粉色。【分布与习性】繁殖于东北亚，至东南亚越冬。国内分布于东北和东部沿海及台湾，为罕见夏候鸟或旅鸟。主要栖息于较低海拔的林地、灌丛、草地和苇丛，生境一般不局限于湿地。常在地面高速奔跑或跳动。【鸣声】鸣唱高低起伏，比较复杂。

北蝗莺 Tokumi Ohsaka

东亚蝗莺 薄顺奇

苍眉蝗莺 关翔宇

苍眉蝗莺 陈加盛

1132. 鸲蝗莺 Savi's Warbler *Locustella luscinioides*

【野外识别】体长约 14 cm 的中型莺科鸟类。雌雄相似。上体、两翼及尾部棕褐色，眉纹皮黄色较模糊。尾羽具数道模糊的暗色横斑。额部、喉部白色，胸部、两胁及尾下覆羽棕黄色，腹部白色。本种上体及下体均无深色斑纹，与同区域分布的黑斑蝗莺及小蝗莺不难区分。与同样无深色斑纹的苍眉蝗莺相似，但本种体形较小，眉纹甚模糊，且下体棕黄色明显，而苍眉蝗莺具比较清晰的白色眉纹，且下体偏灰而非棕色，二者分布区域亦不重叠。虹膜—深褐色；喙—上喙深灰色，下喙基部粉色，端部色深；跗跖—粉色。【分布与习性】广布于古北界中部及西部，越冬于非洲。国内仅见于新疆西北部，为罕见夏候鸟。主要活动于近水的灌丛、苇丛和草丛，性隐秘。【鸣声】单调而干涩的"吱——"声，持续时间通常较长。

1133. 蒲苇莺 Sedge Warbler *Acrocephalus schoenobaenus*

【野外识别】体长 12~14 cm 的中型莺科鸟类。雌雄相似。上体橄榄褐色，具宽阔的白色眉纹，其上有一明显的黑色侧冠纹构成第二道"眉纹"，顶冠亦具黑色细纹，贯眼纹黑色。背部具清晰或模糊的黑褐色纵纹，腰及尾上覆羽棕褐色。两翼黑褐色，飞羽和大覆羽外翈具较宽的皮黄色或棕色羽缘。尾羽暗褐色。下体白色无纵纹，两胁有时略带棕黄色。和同区域分布的稻田苇莺、布氏苇莺和芦莺等相似种的差异在于本种具显著的黑色侧冠纹，同时头顶和背部具深色纵纹。虹膜—深褐色；喙—上喙深灰色，下喙基部黄色，端部深色；跗跖—粉色。【分布与习性】广布于古北界西部、中部及非洲。国内见于新疆西北部，为罕见夏候鸟。主要生境为湿地附近的高草丛和苇丛。【鸣声】鸣唱比较复杂，为单调的"咔咔"声与圆润的颤音混合。

1134. 芦莺 Eurasian Reed Warbler *Acrocephalus scirpaceus*

【野外识别】体长 13~15 cm 的中型莺科鸟类。雌雄相似。喙较细长，上体棕褐色，无深色纵纹，眉纹皮黄色，甚短，止于眼上方，部分个体眉纹几乎不可见。腰和尾上覆羽偏棕色，两翼及尾羽基本和上体同色。下体白色，两胁略带皮黄色。与稻田苇莺及蒲苇莺相似，但本种眉纹模糊，且两翼与上体同色。此外本种甚似布氏苇莺和草绿篱莺，辨识见相应种描述。虹膜—褐色；喙—上喙深灰色，下喙粉色；跗跖—褐色。【分布与习性】广泛分布于欧洲至中亚，越冬于非洲。国内仅见于新疆西北部，为罕见夏候鸟。主要活动于低海拔近水的苇丛或高草丛。【鸣声】鸣唱复杂多变但不甚尖锐，多为干涩的音节。

鸲蝗莺 邢睿

蒲苇莺 朱雷

芦莺 王雪峰

1135. 细纹苇莺　Streaked Reed Warbler　*Acrocephalus sorghophilus*

【野外识别】体长 12~14 cm 的中型莺科鸟类。雌雄相似。上体黄褐色，眉纹宽而清晰，呈白色或淡黄色，眉纹之上有一黑色侧冠纹，但通常较窄。顶冠和背部具比较清晰的黑色纵纹。飞羽和大覆羽黑褐色，外翈具明显的皮黄色羽缘。腰棕褐色，尾羽暗褐色。下体白色为主，胸部、两胁及尾下覆羽略带皮黄色。与黑眉苇莺相似，但本种头顶和背部具比较明显的深色纵纹，而黑眉苇莺上体为比较一致的褐色。虹膜－深褐色；喙－上喙黑色，下喙黄色；跗跖－橄榄绿色至暗绿色。【分布与习性】主要分布于东亚。国内于渤海湾北部区域为夏候鸟，于包括台湾在内的东部和东南沿海区域为旅鸟。主要生境为近水的水田、苇丛、草丛等地，具体繁殖习性尚不清楚。【鸣声】尚不清楚。

1136. 黑眉苇莺　Black-browed Reed Warbler　*Acrocephalus bistrigiceps*

【野外识别】体长 12~14 cm 的中型莺科鸟类。雌雄相似。上体棕褐色，眉纹宽阔而清晰，为淡皮黄色，眉纹之上有一较粗而显著的黑色侧冠纹，形成第二道"眉纹"。贯眼纹暗褐色。头顶至背部一般无深色纵纹，但少数个体具极模糊的暗褐色纵纹。尾羽暗褐色，具棕黄色羽缘。下体主要为白色，但两胁一般羽色略深，呈淡棕色。本种背部几无纵纹，故与细纹苇莺、蒲苇莺等不难区分。与稻田苇莺相似，但本种具黑色侧冠纹。与远东苇莺相似，但本种黑色侧冠纹更为显著，特别是侧冠纹前端明显较粗。虹膜－深褐色；喙－上喙深灰色，下喙粉色，喙端深色；跗跖－淡褐色或灰褐色。【分布与习性】分布于东北亚至东南亚。国内主要见于东部及中部地区，为常见夏候鸟或旅鸟。一般栖息于湿地附近的苇丛、水田、高草地等，迁徙时亦见于距水源较远之处。【鸣声】鸣唱比较复杂多变。

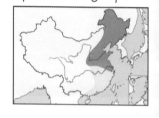

1137. 远东苇莺　Manchurian Reed Warbler　*Acrocephalus tangorum*

【野外识别】体长 12~14 cm 的中型莺科鸟类。雌雄相似。上体橄榄褐色或棕褐色，无深色纵纹，具清晰的近白色或淡黄色眉纹，眉纹之上有一较窄的黑色或暗褐色侧冠纹，形成第二道"眉纹"。两翼和尾羽暗棕褐色。额部、喉部及腹部白色，胸部、两胁一般为淡棕黄色。似钝翅苇莺，但本种眉纹显著，且具深色侧冠纹。与黑眉苇莺相似，但本种的深色侧冠纹（第二道眉纹）较细，而黑眉苇莺的黑色侧冠纹甚粗而清晰（特别是前端）。甚似稻田苇莺，但与其相比，本种翼尖较短而尾羽较长，且二者分布几乎不重叠。虹膜－褐色；喙－上喙深灰色，下喙粉色；跗跖－淡褐色。【分布与习性】繁殖于东北亚，越冬于东南亚。国内见于东北和东部沿海，为罕见夏候鸟或旅鸟，于香港有迷鸟记录。生境与稻田苇莺相似，为湿地附近较高而浓密的草本植被。【鸣声】复杂多变的颤鸣。

细纹苇莺 Martin Williams

黑眉苇莺 娄方洲

黑眉苇莺 沈越

远东苇莺 钟悦陶

远东苇莺 钟悦陶

远东苇莺 钟悦陶

1138. 钝翅苇莺 Blunt-winged Warbler Acrocephalus concinens

【野外识别】体长 12~14 cm 的中型莺科鸟类。雌雄相似。喙明显较长，上体棕褐色，眉纹上方羽色较头顶略深，眉纹不甚清晰，且较短，一般不延伸至眼后。两翼及尾羽暗褐色，尾羽具棕色羽缘。额色、喉部至胸部白色，胸侧、腹部及尾下覆羽淡灰黄色，冬季几为白色。与相似种远东苇莺及黑眉苇莺的差异在于无黑色侧冠纹，与稻田苇莺的差异见该种描述。虹膜—深褐色；喙—上喙深灰色，下喙粉色；跗跖—粉色。【分布与习性】零散分布于中亚至东亚，越冬于东南亚。国内记录于除东北和西北以及福建以南外的广大地区，为罕见夏候鸟或旅鸟。主要栖息较低海拔的近水草丛、苇丛和高草地等浓密植被覆盖的生境，亦经常出现在林地和灌丛等距水源较远之处。【鸣声】音色与其他苇莺相似，复杂而略显尖锐的颤音。

1139. 稻田苇莺 Paddyfield Warbler Acrocephalus agricola

【野外识别】体长 12~14 cm 的中型莺科鸟类。雌雄相似。上体棕褐色，具显著的淡皮黄色眉纹，其上无深色侧冠纹。两翼、腰及尾上覆羽偏棕色，尾羽暗褐色。下体白色，腹部及两胁有时略带淡棕黄色。与远东苇莺、蒲苇莺和黑眉苇莺相似，但本种无黑色侧冠纹。与钝翅苇莺、芦莺及布氏苇莺相似，但本种眉纹较长且清晰，且翼尖较长，而钝翅苇莺喙较本种略长，眉纹较短，一般不延伸至眼后，而翼尖较短。芦莺及布氏苇莺眉纹同样较短且不甚清晰。野外不难辨识。虹膜—褐色；喙—上喙黑色，下喙基部粉色，端部黑色；跗跖—粉色。【分布与习性】分布于中亚、西亚及非洲。国内见于新疆西北部，为不常见夏候鸟。栖息于苇莺典型的生境：湿地附近的苇丛及草丛等浓密植被。【鸣声】鸣唱为复杂多变的颤鸣，但总体而言比较尖锐。

1140. 布氏苇莺 Blyth's Reed Warbler Acrocephalus dumetorum

【野外识别】体长 13~15 cm 的中型莺科鸟类。雌雄相似。上体灰褐色，眉纹淡皮黄色，较短，一般不清晰。两翼与上体基本同色，仅飞羽略暗。尾羽暗褐色。下体以白色为主，两胁为较淡的土褐色。本种与芦莺均为眉纹模糊的种类，羽色相似，且为同域分布，在野外二者极难区分，除鸣声有明显差异（布氏苇莺鸣唱明显更为尖锐）外，本种上体偏灰，而芦莺则为棕褐色。与稻田苇莺、蒲苇莺及靴篱莺、草绿篱莺相似，辨识见相应种描述。虹膜—褐色；喙—上喙深灰色，下喙黄色；跗跖—灰褐色。【分布与习性】繁殖于欧洲至中亚的广大地区，越冬于非洲和南亚地区。国内为新疆西北部的夏候鸟，于香港有迷鸟记录。主要栖息于较低海拔近水的多种生境，如林地、灌丛、高草丛、苇丛、水田等。善鸣。【鸣声】鸣唱多变，尖锐而嘈杂。

钝翅苇莺 J.M.Garg

钝翅苇莺 J.M.Garg

稻田苇莺 董江天

稻田苇莺 沈越

布氏苇莺 刘爱华

布氏苇莺 沈越

1141. 大苇莺 Great Reed Warbler *Acrocephalus arundinaceus*

【野外识别】体长 18~21 cm 的大型莺科鸟类。雌雄相似。上体灰褐色，眉纹灰白色或淡皮黄色，两翼基本与上体同色，飞羽略暗，具淡棕色羽缘。尾羽暗褐色，略呈凸形，无淡色端斑。下体以白色为主，胸部及两胁略带灰褐色或淡棕黄色。与东方大苇莺相似，但本种上体偏灰而非棕色。与噪苇莺相似，辨识见该种描述。此外本种与东方大苇莺及噪苇莺的分布在国内基本不重叠，故野外不难辨识。虹膜—褐色；喙—灰褐色，下喙基部淡黄色；跗跖—粉色或灰褐色。【分布与习性】分布于欧亚大陆除东部外的广大地区，以及非洲。国内仅见于新疆西北部，为常见夏候鸟。主要活动于中低海拔湿地附近的苇丛及灌丛。【鸣声】响亮而复杂的哨音，还包括高声尖叫及似青蛙的"呱呱"声等。

1142. 东方大苇莺 Oriental Reed Warbler *Acrocephalus orientalis*

【野外识别】体长 16.5~19 cm 的大型莺科鸟类。雌雄相似。上体棕褐色，具白色眉纹和褐色贯眼纹，飞羽暗褐色，具棕色羽缘，尾羽暗褐色。下体以白色为主，胸部具灰褐色纵纹，但野外观察时通常甚不明显。幼鸟与成鸟相似，但上体更偏棕色，且下体褐色较显著。与东亚蝗莺相似，辨识见相应种描述。本种与大苇莺相似但体形稍小，且本种上体偏棕色而非灰褐色。与厚嘴苇莺相似，但本种眉纹显著，且尾羽较厚嘴苇莺短。与噪苇莺相似，辨识见该种描述。虹膜—褐色；喙—深灰色，下喙基部粉色或黄色；跗跖—灰褐色。【分布与习性】繁殖于东亚及东北亚，越冬于东南亚至大洋洲。国内见于除青藏高原和新疆西部外的广大地区，在海南或台湾亦有分布，为常见夏候鸟。主要活动于低海拔近水的苇丛、草丛、灌丛等，为苇莺类的典型习性，常藏于苇丛中高声鸣叫。【鸣声】与大苇莺相似，甚响亮，似"呱呱"声及其各种变调，杂以尖厉的哨音。

1143. 噪苇莺 Clamorous Reed Warbler *Acrocephalus stentoreus*

【野外识别】体长 18~20 cm 的大型莺科鸟类。雌雄相似。上体棕褐色或橄榄褐色，具淡皮黄色眉纹，但眉纹于眼后通常较模糊。贯眼纹深褐色，亦不甚清晰。两翼翼上覆羽与上体同色，飞羽呈黑褐色，外翈具较明显的棕褐色羽缘。尾羽暗褐色。额部、喉部白色，胸部淡皮黄色，腹部近白色或灰白色，两胁及尾下覆羽淡棕色。甚似东方大苇莺和大苇莺，但本种喙较尖细，且眉纹略显短而模糊。虹膜—褐色；喙—深灰色，下喙基部粉色；跗跖—灰褐色。【分布与习性】分布遍及西亚、中亚、东南亚、大洋洲及北非。国内见于西南部地区，为罕见留鸟或夏候鸟。主要生境为中低海拔水边的草本植被及灌丛中，善鸣，性吵嚷但比较警觉。【鸣声】吵嚷而尖厉，似大苇莺。

大苇莺 沈越

大苇莺 邢睿

东方大苇莺 沈越

噪苇莺 董江天

噪苇莺 黄秦

1144. 厚嘴苇莺 Thick-billed Warbler *Acrocephalus aedon*

【野外识别】体长 18~20 cm 的大型莺科鸟类。雌雄相似。喙短而粗，上体橄榄褐色，眼先羽色略淡，呈淡棕色或皮黄色，无眉纹和贯眼纹。两翼和尾羽略呈暗褐色。尾羽较长，呈明显的凸形。下体白色或淡灰白色，胸侧、两胁及尾下覆羽淡棕色。体色、体形与东方大苇莺和噪苇莺相似，但本种喙短且粗厚，无眉纹，且尾羽明显较长，野外不难辨识。虹膜—褐色；喙—上喙深灰色，下喙淡黄色；跗跖—灰褐色。【分布与习性】分  布于亚洲东部。国内见于除西部之外的广大地区，为不常见夏候鸟或旅鸟。主要活动于河流、湖泊、沼泽和水田附近的植被，亦出现在距水源相对较远的林地和林缘疏林一带的灌丛区域，善鸣。【鸣声】响亮而复杂多变的哨音。

1145. 靴篱莺 Booted Warbler *Hippolais caligata*

【野外识别】体长 11~13 cm 的中型莺科鸟类。雌雄相似。上体灰褐色或偏橄榄褐色，眉纹近白色，有时于后端不甚清晰。两翼和飞羽暗褐色，飞羽具甚窄的灰褐色羽缘。尾形方，外侧尾羽具近白色羽缘。下体白色，两胁和腹部有时略带淡皮黄色。与部分苇莺（如布氏苇莺等）相似，但本种喙较短，呈方形，且上体偏灰，而苇莺之尾大多呈凸形，上体少灰色。本种与同  属的赛氏篱莺与草绿篱莺相似，但喙、尾均稍短。虹膜—褐色；喙—上喙深灰色，下喙淡黄色，喙端深色；跗跖—灰褐色。【分布与习性】分布于中亚至南亚。国内仅见于新疆西北部，为不常见夏候鸟。主要生境为开阔的草丛和灌丛，亦见于林地。【鸣声】鸣唱比较复杂，但多数音节具明显的金属感。

1146. 赛氏篱莺 Sykes's Warbler *Hippolais rama*

【野外识别】体长 11~12 cm 的中型莺科鸟类。雌雄相似。上体灰褐色，眉纹较短，白色或淡黄白色，通常于眼后上方变模糊。两翼和尾羽基本与上体同色，外侧尾羽具白色羽缘。下体白色。与靴篱莺相似但本种喙较长而粗壮，且下体更偏白（但少数个体两胁仍略带极淡的棕黄色）。与草绿篱莺甚似，但本种体形  略小，且喙略短于草绿篱莺。虹膜—褐色；喙—上喙深灰色，下喙淡黄色或粉色；跗跖—灰褐色。【分布与习性】主要分布于俄罗斯、中亚至南亚。国内见于新疆西北部，为罕见留鸟或夏候鸟。生境和习性与靴篱莺相似。【鸣声】与靴篱莺相似，但节奏和音色稍有差别。

厚嘴苇莺 童江天　　　　　　　　　　厚嘴苇莺 杨玉和

靴篱莺 郑普　　　　　　　　　　靴篱莺 张岩

赛氏篱莺 朱凯杰　　　　　　　　　　赛氏篱莺 童江天

1147. 草绿篱莺　Olivaceous Warbler　*Hippolais pallida*

【野外识别】体长 13~15 cm 的中型莺科鸟类。雌雄相似。上体灰褐色，部分个体略带橄榄褐色。眉纹较短，近白色，一般仅止于眼上方。两翼（飞羽和大覆羽）暗褐色，具甚窄的灰褐色羽缘。尾形方，外侧尾羽具较窄的白色羽缘。下体白色。与芦莺、布氏苇莺等相似但尾羽端呈方形。与赛氏篱莺在野外很难区分，但本种体形稍大，且眉纹更短。与靴篱莺相似，具体辨识见该种描述。虹膜—褐色；喙—上喙深灰色，下喙淡黄色

或粉色；跗跖—粉色或灰褐色。【分布与习性】分布于欧洲至中亚，以及北非。国内见于新疆西北部的边缘地区，为罕见夏候鸟。主要栖息于海拔 2500 m 以下的林地和开阔的灌丛、草丛、农田等各种生境。【鸣声】快节奏而复杂的鸣唱，基本语调似"ka ka chi chi ka"。

1148. 栗头缝叶莺　Mountain Tailorbird　*Orthotomus cuculatus*

【野外识别】体长 10~12 cm 的小型莺科鸟类。雌雄相似。前额至顶冠为鲜艳的栗色。眉纹较窄而长，白色；贯眼纹深灰色，至眼后略模糊。枕部至后颈灰色或灰绿色，上体余部、两翼及尾羽橄榄绿色，但腰及尾上覆羽偏黄绿色。颊部、颏部、喉部、胸部至腹部中央灰色，两胁至尾下覆羽黄色，有时黄色范围甚大，几乎扩展到腹部中央。与长尾缝叶莺和黑喉缝叶莺相似，

但本种眉纹较清晰，腹侧为黄色，且尾相对较短，野外不难辨识。与栗头鹟莺略相似，但本种体形明显较大且喙和尾都较长，而栗头鹟莺体形很小，喙和尾都较短，且具两道浅色翼斑。与宽嘴鹟莺相似，区别见相应种描述。虹膜—褐色；喙—黑色，下喙基部黄色；跗跖—粉色。【分布与习性】主要分布于东南亚。国内见于云南、广西等南部地区及海南，为罕见留鸟。主要活动于海拔 1800 m 以下的林地（包括竹林）和林间灌丛。【鸣声】尖锐的一连串鸣声，似"di di di di"声。

1149. 长尾缝叶莺　Common Tailorbird　*Orthotomus sutorius*

【野外识别】体长 10~13 cm 的中型莺科鸟类。雌雄相似。喙较长，前额及顶冠栗色，几无眉纹，少数个体具一近白色甚短而窄的眉纹。眼先及颊部灰色，枕部及后颈灰褐色或灰绿色。上体余部为橄榄绿色，两翼和尾羽偏褐色，尾羽较长，中央尾羽于繁殖期特别延长。下体灰白色，有时略带淡黄色。与栗头缝叶莺相似但腹部为近白色而非黄色。与黑喉缝叶莺的辨识见该种描述。虹膜—褐色；喙—上喙深灰色，下喙粉色；跗跖—

粉色。【分布与习性】广布于南亚及东南亚。国内见于包括海南在内的长江以南地区，为常见留鸟。一般活动于较低海拔的城市公园、村庄、森林等各种生境，性活泼，尾常近乎竖直地上翘。常单只、成对或集小群活动。【鸣声】鸣唱为两个音节的快节奏重复，似"wi chu wi chu wi chu"，或单音节的"啾啾"声。

草绿篱莺 Michael Sveikutis

草绿篱莺 Клара Матусевич

栗头缝叶莺 白皓天

栗头缝叶莺 崔月

长尾缝叶莺 蔡欣然

长尾缝叶莺 朱雷

1150. 黑喉缝叶莺　Dark-necked Tailorbird　*Orthotomus atrogularis*

【野外识别】体长 10~12 cm 的中型莺科鸟类。雌雄相似。喙较长，前额至顶冠有较大面积的栗色区域，无眉纹。枕部略带褐色，上体余部，包括两翼及尾羽为橄榄绿色，颊至耳羽、颏均为灰色，喉部为黑色，部分雄鸟黑色区域延伸至上胸，但亦有部分个体（特别是雌鸟和未成年个体）黑色部分不甚明显。腹部灰色或灰白色，尾下覆羽黄色，有时两胁亦带黄色。与长尾缝叶莺相比，本种顶冠的棕色延伸到颈部，无眉纹，下体偏灰，且尾下覆羽为黄色，不难分辨。虹膜—褐色；喙—深灰色，下喙基部粉色；跗跖—粉色。【分布与习性】分布于南亚北部至东南亚。国内仅于云南南部有少量记录，为罕见留鸟。主要活动于较低海拔的各类林地。【鸣声】鸣唱为一连串似"chui chui chui chui"声。

1151. 花彩雀莺　White-browed Tit Warbler　*Leptopoecile sophiae*

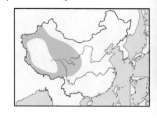

【野外识别】体长 9~12 cm 的小型莺科鸟类。雄鸟顶冠为栗色，具宽阔的白色或淡黄白色眉纹，颈部一般为淡紫褐色，背部和两翼为褐色（部分亚种为蓝紫色），腰和尾上覆羽为蓝色，尾羽钴蓝色、暗蓝色或暗褐色，外侧尾羽具白色羽缘。颊部、颏部至喉部为蓝灰色或暗蓝紫色，胸部、腹部及尾下覆羽为棕黄色或蓝紫色，腹部中央有小块区域为近白色，两胁通常为蓝紫色。诸亚种在背部、两翼、尾羽及下体的羽色有些许不同。雌鸟与雄鸟大致相似，但羽色较淡，特别是背部和两翼基本为褐色，而下体以褐色和灰白色为主，两胁略带极淡的紫色。虹膜—红褐色；喙—黑色；跗跖—黑褐色。【分布与习性】主要分布于中亚。国内见于环青藏高原一线，为区域性常见留鸟或季候鸟。繁殖于海拔 2500~4500 m 的灌丛生境，冬季亦见于较低海拔。【鸣声】鸣唱为连续而略显单调的"唧唧喳喳"声。

1152. 凤头雀莺　Crested Tit Warbler　*Leptopoecile elegans*

【野外识别】体长 9~11 cm 的小型莺科鸟类。雄鸟前额至顶冠为银灰色，具一定长度的白色羽冠但一般仅向后披下而不竖起，无眉纹，头侧、颊部、颏部、喉部及颈部均为栗红色，其中颏部及喉部栗色略淡。背部、腰部及翼上覆羽为钴蓝色或蓝绿色，飞羽和尾羽为黑褐色，但其外翈均具较宽的钴蓝色或天蓝色羽缘。下体自胸部向下，栗棕色逐渐变淡，至尾下覆羽为皮黄色或淡棕色。部分个体两胁呈淡紫色。雌鸟顶冠为暗灰色或灰褐色，具较长的暗褐色眉纹，眼先亦为暗褐色。颊、耳羽及下体主要为灰白色，两胁及尾下覆羽略带淡紫色。似花彩雀莺但顶冠冠色差异明显。虹膜—红褐色；喙—黑色；跗跖—深褐色或黑色。【分布与习性】中国特有种，分布于甘肃南部至西藏东南部。繁殖于海拔 2800~4300 m 的高山针叶林及灌丛中，冬季下至海拔 2000~3000 m。【鸣声】鸣唱为尖细的"ji ji"或"bili bili bili"声。

黑喉缝叶莺 非繁殖羽 朱雷

黑喉缝叶莺 非繁殖羽 朱雷

花彩雀莺 雄 沈越

花彩雀莺 雄 董江天

凤头雀莺 雌 董文晓

1153. 欧柳莺　Willow Warbler　*Phylloscopus trochilus*

【野外识别】体长 11~13 cm 的中型莺科鸟类。雌雄相似。上体褐色至橄榄褐色，眉纹淡黄色，眉纹上方略带暗褐色，贯眼纹亦为暗褐色。飞羽和大覆羽暗褐色，外翈具较宽的橄榄色羽缘，尾羽暗褐色，亦具浅色羽缘。颊、颏、喉淡黄色，下体余部淡黄白色，春季部分旧羽个体下体近白色。与林柳莺相似，但林柳莺上体羽色明显为更鲜艳的绿色。与叽喳柳莺相似，但本种跗跖颜色较淡而非黑色，且本种初级飞羽明显长于叽喳柳莺。

虹膜—褐色；喙—上喙深灰色，下喙基部淡黄色，端部深色；跗跖—褐色。【分布与习性】广布于欧洲至亚洲中部及非洲。国内于东北有迷鸟记录，新疆有少量记录，居留型尚不明确。主要生境为林缘疏林或开阔灌丛，一般较少深入森林。【鸣声】圆润、轻快的一连串哨音。

1154. 叽喳柳莺　Common Chiffchaff　*Phylloscopus collybita*

【野外识别】体长 10~13 cm 的中型莺科鸟类。雌雄相似。上体褐色，部分个体略偏橄榄褐色，具一道清晰或不甚清晰的淡皮黄色细长眉纹。两翼橄榄褐色，无翼斑。颊部为淡皮黄色或淡褐色，下体大致为淡皮黄色，但视季节和亚种不同而略有差异。甚似东方叽喳柳莺，但东方叽喳柳莺上体少橄榄色而明显偏灰褐色，且其眉纹及下体较本种偏白。亦与上体同为褐色的欧柳莺、灰柳莺及褐柳莺相似，但本种跗跖为黑色而非黄褐色，与上述

诸柳莺均不相同。此外本种标志性的鸣唱节奏亦为重要的识别特征。虹膜—褐色；喙—黑色，部分个体下喙基部粉色；跗跖—黑色。【分布与习性】广布于欧亚大陆西部、中部及北非。国内主要分布于西北部，为区域性常见夏候鸟，但在东部一些地区有迷鸟记录。生境包括中低海拔的各类林地及灌丛、草丛等。【鸣声】鸣唱极具特点，由两个不同的音节不断重复而成，似"叽喳、叽喳"或"chiff chaff chiff chaff"声。

1155. 东方叽喳柳莺　Mountain Chiffchaff　*Phylloscopus sindianus*

【野外识别】体长 11~12 cm 的中型莺科鸟类。雌雄相似。上体灰褐色，眉纹白色，贯眼纹暗褐色。两翼（飞羽及大覆羽）和尾羽暗褐色，具褐色羽缘，无翼斑。下体基本为白色，两胁略带灰褐色。与叽喳柳莺和欧柳莺相似，但本种上体明显偏灰褐色，不带橄榄色，且下体为白色而非淡黄色或皮黄色。与灰柳莺相似但本种眉纹为白色而非黄色，且本种跗跖颜色较深。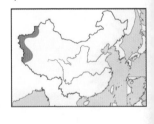

虹膜—褐色；喙—黑色，下喙基部黄褐色；跗跖—褐色至近黑色，有个体差异。【分布与习性】主要分布于中亚。国内边缘性分布于新疆西部，为罕见夏候鸟。主要繁殖于海拔 2000 m 以上的山地森林及灌丛区域，冬季一般集小群游荡至较低海拔。【鸣声】节奏似叽喳柳莺但由大致相似的音节构成，似"chi chi chi chi"，鸣声较叽喳柳莺尖锐。

欧柳莺 朱雷

叽喳柳莺 王尧天

叽喳柳莺 沈越

东方叽喳柳莺 宋小其

1156. 林柳莺　Wood Warbler　*Phylloscopus sibilatrix*

【野外识别】体长 12~14 cm 的中型莺科鸟类。雌雄相似。上体为较鲜艳的橄榄绿色，具清晰的黄色眉纹，眉纹上方羽色略暗，贯眼纹橄榄绿色。飞羽、大覆羽和尾羽均为黑褐色，外翈具显著的淡绿色羽缘，无翼斑。额、喉、颊、耳羽至颈侧均为黄色或淡黄色，部分个体黄色区域延伸至上胸。胸部、腹部及尾下覆羽皆为白色，与黄色的额及喉部形成对比。与欧柳莺相似但本种上体的绿色及喉部的黄色均较为鲜艳，与欧柳莺不难区分。

虹膜－褐色；喙－上喙黑色，下喙黄色或粉色，喙端深色；跗跖－褐色。【分布与习性】主要分布于欧洲至中亚，以及非洲。国内西部地区有少量夏候鸟及迷鸟记录。主要活动于低海拔各类林地。【鸣声】鸣唱响亮，为连续的单音节，节奏由慢逐渐加快，似"chi——chi——chi chi chi chichichichi"声。

1157. 褐柳莺　Dusky Warbler　*Phylloscopus fuscatus*

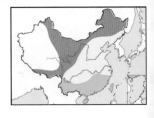

【野外识别】体长 11~13 cm 的中型莺科鸟类。雌雄相似。上体褐色或灰褐色，具长而清晰的白色或淡皮黄色眉纹，贯眼纹暗褐色。颊及耳羽灰褐色，额部、喉部、胸部至腹部中央为白色，两胁及尾下覆羽呈淡褐色。与巨嘴柳莺和日本树莺相似，但本种喙明显较以上两种长，眉纹亦甚为清晰，且本种上体偏灰，而非橄榄褐色或棕褐色。此外本种亦与烟柳莺及棕眉柳莺相似，但整体羽色略有差异，辨识见相应种描述。与叽喳柳莺相似，但本种跗跖为黄褐色而非黑色。虹膜－褐色；喙－上喙黑色，下喙基部黄色，端部黑色；跗跖－黄褐色。【分布与习性】繁殖于东北亚，越冬于南亚北部及东南亚。国内除极西部地区之外广泛分布，为常见候鸟。栖息地包括各类林地及灌丛，迁徙、越冬时亦见于城市公园等地，性活跃，一般不集群。【鸣声】一连串略显单调的哨音。

1158. 烟柳莺　Smoky Warbler　*Phylloscopus fuligiventer*

【野外识别】体长 11~12 cm 的中型莺科鸟类。雌雄相似。上体为暗褐色或暗灰褐色。眉纹灰白色或灰绿色，略显模糊。两翼和尾羽与上体同色但略暗。额部、喉部灰白色，下体为灰褐色或淡灰绿色，胸侧、两胁及尾下覆羽羽色更暗，几与上体同色。与褐柳莺相似但本种上体明显偏暗灰色而非褐色，且下喙颜色较深。虹膜－褐色；喙－黑色，下喙基部有少许褐色；跗跖－褐色。【分布与习性】分布于南亚东北部的尼泊尔及其周边。国内分布于西藏东部及南部，为罕见夏候鸟。主要生境为海拔 3000~4500 m 的高海拔灌丛区域，冬季更偏好低海拔灌丛、草丛及农田。【鸣声】鸣唱比较单调，似"chili chili"声。

林柳莺 朱雷

褐柳莺 付云

褐柳莺 沈越

褐柳莺 张永

烟柳莺 董文晓

1159. 黄腹柳莺 Tickell's Leaf Warbler *Phylloscopus affinis*

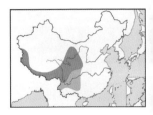

【野外识别】体长 10~11 cm 的小型莺科鸟类。雌雄相似。上体灰绿色或淡橄榄绿色。具较长且清晰的黄色眉纹，贯眼纹暗褐色。无翼斑，两翼与尾羽大致与上体同色但略暗。颊部、额部、喉部、胸部及尾下覆羽黄色，腹部为淡黄色，指名亚种下体（特别是腹部）黄色较浓重。与棕腹柳莺甚似，但本种喙相对较长，眉纹更为清晰，且下体黄色较为鲜艳。与灰柳莺相似，区别见相应种描述。虹膜—褐色；喙—上喙近黑色，下喙黄色或粉色；跗跖—褐色。【分布与习性】主要分布于喜马拉雅山脉、南亚及东南亚西北部。国内见于中部及西南部地区，为常见候鸟。繁殖于海拔 1500~5000m 的林区及灌丛地带。【鸣声】鸣唱为较快节奏的哨音，但音色略显单调。

1160. 棕腹柳莺 Buff-throated Warbler *Phylloscopus subaffinis*

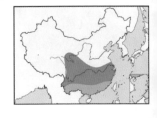

【野外识别】体长 10~12 cm 的小型莺科鸟类。雌雄相似。上体橄榄褐色，眉纹淡黄色或皮黄色，贯眼纹黑褐色。两翼之飞羽和大覆羽为暗褐色，外翈具黄绿色羽缘。腰及尾上覆羽偏橄榄绿色。尾羽呈暗褐色，外翈羽缘为橄榄绿色。下体呈棕黄色，颔部、喉部羽色略淡，有时近白色。甚似黄腹柳莺和灰柳莺，辨识见相应种描述。虹膜—褐色；喙—上喙黑色，下喙基部黄色或粉色，端部近黑色；跗跖—褐色。【分布与习性】主要分布在中国，国外仅于南亚和东南亚北部有越冬种群。国内见于中部至南方诸省，为不常见候鸟。主要繁殖于海拔 900~3000m 的林地及林缘灌丛，一般喜针叶林。【鸣声】鸣唱为连续的单调而尖锐的 "di di di di" 声。

1161. 灰柳莺 Sulphur-bellied Warbler *Phylloscopus griseolus*

【野外识别】体长 10~13 cm 的中型莺科鸟类。雌雄相似。上体灰褐色，眉纹黄色，比较清晰，贯眼纹黑褐色。无翼斑，两翼和尾羽大致与上体同色，但一般略暗。下体为淡黄色或淡棕黄色。与黄腹柳莺及棕腹柳莺相似且有小概率同域分布，但本种上体明显偏灰且下体羽色甚淡，于野外不难区分。似欧柳莺，但本种眉纹为较鲜亮的黄色而非淡黄色，且欧柳莺上体无灰色。与叽喳柳莺相似，区别见相应种描述。虹膜—褐色；喙—上喙黑色，下喙黄色；跗跖—橙色至褐色。【分布与习性】分布于中亚至南亚。国内见于西北部，即青海、内蒙古、新疆等地，为罕见夏候鸟。主要繁殖于海拔 2300~4500m 的疏林和灌丛区域。【鸣声】一连串快节奏的哨音，暂停数秒后继续重复。

黄腹柳莺 沈越

黄腹柳莺 张永

黄腹柳莺 张永

黄腹柳莺 张永

棕腹柳莺 朱雷

棕腹柳莺 崔月

棕腹柳莺 朱雷

灰柳莺 张岩

灰柳莺 Francesco Veronesi

1162. 棕眉柳莺　Yellow-streaked Warbler　*Phylloscopus armandii*

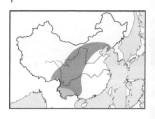

【野外识别】体长 11~13 cm 的中型莺科鸟类。雌雄相似。上体橄榄褐色，眉纹较长，前端皮黄色，后端近白色。贯眼纹暗褐色。飞羽和尾羽呈暗褐色，具狭窄的淡棕色外翈羽缘。颊部及耳羽褐色，额部、喉部近白色，下体余部为极淡的棕色，胸部具不甚清晰的黄色纵纹并向腹部延伸。两胁及尾下覆羽棕褐色较明显。与巨嘴柳莺相似但本种喙较细。似褐柳莺，但本种下体偏棕色且具淡黄色纵纹，且褐柳莺眉纹前端偏白而本种眉纹前端为皮黄色。虹膜—褐色；喙—深灰色，下喙基部粉色或黄色；跗跖—褐色。【分布与习性】繁殖于中国从渤海湾至西藏、云南、广西等西南部地区，越冬于东南亚北部和中国的云南和广西南部，为区域性常见候鸟。主要繁殖于海拔 1500~3200 m 的林区及灌丛，迁徙和越冬时亦见于较低海拔。【鸣声】快节奏的尖叫，有时混有多种颤音。

1163. 巨嘴柳莺　Radde's Warbler　*Phylloscopus schwarzi*

【野外识别】体长 11.5~13.5 cm 的中型莺科鸟类。雌雄相似。喙较粗厚而稍短。上体橄榄褐色，眉纹较长，呈皮黄色，前端模糊，后端清晰。贯眼纹暗褐色。两翼和尾羽暗褐色，外翈具橄榄绿色羽缘。额部、喉部白色或灰白色，下体余部为淡棕褐色，两胁及尾下覆羽为棕黄色。与棕眉柳莺相似，但本种体形较大，且喙较为粗厚。与褐柳莺相似，但本种喙粗钝，且眉纹前端模糊，而褐柳莺喙较长且尖，眉纹清晰。此外本种上体橄榄色亦较褐柳莺明显。虹膜—褐色；喙—深灰色，下喙基部黄色；跗跖—褐色。【分布与习性】分布于东北亚、东亚及东南亚。国内于东北部繁殖，于包括海南在内的东南部区域越冬，于除宁夏、西藏和青海外的包括台湾在内的其余各省迁徙经过。一般于地面或近地面的灌丛及矮树上活动，不惧人。【鸣声】鸣唱为一连串颤音。

1164. 橙斑翅柳莺　Buff-barred Warbler　*Phylloscopus pulcher*

【野外识别】体长 9~11 cm 的小型莺科鸟类。雌雄相似。头部灰绿色，具不甚明显的淡黄色或灰色顶冠纹，眉纹淡黄绿色，贯眼纹暗绿色至近黑色。背部橄榄绿色，腰淡黄色。两翼大致为暗褐色，具绿色外翈羽缘。大覆羽和中覆羽具橙黄色端斑，形成两道橙黄色翼斑（中覆羽形成的翼斑有时较窄，或不可见）。三级飞羽具近白色端斑，俯视时较为明显。尾羽暗褐色，外侧数枚尾羽大部分为白色。下体呈淡灰绿色，有些个体呈灰白色。两胁略带淡黄色。本种橙黄色的翼斑及白色的外侧尾羽为重要特征，在野外不难与其他相似的小型柳莺区分。虹膜—褐色；喙—黑色，下喙基部黄褐色；跗跖—褐色。【分布与习性】分布于喜马拉雅山至东南亚北部。国内主要见于中部及西南部地区，为常见留鸟或候鸟。一般繁殖于海拔 2000~4000 m 的山区针叶林及灌丛，越冬时下至更低的海拔。【鸣声】单调的"叽叽"声或连续的快节奏颤音。

巨嘴柳莺 关翔宇

棕眉柳莺 关翔宇

巨嘴柳莺 朱雷

巨嘴柳莺 计云

巨嘴柳莺 朱雷

橙斑翅柳莺 蔡九洲

橙斑翅柳莺 朱雷

1165. 灰喉柳莺 Ashy-throated Warbler *Phylloscopus maculipennis*

【野外识别】体长 8~10 cm 的小型莺科鸟类。雌雄相似。头部灰色，具不甚明显的白色顶冠纹和甚清晰的白色眉纹。贯眼纹黑色。背部橄榄绿色，腰黄色或淡黄色，与背部对比明显。两翼暗褐色，具橄榄绿色外翈羽缘，故两翼收拢时大致与背部同色，但大覆羽和中覆羽具淡黄色或近白色端斑，形成两道翼斑（中覆羽形成的翼斑有时不甚清晰）。三级飞羽端部明显为白色。

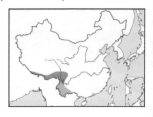

尾羽暗褐色，外侧数枚尾羽几乎全为白色。额部、喉部至胸部为灰色或灰白色，腹部至尾下覆羽为柠檬黄色或淡黄色。本种俯视时头部的灰色与上体的橄榄绿色形成鲜明对比，而仰视时亦可见胸部以上的灰色与腹部的黄色形成对比，配合以其余特征，如白色的外侧尾羽和清晰的浅色翅斑，野外不难辨识。虹膜－褐色；嘴－黑色，部分个体下喙基部黄色；跗跖－粉色至褐色。【分布与习性】分布于喜马拉雅山脉至中国西南部，以及缅甸北部地区。在国内为常见候鸟。繁殖于海拔 2000~3500 m 的森林及灌丛，冬季迁至较低海拔或南迁。【鸣声】鸣唱为小段落尖细而简单的哨音。

1166. 淡黄腰柳莺 Lemon-rumped Warbler *Phylloscopus chloronotus*

【野外识别】体长 8.5~10 cm 的小型莺科鸟类。雌雄相似。顶冠暗绿色，具较长而清晰的淡黄白色顶冠纹。眉纹淡黄色，甚宽且长，延伸至枕侧。贯眼纹暗绿色。背部橄榄绿色至灰绿色，腰淡黄色。两翼暗褐色，具橄榄绿色外翈羽缘。中覆羽和大覆羽具淡黄白色端斑，形成两道翼斑，其中大覆羽端部形成的第一道翼斑甚为宽阔且清晰。三级飞羽具较小的白色端斑。尾羽暗褐色，具较窄的黄绿色羽缘。颊部略带淡黄色或偏灰的黄绿色。

下体灰白色或淡黄色，尾下覆羽淡黄色比较明显。似黄腰柳莺但本种眉纹黄色甚淡。似黄眉柳莺，但本种具顶冠纹，腰黄色。与云南柳莺和甘肃柳莺相似，但本种具清晰的顶冠纹和相对明显的三级飞羽端斑，再配合以鸣声的差异，野外可以区分。虹膜－褐色；嘴－深灰色，下喙基部黄褐色；跗跖－褐色。【分布与习性】主要分布于喜马拉雅山脉至东南亚北部。国内见于秦岭至西藏南部、云南一带，为区域性常见候鸟。繁殖于海拔 2000 m 以上的针叶林，冬季南迁或短距离迁移至较低海拔越冬。【鸣声】节奏较快，为一连串大致相同的音节。

1167. 黄腰柳莺 Palla's Leaf Warbler *Phylloscopus proregulus*

【野外识别】体长 8~10.5 cm 的小型莺科鸟类。雌雄相似。顶冠暗绿色，长且宽阔的眉纹前半段为鲜艳的柠檬黄色，后半段为淡黄色或近白色。具淡黄色顶冠纹，但少数个体顶冠纹前端不清晰。上体橄榄绿色，腰淡黄色。两翼暗褐色，具黄绿色外翈羽缘。停歇时可见两道淡黄色翼斑。下体白色。本种眉纹前后羽色不同，特别是眉纹前端柠檬黄色甚为显著，此特征与其

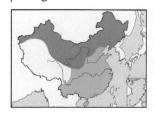

他较小型柳莺，如淡黄腰柳莺、云南柳莺和黄眉柳莺等，均明显不同。虹膜－褐色；嘴－黑色，喙基橙黄色；跗跖－褐色。【分布与习性】广布于亚洲东部

灰喉柳莺 张永

灰喉柳莺 朱雷

灰喉柳莺 沈岩

淡黄腰柳莺 朱雷

黄腰柳莺 张永

黄腰柳莺 朱雷

至中部。国内为常见候鸟，繁殖于东北、华北北部，越冬于包括海南在内的从西南、华南至华北地区，于台湾迁徙经过。繁殖期常见于针叶林和针阔混交林，迁徙过境和越冬时可见于各类林地、灌丛中。【鸣声】典型鸣声为上扬的"zu wei"声或其中的单音节重复若干次，或其他复杂多变的鸣声。

1168. 甘肃柳莺 Gansu Leaf Warbler *Phylloscopus kansuensis*

【野外识别】体长 9~10 cm 的小型莺科鸟类。雌雄相似。上体灰绿色至橄榄绿色。顶冠纹呈淡黄白色，但前端（前额及头顶前部）较模糊。具较长的淡皮黄色眉纹，但眉纹后端近乎白色。两翼暗褐色，大覆羽、中覆羽的端斑形成两道白色或淡黄色翼斑。三级飞羽具极不明显的浅色端斑。腰近乎白色。下体白色。似淡黄腰柳莺，但本种顶冠纹前半段通常不清晰，三级飞羽端斑不甚显著，且二者鸣声不同。虹膜—褐色；喙—黑色，下喙基部淡黄褐色；跗跖—黄褐色。【分布与习性】中国特有种，分布于甘肃至青海的有限地区，为区域性常见留鸟或候鸟。一般繁殖于海拔 2000 m 以上的山地针叶林或混交林，具体繁殖习性尚待研究。【鸣声】清脆的"叽叽"声或连续快节奏的"bibibibi"声。

1169. 云南柳莺 Chinese Leaf Warbler *Phylloscopus yunnanensis*

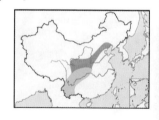

【野外识别】体长约 10 cm 的小型莺科鸟类。雌雄相似。上体为偏灰的橄榄绿色。顶冠纹灰色，较宽，但通常不清晰。眉纹较长，淡皮黄色至近白色，眉纹于眼后上方通常显著变宽。两翼暗褐色，大覆羽先端淡白色，形成一道显著的翼斑，中覆羽先端具甚窄的浅色端斑，形成不清晰的第二道翼斑。三级飞羽白色先端亦不清晰。腰淡黄色。下体白色或黄白色。与黄腰柳莺相似，但本种眉纹先端黄色甚淡，并非鲜艳的柠檬黄色。且本种三级飞羽的端斑不甚显著。与淡黄腰柳莺相似，区别见相应种描述。虹膜—褐色；喙—上喙黑色，下喙黄褐色；跗跖—褐色。【分布与习性】繁殖于中国华北及中部地区，越冬于中国云南及东南亚，为区域性常见候鸟。繁殖于 1500~3100 m 的中海拔落叶阔叶林。【鸣声】鸣唱由 2~3 个音节连续重复，节奏感强，持续时间较长，音调较黄腰柳莺低，且音色较涩。

甘肃柳莺 关翔宇

甘肃柳莺 关翔宇

云南柳莺 朱雷

云南柳莺 朱雷

1170. 黄眉柳莺　Yellow-browed Warbler　*Phylloscopus inornatus*

【野外识别】体长 9~11 cm 的小型莺科鸟类。雌雄相似。上体橄榄绿色。无顶冠纹(极少数个体具甚模糊的顶冠纹)，眉纹较长，端部淡皮黄色，其余部分乳白色。两翼黑褐色，具狭窄的黄绿色外翈羽缘，大覆羽和中覆羽的白色或淡黄白色端斑形成两道清晰的翼斑。三级飞羽亦具较为明显的白色端斑，甚至内侧次级飞羽亦具较小的白色端斑。下体白色，尾羽黑褐色，外翈羽缘黄绿色。与体形较大的极北柳莺、淡脚柳莺及冠纹柳莺等相比，

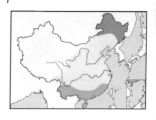

本种体小，喙较短，翼斑清晰且三级飞羽具明显的白色端斑。似黄腰柳莺及淡黄腰柳莺，但无顶冠纹及黄腰。甚似淡眉柳莺，辨识见该种描述。虹膜－褐色；喙－黑灰色，下喙基部黄色；跗跖－黄褐色。【分布与习性】繁殖于东北亚，迁徙经亚洲东部，越冬于东南亚。国内广泛分布，见于除新疆外的各省。常见季候鸟，为低海拔地区（包括城市）最常见的过境柳莺类之一。主要活动于林冠层，偶尔至林缘灌丛。【鸣声】尖细的鸣声似 "zi wei" 声，音调上扬。

1171. 淡眉柳莺　Hume's Warbler　*Phylloscopus humei*

【野外识别】体长 9~11 cm 的小型莺科鸟类。雌雄相似。上体橄榄绿色，部分个体略带灰绿色。具灰色顶冠纹，但甚为模糊。眉纹白色，较长。两翼黑褐色，具甚窄的橄榄绿色外翈羽缘。大覆羽和中覆羽端斑形成两道淡黄白色翼斑，但中覆羽端斑形成的第二道翼斑通常不清晰。三级飞羽具较窄的近白色端斑。下体大致为白色，额部、喉部略带淡灰绿色。甚似黄眉柳莺，但黄眉柳莺眉纹先端的皮黄色较明显，而本种眉纹偏白；且本

种三级飞羽之白色端斑较黄眉柳莺更窄。此外，本种喙几乎全为黑色，且跗跖亦近黑色，与黄眉柳莺明显呈褐色的喙基和黄褐色跗跖存在一定差异。虹膜－褐色；喙－黑色，喙基有时具狭窄的褐色区域；跗跖－暗褐色至黑色。【分布与习性】分布于中亚、南亚至东南亚北部。国内见于新疆北部和渤海湾至云南一线区域，为区域性常见候鸟。繁殖于 1000 m 以上的林地及灌丛。冬季迁至低山或平原地区。【鸣声】鸣唱尖细而婉转，与黄眉柳莺不同。

1172. 极北柳莺　Arctic Warbler　*Phylloscopus borealis*

【野外识别】体长 11~13 cm 的中型莺科鸟类。雌雄相似。喙较长。上体橄榄绿色偏灰绿色，无顶冠纹，具狭长的白色眉纹。两翼暗褐色，飞羽和覆羽的外翈具灰绿色的羽缘。大覆羽具较小的白色端斑，形成一道不甚明显的翼斑，部分个体无翼斑。尾羽暗褐色，具较窄的橄榄绿色外翈羽缘。下体大致呈白色，胸侧至两胁略带淡灰绿色，部分个体尾下覆羽偏淡黄色。似冕柳莺，但本种下喙端部深色，无顶冠纹，而冕柳莺下喙全为黄色，

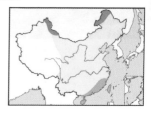

具顶冠纹。似暗绿柳莺、淡脚柳莺和双斑绿柳莺，但本种体形更为瘦长，喙较长而强壮，且上体橄榄绿色不甚鲜艳。虹膜－褐色；喙－上喙深灰色，下喙黄褐色，端部深色；跗跖－褐色。【分布与习性】广布于欧亚大陆。国内除青藏高原一带外亦广泛分布，为常见候鸟。主要栖息于各类林地，一般于林冠层至森林中下层活动。【鸣声】鸣声节奏比较多变，但一般似"嘀嘀嘟嘟"声。

黄眉柳莺 沈越　　黄眉柳莺 崔月

黄眉柳莺 张永

淡眉柳莺 张永

淡眉柳莺 张永

淡眉柳莺 王尧天

极北柳莺 崔月

极北柳莺 朱雷

1173. 暗绿柳莺 Greenish Warbler *Phylloscopus trochiloides*

【野外识别】体长 10~12 cm 的小型莺科鸟类。雌雄相似。上体橄榄绿色至灰绿色。无顶冠纹，眉纹较长，淡黄白色。两翼暗褐色，具橄榄绿色外翈羽缘。大覆羽端部淡黄色近白，形成一道翼斑。少数个体中覆羽亦具狭窄的白色端斑，形成不甚清晰的第二道翼斑。尾羽黑褐色，具淡绿色羽缘。下体白色，两胁略带淡皮黄色。与极北柳莺非常相似，但极北柳莺的体形更大，且其喙明显较长且粗壮。与双斑绿柳莺相似但本种上体略偏灰

绿色，且通常仅具一道翼斑，而双斑绿柳莺具两道清晰的翼斑。似乌嘴柳莺，但本种喙色及顶羽冠色略淡，且二者鸣声有显著不同。虹膜－褐色；喙－上喙深灰色，下喙基部黄色或粉色，端部深色；跗跖－褐色。【分布与习性】繁殖于欧洲北部至亚洲北部，越冬于南亚和东南亚。国内主要见于中部至西部地区，为区域性常见候鸟。主要繁殖于海拔 1500~4500 m 的中高海拔针叶林、针阔混交林及林线上缘区域，越冬于较低海拔。【鸣声】鸣唱为轻快的哨音。

1174. 双斑绿柳莺 Two-barred Warbler *Phylloscopus plumbeitarsus*

【野外识别】体长约 12 cm 的中型莺科鸟类。雌雄相似。上体橄榄绿色，前额及头顶羽色略暗，无顶冠纹，具一长且宽的淡黄色或近白色眉纹。两翼暗褐色，具较宽的橄榄绿色外翈羽缘，大覆羽和中覆羽的白色先端形成两道清晰的翼斑，但少数个体中覆羽构成的第二道翼斑比较模糊。下体白色，两胁和尾下覆羽有时略带淡黄色或淡灰绿色。似极北柳莺但本种体形较小且喙较短。似暗绿柳莺，但本种上体为较鲜艳的橄榄绿色，不带

灰绿色，且本种翼斑通常为两道而暗绿柳莺仅为一道。似淡脚柳莺、冕柳莺，区别见相应种描述。虹膜－褐色；喙－上喙深灰色，下喙橙黄色；跗跖－褐色。【分布与习性】繁殖于东北亚，越冬于东南亚。国内于东北大部分地区繁殖，迁徙时经过横断山脉以东的大部分区域，于海南等越冬。为不常见候鸟，主要繁殖生境与暗绿柳莺相似，为山区针叶林和针阔混交林，迁徙和越冬时见于平原和低山区域的多种生境。【鸣声】鸣唱较轻快，节奏、音色均似暗绿柳莺。

1175. 淡脚柳莺 Pale-legged Leaf Warbler *Phylloscopus tenellipes*

【野外识别】体长 11~13 cm 的中型莺科鸟类。雌雄相似。上体橄榄绿色，头部顶冠偏暗灰色，无顶冠纹，具长且宽阔的白色眉纹。贯眼纹暗褐色。两翼黑褐色，具宽阔的橄榄绿色外翈羽缘，大覆羽和中覆羽具白色端斑，形成两道翼斑，但中覆羽形成的第二道翼斑通常不甚清晰或缺失，少数个体甚至第一道翼斑亦不清晰。尾羽黑褐色，羽缘橄榄绿色。颏部、喉部、胸部及腹部中央白色，胸侧、两胁及尾下覆羽一般略带淡皮黄色

或淡灰绿色，但部分个体亦近白色。与极北柳莺和双斑绿柳莺相似，但本种头部较暗或偏灰，且跗跖颜色更淡。此外本种喜在森林中下层及地面活动，而极北柳莺则一般在林冠层及中层活动，较少到地面附近。虹膜－褐色；喙－上喙深灰色，下喙粉色，喙端深色；跗跖－淡粉色，部分

暗绿柳莺 张永

双斑绿柳莺 张永

淡脚柳莺 关雪燕

淡脚柳莺 张梦

个体略带灰色。【分布与习性】主要分布于亚洲东部。国内罕见，于东北东部繁殖，于包括台湾和海南在内的沿海省份迁徙经过。一般活动于1800m以下的林地和林缘灌丛。【鸣声】通常为一连串的"叽叽叽叽"声。

1176. 乌嘴柳莺　Large-billed Warbler　*Phylloscopus magnirostris*

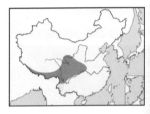

【野外识别】体长11~13 cm的中型莺科鸟类。雌雄相似。上体橄榄绿色，前额至头顶暗绿色，无顶冠纹，眉纹细长，呈淡皮黄色。贯眼纹暗橄榄褐色。两翼黑褐色，飞羽和翼上覆羽具橄榄绿色外翈羽缘。大覆羽和中覆羽具浅色端斑，形成两道淡黄白色翼斑，但中覆羽端斑构成的第二道翼斑通常模糊，偶尔缺失。下体白色为主，两胁大多略带灰绿色或淡黄绿色。似暗绿柳莺及极北柳莺，野外不易辨识，但本种顶羽冠色略暗，且喙色较深，特别是下喙浅色部分较小。最为准确的方法为依据本种极具特点的鸣声辨识。虹膜—褐色；喙—主要为黑色，下喙基部淡黄褐色；跗跖—褐色。【分布与习性】主要繁殖于喜马拉雅山脉至中国中部，越冬于南亚。为国内常见夏候鸟。主要活动于海拔1500~4000m的山地阔叶林和林缘灌丛。【鸣声】鸣唱一般由5个逐渐降调的单音节构成，甚具特点。

1177. 冕柳莺　Eastern Crowned Warbler　*Phylloscopus coronatus*

【野外识别】体长11~13 cm的中型莺科鸟类。雌雄相似。上体橄榄绿色，头部略偏灰绿色。具模糊的灰色顶冠纹，眉纹淡黄白色，较为细长。两翼暗褐色，具橄榄绿色外翈羽缘，大覆羽具狭窄的淡黄色端斑，形成一道较细的翼斑，部分个体翼斑甚为模糊。下体白色，尾下覆羽为淡黄色或柠檬黄色。与相似的极北柳莺、双斑绿柳莺相比，本种下喙色甚淡，一般无深色喙尖，具顶冠纹，且尾下覆羽黄色较明显。与同具顶冠纹的冠纹柳莺亦相似，但本种具一道翼斑及黄色的尾下覆羽，而冠纹柳莺则具两道清晰的翼斑，尾下覆羽则为白色。此外，本种鸣声甚具特点，与其他相似的柳莺均有较大差异。虹膜—褐色；喙—上喙深灰色，下喙淡黄褐色；跗跖—褐色。【分布与习性】主要分布于亚洲东部。国内除西部地区和海南外广泛分布，为区域性常见候鸟。主要活动于中低海拔的各类林地。【鸣声】响亮而清脆，似"驾 驾 吉"，最后一个音节的音调上扬。

乌嘴柳莺 张永

冕柳莺 张琴

冕柳莺 沈越

冕柳莺 关翔宇

1178. 冠纹柳莺 Blyth's Leaf-Warbler *Phylloscopus reguloides*

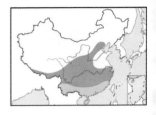

【野外识别】体长 10~12 cm 的小型莺科鸟类。雌雄相似。上体为较鲜艳的橄榄绿色。头顶偏暗绿色，与背部羽色有差异。具较宽的淡黄色的顶冠纹（部分亚种不甚清晰），及长且宽阔的淡黄色眉纹。两翼之飞羽及翼上覆羽黑褐色，具较宽的橄榄绿色或淡绿色外翈羽缘，大覆羽和中覆羽的端斑形成两道清晰的淡黄色翼斑。尾羽暗褐色，外翈羽缘橄榄绿色，最外侧尾羽内翈具较窄的白色羽缘。下体白色，部分亚种（如 *goodsoni* 亚种）下体淡黄色。似冕柳莺，但本种具两道翼斑，尾下覆羽近白色；而冕柳莺仅一道翼斑，尾下覆羽呈柠檬黄色；二者鸣声亦存在明显差异。似白斑尾柳莺、黄眉柳莺、峨眉柳莺、黑眉柳莺，具体差异见相应种描述。虹膜—褐色；喙—上喙黑色，下喙粉褐色；跗跖—褐色。【分布与习性】分布于东亚至东南亚。国内除东北和西部地区外广泛分布，为常见夏候鸟或旅鸟，于云南及海南为常见冬候鸟或留鸟。一般活动于海拔不超过 3000 m 的山地森林和灌丛地带。停歇时常两翼轮流快速振动。【鸣声】鸣唱响亮，似山雀，为重复 2~3 个音节的哨音。

1179. 海南柳莺 Hainan Leaf Warbler *Phylloscopus hainanus*

【野外识别】体长约 10~10.5 cm 的小型莺科鸟类。雌雄相似。上体绿色至黄绿色，具清晰的柠檬黄色顶纹和同色眉纹。两翼为暗褐色，飞羽和翼上覆羽外翈具黄绿色羽缘，大覆羽和中覆羽具黄色端斑，构成两道黄色翼斑（中覆羽形成的第二道翼斑有时较模糊）。尾羽暗褐色，具绿色外翈羽缘，最外侧尾羽内翈全为白色。颊、耳羽及下体均为柠檬黄色。本种下体羽色甚为鲜艳且均一，故可据此和尾羽特征相似的白斑尾柳莺和黄胸柳莺区分。黑眉柳莺下体羽色与本种相似，但其侧冠纹近乎黑色，而本种侧冠纹与上体同色；此外黑眉柳莺在海南并无分布。虹膜—褐色；喙—上喙深灰色，下喙粉色或黄褐色；跗跖—褐色。【分布与习性】中国特有种，仅分布于海南，为常见留鸟。主要生境为低山次生林的林冠层至中层，偶尔在林缘灌丛活动。【鸣声】一连串似山雀的清脆鸣声，但节奏较快。

1180. 峨眉柳莺 Emei Leaf Warbler *Phylloscopus emeiensis*

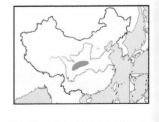

【野外识别】体长 10~11 cm 的小型莺科鸟类。雌雄相似。上体为较鲜艳的橄榄绿色。具淡黄色顶冠纹，一般较细而不甚明显。眉纹亦为淡黄色。贯眼纹暗绿色。两翼分别具两道清晰的淡黄色翼斑，分别由大覆羽和中覆羽的端斑拼合而成。下体白色部分个体胸侧和两胁略带淡黄绿色。与冠纹柳莺相似，但本种头顶羽色较淡，顶冠纹较细，而冠纹柳莺头顶羽色略较上体暗，且顶冠纹较宽而模糊。二者鸣声亦不相同。虹膜—褐色；喙—上喙深灰色，下喙粉色；跗跖—褐色。【分布与习性】繁殖于中国中部，于东南亚北部（缅甸等地）有越冬记录。为罕见留鸟或夏候鸟。繁殖于 1000~2500 m 的山地森林。【鸣声】鸣唱由相同的单音节快节奏连续而成。

冠纹柳莺 张永

冠纹柳莺 海拔松村 元英

冠纹柳莺 朱雷

海南柳莺 张永

海南柳莺 嘉道理中国保育

峨眉柳莺 黄小安

峨眉柳莺 黄小安

1181. 白斑尾柳莺　White-tailed Warbler　*Phylloscopus davisoni*

【野外识别】体长 10~11 cm 的小型莺科鸟类。雌雄相似。头顶橄榄绿色，上体余部为鲜艳的橄榄黄绿色。具比较清晰的淡黄色顶冠纹，眉纹亦为淡黄色。贯眼纹暗绿色。两翼暗褐色，具橄榄绿色外翈羽缘，大覆羽和中覆羽具淡黄色端斑，形成两道清晰的淡黄色或柠檬黄色翼斑。尾羽黑褐色，外翈羽缘为橄榄绿色，最外侧尾羽内翈全为白色，仰视时甚为明显。下体为白色或淡黄白色。甚似冠纹柳莺，但本种较冠纹柳莺更偏黄绿色，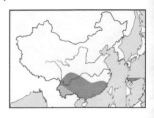
特别是眉纹、顶冠纹、翼斑及喉部偏黄色，且外侧尾羽白色面积较大。此外，二者叫声节奏亦有所差异。似海南柳莺，区别见相应种描述。虹膜－褐色；喙－黑色；跗跖－褐色。【分布与习性】主要分布于东南亚。国内见于南方大部分地区，为区域性常见夏候鸟或留鸟。主要活动于不超过海拔 3000 m 的各类林地和灌丛。喜双翼同时鼓振，此行为与冠纹柳莺的两翼轮流鼓振明显不同。【鸣声】似冠纹柳莺，但二者鸣声节奏有些许差异。

1182. 黄胸柳莺　Yellow-vented Warbler　*Phylloscopus cantator*

【野外识别】体长 9~11 cm 的小型莺科鸟类。雌雄相似。上体橄榄绿色。具清晰的淡黄色顶冠纹，侧冠纹暗绿色，部分个体近乎黑色。眉纹较宽，呈柠檬黄色，贯眼纹暗绿色。两翼及尾羽呈暗褐色，均具橄榄绿色的外翈羽缘。两翼大覆羽和中覆羽具淡黄色或黄绿色端斑，形成两道翼斑（中覆羽形成的第二道翼斑有时不甚清晰）。最外侧尾羽的内翈外缘为白色。颊部、额部、
喉部至上胸柠檬黄色，下胸及腹部为白色或灰白色，尾下覆羽黄色。本种下体羽色比较特殊，特别是腹部的白色与前后区域的柠檬黄色形成对比，野外不难识别。似海南柳莺、黑眉柳莺，区别见相应种描述。虹膜－褐色；喙－上喙深灰色，下喙淡褐色至橙黄色；跗跖－褐色。【分布与习性】分布于喜马拉雅山东南部及东南亚北部。国内主要见于云南西南部的边缘地区，为罕见夏候鸟。主要生境为中低海拔的林地及林间灌丛。【鸣声】鸣唱为小段轻快的哨音。

1183. 灰岩柳莺　Limestone Leaf Warbler　*Phylloscopus calciatilis*

【野外识别】体长 10~11 cm 的小型莺科鸟类。雌雄相似。上体橄榄绿色。顶冠纹黄绿色，较为清晰。侧冠纹黑色，眉纹黄色或黄绿色。贯眼纹近黑色。两翼和尾羽黑褐色，各羽外翈羽缘黄绿色。多数个体大覆羽和中覆羽具淡黄色端斑，形成两道翼斑，但部分个体中覆羽端斑形成的第二道翼斑甚为模糊，甚至少数个体的第一道翼斑亦不清晰。下体为黄色或黄绿色。甚似黑眉柳莺，外观难以分辨，但本种喙较黑眉柳莺略长，且多
数个体下体黄色略淡。本种鸣声与黑眉柳莺有一定差异，故以鸣声辨识为比较准确的方法。虹膜－褐色；喙－上喙深灰色，下喙橙黄色；跗跖－褐色。【分布与习性】分布于中国南部有限地区至东南亚北部。为罕见留鸟。主要生境为具喀斯特地貌的常绿阔叶林。喜集小群或与其他莺类混群。【鸣声】7~8 个音节组成的轻柔的鸣唱，音节间的间隔节奏无明显变化。

白斑尾柳莺 Ayuwat Jearwattanakanok

白斑尾柳莺 Ayuwat Jearwattanakanok

黄胸柳莺 Pkspks

灰岩柳莺 文辉

1184. 黑眉柳莺　Sulphur-breasted Warbler　*Phylloscopus ricketti*

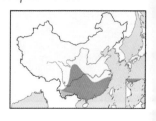

【野外识别】体长 10~11 cm 的小型莺科鸟类。雌雄相似。上体为鲜艳的橄榄绿色。顶冠纹甚清晰，呈淡黄色或黄绿色。侧冠纹近黑色。眉纹较长，为柠檬黄色。贯眼纹暗绿色或近黑色。两翼靠黑褐色，各羽外翈具淡黄绿色羽缘，有两道较细的淡黄色翼斑，分别由大覆羽和中覆羽的端斑形成。尾羽暗褐色，外翈羽缘黄绿色，最外侧尾羽的内翈羽缘为白色。下体为鲜亮的柠檬黄色，部分个体腹部偏黄绿色。与冠纹柳莺和黄胸柳莺相似但下体全为黄色。与海南柳莺相似，但本种侧冠纹近乎黑色，且分布区域不同。甚似灰岩柳莺，主要靠鸣声辨识。虹膜—褐色；喙—上喙深灰色，下喙橙黄色；跗跖—褐色。【分布与习性】主要分布于东南亚。国内见于中部及南方大部地区，为不常见候鸟。主要活动于海拔 1600 m 以下的低山和平原林地及林缘灌丛。【鸣声】鸣声尖细，似 “zi zi bi bi bi bibili”，音调高低范围较灰岩柳莺大。

1185. 灰头柳莺　Grey-hooded Warbler　*Phylloscopus xanthoschistos*

【野外识别】体长 10~11 cm 的小型莺科鸟类。雌雄相似。头大致为灰色，顶冠纹灰白色，多数个体甚为模糊。眉纹白色。贯眼纹暗灰色。颊及耳羽均为灰色。上体橄榄绿色。两翼暗褐色，具黄绿色的外翈羽缘。尾羽褐色，外翈具黄色羽缘，外侧尾羽内翈为白色。下体为柠檬黄色或淡黄色。与黄腹鹟莺相似，但黄腹鹟莺颏部、喉部为白色，与下体余部的黄色对比较明显。虹膜—深褐色；喙—上喙灰色，下喙黄色；跗跖—褐色。【分布与习性】主要分布于喜马拉雅山一带及其东南部。国内见于西藏南部及东南部，为区域性常见夏候鸟或留鸟。主要活动于海拔 1500~3000 m 的林地及林下灌丛，冬季向较低海拔迁移。【鸣声】音调较高的哨音。

1186. 金眶鹟莺　Green-crowned Warbler　*Seicercus burkii*

【野外识别】体长 10~12 cm 的小型莺科鸟类。雌雄相似。上体橄榄绿色。顶冠纹绿色（部分亚种为灰色），侧冠纹黑色。头两侧大致为橄榄绿色或黄绿色。具清晰的柠檬黄色眼圈。两翼收拢时与上体同色，但大覆羽具较小的黄绿色端斑，形成一道翼斑（部分亚种翼斑不甚清晰）。尾羽暗褐色，外翈羽缘橄榄绿色，外侧尾羽之内翈具较宽的白色边缘。下体柠檬黄色，胸侧及两胁有时带黄绿色。本种黄色的眼圈为重要辨识特征，相似种灰脸鹟莺眼圈为白色，且其头侧为灰色而非黄绿色。与白眶鹟莺相似，区别在于本种眼眶上部无刻缺。虹膜—深褐色；喙—上喙灰色，下喙黄色；跗跖—粉色或黄褐色。【分布与习性】分布于南亚北部和东南亚。国内于秦岭以南地区、华北及青藏高原南部（喜马拉雅山脉）广泛分布，于多数地区为常见夏候鸟，于西南部少数地区为留鸟。主要活动于海拔 1000~3500 m 的阔叶林、竹林及灌丛。【鸣声】鸣唱为 2~3 个音节的哨音，或单音节而节奏稳定的 “bi bi bi” 等。

黑眉柳莺 吴志华

淡头柳莺 张永

灰头柳莺 朱雷

金眶鹟莺 沈越

金眶鹟莺 张永

1187. 白眶鹟莺　White-spectacled Warbler　*Seicercus affinis*

【野外识别】体长 10~11 cm 的小型莺科鸟类。雌雄相似。指名亚种上体橄榄绿色。顶冠纹灰色，侧冠纹黑色，头侧灰色。具一较宽的白色眼圈，但眼圈上方有一明显的间断。两翼收拢时与上体同为橄榄绿色，但大覆羽具淡黄白色端斑，形成一道较细的翼斑。尾羽暗褐色，具橄榄绿色或黄绿色外翈羽缘，最外侧的 3 对尾羽具白色内翈。下体柠檬黄色。分布于南方的 *intermedius* 亚种头侧和金眶鹟莺一样为橄榄绿，眼眶亦为黄色，唯眼眶上部之刻缺与之区别。与相似种灰脸鹟莺的差异见该种描述。虹膜－深褐色；喙－上喙深灰色，下喙黄色；跗跖－褐色。【分布与习性】分布于喜马拉雅山东南部至东南亚北部。国内于西藏南部边缘和长江以南部分地区有零散分布，为罕见候鸟。主要生境为中低海拔的山地阔叶林和竹林，以及林下灌丛。【鸣声】鸣唱响亮而比较尖锐。

1188. 灰脸鹟莺　Grey-cheeked Warbler　*Seicercus poliogenys*

【野外识别】体长 9~11 cm 的小型莺科鸟类。雌雄相似。头顶及头侧为灰色，具甚模糊的黑色侧冠纹（部分个体无侧冠纹），眼圈白色，于眼上方有小段缺失。上体橄榄绿色，两翼各羽呈暗褐色，外翈羽较宽的橄榄绿色羽缘。大覆羽羽端为淡黄白色，形成一道较清晰的翼斑。额白色或灰白色，下体余部柠檬黄色。本种白色且上方缺口的眼圈及灰色的颊与金眶鹟莺有较为明显的差异。与白眶鹟莺指名亚种相似，但本种的黑色侧冠纹不甚清晰，颊灰色更深，额为白色或灰白色（白眶鹟莺的额与下体余部同为黄色）。虹膜－深褐色；喙－深灰色；跗跖－褐色。【分布与习性】分布于喜马拉雅山东南部及东南亚北部。国内见于西藏南部和云南西部，为罕见留鸟或候鸟。主要活动于海拔 1000~2500 m 的各类林地。【鸣声】尖锐而略具金属感的"叽哩"声。

1189. 栗头鹟莺　Chestnut-crowned Warbler　*Seicercus castaniceps*

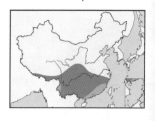

【野外识别】体长 8~10 cm 的小型莺科鸟类。雌雄相似。前额至头顶栗棕色，具黑色侧冠纹，但仅从枕后至头顶比较清晰，向前逐渐隐没于头顶前部和前额的栗色中。无眉纹，具完整的白色眼圈。头侧灰色（部分亚种自颈部至上背均为灰色）。上体橄榄绿色，两翼黑褐色，各羽具橄榄绿色的外翈羽缘，大覆羽和中覆羽具淡黄色端斑，形成两道翼斑。尾羽暗褐色，外侧尾羽内翈为白色。额、喉至上胸与头侧同为灰色，下体余部黄色。本种栗色的顶冠极具特点，野外不难辨识。与宽嘴鹟莺相似，但宽嘴鹟莺具眉纹，且无翼斑与白色眼圈。与栗头缝叶莺相似，辨识见相应种描述。虹膜－深褐色；喙－上喙深灰色，下喙黄色；跗跖－灰褐色至褐色。【分布与习性】主要分布于东南亚。国内见于秦岭及其以南地区，为较常见候鸟。主要生境为不超过海拔 2500 m 的低山阔叶林。【鸣声】甚为尖细但略显单调的"zi——zi zi"声。

白眶鹟莺 Dibyendu Ash

灰脸鹟莺 李飏

灰脸鹟莺 董江天

栗头鹟莺 何海清

栗头鹟莺 李飏

栗头鹟莺 薛琳

1190．棕脸鹟莺　Rufous-faced Warbler　*Abroscopus albogularis*

【野外识别】体长 9~10 cm 的小型莺科鸟类。雌雄相似。顶冠纹栗棕色，侧冠纹黑色，无眉纹，头侧亦为栗棕色。颈部黄绿色，上体橄榄绿色，两翼黑褐色，各羽外翈具黄绿色羽缘，无翼斑。腰淡黄色。尾羽暗褐色，具橄榄绿色羽缘。额白色或淡黄色，喉白色，密布黑色细纵纹，胸部略带黄绿色或淡黄色，腹部白色，尾下覆羽淡黄色。本种栗棕色的头部及黑白斑驳的喉部为显著的特征，野外无与之相似的种类。虹膜—深褐色；喙—上喙深 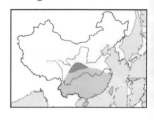 灰色，下喙黄色；跗跖—褐色。【分布与习性】广布于东洋界。国内分布于包括台湾和海南在内的秦岭以南地区。为常见留鸟。主要生境为中低海拔的阔叶林及竹林，一般在林地中上层活动。【鸣声】一连串尖锐的哨音，似 "li li li li li"。

1191．黄腹鹟莺　Yellow-bellied Warbler　*Abroscopus superciliaris*

【野外识别】体长 9~11 cm 的小型莺科鸟类。雌雄相似。头灰色，无顶冠纹，具白色眉纹和暗灰色贯眼纹。上体黄绿色，两翼及尾羽黑褐色，外翈具黄绿色或橄榄绿色羽缘，无翼斑。额部、喉部白色（部分个体白色区域扩展至上胸），下体余部柠檬黄色。与灰头柳莺相似，但本种无顶纹且额、喉明显为白色而非黄色。虹膜—深褐色；喙—黑色，下喙基部黄褐色，部分个体  喙近乎全为黑色；跗跖—粉色至褐色。【分布与习性】分布于喜马拉雅山东南部以及东南亚。国内见于西藏东南部至云南西南部。为不常见留鸟。主要见于海拔 1500 m 以下的竹林及次生林。性活跃，一般不集群，非繁殖期有时加入混合鸟群。【鸣声】鸣唱为五个音节左右的尖锐升调。

1192．黑脸鹟莺　Black-faced Warbler　*Abroscopus schisticeps*

【野外识别】体长约 10 cm 的小型莺科鸟类。雌雄相似。头顶至后颈灰色。具较宽的柠檬黄色眉纹，额基黄色，与眉纹连接。眼先、眼周和颊黑色，耳羽至颈侧灰色。上体橄榄绿色，两翼和尾羽暗褐色，具橄榄绿色外翈羽缘，两翼无翼斑。额部、喉部柠檬黄色，胸部灰色（部分个体上胸为淡黄色），腹部白色，两胁略带黄色，尾下覆羽黄色。本种头部特征在莺类中较为特殊，但与黄腹扇尾鹟头部的花纹和羽色相似。主要辨识方法为黄腹 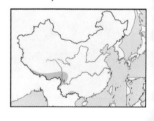 扇尾鹟尾羽明显较长，且其下体全为柠檬黄色；而本种仅额和喉为黄色，腹部则为白色。虹膜—深褐色；喙—上喙灰色，下喙褐色，部分个体上喙亦为褐色；跗跖—褐色。【分布与习性】分布于喜马拉雅山一带至中国西南部，为区域性常见留鸟。主要活动于海拔 1800~2800 m 的山地常绿阔叶林、竹林和灌丛。【鸣声】鸣声比较单调，为一连串的 "嘀嘀嘀嘀"。

棕脸鹟莺 张永

棕脸鹟莺 沈越

黄腹鹟莺 计云

黄腹鹟莺 沈越

黑脸鹟莺 文辉

黑脸鹟莺 何海清

黑脸鹟莺 何海清

1193. 宽嘴鹟莺 Broad-billed Warbler *Tickellia hodgsoni*

【野外识别】体长约 10 cm 的中型莺科鸟类。雌雄相似。前额至头顶为栗色，其下具一白色或灰白色眉纹，贯眼纹暗褐色，颊及耳羽呈灰色。上体橄榄绿色，两翼暗褐色，外翈具橄榄绿色羽缘，故两翼收拢时与上体同色。尾羽暗褐色，具较窄的绿色羽缘，外侧尾羽内翈为白色。额、喉至上胸灰色，下体余部柠檬黄色。本种与栗头鹟莺相似，但栗头鹟莺具显著的白色眼圈和两道翼斑，故野外不难辨识；与栗头缝叶莺羽色相似，但本种体形较小而紧凑，喙、尾较短。虹膜—深褐色；喙—深灰色，下喙基部黄褐色；跗跖—褐色至橙黄色。【分布与习性】分布于喜马拉雅山东南部及东南亚的零散地区。国内仅见于西藏东南部及云南东南部，为罕见留鸟。主要活动于海拔 1500~3000 m 的林地。【鸣声】节奏略快的尖细哨音，或音调较低的"叽叽喳喳"声。

1194. 斑背大尾莺 Marsh Grassbird *Megalurus pryeri*

【野外识别】体长 12~14 cm 的中型莺科鸟类。雌雄相似。头顶具短而细的黑色纵纹，眉纹白色或淡皮黄色，部分个体眉纹不清晰。眼先白色或淡黄色，颊及耳羽淡黄褐色。背部密布较粗的黑色纵纹，两翼黄褐色，内侧数枚飞羽黑色，具褐色羽缘，部分个体大覆羽亦为黑色。尾羽大致为褐色，羽轴纹黑色，圆形或楔形。下体白色，胸侧、两胁及尾下覆羽有时略带淡黄褐色。似沼泽大尾莺，但本种体形较小，且尾明显较短。似棕扇尾莺，但棕扇尾莺体形较小，尾羽较短且具宽阔的黑色次端斑，而本种尾羽无深色端斑或次端斑。虹膜—深褐色；喙—上喙深灰色，下喙粉色；跗跖—黄褐色。【分布与习性】零散分布于亚洲东部。国内主要见于东北、华北和东部沿海，以及长江中下游部分地区和珠江口，为罕见季候鸟。习性和生境比较接近苇莺，主要活动于平原地区近水的苇丛、水田、草丛和灌丛等生境。【鸣声】快节奏的连续鸣声，似"dili dili dili"声。

1195. 沼泽大尾莺 Striated Grassbird *Megalurus palustris*

【野外识别】雄鸟体长 25~29 cm，雌鸟体长约 23 cm 的大型莺科鸟类。雌雄相似。上体黄褐色，头顶具甚窄的黑色短纵纹，眉纹白色或淡黄白色，眼先、颊和耳羽淡黄褐色。背部具显著的黑色粗纵纹。两翼大致为黄褐色，但内侧飞羽和大覆羽黑色，具较宽的黄褐色羽缘。外侧飞羽深褐色，羽缘淡褐色。尾羽甚长（尾长约为体长的一半），黄褐色，具暗褐色羽轴纹。下体白色或淡皮黄色，胸侧、两胁及尾下覆羽一般呈淡棕黄色。与斑背大尾莺相似但本种体形明显较大而尾长，野外不难辨识。虹膜—深褐色；喙—上喙深灰色，下喙粉色；跗跖—粉色。【分布与习性】主要分布于南亚及东南亚。国内见于云南、广西、贵州等西南部地区，为区域性常见留鸟或季候鸟。主要活动于开阔的苇丛和草丛，有时亦见于离水源略远的农田、灌丛。【鸣声】响亮而圆润的"jiu jiu"或"cha cha"声。

宽嘴鹟莺 Dibyendu Ash

宽嘴鹟莺 幼 Umeshsrinivasan

斑背大尾莺 张永

斑背大尾莺 陈青骅

沼泽大尾莺 沈岩

沼泽大尾莺 曾祥乐

1196. 大草莺　Rufous-rumped Grassbird　*Graminicola bengalensis*

【野外识别】体长16~18 cm的大型莺科鸟类。雌雄相似。头顶、枕部至背部各羽呈黑色，具黄褐色羽缘，形成上体较粗的黑色纵纹。眉纹白色，通常较窄。颊及耳羽黄褐色，部分个体偏白。颈侧部分羽毛具白色尖端，形成黑白相间的斑点。两翼各羽黑褐色，具宽阔的棕红色或棕褐色羽缘。腰及尾上覆羽棕褐色，具较细的黑色纵纹。尾羽较长，呈凸形，黑色，羽缘棕褐色。除中央一对尾羽外，其余尾羽具显著的白色端斑。额、喉至上

胸白色，部分个体胸部具深色细纵纹，下胸、胸侧至腹部淡黄褐色，两胁及尾下覆羽皮黄色或棕黄色。虹膜—深褐色；喙—上喙深灰色或黑色，下喙粉色；跗跖—粉色。【分布与习性】分布于南亚东北部及东南亚北部。国内仅见于广东、广西、海南等南部少数省份，为罕见留鸟。主要生境为低海拔地区开阔的苇丛、草丛及灌丛。【鸣声】鸣唱比较复杂，偶尔夹杂以沙哑的鸣叫，似"ga ga"声。

1197. 黑顶林莺　Eurasian Blackcap　*Sylvia atricapilla*

【野外识别】体长14~15 cm的中型莺科鸟类。雄鸟头顶及头侧黑色，眼先、颊、耳羽及颈部灰色；上体、两翼及尾羽皆为灰褐色（部分个体为灰色，但较颈部及下体色深），两翼无翼斑。下体为浅灰色，仅尾下覆羽白色。雌鸟头顶棕色，其余部分与雄鸟羽色相似。幼鸟似雌鸟。本种头顶具特征性的黑色（或棕色）区域，与其余灰色或灰褐色的无翼斑莺科鸟类差异明显，野外比较容易辨识。虹膜—褐色；喙—灰黑色；跗跖—黑褐色。

【分布与习性】繁殖于欧洲大陆、西亚至中亚，越冬于非洲。国内为新疆的罕见迷鸟。主要活动于中低海拔的灌丛和林地，多单只或成对活动。【鸣声】连续的快节奏哨音。

1198. 灰白喉林莺　Common Whitethroat　*Sylvia communis*

【野外识别】体长13~15 cm的中型莺科鸟类。雄鸟繁殖羽头顶及头侧灰色，无眉纹，具白色眼圈。上体灰褐色或黄褐色。两翼大致呈灰褐色，飞羽和大覆羽羽色一般较深，呈暗褐色，具清晰的棕色羽缘。尾羽呈略深的灰褐色，外侧尾羽大部分呈白色。额部、喉部白色，胸部、两胁及尾下覆羽呈淡皮黄色或淡粉色，腹部通常近白色或与两胁同色。雄鸟非繁殖羽头部褐色，无明显的白色眼圈，其余特征与繁殖羽相似。雌鸟及幼鸟与雄

鸟非繁殖羽相似。与白喉林莺、沙白喉林莺、休氏白喉林莺等的主要区别在于本种体形略大（国内仅次于横斑林莺），耳羽羽色并非明显加深，且两翼具显著的棕色羽缘。与荒漠林莺相似，辨识见该种描述。虹膜—红褐色；喙—灰色，下喙基部粉色或淡黄色；跗跖—粉色。【分布与习性】广布于欧亚大陆中部、西部及北非。国内分布于新疆，为区域性常见夏候鸟。主要栖息于较低海拔开阔的树丛、灌丛、林缘，甚至村庄（农田）等生境。【鸣声】响亮而比较复杂的颤鸣或尖叫。

大草莺 梁少波

大草莺 梁少波

黑顶林莺 雌 Stefan Berndtsson

黑顶林莺 雄 朱雷

灰白喉林莺 雌 Billy Lindblom

灰白喉林莺 雄 计云

灰白喉林莺 雄 计云

1199. 白喉林莺　Lesser Whitethroat　*Sylvia curruca*

【野外识别】体长 11.5~14 cm 的中型莺科鸟类。雌雄相似。头顶灰色，眼先、眼周至耳羽暗灰色或近黑色（诸亚种有所差异）。部分个体有甚窄且不甚明显的白色眼圈。上体灰褐色。两翼及尾羽暗褐色，具灰色或灰褐色羽缘。颏部、喉部白色，下体余部灰白色，部分个体胸部、两胁略带淡粉色或淡皮黄色。与灰白喉林莺相似，但本种上体偏灰且两翼不显棕色。与相似种休氏白喉林莺及沙白喉林莺的辨识分别见其描述。虹膜—红褐色；喙—黑色或暗灰色，下喙喙基色淡；跗跖—灰褐色至暗褐色。【分布与习性】广布于欧亚大陆除东部之外的地区，包括阿拉伯半岛及南亚（越冬），亦越冬于非洲。国内见于西北及东北地区，为区域性常见夏候鸟。栖息于低海拔的林地，以及湿地、荒漠区域的开阔灌丛、矮树丛和草丛等生境。【鸣声】响亮的颤鸣，较灰白喉林莺圆润且节奏感强。

1200. 沙白喉林莺　Desert Whitethroat　*Sylvia minula*

【野外识别】体长 11~14 cm 的中型莺科鸟类。雌雄相似。头顶及头侧灰褐色或沙褐色，耳羽羽色略深。上体灰褐色，两翼及尾羽暗灰褐色，具淡黄褐色羽缘，外侧尾羽白色。下体以白色为主，胸侧至两胁有时略带淡棕黄色或灰白色。与相似种白喉林莺的区别主要为本种耳羽羽色较淡，并非近黑色或暗灰色。与灰白喉林莺相似，但本种体形略小，下体羽色更白，且两翼羽缘为黄褐色而非棕色。与休氏白喉林莺辨识见相应种描述。虹膜—红褐色；喙—深灰色至黑色，下喙基部粉色；跗跖—灰褐色至深褐色。【分布与习性】主要分布于西亚至中亚。国内见于西北部分地区，为区域性常见夏候鸟。主要活动于海拔 3000 m 以下的荒漠灌丛和矮树丛。一般在植被下层或地面活动。【鸣声】快速重复高低两声一度的颤鸣（偶尔为三声）。

1201. 休氏白喉林莺　Hume's Whitethroat　*Sylvia althaea*

【野外识别】体长 12~14 cm 的中型莺科鸟类。雌雄相似。头顶至枕部灰色，眼先、眼周至耳羽为黑褐色。上体暗灰褐色。两翼暗褐色，羽缘为褐色或灰褐色。尾羽灰褐色，外侧尾羽外翈白色。下体白色，胸侧及两胁有时略带灰色。甚似白喉林莺，亦与沙白喉林莺相似，但本种上体羽色略暗，下体更白。与灰白喉林莺辨识见相应种描述。虹膜—红褐色；喙—黑色或暗灰色，下喙喙基色淡；跗跖—灰褐色至黑色。【分布与习性】主要分布于中亚，南亚亦有越冬记录。国内见于新疆西部，为罕见夏候鸟。主要活动于海拔 300~3000 m 的山地森林及浓密的灌丛中，习性与白喉林莺相似，平时行为比较隐秘，繁殖期雄鸟常站立于灌丛顶部或树顶鸣唱。【鸣声】鸣唱比较多变，节奏与白喉林莺有比较明显的差异。

白喉林莺 沈越

沙白喉林莺 邢秀英

沙白喉林莺 王尧天

休氏白喉林莺 J.M.Garg

休氏白喉林莺 J.M.Garg

1202. 荒漠林莺　Asia Desert Warbler　*Sylvia nana*

【野外识别】体长 11~12 cm 的中型莺科鸟类。雌雄相似。上体棕褐色或偏灰褐色，耳羽为淡棕褐色。两翼暗褐色，具宽阔的棕褐色羽缘。腰至尾上覆羽以及中央尾羽均为棕色或棕红色，其余尾羽为暗褐色，具棕色羽缘和白色端斑，最外侧一对尾羽为白色。下体白色为主，胸部至两胁为淡棕黄色。本种耳羽色甚淡，故与白喉林莺、沙白喉林莺及休氏白喉林莺等不难区分。与灰白喉林莺（雄鸟非繁殖羽、雌鸟及幼鸟）相似，但本种体形较小，两翼棕色不及灰白喉林莺鲜艳，且腰、尾上覆羽及尾羽明显为棕红色而非灰褐色。虹膜—橙黄色至淡黄色；喙—喙端及喙峰黑色，余部黄色；跗跖—橙黄色。【分布与习性】主要分布于西亚至中亚。国内见于西北部地区，为不常见夏候鸟。主要生境为荒漠及戈壁滩区域的矮灌丛。【鸣声】圆润而多变的颤音，有时杂以刺耳的尖叫，音色与灰白喉林莺略为相似。

1203. 横斑林莺　Barred Warbler　*Sylvia nisoria*

【野外识别】体长 15~17 cm 的大型莺科鸟类。雄鸟上体灰色。两翼暗灰色，大覆羽、中覆羽具白色端斑，形成两道翼斑。内侧数枚飞羽亦具白色端斑，两翼收拢时可见。尾羽暗灰色，端部白色。下体白色或灰白色，密布暗灰色横斑。雌鸟仅胸侧、两胁及尾下覆羽具略淡的灰色横斑，下体余部灰白色。其余特征与雄鸟相似。幼鸟上体灰褐色，两翼暗褐色，尾羽灰褐色，无白色端斑。下体为淡黄褐色或淡皮黄色，无横斑。本种体形较大，下体斑纹特殊，故成鸟不难辨认。幼鸟与灰白喉林莺（非繁殖羽）略相似，但本种体形较大，且两翼（特别是飞羽）无棕色羽缘。虹膜—黄色（雄鸟）或橙色（雌鸟及幼鸟）；喙—黑色，下喙基部粉красны；跗跖—褐色或灰褐色。【分布与习性】广布于欧洲至中亚，以及非洲。国内仅分布于新疆西北部，为不常见夏候鸟。主要生境为较低海拔（一般为 2000 m 以下）的高灌丛及矮树丛。【鸣声】一连串复杂多变的颤鸣。

1204. 戴菊　Goldcrest　*Regulus regulus*

【野外识别】体长约 9 cm 的小型雀形目鸟类。雄鸟眼先及眼周灰白色，前额深灰色，黑色侧顶冠纹包围黄色的头顶中央，繁殖期黄色顶纹后部略带橙红色。髭纹黑色而不明显，头部余部灰色，背部及腰灰绿色，下体大致灰色，飞羽及尾羽黑色具灰绿色外翈，大覆羽、中覆羽黑色具灰绿色外翈而末端白色形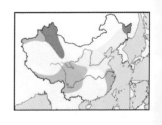成两道白色翼斑，与次级飞羽上黑色的斑块形成独特的翼上图案。雌鸟似雄鸟而头顶不出现橙红色。与各种小型柳莺区别于本种无眉纹且次级飞羽具明显的黑斑。虹膜—深褐色；喙—黑色；跗跖—褐色。【分布与习性】广布于欧亚大陆北部及高山地带。国内于中西部及西南部高海拔针叶林为留鸟，于东北北部为夏候鸟，冬候鸟见于东北、华北、华东地区及台湾。喜各种针叶林生境，好动而常悬停取食树液。【鸣声】常于针叶树中发出尖细的 "zi zi zi" 声，鸣唱亦为 "zi zi" 声，但更多音调变化。

荒漠林莺 邢睿

横斑林莺 沈越

荒漠林莺 刘璐青

横斑林莺 张朱雷

戴菊 沈越

戴菊 董江天

1205. 台湾戴菊 Flamecrest *Regulus goodfellowi*

【野外识别】体长约 9 cm 的小型雀形目鸟类。雄鸟前额、眼先及眉纹白色，具黑色侧顶冠纹，头顶中部至后枕橙红色，眼周黑色，头部其余部分灰色，背部黄绿色，腰部黄色。下体白色而两胁为黄色。飞羽及尾羽黑色具黄绿色外翈，大覆羽、中覆羽黑色具黄绿色外翈而末端白色形成两道白色翼斑，与次级飞羽上黑色的斑块形成独特的翼上图案。雌鸟似雄鸟而头顶不出现橙红色。与戴菊区别于其眼周黑色而上体颜色更黄。虹膜—深褐色；喙—黑色；跗跖—黄褐色。【分布与习性】中国特有种，仅见于台湾中部高海拔针叶林。习性似戴菊。【鸣声】似戴菊的 "zi zi" 声。

1206. 红胁绣眼鸟 Chestnut-flanked White-eye *Zosterops erythropleurus*

【野外识别】体长 10.5~11.5 cm 的小型雀形目鸟类。雌雄相似。眼先黑色，具白色眼圈，喉部黄绿色，头部其余部分及上体橄榄绿色，两翼及尾羽灰黑色具橄榄绿色外翈。腹部灰白色，两胁栗色，尾下覆羽黄绿色。与灰腹绣眼鸟及暗绿绣眼鸟区别于本种两胁栗色。虹膜—褐色；喙—铅灰色至黑色；跗跖—灰黑色。【分布与习性】分布于北至俄罗斯东部至东南亚的大部分地区。国内于东北、华北为夏季繁殖鸟，越冬于南方较南的地区，迁徙时经过东部和中部的大部分地区。集群于树冠层访花或捕食昆虫，亦常与其他绣眼鸟混群。【鸣声】群鸟常发出单音节尖锐的 "jiu——jiu——" 声，繁殖期有复杂婉转的鸣唱。

1207. 灰腹绣眼鸟 Oriental White-eye *Zosterops palpebrosus*

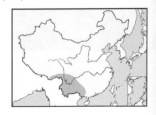

【野外识别】体长约 10 cm 的小型雀形目鸟类。雌雄相似。羽色似其他绣眼鸟，腹中线常略带黄色，与暗绿绣眼鸟区别于本种上体颜色更偏黄绿、腹部灰色调较重，与红胁绣眼鸟区别于本种两胁无栗色。虹膜—褐色；喙—铅灰色至黑色；跗跖—灰黑色。【分布与习性】分布于南亚及东南亚。国内见于西南地区，为留鸟。习性似其他绣眼鸟，常与其他绣眼鸟混群活动于林冠层。【鸣声】似暗绿绣眼鸟。

台湾戴菊 沈越

台湾戴菊 沈越

红胁绣眼鸟 沈越

红胁绣眼鸟 沈越

灰腹绣眼鸟 沈越

灰腹绣眼鸟 朱雷

灰腹绣眼鸟 计云

1208. 暗绿绣眼鸟　Japanese White-eye　*Zosterops japonicus*

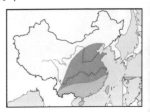

【野外识别】体长 10~12 cm 的小型雀形目鸟类。雌雄相似。眼先黑色，具白色眼圈，喉部黄绿色，腹中线有时略带黄色，其余部分整体橄榄绿色。与红胁绣眼鸟相似，区别于本种两胁无栗色。虹膜—褐色；喙—铅灰色至黑色；跗跖—灰黑色。【分布与习性】在朝鲜半岛、日本多为留鸟，在东南亚为冬候鸟。国内于华北至中部山区为夏候鸟，于华南及西南为留鸟，于海南为冬候鸟。习性似其他绣眼鸟。【鸣声】似红胁绣眼鸟，但更尖锐，音调更平。

1209. 白冠攀雀　White-crowned Penduline Tit　*Remiz coronatus*

【野外识别】体长 10~11 cm 的攀雀。*stoliczkae* 亚种雄鸟繁殖羽头顶及颈部灰白色，前额、眼先、眼周及整个耳羽黑色形成面罩状，喉部及下体白色而两胁略带淡皮黄色。上背栗褐色，下背褐色。大覆羽栗褐色具淡褐色羽缘形成不明显的翼斑，飞羽及尾羽黑褐色而外翈灰白色。非繁殖羽头顶具黑色杂斑，黑色贯眼纹变浅，腹部皮黄色较多。雌鸟似雄鸟而黑色面罩范围较小，上背栗色较少。幼鸟体羽大部皮黄色而面罩不明显。*coronatus* 亚种雄鸟繁殖羽头顶黑色范围大而延伸至后枕，背部栗色亦较浓。与攀雀区别于黑色面罩范围更大，繁殖羽顶冠颜色更浅。虹膜—深褐色；喙—铅灰色；跗跖—灰黑色。【分布与习性】广布于欧亚大陆西部。国内见于新疆西北部（*coronatus* 亚种）、新疆北部及宁夏（*stoliczkae* 亚种），为夏候鸟。习性似中华攀雀但对芦苇湿地无特殊偏好。【鸣声】似中华攀雀。

1210. 中华攀雀　Chinese Penduline Tit　*Remiz consobrinus*

【野外识别】体长约 10.5 cm 的攀雀。雄鸟繁殖羽头顶至后颈灰色，前额、眼先、眼周及耳羽下部黑色形成前后粗细相似的贯眼纹，白色的眉纹及髭纹不明显，喉部及下体淡皮黄色。上背栗褐色，下背褐色。大覆羽栗褐色具淡褐色羽缘形成不明显的翼斑，飞羽及尾羽深褐色而外翈灰白色。非繁殖羽头顶具褐色杂斑，黑色贯眼纹变浅，腹部皮黄色较多。雌鸟似雄鸟而贯眼纹栗褐色，头顶、喉部、上背及下体均为皮黄色。幼鸟体羽大部皮黄色而贯眼纹不明显。虹膜—深褐色；喙—铅灰色；跗跖—灰黑色。【分布与习性】繁殖于西伯利亚东部及东亚北部。国内于东北至华北北部地区为夏候鸟，迁徙时经东部地区，至长江中下游及华南南部和云南西部越冬，偶见于台湾。繁殖期喜近湿地的多柳属及杨属的树林，越冬及迁徙时喜于湿地芦苇生境集群觅食。【鸣声】群鸟联络时发出似绣眼鸟但更柔弱细长的"jiiu——— jiiu———"声。

暗绿绣眼鸟 张永

白冠攀雀 雄 指名亚种 周奇志

白冠攀雀 雌（左）和雄 沈越

中华攀雀 雌 沈岩

中华攀雀 雄 沈越

中华攀雀 雄 沈越

812
/813
雀形目　攀雀科
PASSERIFORMES　Remizidae
雀形目　长尾山雀科
PASSERIFORMES　Aegithalidae

1211. 火冠雀　Fire-capped Tit　*Cephalopyrus flammiceps*

【野外识别】体长约 10 cm 的火冠雀。雄鸟繁殖期前额鲜红色，头顶及耳羽暗黄色，隐约具浅色眉纹。喉部橙红，逐渐过渡至胸部鲜黄色。背部黄绿色，小翼羽黑色，大覆羽及中覆羽黑色具黄绿色外翈，末端淡黄色而形成两道明显的翼斑，飞羽及尾羽亦为黑色而具黄绿色外翈。腹部淡灰色而两胁略带黄色，尾下覆羽色浅。非繁殖期羽色较淡，红色部分较少。雌鸟似雄鸟而缺少红色。幼鸟似雌鸟而胸前黄色较少。与黄眉林雀相似，但本种不具羽冠且翅上斑纹显著；与各种柳莺区别于本种喙及跗跖粗壮，且无眉纹。虹膜－深褐色；喙－铅灰色；跗跖－灰黑色。【分布与习性】分布于喜马拉雅山脉。国内见于西南及中部的山区森林，为留鸟；部分种群迁徙至云南低海拔地区或于南亚及东南亚越冬。常集小群在树枝间跳动，灵活似柳莺，亦倒悬取食，似山雀，觅食于树顶至接近地面的灌丛。【鸣声】鸣唱为一连串有力的 "ji ji ji ji" 声。

1212. 银喉长尾山雀　Long-tailed Tit　*Aegithalos caudatus*

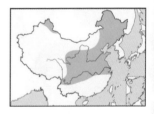

【野外识别】体长 13~16 cm 的较大型长尾山雀。雌雄相似。指名亚种头部及胸部均为白色，后颈及上背黑色，下背白色而略带粉褐色；其余两亚种前额及眼先皮黄色，耳羽及颊部灰褐色，头顶至枕部大部黑色而至后颈逐渐过渡至蓝灰色，顶冠纹白色。喉部隐约可见的黑色斑块于繁殖期范围更大颜色更深。背部及覆羽蓝灰色，飞羽及尾羽黑色，次级飞羽、三级飞羽及外侧尾羽外翈色浅。下体灰白色而两胁略带淡粉色。幼鸟似成鸟，但常具粉色眼圈，头顶、耳羽及背部褐色，喉部及胸部酒红褐色。幼鸟似其他亚种幼鸟但喉及胸部白色。虹膜－深褐色；喙－黑色；跗跖－灰黑色。【分布与习性】分布于欧亚大陆北部。国内见于东北和西北地区（指名亚种），以及从黄河流域至长江流域和新疆（其余亚种），为留鸟。多集群活动于林地，亦见于湿地芦苇生境，性活泼而好动。【鸣声】似山雀，更尖细但生涩的 "psi psi" 声。

1213. 红头长尾山雀　Red-headed Tit　*Aegithalos concinnus*

【野外识别】体长约 10 cm 的色彩鲜明的长尾山雀。雌雄相似。指名亚种前额、头顶至后颈栗红色，眼先、眼周、颊部及耳羽黑色形成面罩并延伸至后颈。喉部至上胸白色，中央具宽阔的黑色斑块。胸侧栗红色，向后延伸至两胁，向前在胸部相连成胸带。背部、两翼及尾羽蓝灰色，最外侧尾羽白色，腹部及尾下覆羽白色略带灰色。幼鸟似成鸟，但喉胸部无黑斑，且栗红色部分均为淡黄色。*iredalei* 亚种眼部上方具白色侧顶纹，颈侧亦为白色，胸部无栗红色，整个下体淡栗色。幼鸟似成鸟而喉部具黑色杂斑。虹膜－灰白色；喙－黑色；跗跖－褐色。【分布与习性】分布于喜马拉雅山脉至东南亚北部。国内见于包括台湾在内的南方大部分地区，*iredalei* 亚种见于西藏，为常见留鸟。集群活动于多种林地生境，亦同其他鸟种组成混合鸟群。【鸣声】似银喉长尾山雀。

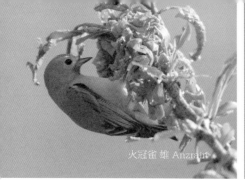
火冠雀 雄 Anzrant

火冠雀 雌（右）和雄 计云

银喉长尾山雀
指名亚种 张永

银喉长尾山雀 沈越

银喉长尾山雀 幼 朱雷

红头长尾山雀 指名亚种 张永

红头长尾山雀 *iredalei* 亚种 朱雷

红头长尾山雀 计云

1214. 棕额长尾山雀　Rufous-fronted Tit　*Aegithalos iouschistos*

【野外识别】体长约 11 cm 的长尾山雀。雌雄相似。眼先及眼周黑色，头顶大部亦为黑色，栗色顶冠纹自前额延伸至后颈。颊纹、耳羽及颈侧亦为栗色，颏部黑色而喉白色。背部、两翼及尾羽蓝灰色，最外侧尾羽白色，腹部及尾下覆羽灰白色。幼鸟似成鸟而栗色较淡。与黑眉长尾山雀区别于本种顶冠纹、髭纹及颈侧均为栗色，下体亦更多栗色。虹膜—灰白色；喙—黑色；跗跖—深褐色。【分布与习性】分布于喜马拉雅山脉东段。国内见于西藏南部至东南部，为留鸟。冬季集群活动于山区森林，习性似其他长尾山雀。【鸣声】似其他长尾山雀，而音节更短促。

1215. 黑眉长尾山雀　Black-browed Tit　*Aegithalos bonvaloti*

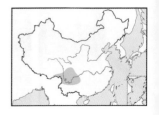

【野外识别】体长约 11 cm 的长尾山雀。雌雄相似。眼先深灰色至耳羽渐变为栗色。头顶及喉部黑色，白色顶冠纹自前额延伸至后颈。颊纹、颈侧及上胸亦为白色。两胁、胸侧栗色，并在胸前形成宽阔的栗色胸带。背部、两翼及尾羽蓝灰色，最外侧尾羽白色，腹部及尾下覆羽灰白色。幼鸟似成鸟而下体栗色较淡，胸带呈黑色。与棕额长尾山雀相似，辨识见该种描述。虹膜—灰白色；喙—黑色；跗跖—深褐色。【分布与习性】见于中国西南地区山区森林或灌丛，亦边缘性分布于缅甸北部，为留鸟。非繁殖期集群活动于山区森林，习性似其他长尾山雀。【鸣声】似棕额长尾山雀。

1216. 银脸长尾山雀　Sooty Tit　*Aegithalos fuliginosus*

【野外识别】体长约 11.5 cm 的长尾山雀。雌雄相似。前额、头顶、耳羽及髭纹灰褐色，眼先、眼周、喉上部及头侧灰色，喉部下方及颈侧白色形成明显的白色领环，同褐色的胸部及背部对比明显。飞羽及尾羽浅褐色，最外侧尾羽白色，腹部淡粉色。幼鸟似成鸟而具明显的白色顶冠纹，胸部及头部的褐色更深。虹膜—灰白色；喙—黑色；跗跖—深褐色。【分布与习性】中国特有种，分布于中部及西南部针阔混交林，为留鸟。尤喜多灌丛的林地，习性似其他长尾山雀。【鸣声】似其他长尾山雀。

棕额长尾山雀 董江天

棕额长尾山雀 董江天

黑眉长尾山雀 让云

黑眉长尾山雀 沈越

黑眉长尾山雀 雅月

银脸长尾山雀 张永

银脸长尾山雀 张永

1217. 沼泽山雀　Marsh Tit　*Parus palustris*

【野外识别】体长 11~12 cm 的小型山雀。雌雄相似。*hellmayri*
亚种头部除喉部下方、颊部及耳羽白色外均为黑色，颈侧
及后颈多污白色或淡灰褐色，背部褐色，两翼及尾羽色稍
深，有时两翼具浅色翼纹。下体污白色，有时略带灰褐色。
hypermelaenus 亚种整个喉部均为黑色。*brevirostris* 亚种下体及
头部白色部分更多。与褐头山雀易混淆，区别于本种上喙基部
具浅色斑点；鸣唱亦更清脆，鼻音明显比褐头山雀轻，亦能发

出后者不常发出的似大山雀的爆破音"pts psu"。虹膜—深褐色；喙—黑色；跗跖—铅灰色。【分
布与习性】留鸟广布欧亚大陆。国内见于新疆北部及从东北至西南的带状区域，为留鸟。喜疏
林，习性似褐头山雀，两者同域分布时往往出现在更低海拔。【鸣声】鸣唱圆润清脆而多变化，
叫声似大山雀。

1218. 褐头山雀　Willow Tit　*Parus montanus*

【野外识别】体长 11~13 cm 的小型山雀。雌雄相似。头顶、
枕部大多黑色或黑褐色，颊部、耳羽、颈侧及后颈白色。背部
灰褐色，喉部黑色或黑褐色，有时黑色至上胸（*weigoldicus* 亚
种）。两翼及尾羽色稍深，有时两翼具浅色翼纹。下体污白色，
有时略带灰褐色。与同域分布的沼泽山雀区别在于，本种喉部
黑色部分较广，上喙基部无白斑；鸣声亦不同，见沼泽山雀描述。

虹膜—深褐色；喙—黑色；跗跖—铅灰色。【分布与习性】广
布于欧亚大陆北方。国内常见于新疆北部及东北至西南的带状区域，为留鸟。喜疏林，喜成对
或集小群倒挂于枝头取食，冬季可迁至较低海拔。【鸣声】多变化，似沼泽山雀但沙哑而多鼻音。

1219. 白眉山雀　White-browed Tit　*Parus superciliosus*

【野外识别】体长 13.5~14 cm 的大型山雀。雌雄相似。前额、
头顶及喉部黑色，具白色眉纹及黑色贯眼纹。耳羽、颊部及胸
部淡锈红色，至腹部颜色逐渐变浅。颈侧、后颈、背部、两翼
及尾羽灰色。虹膜—深褐色；喙—黑色；跗跖—灰黑色。【分
布与习性】中国特有种，分布于青藏高原东南部高海拔灌丛，
为留鸟。会垂直迁徙至海拔较低的针叶林越冬。习性似其他山

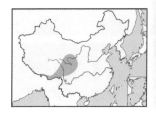

雀。【鸣声】鸣唱为一串单调的哨音，亦有似其他山雀的"psi
psi psu"。

沼泽山雀 hellmayri 亚种 张永

沼泽山雀
brevirostris 亚种
朱雷

沼泽山雀 hypermeldenus 亚种 何海清

褐头山雀 weigoldicus 亚种 朱雷

褐头山雀 stoetzner 亚种 张永

褐头山雀 baicalensis 亚种 沈越

白眉山雀 董文晓

白眉山雀 董文晓

1220. 红腹山雀　Rusty-breasted Tit　*Parus davidi*

【野外识别】体长 12~13 cm 的大型山雀。雌雄相似。头颈部除颊部及耳羽白色外均为黑色，颈侧及胸腹部淡栗色，背部、两翼及尾羽灰色。虹膜—深褐色；喙—黑色，基部色浅；跗跖—灰黑色。【分布与习性】中国特有种，分布于陕西、甘肃南部、湖北西部以及四川的中海拔山地阔叶及针阔混交林，为留鸟。习性似其他山雀。【鸣声】似其他山雀。

1221. 煤山雀　Coal Tit　*Parus ater*

【野外识别】体长 10~11.5 cm 的小型山雀。雌雄相似。头颈部大部黑色并具黑色羽冠，颊部及耳羽白色，颏部及喉部黑色，后枕及后颈中部白色。背部灰色，两翼及尾羽深灰色，中覆羽及大覆羽末端白色，形成两道翼斑。下体大致灰白色至浅褐色。与黑冠山雀区别于本种下体较浅而尾下覆羽无棕色。虹膜—深褐色；喙—黑色；跗跖—铅灰色。【分布与习性】广布于欧亚大陆。国内常见，分布于东北经秦岭至西南，东南部分地区及台湾，以及新疆北部，为留鸟。栖息于中高海拔针叶林及针阔混交林，冬季下迁至较低海拔。习性似其他山雀。【鸣声】鸣唱明快而多变，叫声尖细。

1222. 棕枕山雀　Rufous-naped Tit　*Parus rufonuchalis*

【野外识别】体长约 11.5 cm 的小型山雀。雌雄相似。似黑冠山雀，具羽冠的头颈部大部黑色，仅颊部及耳羽白色，而枕部至后颈淡棕色，喉部的黑色延伸至胸部，胸侧略带棕色。整体深蓝灰色，尾下覆羽棕色。与黑冠山雀区别于本种头胸部的黑色范围更大，而胸侧略带棕色。虹膜—深褐色；喙—黑色；跗跖—灰黑色。【分布与习性】分布于喜马拉雅山脉西段至中亚。国内见于新疆及西藏南部高海拔针叶林，为不常见留鸟。习性似其他山雀。【鸣声】鸣唱音调多变但多重复，叫声尖细。

红腹山雀 董文晓

红腹山雀 董文晓

煤山雀 沈岩

煤山雀 朱雷

棕枕山雀 西锐

1223. 黑冠山雀　Rufous-vented Tit　*Parus rubidiventris*

【野外识别】体长约 11.5 cm 的小型山雀。雌雄相似。具羽冠的头部大部黑色，仅颊部、耳羽及枕部白色，背部深蓝灰色，两翼、飞羽及尾羽黑色而外翈为深蓝灰色。下体深灰色而尾下覆羽棕色。与棕枕山雀和煤山雀相似，辨识见相应种描述。虹膜—深褐色；喙—黑色；跗跖—灰黑色。【分布与习性】分布于喜马拉雅山脉至中国西南部及中部山区，为留鸟。栖息于高海拔针叶林，习性似其他山雀。【鸣声】鸣唱为连续而短促的"jiu jiu jiu"，叫声为连续而尖细的"si si si"声。

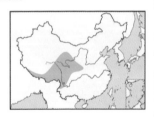

1224. 黄腹山雀　Yellow-bellied Tit　*Parus venustulus*

【野外识别】体长 10~11 cm 的小型山雀。雄鸟繁殖羽颊部及后颈白色，头部余部黑色，上背亦为黑色而肩部蓝灰色，两翼及尾羽黑色，中覆羽、大覆羽及三级飞羽末端白色而形成白色翼斑，飞羽外翈黄绿色而形成浅色翼纹。非繁殖期喉部可出现不同程度的黄色斑驳。雌鸟似雄鸟，体羽黑色部分为黄绿色替代，腹部黄色亦淡。虹膜—深褐色；喙—铅灰色，基部色浅；跗跖—铅灰色。【分布与习性】中国特有种，繁殖于从河北至云南一

线以东的大部分地区的中海拔山区阔叶林，冬季下降至较低海拔或向南短距离迁徙。习性似其他山雀，非繁殖期可集大群活动。【鸣声】群鸟联络时发出细而快速的三音节"si si si"声，鸣唱婉转而多变化。

1225. 褐冠山雀　Grey-crested Tit　*Parus dichrous*

【野外识别】体长 11.5~12.5 cm 的小型灰色山雀。雌雄相似。具明显的羽冠，上体大部灰色，仅头部具一条半月形白带，由颈侧绕至后枕，视亚种不同而宽窄及范围略有变化。颏部灰白色，由喉部向下逐渐过渡到灰黄色的下体。虹膜—暗红色；喙—黑色；跗跖—铅灰色。【分布与习性】分布于喜马拉雅山脉及东亚。国内见于中部和西南部山区及西藏南部，为常见留鸟。栖息于中高海拔针阔混交林或灌丛，习性似其他山雀。【鸣声】鸣唱婉转，叫声为一连串快速的颤音"jiu jiu jiu jiu"。

黑冠山雀 朱雷

黑冠山雀 朱雷

黄腹山雀 雌 沈越

黄腹山雀 雄 沈越

褐冠山雀 朱雷

褐冠山雀 张永

1226. 欧亚山雀　Great Tit　*Parus major*

【野外识别】体长 13~15 cm 的大型山雀。雄鸟头、颈大部分呈黑色，颊至耳羽具显著的白色区域，后颈亦为白色。背部黄绿色，腰及尾上覆羽灰色。两翼各羽黑色为主，外翈大多具蓝灰色羽缘，但三级飞羽外翈羽缘为灰白色。大覆羽端部白色，形成一道清晰的白色翼斑。尾羽内翈灰黑色，外翈蓝灰色，最外侧两对尾羽外翈白色。下体黄绿色或柠檬黄色，一道宽阔的黑色带经过颏部、喉部、胸部中央、腹部中央至尾下覆羽（少数个体黑色带止于下腹）。雌鸟与雄鸟相似，但下体为淡黄色，且黑色带较窄，多止于腹部。与大山雀相似但本种下体明显为黄色而非灰白色；与绿背山雀相似但本种仅具一道翼斑，且分布区域不重叠。虹膜—深褐色；喙—黑色；跗跖—灰黑色。【分布与习性】广布于欧亚大陆西部至中部。仅 *kapustini* 亚种于国内有记录，见于新疆北部和内蒙古呼伦贝尔西部地区，为不常见至区域性常见留鸟。习性及生境似大山雀。【鸣声】似大山雀。

1227. 大山雀　Japanese Tit　*Parus minor*

【野外识别】体长 12~14.5 cm 的大型山雀。雄鸟头颈部除耳羽、颊部及后颈的一块斑块白色外均为黑色，上背黄绿色，上体余部灰色。大覆羽深灰色而末端白色，形成一道白色翼斑。飞羽及尾羽深灰色而具蓝灰色外翈，最外侧尾羽近白色。下体大致为灰白色，一条宽阔的黑色条纹自喉部纵贯胸腹中央，尾下覆羽白色，雌鸟似雄鸟而下体黑色纵纹较细。与欧亚山雀相似但本种下体灰白色而非黄色，与苍背山雀相似但本种背部明显略带绿色或黄绿色，且于国内分布区域不重叠。虹膜—深褐色；喙—黑色；跗跖—灰黑色。【分布与习性】广布于亚洲东部。国内见于除西北部和海南之外的大部分地区，为常见留鸟，有时做较短距离垂直迁移。喜疏林及林缘，亦适应多种中低海拔次生林及人工环境。【鸣声】鸣唱为高音调的一连串"qiuzi qiuzi qiuzi"。

1228. 苍背山雀　Cinereous Tit　*Parus cinereus*

【野外识别】体长 13~15 cm 的大型山雀。雌雄相似。头部和颈部以黑色为主，仅颊至耳羽为白色，后颈亦为白色。上体灰色，两翼各羽灰褐色，外翈具灰色羽缘，大覆羽具白色端斑，构成一道白色翼斑。尾羽灰黑色，具灰色或蓝灰色羽缘，最外侧两对尾羽外翈具较宽阔的白色羽缘。颏、喉黑色，此黑色区域向下延伸经过胸部中央及腹部中央，形成一道清晰的黑色纵纹（雌鸟和幼鸟纵纹较雄鸟窄）。下体余部灰白色。与大山雀相似但本种背部为灰色而不带黄绿色，且于国内分布区域不重叠。虹膜—深褐色；喙—黑色；跗跖—灰黑色。【分布与习性】分布于中亚、南亚及东南亚。仅 *hainanus* 亚种于我国有分布，且仅见于海南，为区域性常见留鸟。习性及生境似大山雀。【鸣声】似大山雀。

欧亚山雀 雌 崔月

欧亚山雀 雄 老狼

欧亚山雀 雄 沈越

大山雀 雌 朱雷

大山雀 雄 沈越

大山雀 幼 吴志华

苍背山雀 雌 董文晓

1229. 绿背山雀　Green-backed Tit　*Parus monticolus*

【野外识别】体长 12.5~13 cm 的大型山雀。雌雄相似。头部除后颈、颊部及耳羽白色外，均为黑色。背部黄绿色，两翼及尾羽黑色，中覆羽、大覆羽及三级飞羽末端白色而形成翼斑。飞羽及尾羽外翈蓝灰色形成浅色羽纹。纵贯胸腹中央的黑色条纹在胸部与黑色的喉部相连。下体由胸侧的黄色过渡为两胁的黄绿色，臀部及尾下覆羽灰色。虹膜—深褐色；喙—黑色；跗跖—铅灰色。【分布与习性】分布于喜马拉雅山脉及东南亚北部。

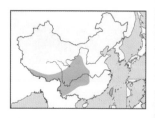

国内见于中部及西南大部分中海拔山区，为常见留鸟。能适应多种生境，冬季下迁至较低海拔。
【鸣声】鸣唱为明亮的一连串哨音，并无音调变化。叫声似大山雀但最后一个音节音调下降并拖长。

1230. 黄颊山雀　Yellow-cheeked Tit　*Parus spilonotus*

【野外识别】体长 14~15.5 cm 的大型山雀。雌雄相似。*rex* 亚种前额及头顶黑色，具明显的黑色羽冠，眼先、颊部及耳羽鲜黄色，黄色的细眉纹延伸至后枕与黑色的羽冠相连，形成一道黑色的眼后纹。颏部、喉部及胸部黑色，胸部黑色区域向下略变窄并纵贯整个腹部。两胁及尾下覆羽深灰色。背部黑色杂深灰色斑点。两翼亦为黑色，中覆羽、大覆羽、初级覆羽及三级飞羽末端白色而形成白色翼斑。初级飞羽及次级飞羽外翈灰色

而形成浅色翼纹。尾羽黑色，具白色端斑。指名亚种羽色相似，但背部斑点黄绿色，两胁黄色而非深灰，胸腹部黑色范围亦更窄；与黑斑黄山雀相似，辨识见相应种描述。虹膜—深褐色；喙—黑色；跗跖—铅灰色。【分布与习性】分布于喜马拉雅山脉东段及东南亚北部。国内 *rex* 亚种广泛分布于西南至东南部中低海拔森林，指名亚种仅见于云南西部及西藏东部，为留鸟。习性似其他山雀。【鸣声】鸣唱为三度音节的 "hui——hui hui" 哨音。

1231. 台湾黄山雀　Taiwan Tit　*Parus holsti*

【野外识别】体长 12.5~13 cm 的大型山雀。雄鸟眼先暗色，头顶具明显的黑色羽冠，前额两侧、颊部、耳羽、额部及喉部鲜黄色，羽冠后缘及后颈白色。颈侧及背部黑色，两翼深蓝色而三级飞羽末端白色。下体由胸部的鲜黄色至尾下覆羽逐渐过渡为淡黄色，腹部具黑色斑块。尾羽深蓝色而具白色端斑。雌鸟似雄鸟但背部橄榄绿色，腹部无黑色斑块。虹膜—深褐色；喙—黑色；跗跖—铅灰色。【分布与习性】中国特有种，仅见于台湾中海

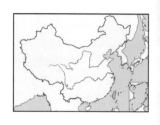

拔常绿阔叶林，为不常见留鸟。习性似其他山雀。【鸣声】鸣唱为一连串的 "jiu jiu jiu" 声。

绿背山雀 沈越

绿背山雀 张永

绿背山雀 朱雷

黄颊山雀 rex 亚种 沈越

黄颊山雀 rex 亚种 张永

黄颊山雀 指名亚种 朱雷

台湾黄山雀 沈越

台湾黄山雀 雄 沈越

1232. 黑斑黄山雀 Black-lored Tit *Parus xanthogenys*

【野外识别】体长约 13 cm 的大型山雀。雌雄相似。前额、头顶具明显的黑色羽冠。黄色的眉纹、颊部及耳羽被黑而粗的贯眼纹分隔，羽冠后部亦为黄色。背部黄绿色，其余羽色似同域分布的黄颊山雀指名亚种，区别于本种眼先黑色，胸腹部黑色明显更窄，且背部为均一的黄绿色而不呈斑点状，出现的海拔亦较高。虹膜—深褐色；喙—黑色；跗跖—褐色。【分布与习性】分布于喜马拉雅山脉中段中海拔阔叶林。国内记录于西藏南部（日喀则地区），为留鸟。习性似黄颊山雀。【鸣声】鸣唱为一连串音调下降的"jiu jiu jiu jiu"哨音，夹杂颤音。

1233. 灰蓝山雀 Azure Tit *Parus cyanus*

【野外识别】体长 12~13 cm 的大型而色浅的山雀。雌雄相似。头白色，具深蓝色贯眼纹，后枕及颈侧亦为深蓝色，后颈白色。背部灰蓝色，整个下体白色（*berezowskii* 亚种胸部柠檬黄色）。大覆羽、次级飞羽及三级飞羽末端白色在翅上形成明显的翼斑，飞羽及尾羽深蓝色，而最外侧几枚尾羽末端外翈白色。虹膜—深褐色；喙—黑色；跗跖—灰黑色。【分布与习性】分布横跨欧亚大陆北部。国内仅见于新疆北部、黑龙江北部和青海东北部。活动于多种林地及灌丛生境，习性似其他山雀。【鸣声】鸣唱为一连串似哨音的颤音，叫声似大山雀的爆破音。

1234. 杂色山雀 Varied Tit *Parus varius*

【野外识别】体长 11~14 cm 的大型山雀。雌雄相似。指名亚种除前额、眼先、颊部、耳羽及颈侧白色外，头颈部其余部分黑色，另有白色纵纹自枕部贯穿至后颈。胸上部白色，上背、胸下部、腹部至尾下覆羽栗红色。两翼及尾羽灰色。*castaneoventris* 亚种似指名亚种但胸无白色，背部整体灰色而无栗红色。虹膜—深褐色；喙—黑色；跗跖—铅灰色。【分布与习性】局限分布于亚洲东部。国内见于东北南部（指名亚种）及台湾（*castaneoventris* 亚种），为留鸟；偶至东部沿海地区越冬。成对或小群活动于山区森林，行为似其他山雀。【鸣声】似大山雀但包含更多颤音。

黑斑黄山雀 崔月

灰蓝山雀 王尧天

灰蓝山雀 沈越

灰蓝山雀 计云

杂色山雀 *castaneoventris* 亚种 沈越

杂色山雀 指名亚种 计云

杂色山雀 指名亚种 崔月

1235.黄眉林雀　Yellow-browed Tit　*Sylviparus modestus*

【野外识别】体长约 10 cm 的小型而似柳莺的山雀。雌雄相似。上体灰绿色，眼圈淡黄色，头顶略具羽冠。中覆羽及大覆羽羽缘淡黄色而形成两条不明显的翼斑，飞羽外翈黄绿色而在翅上形成黄绿色翼纹。下体灰绿色。与各种柳莺区别于喙较短而厚，头顶具羽冠。与火冠雀雌鸟区别于本种具羽冠，翅上斑纹不显著且喙更纤细。虹膜—深褐色；喙—黑色；跗跖—铅灰色。【分布与习性】分布于喜马拉雅山脉及东南亚北部。国内见于西南大部、西藏南部及华东局部区域，为留鸟。常集群于森林中上层活动，习性似其他山雀。【鸣声】鸣唱为尖细的"si si si si"声。

1236.冕雀　Sultan Tit　*Melanochlora sultanea*

【野外识别】体长 20~21 cm 的特大型色彩鲜艳的山雀。雄鸟头顶具黄色而蓬松的羽冠，除腹部亦为黄色外，其余体羽黑色。雌鸟似雄鸟而背部为深橄榄绿色，喉至胸部略带绿色。虹膜—深褐色；喙—黑色；跗跖—褐色。【分布与习性】分布于喜马拉雅山脉东部及东南亚。国内片段分布于福建、西南部及海南的中低海拔森林，为留鸟。常小群或与其他种类结成混合鸟群活动于森林中上层。【鸣声】叫声为沙哑短促的两音节"diu diu"声，鸣唱为单音节不断重复的哨音。

1237.地山雀　Ground Tit　*Pseudopodoces humilis*

【野外识别】体长 14~18 cm 的大型山雀。雌雄相似。喙甚长而略下弯，头部及上体大致呈沙褐色。两翼各羽黑褐色，具宽阔的沙褐色羽缘。尾羽黑色，羽缘棕褐色。下体灰白色，部分个体腹部略带淡黄褐色。本种羽色迥异于山雀科其他鸟类，体形及习性与鸦科黑尾地鸦及白尾地鸦相似，但本种体形明显较小，且头顶及两翼并非蓝黑色，野外不难辨识。虹膜—深褐色；喙—黑色；跗跖—灰黑色。【分布与习性】主要分布于青藏高原，为区域性常见留鸟。栖息于海拔 3000~5500 m 的高原草甸区域，多在地面奔走，喜集群活动。【鸣声】尖锐且略拖长的"吱吱"声，节奏多为单音节或双音节。

黄眉林雀 董文晓

冕雀 雌 沈越

冕雀 雄 曾祥乐

地山雀 张永

地山雀 董江天

1238. 栗腹䴓　Chestnut-bellied Nuthatch　*Sitta castanea*

【野外识别】体长约 14 cm 的中等大小的䴓。雄鸟头顶及上体蓝灰色。黑色贯眼纹显著，且延伸至背侧。翼上覆羽深灰色，飞羽深灰褐色。中央尾羽蓝灰色，外侧尾羽近黑色，羽缘蓝灰色且具白斑。脸颊与喉部白色，颈侧及下体大部栗红色，尾下覆羽近灰色，白色次端斑和栗色羽缘形成扇形斑纹。雌鸟似雄鸟，额部及耳羽近白色，下体颜色较淡。幼鸟上体羽缘色深，羽色不及成鸟艳丽。虹膜－红棕色至深棕色；喙－黑色，喙基和下喙蓝灰色；跗跖－角质色。【分布与习性】分布于喜马拉雅山脉至缅甸和中国西南。国内见于云南西南部，为罕见留鸟。主要栖息于开阔的落叶林，也活动于松树林和常绿林。常成对或集小群活动，在树枝间寻找昆虫和种子。经常加入混合鸟群。【鸣声】鸣叫为铃声般的哨音，以及"吱吱"的联络声。

1239. 普通䴓　Eurasian Nuthatch　*Sitta europaea*

【野外识别】体长约 14 cm 的中等大小的䴓。雄鸟头顶至上体蓝灰色，贯眼纹黑色，翼覆羽蓝灰色，飞羽近灰褐色。中央尾羽暗蓝灰色，尾下具白斑。喉及下体近白色，腹部略带红色（部分亚种腹部及下体同色），胁部红色，尾下浓栗红色且具有白斑。雌鸟羽色不及雄鸟鲜艳，贯眼纹有时呈深褐色。幼鸟羽色暗淡，跗跖颜色通常较淡。与栗臀䴓相似，辨识见该种描述。虹膜－深褐色；喙－深灰色，下喙基部色淡；跗跖－黄褐色至深灰色。【分布与习性】古北界广布。国内常见于大部分地区的落叶森林，为留鸟；*asiatica* 亚种见于内蒙古和黑龙江西部，*amurensis* 亚种见于东北至河北北部，*seorsa* 亚种见于西北部，*sinensis* 亚种见于中部至东南大部分地区及台湾。主要栖息于成熟森林，成对或集小群活动，在枝干间搜寻昆虫和收集植物种子。攀爬能力强，经常头部向下在树干上走动。【鸣声】鸣叫为响亮的连续颤音，以及尖细的"吱吱"声和"喳喳"声。

1240. 栗臀䴓　Chestnut-vented Nuthatch　*Sitta nagaensis*

【野外识别】体长约 13 cm 的中等大小的䴓。雄鸟头顶至上体蓝灰色，贯眼纹黑色延伸至背侧。翼羽与上体相近，但中小覆羽和三级飞羽近黑色。中央尾羽暗蓝灰色，尾下具白斑。额部、耳羽、颈侧及下体灰白色，或略带皮黄色。胁部砖红色明显，尾下覆羽深红色，具泪滴状白斑。雌鸟似雄鸟，胁部不及雄鸟色深。幼鸟似成鸟，但下体略带皮黄色。与分布区域重叠的普通䴓的区别在于下体无红色调，分布海拔更高。虹膜－深褐色；喙－灰黑色；跗跖－黄褐色至近黑色。【分布与习性】分布于中国西南部至东南亚北部。国内见于西南地区，为甚常见留鸟，在武夷山有孤立种群。主要栖息于山地森林，习性与其他䴓相似，经常加入混合鸟群。【鸣声】鸣叫为音调较高的连续颤音，也发出带有金属感的"吱吱"声。

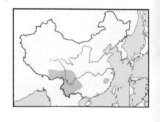

栗腹䴓 董江天

普通䴓 沈越

普通䴓 朱雷

普通䴓 朱雷

栗臀䴓 朱雷

栗臀䴓 朱雷

1241. 白尾鸭　White-tailed Nuthatch　*Sitta himalayensis*

【野外识别】体长约 12 cm 的较小的鸭。雄鸟头顶至上体蓝灰色，贯眼纹黑色，有时眼上具狭窄的灰白色眉纹。翼上覆羽蓝灰色，合拢后无斑纹。两颊至喉部白色，胸腹部至尾下覆羽橘红色而无斑纹。本种与本属其他种类的区别为尾羽蓝灰色，中部具明显的白斑。雌鸟似雄鸟，但羽色较暗淡。虹膜—褐色；喙—黑褐色，下喙基部蓝灰色；跗跖—深褐色至灰白色。【分布与习性】分布于喜马拉雅山脉、缅甸至中国西南。国内见于  西藏南部和云南西部，为留鸟。栖息于海拔较高的潮湿森林，经常在树冠中搜寻昆虫，有时加入混合鸟群。【鸣声】鸣叫为急促而连续的"嘀嘀"声，以及较干涩的"啾"声。

1242. 黑头鸭　Chinese Nuthatch　*Sitta villosa*

【野外识别】体长约 11.5 cm 的较小的鸭。雄鸟头顶至枕部黑色，眉纹白色，贯眼纹黑色，额部、耳羽至喉部白色。上体大部蓝灰色，飞羽黑褐色，羽缘色浅。下体皮黄色，或略带灰色。雌鸟羽色与雄鸟相似，但头顶呈灰色，眼纹散乱。西部的 *bangsi* 亚种体形较大，下体橙褐色更重。虹膜—深褐色；喙—褐色，下喙基部蓝灰色；跗跖—深蓝灰色。【分布与习性】边缘性分布于西 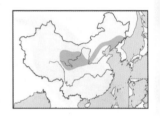 伯利亚东南部和朝鲜北部。国内见于从中部至华北及东北南部，为留鸟；繁殖于高海拔地区的群体会进行垂直迁徙。主要栖息于松林和云杉林，常成对活动，在细小的枝条上搜寻昆虫和植物种子。【鸣声】鸣叫为急促而连续的哨音，以及急促而尖锐的带有金属感的"叽喳"声。

1243. 滇鸭　Yunnan Nuthatch　*Sitta yunnanensis*

【野外识别】体长 11~12 cm 的较小的鸭。雄鸟头顶、后颈及整个上体蓝灰色，具狭窄的白色眉纹和明显的黑色贯眼纹。两翼黑褐色，飞羽外翈羽缘色淡。中央尾羽与上体颜色相同，外侧 3 对尾羽内翈具白色次端斑。额、喉及脸颊污白色，胸腹及整个下体浅灰色，尾下覆羽颜色较暗，但不呈栗色。雌鸟似雄鸟，但整体颜色较暗而偏灰褐色。虹膜—暗褐色；喙—黑色，下喙 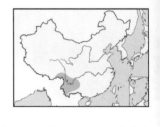 基部象牙色；跗跖—灰褐色。【分布与习性】中国特有种，分布于四川西南部、贵州西部、云南和西藏东南部，为留鸟。主要栖息于海拔 1300 m 以上的针叶林和针阔混交林，多成对或集小群活动，也加入混合鸟群。像其他鸭一样攀爬树干，有时也在较细的枝条上觅食。【鸣声】鸣叫为急促而连续的"啾啾"声，以及带有鼻音的"叽喳"声。

白尾鸦 关翔宇

白尾鸦 沈岩

黑头鸦 沈越

黑头鸦 张永

黑头鸦 张琴

滇鸦 朱雷

滇鸦 郑秋旸

1244. 白脸鸭　White-cheeked Nuthatch　*Sitta leucopsis*

【野外识别】体长 11~12 cm 的较小的鸭。雌雄相似。成鸟头顶至后颈两侧黑色，眼先及整个脸部白色。背部靛蓝色，腰羽和尾上覆羽颜色较淡。胸部浅黄色至棕黄色，腹部、两胁及尾下覆羽橙栗色。两翼黑褐色，翼下覆羽黑色。尾黑色，尾下具淡色斑点。虹膜—暗褐色；喙—黑色；跗跖—灰褐色。【分布与习性】分布于喜马拉雅山脉至中国西部。国内见于西藏东南部、青海东北部、甘肃西南部、四川北部和西部，为留鸟。栖息于海拔 2000 m 以上的针叶林或针阔混交林。常成对或集小群活动，有时加入混合鸟群。【鸣声】鸣叫为不断重复的尖锐的拖长笛音，以及金属音"唧"。

1245. 绒额鸭　Velvet-fronted Nuthatch　*Sitta frontalis*

【野外识别】体长 10~13 cm 的较小的艳丽的鸭。雄鸟前额及眼先黑色，眼后上方具黑色细纹。头顶及整个上体蓝紫色，耳羽及颈侧灰白色，有时带有紫色。额、喉白色，胸腹部浅灰褐色或略带蓝紫色。飞羽外翈羽缘天蓝色，与上体形成对比。中央尾羽与上体同色，其余尾羽色深。雌鸟似雄鸟，但眼后无黑色细纹，下体颜色暗淡。幼鸟颜色暗淡，喙近黑色。虹膜—黄色；喙—红色，末端黑色；跗跖—灰褐色。【分布与习性】分布于南亚、中国西南、东南亚及大巽他群岛。国内见于西南部地区和海南，为留鸟；在东南地区有逃逸鸟种群。栖息于常绿阔叶林和针阔混交林，多成对或集小群活动，有时加入混合鸟群。行动敏捷，常围绕树干攀爬，寻找昆虫。【鸣声】鸣叫为连续的尖厉"吱吱"声，以及尖锐的"叽喳"声。

1246. 淡紫鸭　Yellow-billed Nuthatch　*Sitta solangiae*

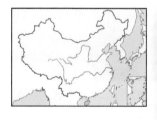

【野外识别】体长 12~14 cm 的中等大小的鸭。雌雄相似。雄鸟前额及眼先黑色，眼后具黑色细纹。头顶蓝灰色，耳羽葡萄紫色，额部、喉部白色。上体蓝灰色，翼上覆羽蓝紫色，飞羽色深而外翈羽缘天蓝色。胸腹及尾下覆羽浅棕色，翼下覆羽黑色。中央尾羽与上体同色，其余尾羽黑色，尾下具白斑。雌鸟似雄鸟，但无黑色眉纹。幼鸟似成鸟，但羽色暗淡。虹膜—黄色，眼周裸皮黄色；喙—黄色，末端黑色；跗跖—黄褐色。【分布与习性】分布于越南及中国南部。国内见于广西南部和海南，为留鸟。栖息于海拔较低的山地森林，常成对或集小群活动，有时加入混合鸟群。主要取食昆虫。【鸣声】鸣叫为连续而尖锐的"叽喳"声。

白脸鸺 董文晓

白脸鸺 何海清

白脸鸺 沈岩

绒额鸺 崔月

绒额鸺 朱雷

淡紫鸺 张永

淡紫鸺 姚望

836
/837
雀形目　鸭科
PASSERIFORMES　Sittidae

雀形目　旋壁雀科
PASSERIFORMES　Tichodromidae

1247. 巨鸭　Giant Nuthatch　*Sitta magna*

【野外识别】体长 18~20 cm 的大型鸭。雄鸟头顶至枕部淡灰色，宽阔的黑色贯眼纹从喙基延伸到肩部。上体蓝灰色，两翼黑褐色，羽缘色淡，翼下覆羽黑色。额部、喉部及两颊白色，至胸腹部呈污灰色，尾下覆羽栗色具白色端斑。雌鸟似雄鸟，但上体偏灰褐色，下体略带青黄色。幼鸟颜色较暗淡。虹膜—深褐色；喙—黑色，下喙基部色淡；跗跖—黄褐色。【分布与习性】分布于东南亚北部。国内见于西南地区，为留鸟。主要栖息于海拔 1000 m 以上的针叶林和针阔混交林，成对或集小群活动，有时与栗臀鸭和滇鸭等混群。喙强健，经常凿开树皮搜寻昆虫。【鸣声】鸣叫为不断重复的单音节笛音，以及粗哑的联络声。

1248. 丽鸭　Beautiful Nuthatch　*Sitta formosa*

【野外识别】体长 16~18 cm 的较大的鸭。雌雄相似。成鸟头顶至后颈黑色，遍布淡蓝色纵纹。喙基、耳羽及额部、喉部近白色，具狭窄的深色眼纹。上背黑色，下背至尾上覆羽蓝色。肩羽蓝色，两翼黑色，小覆羽、初级覆羽、初级飞羽和次级飞羽羽缘蓝色，大覆羽、中覆羽及三级飞羽羽缘白色，形成复杂的翼斑。下体大部棕黄色，尾下覆羽颜色稍淡。尾羽蓝紫色，尾下具白色斑点。虹膜—深褐色；喙—黑色，下喙基部灰白色；跗跖—灰褐色。【分布与习性】分布于喜马拉雅山脉东部及中国西南。国内见于云南西部、中部及南部，为甚罕见留鸟。栖息于海拔 1500 m 左右的常绿阔叶林和针阔混交林，常成对或集小群活动。主要捕食昆虫。【鸣声】鸣叫为连续的吱吱声，也发出急促的"啾啾"的联络音。

1249. 红翅旋壁雀　Wallcreeper　*Tichodroma muraria*

【野外识别】体长 16~17 cm 的旋壁雀。雌雄相似。喙细长而略下弯。成鸟繁殖羽头顶、颈部、肩部、背部、腰羽和尾上覆羽深灰色。初级覆羽、外侧大覆羽及中小覆羽红色，内侧大覆羽黑褐色，飞羽黑色，飞行时可见由白斑形成的两条白色翼带。眼先、额部、喉部及上胸黑色，下体余部深灰色。翼下覆羽略带红色，腋羽红色。尾下覆羽色深，具白色端斑。尾羽黑色，有白色次端斑形成的尾带。雌鸟似雄鸟，但繁殖羽上体颜色偏棕褐，喉部黑色较少。非繁殖羽额、喉至上胸近白色，下体浅灰色，其他与繁殖羽相同。虹膜—深褐色；喙—黑色；跗跖—近黑色。【分布与习性】分布于欧洲南部、中亚、印度北部至中国北方。国内见于新疆西部、青藏高原及华北至云南一线山地，为留鸟，冬季游荡或下降至低海拔地区。主要栖息于悬崖峭壁和陡坡岩壁上。多单独活动，行为独特，常在岩壁上短时间飞行和停留，搜寻昆虫。【鸣声】鸣叫为尖细的"嘀嘀"笛音。

巨䴓 赵小鲸

丽䴓 梁丹

红翅旋壁雀 雄 崔月

红翅旋壁雀 非繁殖羽 张永

1250. 旋木雀　Eurasian Treecreeper　*Certhia familiaris*

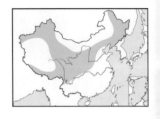

【野外识别】体长 12~14 cm 的旋木雀。雌雄相似。喙细长而下弯，头顶、后颈、背部及翼上覆羽棕褐色，遍布斑驳的灰白色斑点。具棕褐色的贯眼纹，眉纹灰白色。整个下体近白色，两胁和尾下覆羽略带灰色或皮黄色。飞羽黑褐色，具两道淡色斑纹，末端白色。尾羽棕褐色，尾楔形。虹膜—深褐色；喙—黑色，下喙灰白色；跗跖—灰褐色。【分布与习性】分布于欧亚大陆落叶林和针叶林地区。国内见于东北、华北至西南和西北的大多数地区，为较常见留鸟。栖息于山地落叶阔叶林、针阔混交林和针叶林，常单独或成对活动。围绕树干螺旋上升，寻找树皮间的昆虫。【鸣声】鸣唱时发出一段尖细的叫声，也发出尖锐的金属音"嘶——"。

1251. 四川旋木雀　Sichuan Treecreeper　*Certhia tianquanensis*

【野外识别】体长约 14 cm 的旋木雀。雌雄相似。喙较短，头顶、脸颊至上体和两翼灰褐色，遍布淡棕色杂斑，具不明显的皮黄色眉纹。飞羽色深，具两道淡色斑纹。额部、喉部灰白色，下体污黄色，尾下覆羽棕褐色。尾羽棕褐色，羽轴色淡，尾楔形。与旋木雀的区别在于喙短小。虹膜—深褐色；喙—黑色，下喙淡粉色；跗跖—粉褐色。【分布与习性】中国特有种，分布于四川东部山区和秦岭，为留鸟。栖息于海拔 2500~2800 m 的山地森林，冬季下降至海拔 1600 m。【鸣声】一连串带有金属音的"唧唧"声，但音节间停顿更长、音调更低而与旋木雀区别。

1252. 高山旋木雀　Bar-tailed Treecreeper　*Certhia himalayana*

【野外识别】体长 13~15 cm 的旋木雀。雌雄相似。喙细长而下弯，上体颜色较深。头顶、背部和两翼黑褐色，具斑驳的灰白色斑点。飞羽黑褐色，有两列棕色斑纹。具深色眼罩和淡色眉纹。额部、喉部近白色，胸腹部、两胁和尾下覆羽烟灰色。尾灰褐色，排列有整齐的黑褐色横纹，以此区别于其他旋木雀。虹膜—深褐色；喙—近黑色，下喙粉白色；跗跖—粉褐色。【分布与习性】分布于中亚、喜马拉雅山脉至东亚。国内见于西南地区，为区域性常见留鸟。栖息于海拔较高的针阔混交林和针叶林，部分做季节性垂直迁徙。多单独或成对活动，有时加入混合鸟群。【鸣声】尖锐的金属音"唧"。

旋木雀 沈越

旋木雀 *tianshanica* 苏坤/井云

旋木雀 沈越

川旋木雀 巫嘉伟／西南山地

四川旋木雀 唐军／西南山地

四川旋木雀 唐军／西南山地

高山旋木雀 沈越

高山旋木雀 关翔

840
/841
雀形目　旋木雀科
PASSERIFORMES　Certhiidae

雀形目　啄花鸟科
PASSERIFORMES　Dicaeidae

1253. 锈红腹旋木雀　Rusty-flanked Treecreeper　*Certhia nipalensis*

【野外识别】体长 14~16 cm 的旋木雀。雌雄相似。头顶、后颈、上体和翼上覆羽棕褐色，带有棕白色斑点。具深色的眼罩，皮黄色眉纹连接颈侧。颏部、喉部白色，胸部皮黄色，腹部、两胁及尾下覆羽锈红色，以此与其他旋木雀相区别。飞羽深褐色，具皮黄色羽缘和斑纹。尾羽灰褐色，羽干棕褐色。虹膜—深褐色；喙—上喙近黑色，下喙粉白色；跗跖—灰褐色。【分布与习性】分布于喜马拉雅山脉。国内见于云南西北部和西藏东南部。栖息于针阔混交林和针叶林，为区域性常见留鸟。习性似其他旋木雀。【鸣声】尖锐的金属音"唧"，以及加速的颤音。

1254. 褐喉旋木雀　Brown-throated Treecreeper　*Certhia discolor*

【野外识别】体长 14~16 cm 的旋木雀。雌雄相似。成鸟头顶、后颈、背部和两翼棕褐色，遍布棕白色杂斑。头部具眼罩和模糊灰白色眉纹。颏部、喉部及胸部浅灰褐色，具脏污感。飞羽黑褐色，具浅棕色斑点和羽缘。尾上覆羽和尾下覆羽锈褐色，尾羽暗褐色，楔形。*shanensis* 亚种与指名亚种相比上体颜色较淡，腹部偏灰色，尾羽棕黄色。虹膜—深褐色；喙—上喙深褐色，下喙近白色；跗跖—棕褐色。【分布与习性】分布于喜马拉雅山脉、中国西南和东南亚。国内见于云南西部和西藏东南部。栖息于海拔 1500m 以上的阔叶林和针阔混交林。常成对或集小群活动，习性似其他旋木雀。【鸣声】一连串重复的"啾啾"声，以及短促刺耳的"啾"声。

1255. 厚嘴啄花鸟　Thick-billed Flowerpecker　*Dicaeum agile*

【野外识别】体长 9~11 cm 的大型啄花鸟。雌雄相似。喙较强壮，头顶、两颊及整个上体橄榄灰色。颏、喉及整个下体污白色，具模糊的灰色纵纹。两翼灰褐色，翼下污白色。尾短圆，褐色，尾羽末端白色。幼鸟纵纹不明显，下体略带黄色。虹膜—橙褐色；喙—铅蓝色；跗跖—铅蓝色。【分布与习性】分布于印度、东南亚及小巽他群岛。国内见于云南西南部地区，为留鸟。栖息于海拔较低的森林和林缘。主要在树冠上层活动，尾经常左右扭动。【鸣声】尖锐的"喳喳"声。

锈红腹旋木雀 董文晓

褐喉旋木雀 shanensis 亚种 朱雷

锈红腹旋木雀 张永

厚嘴啄花鸟 JJ Harrison

1256. 黄臀啄花鸟　Yellow-vented Flowerpecker　*Dicaeum chrysorrheum*

【野外识别】体长 9~11 cm 的大型啄花鸟。雌雄相似。头顶、耳覆羽至整个上体橄榄黄色。眼先灰白色，额部、喉部灰白色，具绿褐色髭纹。胸部、腹部皮黄白色，遍布绿褐色纵纹。尾下覆羽黄色，以此得名。翼上覆羽与上体相近，飞羽近黑色。尾羽灰黑色，羽缘色淡。幼鸟颜色较暗淡。虹膜—橘红色；喙—铅黑色；跗跖—铅黑色。【分布与习性】分布于喜马拉雅山脉东部至东南亚和大巽他群岛。国内见于云南南部和广西西南部，为区域性常见留鸟。栖息于海拔较低的开阔森林，在树冠中活动。【鸣声】粗糙的"唧唧"声。

1257. 黄腹啄花鸟　Yellow-bellied Flowerpecker　*Dicaeum melanoxanthum*

【野外识别】体长 11~13 cm 的大型啄花鸟。颜色独特易识别。雄鸟头颈、胸侧及上体和两翼乌黑色。额部、喉部中央至上胸中央白色，整个下体余部鲜黄色。腋羽和翼下覆羽白色。尾黑色，外侧两对尾羽具白色次端斑。雌鸟上体橄榄褐色，额部、喉部中央灰白色，下体余部淡黄色。虹膜—红棕色；喙—黑色；跗跖—黑色。【分布与习性】分布于喜马拉雅山脉至东南亚。国内见于四川、云南以及西藏南部，为不常见夏候鸟或留鸟。栖息于海拔 1300~3000 m 的常绿林和针阔混交林，冬季下降到低海拔。取食寄生植物果实和昆虫。【鸣声】较高的"喳喳"声。

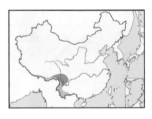

1258. 纯色啄花鸟　Plain Flowerpecker　*Dicaeum concolor*

【野外识别】体长 8~9 cm 的小型啄花鸟。雌雄相似。喙较长而略下弯，头顶、脸颊至上体橄榄绿色，眼先颜色稍淡。翼上覆羽与上体颜色相同，飞羽和尾羽暗褐色。额部、喉部及胸部灰白色，过渡至腹部和尾下覆羽淡黄色。虹膜—深褐色；喙—铅灰色；跗跖—近黑色。【分布与习性】分布于印度、中国南方及东南亚和大巽他群岛。国内见于西南至华南以及海南和台湾，为区域性常见留鸟。栖息于低海拔地区的开阔林地和花园，活动于树冠顶部，单独或成对活动。【鸣声】连续且刺耳的"唧唧"声。

黄臀啄花鸟 沈越

黄臀啄花鸟 朱雷

黄腹啄花鸟 雌 朱雷

黄腹啄花鸟 雄 董江天

纯色啄花鸟 沈越

844
/845
雀形目　啄花鸟科
PASSERIFORMES　Dicaeidae

雀形目　花蜜鸟科
PASSERIFORMES　Nectariniidae

1259. 红胸啄花鸟　Fire-breasted Flowerpecker　*Dicaeum ignipectus*

【野外识别】体长 9 cm 的小型啄花鸟。雄鸟脸颊至颈侧黑色，头顶、后颈至上体和两翼辉蓝绿色。飞羽近黑色。额淡黄色，上胸朱红色，胸部、腹部及尾下覆羽皮黄色，腹中央具粗大的黑色纵纹。尾羽黑褐色。雌鸟眼先灰白色，上体橄榄黄色，下体皮黄色。虹膜—深褐色；喙—黑色；跗跖—黑色。【分布与习性】分布于印度、中国南部至东南亚地区。国内见于长江中上游以南及西南、华南、海南和台湾，为常见留鸟。栖息于阔叶林和针阔混交林，行动敏捷。常在树冠中活动，取食槲寄生果实。【鸣声】带有金属感的尖锐"唧唧"声。

1260. 朱背啄花鸟　Scarlet-backed Flowerpecker　*Dicaeum cruentatum*

【野外识别】体长 8~10 cm 的小型啄花鸟。雄鸟头顶、后颈、背部及尾上覆羽朱红色，头侧、颈侧、两翼及尾羽近黑色。额部、喉部及整个下体皮黄色，两胁略带蓝灰色。雌鸟头颈及上体橄榄绿色，腰和尾上覆羽朱红色，尾黑褐色，下体皮黄色，两胁略带灰色。虹膜—深褐色；喙—铅黑色；跗跖—铅黑色。【分布与习性】分布于印度东部、中国南方和东南亚。国内见于包括海南及西藏南部在内的从福建到云南南部一线，为留鸟。栖息于海拔较低的阔叶林和果园，在树冠中活动。【鸣声】音调较高的"吱吱"声。

1261. 紫颊太阳鸟　Ruby-cheeked Sunbird　*Chalcoparia singalensis*

【野外识别】体长 10~12 cm 的花蜜鸟。喙较短直。雄鸟眼先黑褐色，耳覆羽紫铜色，颊部具紫色纹，头顶至上体辉绿色，具金属光泽。大覆羽、飞羽和尾羽紫黑色。额部、喉部至上胸橘红色，下体柠檬黄色。雌鸟上体橄榄绿色，眼罩蓝灰色。额部、喉部至上胸橘黄色，下体黄色。虹膜—棕红色；喙—灰黑色；跗跖—灰褐色。【分布与习性】分布于尼泊尔、中国西南、东南亚及大巽他群岛。国内见于西藏东南部和云南南部，为留鸟。栖息于海拔较低的林缘、灌丛和田园，多单独或成对活动。【鸣声】尖锐的双音节"吱吱"声，以及干涩的"唧"声。

红胸啄花鸟 雌 计云

红胸啄花鸟 雄 计云

红胸啄花鸟 雄 朱雷

朱背啄花鸟 雌 朱雷

朱背啄花鸟 雄 沈越

紫颊太阳鸟 雌 王英

紫颊太阳鸟 雄 张永

朱背啄花鸟 雄 朱雷

紫颊太阳鸟 雄 关翔宇

1262. 褐喉食蜜鸟　Brown-throated Sunbird　*Anthreptes malacensis*

【野外识别】体长 12~14 cm 的花蜜鸟。喙较短而略下弯。雄鸟头顶蓝紫色，头侧暗棕色。肩背蓝紫色，具金属光泽。中覆羽和大覆羽暗红色，飞羽深褐色。具蓝色髭纹，额部、喉部灰白色略带锈红色，下体其余部分黄色。雌鸟上体橄榄绿色，下体黄色。虹膜—棕红色；喙—黑色；跗跖—黄褐色。【分布与习性】分布于东南亚地区。国内见于云南极南部的西双版纳地区，为留鸟。栖息于低海拔地区的林缘和花园，常单独或成对活动。【鸣声】尖细的双音节叫声，也发出干涩的"唧"声。

1263. 蓝枕花蜜鸟　Purple-naped Sunbird　*Hypogramma hypogrammicum*

【野外识别】体长 13~15 cm 的花蜜鸟。喙细长而略下弯。雄鸟上体橄榄绿色，后颈具蓝紫色半领圈，腰和尾上覆羽亦为蓝紫色。额部、喉部淡黄色，下体其余部分污黄色，遍布绿褐色纵纹，尾下覆羽黄色。两翼绿褐色，尾羽黑褐色，外侧尾羽末端白色。雌鸟似雄鸟，但后颈和腰羽无蓝紫色，下体较淡而呈近白色。虹膜—深褐色；喙—黑色；跗跖—黄褐色。【分布与习性】主要分布于东南亚。国内见于云南南部，为留鸟。栖息于低海拔地区的林缘和灌丛，常单独或成对活动。【鸣声】连续发出响亮的单音节"啾"声。

1264. 紫色花蜜鸟　Purple Sunbird　*Cinnyris asiaticus*

【野外识别】体长 10~12 cm 的花蜜鸟。喙细长而下弯。雄鸟繁殖羽上体深蓝色，具有金属光泽。眼罩近黑色，额部、喉部至上胸辉紫色，胸前具暗红色带，胸侧羽簇黄色，下体余部深蓝紫色并具有金属光泽。飞羽暗褐色，尾羽蓝黑色。非繁殖羽上体橄榄绿色，翼上覆羽蓝紫色。喉胸部黄色，中央具紫黑色纵纹，下体其余部分黄色。雌鸟似雄鸟非繁殖羽，但喉胸部无深色纵纹。上体橄榄灰色，尾羽末端白色，额部、喉部至上腹部淡黄色，尾下覆羽近白色。虹膜—深褐色；喙—黑色；跗跖—黑色。【分布与习性】主要分布于印度和东南亚。国内见于云南西部，为留鸟。栖息于低海拔地区的林缘和花园。【鸣声】一连串加快的口哨声，也发出干涩的"唧唧"声。

褐喉食蜜鸟 沈越

褐喉食蜜鸟 雄 计云

蓝枕花蜜鸟 雌 赵江波

蓝枕花蜜鸟 雄 张密

蓝枕花蜜鸟 雄 赵江波

黄色花蜜鸟 雌 杨玉和

紫色花蜜鸟 雄 杨玉和

紫色花蜜鸟 雄 宋晓

1265. 黄腹花蜜鸟 Olive-backed Sunbird *Cinnyris jugularis*

【野外识别】体长 9~11 cm 的花蜜鸟。喙细长而下弯。雄鸟繁殖羽头顶、后颈及上体橄榄褐色。前额、额部、喉部至上胸紫黑色，具金属光泽。胸部具暗红色横带，胸侧羽簇黄色，下体其余部分黄色。两翼暗褐色，尾羽黑褐色，外侧尾羽末端色淡。雄鸟非繁殖羽额部、喉部金黄色，中央具黑色纵纹。雌鸟上体橄榄褐色，具淡色眉纹。整个下体黄色。尾黑色，外侧尾羽具白色端斑。虹膜—深褐色；喙—黑色；跗跖—黑色。【分布与习性】

分布于东南亚、印度尼西亚至澳大利亚。国内分布于云南、广西南部，以及广东西南部和海南，为区域性常见留鸟。栖息于低海拔地区的树林和灌木，多单独或成对活动。【鸣声】一连串快速的"吱吱"声，也发出干涩的"啾"或"吱"声。

1266. 蓝喉太阳鸟 Gould's Sunbird *Aethopyga gouldiae*

【野外识别】体长 13~16 cm（雄鸟）或体长 9~11 cm（雌鸟）的花蜜鸟。喙细长而下弯。雄鸟前额至头顶、耳覆羽、胸侧以及额部、喉部辉蓝紫色，其余头侧、颈侧及上体朱红色，腰羽黄色。胸部红色或黄色带有红色纵纹，腹部黄色，尾下覆羽黄绿色。两翼橄榄褐色，翼缘色淡。尾上覆羽和中央尾羽基部蓝紫色，中央尾羽延长突出，其余尾羽黑褐色，外翈末端色淡。

雌鸟头颈至上体橄榄褐色，腰羽黄色。下体淡黄色，外侧尾羽末端白色。虹膜—深褐色；喙—黑色；跗跖—黑褐色。【分布与习性】分布于喜马拉雅山脉至中国西南部和东南亚。国内见于华中至西南大多数地区，为区域性常见留鸟。栖息于海拔1000~3500 m 的森林和灌丛，冬季下降到较低海拔。经常访花，行动敏捷，飞行迅速。【鸣声】快速重复的"唧唧"或"吱吱"声，尖锐的金属哨音。

1267. 绿喉太阳鸟 Green-tailed Sunbird *Aethopyga nipalensis*

【野外识别】体长 13~15 cm（雄鸟）或体长 10~12 cm（雌鸟）的花蜜鸟。喙细长而下弯。雄鸟头顶辉蓝绿色，脸颊及额部、喉部深蓝黑色。上背及颈侧深红色，腰鲜黄色，尾上覆羽和中央尾羽蓝绿色，中央尾羽延长。胸橘黄色，带有细碎的红色纵纹，下体其余部分黄绿色。雌鸟头颈灰绿色，头顶具暗色鳞状斑，上体橄榄绿色。额部、喉部灰白色，腹部淡黄绿色。中央尾羽

不延伸，外侧尾羽内翈具淡色端斑。虹膜—深褐色；喙—黑色；跗跖—近黑色。【分布与习性】分布于喜马拉雅山脉和东南亚。国内见于西藏东南部、四川南部和云南西部，为留鸟。分布于海拔较高的山地森林，冬季下降到较低海拔。【鸣声】响亮的金属"唧唧"声或"啾啾"声。

黄腹花蜜鸟 雌 董汇天

黄腹花蜜鸟 雄 朱雷

黄腹花蜜鸟 雄 非繁殖羽 朱雷

蓝喉太阳鸟 雌 计云

蓝喉太阳鸟 雄 张永

绿喉太阳鸟 雌 计云

绿喉太阳鸟 雄 张永

绿喉太阳鸟 雄 朱雷

1268. 叉尾太阳鸟 Fork-tailed Sunbird Aethopyga christinae

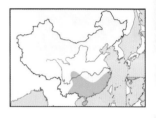

【野外识别】体长 10 cm（雄鸟）或体长 8~9 cm（雌鸟）的花蜜鸟。喙细长而下弯。雄鸟头顶辉绿色，眼先至脸颊黑色，髭纹辉绿色。背部橄榄绿色，腰鲜黄色。两翼暗褐色，外翈羽缘黄绿色。尾上覆羽和中央尾羽辉蓝色，中央尾羽延伸呈针状。额部、喉部至胸侧暗红色，下胸黄绿色，下体其余部分淡黄色。雌鸟头颈及上体橄榄绿色，头顶具暗色鳞状斑。额部、喉部及下体浅黄色。尾羽黑褐色，外侧尾羽具白色端斑。虹膜—深褐色；喙—黑色；跗跖—黑褐色。【分布与习性】分布于中国南方及越南。国内见于长江以南部分地区，包括海南，为区域性常见留鸟。栖息于中低海拔的林地和种植园。常单独或成对活动，在花丛中觅食。【鸣声】带金属感的颤音和"叽喳"声。

1269. 黑胸太阳鸟 Black-throated Sunbird Aethopyga saturata

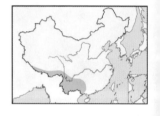

【野外识别】体长 14~15 cm（雄鸟）或体长 10 cm（雌鸟）的花蜜鸟。喙细长而下弯。雄鸟头顶至后颈辉蓝紫色，眼先至耳覆羽近黑色，髭纹辉蓝紫色。颈侧至上背暗红色，下背和翼上覆羽黑褐色，腰黄色。尾上覆羽和中央尾羽基部辉蓝紫色，中央尾羽特别延长。额部、喉部及上胸黑色。下体其余部分污黄绿色。雌鸟头颈及上体橄榄绿色，腰黄色，两翼和尾羽暗褐色。额部、喉部近灰色，下体余部污黄色。虹膜—深褐色；喙—黑色；跗跖—黑褐色。【分布与习性】分布于喜马拉雅山脉至印度阿萨姆邦及东南亚。国内见于西藏东南部、云南和广西西南部，为留鸟。栖息于较低海拔的森林，也活动于较开阔的林缘和种植园。【鸣声】一连串快速的"吱吱"声，也作干涩的"唧"声。

1270. 黄腰太阳鸟 Crimson Sunbird Aethopyga siparaja

【野外识别】体长 12~15 cm（雄鸟）或体长 10 cm（雌鸟）的花蜜鸟。喙细长而下弯。雄鸟头顶金属绿色，枕部绿褐色。眼先黑色，髭纹金属蓝色，头颈余部、胸部、上体及中小覆羽鲜红色。大覆羽及飞羽褐色，羽缘橄榄绿色。腰黄色，尾上覆羽和中央尾羽金属绿色，中央尾羽延长。喉胸部红色，下体其余部分污黄绿色。雌鸟上体橄榄绿色，下体污黄绿色。飞羽和尾羽色深，最外侧尾羽末端白色。虹膜—深褐色；喙—灰褐色；跗跖—黑褐色。【分布与习性】分布于印度、喜马拉雅山脉至东南亚。国内见于云南和广西南部，为留鸟。栖息于海拔较低的森林和灌丛，经常在花丛中觅食。【鸣声】带有金属感的"唧唧"声。

叉尾太阳鸟 雌 关翔宇

叉尾太阳鸟 雄 关翔宇

黑胸太阳鸟 雌 杨玉和

黑胸太阳鸟 雄 杨玉和

黄腰太阳鸟 雌 朱雷

黄腰太阳鸟 雄 朱雷

黄腰太阳鸟 雄 朱雷

1271. 火尾太阳鸟　Fire-tailed Sunbird　*Aethopyga ignicauda*

【野外识别】体长 15~20 cm（雄鸟）或体长 9~11 cm（雌鸟）的花蜜鸟。喙细长而下弯。雄鸟繁殖羽头顶和髭纹辉蓝色，眼先及耳覆羽黑色，额部、喉部蓝紫色。枕部、颈侧及上背火红色，腰羽黄色。尾上覆羽和尾羽红色，中央尾羽极度延长，特征显著。两翼橄榄绿色。下体大致黄色，胸部具橘红色晕斑，腹部黄绿色，有时略带灰色。雄鸟非繁殖羽似雌鸟，但尾上覆羽红色。雌鸟头颈灰绿色，头顶具深色鳞状斑。背部黄绿色，喉部、胸部灰绿色，下体余部淡黄绿色。虹膜—深褐色；喙—黑色；跗跖—黑色。【分布与习性】分布于喜马拉雅山脉至东南亚。国内见于西藏东南部和云南西部，为留鸟。栖息于海拔较高的阔叶林和针阔混交林，冬季下降至较低海拔。经常在花丛中活动。【鸣声】一连串干涩的金属音，也作连续的"啾啾"声。

1272. 长嘴捕蛛鸟　Little Spiderhunter　*Arachnothera longirostra*

【野外识别】体长 14~16 cm 的花蜜鸟。雌雄相似。喙极长而略下弯。头部橄榄绿色，头顶具暗色鳞状斑，眼上方和下方具白色斑纹，喙基部具黑色纵纹。颈侧及上体橄榄绿色，两翼橄榄褐色，羽缘黄绿色。尾短，橄榄褐色，羽缘偏绿色。额部、喉部灰白色，胸部、腹部污黄色。雄鸟具橘黄色胸羽簇，雌鸟无。虹膜—暗褐色；喙—上喙黑褐色，下喙灰色；跗跖—铅灰色。【分布与习性】主要分布于印度和东南亚。国内见于云南南部和东南部，为区域性常见留鸟。栖息于低海拔地区的阔叶林和热带雨林，经常出现在林缘和种植园，习性较为隐秘。【鸣声】不断重复的上扬的哨音"啾"，也发出干涩的"喷喷"声。

1273. 纹背捕蛛鸟　Streaked Spiderhunter　*Arachnothera magna*

【野外识别】体长 17~21 cm 的花蜜鸟。雌雄相似。喙粗长而略下弯。头顶及整个上体黄绿色，头颈、肩背及中、小覆羽中央黑色，形成密集的斑纹。飞羽和尾羽橄榄黄色，具宽阔的淡色端斑和黑色次端斑。喉胸部淡黄色，腹部近白色，整个下体遍布明显的黑色纵纹。幼鸟颜色较为暗淡。虹膜—深褐色；喙—黑色；跗跖—橘黄色。【分布与习性】分布于喜马拉雅山脉及东南亚。国内见于西藏南部热带地区，为区域性常见留鸟。栖息于海拔较低的常绿林和热带雨林，常光顾芭蕉等植物。做波浪式飞行，叫声响亮。【鸣声】较尖锐的 2~3 个音节的"啾啾"颤音，也发出连续而单调的"喳喳"声。

火尾太阳鸟 雄 非繁殖羽 沈越

火尾太阳鸟 雄
梁丹

火尾太阳鸟 雌 张永

长嘴捕蛛鸟 崔月

长嘴捕蛛鸟 朱雷

纹背捕蛛鸟 朱雷

纹背捕蛛鸟 魏欣欣

1274. 黑顶麻雀 Saxaul Sparrow *Passer ammodendri*

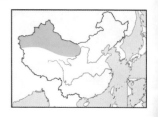

【野外识别】体长 14~16 cm 的麻雀。雄鸟头顶中央、贯眼纹及额部、喉部黑色，眼上方具短小的白色眉纹，头侧至枕侧黄色，脸颊灰色。上体灰褐色，具黑色纵纹。喉侧至整个下体灰白色，有时带棕色。两翼灰褐色，中覆羽和大覆羽末端色淡，形成两道翼斑。尾羽暗褐色。雌鸟具模糊的皮黄色眉纹，头顶至上体棕色，背部具少量暗色纵纹。具两道翼斑，下体淡黄色。虹膜—深褐色；喙—雄鸟黑色，雌鸟黄褐色；跗跖—粉褐色。【分布与习性】分布于中亚至东亚。国内见于新疆和内蒙古西部地区，为区域性常见留鸟。栖息于荒漠和半荒漠地区的绿洲、河谷和农田等，常集小群活动于树丛间。【鸣声】尖锐的"吱喳"声和干涩的"啾啾"声。

1275. 家麻雀 House Sparrow *Passer domesticus*

【野外识别】体长 14~16 cm 的麻雀。雄鸟前额、头顶及后颈灰色，眼先黑色，眼后浓栗色延伸至颈侧，额部、喉部中央及上胸黑色。背部棕黄色，具暗褐色纵纹。两翼略带栗色，中覆羽白色，大覆羽羽缘皮黄色，形成显著的翼斑。飞羽深褐色，羽缘色淡。脸颊、胸侧及整个下体灰色。尾上覆羽及尾羽灰色。雌鸟头颈灰色，眼后具皮黄色狭长眉纹。背部具暗褐色斑纹，有两道模糊的翼斑。胸部浅灰色，具模糊细纵纹，腹部及尾下覆羽灰白色。与黑胸麻雀雌鸟相似，但本种喙较小。虹膜—深褐色；喙—灰褐色，雄鸟在繁殖期黑色；跗跖—粉褐色。【分布与习性】广泛分布于古北界西部，引种至北美洲、南美洲、非洲和澳大利亚等。国内见于西北、西藏西部和东北的部分地区，为区域性常见留鸟；近年来在西南地区有所扩散。栖息于城镇、村庄及开阔的自然生境，进行季节性迁徙或游荡，多成群活动。【鸣声】单调的"啾啾"声和"叽喳"声。

1276. 黑胸麻雀 Spanish Sparrow *Passer hispaniolensis*

【野外识别】体长 14~16 cm 的麻雀。雄鸟头顶至枕部栗色，眉纹及脸颊白色，眼周黑色。上体棕黄色，背部具粗重的黑色纵纹。两翼略带栗色，中覆羽形成白色带，大覆羽和飞羽色深，羽缘皮黄色。额部、喉部中央黑色，胸部具黑色鳞状斑，两胁具矛状纵纹，下体其余部分近白色。尾羽深褐色，羽缘色淡。雌鸟眉纹皮黄色，上体灰褐色，背部具黑色纵纹，下体灰白色，胸侧具模糊纵纹。似家麻雀雌鸟，但本种雌鸟喙较粗大。虹膜—深褐色；喙—黄褐色，喙端色深，繁殖期雄鸟喙黑色；跗跖—粉褐色。【分布与习性】分布于北非、南欧及中亚。国内见于新疆西部地区，为区域性常见留鸟。栖息于较为开阔的树丛和农田，经常结群活动。【鸣声】音调较高的"喳喳"声。

黑顶麻雀 雌 杨玉和

黑顶麻雀 雄 邢睿

黑顶麻雀 雄 沈越

家麻雀 雌 计云

家麻雀 雄 崔月

家麻雀 雄 朱雷

黑胸麻雀 雌 崔月

黑胸麻雀 雄 王尧天

黑胸麻雀 雄 崔月

1277. 山麻雀　Russet Sparrow　*Passer rutilans*

【野外识别】体长 13~15 cm 的麻雀。雄鸟头顶至上体栗红色，背部具黑色纵纹。眼周与额部、喉部黑色，具细小的淡色眉纹，颊部灰白色。下体余部灰白色。两翼带栗色，中覆羽形成白色带，大覆羽和飞羽近黑色，具宽阔的近白色羽缘。尾羽灰褐色，羽缘色淡。雌鸟上体棕色，贯眼纹深褐色，具明显的皮黄色眉纹。两翼图案似雄鸟，但偏棕色。脸颊与额部、喉部皮黄色，下体余部浅灰白色。虹膜—深褐色；喙—黑色；跗跖—肉褐色。【分布与习性】分布于喜马拉雅山脉、东亚及东南亚。国内见于黄河流域周边及以南的大部地区及台湾，为留鸟。栖息于海拔较高的开阔森林，活动于林缘和村镇附近，经常出现在农田、果园及房前屋后。【鸣声】尖锐的"啾啾"声和"叽喳"颤音。

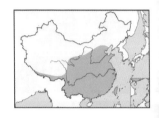

1278. 麻雀　Tree Sparrow　*Passer montanus*

【野外识别】体长 13~15 cm 的麻雀。雌雄相似。头顶至后颈棕栗色，眼先及眼周黑色，脸颊至颈侧白色，耳羽具黑色圆斑。肩背部棕褐色，遍布黑色纵纹。腰及尾上覆羽褐色。尾羽暗褐色，羽缘色淡。两翼黑褐色，中覆羽和大覆羽具白色端斑，形成两道淡色翼斑。额部、喉部中央黑色，胸腹部近灰色，有时略带黄色，两胁及尾下覆羽灰褐色。幼鸟颜色较暗淡。虹膜—深褐色；喙—黑色；跗跖—粉褐色。【分布与习性】广布于整个古北界。几乎见于国内所有地区，包括海南和台湾，为甚常见留鸟。主要栖息于接近人类的环境，包括城市和乡村。经常结群活动，不甚畏人。【鸣声】干涩的"叽喳"声。

1279. 石雀　Rock Sparrow　*Petronia petronia*

【野外识别】体长 14~16 cm 的雀科鸟类。雌雄相似。头部顶冠纹皮黄色，侧冠纹棕褐色，眉纹灰白色，眼后具深色条纹，脸颊淡灰褐色，有些个体头部斑纹比较模糊。整个上体灰褐色，背部具深褐色条纹。翼上覆羽及飞羽暗褐色，羽缘色淡。喉部具黄色斑，下体灰白色，具模糊的灰褐色纵纹。尾羽褐色，末端具白斑，飞行时明显可见。幼鸟颜色较暗淡。虹膜—深褐色；喙—灰褐色，基部黄色；跗跖—黄褐色。【分布与习性】分布于南欧、北非、中东、中亚及东亚。国内见于新疆西北部（*intermedia* 亚种）和青海东部，四川北部及华北北部（*brevirostris* 亚种），为留鸟。栖息于海拔较高的遍布裸岩的荒漠和半荒漠地区，冬季下降到较低海拔。经常成对或结群活动，飞行能力强。【鸣声】吵闹而尖锐的"唧唧"声。

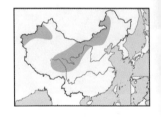

山麻雀 雌 沈越　　　　山麻雀 雄 沈越　　　　山麻雀 雄 沈越

麻雀 崔月　　　　麻雀 崔月

石雀 intermedia 亚种 计云　　　石雀 沈越

石雀 intermedia 亚种 幼 计云

石雀 brevirostris 亚种 关雪燕

1280. 白斑翅雪雀　White-winged Snowfinch　*Montifringilla nivalis*

【野外识别】体长 17~17.5 cm 的大型雪雀。繁殖期眼先及颏部黑色，头颈其余部分大致灰色至灰褐色，背部及腰部褐色具深色纵纹，初级飞羽黑色，次级飞羽及覆羽白色，其余覆羽及三级飞羽褐色，飞行时可见大片白色。下体亦大致白色。中央尾羽黑色而外侧尾羽白色。非繁殖期颏部黑色不明显。与藏雪雀区别于本种头部与背部颜色对比明显，喙形亦不同。与褐翅雪雀区别于本种两翅白色范围大，眼先色深。虹膜—红褐色；喙—黑色，雌鸟喙基黄色，非繁殖期雌雄下喙多黄色；跗跖—黑色。【分布与习性】广泛分布于欧亚大陆多裸岩的高海拔地区。国内见于新疆及西藏北部，为留鸟，冬季可集大群活动。【鸣声】鸣唱婉转，叫声为沙哑的单音节"jiu"声。

1281. 藏雪雀　Tibetan Snowfinch　*Montifringilla henrici*

【野外识别】体长约 17 cm 的大型雪雀。雌雄相似。上喙略隆起而显喙部粗长。繁殖期眼先及颏部黑色，具不明显的浅色眉纹，颊纹短，白色，头颈其余部分褐色。背部及腰部亦为褐色并具深色纵纹，初级飞羽深褐色至黑色，次级飞羽及大覆羽白色，其余覆羽及三级飞羽褐色，飞行时可见大片白色。下体亦大致白色而两胁略带褐色。中央尾羽深褐色至黑色，外侧尾羽白色。非繁殖期颏部黑色不明显。与褐翅雪雀区别于后者无浅色颊纹及眼先，飞行时可见两翅白色范围亦较少。与白斑翅雪雀的区别见该种描述。虹膜—深褐色；喙—黑色，雌鸟喙基黄色，非繁殖期雌雄下喙基部黄色；跗跖—黑色。【分布与习性】中国特有种，常见于青藏高原东部高海拔多岩石地带，为留鸟，非繁殖期可集大群。【鸣声】鸣唱似树麻雀，叫声似白斑翅雪雀。

1282. 褐翅雪雀　Black-winged Snowfinch　*Montifringilla adamsi*

【野外识别】体长 17 cm 的大型雪雀。雌雄相似。繁殖期颏部杂黑色，头颈其余部分为均一的灰色至灰褐色。背部及腰部褐色，大覆羽白色，其余覆羽及三级飞羽褐色。初级飞羽黑色，次级飞羽前段黑色而后段白色，飞行时可见。下体略带灰色而两胁略带土黄色。中央尾羽黑色而外侧尾羽白色。非繁殖期喉部黑色不显。与白斑翅雪雀区别于本种两翅白色范围较小，无深色眼先，同域分布时海拔常较低。与岭雀属区别于本种喙更尖细。虹膜—褐色；喙—黑色，非繁殖期黄色；跗跖—铅灰色。【分布与习性】分布于喜马拉雅山脉西段高海拔山区。国内常见于青藏高原大部，为留鸟。喜多岩石地带，非繁殖期可集大群。【鸣声】鸣唱婉转，叫声为单音节的"jiu"声。

白斑翅雪雀 老狼

白斑翅雪雀 邢睿

藏雪雀 非繁殖羽 沈越

藏雪雀 非繁殖羽 沈越

藏雪雀 董文晓

褐翅雪雀 董江天

褐翅雪雀 非繁殖羽 韩雪松

褐翅雪雀 黄小安

1283. 黑喉雪雀　Pere David's Snowfinch　*Pyrgilauda davidiana*

【野外识别】体长 12~15 cm 的喙甚短粗的小型雪雀。雌雄相似。繁殖期前额、眼先、颏部、喉部至上胸黑色。头顶、枕部至耳羽后缘黄褐色，头颈余部灰白色。背部、三级飞羽及腰部黄褐色具褐色纵纹。覆羽黑色，初级飞羽及次级飞羽黑褐色而中部具白斑，飞行时可见。下体灰白色。尾羽黄褐色而具黑色端斑。非繁殖羽头部黑色范围较小。虹膜－褐色；喙－铅灰色，基部黄色；跗跖－黑色。【分布与习性】分布于东亚及俄罗斯南部。

国内见于内蒙古、宁夏及甘肃北部和青海东部。栖息于北方干旱草原及戈壁，于小型哺乳动物洞穴内营巢，冬季亦可能迁至较低海拔。【鸣声】鸣唱婉转似百灵，叫声沙哑似树麻雀。

1284. 棕颈雪雀　Rufous-necked Snowfinch　*Pyrgilauda ruficollis*

【野外识别】体长约 15 cm 的大型雪雀。雌雄相似。头部具黑色贯眼纹及颊纹，前额、眉纹、耳羽、颏部及喉部白色，头顶灰色，枕部、耳羽后缘及颈侧棕黄色，后颈淡棕色，背部及腰部淡棕色具深褐色纵纹，翼上覆羽黑色而外缘淡褐色。初级飞羽及次级飞羽黑褐色而中部具白斑，飞行时可见。下体大致白色而两胁淡棕色。中央尾羽深褐色，外侧尾羽浅色而具深褐色端斑。与棕背雪雀区别于本种背部具纵纹，头部图案亦不同。虹膜－褐色；

喙－黑色；跗跖－黑色。【分布与习性】分布于喜马拉雅山脉高海拔地区。国内见于青藏高原，为常见留鸟。于小型哺乳动物洞穴内营巢，非繁殖期可与其他雪雀混群活动，冬季亦可迁至较低海拔。【鸣声】叫声为带鼻音的单音节 "ji"。

1285. 棕背雪雀　Blanford's Snowfinch　*Pyrgilauda blanfordi*

【野外识别】体长约 15 cm 的大型雪雀。雌雄相似。前额白色，眼先至眼上方具黑色条纹，额部亦为黑色，眼后具灰白色粗眉纹，耳羽及颊部亦为灰白色，头顶淡棕黄色，头颈余部棕黄色。背部及腰部淡棕色，覆羽黑色具棕黄色外缘，初级飞羽及次级飞羽黑褐色而中部具白斑，飞行时可见。下体大致白色。中央尾羽深褐色，外侧尾羽浅色具深褐色端斑。与棕颈雪雀区别于本种背部无纵纹，头部图案亦不相同。虹膜－褐色；喙－灰黑色；

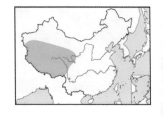

跗跖－黑色。【分布与习性】分布于喜马拉雅山脉高海拔地区。国内见于青藏高原，为留鸟。习性似棕颈雪雀。【鸣声】叫声似树麻雀。

黑喉雪雀 幼 赵建英

黑喉雪雀 赵建英

棕颈雪雀 沈越

棕颈雪雀 幼 朱雷

棕背雪雀 董江天

862
863
雀形目　雀科
PASSERIFORMES Passeridae

雀形目　织雀科
PASSERIFORMES Ploceidae

1286. 白腰雪雀　White-rumped Snowfinch　*Onychostruthus taczanowskii*

【野外识别】体长 15~17 cm 的大型雪雀。雌雄相似。眼先黑色，前额及眉纹白色，头顶及耳羽淡黄褐色，头颈其余部分灰白色，背部淡黄褐色具深褐色纵纹，翼上覆羽褐色具浅色外缘，飞羽黑色而基部白色，飞行时可见。腰部白色，下体大致灰白色。中央尾羽褐色，外侧尾羽黑色而末端具宽阔的白斑。虹膜－褐色；喙－铅灰色，末端色深；跗跖－黑色。【分布与习性】常见于中国的青藏高原开阔地带，国外仅边缘性分布于尼泊尔及印度北部。繁殖期成对活动，于鼠兔或其他小型兽类的洞穴中营巢，冬季可短距离迁徙至较低海拔。【鸣声】鸣唱婉转，叫声单音节，较尖细。

1287. 纹胸织雀　Streaked Weaver　*Ploceus manyar*

【野外识别】体长 14~15 cm 的织雀。喙粗壮呈圆锥状。雄鸟繁殖羽头顶金黄色，眼先、脸颊及颈侧近黑色。肩背黑褐色，羽缘色淡形成纵纹状。两翼和尾黑褐色，羽缘皮黄色。额部、喉部灰黑色，下体其余部分淡皮黄色，上胸具黑色纵纹，少量延伸至两胁。尾下覆羽纯色无纹。雄鸟非繁殖羽头顶至上体棕褐色，具黑褐色纵纹，眉纹皮黄色，下弯形成独特的脸部图案。额部、喉部及下体近白色，具黑色纵纹。雌鸟似雄鸟非繁殖羽。虹膜－深褐色；喙－雄鸟繁殖期黑色，非繁殖期淡褐色，雌鸟淡褐色；跗跖－肉色。【分布与习性】主要分布于南亚和东南亚。国内分布状况不明，可能边缘性分布于云南西南部。栖息于较为开阔的湿地、草地和稻田，常集小群活动。雄鸟会在繁殖季编制吊巢。【鸣声】尖锐的"吱吱"声。

1288. 黄胸织雀　Baya Weaver　*Ploceus philippinus*

【野外识别】体长 13~16 cm 的织雀。喙粗壮呈圆锥状。雄鸟繁殖羽头顶至枕部金黄色，眼先至脸颊灰黑色，后颈黑色与黄色斑驳交错。肩背灰褐色，羽缘黄色。两翼和尾羽黑褐色，羽缘黄白色。额部、喉部暗灰色，颈侧和胸部棕黄色，下体其余部分皮黄色。雄鸟非繁殖羽头顶至上背棕褐色，具黑褐色细纹。眼先褐色，眉纹长而皮黄色，头侧棕褐色，喉部污白色，下体棕黄色，具极细的暗色纵纹。雌鸟似雄鸟非繁殖羽。虹膜－暗褐色；喙－雄鸟暗褐色，雌鸟上喙角质色，下喙粉黄色；跗跖－肉色。【分布与习性】分布于南亚和东南亚。国内见于云南西南部，为留鸟。栖息于开阔的湿地和灌丛，常成群活动，不甚畏人。【鸣声】尖锐的"吱吱"声，干涩的哨音。

白腰雪雀 娄方洲

白腰雪雀 幼 朱雷

纹胸织雀 雌 钱斌

纹胸织雀 雄 王英

黄胸织雀 雌 杨玉和

黄胸织雀 雄 杨玉和

黄胸织雀 非繁殖羽 朱雷

1289. 红梅花雀　Red Avadavat　*Amandava amandava*

【野外识别】体长 9~10 cm 的梅花雀科鸟类。雄鸟繁殖羽通体朱红色，肩背、胸侧、两胁及两翼具明显的圆形白斑。眼先和眼周暗褐色，眼下具白色斑纹。两翼及尾暗褐色，外侧尾羽末端具白斑。雄鸟非繁殖羽及雌鸟上体棕褐色，下体淡灰褐色，眼周深褐色，仅腰部和尾上覆羽朱红色。白斑较少，零星分布在翼上覆羽、飞羽、腰羽和尾羽。虹膜—棕红色；喙—红色；跗跖—粉色。【分布与习性】主要分布于南亚至东南亚。国内见于海南和云南南部、西部，为留鸟。栖息于低海拔地区较为开阔的草地、农田和灌丛。通常集群活动，飞行迅速。【鸣声】发出一段较高的鸣唱声，以及尖锐的"吱吱"声和圆润的"啾啾"声。

1290. 橙颊梅花雀　Orange-cheeked Waxbill　*Estrilda melpoda*

【野外识别】体长约 10 cm 的梅花雀科鸟类。雌雄相似。雄鸟眼先、耳覆羽及脸颊橙色，头顶、枕部及颈侧灰色。肩、背及两翼灰褐色，腰羽和尾上覆羽红色。喉部近白色，颈侧及胸部灰色，腹部浅灰色，腹中央具橘黄色色斑，尾下覆羽灰白色。尾羽暗褐色。雌鸟似雄鸟，但腹部斑块黄色。幼鸟似成鸟，但腰羽红褐色，脸颊颜色较淡，喙黑色。虹膜—深褐色；喙—橘红色；跗跖—灰褐色。【分布与习性】分布于非洲中部和西部。国内于台湾为引入种。栖息于热带和亚热带地区的林缘、灌丛和草地。【鸣声】发出短音节的鸣唱声，以及尖锐的"唧唧"声。

1291. 白喉文鸟　Indian Sliverbill　*Euodice malabarica*

【野外识别】体长 11 cm 的梅花雀科鸟类。雌雄相似。雄鸟上体深褐色，头顶具鳞状斑，下背、腰羽和尾上覆羽白色，尾上覆羽外侧黑色。眼先近白色，额部、喉部白色，胸腹部及尾上覆羽近白色，两胁皮黄色，带有横纹。外侧尾羽及外侧大覆羽近黑色，其余翼羽灰褐色。尾尖，尾羽暗褐色。雌鸟似雄鸟，但眼先、脸颊及胸腹部颜色暗淡，眉纹不明显，两胁斑纹不明显，尾羽亦较短。幼鸟似成鸟，但腰羽和尾上覆羽偏褐色，尾羽较圆，两胁无斑纹。虹膜—深褐色；喙—上喙灰黑色，下喙淡蓝灰色；跗跖—灰色。【分布与习性】主要分布于南亚地区。国内见于台湾，为引入种。栖息于低海拔地区的灌丛和农田，常集群活动。通常在地面觅食，取食多种植物种子。【鸣声】尖锐的"唧唧"声。

红梅花雀 雌 崔月

红梅花雀 雄 何海清

红梅花雀 雄 非繁殖羽 崔月

橙颊梅花雀 Francesco Veronesi

白喉文鸟 Dick Daniels

白喉文鸟 朱雷

1292. 白腰文鸟　White-rumped Munia　*Lonchura striata*

【野外识别】体长 10~12 cm 的梅花雀科鸟类。雌雄相似。成鸟头部栗褐色，后胸至肩部、背部棕褐色，尾上覆羽及尾下覆羽栗褐色，翼上覆羽深褐色，均遍布淡色羽干纹。腰羽白色，飞羽及尾羽近黑色。胸部、腹部和两胁灰白色，具不明显的暗色鳞状斑。幼鸟上体灰褐色，腰羽和下体略带黄色。虹膜—深褐色；喙—蓝灰色；跗跖—铅灰色。【分布与习性】分布于南亚、东亚及东南亚。国内见于长江流域周边及以南大部分地区，
包括海南及台湾，为甚常见留鸟。栖息于低海拔地区的丘陵、平原和低地，活动于较为开阔的荒地和湿地，亦出现于农田。集群活动，飞行振翅迅速。【鸣声】微弱的"唧唧"声。

1293. 斑文鸟　Scaly-breasted Munia　*Lonchura punctulata*

【野外识别】体长 10~12 cm 的梅花雀科鸟类。雌雄相似。头部栗褐色，前额、脸颊及喉部颜色较深。上体及两翼棕褐色，具近白色的羽干纹。下背、腰及尾上覆羽和尾羽黄褐色。下体白色，前胸及腹部两侧遍布粗大的深褐色鳞状斑。幼鸟上体棕褐色，下体皮黄色，不具鳞状斑。虹膜—红棕色；喙—蓝灰色；跗跖—蓝灰色。【分布与习性】分布于南亚、东亚及东南亚。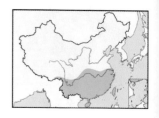
国内见于长江流域周边及以南大部分地区，包括海南及台湾，为甚常见留鸟。栖息于低海拔地区的开阔生境，经常集群在湿地、草地和农田活动。飞行迅速，两翼扇动有力。【鸣声】尖细的"吱吱"声。

1294. 栗腹文鸟　Chestnut Munia　*Lonchura atricapilla*

【野外识别】体长 11~12 cm 的梅花雀科鸟类。雌雄相似。成鸟头、颈及上胸黑色，形成黑色的头罩。背部和两翼栗色，腰羽、尾上覆羽及尾羽浓栗色。下胸中央、腹中央及尾下覆羽黑褐色，下体其余部分淡栗色。幼鸟上体灰褐色，下体淡皮黄色，无深色头罩。虹膜—红棕色；喙—灰蓝色；跗跖—蓝灰色。【分布与习性】主要分布于印度和东南亚。国内见于云南南部、广东南部，以及澳门、海南和台湾等地区，为不常见留鸟。栖息于
低海拔地区的草地和农田，多集群活动。【鸣声】连续而尖锐的笛音。

白腰文鸟 张永

白腰文鸟 沈越

白腰文鸟 沈越

白腰文鸟 沈越

斑文鸟 幼 卓月

斑文鸟 沈越

斑文鸟 计云

栗腹文鸟 沈越

栗腹文鸟 张永

1295. 禾雀　Java Sparrow　*Padda oryzivora*

【野外识别】体长 14~16 cm 的梅花雀科鸟类。雌雄相似。头部黑色，脸颊具大块白斑。肩背及两翼蓝灰色，腰羽、尾上覆羽和尾羽黑色。额部、喉部黑色，胸部浅灰色，腹部及两胁葡萄棕色，尾下覆羽近白色。幼鸟上体灰褐色，脸颊皮黄色，下体近白色。虹膜—褐色；喙—粉红色；跗跖—粉红色。【分布与习性】原产于爪哇等岛屿，作为笼养鸟引种至东南亚、澳大利亚等地。国内记录于华南沿海及台湾，可能为逃逸的笼养鸟。近年来国内无野外种群的确切记录。栖息于低海拔地区的草地和农田，常成对或集群活动。【鸣声】一段口哨声，以及轻柔的"吱吱"声。

1296. 苍头燕雀　Chaffinch　*Fringilla coelebs*

【野外识别】体长 15~16 cm 的中型燕雀科鸟类。雄鸟繁殖羽头顶、枕部、后颈及颈侧皆为蓝灰色，背部栗褐色，腰黄绿色，尾上覆羽灰色。翼上小覆羽和中覆羽大多呈白色，形成块状白斑；大覆羽黑色，具白色端斑，形成一带状翼斑；飞羽黑色为主，具淡黄色外翈羽缘。尾羽黑色，外侧尾羽具白色羽缘。头侧及下体大部分为栗红色，仅尾下覆羽白色。雄鸟非繁殖羽头顶灰褐色，翼斑淡黄色，下体淡棕褐色，腹部近白色。雌鸟大致同雄鸟，具白色翼斑及黄绿色腰，但上体为橄榄褐色，下体为淡灰褐色，飞羽、翼上覆羽暗褐色。本种雄鸟色彩鲜艳，容易辨识；雌鸟与燕雀和某些金翅雀相似，但具特征性的黄绿色腰及白色翼斑，仔细观察不难区分。虹膜—褐色；喙—雄鸟灰色，雌鸟粉褐色；跗跖—粉褐色。【分布与习性】广布于欧亚大陆西部至中部，于新西兰为引进种。国内于华北、东北、西北有零散记录，为不常见冬候鸟。主要活动于各种林地、灌丛，也见于农田和城镇公园，多集群或与燕雀混群。【鸣声】一连串快节奏的圆润哨音。

1297. 燕雀　Brambling　*Fringilla montifringilla*

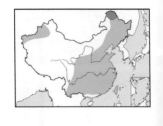

【野外识别】体长 15~16 cm 的中型燕雀科鸟类。雄鸟繁殖羽头部至背部均为黑色，微具光泽。腰和尾上覆羽白色。翼上小覆羽和中覆羽淡橙棕色，大覆羽黑色，羽端淡橙棕色，飞羽黑色，外翈具甚窄的淡黄色羽缘。尾羽黑色，外侧尾羽具甚窄的淡黄白色羽缘。额部、喉部、胸部橙色，下体余部白色，两胁具黑色点斑。冬季雄鸟头部至背部的黑色羽毛具显著的锈棕色羽缘，其余部分同繁殖羽。雌鸟头部为灰褐色，头顶至枕部有两道较宽的黑色纵纹，背部棕褐色，具黑色点斑，余部同雄鸟。本种羽色比较艳丽，且具显著的白腰，野外较易辨识。虹膜—褐色；喙—黄色，喙端灰黑色；跗跖—褐色。【分布与习性】广布于整个欧亚大陆。国内见于除青藏高原外的大部分地区，包括台湾，为常见冬候鸟，在东北有繁殖记录。多见于林地、灌丛和城镇公园，喜集群活动。【鸣声】拖长且富有金属感的"chi——"声，有时配合其他变化，鸣叫声则比较短促。

米雀 Bernard Spragg

米雀 Matt MacGillivray

苍头燕雀 雌 邢睿

苍头燕雀 雄 崔月

苍头燕雀 雄 非繁殖羽 王尧天

燕雀 雌 沈越

燕雀 雄 薛琳

燕雀 雄 非繁殖羽 朱雷

1298. 林岭雀 Plain Mountain Finch *Leucosticte nemoricola*

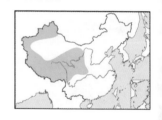

【野外识别】体长约 15 cm 的中型燕雀科鸟类。雌雄相似。头部暗褐色，具不甚清晰的淡灰褐色眉纹，上体余部以暗灰褐色为主，具不甚规则的棕褐色纵纹和少量白色纵纹。翼上覆羽亦为暗褐色，多具棕色或白色端斑，但一般不形成形状规则的翼斑；飞羽黑色，外翈具甚窄的淡棕色羽缘。尾羽黑褐色，具较窄的淡棕色羽缘。下体灰褐色，尾下覆羽近白色。幼鸟头部及上体明显偏棕黄色而非灰褐色，下体淡棕色。本种头部羽色与国内其他岭雀均不相同；与多种雪雀和朱雀雌鸟羽色相似，主要差异为本种下体羽色较深、无纵纹（雪雀下体多为白色或灰白色）且一般不具成形的翼斑。虹膜—红褐色；喙—灰褐色；跗跖—褐色。【分布与习性】分布于亚洲中部。国内见于西部地区，为常见留鸟。主要栖息于海拔 3000~5000 m 的高山、亚高山灌丛、草甸、石滩等地，多集群活动。【鸣声】略显单调的 "chi li chi li" 声。

1299. 高山岭雀 Brandt's Mountain Finch *Leucosticte brandti*

【野外识别】体长约 18 cm 的中型燕雀科鸟类。雌雄相似。头部灰褐色，前额至头顶前部黑色，部分亚种头部几全为黑褐色。上体余部大致为灰褐色，诸亚种上体羽色的深浅略有差异，某些亚种上体具较清晰的深褐色纵纹。翼上覆羽大多呈灰色，部分亚种具粉红色羽缘；飞羽和部分大覆羽黑色，具灰白色外翈羽缘。尾羽黑色，亦具灰白色羽缘。下体大致为灰白色，无明显纵纹。与相似种林岭雀和褐头岭雀的差异在于本种体形稍大，头部羽色较深，且翼上覆羽羽色甚淡。虹膜—褐色；喙—黑色；跗跖—黑褐色。【分布与习性】分布于亚洲中部。国内多见于西部地区，为区域性常见留鸟，但有季节性垂直迁移现象。主要活动于海拔 2600~5500 m 的高海拔草甸、石滩等地，喜集群。【鸣声】连续的单音节似 "chi chi" 声。

1300. 褐头岭雀 Tawny-headed Mountain Finch *Leucosticte sillemi*

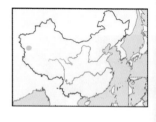

【野外识别】体长约 18 cm 的中型燕雀科鸟类。雄鸟头部棕黄色，背部淡棕褐色，腰至尾上覆羽灰白色。翼上覆羽灰褐色，飞羽黑色，外翈具狭窄的白色羽缘。尾羽黑褐色，外翈亦具白色羽缘。额部、喉部棕黄色，下体余部大致为白色，两胁略带淡茶褐色。雌鸟及幼鸟头部及上体余部皆为灰褐色，具深褐色纵纹，额部、喉部白色，两翼羽色亦较成年雄鸟淡。本种雄鸟棕黄色的头部为重要识别特征，与其他岭雀、雪雀及朱雀均有显著差异。雌鸟似某些雪雀但体形较大，且上体羽色较淡、喙色较浅。虹膜—褐色；喙—雄鸟灰褐色，雌鸟黄色；跗跖—黑褐色。【分布与习性】中国特有种，仅于昆仑山脉有极少记录，是极为罕见的留鸟。见于昆仑山脉海拔约 5000 m 处的裸岩地区，具体生境不详，但应与高山岭雀及林岭雀相差不多，多与雪雀或其他岭雀混群。【鸣声】不详。

林岭雀 幼 崔月

林岭雀 幼 沈越

高山岭雀 王尧天

褐头岭雀 雌 Yann Muzika

高山岭雀 张永

褐头岭雀 雄 Yann Muzika

1301. 粉红腹岭雀　Asian Rosy Finch　*Leucosticte arctoa*

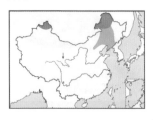

【野外识别】体长约 17 cm 的大型燕雀科鸟类。雄鸟前额至头顶前部黑色，羽端灰色。眼先、耳羽及颊皆为灰黑色。眉纹棕色，并延伸至后颈。背部棕褐色，具黑色纵纹，腰和尾上覆羽褐色，具粉红色鳞状斑。翼上覆羽黑褐色，具显著的粉红色端斑，飞羽黑色，外翈具淡粉色羽缘。尾羽黑色，具淡皮黄色羽缘。胸部具白色点斑，腹部则密布淡粉色至粉红色短纵纹（实为腹部黑色羽毛的粉色端斑），下体黑色或灰黑色为主。雌鸟全身粉红色较淡，多以褐色替代。本种体羽多粉红色，甚为鲜艳，野外容易辨识。虹膜—褐色；喙—黄色，喙端灰色；跗跖—褐色。【分布与习性】分布于亚洲东北部。国内见于东北、华北及西北，于上述大部分地区为不常见冬候鸟，但于东北及西北靠近边境地区有繁殖记录。主要栖息在高山草甸、苔原、裸岩、灌丛、林缘等地，高可至约海拔 5000 m 处，越冬时集群活动，并往稍低处移动，可见于海拔 1200~2500 m 处。【鸣声】比较单一的降调"吱吱"声，略具金属感。

1302. 松雀　Pine Grosbeak　*Pinicola enucleator*

【野外识别】体长约 20~22 cm 的大型燕雀科鸟类。喙甚粗壮。雄鸟头部红色，具黑色贯眼纹。上体大部分亦呈红色，背部有不甚清晰的灰褐色纵纹。翼上覆羽黑褐色，具近白色（略带粉红色）的端斑，形成两道浅色翼斑。飞羽黑色，外翈具较窄的粉红色羽缘，内侧数枚次级飞羽的羽缘较宽，近乎白色。尾上覆羽黑褐色，具粉红色端斑，尾羽亦为黑褐色，具甚窄的淡粉色羽缘。额、喉、胸至上腹皆为红色，下腹至尾下覆羽灰色。雌鸟头部至胸部呈棕黄色，背、腰和下体余部大致为灰色。本种羽色似朱雀但体形明显更大，且喙较朱雀更为粗厚。雄鸟似红眉松雀，但本种下体灰色面积较小。虹膜—褐色；喙—灰黑色；跗跖—褐色。【分布与习性】广泛分布于欧亚大陆北部至北美。国内见于东北，为不常见冬候鸟。主要栖息于针叶林和针阔混交林中，非繁殖期多集小群活动，一般不惧人。【鸣声】响亮而音调富有变化的哨音。

1303. 红眉松雀　Crimson-browed Finch　*Pinicola subhimachalus*

【野外识别】体长 19~20 cm 的大型燕雀科鸟类。雄鸟前额及眉纹红色，眼先、耳羽和颊部褐色，头顶至背部皆为棕褐色，具不甚清晰的黑色短纵纹，腰和尾上覆羽棕色，几无纵纹。翼上覆羽黑褐色，具较宽的棕黄色或棕红色羽缘，飞羽黑色，具甚窄的棕黄色羽缘。尾羽黑褐色，外翈具棕色羽缘。额部、喉部红色，下体余部灰色。雌鸟上体大致为橄榄绿色，前额、颊、额、喉至上胸为黄绿色。雄鸟似松雀和多种朱雀，但本种下体灰色面积较大，不难区分。雌鸟似血雀雌鸟，但本种喉部、胸部的黄绿色与腹部的灰色对比明显，而血雀雌鸟下体则为比较一致的灰褐色或灰白色。虹膜—褐色；喙—灰褐色；跗跖—褐色。【分布与习性】分布于喜马拉雅山脉一带。国内见于青藏高原南部和西南部，为不常见留鸟。栖息于海拔 2000~5000 m 的灌丛、林缘，冬季一般集小群迁移至海拔较低处（3000 m 以下）活动。【鸣声】节奏较快且多变。

粉红腹岭雀 雌 张永

粉红腹岭雀 雄 张永

粉红腹岭雀 雄 张永

松雀 雌 朱雷

松雀 雄 崔月

松雀 雄 朱雷

红眉松雀 雌 董江天

红眉松雀 雄 董江天

红眉松雀 雄 何海燕

1304. 赤朱雀 Blanford's Rosefinch *Carpodacus rubescens*

【野外识别】体长约 15 cm 的中型燕雀科鸟类。雄鸟头部红色，眼先褐色。背、腰及尾上覆羽均为红色，无纵纹。翼上覆羽褐色，具红色端斑，形成两道不甚清晰的绯红色翼斑。飞羽黑褐色，外翈具棕褐色羽缘。尾羽黑褐色，羽缘红色。下体以红色为主，仅下腹至尾下覆羽为灰白色。雄性幼鸟似成鸟但以红褐色取代红色。雌鸟上体褐色，具不甚明显的深色细纵纹，腰和尾上覆羽棕褐色，下体灰褐色，无纵纹。本种雄鸟上体和两翼羽色甚为鲜艳和均一，且上体、下体均无深色纵纹（雌鸟纵纹亦甚为模糊），与同属其他朱雀不难区分。雌鸟与暗胸朱雀相似，但本种腰褐色而非棕色。虹膜—褐色；喙—灰色；跗跖—褐色至粉褐色。【分布与习性】分布于喜马拉雅山脉至中国中部和西南部，为罕见留鸟。见于海拔 1400~4500 m 的针叶林、混交林、灌丛、草甸、河滩、裸岩等各种生境。【鸣声】略显单调的"bli bli"声或节奏稍快的两声一度升降调哨音。

1305. 暗胸朱雀 Dark-breasted Rosefinch *Carpodacus nipalensis*

【野外识别】体长约 15 cm 的中型燕雀科鸟类。雄鸟头顶至枕部暗红色或暗褐色，前额至眉纹为粉红色，贯眼纹暗褐色。上体和两翼亦为单一的暗褐色，但翼上大覆羽具不甚清晰的暗红色端斑。尾羽暗褐色，具不明显的红色羽缘。颏部、喉部和腹部粉红色，胸部为暗红色或暗褐色，形成一暗色胸带。尾下覆羽红色。雌鸟上体、下体均为褐色，但上体羽色略深，且通常具两道红棕色翼斑。本种雄鸟为朱雀属中上体羽色最暗者，羽色同样暗暗的相似种棕朱雀上体具纵纹，且其胸部至腹部羽色一致，而棕朱雀雌鸟具显著的皮黄色眉纹，与本种雌鸟不难区分。另赤朱雀雌鸟与本种雌鸟相似，但其腰更偏棕色而非褐色。虹膜—褐色；喙—灰色；跗跖—褐色。【分布与习性】主要分布于喜马拉雅山至中国中部和西南山地，为不常见留鸟。多见于海拔 2000~4500 m 处的混交林林缘、灌丛、草甸和石滩。非繁殖期集小群并向较低海拔移动。【鸣声】几个单音节后紧接一连串快节奏的哨音。

1306. 普通朱雀 Common Rosefinch *Carpodacus erythrinus*

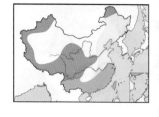

【野外识别】体长约 15 cm 的中型燕雀科鸟类。雄鸟头部红色，具暗红色贯眼纹。背部粉色，具模糊的暗红色纵纹，腰及尾上覆羽红色。翼上覆羽和飞羽均为暗褐色，具粉红色羽缘。尾羽暗褐色，外翈具淡粉色羽缘。颏、喉、胸皆为红色，腹部淡红色，尾下覆羽白色。雌鸟上体橄榄褐色，无眉纹，两翼暗褐色，具两道皮黄色翼斑。下体灰白色，颏部、喉部、胸部具显著的暗褐色纵纹。尾下覆羽白色。本种雄鸟与赤朱雀相似，但本种的贯眼纹较明显，且背部略具纵纹；雌鸟与红腰朱雀、曙红朱雀、红眉朱雀等具明显纵纹的朱雀雌鸟相似，但本种上体橄榄色较重，且仅下体具清晰的纵纹（上体纵纹模糊），故野外可辨。虹膜—褐色；喙—灰色；跗跖—褐色。【分布与习性】分布遍及整个欧亚大陆。国内亦广布于全国，为常见季候鸟，繁殖于东北和西部地区，越冬于华南和西南。见于海拔 4000 m 以下的各种林地和灌丛，越冬于较低海拔。【鸣声】大致为 4~5 声一度的连续哨音。

赤朱雀 雄 成鸟 西南山地

赤朱雀 雄 幼 董江天

暗胸朱雀 雌 董江天

暗胸朱雀 雄 张永

普通朱雀 雌 沈越

普通朱雀 雄 张永

1307. 红眉朱雀　Beautiful Rosefinch　*Carpodacus pulcherrimus*

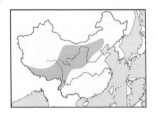

【野外识别】体长约 15 cm 的中型燕雀科鸟类。雄鸟头顶至背部皆为褐色（部分亚种头顶缀带粉红色），具清晰的黑色纵纹，眉纹粉红色，贯眼纹暗褐色，颊粉红色。腰和尾上覆羽粉红色。翼上覆羽暗褐色，大覆羽具粉色端斑，形成一道翼斑。尾羽褐色，具较窄的粉红色羽缘。下体粉红色，两胁及尾上覆羽具黑色纵纹。雌鸟眉纹淡黄褐色，不甚清晰。上体褐色或灰褐色，具较宽且清晰的黑色纵纹，下体近白色，具暗褐色纵纹。雄鸟似粉眉朱雀及曙红朱雀，但粉眉朱雀头顶及下体均无纵纹，且上体棕红色较浓重；曙红朱雀则个体略小，喙不及本种粗壮，眉纹前端和颊的红色更为浓重，且上体略带粉红色。雌鸟甚似曙红朱雀雌鸟，一般仅能通过体形及喙的差异（前述）进行区分；与普通朱雀雌鸟区别见相应种描述。虹膜－褐色；喙－灰色；跗跖－褐色。【分布与习性】分布于喜马拉雅山脉至中国青藏高原、中部和华北地区，为常见留鸟。多见于山区海拔 1000~4700 m 的林缘及灌丛。【鸣声】比较单调的重复的"叽叽"声。

1308. 曙红朱雀　Pink-rumped Rosefinch　*Carpodacus eos*

【野外识别】体长 13~14 cm 的小型燕雀科鸟类。雄鸟头顶粉褐色，具黑色细纵纹，眉纹为鲜艳的粉红色，贯眼纹褐色，颊亦为粉红色。背部为淡粉褐色，具清晰而密集的黑色或黑褐色纵纹，腰及尾上覆羽粉红色。两翼飞羽和翼上覆羽暗褐色，具淡粉色羽缘。尾羽黑褐色，亦具淡粉色羽缘。额部、喉部为较鲜艳的粉红色，下体余部为淡粉色，仅下腹和尾下覆羽为近白色。雌鸟上体灰褐色，下体近白色，上体、下体均密布黑色纵纹，两翼各羽黑褐色，羽缘淡褐色或近白色，但不形成翼斑。本种与红眉朱雀甚似，但体形略小，喙不及红眉朱雀粗壮，羽色的细微差异见红眉朱雀描述；与普通朱雀的区别见相应种描述。虹膜－褐色；喙－灰色；跗跖－褐色。【分布与习性】主要分布于我国青藏高原东部至云南西北部，为常见留鸟。一般活动于海拔 3000~4900 m 的高原灌丛和草甸。【鸣声】一般为一连串具金属感的"pi pi pi"声。

1309. 粉眉朱雀　Pink-browed Rosefinch　*Carpodacus rodochroa*

【野外识别】体长 14~15 cm 的中型燕雀科鸟类。雄鸟头顶至枕部暗红色，前额及眉纹粉红色，贯眼纹暗红色，颊粉色。背部棕褐色，具黑色纵纹。腰和尾上覆羽粉红色。两翼和尾羽均为黑褐色，羽缘粉色。下体全为粉红色，无纵纹。雌鸟上体棕褐色，具宽阔而清晰的淡皮黄色眉纹，两翼具不清晰的淡黄色翼斑，下体淡皮黄色，上体、下体均密布黑色纵纹。雄鸟与红眉朱雀及曙红朱雀相似，但本种眉纹和贯眼纹的羽色更加鲜艳且浓重，且头顶为暗红色无纵纹，两胁亦无纵纹，故不难区分。雌鸟与点翅朱雀和棕朱雀等具有显著眉纹的朱雀雌鸟相似，但本种两胁的纵纹较棕朱雀雌鸟清晰；不具点翅朱雀雌鸟清晰的白色翼斑，且点翅朱雀上体、下体羽色较本种暗。虹膜－褐色；喙－灰色；跗跖－褐色。【分布与习性】分布于喜马拉雅山脉。国内见于西藏南部，为区域性常见留鸟。多见于海拔 1900~4500 m 的林地、灌丛和草甸。【鸣声】响亮的单音节的升调，似"wee"声。

红眉朱雀 雌 朱雷

红眉朱雀 雄 沈越

曙红朱雀 雌 崔月

曙红朱雀 雄 崔月

曙红朱雀 雄 张永

粉眉朱雀 雌 张永

粉眉朱雀 雄 朱雷

粉眉朱雀 雄 张永

1310. 酒红朱雀 Vinaceous Rosefinch *Carpodacus vinaceus*

【野外识别】体长约 15 cm 的中型燕雀科鸟类。雄鸟头、颈、背、腰至尾上覆羽皆为红色，具较宽而显著的淡粉色眉纹。两翼黑褐色，具粉红色羽缘。尾羽黑褐色，部分个体具粉色羽缘。下体皆为红色，尾下覆羽暗红褐色。雌鸟全身棕色为主，无眉纹，背部和下体具黑褐色纵纹，两翼黑褐色，三级飞羽具清晰的白色端斑。本种雄鸟为朱雀属中羽色最为浓艳者之一，整个下体都为红色所覆盖（多数朱雀下腹至尾下覆羽羽色较淡），又具

特征性的淡粉色眉纹，野外一般不会错认。雌鸟与同样具纵纹的红眉朱雀、曙红朱雀、红胸朱雀等雌鸟相比，上体及下体羽色较暗，更偏棕色而非灰褐色，此外本种雌鸟三级飞羽的白色端斑亦为其重要特征。虹膜—褐色；喙—灰色；跗跖—粉褐色。【分布与习性】分布于喜马拉雅山脉至中国中部和西南部，为区域性常见留鸟。多见于海拔 2300~3400 m 的各类林地和灌丛，冬季有时下至更低海拔。【鸣声】音调较高、较尖细的"叽叽"声。

1311. 棕朱雀 Dark-rumped Rosefinch *Carpodacus edwardsii*

【野外识别】体长约 16 cm 的大型燕雀科鸟类。雄鸟头顶至上体呈红褐色（指名亚种）或暗红色（*rubicunda* 亚种），具黑褐色纵纹。眉纹粉色，贯眼纹暗红色。两翼各羽暗褐色，大覆羽和中覆羽具粉红色端斑，形成两道翼斑。尾羽黑褐色。额部、喉部和颊部皆为粉色。下体余部棕褐色（指名亚种）或暗红色（*rubicunda* 亚种），具黑色羽干纹。雌鸟具皮黄色眉纹，上体褐色，两翼具不清晰的淡黄色翼斑，下体淡褐色，具黑色纵纹。

本种雄鸟的喉部和下体余部羽色有显著差异，与多数朱雀相异，似北朱雀但本种具显著的眉纹，似暗胸朱雀但本种上体具纵纹且胸部至腹部羽色一致。雌鸟与点翅朱雀雌鸟相似但本种翼斑不如其清晰；与粉眉朱雀雌鸟相似但两胁纵纹不如其显著。虹膜—褐色；喙—灰色；跗跖—褐色。【分布与习性】分布于喜马拉雅山脉至黄河与长江间西部区域。国内见于西藏南部（*rubicunda* 亚种）至云南、四川和甘肃（指名亚种）部分区域，为不常见留鸟。栖息于海拔 3000~4500 m 的高山灌丛。【鸣声】单音节、略具金属感的"wi"声。

1312. 沙色朱雀 Pale Rosefinch *Carpodacus synoicus*

【野外识别】体长 14~15 cm 的中型燕雀科鸟类。雄鸟前额、眼先、眼周和颊部红色，头顶前部向两侧至耳羽为淡粉色。头顶后侧、后颈至背部皆为黄褐色，腰和尾上覆羽粉红色。翼上覆羽大致为沙褐色，飞羽黑褐色，具沙褐色羽缘。尾羽亦为黑褐色，具沙褐色羽缘。额部、喉部粉红色，胸部淡粉色，下体余部淡黄白色。

雌鸟全身大致呈沙褐色，无红色部分，上体具甚为模糊的黑色细纵纹，下体羽色较淡。本种雄鸟、雌鸟皆为朱雀属中羽色甚淡者，雄鸟仅头前部、腰和尾上覆羽红色较明显，其余部分皆以沙褐色为主；雌鸟全身接近沙色，既无显著纵纹也无翼斑。且生境比较独特，野外不难辨识。虹膜—褐色；喙—灰色；跗跖—褐色。【分布与习性】分布于中亚。国内见于新疆西部和青藏高原东北部，为区域性常见留鸟。多活动于海拔 1800~4000m 较为干旱的裸岩和荒漠地带。【鸣声】具金属感的"chi"声。

酒红朱雀 雌 张永

酒红朱雀 雄 沈越

酒红朱雀 雄 张永

棕朱雀 指名亚种 雌 李克谦

棕朱雀 指名亚种 雄 黄耀华

棕朱雀 *rubicunda* 亚种 雄 张永

沙色朱雀 雌 董江天

沙色朱雀 雄 董江天

1313. 北朱雀　Pallas's Rosefinch　*Carpodacus roseus*

【野外识别】体长约 16 cm 的中型燕雀科鸟类。雄鸟头部红色，前额及头顶前部淡粉色。背部红色，具黑褐色纵纹，腰和尾上覆羽粉红色，无纵纹。两翼黑褐色，各羽具粉红色外翈羽缘，中覆羽和大覆羽具淡粉色端斑，形成两道翼斑。尾羽黑褐色，羽缘红色。颏部、喉部淡粉色，下体余部淡红色为主，腹部中央白色，尾下覆羽白色带淡粉色。雌鸟头红褐色，头顶具黑色纵纹。背和两翼淡褐色，具黑褐色纵纹，翼上具两道白色翼斑。腰和尾上覆羽粉红色。颏部、喉部、胸部淡棕红色，密布黑色纵纹，腹部至尾下覆羽白色，亦具深色纵纹。本种雄鸟羽色鲜艳，且喉部具特征性的淡粉色块，仅似棕朱雀但本种无眉纹；雌鸟头部和腰部的棕红色亦可以有效与其他朱雀雌鸟进行区分。虹膜—褐色；嘴—灰褐色；跗跖—褐色。【分布与习性】主要分布于东北亚。国内见于东北、华北地区，南至长江流域，为不常见冬候鸟。多见于海拔 1000~3000 m 的林地和灌丛，越冬时在平原亦有记录。【鸣声】具金属感的"zi zi"声。

1314. 斑翅朱雀　Three-banded Rosefinch　*Carpodacus trifasciatus*

【野外识别】体长约 18 cm 的中型燕雀科鸟类。雄鸟前额和颊部均为银白色，头顶、头侧及颈部红色。背部红色，具不甚清晰的黑色纵纹，有时亦带灰色。腰和尾上覆羽红色。两翼以黑褐色为主，中覆羽和大覆羽具粉红色或近白色端斑，形成两道翼斑。肩羽和三级飞羽具白色羽缘，似构成第三道"翼斑"。尾羽黑褐色。颏部、喉部银白色，胸部和两胁红色，腹部中央至尾下覆羽白色。雌鸟头部以灰褐色为主，但眉纹后端、颊和后颈为棕黄色。上体灰褐色，具黑色纵纹。三道"翼斑"形态同雄鸟，但为淡黄白色。胸部棕黄色，下体余部白色或灰白色。本种雄鸟头部具显著的银白色区域，且翼斑形状也不同于其他朱雀；雌鸟头部和胸部具特征性的棕黄色区域。野外较容易辨识。虹膜—褐色；嘴—灰色；跗跖—褐色。【分布与习性】主要分布于我国中部至西南部山地，为区域性常见留鸟。主要生境为海拔 1200~4500 m 的针叶林和混交林及灌丛。【鸣声】快节奏的一连串"呸"声。

1315. 点翅朱雀　Spot-winged Rosefinch　*Carpodacus rodopeplus*

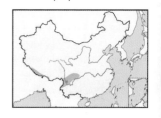

【野外识别】体长约 15 cm 的中型燕雀科鸟类。雄鸟头顶暗红色，眉纹粉色，贯眼纹暗红色，颊粉色。背部粉红色，具暗红色纵纹。腰和尾上覆羽粉红色。两翼暗褐色，中覆羽和大覆羽具粉色端斑，形成两道翼斑（部分个体中覆羽形成的端斑缺失）。尾羽暗褐色。下体大致呈粉红色。雌鸟头部暗褐色，具皮黄色眉纹，上体黄褐色，具黑色纵纹，翼上具 1~2 道白色翼斑。下体褐色，具黑色纵纹。雄鸟与酒红朱雀、粉眉朱雀、红眉朱雀等多种具眉纹的朱雀雄鸟相似，但本种具清晰的翼斑，野外不难辨识；雌鸟甚似粉眉朱雀和棕朱雀雌鸟，但本种下体羽色较深，且翼斑清晰。此外，本种尾下覆羽具黑色纵纹，而

北朱雀 雌 董江天

北朱雀 亚成 张永

北朱雀 雄 张永

斑翅朱雀 雌 李克谦

斑翅朱雀 幼 李克谦

斑翅朱雀 雄 关雪燕

斑翅朱雀 雄 李克谦

点翅朱雀 雄 张永

点翅朱雀 雄 董江天

粉眉朱雀和棕朱雀的尾下覆羽深色纵纹不显著或无纵纹。虹膜—褐色；喙—灰色；跗跖—褐色。【分布与习性】分布于喜马拉雅山脉、横断山脉至我国中部，为不常见留鸟。见于海拔2000~4500 m 的林地及灌丛。【鸣声】响亮而略具金属感的升调，似"zu i"声。

1316. 白眉朱雀　White-browed Rosefinch　*Carpodacus thura*

【野外识别】体长约 17 cm 的中型燕雀科鸟类。雄鸟前额白色，并具一较窄但甚长的白色眉纹，眼先、眼周至颊部均为粉红色。头顶至背部皆为褐色，具黑色纵纹。腰和尾上覆羽粉红色。两翼暗褐色，部分个体具淡粉色翼斑。尾羽暗褐色。额部、喉部及胸部粉红色，各羽具白色羽干纹。腹部粉红色，几无纵纹。雌鸟眉纹皮黄色，头顶及上体棕褐色，具浓密的黑色纵纹。腰和尾上覆羽棕黄色。下体灰白色，具浓密的黑褐色纵纹。本种雄鸟具独特的白色眉纹，与其他朱雀雄鸟差异较大；雌鸟眉纹和其他具眉纹的朱雀雌鸟相比较长，且雌鸟腰至尾上覆羽棕黄色亦为重要的辨识特征。虹膜—褐色；喙—灰色；跗跖—褐色。【分布与习性】主要见于喜马拉雅山脉至青藏高原东部，为常见留鸟。一般见于海拔 2000~5000 m 的林缘灌丛，多在地面活动。【鸣声】一连串单音节的"嘀嘀"声。

1317. 红腰朱雀　Red-mantled Rosefinch　*Carpodacus rhodochlamys*

【野外识别】体长 18~19 cm 的大型燕雀科鸟类。雄鸟头顶和贯眼纹暗红色，眉纹和颊部淡粉色。背部红褐色，具黑褐色纵纹，腰和尾上覆羽粉红色，无纵纹。两翼各羽大致为黑褐色，外翈羽缘粉红色。尾羽黑褐色，亦具粉红色羽缘。额部、喉部淡粉色，下体余部粉红色。雌鸟上体和两翼灰褐色，无眉纹，下体淡皮黄色，上体、下体均密布黑色纵纹。似红眉朱雀、粉眉朱雀及曙红朱雀，但本种体形明显较大，且头顶至背部更为偏红(雄鸟)。此外本种在国内见于西北地区而非青藏高原，分布与上述三种朱雀有较大差异。雌鸟似大朱雀雌鸟但下体纵纹更加清晰、浓密；似拟大朱雀雌鸟但本种下体偏皮黄而非灰白色，且二者分布重叠部分甚小。虹膜—褐色；喙—灰色；跗跖—褐色。【分布与习性】主要分布于中亚至蒙古一带。国内见于新疆西北部，为罕见留鸟。一般于海拔2000~5000 m 的灌丛、草甸和裸岩地带活动。【鸣声】重复的单音节"wi wi"声，中间停顿时间较长。

白眉朱雀 雌 沈越

白眉朱雀 雄 徐月

白眉朱雀 雄 宋晔

红腰朱雀 雌 肖克坚

红腰朱雀 雄 一路

1318. 拟大朱雀　Streaked Rosefinch　*Carpodacus rubicilloides*

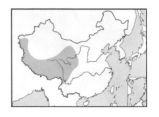

【野外识别】体长 19~20 cm 的大型燕雀科鸟类。雄鸟头部红色，具清晰且密集的白色点斑，眼先和眼周暗红色，无白斑。枕部至背部为淡粉红色，具显著的暗褐色纵纹。腰至尾上覆羽粉色，无纵纹。两翼和尾羽均为黑褐色，各羽外翈羽缘淡粉色。下体粉红色，具白色纵纹，尾下覆羽白色，略带淡粉色。雌鸟上体灰褐色，具黑褐色纵纹，尾羽黑褐色，外侧尾羽外翈羽缘白色。下体灰白色，具暗褐色纵纹。与相似种大朱雀的辨识见该种描述。雌鸟亦与红腰朱雀雌鸟相似，但红腰朱雀翅较长，且下体偏皮黄色而非灰白色，此外二者分布也存在一定差异。与红胸朱雀的区别见相应种描述。虹膜—褐色；喙—灰色；跗跖—褐色。【分布与习性】分布于喜马拉雅山脉至青藏高原东部。国内见于青藏高原南部、东部，以及新疆西部，为区域性常见留鸟。一般见于海拔 2000~5500 m 的高原灌丛和草甸，多单独或成对活动。【鸣声】两声一度的"bi bli"声或一连串圆润的哨音，但中间略有停顿。

1319. 大朱雀　Great Rosefinch　*Carpodacus rubicilla*

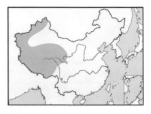

【野外识别】体长 19~20 cm 的大型燕雀科鸟类。雄鸟头部粉红色，密布白色点斑，眼先暗红色。枕、背、腰及尾上覆羽皆为粉灰色，无深色纵纹。两翼各褐色，羽缘为粉灰色或淡粉色。尾羽暗褐色，具粉红色至白色外翈羽缘。下体大致为粉红色，密布白色点斑。雌鸟上体灰褐色，具较窄的褐色纵纹，下体淡皮黄色，亦密布较窄的褐色纵纹。雄鸟与拟大朱雀雄鸟相似，但本种头部羽色略淡，背部无纵纹，下体为白色点斑而非短纵纹；雌鸟甚似拟大朱雀雌鸟及红腰朱雀雌鸟，但本种上体、下体的纵纹（特别是腹部的纵纹）均较上述两种更细，需仔细观察方可区分。与红胸朱雀的区别见相应种描述。虹膜—褐色；喙—粉灰色；跗跖—褐色。【分布与习性】主要分布于亚洲中部。国内见于西藏、新疆、甘肃和青海部分地区，为不常见留鸟。一般见于海拔 3000~5000 m 的灌丛、草甸和裸岩地带，冬季常集小群并下至海拔 1000~3000 m 活动。【鸣声】轻柔而圆润的"wi wi"声或一连串哨音。

1320. 红胸朱雀　Red-fronted Rosefinch　*Carpodacus puniceus*

【野外识别】体长 20~21 cm 的大型燕雀科鸟类。雄鸟前额、眉纹前部、眼先、颊部呈红色。头顶至背部以及两翼和尾羽均以灰褐色为主，背部具极模糊的暗褐色纵纹，腰和尾上覆羽粉红色。两翼无翼斑。颏部、喉部、胸部粉红色，具白色点斑。腹部及尾下覆羽灰褐色。雌鸟上体灰褐色，仅腰和尾上覆羽淡黄色，下体淡灰色或灰白色，部分个体胸部略带淡黄色。上体、下体皆具暗褐色纵纹。与大朱雀和拟大朱雀相似，但本种雄鸟上体灰褐色较重，背部不带粉色，且腹部亦为灰褐色而非粉色；雌鸟腰和尾上覆羽为淡黄色，而大朱雀和拟大朱雀雌鸟则为灰褐色。虹膜—褐色；喙—灰褐色；跗跖—褐色。【分布与习性】主要见于中亚至我国西部地区，为罕见留鸟。见于海拔 3000~5700 m 的高原灌丛、草甸和裸岩地带。【鸣声】一般为连续的短促叫声，似"chi chi chi"。

拟大朱雀 雌 朱雷

拟大朱雀 雄 朱雷

拟大朱雀 雄 张永

大朱雀 雌 董磊／西南山地

大朱雀 雄 张永

红胸朱雀 雌 张永

红胸朱雀 雄 董文晓

红胸朱雀 雄 张永

1321. 藏雀　Tibetan Rosefinch　*Carpodacus roborowskii*

【野外识别】体长 17 cm 的中型燕雀科鸟类。喙较其他朱雀长，且为锥形。雄鸟头侧、眼先、眼周至颊皆为暗红色，无眉纹，头顶红色。上体粉红色，无纵纹。翼上覆羽灰褐色，具淡粉色羽缘，飞羽黑褐色，具粉色羽缘。尾羽黑褐色，具显著的粉红色羽缘。额部、喉部红色，具白色点斑。下体余部粉红色，尾下覆羽淡粉色或近白色。雌鸟上体灰褐色，具模糊的暗褐色纵纹，额部、喉部至上胸淡皮黄色，下体余部白色。本种雄鸟无眉纹，

且具独特的暗红色（部分个体近乎黑红色）头部，与其他朱雀雄鸟有比较明显的差异；雌鸟则具特征性的黄色喙，体色亦较其余朱雀雌鸟淡，且纵纹不显。虹膜－褐色；喙－雄鸟灰褐色，雌鸟黄色；跗跖－褐色。【分布与习性】中国特有种，分布于青藏高原东北部的有限区域，为罕见留鸟。活动于海拔 4000~5400 m 的高原草甸、石滩地带。【鸣声】连续的短促的单音节哨音。

1322. 长尾雀　Long-tailed Rosefinch　*Carpodacus sibiricus*

【野外识别】体长 16~17 cm 的中型燕雀科鸟类。雄鸟前额基部至眼先暗红色，头顶和颊部银白色或淡粉色。背部粉红色，具黑褐色纵纹，腰和尾上覆羽粉红色无纵纹。翼上小覆羽暗褐色，具粉红色端斑，大覆羽和中覆羽黑色，具较宽的白色端斑，形成两道显著的翼斑。各级飞羽黑色，外翈具白色羽缘，部分亚种飞羽的白色羽缘甚为宽阔，两翼收拢时几乎连接成大块白斑。尾甚长，几乎占体长的一半，尾羽黑色，但最外侧 2~3 对

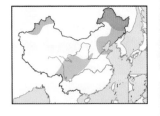

尾羽大部分呈白色。下体粉红色。雌鸟全身大致为棕褐色，上体、下体均具黑色纵纹。下腹至尾下覆羽淡皮黄色。本种羽色似其他朱雀，但尾羽较长且外侧尾羽具明显的白色区域。似朱鹀，区别见相应种描述。虹膜－褐色；喙－黄褐色至粉褐色；跗跖－褐色。【分布与习性】分布于亚洲中部至东部。国内见于西北、东北、华北、西南和中部地区，为区域性常见留鸟或季候鸟。分布于海拔 2000 m 以下的低山、平原林地和灌丛。【鸣声】一连串清脆的颤音。

1323. 血雀　Scarlet Finch　*Carpodacus sipahi*

【野外识别】体长 17~18 cm 的中型燕雀科鸟类。喙短而粗厚。雄鸟上体、下体皆为赤红色，仅尾下覆羽具黑色横斑。两翼黑褐色，各羽外翈具红色羽缘。尾羽黑色，外翈羽缘亦为红色。雌鸟上体和两翼大致呈橄榄色，具褐色鳞状斑，腰黄绿色或淡黄色。尾羽黑色，外翈具甚窄的淡黄白色羽缘。下体灰白色或灰褐色，具暗褐色鳞状斑。雄鸟全身羽色甚为鲜艳，无眉纹，上体、下体均无显著的深色纵纹，与其他朱雀迥异；雌鸟与金

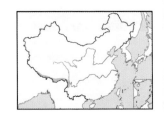

眉松雀雌鸟相似，但本种喉部并非黄绿色，而是与下体余部一致的灰白色。虹膜－褐色；喙－粉褐色；跗跖－褐色。【分布与习性】分布于喜马拉雅山脉至东南亚北部。国内见于西藏南部至云南西部的山区，为罕见留鸟。主要生境为海拔 2000~3400 m 的林地，多见于针叶林和混交林，冬季多集小群并下至海拔 1500~2500 m，亦出现在阔叶林中。【鸣声】响亮的单音节"wi"声。

藏雀 雌 董江天　　　　　　　　　　　贡雀 雄 张永

长尾雀 雌 蛋月　　　　　　　　　　　长尾雀 雄 沈越

长尾雀 雄 沈越

血雀 雄 亦诺　　　　　　　　　　　　血雀 雌 沈越

1324. 红交嘴雀　Red Crossbill　*Loxia curvirostra*

【野外识别】体长 16~17 cm 的中型燕雀科鸟类。喙甚为厚实且喙端有明显交错。雄鸟头部红色，眼先、眼周及耳羽黑褐色。背部、腰部及尾上覆羽皆为红色。两翼黑褐色，各羽具较窄的淡红色外翈羽缘。尾呈现比较明显的凹形，尾羽黑色，羽缘淡棕色。下体大致为红色，部分个体为橙红色，尾下覆羽褐色，具灰白色鳞状斑。雌鸟上体灰褐色，具不甚清晰的暗褐色纵纹。腰呈淡黄色，无纵纹。下体灰白色，具清晰且密集的黑褐色纵纹。与白翅交嘴雀相似，但不具翼斑。虹膜—褐色；喙—灰色；跗跖—褐色。【分布与习性】见于欧亚大陆和北美。国内于长江以北地区广泛分布，为区域性常见留鸟。分布遍及平原、丘陵和山地，高可至海拔 5000 m，主要活动于针叶林中，非繁殖期多集小群。【鸣声】多为连续的单音节颤鸣，似"cha cha"声。

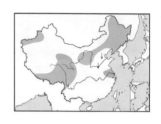

1325. 白翅交嘴雀　Two-barred Crossbill　*Loxia leucoptera*

【野外识别】体长 16~17 cm 的中型燕雀科鸟类。具尖端左右交错的独特喙形。雄鸟头部砖红色，眼先、眼周和耳羽灰褐色或暗褐色。背部、腰部大致为红色，背部有时略带褐色，尾上覆羽黑色，具白色端斑。两翼各羽以黑色为主，小覆羽具粉红色羽缘，中覆羽和大覆羽均具甚宽的白色端斑，形成两道显著的翼斑。尾羽黑色，凹形。下体红色为主，尾下覆羽白色，具黑色纵纹。雌鸟上体、下体皆以橄榄色为主，且具模糊的黑褐

色纵纹。翼斑同雄鸟。与红交嘴雀的主要差异为本种雌、雄皆具两道清晰的白色翼斑，而红交嘴雀则无翼斑。虹膜—褐色；喙—灰黑色；跗跖—黑褐色。【分布与习性】广布于欧亚大陆和北美。国内见于东北至华北，为罕见候鸟。一般在较低海拔的针叶林活动。【鸣声】连续且节奏较快的"喊喊喳喳"声。

1326. 欧金翅雀　European Greenfinch　*Chloris chloris*

【野外识别】体长约 15 cm 的中型燕雀科鸟类。雄鸟头顶及头侧灰色，前额、眉纹、眼周及颊部黄绿色，眼先黑色。背部灰色，略带黄绿色。腰和尾上覆羽柠檬黄色。翼上覆羽大致为灰色，飞羽黑色，初级飞羽外翈基部柠檬黄色，形成一道翼斑。尾凹形，中央尾羽灰黑色，其余尾羽基部黄色，端部黑色。下体黄绿色为主，两胁灰色，下腹至尾下覆羽白色，有时带淡黄色。雌鸟上体、下体皆为淡褐色，眉纹淡黄色，不清晰。两翼的黄色翼

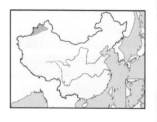

斑和尾羽基部的黄色区域和雄鸟相同。下体具黑色细纵纹。似金翅雀，但本种体形更大且全身明显为黄绿色而非褐色。虹膜—褐色；喙—粉色；跗跖—粉褐色。【分布与习性】主要分布于欧洲至中亚。国内于新疆西北部有少量记录，为罕见留鸟。一般活动于中低海拔的林地和灌丛。【鸣声】极具金属感的拖长音，似"chi——"。

红交嘴雀雄 常江天

白翅交嘴雀 雌 沈越

白翅交嘴雀 雄 朱雷

白翅交嘴雀 雄 朱雷

欧金翅雀 雄 Andreas Trepte

欧金翅雀 雄 邢睿

1327. 金翅雀 Gray-capped Greenfinch *Chloris sinica*

【野外识别】体长 13~14 cm 的小型燕雀科鸟类。雄鸟头部灰色为主，前额、眉纹前段及颊部为黄绿色，眼先黑色。背部及部分翼上覆羽栗褐色。飞羽黑色，其中初级飞羽基部黄色，形成一显著的翼斑；次级飞羽基部外翈和端部白色，形成一紧邻上述黄色翼斑的斑块。腰和尾上覆羽黄色。尾羽黑色，除中央尾羽外，其余尾羽基部具大段黄色区域。额部、喉部黄绿色，胸部及腹部两侧栗褐色或淡褐色，腹部中央通常为淡黄色。尾下覆羽淡黄色。雌鸟似雄鸟但不及雄鸟鲜艳，且颈部、背部具模糊的纵纹。似黑头金翅雀，但本种头部羽色较淡；与欧金翅雀相似，辨识见相应种描述。虹膜—褐色；嘴—粉色；跗跖—褐色。【分布与习性】分布于亚洲东部。国内见于除新疆、西藏和海南外的大部分地区，为常见留鸟（部分地区也有短距离迁徙现象）。多见于海拔 2400 m 以下的林缘、疏林和灌丛，亦见于村庄和城市公园。【鸣声】重复短促的"嘀嘀"声或拖长的单声似"嘀——"。

1328. 高山金翅雀 Yellow-breasted Greenfinch *Chloris spinoides*

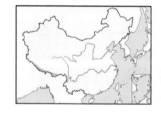

【野外识别】体长 13~14 cm 的小型燕雀科鸟类。雄鸟头部黑色，眉纹、眼先和眼周黄色，背部橄榄色，腰黄色。翼上小覆羽、中覆羽黄色，大覆羽黑色，端部黄色，飞羽黑褐色，初级飞羽基部黄色。尾凹形，尾羽黑褐色，基部黄色。下体全为黄色。雌鸟头部灰褐色，眉纹淡黄色，背部具暗褐色纵纹。黄色翼斑较雄鸟小。下体淡黄色，具暗褐色细纵纹。本种头部图纹与其余几种金翅雀差异较大。虹膜—褐色；嘴—粉色；跗跖—粉褐色。【分布与习性】分布于喜马拉雅山脉及其以东的山地。国内见于西藏南部至云南西北部，为罕见留鸟。主要栖息于海拔 2000~4400 m 的山地针叶林，冬季有集群习性，有时下至海拔 2000 m以下活动。不甚惧人。【鸣声】似金翅雀的"嘀嘀"声但音调较高。

1329. 黑头金翅雀 Black-headed Greenfinch *Chloris ambigua*

【野外识别】体长 13~14 cm 的小型燕雀科鸟类。雄鸟头黑色，无眉纹，背部橄榄绿色，具暗褐色斑纹，腰和尾上覆羽黄绿色。翼上小覆羽、中覆羽橄榄褐色，大覆羽黑色具白色羽缘。初级飞羽黑色，外翈基部柠檬黄色，构成一显著的翼斑。次级飞羽亦为黑色，但外翈为灰白色。中央一对尾羽黑色，其余尾羽基部黄色，端部黑色。额部、喉部、胸部淡黄色，腹部白色，尾下覆羽淡黄色。雌鸟与雄鸟大致相似，但头部为暗灰褐色而非黑色，上体橄榄色甚淡，下体为淡灰褐色，几无淡黄色。头部羽色单一似金翅雀，但本种头部羽色较深。虹膜—褐色；嘴—粉色；跗跖—粉褐色。【分布与习性】分布于东南亚北部。国内见于西南地区，为常见留鸟。多活动于海拔 1000~3100 m 的针叶林和混交林，冬季集群，不惧人，时常见于村庄、城镇附近。【鸣声】具金属感的连续"嘀"声，似金翅雀。

金翅雀 雄 沈越

黑翅雀 雄 沈越

高山金翅雀 雌 张明

高山金翅雀 雄 董江天

黑头金翅雀 雌 朱雷

黑头金翅雀 雄 张永

黑头金翅雀 雄 肖文晓

1330. 红额金翅雀　Eurasian Goldfinch　*Carduelis carduelis*

【野外识别】体长约 14 cm 的小型燕雀科鸟类。雌雄相似。喙较长且呈锥形。前额基部、颊前部至颔为红色，眼先黑色，头部其他区域至背部大致为灰色，腰和尾上覆羽白色。两翼多数翼上覆羽为黑色，仅大覆羽黄色。飞羽黑色，初级飞羽基部黄色，次级飞羽外翈白色，形成黄、白双色翼斑。尾羽黑色，具白色端斑；最外侧两对尾羽外翈具白色羽缘。下体灰白色或白色。本种头部羽色迥异于国内其他金翅雀，甚至其他燕雀科鸟类，极易辨识。虹膜−褐色；喙−淡粉色；跗跖−粉色。【分布与习性】广布于欧洲至亚洲中部。国内见于新疆北部及西藏西部，为区域性常见留鸟。一般活动于海拔 4200 m 以下的针叶林和混交林的林缘和灌丛地带，有时亦见于阔叶林。【鸣声】比较尖锐的单声或双音节哨音，金属感不明显。

1331. 黄嘴朱顶雀　Twite　*Linaria flavirostris*

【野外识别】体长约 13 cm 的小型燕雀科鸟类。雄鸟头部棕色或棕褐色，头顶密布黑色纵纹，眼先深褐色。背部棕褐色或灰褐色，具黑褐色纵纹。诸亚种于头部至背部的棕色深浅有些许差异。腰粉红色，尾上覆羽灰白色。两翼各羽黑褐色，具较宽的浅棕色羽缘。尾羽黑色，外侧数对尾羽外翈具显著的白色羽缘。额部、喉部棕色，胸部至两胁灰白色或皮黄色，具深褐色纵纹。腹部中央至尾下覆羽白色。雌鸟与雄鸟相似，但头部棕色更淡，且腰为皮黄色而非粉红色。本种虽名为朱顶雀但头顶并无红色，且喙色甚淡，故与国内其他朱顶雀及朱雀不难区分。虹膜−褐色；喙−黄色；跗跖−黑褐色。【分布与习性】见于欧洲、亚洲西部及中部。国内见于西北部至中部地区，为区域性常见留鸟或候鸟。见于高可至海拔 4000 m 的各种山地森林、灌丛、草甸、石滩、荒漠等生境，多集小群活动。【鸣声】重复略显单调的单音节，似 "zui zui" 声。

1332. 赤胸朱顶雀　Eurasian Linnet　*Linaria cannabina*

【野外识别】体长约 14 cm 的小型燕雀科鸟类。雄鸟头、颈灰色，前额红色，具不甚显著的白色或淡皮黄色眉纹，背部栗色或栗棕色，具模糊的黑色纵纹。腰淡粉色，尾上覆羽黑色，具白色鳞状斑。翼上覆羽和内侧数枚次级飞羽与背部同为栗色，多数飞羽和初级覆羽黑色，具白色羽缘。尾羽基部白色，端部黑色。额部、喉部白色，胸部红色，腹部皮黄色，尾下覆羽白色。雌鸟头部和胸部无红色区域，上体黑色纵纹较为清晰。和其他朱顶雀相比，本种背部羽色明显较深，比较容易辨识。虹膜−褐色；喙−灰黑色；跗跖−褐色。【分布与习性】分布于欧洲至亚洲中部。国内仅见于新疆北部地区，为常见留鸟。主要活动于中低海拔的开阔生境，包括林缘、灌丛、农田等生境。【鸣声】一般为一连串轻柔的 "啾啾" 声，金属感不明显。

红额金翅雀 计云　　　　　　　　　　红额金翅雀 王尧天

黄嘴朱顶雀 邢睿　　　　　　　　　　黄嘴朱顶雀 沈越

黄嘴朱顶雀 朱雷

赤胸朱顶雀 雌 计云　　　　　　　　　赤胸朱顶雀 雄 沈越

1333. 白腰朱顶雀　Common Redpoll　*Acanthis flammea*

【野外识别】体长 13~14 cm 的小型燕雀科鸟类。雄鸟前额基部黑色，前额至头顶前部红色，具灰白色眉纹和黑褐色贯眼纹。颊褐色。头顶后部至背部灰白色，具显著的黑色纵纹。腰白色，具黑色细纹。尾上覆羽和尾羽暗褐色，具近白色羽缘。翼上覆羽黑褐色，中覆羽和大覆羽具淡皮黄色或近白色端斑，形成翼斑。飞羽黑色，外翈具白色羽缘。额黑色，喉至胸部白色，但明显带粉红色。腹部及尾下覆羽白色，但两胁具较粗的黑褐色纵纹。雌鸟与雄鸟相似，但下体不带红色。与极北朱顶雀甚为相似，野外较难区分，详见极北朱顶雀描述。虹膜—褐色；喙—黄色；跗跖—黑褐色。【分布与习性】广布于欧亚大陆和北美。国内见于北部地区及台湾，为常见冬候鸟。主要栖息于较低海拔的阔叶林、混交林、灌丛、湿地、农田等生境，也见于村庄和城镇公园，非繁殖季集群活动。【鸣声】轻柔的 "biu biu" 声。

1334. 极北朱顶雀　Arctic Redpoll　*Acanthis hornemanni*

【野外识别】体长 13~14 cm 的小型燕雀科鸟类。雄鸟头部大致为灰白色，前额基部和贯眼纹黑色，前额至头顶前部红色。背部灰褐色，具深褐色纵纹。腰白色，尾上覆羽和尾羽黑褐色，羽缘灰白色。两翼各羽大致为黑褐色，翼上中覆羽和大覆羽具白色端斑，形成翼斑。额黑色。下体余部白色为主，仅胸部略带淡粉色，两胁具黑褐色纵纹。雌鸟似雄鸟但胸部无淡粉色。甚似白腰朱顶雀，但本种头部至背部羽色更淡，为灰白色而非灰褐色；且本种雄鸟胸部粉红色亦较淡；雌鸟野外极难分辨，仅区别于本种白色腰部无纵纹（白腰朱顶雀一般具黑色细纹），且两胁偏白，其上深色纵纹较白腰朱顶雀稍细。虹膜—褐色；喙—灰色；跗跖—黑褐色。【分布与习性】分布遍及欧亚大陆北部和北美。国内为东北、西北地区的罕见冬候鸟。一般活动于阔叶林、灌丛和开阔的农田等生境，冬季集群或与白腰朱顶雀混群。【鸣声】似白腰朱顶雀但稍显急促。

1335. 藏黄雀　Tibetan Siskin　*Spinus thibetana*

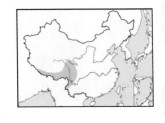

【野外识别】体长 11 cm 的小型燕雀科鸟类。雄鸟头部至背部皆为黄绿色，眉纹黄色，腰和尾上覆羽黄色。翼上覆羽黄绿色，飞羽黑色，外翈具黄色羽缘。尾凹形，尾羽黑色，具显著的黄绿色羽缘。下体全为黄色。雌鸟头部及上体为橄榄绿色且具褐色纵纹。眉纹淡黄色，比较模糊。两翼大致与上体同色，具不甚清晰的淡黄色翼斑。下体近白色，密布黑褐色纵纹。与黄雀相似，但黄雀头顶为黑色（雄鸟）且具显著的黄色翼斑，而本种翼斑并不清晰；此外，二者分布几乎不重叠。虹膜—褐色；喙—灰褐色；跗跖—褐色。【分布与习性】主要分布于青藏高原的南部及东部，也见于云南西部，为罕见留鸟，有时亦做短距离垂直迁移。主要活动于海拔 2000~4200 m 的阔叶林和混交林。【鸣声】一连串哨音，似 "chi chi" 声。

白腰朱顶雀 雌 计云

白腰朱顶雀 雄 计云

白腰朱顶雀 雄 计云

极北朱顶雀 Ron Knight

藏黄雀 雌 Dibyendu Ash

藏黄雀 雌 董江天

1336. 黄雀　Eurasian Siskin　*Spinus spinus*

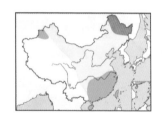

【野外识别】体长 11~12 cm 的小型燕雀科鸟类。雄鸟头顶及眼先黑色，眉纹和颊黄色。背部黄色或黄绿色，具不甚清晰的褐色纵纹，腰黄色，尾上覆羽橄榄色。中覆羽和大覆羽黑褐色，具宽阔的黄色端斑，形成显著的翼斑。飞羽黑褐色，外翈具黄绿色羽缘，内侧数枚飞羽基部黄色。尾羽黑色，除一对中央尾羽外，其余尾羽基部皆为黄色。额部黑色，喉部、胸部至上腹部黄色，两胁具黑色纵纹，下腹至尾下覆羽白色。雌鸟上体羽色大致与雄鸟相似但更偏橄榄色，头顶亦为橄榄色而非黑色，且上体和下体的黑色纵纹明显较雄鸟清晰而密集（喉、胸、腹均具纵纹）。与藏黄雀相似但分布几乎不重叠，羽色差异见藏黄雀描述。虹膜—褐色；喙—灰褐色；跗跖—褐色。【分布与习性】广布于欧亚大陆。国内除青藏高原和西南部地区之外广泛分布，为常见候鸟。见于较低海拔的各种林地。【鸣声】略具金属感的各种多变颤音及哨音。

1337. 金额丝雀　Fire-fronted Serin　*Serinus pusillus*

【野外识别】体长约 12 cm 的小型燕雀科鸟类。雌雄相似。头、颈皆为黑色，仅前额至头顶前部为红色（雌鸟为橙红色）。上体棕褐色，密布黑色纵纹（雌鸟背部褐色较雄鸟明显）。两翼黑色，具淡棕色羽缘，翼上大覆羽具近白色端斑。尾凹形，尾羽黑色，具白色羽缘，部分个体外侧尾羽的羽缘略带棕黄色。额、喉至上胸皆为黑色，下胸至腹部白色，具较宽的黑色纵纹，尾下覆羽近白色或皮黄色。本种黑色的头部与红色的前额形成鲜明对比，国内无与之相似的种类，野外容易辨识。虹膜—褐色；喙—灰黑色；跗跖—黑褐色。【分布与习性】分布于亚洲西部至中部。国内边缘性见于西部地区，为区域性常见留鸟。一般活动于海拔 1800~4400 m 的林地、灌丛和草甸。【鸣声】具金属感的颤音，似"嘀嘀"声。

1338. 褐灰雀　Brown Bullfinch　*Pyrrhula nipalensis*

【野外识别】体长约 17 cm 的中型燕雀科鸟类。雄鸟头部灰褐色，头顶具黑色点斑，眼先黑色，眼下方有一白色点斑。上背棕褐色，下背黑色，腰白色，尾下覆羽黑色。小覆羽和中覆羽棕褐色，大覆羽和飞羽黑色，仅最内侧一枚三级飞羽外翈羽缘为红色。尾较长，呈凹形，尾羽黑色，略具金属光泽。下体大致为灰褐色，尾下覆羽为灰白色。雌鸟与雄鸟甚为相似，仅头部偏褐色而非灰褐色，且最内侧三级飞羽羽缘为淡黄色而非红色。似灰头灰雀雌鸟，但本种头顶具黑色点斑，额并非黑色，且背部为棕褐色而非灰色或灰褐色。虹膜—褐色；喙—灰色，喙端暗褐色；跗跖—粉色。【分布与习性】主要分布于东洋界北部。国内于西南地区、华南和中部地区及台湾有零散分布，为罕见留鸟。主要生境为海拔 1500~4000 m 的阔叶林、混交林和灌丛。【鸣声】两个音节组成的圆润哨音。

黄雀 雌 沈越　　黄雀 雌 张永

黄雀 雄 朱雷

金额丝雀 黄江天

金额丝雀 王尧天

褐灰雀 PeiWen Chang

褐灰雀 关翔宇

1339．红头灰雀　Red-headed Bullfinch　*Pyrrhula erythrocephala*

【野外识别】体长约 15 cm 的中型燕雀科鸟类。雄鸟头、颈大致为橙红色，仅前额、眼先、眼周及颏黑色，颊略带灰色。背部及翼上覆羽灰色，仅大覆羽基部黑色，飞羽亦为黑色。腰白色，尾上覆羽和尾羽均为黑色。喉、胸至上腹橙色，下腹及尾上覆羽白色。雌鸟头部具有雄鸟相同的黑色区域，但颊为灰褐色，且头顶至后颈为黄绿色而非橙红色。背部及两翼灰褐色。下体为灰褐色至褐色。本种与灰头灰雀相似，但头部为橙红色（雄鸟）或黄绿色（雌鸟）而非灰色。虹膜－褐色；喙－灰黑色；跗跖－粉色。【分布与习性】仅分布于喜马拉雅山脉。国内见于西藏南部，为不常见留鸟。主要活动于海拔 2500~4000 m 的针叶林、阔叶林、混交林和灌丛，冬季集群或与其他鸟类混群并常出现于海拔更低处（1500~2500 m）。【鸣声】圆润的单音节或双音节哨音。

1340．灰头灰雀　Gray-headed Bullfinch　*Pyrrhula erythaca*

【野外识别】体长 15~16 cm 的中型燕雀科鸟类。雄鸟前额基部、眼先、眼周及颏均为黑色，形成一围绕喙基部的黑色环带，头部其他区域至背部皆为灰色，腰白色，背部和腰的交界处有一黑色横带将灰色与白色分隔。尾上覆羽及尾羽黑色。翼上覆羽灰色为主，但大覆羽基部黑色，形成一独特的黑色块斑。飞羽均为黑色。喉灰色，胸部至上腹橙色，下腹灰白色，尾下覆羽白色。雌鸟头部、两翼和尾羽与雄鸟相似，但上体为灰褐色，下体淡褐色，且下体无橙色区域。雌鸟似褐灰雀但本种颏为黑色，且头顶无黑色点斑；似红头灰雀及红腹灰雀，但本种头顶为灰色或灰褐色。虹膜－褐色；喙－灰黑色；跗跖－粉色。【分布与习性】主要分布于亚洲东部。国内见于西南、中部至华北地区以及台湾，为区域性常见留鸟。主要生境为海拔 1500~4100 m 的山地森林和灌丛，冬季可至更低地区，喜集群。【鸣声】双音节"jiu yi"或三音节"jiu jiu yi"哨音。

1341．红腹灰雀　Eurasian Bullfinch　*Pyrrhula pyrrhula*

【野外识别】体长 16~17 cm 的中型燕雀科鸟类。雄鸟头顶、眼先、眼周及颏均为黑色，颊部及耳羽红色（*cineacea* 亚种颊及耳羽灰色），背部灰色，腰白色，尾上覆羽和尾羽均为黑色。翼上覆羽大多为灰色，但大覆羽基部黑色，端部灰白色或白色。各级飞羽均为黑色。喉、胸、上腹和两胁皆为橙红色，下腹和尾下覆羽白色（*cineacea* 亚种和 *griseiventris* 亚种下体全为灰色，无橙色区域）。雌鸟与雄鸟相似，但颊、耳羽和下体为灰色或淡灰褐色，不具橙色。本种国内共计四个亚种，在颊、耳羽及下体的橙红色区域深浅及存在与否有显著差异。但诸亚种不论雌雄头顶皆为黑色，故与其他灰雀不难区分。虹膜－褐色；喙－灰黑色；跗跖－褐色。【分布与习性】广布于欧亚大陆。国内见于东北和内蒙古及新疆地区，为区域性常见冬候鸟，亦偶见于华北。多见于较低海拔的针叶林、混交林和灌丛。【鸣声】多为略具金属感的单音节"啾"声。

红头灰雀 雌 董江天　　　　　　　红头灰雀 雄 张永

灰头灰雀 雌 董江天　　　　　　　灰头灰雀 雄 沈越

灰头灰雀 雄 沈岩　　　　　　　红腹灰雀 雌 崔月

红腹灰雀 雄 cineacea 亚种 计云　　　红腹灰雀 雄 指名亚种 朱雷

1342. 锡嘴雀 Hawfinch *Coccothraustes coccothraustes*

【野外识别】体长约 18 cm 的大型燕雀科鸟类。喙甚为粗厚。雄鸟头部灰褐色，仅眼先和眼周黑色。颈部灰色。背部暗褐色，腰和尾上覆羽棕褐色。小覆羽暗褐色，中覆羽白色（内侧数枚中覆羽略带棕色），大覆羽和各级飞羽均为黑色，具紫黑色金属光泽。尾较短，尾羽基部黑色，端部白色。额部、喉部黑色，下体余部淡棕色，尾下覆羽白色。雌鸟与雄鸟相似，仅眼先为暗褐色，额部、喉部黑色区域较小，次级飞羽外翈具灰色羽缘，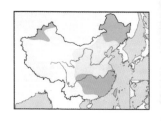飞羽无金属光泽。本种喙形态特殊，且与其他蜡嘴雀存在较大羽色差异，野外一般不会错认。虹膜—褐色；喙—灰色或粉褐色；跗跖—粉褐色。【分布与习性】分布几乎遍及欧亚大陆。国内除青藏高原及海南外广泛分布，为区域性常见留鸟或候鸟。见于较低海拔的阔叶林和混交林，于村庄、城镇公园亦多有记录。一般不甚惧人。【鸣声】尖细的 "zi zi" 声或多变的哨音。

1343. 黑尾蜡嘴雀 Chinese Grosbeak *Eophona migratoria*

【野外识别】体长 17~19 cm 的大型燕雀科鸟类。喙甚大而厚实。雄鸟头部黑色，颈部灰色，背部灰褐色或棕褐色，腰至尾上覆羽灰色。尾羽黑色，略具金属光泽。两翼各羽大多为黑色，具紫黑色金属光泽，初级覆羽和初级飞羽端部白色，两翼收拢时亦甚为显著，形成白色翼斑。下体淡灰褐色为主，两胁橙色，下腹至尾下覆羽白色。雌鸟头部与背部同为灰褐色，初级飞羽白色端斑较窄，两胁橙色较淡，其余部分与雄鸟相似。与黑头蜡嘴雀相似，辨识见该种描述。虹膜—褐色；喙—喙基蓝灰色，中段黄色，端部黑色；跗跖—粉褐色。【分布与习性】分布于东亚至东南亚北部。国内除西部地区和海南外广泛分布，为常见留鸟或候鸟。主要栖息于低海拔林地，亦常见于村镇及城市公园，不惧人。【鸣声】一连串圆润的哨音。

1344. 黑头蜡嘴雀 Japanese Grosbeak *Eophona personata*

【野外识别】体长 20~22 cm 的大型燕雀科鸟类。雌雄相似。头顶、眼先、眼周和颊前部黑色，颊部、喉部及耳羽、枕部和颈部均为灰色。背、腰及尾上覆羽灰色，大部分翼上覆羽和各级飞羽呈黑色，初级飞羽中部白色，形成一小块白色翼斑。尾羽黑色，略具金属光泽。额黑色，下体余部大致为灰色（部分个体两胁略带淡褐色），仅尾下覆羽白色或灰白色。与黑尾蜡嘴雀雄鸟相似，但本种喙全为黄色，无深色区域；本种雌、雄头部皆为黑色，且黑色面积明显小于黑尾蜡嘴雀雄鸟；此外，本种初级飞羽端部为黑色而非白色，且两胁为灰色而非橙色。虹膜—褐色；喙—黄色；跗跖—粉褐色。【分布与习性】主要分布于东亚。国内于东部多数地区有记录，为不常见候鸟。多见于较低海拔的林地，与黑尾蜡嘴雀生境相似。【鸣声】圆润的哨音，多为 3~4 个音节组成。

锡嘴雀 雌 崔月

锡嘴雀 雄 沈越

黑尾蜡嘴雀 雌 沈越

黑尾蜡嘴雀 雌 朱雷

黑尾蜡嘴雀 雄 沈越

黑头蜡嘴雀 沈岩

黑头蜡嘴雀 沈永

1345. 黄颈拟蜡嘴雀　Collared Grosbeak　*Mycerobas affinis*

【野外识别】体长 20~22 cm 的大型燕雀科鸟类。喙粗厚。雄鸟头、颈皆为黑色。背、腰至尾上覆羽柠檬黄色。两翼黑色，无翼斑。尾羽亦为黑色。额、喉均为黑色，下体余部黄色。雌鸟头部及颈部为灰色，上体和下体均为黄绿色或橄榄绿色。两翼翼上覆羽与上体同色，但飞羽呈黑色。尾羽亦为黑色。本种上体为鲜艳的黄色或黄绿色，且两翼无白色翼斑，故与国内分布的其他几种蜡嘴雀和拟蜡嘴雀不难区分。虹膜—褐色；喙—蓝灰色；跗跖—粉色。【分布与习性】分布于喜马拉雅山脉、东南亚北部、青藏高原东部及至秦岭西段的山地，为不常见留鸟，一般仅做垂直迁移。主要栖息于海拔 2000~4000m 的针叶林、阔叶林、混交林和灌丛。多单独或成对活动，较少集群。【鸣声】圆润的哨音，由 5~7 个音节组成。

1346. 白点翅拟蜡嘴雀　Spot-winged Grosbeak　*Mycerobas melanozanthos*

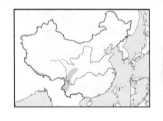

【野外识别】体长 20~22 cm 的大型燕雀科鸟类。雄鸟上体全为黑色。两翼各羽大致为黑褐色，大覆羽具淡黄色端斑，初级飞羽基部具白色斑点，外翈近端具淡黄色羽缘，次级飞羽和三级飞羽具清晰的淡黄色或白色端斑，形成 2~3 道由斑点连接成的翼斑。额、喉至上胸黑色，下体余部黄色。雌鸟头顶黑褐色，具显著的柠檬黄色眉纹和宽阔的黑褐色贯眼纹，颊和耳羽黑褐色与黄色交杂。上体余部黑褐色，各羽具黄绿色羽缘。两翼黑褐色，各羽具淡黄色羽缘，大覆羽和次级飞羽具和雄鸟相似（但较小）的端斑。下体黄色，具黑褐色纵纹，下腹至尾下覆羽无纵纹。本种雄鸟与白斑翅拟蜡嘴雀相似，辨识见该种描述。虹膜—褐色；喙—灰色；跗跖—灰褐色。【分布与习性】分布于喜马拉雅山脉至东南亚北部。国内见于西南地区，为罕见留鸟。主要活动于海拔 2000~3600m 的阔叶林和混交林，冬季下至更低海拔甚至平原地区。【鸣声】一般为响亮而圆润的 3 音节，似"biu biu wo"。

1347. 白斑翅拟蜡嘴雀　White-winged Grosbeak　*Mycerobas carnipes*

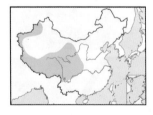

【野外识别】体长 21~23 cm 的大型燕雀科鸟类。雄鸟头部至背部呈黑色，腰黄色，尾上覆羽黑色，具黄色端斑。两翼各羽大致为黑色，翼上大覆羽具宽阔的淡黄色端斑，形成一道黄色翼斑，初级飞羽基段白色，形成一白色块状翼斑，两翼收拢时大致位于上述黄色翼斑下方。尾羽黑色。额、喉、胸皆为黑色，腹部及尾上覆羽黄色。雌鸟上体和下体前部以灰褐色取代雄鸟的黑色，腰、尾上覆羽、腹部和尾下覆羽为黄绿色或淡黄色。两翼黑褐色，翼斑似雄鸟但稍小。雄鸟似白点翅拟蜡嘴雀但本种腰为黄色而非黑色，下体黄色面积较小且两翼白色块状区域甚显著，而非点状翼斑。虹膜—褐色；喙—灰色；跗跖—粉褐色。【分布与习性】分布于中亚至喜马拉雅山脉及青藏高原附近的山地。国内于西部至中部高原地区广泛分布，为区域性常见留鸟。主要活动于海拔 2500~4900m 的针叶林。【鸣声】略显单调的连续"ga ga"声，似笑声。

黄颈拟蜡嘴雀 雌
巫嘉伟／西南山地

黄颈拟蜡嘴雀 雄 董江天

黄颈拟蜡嘴雀 雄 张永

白点翅拟蜡嘴雀 雌 朱雷

白点翅拟蜡嘴雀 雄 董江天

白斑翅拟蜡嘴雀 雌 董江天

白点翅拟蜡嘴雀 雄 董江天

1348. 金枕黑雀 Gold-naped Finch *Pyrrhoplectes epauletta*

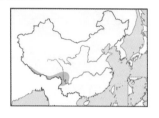

【野外识别】体长约 15 cm 的中型燕雀科鸟类。雄鸟上体、下体皆以黑色为主，头顶后部至枕部具一显著的黄色或橙黄色块斑。两翼和尾羽亦为黑色，仅三级飞羽内翈白色，与黑色的上体对比明显。腋内栗棕色。雌鸟头、颈灰色，头顶后部、枕部和颊黄绿色。上体余部栗棕色。两翼大致与上体同色，但各级飞羽为黑色，外翈具栗棕色羽缘，三级飞羽内翈具白色羽缘，但白色部分较雄鸟略窄。尾羽黑色。下体全为栗棕色或栗褐色。本种雄鸟、雌鸟差异甚大，但羽色皆比较独特，野外容易辨识。虹膜—褐色；喙—黑色；跗跖—褐色。【分布与习性】有限分布于喜马拉雅山脉至横断山脉地区。国内主要见于西藏南部和云南西部的上述山区，为罕见留鸟。活动于海拔 2000~4500m 的阔叶林、混交林及灌丛。多单独或成对活动，非繁殖期偶尔集小群或与其鸟类混群。【鸣声】尖细而具金属感的颤音或哨音，似虫鸣。

1349. 红翅沙雀 Crimson-winged Finch *Rhodopechys sanguineus*

【野外识别】体长 16~17 cm 的中型燕雀科鸟类。雄鸟头顶黑色，具不甚清晰的皮黄色眉纹，颊和耳羽棕褐色。背部褐色，具模糊的暗褐色纵纹，腰及尾上覆羽淡粉色。小覆羽和中覆羽褐色（部分个体羽缘淡粉色），大覆羽粉色，具黑色端斑，飞羽黑色，外翈基段至中段具淡粉色羽缘，形成显著的粉色翼斑。尾羽黑色，具白色或淡粉色羽缘。额、喉褐色（部分个体近白色），胸部至两肋褐色，下体余部白色。雌鸟与雄鸟相似，但头顶为暗褐色，两翼粉色区域较小，且腰及尾上覆羽为淡褐色，几乎不带粉色。本种雌、雄均具深色的头顶，且下体褐色部分比较明显，与国内分布的其余沙雀不难区分。虹膜—褐色；喙—黄色；跗跖—褐色。【分布与习性】分布于亚洲西部至中部。国内见于新疆，为罕见夏候鸟。主要栖息于海拔 3000m 以下的草甸、荒漠、裸岩地带，多在地面活动。【鸣声】单调的"啾啾"声或复杂多变的哨音。

1350. 蒙古沙雀 Mongolian Finch *Rhodopechys mongolica*

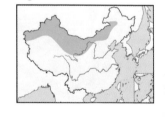

【野外识别】体长 13~15 cm 的小型燕雀科鸟类。雄鸟头部棕褐色，眼周和颊略带粉红色。背部为沙褐色或棕褐色，腰及尾上覆羽淡粉色。小覆羽和中覆羽褐色，大覆羽基部淡粉色或白色，端部黑色，构成第一块块状翼斑（淡粉色或白色）。飞羽黑褐色，外翈羽缘淡粉色。次级飞羽基部至中段白色，构成第二块块状翼斑（白色）。尾羽黑色，具白色羽缘。下体大致为粉色，两肋略带褐色，尾下覆羽白色。雌鸟与雄鸟相似，但头顶及背部具黑褐色细纵纹，腰和尾上覆羽褐色，仅略带淡粉色，下体近乎灰白色，粉色较淡。与巨嘴沙雀相似，但本种喙色较淡而非黑色，且下体具显著的粉色区域。虹膜—褐色；喙—黄褐色；跗跖—粉褐色。【分布与习性】主要分布于亚洲中部至蒙古一带。国内见于西北至东北地区，为区域性常见留鸟。多见于中、低海拔（高可至 4000m）半荒漠地区（包括稀疏的灌丛、草甸、石滩等生境）。【鸣声】多为单音节，单调而低哑的"啾啾"声，以及尖细的"zi zi"声。

金枕黑雀 雌 董江天

金枕黑雀 雄 张永

金枕黑雀 雄 梁丹

红翅沙雀 牛蜀江

红翅沙雀 赵国君

蒙古沙雀 沈越

蒙古沙雀 王尧天

1351. 巨嘴沙雀 Desert Finch *Rhodopechys obsoleta*

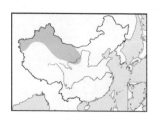

【野外识别】体长14~15 cm的中型燕雀科鸟类。雄鸟上体大致为沙棕色，仅眼先黑色。翼上小覆羽和中覆羽与背部同为沙褐色，大覆羽黑褐色，具较宽的粉色羽缘。各级飞羽黑色，其中初级飞羽羽缘白色，次级飞羽羽缘基段粉色，端部白色，共同构成翼上显著的粉色和白色翼斑。尾羽黑色，具较宽的白色羽缘。下体淡沙褐色或灰白色，尾下覆羽白色。雌鸟与雄鸟大致相似，但眼先为灰褐色而非黑色，且上体更偏灰褐色而非沙棕色。似蒙古沙雀但本种喙色较深，且下体不带粉色。虹膜—褐色；喙—黑色；跗跖—褐色。【分布与习性】分布于亚洲西部至中部。国内主要见于西北部地区，为区域性常见留鸟。主要生境为低海拔的半荒漠地区，也在近水的灌丛、农田、草甸等区域活动。【鸣声】以数个音节的短促颤音和少量略拖长的单音节组合，或为单调的"啾啾"声。

1352. 朱鹀 Pink-tailed Rosefinch *Urocynchramus pylzowi*

【野外识别】体长15~16 cm的中型鹀。体色似朱雀。雌雄相似。尾甚长而凸，喙细，上体褐色斑驳。繁殖期雄鸟的眉纹、喉、胸及尾羽羽缘粉色。雌鸟胸皮黄色而具深色纵纹，尾基部浅粉橙色。本种尾较长，似长尾雀，但长尾雀喙甚粗短并具两道翼斑且外侧尾羽白色。虹膜—深褐色；喙—角质色，繁殖期雄鸟下喙偏粉色；跗跖—灰色。【分布与习性】中国特有种，分布于青海、甘肃、四川的局部地区，为罕见留鸟。【鸣声】鸣唱为粗糙、急促、富有变化的乐段。鸣叫为银铃般的"kvuit"声。

1353. 凤头鹀 Crested Bunting *Emberiza lathami*

【野外识别】体长16~18 cm的大型有冠而尾羽无白色的鹀。雄鸟栗、黑两色十分易认，冬天上体黑色转为深栗色，并出现鳞状纹。雌鸟深橄榄褐色，上背及胸满布纵纹，较雄鸟的羽冠短，翼羽色深且栗色羽缘。幼鸟似雌鸟，但冠非常短。虹膜—深褐色；喙—灰褐色，下喙基偏粉色；跗跖—棕色。【分布与习性】分布于南亚、东亚及东南亚。国内见于华中以南大部分地区，为留鸟，部分种群冬季南迁。活跃而不惧人，常站于空电线上。做垂直迁徙，在开阔山边繁殖，冬季成群见于耕地（尤喜稻田）。【鸣声】鸣唱甜美，为单调重复的小节，以降调结尾；鸣叫为响亮的"pit pit"声。

巨嘴沙雀 沈越

巨嘴沙雀 幼 沈越

朱鹀 雌（上）和雄 唐军／西南山地

朱鹀 雌 唐文瑶

凤头鹀 雌 李飏

凤头鹀 雄 李飏

1354. 蓝鹀　Slaty Bunting　*Emberiza siemsseni*

【野外识别】体长13~14 cm的小型鹀。雄鸟整体深蓝灰色，下腹部至尾下覆羽白色，尾羽外缘白色，三级飞羽近黑色。雌鸟头部及胸部红棕色，耳羽色浅，背部褐色，与头部红棕色形成对比，下腹部至尾下亦偏白色，腰为浅灰色。虹膜—深褐色；喙—黑色；跗跖—偏粉色。【分布与习性】中国特有种，繁殖于华中局部山地（包括陕西南部、四川、重庆、甘肃南部等局部地区）的次生林，越冬时向东南扩散至湖北、安徽、浙江、福建及两广。【鸣声】鸣唱为似山雀的高音调金属音；鸣叫为典型鹀叫，音调较高。

1355. 黄鹀　Yellowhammer　*Emberiza citrinella*

【野外识别】体长16~17 cm的大型艳黄色鹀。繁殖期的雄鸟头部黄色且略具灰绿色条纹，髭纹栗色。下体黄色，胸侧的栗色杂斑成胸带；两肋有深色纵纹，腰棕色，上体棕褐色斑驳，羽轴色深而成纵纹，且多数羽有黄色羽缘。雌鸟与非繁殖期雄鸟相似但多具暗色纵纹且较少黄色，外侧尾羽羽缘白色。幼鸟头部棕色，下体呈皮黄色，仅略带黄色感。虹膜—深褐色；喙—蓝灰色；跗跖—粉褐色。【分布与习性】分布于欧洲至西伯利亚及蒙古北部，南迁越冬。国内见于新疆地区，为留鸟或冬候鸟。见于山地林缘、人工草地、河谷灌丛、荒漠林。冬天常与白头鹀混群，二者有杂交现象。【鸣声】鸣唱为单音的"啾"或一串颤音，似柳莺；鸣叫为一串甜美的重复音，似"ze ze ze ze ze ze ze zoo ziiii"。

1356. 白头鹀　Pine Bunting　*Emberiza leucocephalos*

【野外识别】体长16~17 cm的大型鹀。雄鸟具白色的顶冠纹和紧贴其两侧的黑色侧冠纹，耳羽中间白而环边缘黑色，头部其他部分及喉栗色而与白色的胸带成对比。胁部带红棕色条纹，背部褐色有黑褐色纵纹，腰红褐色，尾黑褐色。雌鸟头上、背灰褐色，具黑褐色纵纹，翼黑褐色，覆羽有红褐色羽缘，甚似黄鹀的第一年雌鸟，但体色较淡且略带粉色而非黄色，髭纹较白，飞羽羽缘白色而非黄色，腹部以下白色。虹膜—深褐色；喙—灰蓝色，下喙较淡；跗跖—粉褐色。【分布与习性】繁殖于西伯利亚至中国西北和东北西部，越冬至欧洲东南、南亚及东南亚。*leucocephala*亚种繁殖于中国西北部天山、阿尔泰山和中国东北，冬季南迁至华北及西北各省，迷鸟至华东和华南。*fronto*亚种见于青海柴达木盆地东部及邻近的甘肃，为留鸟。活动于林缘、林间空地，越冬时出现在农耕地、荒地及果园。习性似黄鹀，两种之间关系甚密，常有混交型出现。【鸣声】于树上或矮丛上鸣唱，鸣唱和鸣叫均似黄鹀。

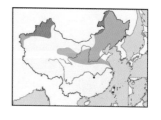

蓝鹀 雌 张芩

蓝鹀 雄 何海清

黄鹀 雌 张永

黄鹀 雌 朱雷

黄鹀 雄 朱雷

黄鹀 雄
非繁殖羽 朱雷

白头鹀 雌 董文晓

白头鹀 雄 董文晓

白头鹀 雄 沈越

1357. 藏鹀 Tibetan Bunting *Emberiza koslowi*

【野外识别】体长 16~17 cm 的大型鹀。繁殖期雄鸟头部黑色，额及眼先栗色，白色的粗眉纹延伸至颈部，喉至上胸白色，胸部黑色，背部及翼上覆羽栗红色，腰及下腹部灰色，飞羽黑色，羽缘色浅。雌鸟整体色浅，头部棕灰色，无雄鸟的黑白色，耳羽浅褐色，喉至上胸具细纵纹，背栗色而具黑色纵纹，下腹部白色。非繁殖期雄鸟似雌鸟，但纵纹更密，有时至腹部。虹膜—褐色；喙—蓝灰色；跗跖—橘黄色。【分布与习性】中国特有种，分布于青藏高原东部，为留鸟。喜林线以上的开阔而荒瘠的高山灌丛、矮小桧树丛、杜鹃林及裸露地面。冬季集小群活动。【鸣声】鸣唱为短促的"啾啾"声组成的音段；鸣叫为细长的"seei"声。

1358. 淡灰眉岩鹀 Rock Bunting *Emberiza cia*

【野外识别】体长 15~16 cm 的中型鹀。特征为头具灰色及黑色条纹，灰色的胸部和暖褐色的下体有清晰的分界，背部具深褐色纵纹。雌鸟似雄鸟但色暗。与相似的灰眉岩鹀区别在于本种贯眼纹和侧顶纹全部黑色而非褐色，且头部的灰色甚显白。幼鸟与三道眉草鹀相似，区别见相应种描述。虹膜—深红褐色；喙—灰色，喙端近黑色，下喙基黄色或粉色；跗跖—橙褐色。【分布与习性】分布于西北非、南欧至中亚和喜马拉雅山脉。国内仅见于新疆和西藏西南部，为留鸟或过境鸟。栖息于海拔 1000~4000 m 的山地裸岩区、高山草地、河谷灌丛。【鸣声】鸣唱清脆悠长；鸣叫为尖细而拖长的"唧"。

1359. 灰眉岩鹀／戈氏岩鹀 Chestnut-lined Rock Bunting *Emberiza godlewskii*

【野外识别】体长 16~17 cm 的大型鹀。似淡灰眉岩鹀但头部灰色较重，侧冠纹栗色而非黑色。与三道眉草鹀的区别在于顶冠纹灰色。雌鸟似雄鸟但色淡。幼鸟头、上背及胸具黑色纵纹，与三道眉草鹀幼鸟相似，区别见相应种描述。虹膜—深褐色；喙—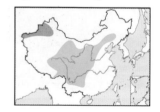蓝灰色；跗跖—粉褐色。【分布与习性】分布于东亚地区及俄罗斯南部。国内见于华北、华中及西南，为常见留鸟，部分种群冬季南迁。喜干燥而多岩石的丘陵山坡及近森林而多灌丛的沟壑深谷，也出现于农耕地。【鸣声】鸣声多变，似淡灰眉岩鹀。

藏鹀 雌 曹文院

藏鹀 雄 张永

藏鹀 幼 任晓彤

淡灰眉岩鹀 雄 计云

灰眉岩鹀 雌 邢睿

灰眉岩鹀 雄 沈岩

灰眉岩鹀 雄 朱雷

灰眉岩鹀 幼 朱雷

1360. 白顶鹀　White-capped Bunting　*Emberiza stewarti*

【野外识别】体长 16~17 cm 的大型鹀。雄鸟繁殖羽顶冠、脸
及胸部灰白色，贯眼纹及喉部黑色。两胁及背部红棕色，两胁
红棕色块在胸口相连。雌鸟色淡，背部和胸部密布纵纹，腰红
棕色。非繁殖期雄鸟整体颜色杂乱，下体皮黄色。虹膜—黑褐色；
喙—蓝灰色，喙较长；跗跖—粉褐色。【分布与习性】分布于
中亚，越冬往南至印度。中国仅记录于新疆，为繁殖鸟或迷鸟，
夏季罕见于喀什地区。【鸣声】鸣唱为"唧唧唧唧唧唧唧唧"，
由 6~8 个音节组成；鸣叫为单声的"唧"。

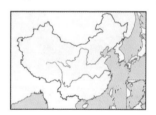

1361. 三道眉草鹀　Meadow Bunting　*Emberiza cioides*

【野外识别】体长 15~18 cm 的大型鹀。繁殖期雄鸟脸部有别
致的褐色及黑白色图纹，耳羽褐色，喉白色，胸栗色，喉与胸
颜色对比强烈，腰棕色。雌鸟色较淡，眉纹及下颊纹皮黄色，
胸浓皮黄色。幼鸟色淡且多细纵纹，甚似淡灰眉岩鹀及灰眉岩
鹀的幼鸟，但本种中央尾羽的棕色羽缘较宽，外侧尾羽羽缘白色。
与栗斑腹鹀相似，辨识见该种描述。虹膜—深褐色；喙—双色，
上喙色深，下喙蓝灰而喙端色深；跗跖—粉褐色。【分布与习性】

分布于东亚。国内见于东北、华北、华东至西南，为常见留鸟，冬季有时扩散至分布区以南。【鸣
声】于突出的栖息处鸣唱；鸣声婉转，似灰眉岩鹀。

1362. 栗斑腹鹀　Jankowski's Bunting　*Emberiza jankowskii*

【野外识别】体长 16~17 cm 的大型鹀。具白色的眉纹和深褐
色的下髭纹。似三道眉草鹀但耳羽灰色，上背多纵纹，翼斑白
色；繁殖期雄鸟的喉、胸至下腹为灰色，腹中央具特征性深栗
色斑块；非繁殖期雄鸟的灰色变得暗淡。雌鸟似雄鸟但色较淡，
也似三道眉草鹀但区别为耳羽灰色较重，上背多纵纹，翼斑白，
胸中央浅灰色。虹膜—深褐色；喙—双色，上喙色深，下喙蓝
灰且喙端色深；跗跖—橙而偏粉。【分布与习性】分布于东亚。

繁殖于黑龙江东南部和吉林，冬季南迁至辽宁、河北及内蒙古东南部。栖息于低缓山丘及峡谷
的灌丛和草地，尤其是常绿沙丘及沙地矮林。【鸣声】鸣唱为包含多个音段的组合，似黄鹀；
鸣叫为多个尖细的"喷"声。

白顶鹀 雄 丁进清

白顶鹀 雄 非繁殖羽 Dibyendu Ash

三道眉草鹀 雌 朱雷

三道眉草鹀 雄 蔡欣然

三道眉草鹀 雄 崔月

栗斑腹鹀
雌（下）和雄 关翔宇

栗斑腹鹀 朱雷

栗斑腹鹀 朱雷

1363．灰颈鹀　Gray-necked Bunting　*Emberiza buchanani*

【野外识别】体长 14~16 cm 的中型鹀。头灰色，眼圈白色，下体偏粉色，髭纹近黄色。幼鸟及非繁殖期鸟色较淡，顶冠、胸及两胁具黑色纵纹。似圃鹀，区别在于本种胸腹间无明显分界，背部纵纹不显著，眼圈白色，头色偏蓝灰而非绿灰。虹膜—深褐色；喙—偏粉色；跗跖—粉色。【分布与习性】分布于土

耳其、伊朗、中亚山区至中国西部及蒙古国西部，越冬于巴基斯坦及印度西部。国内繁殖于新疆西北部，冬季南移。栖息于海拔 300~3800 m 的低山裸岩区、干旱草坡、河谷灌丛。采食杂草籽和昆虫。【鸣声】鸣唱为三个连续"滴"音开头，似"ti ti ti, tiu tiu tiuu"，后端不同个体有差异；鸣叫为单声的"唧"。

1364．圃鹀　Ortolan Bunting　*Emberiza hortulana*

【野外识别】体长 15~17 cm 的中型鹀。头及胸为灰色且带绿色，眼圈显著并略带黄色，髭纹及喉部皮黄色。与灰颈鹀的区别在于本种胸偏灰而与棕色的腹部截然分开，头灰而偏绿，雄鸟背部纵纹更明显。雌鸟及幼鸟色暗，顶冠、颈背及胸具黑色纵纹。本种特点为无眉纹、粗显的皮黄色髭纹及头部的绿色，有别于其他的鹀。虹膜—深褐色；喙—粉色；跗跖—粉色。【分布与习性】繁殖于西欧及中欧、中亚至阿尔泰山及蒙古西部，越冬

于非洲。国内仅见于新疆，繁殖于阿尔泰山及塔城地区的高山林地、草原，迁徙期出没于田野、园林、城市，冬季南迁。【鸣声】于突出的栖息处鸣唱，以 3~4 组等音高的清脆声开始，接以 1~3 组较低音；鸣叫包括短促的"tew"、干涩的"plet"及金属音"ziie"。

1365．白眉鹀　Tristram's Bunting　*Emberiza tristrami*

【野外识别】体长 14~15 cm 的小型鹀。雄鸟繁殖羽头至颈黑色，顶纹、眉纹、颊纹白色，耳羽后方有白斑。背灰褐色，有深褐色纵斑，腰至尾羽栗红色。翼黑褐色，中覆羽、大覆羽羽缘淡褐色。胸、胁淡红褐色，有暗褐色纵斑，腹以下白色。非繁殖羽雄鸟顶冠纹、眉纹略带浅褐色，耳羽、喉黑褐色。雌鸟似雄鸟非繁殖羽，但侧冠纹黑褐色，耳羽褐色。似黄眉鹀，区别见相应种描述。虹膜—深褐色；喙—上喙蓝灰色，下喙粉色；跗跖—粉色。

【分布与习性】繁殖于西伯利亚东部、中国东北，越冬至中国南方、中南半岛北部。活动于有树林的环境，少至开阔耕地。过境时单独或成对出现于海岸附近的灌丛、草丛及林缘地带。在树上或地面活动。【鸣声】鸣唱为婉转的 7~9 个音节，似柳莺或山雀；鸣叫为音调高的单声"唧"。

灰颈鹀 叶云

灰颈鹀 邢睿

圃鹀 雌 沈越

圃鹀 雄 邢睿

圃鹀 雄 宋永

白眉鹀 雌 朱雷

白眉鹀 雄 沈越

白眉鹀 雄 崔月

1366. 栗耳鹀　Chestnut-eared Bunting　*Emberiza fucata*

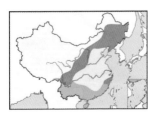

【野外识别】体长 15~16 cm 的中型鹀。雄鸟繁殖羽额、顶部至后颈灰色，有黑色纵纹，耳羽栗色，背部红褐色且有黑色纵纹。翼褐色，羽缘红褐色，尾羽深褐色，外侧尾羽白色。喉白色，髭纹黑色，与上胸黑色粗纵斑相连，胸侧红褐色形成胸带，胁部红褐色，有黑色细纵纹，下腹部白色。非繁殖羽上胸黑色纵斑及红褐色胸带较淡。雌鸟似雄鸟，但头上至后颈偏褐色，上胸黑色纵纹较细而模糊，红褐色胸带不明显。虹膜—暗褐色，眼圈白色；喙—上喙黑褐色，下喙偏粉色；跗跖—粉色。【分布与习性】繁殖于东北亚、喜马拉雅山脉西段至中国华北、华南，其中部分为留鸟；越冬至印度、中国东南部及海南、中南半岛北部。活动于开阔平原的荒地、休耕地及林缘地带，于地面、草丛或灌丛中觅食。【鸣声】鸣唱为 6~10 个音段的组合，流畅但较平淡；鸣叫为短促的"唧"声。

1367. 小鹀　Little Bunting　*Emberiza pusilla*

【野外识别】体长 12~14 cm 的小型鹀。雄鸟繁殖羽顶部、脸部红褐色，侧冠纹、耳羽外缘及髭纹黑色。背部大致灰褐色，有黑斑，翼上覆羽及飞羽羽缘红褐色，尾羽黑褐色，外侧尾羽白色。喉淡红褐色，腹部白色，胸部有黑色纵斑。非繁殖羽羽色较淡，头部红褐色与黑色侧冠纹混杂。雌鸟似雄鸟，但顶部、脸部及翼上覆羽的红褐色较淡。虹膜—暗褐色，眼圈白色；喙—铅灰色；跗跖—肉褐色。【分布与习性】繁殖于欧亚大陆北部，冬季南迁至印度北部、中国河北至云南一线的南部包括台湾和海南及东南亚。活动于海岸附近的农耕地、旷野及林缘地带。【鸣声】鸣唱为富有颤音的连续语句；鸣叫为细弱的"唧"声。

1368. 黄眉鹀　Yellow-browed Bunting　*Emberiza chrysophrys*

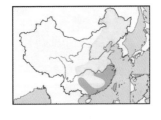

【野外识别】体长 14~15 cm 的小型鹀。繁殖羽雄鸟额、顶部、眼先至耳羽、髭纹黑色，顶冠纹后部白色。眉纹前段黄色，后段白色。颊纹白色，耳羽后方有白斑。背部大致为茶褐色，有黑色纵纹，尾羽黑褐色，外侧尾羽白色。腹部白色，喉至上胸、胁部有黑褐色纵斑。非繁殖羽具白色顶冠纹，耳羽黑褐色。雌鸟具白色顶纹，耳羽黑褐色。似白眉鹀，但本种眉纹前半部黄色，下体更白而多纵纹，翼斑也更白，腰更显斑驳（也有个体腰部偏红栗色），且尾羽颜色较深。雌鸟似黄喉鹀雌鸟，但本种胸口具黑褐色纵斑，喉部具黑色颚线。虹膜—暗褐色；喙—粉色，喙峰及下喙尖黑褐色；跗跖—粉色。【分布与习性】繁殖于西伯利亚中部、东部及蒙古极北部，迁徙经过中国东部大部分地区，于长江流域以南各省（包括台湾）越冬。单独或小群出现于海岸附近的次生灌丛及开阔田野地带，性机警，常藏匿于灌丛中，与其他鹀种混群，于地表取食。【鸣声】鸣唱及鸣叫似白眉鹀。

栗耳鹀 雌 关翔宇

栗耳鹀 雄 张永

小鹀 沈越

小鹀 沈越

小鹀 张永

小鹀 幼 朱雷

黄眉鹀 雌 沈越

黄眉鹀 雄 关翔宇

1369. 田鹀 Rustic Bunting *Emberiza rustica*

【野外识别】体长 13~15.5 cm 的小型鹀。雄鸟繁殖羽头、脸黑色，略具羽冠，眉纹、下颊及喉白色。耳羽后方有白斑。背至尾上覆羽栗红色，有黑褐色纵斑，尾羽黑褐色，外侧尾羽白色。翼黑褐色，有浅色羽缘及两条白色翼斑。腹部白色，上胸有栗红色胸带，胁部有栗色纵斑。非繁殖羽头、耳羽黑褐色，眉纹略带褐色，喉中线黑色。雌鸟似雄鸟非繁殖羽，但颜色较淡，上胸栗红色胸带较浅。虹膜—暗褐色；喙—粉色；跗跖—粉色。

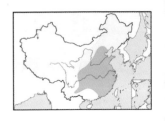

【分布与习性】繁殖于欧亚大陆北部，越冬至中国东部、日本。单独或小群出现于园林、耕地及次生灌丛，于地面觅食。性不惧人，停栖时常竖起短羽冠。【鸣声】鸣声为复杂多变的多音糅合；鸣叫为单声或一串"唧"声。

1370. 黄喉鹀 Yellow-throated Bunting *Emberiza elegans*

【野外识别】体长 15~16 cm 的中型鹀。雄鸟头上羽冠黑褐色，眼先至耳羽及脸颊黑色，眉纹鲜黄色。背部红褐色，有黑色轴斑及灰色羽缘，尾羽黑褐色，外侧尾羽白色。喉部黄色，胸部有黑色三角形斑，腹部以下白色，胸侧、胁部有褐色纵纹。雌鸟头上羽冠褐色，有黑色纵纹。眉纹黄褐色，眼先至耳羽及脸颊黑褐色，背部羽色比雄鸟淡。喉至胸淡黄褐色，腹部以下白色，胸侧、胁部有黑褐色纵纹。本种雌鸟似黄眉鹀雌鸟，辨识见该

种描述。虹膜—暗褐色；喙—铅灰色；跗跖—肉色。【分布与习性】繁殖于西伯利亚东南，中国东北、华北及华中，朝鲜半岛及日本；国内越冬于沿海省份、西南及台湾。单独或小群出现于海岸附近至山区的林缘、灌丛地带，于地面取食。性机警，遇惊扰即隐入灌丛中。【鸣声】鸣唱流畅婉转，似白眉鹀；鸣叫为单声的"啾"，重复频率高。

1371. 黄胸鹀 Yellow-breasted Bunting *Emberiza aureola*

【野外识别】体长 14~16 cm 的中型鹀。繁殖羽雄鸟头部黑色，头顶至背部暗栗褐色，有黑色纵斑。翼黑褐色，羽缘褐色，大覆羽前端及中覆羽白色，形成显眼的白色翼斑。尾羽黑褐色，外侧尾羽白色。颈及上胸部、下腹鲜黄色，胸口有栗色横带，

胁部有暗栗色纵斑，尾下覆羽白色。非繁殖羽羽色较淡，头上、耳羽有乳黄色斑，头侧、喉至胸部略带乳黄色。雌鸟头上褐色，有黑色纵纹，眉纹黄白色，耳羽暗褐色；背灰褐色，有黑色纵斑，中覆羽白色，有黑色轴斑。翼、尾羽黑褐色，羽缘淡褐色。腹部淡黄色，胸无横带，胁有黑色纵纹。与栗色雌鸟相似，区别见相应种描述。虹膜—暗褐色；喙—近黑色，下喙粉褐色；跗跖—黑褐色。【分布与习性】繁殖于西伯利亚至中国东北、日本及库页岛，越冬至我国南部，包括海南、台湾，及东南亚。活动于平原的高草丛、耕地或芦苇地，常与其他种类的鹀混群，于草地、灌丛或高草丛觅食。【鸣声】于突出的栖息处鸣唱，似"滴滴——维——啾啾"；鸣叫为短促而音调高的金属音"啾"。

田鵐 雌 朱雷

田鵐 雄 江云

田鵐 雄 沈越

黄喉鵐 雌 沈越

黄喉鵐 雄 朱雷

黄喉鵐 雄 张永

黄胸鵐 雌 沈岩

黄胸鵐 雄 张永

1372. 栗鹀　Chestnut Bunting　*Emberiza rutila*

【野外识别】体长 14~15 cm 的颜色鲜艳的小型鹀。雄鸟繁殖羽头、颈、喉、上胸、背、腰、翅及尾上覆羽均为醒目的栗红色，两翼及尾羽黑褐色，具红褐色羽缘。尾羽外侧无明显白色。下胸以下明黄色，胁部具栗褐色纵斑。雄鸟非繁殖羽栗红色暗淡，羽缘黄白色，羽色斑驳。雌鸟似黄胸鹀雌鸟，但体形较小，喙较细，整体缺少栗色调，上背橄榄色，具深褐色纵纹，下背、腰及尾上覆羽栗红色，耳羽浅棕色，眉纹皮黄色，颚线明显，腹部黄色较浅，胸部、胁部黑褐色纵纹较模糊。虹膜—暗褐色；喙—粉褐色；跗跖—肉褐色。【分布与习性】繁殖于西伯利亚南部及外贝加尔泰加林的南部，过境时经过中国东部，越冬于我国南部地区及东南亚。小群活动于山麓林缘、田间树林、耕地和灌丛草地。【鸣声】鸣唱多变而婉转；鸣叫似灰头鹀而音调略高。

1373. 黑头鹀　Black-headed Bunting　*Emberiza melanocephala*

【野外识别】体长 15~17 cm 的中型鹀。繁殖羽雄鸟头黑，喉、颈侧鲜黄色延伸至后颈，背部栗红色而带不明显的黑色纵纹，腰淡黄褐色，下体黄色而无纵纹；非繁殖羽头部黑色变得斑驳。雌鸟及幼鸟皮黄色至褐色，上体具深色纵纹。雌雄两性均具两道近白的翼斑，下体及臀黄色而无纵纹。雌鸟头至上背灰褐色，具黑褐色纵纹，腹部污白带黄色，尾下覆羽黄色且尾无白色，与褐头鹀区别在于喙较大但不尖，腰浅棕色。幼鸟野外与褐头鹀难区分。虹膜—暗褐色；喙—灰色，喙粗大而喙峰突起；跗跖—肉色。【分布与习性】繁殖于地中海东部至中亚，越冬于印度。国内迁徙时经过新疆西部，于云南、香港、浙江、台湾有迷鸟记录。栖息于平原灌丛及耕地，常停栖于草丛高点，于地面取食。【鸣声】鸣唱似褐头鹀但更悦耳；鸣叫为"唧"或"啾"声，似麻雀。

1374. 褐头鹀　Brown-headed Bunting　*Emberiza bruniceps*

【野外识别】体长 15~17 cm 的中型鹀。头上无条纹。成年雄鸟头及胸部栗色而与颈圈及腹部的艳黄色成对比，易辨识。部分雄鸟有较少的红色。雌鸟上体浅沙皮黄色，下体浅黄，头顶及上背具偏黑色纵纹。非繁殖期雄鸟羽色似雌鸟，但胸部浅皮黄色，背部纵纹更重。与黑头鹀雌鸟的区别为腰及臀黄色，翼上覆羽羽缘皮黄色而非白色。幼鸟灰色较重，纵纹浓密且延伸至胸。与黑头鹀幼鸟难区分。虹膜—深褐色；喙—近灰色，喙端深色；跗跖—粉褐色。【分布与习性】繁殖于中亚，越冬至印度。国内繁殖于北疆各地及南疆喀什，于香港、广东、台湾等地有迷鸟记录。活动于海拔 3000 m 以下的人工草场、农田、园林灌丛、河谷草地、荒漠绿洲。【鸣声】鸣唱显得沙哑，但富于变化；鸣叫为干涩的"唧"或"啾"声。

栗鹀 雌 沈越

栗鹀 雄 沈越

栗鹀 雄
非繁殖羽 朱雷

黑头鹀 雌 董江天

黑头鹀 雄 朱雷

褐头鹀 雌 董江天

褐头鹀 雄 计云

褐头鹀 雄 董江天

1375. 硫黄鹀　Japanese Yellow Bunting　*Emberiza sulphurata*

【野外识别】体长 13~14 cm 的小型鹀。雄鸟头部总体黄绿色，眼先及颏部灰黑色。背部灰绿色，有黑色纵纹。两翼黑褐色，飞羽羽缘灰褐色，具有两条白色翼斑。尾羽黑色，外侧尾羽白色。腹部黄绿色，两胁有黑褐色纵纹，尾下覆羽白色，略带黄色。似灰头鹀 *personta* 亚种，但头部与胸腹部颜色无明显对比，白色翼斑更显著。雌鸟似雄鸟，但眼先非黑色，羽色较淡，第一年冬羽的头部、背部偏褐色。虹膜—暗褐色；喙—灰色；跗跖—粉褐色。【分布与习性】繁殖于日本，越冬至日本南部，中国华东、华南部分地区及菲律宾。繁殖于中海拔的林缘地带，冬季出现于平地至低山的灌丛、耕地，于草地或灌丛中觅食，种群数量稀少。【鸣声】鸣唱悠扬动听，由数个 7~9 音节的音段组成；鸣叫似灰头鹀，音调较高。

1376. 灰头鹀　Black-faced Bunting　*Emberiza spodocephala*

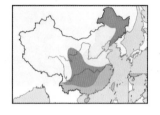

【野外识别】体长 14~16 cm 的中型鹀。指名亚种雄鸟繁殖羽头、颈、喉、上胸灰色，额及眼先黑色，背浅褐色，具黑褐色纵纹。两翼棕褐色，有两条浅色翼带，尾暗棕褐色，外侧尾羽白色明显。腹部皮黄色，体侧有深褐色纵纹。雌鸟似雄鸟，但头部、颈部橄榄色，头顶有浅褐色纵纹，有些个体头顶中央线灰色较浓，眉纹灰褐色，有明显的黑褐色及皮黄色颊纹，喉皮黄色，腹部仅略带黄色。雄鸟非繁殖羽似雌鸟，但头、额及眼先较灰。*sordida* 亚种似指名亚种，雄鸟头、颈、胸为带橄榄绿调的灰色，腹黄色较明显，雌鸟似指名亚种雌鸟。*personata* 亚种似 *sordida* 亚种，雄鸟有黄色眼后细眉纹及颊纹。喉、胸至腹部黄色明显，体侧黑色纵纹较粗，雌鸟喉及腹部均为黄色，体侧黑色纵纹亦较粗。虹膜—暗褐色；喙—暗褐色，下喙色较浅；跗跖—肉色。【分布与习性】指名亚种繁殖于西伯利亚至中国东北、日本及库页岛，越冬于中国南方，包括海南及台湾；*sordida* 亚种繁殖于中国中西部，越冬至华南及华东省份和台湾；*personata* 亚种偶见越冬于华东和华南沿海及台湾。单独或集小群于森林、林地及灌丛的地面觅食，适应多种生境。【鸣声】北返前开始鸣唱，声音婉转清脆；鸣叫为单声的"喷"。

1377. 灰鹀　Gray Bunting　*Emberiza variabilis*

【野外识别】体长 15~17 cm 的中型鹀。雄鸟繁殖羽通体深蓝灰色，背部具黑色纵纹，肩角处有一排外缘浅灰的黑色点斑；非繁殖羽与繁殖羽区别在于上体和胸部羽缘棕色，腹部羽缘白，尾下覆羽白色。雌鸟整体棕灰色，背部及胸腹具显著纵纹，似灰头鹀，但尾羽棕色，外侧尾羽无白色，腰红棕色（飞行时尤为明显）。虹膜—深褐色；喙—上喙灰黑色，下喙偏粉色而喙端部黑色；跗跖—粉色。【分布与习性】繁殖于日本北部及堪察加南部，越冬至日本南部及琉球群岛。于中国东南沿海及台湾偶有记录。繁殖于中海拔的林缘地带，冬季出现于平地至低山的灌丛、耕地，于草地或灌丛中觅食，种群数量稀少。【鸣声】鸣唱似山雀或柳莺，常夹杂鸣叫；鸣叫为尖细的"喷"声，音调较高。

硫黄鹀 雌 王乘东

硫黄鹀 雄 戴美杰

硫黄鹀 雄 戴美杰

灰头鹀 雌 朱雷

灰头鹀 雄 关翔宇

灰头鹀 雄 张永

灰鹀 雌 Alpsdake

灰鹀 雄 Alpsdake

1378. 苇鹀　Pallas's Reed Bunting　*Emberiza pallasi*

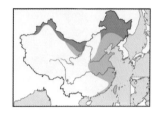

【野外识别】体长 13~15cm 的小型鹀。雄鸟繁殖羽头至喉部及上胸部黑色，颊纹、颈圈白色。上体浅皮黄色，具黑褐色纵斑，两翼浅褐色，小覆羽蓝灰色。胸以下近白色，胸侧及胁部淡灰褐色。尾羽黑褐色，较长，中央尾羽有淡褐色羽缘，外侧尾羽白色。雄鸟非繁殖羽头部夹杂黑色与褐色，颊纹及颏白色，喉至上胸黑褐色，中央带白色，头侧至后颈皮黄色。雌鸟及幼鸟似雄鸟非繁殖羽，头上及耳羽浅棕褐色，眉纹、颊纹及喉白色，髭纹黑褐色，胸带及胁淡褐色，具褐色纵纹。与芦鹀相似，区别在于本种体形略小，下喙色较浅，上喙较直而尖细，耳羽色较浅，小覆羽蓝灰色而非棕色，尾略长。似红颈苇鹀，区别见相应种描述。虹膜—暗褐色；喙—上喙灰黑色，下喙偏粉色，喙峰直；跗跖—深褐色至粉褐色。【分布与习性】繁殖于西伯利亚、蒙古北部，越冬至东亚中部及南部。国内越冬于东北、西北、华北、东南沿海至香港。单独或成对出现于海岸至丘陵地带的芦苇丛、草丛与灌丛中，性活泼、不惧人，于草丛或地面取食，有时与其他鹀一起活动。【鸣声】鸣叫似麻雀，夹杂沉闷的"啧"声；常于芦苇或灌丛高处鸣唱，鸣唱为一单音节的重复。

1379. 芦鹀　Reed Bunting　*Emberiza schoeniclus*

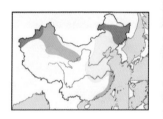

【野外识别】体长 13~16cm 的小型鹀。雄鸟繁殖羽头部黑色，白色颊纹及颈环显著，上体棕褐色，背部褐色具黑色纵纹。雄鸟非繁殖羽及雌鸟头部无黑色，整体颜色较淡，头顶及耳羽具杂斑，腰皮黄色，下体具少量纵纹。站立时，易见外侧尾羽的大片白色。与苇鹀的区别见相应种描述。各亚种上下喙峰都具有一定弧度（*pyrrhuloides* 及 *zaidamensis* 亚种喙峰明显呈球状，其他亚种则相对平缓）。虹膜—暗褐色；喙—上喙灰黑色，下喙偏粉色，先端暗色，喙峰呈弧形；跗跖—深褐色至粉褐色。【分布与习性】繁殖于欧亚大陆北方、库页岛、北海道，越冬于地中海沿岸、北非、印度、中国东部及日本。国内于新疆、青海、内蒙古及东北繁殖或为留鸟，迁徙经东部沿海，越冬于黄河上游、西北及东南沿海。活动于开阔地带的芦苇丛、高草丛及灌丛中，性活泼机警，遇惊扰即遁入密丛中或快速飞离。【鸣声】鸣叫为单声的"啾"，音调较高；鸣唱似苇鹀但更富变化。

1380. 红颈苇鹀　Ochre-rumped Bunting　*Emberiza yessoensis*

【野外识别】体长 14~15cm 的小型鹀。雄鸟繁殖羽头至上胸部黑色，似芦鹀及苇鹀，但本种无白色颊纹，腰及后颈红褐色。非繁殖羽雄鸟黑色头罩变得黯淡，似雌鸟但喉部较深。雌鸟繁殖羽似雄鸟，头顶、耳羽及眼先色较深，眉纹皮黄色，颈背红褐色，小覆羽蓝灰色，下体较少纵纹且色淡。非繁殖羽与苇鹀相似，但喉部通常为深色，耳羽更明显，后颈偏棕褐色。虹膜—深栗色；喙—近黑色；跗跖—偏粉色，非繁殖羽时色更浅。【分布与习性】繁殖于日本及西伯利亚东南部，南迁越冬。国内繁殖于东北，越冬于华东沿海，华中及华南偶

苇鹀 非繁殖羽 张永

苇鹀 非繁殖羽 朱雷

苇鹀 接近繁殖羽 雄 沈岩

苇鹀 雄 朱雷

芦鹀 非繁殖羽 钟悦陶

红颈苇鹀 非繁殖羽 张永

红颈苇鹀 雄 Kisswaynow

有越冬记录。栖息于芦苇地、有矮丛的沼泽地以及高地的湿润草甸。【鸣声】鸣叫为尖细而轻柔的"啧"声或拖长的"啾"声；鸣唱于高芦苇丛中，为5~7声的"啾啾"声夹杂短促颤音。

1381. 黍鹀 Corn Bunting *Emberiza calandra*

【野外识别】体长16~19 cm 的大型灰褐色鹀。雄雌相似。外形圆胖，全身密布纵纹，喙厚重，尾羽不带白色羽缘。繁殖羽胸部的条纹交错形成深色图案。飞行鸣唱时姿态似百灵，但显沉重且无浅色翼后缘。虹膜—深栗褐色；喙—角质色；跗跖—黄色至粉褐色。【分布与习性】分布于地中海的温带区、古北界西部至乌克兰及里海，东方的种群在阿富汗北部至哈萨克斯坦南部。在中国仅见于新疆西部（南天山和西天山为主分布区），为留鸟。繁殖于高山草地、树丛、山前林地，于孤立的树上鸣唱。繁殖期外集群活动于绿洲农田。【鸣声】鸣唱持久而有特色，不断加速；鸣叫为快速重复的干涩"咔嗒"或单声的"唧"。

1382. 铁爪鹀 Lapland Longspur *Calcarius lapponicus*

【野外识别】体长15~17cm 的大型鹀。雄鸟繁殖羽头部及胸黑色，眉纹、颈侧至肩部白色（眉纹有时略带黄色），后颈红棕色，背部灰褐色具黑色纵纹，尾羽灰褐色有白色羽缘。胸下部及以下白色，两胁有黑色纵斑。雄鸟非繁殖羽头部棕褐色而缺少黑色，头顶有黑褐色斑纹，颊褐色，眉纹浅棕色，耳羽外缘有黑斑。喉污白色，髭纹黑色，胸部淡褐色，有黑色斑点，两翼有两条白色翼带，翼缘栗红色，下腹皮黄色，胁部具黑褐色纵斑。雌鸟似雄鸟非繁殖羽，但繁殖羽颜色较深。虹膜—暗褐色；喙—黄色，喙尖黑色，非繁殖期喙肉色；跗跖—黑色至黑褐色。【分布与习性】繁殖于北极圈苔原冻土带，越冬至南方的草地及沿海地区。国内见于西北、华北、华中及东部沿海，为冬候鸟。活动于平原地区多灌丛的开阔草地、沿海田野，群栖性，耐寒冷，善于地面奔跑、行走和跳动，多停栖于地面或砾石滩。常与云雀、百灵结成大群觅食。【鸣声】飞行时发出生硬的"嘟"声，鸣叫似雪鹀但不如其悦耳。

黍鹀 邢睿

黍鹀 岑月

铁爪鹀 雌 慕童

铁爪鹀 雄 慕童

铁爪鹀 非繁殖羽 沈越

1383. 雪鹀 Snow Bunting *Plectrophenax nivalis*

【野外识别】体长15~18cm的大型鹀。雄鸟繁殖羽特征明显，头及下体、翼羽白色，与上体的黑色对比明显，翅甚长。雌鸟繁殖羽羽色较黯淡，对比不强烈，头顶、颊及颈背具近灰褐色纵纹，胸具棕褐色纵纹。非繁殖羽雌雄相似，头顶、耳羽及胸侧棕褐色，背部羽毛棕灰色斑驳，下体白色。雄鸟翼角灰白色，眉纹较雌鸟更白。虹膜—深色；喙—黑色，幼鸟及第一冬鸟偏黄色；跗跖—黑色。【分布与习性】繁殖于北极苔原冻土带及海岸，冬季南迁。国内见于新疆天山、阿尔泰山、内蒙古东部及黑龙江北部，为冬候鸟；偶见于河北及江苏。栖息于光裸地面。冬季群栖但一般不与其他种类混群。常快步疾走但也并足跳行。群鸟升空做波状起伏的炫耀舞姿飞行然后突然降至地面。【鸣声】鸣叫似铁爪鹀但更悦耳；鸣唱为单调的短句颤音交替。

1384. 白冠带鹀 White-crowned Sparrow *Zonotrichia leucophrys*

【野外识别】体长17cm的大型鹀。具白色顶冠纹和黑色侧冠纹，眼先、颊、颏、喉、颈侧至整个胸部和上腹污灰色，眼后具黑色细纹，宽阔的长白色眉纹延至枕后。上体棕褐色而具粗黑色纵纹，下体灰白色而具细黑色纵纹。两翼红褐色，具两道明显的白色翼斑，腰及尾羽棕褐色。虹膜—黑褐色；喙—粉色；跗跖—黄褐色。【分布与习性】分布于中北美洲，繁殖于北美洲中北部，迁徙见于北美洲大部地区，越冬于北美洲中南部。偶见于东北亚国家，在我国为迷鸟，记录于内蒙古东北部。喜多灌丛和杂草的荒地，多见于海滨灌丛带、农田、荒地和草坪，少见于林地。冬季和其他小型雀鸟混群觅食。【鸣声】叫声为单声的"啧"的重复；鸣唱为拖长而悠扬的音段组合。

雪鹀 雌 Alan Schmierer

雪鹀 雄 蒙章

雪鹀 非繁殖羽 张永

白冠带鹀 李克谦

白冠带鹀 李克谦

◀ 中文索引 ▶

◄ 英文索引 ►

958 索引

◀ 学名索引 ▶

A

H

I

J

K

L

M

致　谢

感谢下列机构对本书的支持（排名不分先后）

嘉道理中国保育

嘉道理中国保育（Kadoorie Conservation China，简称 KCC）为香港环保机构"嘉道理农场暨植物园"的下属部门之一，成立于 1998 年。KCC 以缓减中国生物多样性消  失和推广可持续理念为宗旨，在国内开展各类环保项目，包括保护森林生态系统、海南长臂猿及其他濒危物种，保护区能力建设，提高社区保护意识和推广可持续生活模式。

地址：香港新界大埔　林锦公路　嘉道理农场暨植物园　嘉道理中国保育

电话：(852) 2483 7178　　传真：(852) 2483 7198

电邮：kcc@kfbg.org　　网站：www.kfbg.org

西南山地工作室

西南山地工作室始于 2004 年，一帮不同专业背景的摄影人，同被中国西南多彩的自然景观和丰富的动植物所吸引。我们

977

用心拍摄，在西南山地网站上呈现最真实美妙的原创视听。拍摄之余，我们还精于研发新技术，调查和研究中国西南生物多样性，开发文化创意产品。

透过我们的影像，自然和您能更近。

地址：成都市青羊区上池正街 28 号釜山国际城市公馆 2407 室

电邮：info@swild.cn　　　　网站：www.swild.cn

荒野新疆

荒野新疆生态网是针对本地方的生物多样性进行科普宣传及影像整理的学习平台。

旨在求知大自然、拉近专家与爱好者之间的距离、推广生态户外的理念，致力于挖掘和发扬迷失已久的博物学精神。通过我们的影像和对自然学科基础资料的收集整理，深层次地激发大众对大自然的好奇与兴趣，一同探究新疆另类的美，以期让更多的爱好者都能发自内心地、科学地加入到保护我们身边家园的行列。

中国猫科动物保护联盟

中国猫科动物保护联盟（简称"猫盟"）是一个由民间野生动物保护者发起、吸纳各方资源加入的以中国野生猫科动物为主要研究保护对象的环保组织。在动物保护方面，猫盟采取调查研究—科学保护的路线，坚信有效的保护必须建立在科学的调查研究基础之上，目前猫盟以金钱豹为最主要的科研保护对象，同时也针对其他猫科动物开展了一定的调查研究。

thewildernessalternative.com

Yann Muzika 的个人博客。他是一位旅行者、野生动物和自然摄影师。他会在这里分享自己关于旅行和自然的见闻，包括高强度的户外徒步线路。他也是褐头岭雀消失近百年后的再发现者。

◀ 知识共享协议说明 ▶

本图鉴中的部分图片通过知识共享（Creative Commons）协议方式授权，根据授权要求列举如下。协议全文见：

cc-by 2.0 https://creativecommons.org/licenses/by/2.0/

cc-by 2.5 https://creativecommons.org/licenses/by/2.5/

cc-by 3.0 https://creativecommons.org/licenses/by/3.0/

cc-by 4.0 https://creativecommons.org/licenses/by/4.0/

cc-by-nd 2.0 https://creativecommons.org/licenses/by-nd/2.0/（对于采取此协议的图片，在本书的编辑过程中没有进行剪切或其他构成演绎的操作。）

cc-by-sa 2.0 https://creativecommons.org/licenses/by-sa/2.0/

cc-by-sa 2.5 https://creativecommons.org/licenses/by-sa/2.5/

cc-by-sa 3.0 https://creativecommons.org/licenses/by-sa/3.0/

cc-by-sa 4.0 https://creativecommons.org/licenses/by-sa/4.0/

根据"署名—相同方式共享"系列协议的定义，本图鉴为一"汇编作品"（Collective Work），不构成相应图片的"演绎作品"（Derivative Work）。在这一情况下"相同方式共享"仅适用于本图鉴中适用于"署名—相同方式共享"系列协议的图片。

cc0 表示公有领域。

图片、作者、使用协议和图片来源见网址：http://www.cp.com.cn/book/niaoleitujian.html。